개·정·판

최신 개정 규격에 의한

기 계
금속재료
데이터북

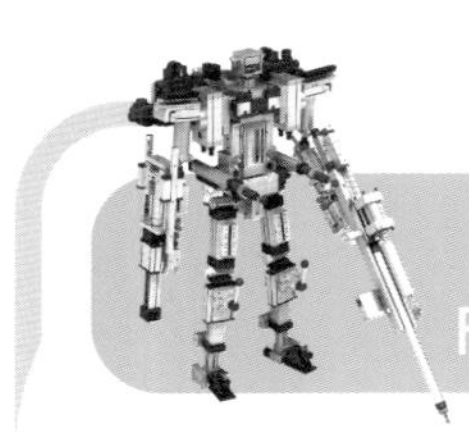

Forward | 머리말

한국산업표준(KS)은 산업표준화법에 따라 제정되는 대한민국 표준 규격으로서, 산업제품 및 산업활동에 관련한 기술의 향상과 품질 향상 및 생산효율을 높이는데 커다란 기여를 하고 있다.

KS는 2012년 2월 현재 약 2만 4천 여 종의 표준 규격을 보유하고 있으며 새로운 표준을 제정하는 한편 5년을 기준으로 개정, 확인 또는 폐지 고시를 하고 있다.

본서에서는 많은 규격 중에서 현장실무에 꼭 필요하며 중요하다고 판단되는 각종 금속재료 규격을 체계적으로 정리하고 실무 응용에 편리하도록 편집하였다.

● 이 책의 주요 구성

Part 01 철강금속재료

KS는 2011년 12월까지 제정 또는 개정된 규격으로 총 354종의 철강 관련 규격이 제정되어 있다.

그중에서 산업현장과 실무에 가장 많이 사용하는 철강금속재료 데이터를 골라 체계적으로 수록하여 실무 활용에 있어 효율을 높힐 수 있도록 구성하였다.

Part 02 비철금속재료

KS는 2011년 12월까지 제정 또는 개정된 규격으로 총 191종의 비철 관련 규격이 제정되어 있다.

그중에서 산업현장과 실무에 가장 많이 사용하는 비철금속재료 데이터를 골라 체계적으로 수록하여 실무 활용에 있어 효율을 높힐 수 있도록 구성하였다.

Part 03 금속재료 데이터

기계금속재료의 분류별로 쉽게 찾아보고 재료의 명칭과 분류 및 종별, 기호와 더불어 주용 적용 용도 및 특징에 대해서 일람표로 구성하였다. 또한 철강재료나 기어의 열처리, 강의 열처리에 관련하여 실무적인 데이터를 수록하였다.

Part 04 공학기술단위

현장 실무 기술자가 자주 사용하고 찾게 되는 각종 공업단위 및 기술공학 단위에 대한 데이터를 수록하였다.

세계가 하나의 시장으로 통합되어 가는 21세기 글로벌 시대에 세계 무대의 선점을 위한 수단으로 각 국가마다 공업규격의 글로벌 표준화가 이루어지고 있으며 특히 단위 부분도 국제단위계에 따라야 하겠다.

신기술의 급속한 발전과 더불어 각 나라마다 첨단기술을 선점하고 원천기술을 내세워 우위를 지키기 위한 총성없는 경쟁이 치열한 시대에 우리나라 제조 산업계의 훌륭한 산업 역군들은 오늘도 묵묵히 제자리를 지키고 있다. 이런 글로벌 경쟁 시대에는 세계 모든 국가들에 통할 수 있는 국제 통일 규격의 적용과 이해가 현장 기술자들에게 필요하고 일선 교육기관에서도 널리 가르쳐야 한다.

특히 기계금속재료 분야 및 열처리 분야는 아직도 개정 전 일본 규격(JIS)의 표기나 일본식 용어 표현을 쉽게 하는 경우를 많이 볼 수가 있는데 이는 우리 기술자들 스스로가 지속적으로 노력하여 올바른 용어나 규격을 사용할 수 있도록 해나가야겠다.

본서의 집필 및 편집 과정에 있어 나름대로 많은 노력을 기울였으나 미흡한 부분도 있을 것으로 생각되며 본서를 활용하면서 발견하게 되는 오류나 부족한 내용을 충고해 주면 앞으로 더욱 정확하고 좋은 데이터북을 만들수 있도록 노력하겠다.

끝으로 본서가 현장 실무자들에게 도움이 될 수 있기 바라며, 집필 과정에서 많은 수고와 도움을 준 김은경님과 편집디자인에 최선을 다해주신 조성준 실장께 감사의 말씀을 드린다.

특히 점차 사라져가는 기술 분야의 컨텐츠를 발굴하고 도서화하는데 기꺼이 동참해주고 아낌없는 배려를 해주는 대광서림 관계자 여러분께도 감사를 드린다.

메카피아 노수황 올림

• 전화 : 1544-1605 • 팩스 : 02-2624-0898 • 이메일 : mechapia@mechapia.com
• 웹사이트 : www.mechapia.com / www.3dmecha.co.kr / www.imecha.co.kr
• 기술카페 : http://cafe.naver.com/techmecha

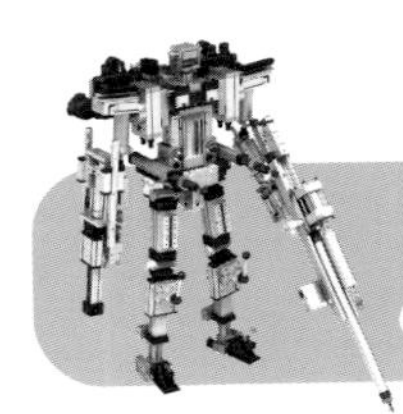

Contents

주요차례

최신 개정 규격에 의한

기 계 금속재료 데이터북

기계설계 실무현장 시리즈 2

개·정·판

메카피아 노수황 편저

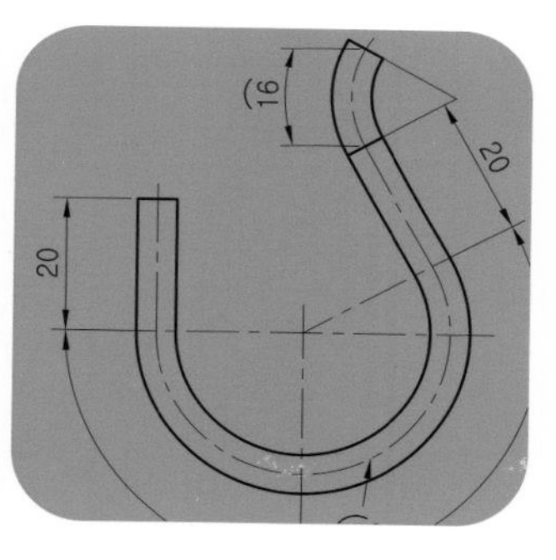

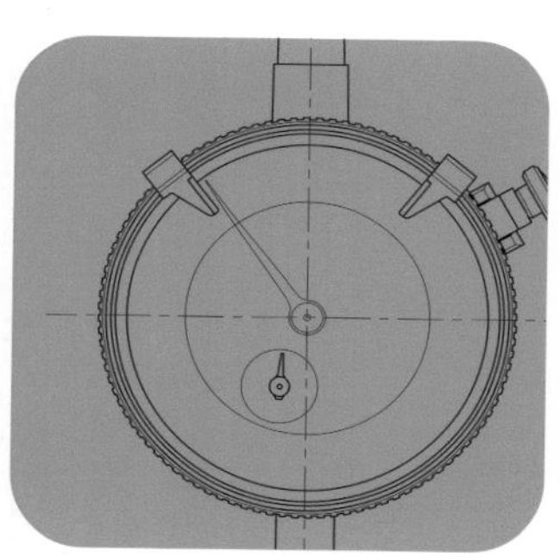

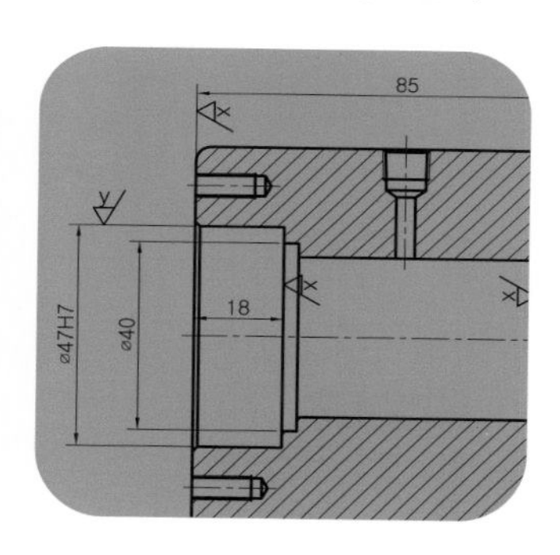

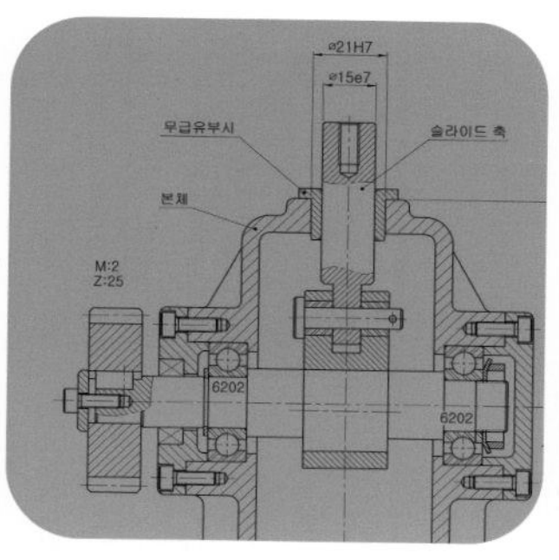

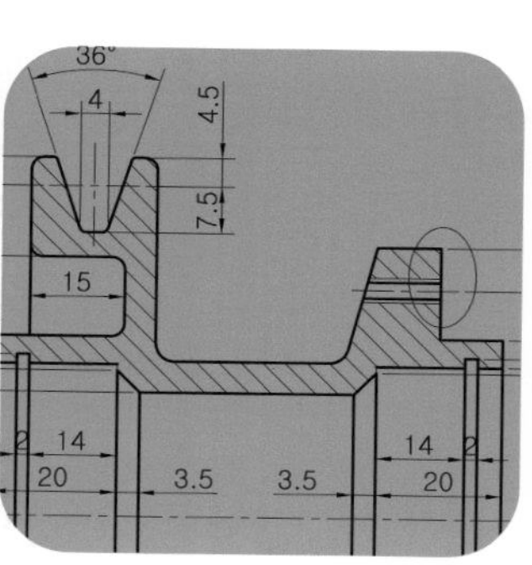

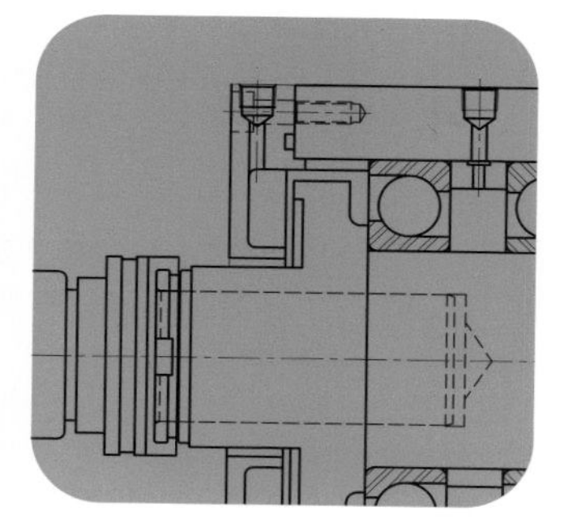

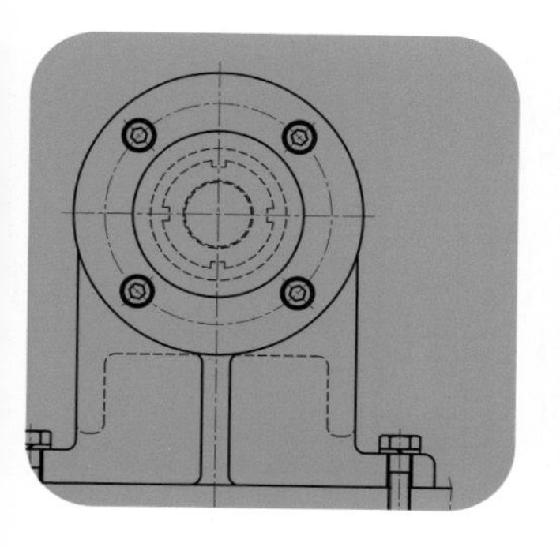

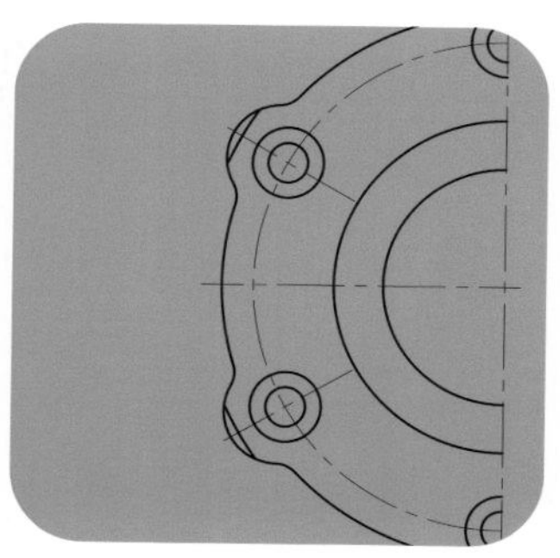

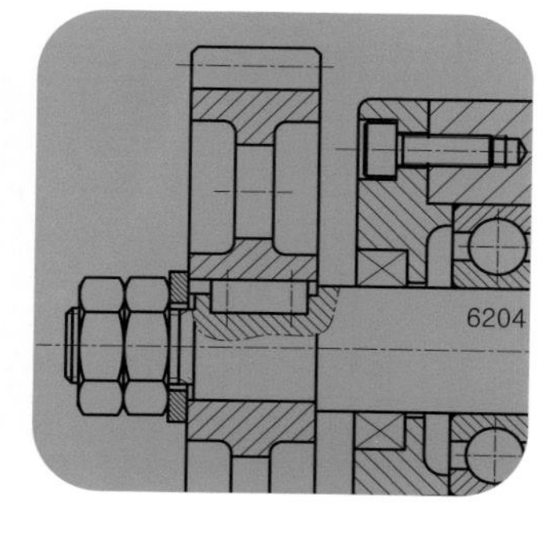

대 광 서 림

개·정·판

최신 개정 규격에 의한

기 계 금속재료 데이터북

발행일 · 2012년 5월 15일 초판 인쇄
· 2017년 1월 12일 개정판 인쇄
편저자 · 메카피아 노수황
발행인 · 김구연
발행처 · 대광서림 주식회사
주 소 · 서울시 광진구 아차산로 375 크레신타워 513호
전 화 · 02) 455-7818
팩 스 · 02) 452-8690
등 록 · 1972.11.30 제25100-1972-2호
표지 및 편집 · 포인

ISBN · 978-89-384-5171-2 93550
정 가 · 23,000원

C·O·N·T·E·N·T·S

철강금속재료

비철금속재료

Chapter 08 주물 313

03 PART 금속재료 데이터

공학기술단위

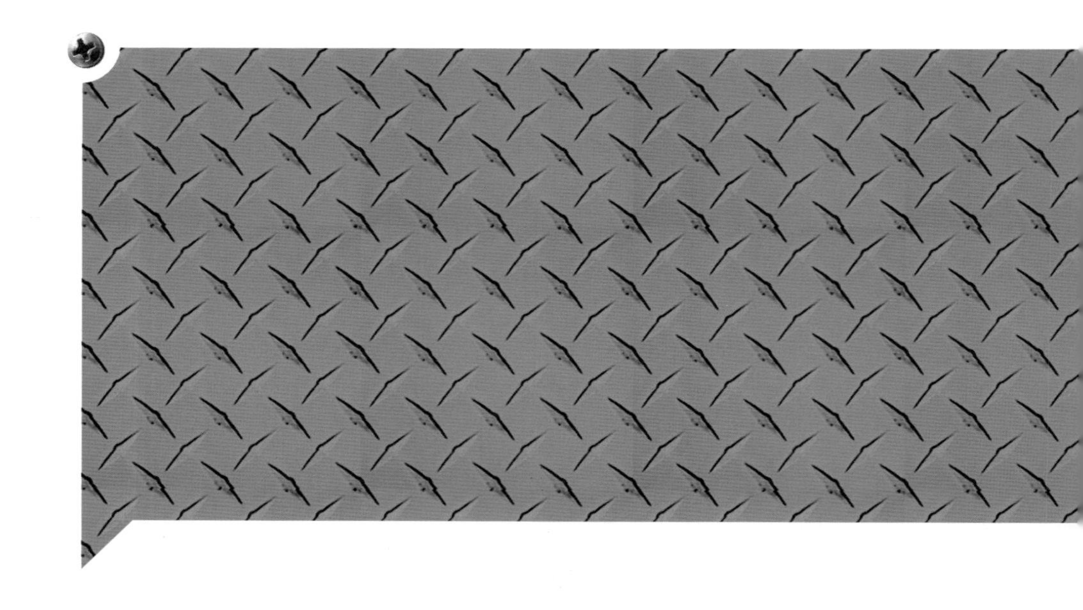

PART 01

철강금속재료

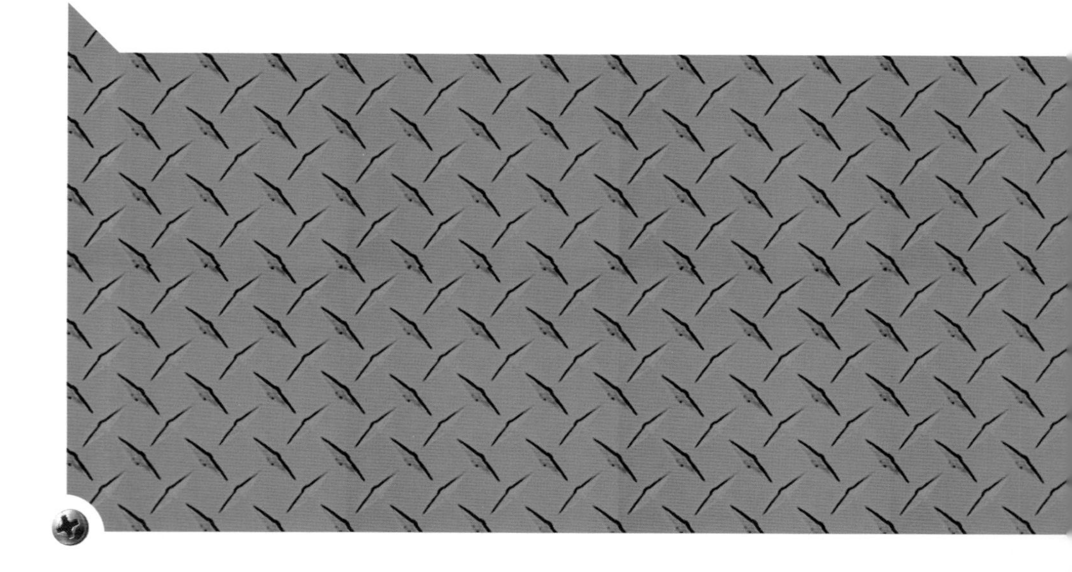

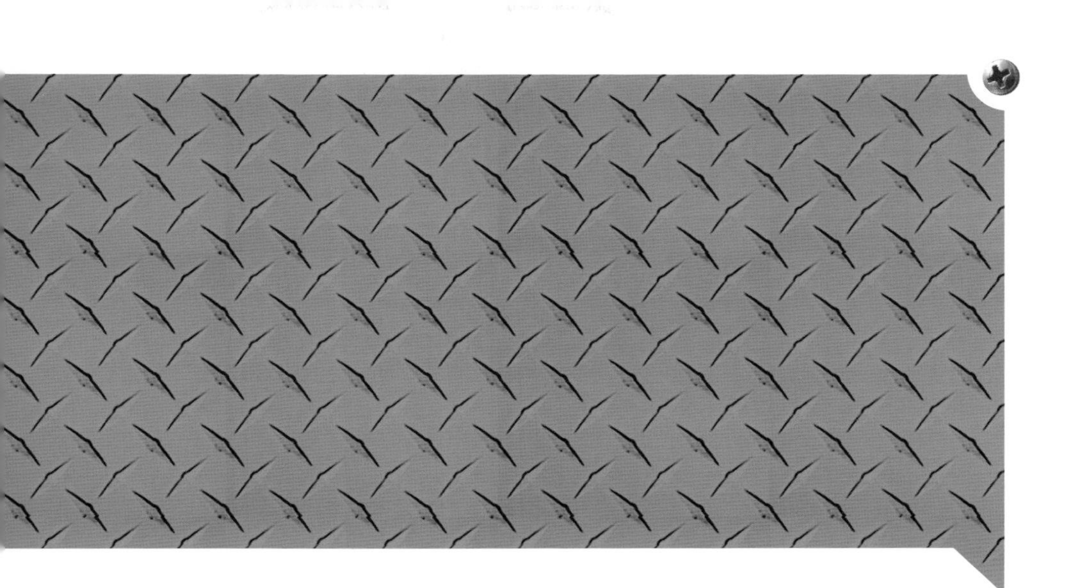

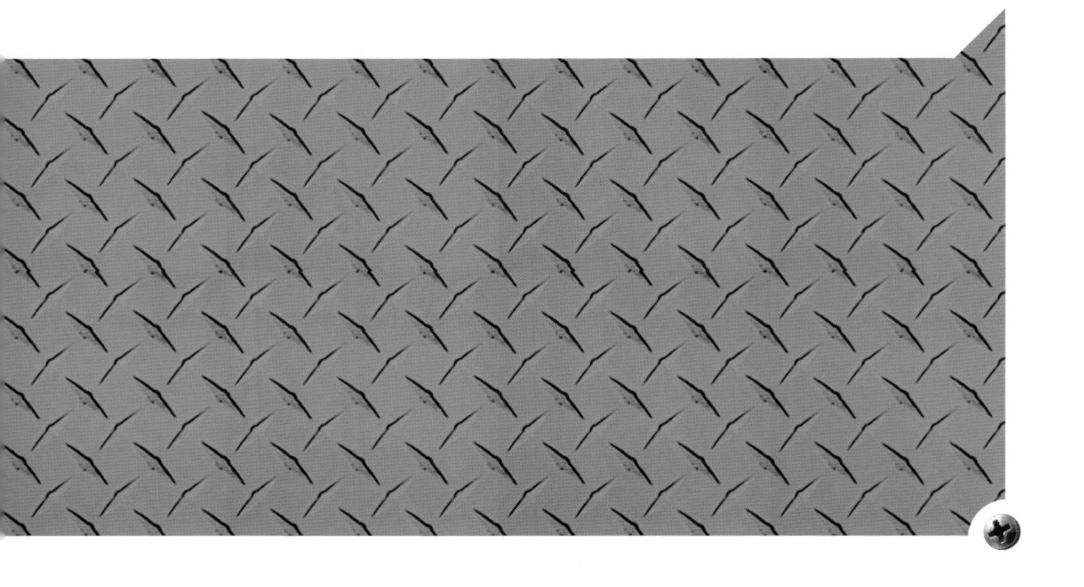

CHAPTER

01 기계재료 및 열처리

1-1 기계재료 기호의 구성

조립도를 해독하고 각 부품의 기능과 그 용도를 정확히 파악하여 적절한 기계재료와 열처리를 선정하는 일은 매우 중요한 사항이다. 도면에서는 아래와 같이 도면 우측 하단의 표제란에 부품명과 선정한 재료기호를 기입해 주는 것이 일반적이다. 재료기호는 강재의 종류에 따라 화학성분, 기계적인 성질 및 용도로 구별하여 선정을 하는데 일반적으로 기계재료의 기호는 3부분으로 구성하여 나타내며 필요시에 4부분으로 나타낼 수도 있다.

6	축	SCM415	1	
5	칼라	SS400	3	
3	커버	SM45C	1	
2	베어링 하우징	SM45C	1	
1	본체	GC250	1	
품 번	품 명	재 질	수 량	비 고
도명	스핀들 유니트		척도	1 : 1
			각법	3각법

✣ 도면 표제란

1. 재료기호의 구성 예

■ 기계구조용 탄소강재의 경우(KS D 3752) ■ 회주철의 경우(KS D 4301)

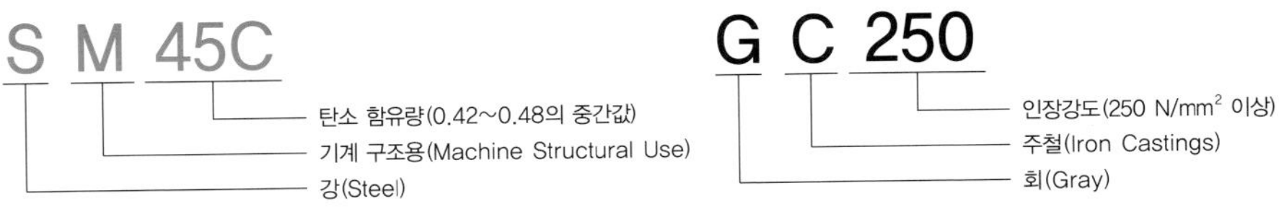

1) 첫 번째 부분의 기호

재질을 표시하는 기호로 재질의 영어의 머리글자나 원소기호를 사용하여 나타낸다.

기 호	재 질 명	영 문 명	기 호	재 질 명	영 문 명
Al	알루미늄	Aluminum	F	철	Ferrum
AlBr	알루미늄 청동	Aluminum bronze	GC	회주철	Gray casting
Br	청동	Bronze	MS	연강	Mild steel
Bs	황동	Brass	NiCu	니켈구리 합금	Nickel copper alloy
Cu	구리	Copper	PB	인청동	Phosphor bronze
Cr	크롬	Chrome	S	강	Steel
HBs	고강도 황동	High strength brass	SM	기계구조용 강	Machine structure steel
HMn	고망간	High magnanese	WM	화이트 메탈	White metal

2) 두 번째 부분의 기호

규격명이나 제품명을 표시하는 기호로 봉, 판, 주조품, 단조품, 관, 선재 등의 제품을 모양별 종류나 용도에 대해 표시하며 영어 또는 로마 글자의 머리글자를 사용하여 나타낸다.

기 호	재 질 명	기 호	재 질 명
B	봉(Bar)	MC	가단 주철품
BC	청동 주물	NC	니켈크롬강
BsC	황동 주물	NCM	니켈크롬 몰리브덴강
C	주조품(Casting)	P	판(Plate)
CD	구상흑연주철 (Spheroidal graphite iron castings)	FS	일반 구조용강 (Steels for general structure)
CP	냉간압연 연강판	PW	피아노선(Piano wire)
Cr	크롬강(Chromium)	S	일반 구조용 압연재 (Rolled steels for general structure)
CS	냉간압연강대	SW	강선(Steel wire)
DC	다이캐스팅(Die casting)	T	관(Tube)
F	단조품(Foring)	TB	고탄소크롬 베어링강
G	고압가스 용기	TC	탄소공구강
HP	열간압연 연강판 (Hot-rolled mild steel plates)	TKM	기계구조용 탄소강관 (Carbon steel tubes for machine structural purposes)
HR	열간압연(Hot-rolled)	THG	고압가스 용기용 이음매 없는 강관
HS	열간압연강대 (Hot-rolled mild steel strip)	W	선(Wire)
K	공구강(Tool steels)	WR	선재(Wire rod)
KH	고속도 공구강 (High speed tool steel)	WS	용접구조용 압연강

3) 세 번째 부분의 기호

재료의 종류를 나타내는 기호로 재료의 최저인장강도, 재료의 종별 번호, 탄소함유량을 나타내는 숫자로 표시한다.

기 호	기호의 의미	보 기	기 호	기호의 의미	보 기
1	1종	SCP 1	5A	5종 A	SPS 5A
2	2종	SCP 2	34	최저인장강도	WMC 34
A	A종	SWS 50A	C	탄소함유량	SM 45C
B	B종	SWS 50B			

4) 네 번째 부분의 기호

필요에 따라 재료 기호의 끝 부분에는 열처리기호나 제조법, 표면마무리 기호, 조질도 기호 등을 첨가하여 표시할 수 있다.

구 분	기 호	기호의 의미	구 분	기 호	기호의 의미
조직도 기호	A	어닐링한 상태	열처리 기호	N	노멀라이징
	H	경질		Q	퀜칭, 템퍼링
	1/2H	1/2 경질		SR	시험편에만 노멀라이징
	S	표준 조질		TN	시험편에 용접 후 열처리
표면마무리 기호	D	무광택 마무리	기타	CF	원심력 주강관
	B	광택 마무리		K	킬드강

1-2 주요 기계재료의 종류 및 기호

산업 현장에서 일반적으로 사용되는 기계재료의 종류와 기호 및 용도와 특징에 관하여 정리하였다. 산업 현장에서는 아직까지 일본 JIS규격이 그대로 사용되는 사례가 많아 간혹 동일한 재료인데도 기호 표기가 달라서 KS규격과 혼동을 일으키는 경우가 있으니 주의하기 바란다.

아래는 대표적인 기계재료의 KS규격 기호와 JIS규격 기호를 비교하여 나타낸 것이므로 참고하기 바라며 KS에서는 철강과 비철로 구분하고 세부적으로 규격화해서 규정하고 있다.

1. 일반 철강 재료

재료의 종류	KS 기호	JIS 기호	용도	특징
일반 구조용 압연 강재	SS 400	SS 400 (구 SS 41)	일반 기계 부품	가공성 및 용접성이 양호
기계 구조용 탄소강 강재	SM 45C	S 45C	스프로켓, 평기어 풀리 등 일반 기계 부품	열처리 가능, 인장강도 58kgf/㎟
	SM 50C	S 50C		열처리 가능, 인장강도 66kgf/㎟
연마봉강 (냉간 인발)	SS 400D	SS 400D	원형,육각지주 일반 기계 부품	정밀도 및 표면조도 양호, 소재 상태로 또는 약간의 절삭가공으로 사용 가능
탄소공구강 강재	STC 95 (구:STC 4)	SK 4	드릴, 바이트, 줄, 펀치, 정 등	비교적 열처리가 간단하며 값이 싸다
	STC 85 (구:STC 5)	SK 5		
합금공구강 강재	STS 3	SKS 3	열처리 부품, 위치결정 핀 지그용 부시	열처리에 의한 변형이 탄소공구강보다 매우 적다
크롬몰리브덴 강재	SCM 435	SCM 435	강도가 필요한 일반 기계 부품, 지그용 핀이나 고정 나사, 볼스크류 등	가공성 양호, 기계 가공시간 단축 내마모성 우수, 기계가공 후 연마 후 우수한 경면 효과
	SCM 415	SCM 415		
	SCM 420	SCM 420		
유황 및 유황복합 쾌삭강 강재	SUM 21	SUM 21	일반 기계 부품 (쾌삭용 강재)	피삭성 향상을 위해 탄소강에 유황을 첨가한 쾌삭강
	SUM 22L	SUM 22L		유황 이외에 납도 첨가된 쾌삭강
	SUM 24L	SUM 24L		
고탄소 크롬 베어링강 강재	STB 2	SUJ 2	구름베어링, LM SHAFT, 맞춤핀, 캠 팔로워 등	베어링 강
냉간압연강 강재	SCP	SPCC	커버, 케이스 등	상온에 가까운 온도에서 압연 제조 치수 정밀도가 양호하고 절곡, 프레스, 절단 가공성 및 용접성이 양호
열간압연강 강재	SHP	SPHC	일반 기계 구조용 부품	일반적인 사용 두께는 6mm 이하

2. 스테인리스강 재료

스테인리스강은 철강의 최대 결점인 녹 발생을 방지하기 위하여 표층부에 부동태를 형성해서 녹이 슬지 않도록 한 강으로서, 주성분으로 Cr을 함유하는 특수강으로 정의하며 표면이 미려하고 청결감이 좋아 안정된 분위기를 느끼게 한다. 또한 그 표면처리 가공은 경면(거울면) 상태로부터 무광택, Hair Line, Etching(부식에 의

한), 화학 착색에 이르기까지 여러 가지 표면가공이 가능하다. 내식성이 우수하고, 내마모성이 높으며 기계적 성질이 좋다. 또한 강도가 크고 저온 특성이 우수하며 내화 및 내열성(고온강도)도 강하다.
스테인리스강은 크게 4가지로 분류가 되는데 페라이트계, 오스테나이트계, 마르텐사이트계, 석출경화계로 구분된다. 합금성분의 종류에 의해 단가의 차이가 나며 이중 석출경화계가 가장 비싸다.
페라이트계의 대표적인 합금강은 STS405, 430, 434 등이 있고, 오스테나이트계의 대표적인 합금강은 STS304, 305, 316, 321 등이 있다.
이 재질은 다른 것에 비해 연한 성질이 있어 굽힘 가공이 용이한 편으로 우리가 흔히 사용하는 수저나 젓가락, 의료용기기, 스테인리스 수도관 등의 재료로 사용된다. 마르텐사이트계의 대표적인 합금강은 STS410, 420, 431, 440 등이 있으며 실린더, 피스톤, 절단공구, 금형공구 등 어느 정도의 강도가 필요한 제품에 사용되고 있다.
석출경화계는 오스테나이트계와 마르텐사이트계의 두 성질을 모두 만족하고, 대표적인 합금강으로는 STS630, 631이 있으며 내식성이 우수할 뿐만 아니라 시효경화처리를 통해 높은 경도를 얻을 수 있다.

■ 주요 스테인리스강의 종류 및 용도

재료의 종류	KS 기호	JIS 기호	주요 용도 및 특징
오스테나이트계	STS303	SUS303	자성이 없으며 STS304보다 절삭성이 좋음. 볼트, 너트, 축, 밸브, 항공기 부속품 등
오스테나이트계	STS304	SUS304	일반내식강, 내열강으로 범용성이 가장 높은 재료로 기계적 특성 및 내식성이 우수하다. 가정용 식기, 싱크대 등
오스테나이트계	STS316	SUS316	바닷물이나 각종 매체에 304계열보다 뛰어난 내해수성이 있다. Mo의 첨가로 특히 내식성이 우수하며 고온에서 Creep강도가 뛰어나다. 316L은 용접부에 사용한다.
마르텐사이트계	STS440C	SUS440C	열처리 가능, 내식성은 오스테나이트 계열보다 떨어지나 스테인리스강 중에서 가장 경도가 높다.
마르텐사이트계	STS410	SUS410	가공성은 우수하고 열처리에 의하여 경화됨(자성있음), 내식성은 오스테나이트 계열보다 떨어짐, 기계부품, 식기류, 칼날, 볼트, 너트, 펌프 샤프트 등 403 및 410은 자경성이 있으며 이중 403은 경도와 내식성이 높아 터빈용에 사용한다. 410은 값이 싸고 열처리 효과면에서 일반 스테인리스강 보다 좋다.

3. 알루미늄 합금 재료

알루미늄 합금은 열처리에 의한 경화 여부에 기준을 두어 구분하고 있다. 비열처리 알루미늄 합금의 강도는 실리콘(Si), 철(Fe), 망간(Mn), 마그네슘(Mg) 등의 원소에 의한 고용 강화 혹은 분산 강화에 의해 결정되며, 1XXX, 3XXX, 4XXX, 5XXX 계열에 속하는 금속들이다. 근본적으로 석출물에 의해서 경화하는 조직상의 특성을 가지고 있기에 열처리에 의해 경화하지 않는다. 비열처리 알루미늄 합금을 용융 용접하게 되면 열영향부의 강도가 저하한다.
구리(Cu), 망간(Mn), 아연(Zn), 규소(Si) 등의 원소는 알루미늄 합금의 온도가 올라갈수록 고용도가 높아진다. 따라서 열처리에 의해서 이들 합금 원소의 석출과 고용화에 의한 경화를 이룰 수 있다. 이러한 의미에서 이들 합금 원소가 첨가된 알루미늄 합금을 열처리 알루미늄 합금이라고 구분한다. 여기에 속하는 합금은 2XXX, 6XXX 와 7XXX 계열 그리고 합금 원소 조합에 따라 일부 4XXX 계열이 있다.

■ 주요 알루미늄 합금의 기호 및 용도

재료 기호	합금 종류	용도 및 적용
A2011	Al-Cu계 합금	쾌삭 합금으로 가공성은 우수하지만 내식성이 떨어진다. 일반용 강력재, 나사 및 나사 부분품
A2017	Al-Cu계 합금	열처리 알루미늄 합금으로 강도가 높고, 열간 가공성도 좋다. 항공기나 미사일용 재료 등 고강도를 요하는 재료. 용접성이 나쁘며 두랄루민이라고 부른다.
A5052	Al-Mg계 합금	중경도의 강도를 지닌 합금으로 내식성, 용접성이 양호하다. 화학기기부품, 차량, 선박, 지붕용 재료 등 각종 구조재
A5056	Al-Mg계 합금	내해수성이 뛰어나고 절삭가공에 의한 표면거칠기가 양호하다.
A6061	Al-Mg-Si계 합금	열처리 알루미늄 합금으로 내식성, 용접성이 양호하고, 중간 정도의 강도로 건축, 토목용재, 하수용 기자재, 스포츠 용품 등
A6063	Al-Mg-Si계 합금	대표적인 압출용 합금 6061보다 강도는 낮으나 압출성이 우수하고, 복잡한 단면 모양의 형재가 얻어지며 내식성, 표면 처리성도 양호하다. 섀시 등의 건축용 재료, 토목용 재료, 가구, 가전제품 등
A7075	Al-Zn-Mg계 합금	알루미늄 합금 중 가장 강도가 높은 합금의 하나이다. 항공기용 재료 등

Key point

- **ALDC7 (알루미늄 합금 다이캐스팅)**
  가볍고 전연성이 양호하며 가공이 용이한 금속으로, 실린더 블록(cylinder block)과 헤드커버(head cover), 크랭크 케이스(crank case), 모터 하우징(motor housing) 등에 사용하는 재질이다.
- **AC9A (알루미늄 합금 주물)**
  가볍고 전연성, 주조성, 전도성이 양호하며, 자동차용 피스톤, 공랭식 실린더 등 주로 다양한 종류의 피스톤(piston)에 많이 사용하는 재질이다.

4. 동합금 재료

동(Cu)은 옛날부터 사용되어 오던 금속으로, 열 및 전기의 전도율이 좋으며, 아름답고 내식성 또한 우수하고 연신성이 풍부해서 전선이나 전기 기계 기구 등의 도전재료로 널리 사용되고 있다.

황동(黃銅)은 일반적으로 진유(眞鍮)라고 부르며, Cu와 Zn을 주성분으로 한 동합금으로서 미량의 다른 원소를 함유한 특수 황동도 있다. 황동은 주조, 가공이 용이하고 기계적 성질이 좋고, 아름다운 색과 광택을 가지며 가격이 저렴하기 때문에 기계기구, 창틀, 선풍기의 base, 기타 미술품 등에 쓰인다. 황동의 종류에는 Tambac, 7 : 3 황동, 6 : 4 황동, 주물용 황동이 있으며 아연(Zn)의 함유량에 따라 분류된다.

청동(靑銅)은 Cu와 Sn으로 된 합금으로 가장 오래 전부터 사용되어 왔고, 검(劍), 장신구 등으로 쓰이며, 12세기 경 대포(大砲)의 주조에 쓰이고 나서부터, 청동을 포금(砲金)이라 부르게 되었다. 청동은 강하고 단단하며,

주조하기 쉽고 내식성이 있으며, 광택도 있으므로 현재도 더욱 활발하게 쓰이고 있다. 청동의 종류에는 보통 청동(Zn을 함유한 청동, Pb를 함유한 청동)과 특수 청동(인청동, 알루미늄 청동, 니켈 청동, 규소(硅素) 청동, Beryllium 청동)으로 구분할 수 있다. 이중에서 베릴륨(Beryllium) 청동은 현저한 시효경화성(時效硬化性)을 갖고 있으며, 동 합금 중 최고의 강도를 갖고 있다.
예를 들어 Be(beryllium) 2.6~2.9%, Co 0.35~0.65%, 나머지가 Cu인 합금의 인장강도는 120kg/mm^2 내외로 대단히 강하다. 그러나 Be가 고가이므로 일반용 동합금에서는 별로 사용되지 않으며 고급 정밀기계부품, 예를 들어 시계용 spring, 축 베어링, 애자 금구 등의 내마모성, 내피로성, 내식성, 고온강도를 요구하는 부품에 사용하고 있다.

■ 동합금의 종류 및 용도

재료의 종류		기 호	합금의 특징 및 용도
고력 황동	1종	HBsC1C	강도, 경도가 높고 내식성, 인성이 좋다. 베어링, 밸브시트, 밸브가이드, 베어링 유지기, 레버, 암, 기어, 선박용 의장품 등
	2종	HBsC2C	강도가 높고 내마모성이 좋다. 경도는 HBsC1C보다 높고 강성이 있다. 베어링, 베어링 유지기, 슬리퍼, 엔드플레이트, 밸브시트, 밸브가이드, 특수실린더, 일반기계부품 등
	3종	HBsC3C	특히 강도, 경도가 높고 고하중의 경우에도 내마모성이 좋다. 저속 고하중의 미끄럼부품, 밸브, 부싱, 웜기어, 슬리퍼, 캠, 수압실린더 부품 등
	4종	HBsC4C	고력황동 중에서 특히 강도, 경도가 높고 고하중의 경우에도 내마모성이 좋다. 저속 고하중의 미끄럼부품, 교량용 베어링, 베어링, 부싱, 너트, 웜기어, 내마모판 등
청동	1종	BC1C	피삭성이 좋고 납땜성(brazing & soldering)이 좋다. 수도꼭지부품, 베어링, 명판, 일반기계부품 등
	2종	BC2C	내압성, 내마모성, 내식성이 좋고 기계적 성질도 좋다. 베어링, 슬리브, 부싱, 기어, 선박용 원형창, 전동기기부품 등
	3종	BC3C	내압성, 내마모성, 기계적 성질이 좋고 내식성이 BC2C보다도 좋다. 베어링, 슬리브, 부싱, 밸브, 기어, 전동기기 부품, 일반기계 부품 등
	6종	BC6C	내압성, 내마모성, 피삭성이 좋다. 베어링, 슬리브, 부싱, 밸브 시트 링, 너트, 회전부 슬리브, 가이드 레일 부품, 헤더 수도꼭지 부품, 일반기계부품 등
	7종	BC7C	기계적 성질이 BC6C보다 약간 좋다. 베어링, 소형펌프부품, 일반기계부품 등
인청동	2종	PBC2C	내식성 내마모성이 좋다. 기어, 웜기어, 베어링, 부싱, 슬리브, 일반기계부품 등
	3종	PBC3C	경도가 높고 내마모성이 좋다. 미끄럼부품, 유압실린더, 슬리브, 기어, 라이너, 가이드 롤러, 회전부 롤러, 회전부 부싱, 제지용 각종 롤 등
연입 청동	3종	LBC3C	면압이 높은 베어링에 적합하고 친밀성이 좋다. 중고속 고하중용 베어링, 엔진용 베어링 등
	4종	LBC4C	LBC3C보다 친밀성이 좋다. 중고속 중하중용 베어링, 차량용 베어링, 화이트 메탈의 뒤판 등
	5종	LBC5C	연입청동 중에서 친밀성, 내스코어링성이 특히 좋다. 중고속 저하중용 베어링, 엔진용 베어링 등
알루미늄 청동	1종	AlBC1C	강도, 인성이 높고 굽힘에도 강하다. 내식성, 내열성, 내마모성, 저온 특성이 좋다. 베어링, 부싱, 기어, 밸브시트, 플런저, 제지용 롤 등
	2종	AlBC2C	강도가 높고 내식성, 내마모성이 좋다. 베어링, 기어, 부싱, 밸브시트, 날개바퀴, 볼트, 너트, 안전공구 등
	3종	AlBC3C	강도가 특히 높고 내식성, 내마모성이 좋다. 베어링, 부싱, 펌프부품, 선박용 볼트 너트, 화학공업용 기기부품 등

5. 주단조품 및 동합금 주물

■ 주단조품 및 동합금 주물 종류 및 용도

재료의 종류	KS 기호	JIS 기호	기호 설명	용도 및 특징
회주철품 3종	GC200	FC200	G : Gray C : Casting 200 : 인장강도	주조 기계부품, 펌프, 산업용 부품, 밸브 등
회주철품 4종	GC250	FC250		자동차용 실린더 블록, 실린더 헤드, 배기 매니폴드, 변속기 케이스, 공작기계 베드, 테이블, 유압밸브 바디, 유압모터/펌프 하우징 등
구상흑연 주철품 4종	DC600	FCD600	D : Ductile C : Casting	산업용 롤러, 기계 바퀴, 산업용 펌프 등
흑심가단 주철품	BMC	FCMB	B : Black M : Malleable C : Casting	자동차부품, 관 이음쇠, 차량부품, 자전거부품, 밸브, 공구 등
페라이트 가단 주철품	PMC	FCMP	P : Pearlite M : Malleable C : Casting	기어, 밸브, 공구 등 내마모성이 요구되는 부품
백심가단 주철품	WMC	FCMW	W : White M : Malleable C : Casting	탄소를 제거할 수 있는 깊이에 한계가 있어 두께 수mm, 무게 1kg 정도의 소형부품에 사용
청동주물 6종	BrC6	BC6	B : Bronze C : Casting	내압성, 내마모성, 피삭성, 주조성 양호하며 열처리 가능. 일반용 밸브, 베어링, 부시, 슬리브 등
황동주물	BsC	YBsC	B : Brass C : Casting	전기부품, 계기부품, 일반기계부품, 장식용품 등

6. 강관 재료

■ 주요 강관 재료의 종류 및 용도

재료의 종류	KS 기호	JIS 기호	기호 설명	용도 및 특징
배관용 탄소강 강관	SPP	SGP	S : Steel P : Pipe P : Piping	증기, 물, 가스 및 공기 등의 사용압력 10kg/㎠ 이하의 일반 배관용. 호칭경은 6~500A, 흑 · 백관
압력 배관용 탄소강 강관	SPPS	STPG	S : Steel P : Pipe P : Pressure S : Service	350℃ 이하, 사용압력 10~100kg/㎠의 압력 배관용, 외경은 SPP와 같고 두께는 스케줄 치수 계열로 Sch #80까지 호칭경 6~500A
기계구조용 탄소강 강관	STM	STKM	S : Steel T : Tube M : Machine	자동차, 자전거, 기계, 항공기 등의 기계부품으로 절삭해서 사용
일반 구조용 탄소강 강관	SPS	STK	S : Steel P : Pipe S : Structure	일반 구조용 강재로 사용되며, 관경은 21.7~101.6mm, 두께 1.9~16.0mm
고압 배관용 탄소강관	SPPH	STS	S : Steel P : Pipe P : Pressure H : High	350° C 정도 이하에서 사용 압력이 높은 배관에 사용하는 탄소 강관
고온 배관용 탄소강관	SPHT	STPT	S : Steel P : Pipe H : High T : Temperature	주로 350℃를 초과하는 온도에서 사용하는 탄소 강관
저온 배관용 탄소강관	SPLT	STPL	S : Steel P : Pipe L : Low T : Temperature	빙점 이하의 특히 낮은 온도에서 배관에 사용되는 강관
배관용 합금강 강관	SPA	STPA	S : Steel P : Pipe A : Alloy	주로 고온도의 배관에 사용하는 합금강 강관
배관용 스테인리스 강관	STS	SUS	S : Steel P : Pipe S : Stainless	내식용, 저온용, 고온용, 수도용 등의 배관에 사용하는 스테인리스 강관 STSxxTP, STSxxHTP, STSxxLTP, STSxxSTP
보일러 및 열교환기용 탄소 강관	STBH	STB	S : Steel T : Tubes B : Boiler H : Heat Exchanger	관의 내외에서 열을 주고 받을 경우에 사용하는 탄소 강관 보일러의 수관, 연관, 과열기관, 공기 예열관 등

7. 스프링 재료

■ 주요 스프링용 재료의 종류 및 용도

재료의 종류	KS 기호	JIS 기호	기호 설명	용도 및 특징
피아노선 (KS D 3556)	PW-1 PW-2 PW-3	SWP-A SWP-B SWP-V	P : Piano W : Wires	PW1, PW2는 주로 동하중을 받는 스프링용 PW-3는 밸브 스프링 또는 이에 준하는 스프링용
경강 선재 (KS D 3559)	HSWR	SWRH	H : Hard S : Steel W : Wires R : Rods	경강선, 오일 템퍼선, PC 경강선, 아연도 강연선, 와이어 로프 등의 제조에 사용하는 경강 선재
경강선 (KS D 3510)	SW-A	SW-A	경강선 A종	적용 선지름 0.08mm 이상 10.0mm 이하
	SW-B	SW-B	경강선 B종	적용 선지름 0.08mm 이상 10.0mm 이하 C종은 주로 정하중을 받는 스프링용
	SW-C	SW-C	경강선 C종	

1-3 부품의 형상으로 알아보는 재질 및 열처리 선정법

실제 도면 사례를 통하여 자주 사용되는 부품들의 형상을 보고 재질 및 열처리를 선정하는 데 있어 참고가 될 수 있도록 정리하였다. 몇 가지 주요 부품에 적용하는 재질들을 이해하게 되면 조립도를 보고 재료를 선정하거나 재료에 따른 올바른 열처리를 지정할 때 고민하지 않아도 될 것이다.

1. 일반 구조용 압연 강재 [KS D 3503]

일반 구조용 압연강은 평강, 각재, 환봉, 강판, 형강 등으로 제작되어 **일반구조물**이나 **용접구조물**, **기계 프레임**, **브라켓류** 제작 등에 흔히 사용되는 강재로 현장에서는 SS41(구KS : SB41)이라는 JIS 구기호로 표기된 도면을 쉽게 접할 수 있으며, KS규격과 JIS규격에서는 신기호인 **SS 400**으로 변경하여 규격화 되어 있다.

일반 구조용 압연 강재는 **가공성**과 **용접성**이 **양호**하여 일반 기계 부품 및 구조물에 폭 넓게 사용되고 있다. 용접성에 있어서 SS400은 판 두께가 50mm를 초과하지 않는 한 거의 문제되지 않으며, SS490 및 SS540은 용접하지 않는 곳에 사용한다.

판 두께가 50㎜ 이상인 경우 용접이 필요할 때는 SS400을 사용해서는 안 되며, 용접구조용 압연강재(SWS)를 사용한다.

■ 일반 구조용 압연 강재의 종류와 기호

종류의 기호		적용
KS 기호	종래 기호	
SS 330	SS 34	강판, 강대, 평강 및 봉강
SS 400	SS 41	강판, 강대, 평강 및 봉강 및 형강
SS 490	SS 50	
SS 540 SS 590	SS 55	두께 40mm 이하의 강판, 강대, 평강, 형강 및 지름, 변 또는 맞변거리 40 mm이하의 봉강

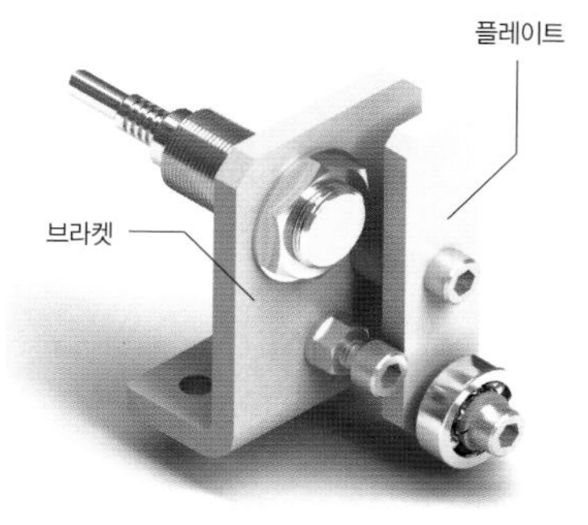

✣ 일반구조용 압연강재 적용 부품

2. 기계 구조용 탄소강

기계 구조용 탄소강은 열간압연, 열간단조 등 열간가공에 의해 제조한 것으로 보통 다시 단조, 절삭 등의 가공 및 열처리를 하여 사용하는데 주요 화학성분은 탄소(C) 이외에도 Si, Mn, P, S 등이 함유되어 있다. 강의 성질의 조정은 주로 **탄소량**에 의하여 행하여지는데 **탄소량**이 **증가**됨에 따라 **경도**, **강도**가 증가하며 **연신율**, **단면수축율**이 **감소**한다.

기계구조용 탄소강의 대부분은 압연 또는 단조상태 그대로 혹은 풀림(Annealing) 또는 불림(Normalizing)을 행하여 사용하는 것이 일반적인데 SM28C이상이면 담금질 효과가 있게 되므로 강인성을 필요로 하는 기계 부품에서는 담금질, 뜨임을 실시하여 사용한다. 기계구조용 탄소강재는 SM10C에서 SM58C까지와 SM9CK, SM15CK, SM20CK의 23종류가 있으며 이 중에서 CK가 붙는 3종류는 **침탄열처리**용이다.

■ 탄소 함유량에 따른 분류

❶ 저탄소강(SM10C ~ SM25C)

탄소함유량 C 0.08~0.28 정도로 이 범위의 탄소강은 열처리 효과를 기대할 수 없으므로 비교적 강도를 필요로 하지 않는 것에 사용되고, 인성이 있으며 용접도 용이해서 일반 기계 구조 부품에 널리 사용된다.

❷ 중탄소강(SM28C ~ SM48C)

탄소함유량 C 0.25~0.51 정도로 이 범위의 탄소강은 냉간가공성, 용접성은 약간 나쁘게 되나 담금질, 뜨임에 의하여 강인성이 증대되므로 비교적 중요한 기계구조부품에 사용된다. 그중에서도 특히 SM40C~SM58C의 것은 고주파담금질에 의해 표면경화시켜 피로 강도가 높고, 또 마모에 강한 기계부품에 사용가능하므로 용도가 광범위하여 실제로 많이 사용되고 있다.

❸ 고탄소강(SM50C ~ SM58C)

탄소함유량 C 0.47~0.61 정도로 이 범위의 탄소강은 열처리 효과가 크고 담금질성이 양호하나 인성이 부족하므로 표면의 경도를 필요로 하는 기계부품에 사용되며 비교적 사용 용도가 한정되어 있다.

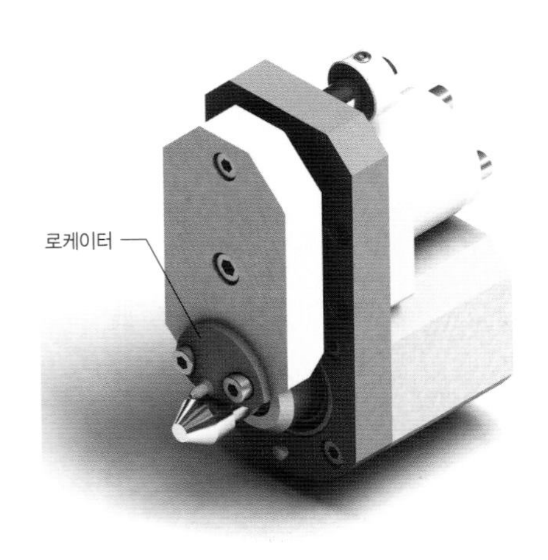

✣ 위치결정 장치

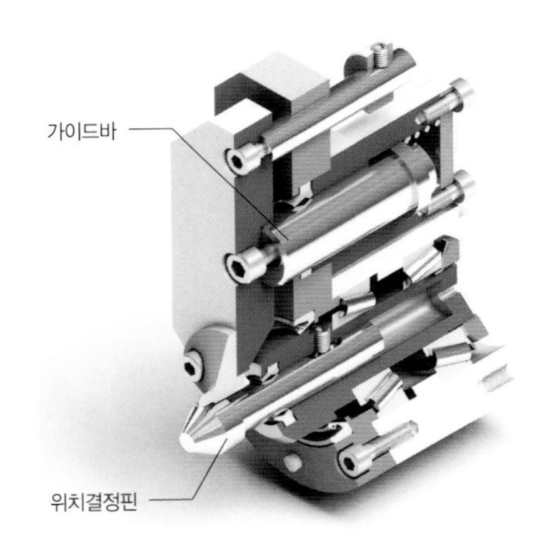

✣ 기계구조용 탄소강재 적용 부품

3. 크롬 몰리브덴 강(SCM : Chromium Molybdenum Steels)

크롬 몰리브덴강은 기계구조용 합금강으로 SCM415 ~ SCM822 까지 10종이 있으며 SCM415와 SCM435 등이 많이 사용된다. 강인강에는 Ni-Cr강이 가장 중요하지만 Cr강에 소량의 Mo를 첨가하면 우수한 성질을 얻을 수가 있으므로 이 강종은 값이 비싼 Ni를 절약하기 위하여 Ni-Cr강의 대용강으로 사용된다. 주요 용도로는 기어, 볼트, 축, 콜렛, 죠, 공구 등이다.

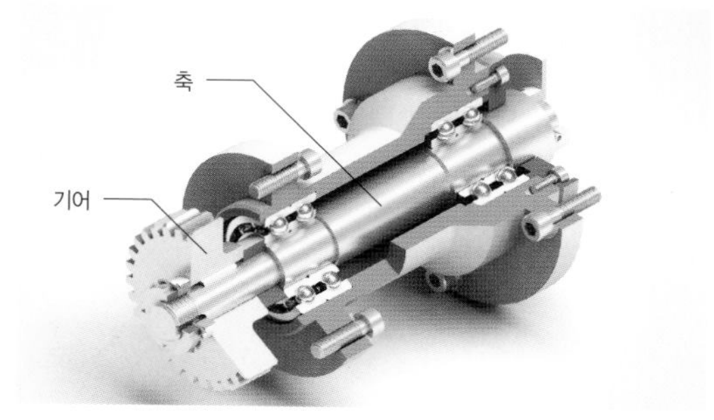

✣ 크롬 몰리브덴 강재 적용 부품

4. 니켈 크롬 몰리브덴 강재(SNCM : Nickel Chromium Molybdenum Steels)

Ni-Cr강은 뜨임취성에 민감하여 큰 질량의 것은 내부까지 급냉시키는 것이 곤란하므로 Mo을 0.3% 정도 첨가하여 뜨임취성을 방지하는 동시에 담금질성을 향상시킨다. 주요 용도로는 차동장치, 캠 축, 피스톤 핀, 트랜스미션 기어, 웜 기어, 스플라인 축 등 중간 강도를 요구하는 부품이다. SNCM220 ~ SNCM815 까지 11종이 있으며 SNCM815는 주로 표면 담금질용으로 사용한다.

✣ 니켈 크롬 몰리브덴 강재 적용 부품

5. 니켈 크롬강(SNC : Nickel Chromium Steels)

니켈 크롬강은 SNC236~SNC836 까지 5종이 있으며 기계구조용 특수강의 원조라고 할 만한 강으로 큰 힘을 받으면서 특히 강인성이 필요한 기계부품에 사용된다. Ni을 첨가하면 강도를 증가시키고 인성을 저하시키지 않기 때문에 Ni은 우수한 합금원소로 분류된다. Cr에 의한 담금질성은 Cr량이 1% 이상이 되면 현저하게 작용효과가 완만해지므로 Ni을 첨가함으로써 담금질성이 더욱 개선이 되며, 또한 강인성을 증가시키는 등 담금질 경화성이 개선된다. 하지만 가공에 있어서는 백점(白点)등의 미세한 균열(Crack)이 생기기 쉽고 그 밖에 열처리가 적합하지 않으면 뜨임취성을 일으키므로 주의해야 한다. 주요 용도로는 볼트, 너트, 프로펠러 축, 기어, 랙, 스플라인 축, 캠축, 너클, 코어 드릴, 대패날, 송곳, 피스톤 로드 등이다.

✣ 나사 기어

✣ 내접 기어

6. 탄소공구강(Carbon tool steels) 및 합금공구강(Alloy tool steels)

용도에 따라 내마모성을 비롯하여 내압 · 내산 · 내열 등 여러 가지 특성이 요구된다. 크게 구별하면 탄소만으로 특성을 낸 탄소공구강과 탄소 외에 다른 원소를 넣어서 특성을 향상시킨 합금공구강으로 분류한다.

탄소공구강은 탄소량이 0.6~1.5%인 고탄소강으로, 황, 인, 비금속 개재물이 적고 담금질 및 뜨임처리해서 사용한다. 탄소량이 적은 것은 인성(靭性)이 좋고, 많은 것은 내마모성 및 절삭 능력이 우수하다.

합금공구강은 탄소공구강에 0.5~1.0%의 크롬, 4~5%의 텅스텐을 가한 절삭용과 0.07~1.3%의 니켈에 소량의 크롬을 가한 톱용이 대표적이며, 역시 담금질 및 뜨임처리하여 사용한다. 이 밖에도 망간, 몰리브덴, 바나듐, 실리콘 등을 첨가해서 인성 및 내마모성 등을 높여주기도 한다.

■ STC : 탄소공구강 강재의 KS 신. 구기호 비교표 [KS D 3751 : 2008] [ISO 4957]

KS 신기호	KS 구기호	JIS 신기호	JIS 구기호	ISO
STC140	STC1	SK140	SK1	–
STC120	STC2	SK120	SK2	C120U
STC105	STC3	SK105	SK3	C105U
STC95	STC4	SK95	SK4	–
STC85	STC5	SK85	SK5	–
STC75	STC6	SK75	SK6	–
STC65	STC7	SK65	SK7	–

■ STS : 합금공구강 강재의 KS 기호 비교표 [KS D 3753 : 2008] [ISO 4957]

KS 기호	JIS 기호	ISO	적 용
STS11	SKS11	–	주로 절삭 공구강용
STS2	SKS2	–	
STS21	SKS21	–	
STS5	SKS5	–	
STS51	SKS51	–	
STS7	SKS6	–	
STS81	SKS81	–	
STS8	SKS8	–	
STS4	SKS4	–	주로 내충격 공구강용
STS41	SKS41	105V	
STS43	SKS43	–	
STS44	SKS44	–	
STS3	SKS3	–	주로 냉간 금형용
STS31	SKS31	–	
STS93	SKS93	–	
STS94	SKS94	–	
STS95	SKS95	–	
STD1	SKD1	X210Cr12	
STD2	SKD2	X210CrW12	
STD10	SKD10	X153CrMoV12	
STD11	SKD11	–	
STD12	SKD12	X100CrMoV5	
STD4	SKD4	–	주로 열간 금형용
STD5	SKD5	X30WCrV9-3	
STD6	SKD6	–	
STD61	SKD61	X40CrMoV5-1	
STD62	SKD62	X35CrMoV5	
STD7	SKD7	32CrMoV121-28	
STD8	SKD8	38CrCoWV18-17-17	
STF3	SKT3	–	
STF4	SKT4	55NiCrMoV7	
STF6	SKT6	45NiCrMo16	

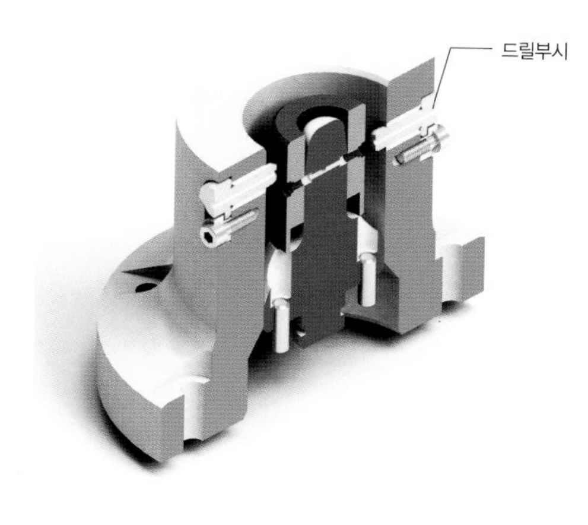

✣ 탄소 공구 강재 적용 부품

✣ 합금 공구 강재 적용 부품

7. 베어링강(STB : Steel Tool Bearing)

베어링강은 회전하는 베어링의 궤도륜(race)과 볼(ball) 및 롤러(roller) 등의 제조에 사용하는 강으로 주로 탄소량과 크롬량이 많은 **고탄소**, **고크롬강**이 사용되며, 13크롬 스테인리스강을 사용하는 것도 있다.
고탄소-크롬베어링강의 화학성분으로, 1종과 2종은 베어링 강구(鋼球)나 롤러베어링용에, 3종은 대형 롤러베어링용에 사용된다. 고탄소-크롬강은 780~850℃에서 담금질(quenching), 140~160℃로 뜨임(tempering) 처리하여 HRC 62~65의 경도로 한다.

❶ STB1(JIS : SUJ1)

소형 볼 베어링용으로 사용되지만 경화능과 뜨임저항이 나쁘므로 사용량이 가장 적은 편이다.

❷ STB2(JIS : SUJ2)

표준 베어링강으로 가장 널리 사용되는 대표적인 베어링강으로 주로 직선왕복 운동을 하는 **리니어 샤프트**에 **경질크롬도금**을 하여 널리 사용한다. 경도는 고주파 열처리하여 HRC 58이상으로 한다.

❸ STB3(JIS : SUJ3)

경화능이 좋기 때문에 대형 베어링에 사용된다.

✣ 베어링강 적용 부품

8. 회주철(GC : Gray Casting)

회주철품은 주물품을 말하며 가격이 저렴하고 주조성이 우수하며 내마모성이 크고 내식성이 비교적 좋으며 진동의 흡수 능력이 좋다.
형상이 복잡하거나 리브나 라운드가 많아 기계가공으로써 완성제작하기 곤란한 본체나 몸체 및 하우징, 케이스, 본체 커버 등과 V-벨트풀리, 일체형 평벨트풀리 등의 기계요소들은 회주철제를 적용하는데 몸체의 두께가 비교적 얇은 경우에는 GC200을, 두께가 비교적 두꺼운 경우에는 GC300을 적용한다.

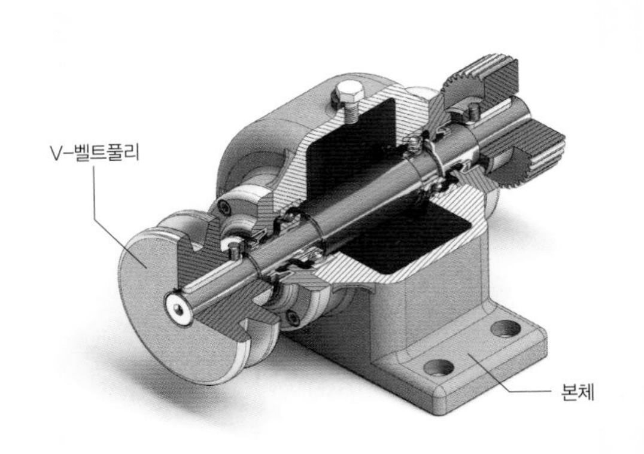

✣ 회주철 적용 부품

9. 주강(SC : Carbon steel castings)

강(steel)으로 주조한 주물을 주강이라 부른다. 주강은 형상이 복잡하거나 대형으로 단조가공이 곤란한 기어 등에 자주 사용된다. 탄소강 주강품은 탄소함유량이 0.2~0.4% 이하로 SC360, SC410, SC450, SC480으로 구분하며 기호의 뒤에 붙은 수치는 인장강도를 의미한다(SC480 : 인장강도 480 N/mm^2). 주강은 주조를 한 상태로는 조직이 균일하지 않으므로 주조 후 완전 풀림을 실시하여 조직을 미세화시키고 주조응력을 제거해야 하는 단점이 있다.
이 같은 단점으로 인해 과거에는 주강기어가 많이 제작 되었으나 요즘에는 특수한 경우나 대형기어를 제작하는 곳 외에는 잘 사용하지 않는다. 주로 본체나 하우징, 케이스 등과 같이 기계절삭 가공만으로 제작하기 곤란한 복잡한 형상의 부품 등에 적용한다.

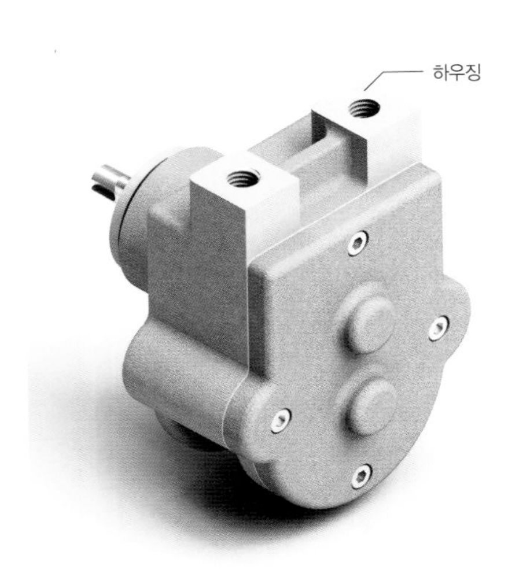

✣ 기어 펌프

✣ 주강 부품

1-4 열처리의 주요 목적

조립도를 보고 투상을 하여 치수기입과 공차의 선정 및 표면거칠기 기호를 지정한 다음에는 각 부품별로 재질을 선정해주고 그 부품 기능에 따른 기계적 성질을 맞추어주기 위하여 열처리를 선정하게 된다. 열처리는 기계 부품 제조 공정 중 필수적인 공정으로, 기계를 구성하는 부품의 기능에 요구되는 여러 가지 기계적 성질을 향상시켜 기계의 기능 향상 및 수명을 연장시킬 수 있다.
특히 공구강, 고속도강, 금형용강 등의 합금강은 원료 자체가 비싸고 제품 설계와 가공에 있어서 기술적인 어려움이 많아 부품 제조에 소요되는 생산 원가가 비싼데, 이런 부품의 열처리는 그 결과가 매우 중요하며 열처리 불량으로 인한 손실 또한 커질 수도 있다는 점을 명심해야 한다.

1. 열처리의 주요 목적

❶ **경도** 또는 **인장강도**를 **증가**시키기 위한 목적(담금질, 담금질 후 보통 취약해지는 것을 막기 위해 뜨임 처리)
❷ 조직을 **연한 성질**로 변화시키거나 또는 **기계 가공**에 **적합한 상태**로 만들기 위한 목적(어닐링, 탄화물의 구상화 처리)
❸ **조직**을 **미세화**하고 방향성을 적게 하며, **균일한 상태**로 만들기 위한 목적(노멀라이징)
❹ **냉간 가공**의 영향을 **제거**할 목적(중간 어닐링, 변태점 이하의 온도로 가열함으로써 연화 처리)
❺ **내부 응력**을 **제거**하고 사전에 기계 가공에 의한 제품의 비틀림의 발생 또는 사용 중에 파손이 발생하는 것을 방지할 목적(응력제거 어닐링)
❻ 산세 또는 전기 도금에 의해 외부에서 강중으로 확산하여 용해된 수소를 제거하여 수소에 의한 취화를 적게 하기 위한 목적(150~300℃로 가열)
❼ **조직**을 **안정화**시킬 목적(어닐링, 템퍼링, 심냉 처리 후 템퍼링)
❽ **내식성**을 **개선**할 목적(스테인리스 강의 퀜칭)
❾ **자성**을 **향상**시키기 위한 목적(규소강판의 어닐링)
❿ **표면**을 **경화**시키기 위한 목적(고주파 경화, 화염 경화)
⓫ 강에 **점성**과 **인성**을 **부여**하기 위한 목적(고망간(Mn)강의 퀜칭)

이상과 같은 열처리는 강의 화학 조성과 용도에 따라 열처리 방법이 결정된다.

2. 열처리의 종류와 개요

설계자가 도면 작성시에 열처리가 필요한 부품에 별도의 지시를 해주지 않는다면 현장에서는 그대로 제작을 할 것이고 나아가 열처리가 되지 않은 부품을 그대로 사용하게 되면 쉽게 마모되어 부품을 다른 재질로 교체해야 하는 일이 발생할 수도 있을 것이다. 아래에 일반적으로 많이 사용하는 열처리의 종류와 개요에 대해 이해를 하고 설계에 적용할 수 있는 능력을 갖추어야 한다.

1) 담금질(퀜칭, quenching)

강을 적당한 온도로 가열하여 오스테나이트 조직에 이르게 한 뒤, 마텐자이트 조직으로 변화시키기 위해 **급냉**시키는 열처리 방법이다. 즉, 강을 단단하게 하기 위하여 강 고유의 온도까지 가열해서 적당한 시간을 유지한 후에 급냉시켜 얻는 조직으로 A3, A1 상 30~50℃에서 유지한 후 물 또는 기름에 급냉시켜 얻는다.
담금질은 강의 **경도**와 **강도**를 **증가**시키기 위한 것이다. 강의 담금질 온도가 너무 높으면 강의 오스테나이트 결정 입자가 성장하여 담금질 후에도 기계적 성질이 나빠지고 균열이나 변형이 일어나기 쉽다. 따라서 담금질 온도에 주의해야 한다. 인장, 굽힘, 전단, 내마모성 등 기계적 성질을 향상시키기 위한 경화를 목적으로 한다. 부분 담금질은 강이나 주철로 만든 부품의 필요한 부분만을 열처리하여 기계적, 물리적 성질을 향상시키고자 할 때 사용하는 열처리를 말한다.

탄소함유량이 0.025%C 이하에서는 담금질이 되지 않는다. 담금질을 시키려면 침탄 후 실시해야 하고, 0.25%C 이상에서만 담금질이 가능하며 0.8%C 일 때 가장 담금질이 잘된다고 한다.

■ 담금질 처리하는 부품

(가) 회전, 왕복, 운동부, 습동부 등의 긁힘이나 흠집 등의 방지와 내마모성을 향상

(나) 내마모성을 필요로 하는 부품

2) 풀림(어닐링, annealing)

일반적으로 풀림이라 하면 완전 풀림(full annealing)을 말한다. A3, A1 상 30~50℃에서 적당한 시간을 유지시킨 후 로냉(로중에서 냉각)하는 방법으로 주조나 고온에서 오랜 시간 단련된 금속재료는 오스테나이트 결정 입자가 커지고 기계적 성질이 나빠진다. 재료를 일정 온도까지 일정 시간 가열을 유지한 후 서서히 냉각시키면, 변태로 인해 최초의 결정 입자가 붕괴되고 새롭게 미세한 결정입자가 조성되어 **내부 응력**이 **제거**될 뿐만 아니라 **재료**가 **연화**된다.

풀림에는 완전풀림, 항온풀림, 구상화풀림, 확산풀림, 응력제거풀림, 연화풀림 등이 있으며, 이러한 목적을 위한 열처리 방법을 풀림이라 부른다.

■ 풀림의 목적

(가) 단조나 주조 등의 기계 가공에서 발생한 **내부 응력**의 **제거**

(나) **열처리**에서 발생하는 경화된 **재료**의 **연화**

(다) **가공**이나 **공작**으로 경화된 재료의 연화

(라) 금속 결정 입자의 **미세화**

(마) **절삭성 향상** 및 **냉간가공성 개선**

■ 풀림처리하는 부품

(가) 소재의 경화, 내부응력의 제거, 비틀림(변형) 방지가 필요한 부품

(나) 철판 구조물, 주물 부품 등 경도를 필요로 하는 부품

3) 불림(노멀라이징, normalizing)

불림의 목적은 결정 조직을 미세화하고 냉간 가공이나 단조 등으로 인한 **내부 응력**을 **제거**하며 재료의 결정 조직이나 기계적 성질과 물리적 성질 등을 표준화시키는 데 있다. 강을 불림 처리하면 취성이 저하되고, 주강의 경우 주조 상태에 비해 연성이나 인성 등 기계적 성질이 현저히 개선된다. 재료를 변태점 이상의 적당한 온도로 가열한 다음 일정 시간 유지시킨 후 바람이 없는 조용한 공기 중에서 냉각시킨다. 이렇게 하여 미세하고 균일하게 표준화된 금속 조직을 얻을 수 있다.

불림처리는 A3, A1, Acm 상 30~50℃에서 적당한 시간을 유지한 후 **공냉시키는 방법**으로 이렇게 해서 얻은 조직을 표준 조직(standard structure)이라 한다.

■ 불림의 목적

(가) 조직의 **균일화** 및 **미세화**

(나) **피삭성**의 **개선**

(다) **잔류응력**의 **제거**

4) 뜨임(템퍼링, tempering)

담금질한 강은 경도가 증가된 반면 취성을 가지게 되고, 표면에 잔류응력이 남아 있으면 불안정하여 파괴되기 쉽다. 따라서 **재료에 적당한 인성**을 **부여**하기 위해서는 **담금질 후**에 반드시 **뜨임처리**를 해야 한다.
즉 담금질 한 조직을 안정한 조직으로 변화시키고 잔류 응력을 감소시켜, 필요로 하는 성질과 상태를 얻기 위한 것이 뜨임의 목적이다. 담금질한 강을 적당한 온도까지 가열하여 다시 냉각시킨다. 담금질만 실시한 강은 아주 단단하고 취약하므로 기계 재료로 사용할 수 없으므로 **경도는 다소 낮추더라도 인성**(Toughness)을 주기 위해서 A1(723℃)점 이하에서 실시하는 열처리이다.

Key point

담금질은 강(순철과 탄소의 합금)을 일정한 온도 이상으로 가열시킨 후 빠르게 냉각(급냉)시키는 열처리를 의미하며, 가열 시킨 후 빠른 냉각은 강을 단단하게 만든다. 즉, 경도가 높아지는 것을 말하며, **경도가 너무 높은 것은 깨지기 쉽게** 된다. 그래서 뜨임을 하는 것인데 경도가 높아진 강을 적당한 온도로 알맞게 가열하면 강의 높은 경도는 그대로 유지하는 반면에 강도는 상당히 높아지게 된다. 이처럼 높은 경도와 강도를 얻어 강인한 재질을 만드는 열처리를 마치 **밥을 한 후에 뜸을 들이는 것**과 비슷하다고 해서 '**뜨임**'이라고 한다. 뜨임은 강인한 쇠를 만들기 위해 담금질 후 공정으로 꼭 필요한 공정이며, 이러한 담금질 및 뜨임 공정을 영어의 머릿글자를 따서 '**QT**'(Quenching & Tempering)이라고 하고 한자로는 **조질(調質)처리**라고 한다.

5) 침탄경화법(Carburizing)

침탄이란 재료의 표면만을 단단한 재질로 만들기 위해 다음과 같은 단계를 사용하는 방법이다. 탄소함유량이 0.2% 미만인 저탄소강이나 저탄소 합금강을 침탄제 속에 파묻고 오스테나이트 범위로 가열한 다음, 그 표면에 탄소를 침입하고 확산시켜서 표면층만을 고탄소 조직으로 만든다. 침탄 후 담금질하면 표면의 침탄층은 마텐자이트 조직으로 경화시켜도 중심부는 저탄소강 성질을 그대로 가지고 있어 이중 조직이 된다. 표면이 단단하기 때문에 내마멸성을 가지게 되며, 재료의 중심부는 저탄소강이기 때문에 인성을 가지게 된다.
이러한 성질 때문에 고부하가 걸리는 기어에는 대개 침탄 열처리를 사용한다. 침탄법은 침탄에 사용되는 침탄제에 따라 고체침탄법, 액체침탄법, 가스침탄법으로 나눈다. 특별히 액체 침탄의 경우, 질화도 동시에 어느 정도 이루어지기 때문에 침탄 질화법이라 부른다. 표면측만을 경화, 특히 내마모성 혹은 내피로성을 얻는 것을 주 목적으로 한다.

■ 표면경화 처리를 하는 부품

(가) 표면경화를 필요로 하는 부품에 경화 방지 부분(나사, 핀 홀)이 있는 부품
(나) 충격 하중을 반복적으로 받는 부품
(다) 열변형이 발생할 우려가 있는 부품
(라) 절단 부위에 크랙(Crack) 현상이 발생할 소지가 있는 부품

6) 고주파 표면경화법(Induction hardening)

0.4~0.5%의 탄소를 함유한 고탄소강을 고주파를 사용하여 일정 온도로 가열한 후 담금질하여 뜨임하는 방법이다. 이 방법에 의하면 0.4% 전후의 구조용 탄소강으로도 합금강이 갖는 목적에 적용할 수 있는 재료를 얻을 수 있다. 표면경화 깊이는 가열되어 오스테나이트 조직으로 변화되는 깊이로 결정되므로 가열 온도와 시간 등에 따라 다르다.

보통 열처리에 사용되는 가열 방법은 열에너지가 전도와 복사 형식으로 가열하는 물체에 도달하는 방식을 이용하고 있다. 그러나 고주파 가열법에서는 전자 에너지 형식으로 가공물에 전달되고, 전자 에너지가 가공물의 표면에 도달하면 유도 2차 전류가 발생한다. 이 때 가공물 표면에 와전류(eddy current)가 발생하여 표피효과(skin effect)가 된다. 2차 유도전류는 표면에 집중하여 흐르므로 표면경화에는 다음과 같은 장점이 나타난다.

■ 고주파 표면 경화법의 특징

(가) 표면에 에너지가 집중하기 때문에 가열 시간을 단축할 수 있어 작업비가 싸다.
(나) 가공물의 응력을 최대한 억제할 수 있다.
(다) 가열시간이 극히 짧으므로 탈탄되는 일이 없고 표면경화의 산화가 극히 적다.
(라) 열처리 불량(담금질 균열 및 변형)이 거의 없다.
(마) 강의 표면은 경도가 높고 내마모성이 향상된다.
(바) 기계적 성질이 향상되고 동적강도가 높다.
(사) 재질은 보통 0.30~0.6% 탄소강이면 충분하기 때문에 고탄소강이나 특수강을 필요로 하지 않는다.

7) 화염경화법(Flame Hardening)

화염경화법은 산소-아세틸렌가스, 프로판가스 또는 천연가스 등을 열원으로 한 가스불꽃으로 강의 표면을 급속히 가열하여 담금질 온도가 되면 냉각액을 표면에 분사하여 경화시키는 방법으로써 이 방법은 강 전체를 경화시키는 것보다 효과적이며 담금질에 의한 균열을 방지할 수 있으며 인장도, 충격치, 내마모성 등을 향상시킨다.

■ 화염경화법의 장점

(가) 주철, 주강, 특수강, 탄소강 등 거의 모든 강에 담금질 할 수 있다
(나) 노안에 장입할 수 없는 대형부품의 부분 담금질도 가능하다.
(다) 전용 담금질 장치를 제외하고 가열장치의 이동이 가능하다.
(라) 장치가 간단한 편이고 다른 담금질 방법에 비해서 설비비가 저렴하다.
(마) 부분 담금질이나 담금질 깊이의 조절이 가능하다.
(바) 담금질 균열이나 변형이 적다.
(사) 기계가공을 생략할 수 있다.
(아) 강재의 표면은 경화되고 내마모성이 우수하다.
(자) 강재의 부품은 동적강도가 크고 기계적 성질이 우수하다.
(차) 간단한 소형부품은 용접용 토치로도 담금질이 가능하다.

■ 화염경화법의 단점

(가) 가열온도를 정확하게 측정할 수 없으므로 담금질 조작에는 숙련된 기술이 필요하다.
(나) 화구(노즐 : nozzle)의 설계와 제작이 정밀해야 한다.
(다) 불꽃을 일정하게 조절하기가 어렵다.
(라) 급속한 가열이므로 복잡한 형상의 것이나 모서리가 있는 부분은 열에 의한 치수의 변형이 생기기 쉽다.
(마) 가스의 취급 및 조작시에 위험이 따르며 전문성이 요구된다.

1-5 강의 종류에 따른 열처리 온도 및 경도

강의 종류	KS 기호	JIS 기호	탄소 함유량 (%)	퀜칭온도 (℃) 냉각	퀜칭경도 HRC	경도 HRC
기계구조용 탄소강	SM35C	S35C	0.32~0.38	860~870	45~55	40~50
	SM40C	S40C	0.37~0.43	퀜칭	48~56	42~52
	SM45C	S45C	0.42~0.48	수냉	52~59	45~55
	SM50C	S50C	0.47~0.53	수냉, 유냉	55~62	48~55
고탄소 크롬베어링강	STB1	–		860~870		
	STB2	SUJ2	0.95~1.10		60~64	
	STB3	SUJ3		수냉, 유냉		
크롬 몰리브덴 강	SCM415	SCM415	0.13~0.18	수냉, 유냉	58~64	58~64
	SCM430	SCM430	0.28~0.33		45~52	40~50
	SCM435	SCM435	0.33~0.38		50~55	45~53
	SCM440	SCM440	0.38~0.43		52~59	5~56
니켈 크롬 몰리브덴 강	SNCM220	SNCM220	0.17~0.23	유냉	58~64	58~64
	SNCM447	SNCM447	0.44~0.50		45~52	45~52
	SNCM439	SNCM439	0.36~0.43		52~59	52~54
	SNCM431	SNCM431	0.27~0.35	820~870	45~52	45~52
니켈 크롬강	SNC236	SNC236	0.32~0.40	860~870	45~50	40~48
	SNC631	SNC631	0.27~0.35		50~56	45~52
	SNC836	SNC836	0.32~0.40		52~60	58~64
	SNC415	SNC415	0.12~0.18	수냉	58~64	58~64
크롬강	SCr430	SCr430	0.28~0.33	830~880	45~56	40~48
	SCr435	SCr435	0.33~0.38		50~56	45~52
	SCr440	SCr440	0.38~0.43		52~60	
	SCr445	SCr445	0.43~0.48	수냉, 유냉	52~62	
탄소강 단강품	SF440A	SF440A		860~880	32~45	27~37
	SF490A	SF490A			45~52	37~38
	SF540A	SF540A			48~55	45~52
	SF590B	SF590B		수냉	52~59	45~55
탄소강 주강품	SC360	SC360	0.20 이하	850~880		27~40
	SC410	SC410	0.30 이하			32~45
	SC450	SC450	0.35 이하			37~48
	SC480	SC480	0.40 이하	수냉, 유냉	40~52	40~52
탄소 공구강	STC140	SK140	1.30~1.50	유냉, 공냉	62~65	62~65
	STC120	SK120	1.10~1.30		62~65	62~65
	STC105	SK105	1.00~1.10		62~65	62~65
	STC95	SK95	0.90~1.00		60~65	60~65
	STC85	SK85	0.80~0.90	수냉, 유냉	59~65	59~65
합금 공구강	STS2	SKS2	1.00~1.10	860~870	60~65	60~65
	STS3	SKS3	0.90~1.00		59~65	59~65
다이스강	STD1	SKD1	1.90~2.20	유냉	60~65	60~65
	STD2	SKD2	2.00~2.30	1000~1040	60~65	60~65
	STD11	SKD11	1.40~1.60	유냉, 공냉	60~65	60~65
기계구조용 탄소강관	STKM16A	STKM16A	0.35~0.45	860~870	52~59	
	STKM17A	STKM17A	0.45~0.55	수냉, 유냉	55~62	
스테인리스강	STS440C	SUS440C	0.95~1.20	1010~1040	58~63	
	GA			유냉, 공냉	56~59	
	GC			870~880	53~56	
	GE			수냉, 공냉	53~56	

1-6 표면경화강과 열처리 경도

구 분	재료 기호	탄 소 (%)	경화 깊이	HRC	용 도 및 특 징
침탄 표면 경화	SM9CK	0.07~0.12	0.5~2.0	58	탄소 함유량 0.25% 이하 분쇄 롤러, 클러치 이면, 스프라켓 휠 캠, 축, 피스톤, 핀, 기어 SNCM 강력 기어 축류 압연
	SM15CK	0.13~0.18			
	SC21	0.03~0.18		56	
	SNC22	0.12~0.18		60	
	SNCM26	0.13~0.20		60	
	SCM21	0.15		50	
질화 표면 경화	SNC3	0.36	0.095~0.4	64	Al, Cr : 질화를 쉽게 하고 경도 높임 Mo : 경화 깊이 깊게, 뜨임 취성 방지 열기관 실린더, 피스톤, 열간 압연 롤러, 핀, 기어, 연료 분사 노즐, 다이스, 절삭공구
	SACM2	0.4~0.5		72	
	SNCM9	0.44~0.5		64	
고주파 표면 경화	SM35C	0.32~0.38	고주파 0.05~1.5	40	소형 정, 축, 핀 스크류, 기어, 캠
	SM40C	0.37~0.43		64	
	SM45C	0.42~0.48		50	
	SM50C	0.47~0.53		58	
	SM55C	0.52~0.58		62	
화염 경화	SNC1,2,3	0.35	화염 0.8~6	62	대형 크랭크 축, 베드 미끄럼 면, 기어, 캠
	SNCM6,7,8,9	0.45		64	
	SCM4	0.4		60	
	STC85 STC75 STC65	0.60~0.90		56	
	SPS10	0.5		58	
	STS41	0.35~0.45		45	
쇼트 피이닝	SPS1 ~ 11	0.4~0.9	가공 경화	38	스프링 (연삭, 쇼트 피이닝, 부루잉 에나멜)

1-7 열처리 경도에 따른 구분

경 도	구 분
HRC40±2	기어의 이나 스프로킷의 이가 작은 경우 HRC50±2 이상의 경도로 열처리를 실시하게 되면 강도가 강하여 쉽게 깨지게 될 우려가 있으므로 이가 파손되지 않도록 하기 위하여 경도를 선택하여 사용한다.
HRC50±2	보통 전동축과 같이 운전중에 지속적으로 하중을 받는 부분에 사용하며 일반적으로 널리 사용되는 열처리로 강도가 크게 요구되는 곳에 적용한다.
HRC60±2	보통 드릴부시의 경우처럼 공구와 부시(Bush)간에 직접적인 마찰이 발생하는 부분에 적용한다. 내륜이 없는 니들 베어링의 축 부분 등에 사용한다.

1-8 부품별 재료기호 및 열처리 선정 범례

1. 동력전달/구동장치의 부품별 재료기호 및 열처리 선정 범례

부품의 명칭	재료 기호	재료의 종류	특 징	열처리 및 도금, 도장
본체 또는 몸체 (BASE or BODY)	GC200	회주철	주조성 양호, 절삭성 우수, 복잡한 본체나 하우징, 공작기계 베드, 내연기관 실린더, 피스톤 등, 펄라이트+페라이트+흑연	외면 명청, 명적색 도장
	GC250 GC300	회주철		
	SC480	주강	강도를 필요로 하는 대형 부품, 대형 기어	HRC50±2 외면 명회색 도장
축 (SHAFT)	SM45C	기계구조용 탄소강	탄소함유량 0.42~0.48	고주파 열처리 표면경도 HRC50~
	SM15CK	기계구조용 탄소강	탄소함유량 0.13~0.18 (침탄 열처리)	침탄용으로 사용
	SCM415 SCM435 SCM440	크롬 몰리브덴강	구조용 합금강으로 SCM415~SCM822 까지 10종이 있다.	사삼산화철 피막, 무전해 니켈 도금 전체 열처리 HRC50±2 HRC35~40 (SCM435) HRC30~35 (SCM435)
커버 (COVER)	GC200	회주철	본체와 동일한 재질 사용	외면 명청, 명적색 도장
	GC250	회주철		
	SC480	주강	본체와 동일한 재질 사용	외면 명청, 명적색 도장
V벨트 풀리 (V-BELT PULLEY)	GC200 GC250	회주철	고무벨트를 사용하는 주철제 V-벨트 풀리	외면 명청, 명적색 도장
스프로킷 (SPROCKET)	SCM440 SCM45C	크롬 몰리브덴강	용접형은 보스(허브)부 일반구조용 압연강재, 치형부 기계구조용 탄소강재	치부 열처리 HRC50±2 사삼산화철 피막
		기계구조용 탄소강		
스퍼기어 (SPUR GEAR)	SNC415	니켈 크롬강		기어치부 열처리 HRC50±2 전체 열처리 HRC50±2
	SCM435	크롬 몰리브덴강		
	SC480	주강	대형 기어 제작	
	SM45C	기계구조용 탄소강	압력각 20°, 모듈 0.5~3.0	사삼산화철 피막, 무전해 니켈 도금 기어치부 고주파 열처리 HRC50~55
래크 (RACK)	SNC415 SCM435	니켈 크롬강 크롬 몰리브덴강		전체 열처리 HRC50±2
피니언 (PINION)	SNC415	니켈 크롬강		전체 열처리 HRC50±2
웜 샤프트 (WORM SHAFT)	SCM435	크롬 몰리브덴강		전체 열처리 HRC50±2
래칫 (RATCH)	SM15CK	기계구조용 탄소강		침탄 열처리
로프 풀리 (ROPE PULLEY)	SC480	주강		
링크 (LINK)	SM45C	기계구조용 탄소강		
칼라 (COLLAR)	SM45C	기계구조용 탄소강	베어링 간격유지용 링	
스프링 (SPRING)	PW1	피아노선		
베어링용 부시	CAC502A	인청동주물	구기호 : PBC2	
핸들 (HANDLE)	SS400	일반구조용 압연강		인산염피막, 사삼산화철 피막,
평벨트 풀리	GC250 SF340A	회주철 탄소강 단강품		외면 명청, 명적색 도장

부품의 명칭	재료 기호	재료의 종류	특 징	열처리 및 도금, 도장
스프링	PW1	피아노선		
편심축	SCM415	크롬 몰리브덴강		전체 열처리 HRC50±2
힌지핀 (HINGE PIN)	SM45C STS440C	기계구조용 탄소강 스테인리스강		사삼산화철 피막, 무전해 니켈도금 HRC40~45 (SM45C) HRC45~50 (SUS440C) 경질크롬도금 도금 두께 3μ m 이상
볼스크류 너트	SCM420	크롬몰리브덴강	저온 흑색 크롬 도금	침탄 열처리 HRC58~62
전조 볼스크류	SM55C	기계구조용 탄소강	인산염 피막처리	고주파 열처리 HRC58~62
LM 가이드 본체, 레일	STS304	스테인리스강	열간 가공 스테인리스강, 오스테나이트계	열처리 HRC56~
사다리꼴 나사	SM45C	기계구조용 탄소강	30도 사다리꼴나사(왼, 오른나사)	사삼산화철 피막 저온 흑색 크롬 도금

2. 치공구(JIG & FIXTURE)의 부품별 재료기호 및 열처리 선정표

부품의 명칭	재료 기호	재료의 종류	특 징	열처리, 도장
지그 베이스 (JIG Base)	SCM415	크롬 몰리브덴강	기계 가공용	
	SM45C	기계구조용강		
하우징, 몸체 (Housing, Body)	SC480	주강	중대형 지그 바디 주물용	
위치결정 핀 (Locating Pin)	STS3	합금공구강	주로 냉간 금형용 STD는 열간 금형용	HRC60~63 경질 크롬 도금, 버핑연마 경질 크롬 도금 + 버핑 연마
지그 부시 (Jig Bush)	SCM415	크롬 몰리브덴강	구기호 : SCM21	드릴, 엔드밀 등 공구 안내용 전체 열처리 HRC65±2
	STC105	탄소공구강	구기호 : STC3	
	STS3/ STS21	탄소공구강	STS3 : 주로 냉간 금형용 STS21 : 주로 절삭 공구강용	
플레이트 (Plate)	SM45C	기계구조용 탄소강		
스프링 (Spring)	SPS3	실리콘 망간강재	겹판, 코일, 비틀림막대 스프링	
	SPS6	크롬 바나듐강재	코일, 비틀림막대 스프링	
	SPS8	실리콘 크롬강재	코일 스프링	
	PW1	피아노선	스프링용	
가이드블록 (Guide Block)	SCM430	크롬 몰리브덴강		
베어링부시 (Bearing Bush)	CAC502A	인청동주물	구기호 : PBC2	
	WM3	화이트 메탈		
브이블록 (V-Block) 클램프죠 (Clamping Jaw)	STC105 SM45C	탄소공구강 기계구조용 탄소강	지그 고정구용, V-블록, 클램핑 죠	HRC 58~62 HRC 40~50
로케이터 (Locator)	SCM430	크롬 몰리브덴강	위치결정구, 로케이팅 핀	HRC50±2
메저링핀 (Measuring Pin)			측정 핀	HRC50±2
슬라이더 (Slider)			정밀 슬라이더	HRC50±2
고정다이 (Fixed Die)			고정대	
힌지핀 (Hinge Pin)	SM45C	기계구조용 탄소강		HRC40~45
C와셔 (C-Washer)	SS400	일반구조용 압연강재	인장강도 41~50 kg/mm	인장강도 400~510 N/㎟
지그용 고리모양 와셔	SS400	일반구조용 압연강재	인장강도 41~50 kg/mm	인장강도 400~510 N/㎟
지그용 구면 와셔	STC105	탄소공구강	구기호 : STC7	HRC 30~40
지그용 육각볼트, 너트	SM45C	기계구조용 탄소강		

부품의 명칭	재료 기호	재료의 종류	특　징	열처리, 도장
핸들 (Handle)	SM35C	기계구조용 탄소강	큰 힘 필요시 SF40 적용	
클램프 (Clamp)	SM45C			마모부 HRC 40~50
캠 (Cam)	SM45C SM15CK		SM15CK 는 침탄열처리용	마모부 HRC 40~50
텅 (Tonge)	STC105	탄소공구강	T홈에 공구 위치결정시 사용	
쐐기 (Wedge)	STC85 SM45C	탄소공구강 기계구조용 탄소강	구기호 : STC5	열처리해서 사용
필러 게이지	STC85 SM45C	탄소공구강 기계구조용 탄소강	구기호 : STC5	HRC 58~62
세트 블록 (Set Block)	STC105	탄소공구강	두께 1.5~3mm	HRC 58~62

3. 공유압기기의 부품별 재료기호 및 열처리 선정표

부품의 명칭	재료 기호	재료의 종류	특　징	열처리, 도장
실린더 튜브 (Cylinder Tube)	ALDC10	다이캐스팅용 알루미늄 합금	피스톤의 미끄럼 운동을 안내하며 압축공기의 압력실 역할 실린더튜브 내면은 경질 크롬도금	백색 알루마이트
피스톤 (Piston)	ALDC10	알루미늄 합금	공기압력을 받는 실린더 튜브내에서 미끄럼 운동	크로메이트
피스톤 로드 (Piston Rod)	SCM415 SM45C	크롬 몰리브덴강 기계구조용 탄소강	부하의 작용에 의해 가해지는 압축, 인장, 굽힘, 진동 등의 하중에 견딜 수 있는 충분한 강도와 내마모성 요구 합금강 사용시 표면 경질크롬도금	전체 열처리 HRC50±2 경질 크롬 도금
핑거 (Finger)	SCM430	크롬 몰리브덴강	집게역할을 하며 핑거에 별도로 죠(JAW)를 부착 사용	전체 열처리 HRC50±2
로드부시 (Rod Bush)	CAC502A	인청동주물	왕복운동을 하는 피스톤 로드를 안내 및 지지하는 부분으로 피스톤 로드가 이동시 베어링 역할 수행	구기호 : PBC2
실린더헤드 (Cylinder Head)	ALDC10	다이캐스팅용 알루미늄 합금	원통형 실린더 로드측 커버나 에어척의 헤드측 커버를 의미	알루마이트 주철 사용시 흑색 도장
링크 (Link)	SCM415	크롬 몰리브덴강	링크 레버 방식의 각도 개폐형	전체 열처리 HRC50±2
커버 (Cover)	ALDC10	다이캐스팅용 알루미늄 합금	실린더 튜브 양 끝단에 설치 피스톤 행정거리 결정	주철 사용시 흑색 도장
힌지핀 (Hinge Pin)	SCM435 SM45C	크롬 몰리브덴강 기계구조용 탄소강	레버 방식의 공압척에 사용하는 지점 핀	HRC40~45
롤러 (Roller)	SCM440	크롬 몰리브덴강		전체 열처리 HRC50±2
타이 로드 (Tie Rod)	SM45C	기계구조용 탄소강	실린더 튜브 양 끝단에 있는 헤드커버와 로드커버를 체결	아연 도금
플로팅 조인트 (Floating Joint)	SM45C	기계구조용 탄소강	실린더 로드 나사부와 연결 운동 전달요소	사삼산화철 피막 터프트라이드
실린더 튜브 (Cylinder Tube)	ALDC10	알루미늄 합금		경질 알루마이트
	STKM13C	기계 구조용 탄소강관	중대형 실린더용의 튜브, 기계 구조용 탄소강관 13종	내면 경질크롬도금 외면 백금 도금 중회색 소부 도장
피스톤 랙 (Piston Rack)	STS304	스테인리스 강	로타리 액츄에이터용	
피니언 샤프트 (Pinion Shaft)	SCM435 STS304 SM45C	크롬 몰리브덴강 스테인리스 강 기계구조용 탄소강	로타리 액츄에이터용	전체 열처리 HRC50±2

CHAPTER

02 기계 구조용 탄소강 및 합금강

2-1 기계 구조용 탄소 강재

Carbon steels for machine structural use

KS D 3752 : 2007

■ 적용 범위

이 규격은 열간 압연, 열간 단조 등 열간 가공에 의해 제조한 것으로, 보통 다시 단조, 절삭 등의 가공 및 열처리를 하여 사용되는 기계구조용 탄조 강재에 대하여 규정한다.

■ 화학 성분

단위 : %

기호	화학 성분(%)				
	C	Si	Mn	P	S
SM 10C	0.08~0.13	0.15~0.35	0.30~0.60	0.030 이하	0.035 이하
SM 12C	0.10~0.15	0.15~0.35	0.30~0.60	0.030 이하	0.035 이하
SM 15C	0.13~0.18	0.15~0.35	0.30~0.60	0.030 이하	0.035 이하
SM 17C	0.15~0.20	0.15~0.35	0.30~0.60	0.030 이하	0.035 이하
SM 20C	0.18~0.23	0.15~0.35	0.30~0.60	0.030 이하	0.035 이하
SM 22C	0.20~0.25	0.15~0.35	0.30~0.60	0.030 이하	0.035 이하
SM 25C	0.22~0.28	0.15~0.35	0.30~0.60	0.030 이하	0.035 이하
SM 28C	0.25~0.31	0.15~0.35	0.60~0.90	0.030 이하	0.035 이하
SM 30C	0.27~0.33	0.15~0.35	0.60~0.90	0.030 이하	0.035 이하
SM 33C	0.30~0.36	0.15~0.35	0.60~0.90	0.030 이하	0.035 이하
SM 35C	0.32~0.38	0.15~0.35	0.60~0.90	0.030 이하	0.035 이하
SM 38C	0.35~0.41	0.15~0.35	0.60~0.90	0.030 이하	0.035 이하
SM 40C	0.37~0.43	0.15~0.35	0.60~0.90	0.030 이하	0.035 이하
SM 43C	0.40~0.46	0.15~0.35	0.60~0.90	0.030 이하	0.035 이하
SM 45C	0.42~0.48	0.15~0.35	0.60~0.90	0.030 이하	0.035 이하
SM 48C	0.45~0.51	0.15~0.35	0.60~0.90	0.030 이하	0.035 이하
SM 50C	0.47~0.53	0.15~0.35	0.60~0.90	0.030 이하	0.035 이하
SM 53C	0.50~0.56	0.15~0.35	0.60~0.90	0.030 이하	0.035 이하
SM 55C	0.52~0.58	0.15~0.35	0.60~0.90	0.030 이하	0.035 이하
SM 58C	0.55~0.61	0.15~0.35	0.60~0.90	0.030 이하	0.035 이하
SM 9CK	0.07~0.12	0.10~0.35	0.30~0.60	0.025 이하	0.025 이하
SM 15CK	0.13~0.18	0.15~0.35	0.30~0.60	0.025 이하	0.025 이하
SM 20CK	0.18~0.23	0.15~0.35	0.30~0.60	0.025 이하	0.025 이하

【비 고】 1. Cr은 0.20%를 넘어서는 안 된다.
다만, 주문자와 제조자 사이의 협의에 따라 0.30% 미만으로 하여도 좋다.
2. SM 9CK, SM 15CK 및 SM 20CK는 불순물로서 Cu는 0.25%를, Ni는 0.20%를, Ni+Cr은 0.30%를, 기타 종류는 불순물로서 Cu는 0.30%를, Ni는 0.20%를, Ni+Cr은 0.35%를 넘어서는 안 된다.
다만, 주문자와 제조자 사이의 협의에 따라 Ni+Cr의 상한을 SM 9CK, SM 15CK 및 SM 20CK는 0.40% 미만, 기타 종류는 0.45% 미만으로 하여도 좋다.

2-2 경화능 보증 구조용 강재(H강) [폐지]

Stuctural steels with specified hardenability bands　　KS D 3754 : 1980 (2010 확인)

■ 적용 범위

이 규격은 열간 압연, 열간 단조 등 열간 가공에 의하여 만들어진 것으로서, 보통 다시 단조, 절삭 등의 가공과 열처리를 하고, 주로 기계 구조용에 사용하는 한쪽 끝 경화능을 보증하는 구조용 강재에 대하여 규정한다.

■ 종류 및 기호

종류의 기호	참 고	적 요
	구 기 호	
SMn 420 H	SMn 21 H	망간 강재
SMn 433 H	SMn 1 H	
SMn 438 H	SMn 2 H	
SMn 443 H	SMn 3 H	
SMnC 420 H	SMnC 21 H	망간 크롬 강재
SMnC 443 H	SMnC 3 H	
SCr 415 H	SCr 21 H	크롬 강재
SCr 420 H	SCr 22 H	
SCr 430 H	SCr 2 H	
SCr 435 H	SCr 3 H	
SCr 440 H	SCr 4 H	
SCM 415 H	SCM 21 H	크롬 몰리브덴 강재
SCM 418 H	−	
SCM 420 H	SCM 22 H	
SCM 435 H	SCM 3 H	
SCM 440 H	SCM 4 H	
SCM 445 H	SCM 5 H	
SCM 822 H	SCM 24 H	
SNC 415 H	SNC 21 H	니켈 크롬 강재
SNC 631 H	SNC 2 H	
SNC 815 H	SNC 22 H	
SNCM 220 H	SNCM 21 H	니켈 크롬 몰리브덴 강재
SNCM 420 H	SNCM 23 H	

■ 화학 성분

종류의 기호	(참 고) 구 기 호	화학 성분 %							
		C	Si	Mn	P	S	Ni	Cr	Mo
SMn 420 H	SMn 21 H	0.16~0.23	0.15~0.35	1.15~1.55	0.030 이하	0.030 이하	–	–	–
SMn 433 H	SMn 1 H	0.29~0.36	0.15~0.35	1.15~1.55	0.030 이하	0.030 이하	–	–	–
SMn 438 H	SMn 2 H	0.34~0.41	0.15~0.35	1.30~1.70	0.030 이하	0.030 이하	–	–	–
SMn 443 H	SMn 3 H	0.39~0.46	0.15~0.35	1.30~1.70	0.030 이하	0.030 이하	–	–	–
SMnC 420 H	SMnC 21 H	0.16~0.23	0.15~0.35	1.15~1.55	0.030 이하	0.030 이하	–	0.35~0.70	–
SMnC 443 H	SMnC 3 H	0.39~0.46	0.15~0.35	1.30~1.70	0.030 이하	0.030 이하	–	0.35~0.70	–
SCr 415 H	SCr 21 H	0.12~0.18	0.15~0.35	0.55~0.90	0.030 이하	0.030 이하	–	0.85~1.25	–
SCr 420 H	SCr 22 H	0.17~0.23	0.15~0.35	0.55~0.90	0.030 이하	0.030 이하	–	0.85~1.25	–
SCr 430 H	SCr 2 H	0.27~0.34	0.15~0.35	0.55~0.90	0.030 이하	0.030 이하	–	0.85~1.25	–
SCr 435 H	SCr 3 H	0.32~0.39	0.15~0.35	0.55~0.90	0.030 이하	0.030 이하	–	0.85~1.25	–
SCr 440 H	SCr 4 H	0.37~0.44	0.15~0.35	0.55~0.90	0.030 이하	0.030 이하	–	0.85~1.25	–
SCM 415 H	SCM 21 H	0.12~0.18	0.15~0.35	0.55~0.90	0.030 이하	0.030 이하	–	0.85~1.25	0.15~0.35
SCM 418 H	–	0.15~0.21	0.15~0.35	0.55~0.90	0.030 이하	0.030 이하	–	0.85~1.25	0.15~0.35
SCM 420 H	SCM 22 H	0.17~0.23	0.15~0.35	0.55~0.90	0.030 이하	0.030 이하	–	0.85~1.25	0.15~0.35
SCM 435 H	SCM 3 H	0.32~0.39	0.15~0.35	0.55~0.90	0.030 이하	0.030 이하	–	0.85~1.25	0.15~0.35
SCM 440 H	SCM 4 H	0.37~0.44	0.15~0.35	0.55~0.90	0.030 이하	0.030 이하	–	0.85~1.25	0.15~0.35
SCM 445 H	SCM 5 H	0.42~0.49	0.15~0.35	0.55~0.90	0.030 이하	0.030 이하	–	0.85~1.25	0.15~0.35
SCM 822 H	SCM 24 H	0.19~0.25	0.15~0.35	0.55~0.90	0.030 이하	0.030 이하	–	0.85~1.25	0.35~0.45
SNC 415 H	SNC 21 H	0.11~018	0.15~0.35	0.30~0.70	0.030 이하	0.030 이하	1.95~2.50	0.20~0.55	–
SNC 631 H	SNC 2 H	0.26~0.35	0.15~0.35	0.30~0.70	0.030 이하	0.030 이하	2.45~3.00	0.55~1.05	–
SNC 815 H	SNC 22 H	0.11~0.18	0.15~0.35	0.30~0.70	0.030 이하	0.030 이하	2.95~3.50	0.65~1.05	–
SNCM 220 H	SNCM 21 H	0.17~0.23	0.15~0.35	0.60~0.95	0.030 이하	0.030 이하	0.35~0.75	0.35~0.65	0.15~0.30
SNCM 420 H	SNCM 23 H	0.17~0.23	0.15~0.35	0.40~0.70	0.030 이하	0.030 이하	1.55~2.00	0.35~0.65	0.15~0.30

【비 고】 1. 각종 모두 불순물로서 Cu 0.30%를 초과하지 않아야 한다.
2. 니켈 크롬 강재 및 니켈 크롬 몰리브덴 강재 이외의 강재는 불순물로서 Ni 0.25%를 초과하지 않아야 한다.
3. 망간 강재의 Cr은 0.35%를 초과하지 않아야 한다.

2-3 기계구조용 합금강 강재

Low-alloyed steels for machine structural use

KS D 3867 : 2015

■ 적용 범위

이 규격은 열간 압연, 열간 단조 등 열간 가공에 의해 만들어진 것으로, 보통 다시 단조, 절삭, 냉간 인발 등의 가공과 퀜칭 템퍼링, 노멀라이징, 침탄 퀜칭 등의 열처리를 하여 주로 기계구조용으로 사용되는 합금강 강재에 대하여 규정한다.

■ 종류 및 기호

종류의 기호	분류	종류의 기호	분류	종류의 기호	분류	종류의 기호	분류
SMn 420	망가니즈강	SCr 445	크로뮴강	SCM 440	크로뮴 몰리브데넘강	SNCM 420	니켈크로뮴 몰리브데넘강
SMn 433				SCM 445		SNCM 431	
SMn 438		SCM 415	크로뮴 몰리브데넘강	SCM 822		SNCM 439	
SMn 443		SCM 418		SNC 236	니켈 크로뮴강	SNCM 447	
SMnC 420	망가니즈 크로뮴강	SCM 420		SNC 415		SNCM 616	
SMnC 443		SCM 421		SNC 631		SNCM 625	
SCr 415	크로뮴강	SCM 425		SNC 815		SNCM 630	
SCr 420		SCM 430		SNC 836		SNCM 815	
SCr 430		SCM 432		SNCM 220	니켈 몰리브데넘강		
SCr 435		SCM 435		SNCM 240			
SCr 440				SNCM 415			

[비 고] SMn 420, SMnC 420, SCr 415, SCr 420, SCM 415, SCM 418, SCM 420, SCM 421, SCM 822, SNC 415, SNC 815, SNCM 220, SNCM 415, SNCM 420, SNCM 616 및 SNCM 815는 주로 표면 담금질용으로 사용한다.

CHAPTER 02

■ 화학 성분

단위 : %

종류의 기호	C	Si	Mn	P	S	Ni	Cr	Mo
SMn 420	0.17~0.23	0.15~0.35	1.20~0.50	0.030 이하	0.030 이하	0.25 이하	0.35 이하	–
SMn 433	0.30~0.36	0.15~0.35	1.20~0.50	0.030 이하	0.030 이하	0.25 이하	0.35 이하	–
SMn 438	0.35~0.41	0.15~0.35	1.35~1.65	0.030 이하	0.030 이하	0.25 이하	0.35 이하	–
SMn 433	0.40~0.46	0.15~0.35	1.35~1.65	0.030 이하	0.030 이하	0.25 이하	0.35 이하	–
SMnC 420	0.17~0.23	0.15~0.35	1.20~1.50	0.030 이하	0.030 이하	0.25 이하	0.35~0.70	–
SMnC 443	0.40~0.46	0.15~0.35	1.35~1.65	0.030 이하	0.030 이하	0.25 이하	0.35~0.70	–
SCr 415	0.13~0.18	0.15~0.35	0.60~0.90	0.030 이하	0.030 이하	0.25 이하	0.90~1.20	–
SCr 420	0.18~0.23	0.15~0.35	0.60~0.90	0.030 이하	0.030 이하	0.25 이하	0.90~1.20	–
SCr 430	0.28~0.33	0.15~0.35	0.60~0.90	0.030 이하	0.030 이하	0.25 이하	0.90~1.20	–
SCr 435	0.33~0.38	0.15~0.35	0.60~0.90	0.030 이하	0.030 이하	0.25 이하	0.90~1.20	–
SCr 440	0.38~0.43	0.15~0.35	0.60~0.90	0.030 이하	0.030 이하	0.25 이하	0.90~1.20	–
SCr 445	0.43~0.48	0.15~0.35	0.60~0.90	0.030 이하	0.030 이하	0.25 이하	0.90~1.20	–
SCM 415	0.13~0.18	0.15~0.35	0.60~0.90	0.030 이하	0.030 이하	0.25 이하	0.90~1.20	0.15~0.25
SCM 418	0.16~0.21	0.15~0.35	0.60~0.90	0.030 이하	0.030 이하	0.25 이하	0.90~1.20	0.15~0.25
SCM 420	0.18~0.23	0.15~0.35	0.60~0.90	0.030 이하	0.030 이하	0.25 이하	0.90~1.20	0.15~0.25
SCM 421	0.17~0.23	0.15~0.35	0.70~1.00	0.030 이하	0.030 이하	0.25 이하	0.90~1.20	0.15~0.25
SCM 425	0.23~0.28	0.15~0.35	0.60~0.90	0.030 이하	0.030 이하	0.25 이하	0.90~1.20	0.15~0.30
SCM 430	0.28~0.33	0.15~0.35	0.60~0.90	0.030 이하	0.030 이하	0.25 이하	0.90~1.20	0.15~0.30
SCM 432	0.27~0.37	0.15~0.35	0.30~0.60	0.030 이하	0.030 이하	0.25 이하	1.00~1.50	0.15~0.30
SCM 435	0.33~0.38	0.15~0.35	0.60~0.90	0.030 이하	0.030 이하	0.25 이하	0.90~1.20	0.15~0.30
SCM 440	0.38~0.43	0.15~0.35	0.60~0.90	0.030 이하	0.030 이하	0.25 이하	0.90~1.20	0.15~0.30
SCM 445	0.43~0.48	0.15~0.35	0.60~0.90	0.030 이하	0.030 이하	0.25 이하	0.90~1.20	0.15~0.30
SCM 822	0.20~0.25	0.15~0.35	0.60~0.90	0.030 이하	0.030 이하	0.25 이하	0.90~1.20	0.35~0.45
SNC 236	0.32~0.40	0.15~0.35	0.50~0.80	0.030 이하	0.030 이하	1.00~1.50	0.50~0.90	–
SNC 415	0.12~0.18	0.15~0.35	0.35~0.65	0.030 이하	0.030 이하	2.00~2.50	0.20~0.50	–
SNC 631	0.27~0.35	0.15~0.35	0.35~0.65	0.030 이하	0.030 이하	2.50~3.00	0.60~1.00	–
SNC 815	0.12~0.18	0.15~0.35	0.35~0.65	0.030 이하	0.030 이하	3.00~3.50	0.60~1.00	–
SNC 836	0.32~0.40	0.15~0.35	0.35~0.65	0.030 이하	0.030 이하	3.00~3.50	0.60~1.00	–
SNCM 220	0.17~0.23	0.15~0.35	0.60~0.90	0.030 이하	0.030 이하	0.40~0.70	0.40~0.60	0.15~0.25
SNCM 240	0.38~0.43	0.15~0.35	0.70~1.00	0.030 이하	0.030 이하	0.40~0.70	0.40~0.60	0.15~0.30
SNCM 415	0.12~0.18	0.15~0.35	0.40~0.70	0.030 이하	0.030 이하	1.60~2.00	0.40~0.60	0.15~0.30
SNCM 420	0.17~0.23	0.15~0.35	0.40~0.70	0.030 이하	0.030 이하	1.60~2.00	0.40~0.60	0.15~0.30
SNCM 431	0.27~0.35	0.15~0.35	0.60~0.90	0.030 이하	0.030 이하	1.60~2.00	0.60~1.00	0.15~0.30
SNCM 439	0.36~0.43	0.15~0.35	0.60~0.90	0.030 이하	0.030 이하	1.60~2.00	0.60~1.00	0.15~0.30
SNCM 447	0.44~0.50	0.15~0.35	0.60~0.90	0.030 이하	0.030 이하	1.60~2.00	0.60~1.00	0.15~0.30
SNCM 616	0.13~0.20	0.15~0.35	0.80~1.20	0.030 이하	0.030 이하	2.80~3.20	1.40~1.80	0.40~0.60
SNCM 625	0.20~0.30	0.15~0.35	0.35~0.60	0.030 이하	0.030 이하	3.00~3.50	1.00~1.50	0.15~0.30
SNCM 630	0.25~0.35	0.15~0.35	0.35~0.60	0.030 이하	0.030 이하	2.50~3.50	2.50~3.50	0.30~0.70
SNCM 815	0.12~0.18	0.15~0.35	0.30~0.60	0.030 이하	0.030 이하	4.00~4.50	0.70~1.00	0.15~0.30

【비 고】 1. 모든 강재는 불순물로서 Cu가 0.30%를 넘어서는 안 된다.
2. 주문자 · 제조자 사이의 협정에 따라 강재의 제품 분석을 하는 경우의 레이들 분석 규제값에 대한 허용 변동값은 KS D 0228에 따른다.

CHAPTER

03 특수 용도강 – 공구강, 중공강, 베어링강

3-1 고속도 공구강 강재

High speed tool steels

KS D 3522 : 2008

■ 적용 범위

이 표준은 열간 압연 또는 단조에 의하여 만든 고속도 공구강 강재에 대하여 규정한다.

■ 종류의 기호

종류의 기호	분 류	종류의 기호	분 류
SKH 2	텅스텐계 고속도 공구강 강재	SKH 53	몰리브데넘계 고속도 공구강 강재
SKH 3		SKH 54	
SKH 4		SKH 55	
SKH 10		SKH 56	
SKH 40	분말야금으로 제조한 몰리브데넘계 고속도 공구강 강재	SKH 57	
SKH 50	몰리브데넘계 고속도 공구강 강재	SKH 58	
SKH 51		SKH 59	
SKH 52			

■ 화학 성분

단위 : %

종류의 기호	화학 성분 % a), b)										용도 보기(참고)
	C	Si	Mn	P	S	Cr	Mo	W	V	Co	
SKH 2	0.73~0.83	0.45 이하	0.40 이하	0.030 이하	0.030 이하	3.80~4.50	–	17.20~18.70	1.00~1.20	–	일반 절삭용 기타 각종 공구
SKH 3	0.73~0.83	0.45 이하	0.40 이하	0.030 이하	0.030 이하	3.80~4.50	–	17.00~19.00	0.80~1.20	4.50~5.50	고속 중절삭용 기타 각종 공구
SKH 4	0.73~0.83	0.45 이하	0.40 이하	0.030 이하	0.030 이하	3.80~4.50	–	17.00~19.00	1.00~1.50	9.00~11.00	난삭재 절삭용 기타 각종 공구
SKH 10	1.45~1.60	0.45 이하	0.40 이하	0.030 이하	0.030 이하	3.80~4.50	–	11.50~13.50	4.20~5.20	4.20~5.20	고난삭재 적상용 기타 각종 공구
SKH 40	1.23~1.33	0.45 이하	0.40 이하	0.030 이하	0.030 이하	3.80~4.50	4.70~5.30	5.70~6.70	2.70~3.20	8.00~8.80	경도, 인성, 내마모성을 필요로 하는 일반절삭용, 기타 각종 공구
SKH 50	0.77~0.87	0.70 이하	0.45 이하	0.030 이하	0.030 이하	3.80~4.50	8.00~9.00	1.40~2.00	1.00~1.40	–	연성을 필요로 하는 일반절삭용, 기타 각종공구
SKH 51	0.80~0.88	0.45 이하	0.40 이하	0.030 이하	0.030 이하	3.80~4.50	4.70~5.20	5.90~6.70	1.70~2.10	–	
SKH 52	1.00~1.10	0.45 이하	0.40 이하	0.030 이하	0.030 이하	3.80~4.50	5.50~6.70	5.90~6.70	2.30~2.60	–	비교적 인성을 필요로 하는 고경도재 절삭용 기타 각종 공구
SKH 53	1.10~1.25	0.45 이하	0.40 이하	0.030 이하	0.030 이하	3.80~4.50	4.70~5.20	5.90~6.70	2.70~3.20	–	
SKH 54	1.25~1.40	0.45 이하	0.40 이하	0.030 이하	0.030 이하	3.80~4.50	4.70~5.00	5.20~6.00	3.70~4.20	–	고난삭재 절삭용 기타 각종 공구
SKH 55	0.85~0.95	0.45 이하	0.40 이하	0.030 이하	0.030 이하	3.80~4.50	4.70~5.20	5.90~6.70	1.70~2.10	4.50~5.00	비교적 인성을 필요로 하는 고속 중절삭용 기타 각종 공구
SKH 56	0.85~0.95	0.45 이하	0.40 이하	0.030 이하	0.030 이하	3.80~4.50	4.70~5.20	5.90~6.70	1.70~2.10	7.00~9.00	
SKH 57	1.20~1.35	0.45 이하	0.40 이하	0.030 이하	0.030 이하	3.80~4.50	3.20~3.90	9.00~10.00	3.00~3.50	9.50~10.50	고난삭재 절삭용 기타 각종 공구
SKH 58	0.95~1.05	0.70 이하	0.40 이하	0.030 이하	0.030 이하	3.50~4.50	8.20~9.20	1.50~2.10	1.70~2.20	–	인성을 필요로 하는 일반 절삭용 기타 각종 공구
SKH 59	1.00~1.15	0.70 이하	0.40 이하	0.030 이하	0.030 이하	3.50~4.50	9.00~10.00	1.20~1.90	0.90~1.30	7.50~8.50	비교적 인성을 필요로 하는 고속 중절삭용 기타 각종 공구

[비 고] a. 표의 규정에 없는 원소는 주문자와 제조자 사이의 협정이 없는 한 용강을 마무리할 목적 이외에는 의도적으로 첨가하여서는 안 된다.

b. 각 종류마다 불순물로서 Cu 0.25%, Ni 0.25%를 넘지 않아야 한다.

탄소 공구강 강재

Carbon tool steels

KS D 3751 : 2008

■ 적용 범위

이 표준은 열간 압연 또는 단조에 의하여 제조된 탄소 공구강 강재에 대하여 규정한다.

■ 강재의 종류 및 기호

신기호	구기호	ISO
STC 140	STC 1	–
STC 120	STC 2	C120U
STC 105	STC 3	C105U
STC 95	STC 4	–
STC 90		C90U
STC 85	STC 5	–
STC 80		C80U
STC 75	STC 6	–
STC 70		C70U
STC 65	STC 7	–
STC 60		–

[비 고] 괄호 내 STC x는 구 KS 의 종류의 기호를 나타낸다.

■ 화학 성분

기호	화학성분% a)					참고 용도 보기
	C	Si	Mn	P	S	
STC 140	1.30~1.50	0.10~0.35	0.10~0.50	0.030 이하	0.030 이하	칼줄, 벌줄
STC 120	1.15~1.25	0.10~0.35	0.10~0.50	0.030 이하	0.030 이하	드릴, 철공용 줄, 소형 펀치, 면도날, 태엽, 쇠톱
STC 105	1.00~1.10	0.10~0.35	0.10~0.50	0.030 이하	0.030 이하	나사 가공 다이스, 쇠톱, 프레스형틀, 게이지, 태엽, 끌, 치공구
STC 95	0.90~1.00	0.10~0.35	0.10~0.50	0.030 이하	0.030 이하	태엽, 목공용 드릴, 도끼, 끌, 메리야스 바늘, 면도칼, 목공용 띠톱, 펜촉, 프레스형틀, 게이지
STC 90	0.85~0.95	0.10~0.35	0.10~0.50	0.030 이하	0.030 이하	프레스형틀, 태엽, 게이지, 침
STC 85	0.80~0.90	0.10~0.35	0.10~0.50	0.030 이하	0.030 이하	각인, 프레스형틀, 태엽, 띠톱, 치공구, 원형톱, 펜촉, 등사판 줄, 게이지 등
STC 80	0.75~0.85	0.10~0.35	0.10~0.50	0.030 이하	0.030 이하	각인, 프레스형틀, 태엽
STC 75	0.70~0.80	0.10~0.35	0.10~0.50	0.030 이하	0.030 이하	각인, 스냅, 원형톱, 태엽, 프레스형틀, 등사판줄 등
STC 70	0.65~0.75	0.10~0.35	0.10~0.50	0.030 이하	0.030 이하	각인, 스냅, 프레스형틀, 태엽
STC 65	0.60~0.70	0.10~0.35	0.10~0.50	0.030 이하	0.030 이하	각인, 스냅, 프레스형틀, 나이프 등
STC 60	0.55~0.65	0.10~0.35	0.10~0.50	0.030 이하	0.030 이하	각인, 스냅, 프레스형틀

[비 고] a. 각 종류 마다 불순물로서 Cu : 0.25%, Ni : 0.25%, Cr : 0.30%를 초과하지 않아야 한다.

■ 강재의 어닐링 경도

종류의 기호	어닐링 온도 ℃	어닐링 경도 HBW
STC 140	750~780 서랭	217 이하
STC 120		
STC 105		212 이하
STC 95	740~760 서랭	207 이하
STC 90		
STC 85	730~760 서랭	
STC 80		192 이하
STC 75		
STC 70		183 이하
STC 65		
STC 60		

■ 표준 열처리 온도

종류의 기호	열처리 온도 ℃	
	퀜칭	템퍼링
STC 140	750~810 수랭	150~200 수랭
STC 120		
STC 105		
STC 95		
STC 90		
STC 85		
STC 80	760~820 수랭	
STC 75		
STC 70	770~830 수랭	
STC 65		
STC 60	780~840 수랭	

■ KS와 ISO(국제표준)의 종류 기호의 대응

종류의 기호	
KS	ISO
STC 140	–
STC 120	C120U
STC 105	C105U
STC 95	–
STC 90	C90U
STC 85	–
STC 80	C80U
STC 75	–
STC 70	C70U
STC 65	–
STC 60	–

합금 공구강 강재

Alloys tool steels

KS D 3753 : 2008

■ 적용 범위

이 표준은 열간 압연 또는 단조에 의하여 만들어진 합금 공구강 강재에 대하여 규정한다.

■ 종류 및 기호

종류의 기호	적용	종류의 기호	적용
STS 11	주로 절삭 공구강용	STS 95	주로 냉간 금형용
STS 2		STD 1	
STS 21		STD 2	
STS 5		STD 10	
STS 51		STD 11	
STS 7		STD 12	
STS 81		STD 4	주로 열간 금형용
STS 8		STD 5	
STS 4	주로 내충격 공구강용	STD 6	
STS 41		STD 61	
STS 43		STD 62	
STS 44		STD 7	
STS 3	주로 냉간 금형용	STD 8	
STS 31		STF 3	
STS 93		STF 4	
STS 94		STF 6	

■ 화학 성분(절삭 공구용)

종류의 기호	화학 성분(%) a), b)									참고 용도 보기
	C	Si	Mn	P	S	Ni	Cr	W	V	
STS 11	1.20~1.30	0.35 이하	0.50 이하	0.030 이하	0.030 이하	–	0.20~0.50	3.00~4.00	0.10~0.30	절삭 공구, 냉간 드로잉용 다이스 · 센터드릴
STS 2	1.00~1.10	0.35 이하	0.80 이하	0.030 이하	0.030 이하	–	0.50~1.00	1.00~1.50	c)	탭, 드릴, 커터, 프레스형틀, 나사 가공 다이스
STS 21	1.00~1.10	0.35 이하	0.50 이하	0.030 이하	0.030 이하	–	0.20~0.50	0.50~1.00	0.10~0.25	
STS 5	0.75~0.85	0.35 이하	0.50 이하	0.030 이하	0.030 이하	0.70~1.30	0.20~0.50	–	–	원형톱, 띠톱
STS 51	0.75~0.85	0.35 이하	0.50 이하	0.030 이하	0.030 이하	1.30~2.00	0.20~0.50	–	–	
STS 7	1.10~1.20	0.35 이하	0.50 이하	0.030 이하	0.030 이하	–	0.20~0.50	2.00~2.50	c)	쇠톱
STS 81	1.10~1.30	0.35 이하	0.50 이하	0.030 이하	0.030 이하	–	0.20~0.50	–	–	인물(칼, 대패), 쇠톱, 면도날
STS 8	1.30~1.50	0.35 이하	0.50 이하	0.030 이하	0.030 이하	–	0.20~0.50	–	–	줄

【비 고】 a. 표에 규정하지 않은 원소는 주문자와 제조자 사이의 협정이 없는 한 용강을 마무리 할 목적 이외는 의도적으로 첨가해서는 안 된다.

b. 각 종류마다 불순물로서 Ni는 0.25%(STS5 및 STS51은 제외), Cu는 0.25% 를 초과해서는 안 된다.

c. STS2 및 STS7은 V 0.20% 이하를 첨가해도 좋다.

■ 화학 성분(내충격 공구용)

종류의 기호	화학 성분(%) a), b)								참고 용도 보기
	C	Si	Mn	P	S	Cr	W	V	
STS 4	0.45~ 0.55	0.35 이하	0.50 이하	0.030 이하	0.030 이하	0.50~ 1.00	0.50~ 1.00	–	끌, 펀치, 칼날
STS 41	0.35~ 0.45	0.35 이하	0.50 이하	0.030 이하	0.030 이하	1.00~ 1.50	2.50~ 3.50	–	
STS 43	1.00~ 1.10	0.10~ 0.30	0.10~ 0.40	0.030 이하	0.030 이하	c)	–	0.10~ 0.20	헤딩다이스(heading dies) 착암기용 피스턴
STS 44	0.80~ 0.90	0.25 이하	0.30 이하	0.030 이하	0.030 이하	c)	–	0.10~ 0.25	끌, 헤딩다이스

【비 고】 a. 표에 규정하지 않은 원소는 주문자와 제조자 사이의 협정이 없는 한 용강을 마무리할 목적 이외는 의도적으로 첨가해서는 안 된다.
b. 각종 모두 불순물로 Ni는 0.25%, Cu는 0.25%를 넘어서는 안 된다.
c. 불순물로서 STS 43 및 STS 44의 Cr은 0.20%를 넘어서는 안 된다.

■ 화학 성분(냉간 금형용)

종류의 기호	화학 성분(%) a), b)									참고 용도 보기
	C	Si	Mn	P	S	Cr	Mo	W	V	
STS 3	0.90~ 1.00	0.35 이하	0.90~ 1.20	0.030 이하	0.030 이하	0.50~ 1.00	–	0.50~ 1.00	–	게이지, 나사 절단 다이스, 절단기, 칼날
STS 31	0.95~ 1.05	0.35 이하	0.90~ 1.20	0.030 이하	0.030 이하	0.80~ 1.20	–	1.00~ 1.50	–	게이지, 프레스 형틀, 나사 절단 다이스
STS 93	1.00~ 1.10	0.50 이하	0.80~ 1.10	0.030 이하	0.030 이하	0.20~ 0.60	–	–	–	게이지, 칼날, 프레스 형틀
STS 94	0.90~ 1.00	0.50 이하	0.80~ 1.10	0.030 이하	0.030 이하	0.20~ 0.60	–	–	–	
STS 95	0.80~ 0.90	0.50 이하	0.20~ 0.60	0.030 이하	0.030 이하	0.20~ 0.60	–	–	–	
STD 1	1.90~ 2.20	0.10~ 0.60	0.30~ 0.60	0.030 이하	0.030 이하	0.20~ 0.60	–	–		신선용 다이스, 포밍 다이스, 분말 성형틀
STD 2	2.00~ 2.30	0.10~ 0.60	0.20~ 0.60	0.030 이하	0.030 이하	11.00~ 13.00	–	0.60~ 0.80	–	
STD 10	1.45~ 1.60	0.10~ 0.60	0.60 이하	0.030 이하	0.030 이하	11.00~ 13.00	0.70~ 1.00	–	0.70~ 1.00	신선용 다이스, 전조다이스, 금속인물, 포밍 다이스, 프레스 형틀
STD 11	1.40~ 1.60	0.40 이하	0.60 이하	0.030 이하	0.030 이하	11.00~ 13.00	0.80~ 1.20	–	0.20~ 0.50	게이지, 포밍다이스, 나사 전조 다이스, 프레스 형틀
STD 12	0.95~ 1.05	0.10~ 0.40	0.40~ 0.80	0.030 이하	0.030 이하	4.80~ 5.50	0.90~ 1.20	–	0.15~ 0.35	

【비 고】 1. 표에 규정하지 않는 주문자와 제조자 사이의 협정이 없는 한 용강을 마무리할 목적 이외는 의도적으로 첨가해서는 안 된다.
2. STD 1은 V 0.30% 이하를 첨가할 수 있다.

■ 화학 성분(열간 금형용)

종류의 기호	화학 성분(%) a)											참고 용도 보기
	C	Si	Mn	P	S	Ni	Cr	Mo	W	V	Co	
STD 4	0.25~ 0.35	0.40 이하	0.60 이하	0.030 이하	0.020 이하	–	2.00~ 3.00	–	5.00~ 6.00	0.30~ 0.50	–	프레스 형틀, 다이캐스팅 형틀, 압출 다이스
STD 5	0.25~ 0.35	0.10~ 0.40	0.15~ 0.45	0.030 이하	0.020 이하	–	2.00~ 3.00	–	9.00~ 10.00	0.30~ 0.50	–	
STD 6	0.32~ 0.42	0.80~ 1.20	0.50 이하	0.030 이하	0.020 이하	–	4.50~ 5.50	1.00~ 1.50	–	0.30~ 0.50	–	
STD 61	0.35~ 0.42	0.80~ 1.20	0.25~ 0.50	0.030 이하	0.020 이하	–	4.80~ 5.50	1.00~ 1.50	–	0.80~ 1.15	–	
STD 62	0.32~ 0.40	0.80~ 1.20	0.20~ 0.50	0.030 이하	0.020 이하	–	4.75~ 5.50	1.00~ 1.60	1.00~ 1.60	0.20~ 0.50	–	다이스 형틀(die block), 프레스 형틀
STD 7	0.28~ 0.35	0.10~ 0.40	0.15~ 0.45	0.030 이하	0.020 이하	–	2.70~ 3.20	2.50~ 3.00	–	0.40~ 0.70	–	프레스 형틀, 압출 공구
STD 8	0.35~ 0.45	0.15~ 0.50	0.20~ 0.50	0.030 이하	0.020 이하	–	4.00~ 4.70	0.30~ 0.50	3.80~ 4.50	1.70~ 2.10	4.00~ 4.50	다이스 형틀, 압출 공구, 프레스 형틀
STF 3	0.50~ 0.60	0.35 이하	0.60 이하	0.030 이하	0.020 이하	0.25~ 0.60	0.90~ 1.20	0.30~ 0.50	–	b)	–	주조 형틀 압출 공구, 프레스 형틀
STF 4	0.50~ 0.60	0.10~ 0.40	0.60~ 0.90	0.030 이하	0.020 이하	1.50~ 1.80	0.80~ 1.20	0.35~ 0.55	–	0.05~ 0.15	–	
STF 6	0.40~ 0.50	0.10~ 0.40	0.60~ 0.90	0.030 이하	0.020 이하	3.80~ 4.30	1.20~ 1.50	0.15~ 0.35	–	–	–	

[비 고] a. 표에 규정하지 않은 원소는 주문자와 제조자 사이의 협정이 없는 한 용강을 마무리할 목적 이외는 의도적 첨가하여서는 안 된다.
b. STF 3 및 STF 4는 V 0.20% 이하를 첨가할 수 있다.

■ KS와 ISO(국제표준)의 종류 기호의 대응

종류의 기호		적용	종류의 기호		적용
KS	ISO		KS	ISO	
STS 11	–	주로 절삭 공구강용	STS 95	–	주로 냉간 금형용
STS 2	–		STD 1	X210Cr12	
STS 21	–		STD 2	X210CrW12	
STS 5	–		STD 10	X153CrMoV12	
STS 51	–		STD 11	–	
STS 7	–		STD 12	X100CrMoV5	
STS 81	–		STD 4	–	주로 열간 금형용
STS 8	–		STD 5	X30WCrV9-3	
STS 4	–	주로 내충격 공구강용	STD 6	–	
STS 41	105V		STD 61	X40CrMoV5-1	
STS 43	–		STD 62	X35CrMoV5	
STS 44	–		STD 7	32CrMoV121-28	
STS 3	–	주로 냉간 금형용	STD 8	38CrCoWV18-17-17	
STS 31	–		STF 3	–	
STS 93	–		STF 4	55NiCrMoV7	
STS 94	–		STF 6	45NiCrMo16	

3-4 고탄소 크로뮴 베어링 강재

High carbon chromium bearing steels

KS D 3525 : 2002(2012 확인)

■ 적용 범위

이 규격은 구름 베어링에 사용하는 고탄소 크로뮴 베어링 강재에 대하여 규정한다. 또 부속서에 나타낸 강재도 이 규격의 일부를 구성한다. 부속서는 본체를 대신하여 적용할 수 있다.

■ 종류 및 기호

종류의 기호	JIS 기호
STB 1	–
STB 2	SUJ2
STB 3	SUJ3
STB 4	SUJ4
STB 5	SUJ5

■ 화학 성분

단위 : %

종류의 기호	C	Si	Mn	P	S	Cr	Mo
STB 1	0.95~1.10	0.15~035	0.50 이하	0.025 이하	0.025 이하	0.90~1.20	–
STB 2	0.95~1.10	0.15~0.35	0.50 이하	0.025 이하	0.025 이하	1.30~1.60	–
STB 3	0.95~1.10	0.40~0.70	0.90~1.15	0.025 이하	0.025 이하	0.90~1.20	–
STB 4	0.95~1.10	0.15~0.35	0.50 이하	0.025 이하	0.025 이하	1.30~1.60	0.10~0.25
STB 5	0.95~1.10	0.40~0.70	0.90~1.15	0.025 이하	0.025 이하	0.90~1.20	0.10~0.25

【비 고】 1. 불순물로서의 Ni 및 Cu는 각각 0.25%를 초과해서는 안 된다. 다만, 선재의 Cu는 0.20% 이하로 한다. STB 1, STB 2 및 STB 3의 Mo는 0.08%를 초과해서는 안 된다.
2. 인수 · 인도 당사자 사이의 협정에 따라 표 이외의 원소를 0.25% 이하 첨가해도 좋다.

● 담금질(Qiuenching)

A_1 또는 A_3 변태점 이상으로 가열한 오스테나이트 상태의 강을 물이나 기름 속에서 냉각하면, A_1 변태점 부근에서 급랭되어 변태가 끝나는데 이에 필요한 충분한 시간이 없어 변태의 진행이 전부 또는 대부분 방해되어 상온에서 오스테나이트와 펄라이트와의 중간 조직인 마텐자이트, 트루스타이트, 소르바이트 등의 단단한 담금질 조직을 얻게 된다.
담금질 조직은 냉각 속도에 따라 마텐자이트 $<$ 트루스타이트 $<$ 소르바이트 $<$ 펄라이트로 변한다.

● 뜨임(Tempering)

담금질하여 경화한 강재를 재가열함으로써 점성(인성)을 높여주기 위한 열처리이다.
담금질한 강을 A_1 변태점(723℃) 이하에서 재가열하여 서냉 또는 급냉시키면 템퍼링강이 된다.
뜨임처리를 하면 점성은 증가시키지만 인장강도와 경도는 조금 감소한다.

● 불림(Normalizing)

강을 열간 가공하거나 열처리를 실시할 때 필요 이상의 고온으로 가열하면 γ 고용체의 결정입자가 크고 거칠어 기계적 성질이 나빠진다. 또, 주강은 조직이 거칠고 압연한 재료는 각 부분이 불균일함과 동시에 내부 응력이 존재한다. 이러한 재료를 그대로 담금질하면 변형과 균열을 일으키기 쉽다. 따라서 이를 방지하기 위해서 변태점 이상의 적당한 온도 즉, A_3 또는 ACM 선보다 30~50℃ 높은 온도로 가열하고 일정 시간을 유지하면 균일한 오스테나이트 조직으로 된다. 그 다음 안정된 공기 중에서 냉각시키면 미세하고 균일한 표준화된 조직을 얻을 수 있는 데 이러한 열처리를 노멀라이징이라고 한다.

● 풀림(Annealing)

A_3, A_1 상 30~50℃에서 적당한 시간을 유지한 후 로 중에서 냉각시키는 열처리로 경화한 재료의 연화, 기계 가공에서 생기는 내부 응력의 제거, 절삭성의 개선, 조직의 개량 등을 목적으로 실시하는 열처리를 말한다.

3-5 냉간 압연 스테인리스 강판 및 강대

Cold rolled stainless steel plates, sheets and strip

KS D 3698 : 2008

■ 적용 범위

이 규격은 냉간 압연 스테인리스 강판 및 냉각 압연 스테인리스 강대에 대하여 규정한다.

■ 종류의 기호 및 분류

종류의 기호	분류	종류의 기호	분류	종류의 기호	분류
STS 201	오스테나이트계	STS 316J1L	오스테나이트계	STS 430J1L	페라이트계
STS 202		STS 317		STS 434	
STS 301		STS 317L		STS 436L	
STS 301L		STS 317LN		STS 436J1L	
STS 301J1		STS 317J1		STS 439	
STS 302		STS 317J2		STS 444	
STS 302B		STS 317J3L		STS 445NF	
STS 304		STS 836L		STS 446M	
STS 304L		STS 890L		STS 447J1	
STS 304N1		STS 321		STS XM27	
STS 304N2		STS 347			
STS 304LN		STS XM7		STS 403	마르텐사이트계
STS 304J1		STS XM15J1		STS 410	
STS 304J2		STS 350		STS 410S	
STS 305		STS 329J1	오스테나이트계· 페라이트계	STS 420J1	
STS 309S		STS 329J3L		STS 420J2	
STS 310S		STS 329J4L		STS 429J1	
STS 316		STS 329LD		STS 440A	
STS 316L		STS 405	페라이트계	STS 630	석출 경화계
STS 316N		STS 410L		STS 631	
STS 316LN		STS 429			
STS 316Ti		STS 430			
STS 316J1		STS 430LX			

[비 고] 1. 강판이라는 것을 기호로 표시할 필요가 있을 경우에는 종류의 기호 끝에 -CP를 부기한다.
보기 : **STS 304-CP**
2. 강대라는 것을 기호로 표시할 필요가 있을 경우에는 종류의 기호 끝에 -CS를 부기한다.
보기 : **STS 430-CS**

■ 오스테나이트계의 화학 성분

단위 : %

종류의 기호	C	Si	Mn	P	S	Ni	Cr	Mo	Cu	N	기타
STS201	0.15 이하	1.00 이하	5.50~7.50	0.045 이하	0.030 이하	3.50~5.50	16.00~18.00	–	–	0.25 이하	–
STS202	0.15 이하	1.00 이하	7.50~10.00	0.045 이하	0.030 이하	4.00~6.00	17.00~19.00	–	–	0.25 이하	–
STS301	0.15 이하	1.00 이하	2.00 이하	0.045 이하	0.030 이하	6.00~8.00	16.00~18.00	–	–	–	–
STS301L	0.030 이하	1.00 이하	2.00 이하	0.045 이하	0.030 이하	6.00~8.00	16.00~18.00	–	–	0.20 이하	–
STS301J1	0.08~0.12	1.00 이하	2.00 이하	0.045 이하	0.030 이하	7.00~9.00	16.00~18.00	–	–		–
STS302	0.15 이하	1.00 이하	2.00 이하	0.045 이하	0.030 이하	8.00~10.00	17.00~19.00	–	–	–	–
STS302B	0.15 이하	2.00~3.00	2.00 이하	0.045 이하	0.030 이하	8.00~10.00	17.00~19.00	–	–	–	–
STS304	0.08 이하	1.00 이하	2.00 이하	0.045 이하	0.030 이하	8.00~10.50	18.00~20.00	–	–	–	–
STS304L	0.030 이하	1.00 이하	2.00 이하	0.045 이하	0.030 이하	9.00~13.00	18.00~20.00	–	–	–	–
STS304N1	0.08 이하	1.00 이하	2.50 이하	0.045 이하	0.030 이하	7.00~10.50	18.00~20.00	–	–	0.10~0.25	–
STS304N2	0.08 이하	1.00 이하	2.50 이하	0.045 이하	0.030 이하	7.50~10.50	18.00~20.00	–	–	0.15~0.30	Nb 0.15 이하
STS304LN	0.030 이하	1.00 이하	2.00 이하	0.045 이하	0.030 이하	8.50~11.50	17.00~19.00	–	–	0.12~0.22	–
STS304J1	0.08 이하	1.70 이하	3.00 이하	0.045 이하	0.030 이하	6.00~9.00	15.00~18.00	–	1.00~3.00	–	–
STS304J2	0.08 이하	1.70 이하	3.00~5.00	0.045 이하	0.030 이하	6.00~9.00	15.00~18.00	–	1.00~3.00	–	–
STS305	0.12 이하	1.00 이하	2.00 이하	0.045 이하	0.030 이하	10.50~13.00	17.00~19.00	–	–	–	–
STS309S	0.08 이하	1.00 이하	2.00 이하	0.045 이하	0.030 이하	12.00~15.00	22.00~24.00	–	–	–	–
STS310S	0.08 이하	1.50 이하	2.00 이하	0.045 이하	0.030 이하	19.50~22.00	24.00~26.00	–	–	–	–
STS316	0.08 이하	1.00 이하	2.00 이하	0.045 이하	0.030 이하	10.00~14.00	16.00~18.00	2.00~3.00	–	–	–
STS316L	0.030 이하	1.00 이하	2.00 이하	0.045 이하	0.030 이하	12.00~15.00	16.00~18.00	2.00~3.00	–	–	–
STS316N	0.08 이하	1.00 이하	2.00 이하	0.045 이하	0.030 이하	10.50~14.00	16.00~18.00	2.00~3.00	–	0.10~0.22	–
STS316LN	0.030 이하	1.00 이하	2.00 이하	0.045 이하	0.030 이하	10.00~14.50	16.50~18.50	2.00~3.00	–	0.12~0.22	–
STS316Ti	0.08 이하	1.00 이하	2.00 이하	0.045 이하	0.030 이하	10.00~14.00	16.00~18.00	2.00~3.00	–	–	Ti5×C% 이상
STS316J1	0.08 이하	1.00 이하	2.00 이하	0.045 이하	0.030 이하	10.00~14.00	17.00~19.00	1.20~2.75	1.00~2.50	–	–
STS316J1L	0.030 이하	1.00 이하	2.00 이하	0.045 이하	0.030 이하	12.00~16.00	17.00~19.00	1.20~2.75	1.00~2.50	–	–
STS317	0.08 이하	1.00 이하	2.00 이하	0.045 이하	0.030 이하	11.00~15.00	18.00~20.00	3.00~4.00	–	–	–
STS317L	0.030 이하	1.00 이하	2.00 이하	0.045 이하	0.030 이하	11.00~15.00	18.00~20.00	3.00~4.00	–	–	–
STS317LN	0.030 이하	1.00 이하	2.00 이하	0.045 이하	0.030 이하	11.00~15.00	18.00~20.00	3.00~4.00	–	0.10~0.22	–
STS317J1	0.040 이하	1.00 이하	2.50 이하	0.045 이하	0.030 이하	15.00~17.00	16.00~19.00	4.00~6.00	–	–	–
STS317J2	0.06 이하	1.50 이하	2.00 이하	0.045 이하	0.030 이하	12.00~16.00	23.00~26.00	0.50~1.20	–	0.25~0.40	–
STS317J3L	0.030 이하	1.00 이하	2.00 이하	0.045 이하	0.030 이하	11.00~13.00	20.50~22.50	2.00~3.00		0.18~0.30	–
STS836L	0.030 이하	1.00 이하	2.00 이하	0.045 이하	0.030 이하	24.00~26.00	19.00~24.00	5.00~7.00	–	0.25 이하	–
STS890L	0.020 이하	1.00 이하	2.00 이하	0.045 이하	0.030 이하	23.00~28.00	19.00~23.00	4.00~5.00	1.00~2.00	–	–
STS321	0.08 이하	1.00 이하	2.00 이하	0.045 이하	0.030 이하	9.00~13.00	17.00~19.00	–	–	–	Ti5×C% 이상
STS347	0.08 이하	1.00 이하	2.00 이하	0.045 이하	0.030 이하	9.00~13.00	17.00~19.00	–	–	–	Nb10×C% 이상
STSXM7	0.08 이하	1.00 이하	2.00 이하	0.045 이하	0.030 이하	8.50~10.50	17.00~19.00	–	3.00~4.00	–	–
STSXM15J1	0.08 이하	3.00~5.00	2.00 이하	0.045 이하	0.030 이하	11.50~15.00	15.00~20.00	–	–	–	–
STS350	0.03 이하	1.00 이하	1.50 이하	0.035 이하	0.020 이하	20.00~23.00	22.00~24.00	6.00~6.80	0.40 이하	0.21~0.32	–

【비 고】 STS XM15J1에 대하여는 필요에 따라 표 이외의 합금 원소를 첨가할 수 있다.

■ 오스테나이트 · 페라이트계의 화학 성분

단위 : %

종류의 기호	C	Si	Mn	P	S	Ni	Cr	Mo	N
STS 329J1	0.08 이하	1.00 이하	1.50 이하	0.040 이하	0.030 이하	3.00~6.00	23.00~28.00	1.00~3.00	−
STS 329J3L	0.030 이하	1.00 이하	2.00 이하	0.040 이하	0.030 이하	4.50~6.50	21.00~24.00	2.50~3.50	0.08~0.020
STS 329J4L	0.030 이하	1.00 이하	1.50 이하	0.040 이하	0.030 이하	5.50~7.50	24.00~26.00	2.50~3.50	0.08~0.30
STS 329LD	0.030 이하	1.00 이하	2.00~4.00	0.040 이하	0.030 이하	2.00~4.00	19.00~22.00	1.00~2.00	0.14~0.20

【비 고】 필요에 따라 표 이외의 합금 원소를 첨가할 수 있다.

■ 페라이트계의 화학 성분

단위 : %

종류의 기호	C	Si	Mn	P	S	Cr	Mo	N	기타
STS 405	0.08 이하	1.00 이하	1.00 이하	0.040 이하	0.030 이하	11.50~14.50	−	−	Al 0.10~0.30
STS 410L	0.030 이하	1.00 이하	1.00 이하	0.040 이하	0.030 이하	11.00~13.50	−	−	−
STS 429	0.12 이하	1.00 이하	1.00 이하	0.040 이하	0.030 이하	14.00~16.00	−	−	−
STS 430	0.12 이하	0.75 이하	1.00 이하	0.040 이하	0.030 이하	16.00~18.00	−	−	−
STS 430LX	0.030 이하	0.75 이하	1.00 이하	0.040 이하	0.030 이하	16.00~19.00	−	−	Ti 또는 Nb 0.10~1.00
STS 430J1L	0.025 이하	1.00 이하	1.00 이하	0.040 이하	0.030 이하	16.00~20.00	−	0.025 이하	Ti, Nb, Zr 또는 그들의 조합 8×(C%+N%)~0.80 Cu 0.030~0.80
STS 434	0.12 이하	1.00 이하	1.00 이하	0.040 이하	0.030 이하	16.00~18.00	0.75~1.25	−	−
STS 436L	0.025 이하	1.00 이하	1.00 이하	0.040 이하	0.030 이하	16.00~19.00	0.75~1.50	0.025 이하	Ti, Nb, Zr 또는 그들의 조합 8×(C%+N%)~0.80
STS 436J1L	0.025 이하	1.00 이하	1.00 이하	0.040 이하	0.030 이하	17.00~20.00	0.40~0.80	0.025 이하	Ti, Nb, Zr 또는 그들의 조합 8×(C%+N%)~0.80
STS 439	0.025 이하	1.00 이하	1.00 이하	0.040 이하	0.030 이하	17.00~20.00	−	0.025 이하	Ti, Nb, Zr 또는 그들의 조합 8×(C%+N%)~0.80
STS 444	0.025 이하	1.00 이하	1.00 이하	0.040 이하	0.030 이하	17.00~20.00	1.75~2.50	0.025 이하	Ti, Nb, Zr 또는 그들의 조합 8×(C%+N%)~0.80
STS 445NF	0.015 이하	1.00 이하	1.00 이하	0.040 이하	0.030 이하	20.00~23.00	−	0.015 이하	Ti, Nb, Zr 또는 그들의 조합 8×(C%+N%)~0.80
STS 446M	0.015 이하	0.40 이하	0.40 이하	0.040 이하	0.020 이하	25.0~28.5	1.5~2.5	0.018 이하	(C+N) 0.03% 이하 (Ti+Nb)(C+N) 8 이상
STS 447J1	0.010 이하	0.40 이하	0.40 이하	0.030 이하	0.020 이하	28.50~32.00	1.50~2.50	0.015 이하	−
STS XM27	0.010 이하	0.40 이하	0.40 이하	0.030 이하	0.020 이하	25.00~27.50	0.75~1.50	0.015 이하	−

【비 고】 1. STS446M은 Ni 0.3% 이하, Cu 0.6% 이하, Al 0.25% 이하이어야 한다. 단, 필요에 따라 상기 표 이외의 합금 원소를 첨가할 수 있다.
2. STS447J1 및 STSXM27 이외는 Ni0.60% 이하를 함유해도 좋다.
3. STS447J1 및 STSXM27은 Ni 0.50% 이하, Cu 0.20% 이하 및 (Ni+Cu)0.50% 이하를 함유해도 좋다. 또한, STS447J1, STSXM27 및 STS430J1L은 필요에 따라 표 이외의 합금 원소를 첨가할 수 있다.

■ STS301 및 STS301L의 조질 압연 상태의 기계적 성질

종류의 기호	조질의 기호	항복 강도 N/mm^2	인장 강도 N/mm^2	연신율 (%)		
				두께 0.4mm 미만	두께 0.4mm 이상 0.8mm 미만	두께 0.8mm 이상
STS 301	$\frac{1}{4}$H	510 이상	860 이상	25 이상	25 이상	25 이상
	$\frac{1}{2}$H	755 이상	1030 이상	9 이상	10 이상	10 이상
	$\frac{3}{4}$H	930 이상	1210 이상	3 이상	5 이상	7 이상
	H	960 이상	1270 이상	3 이상	4 이상	5 이상
STS 301L	$\frac{1}{4}$H	345 이상	690 이상	40 이상		
	$\frac{1}{2}$H	410 이상	760 이상	35 이상		
	$\frac{3}{4}$H	480 이상	820 이상	25 이상		
	H	685 이상	930 이상	20 이상		

■ 고용화 열처리 상태의 기계적 성질(오스테나이트 · 페라이트계)

종류의 기호	항복 강도 N/mm^2	인장 강도 N/mm^2	연신율 %	경도		
				HB	HRC	HV
STS 329J1	390 이상	590 이상	18 이상	277 이하	29 이하	292 이하
STS 329J3L	450 이상	620 이상	18 이상	302 이하	32 이하	320 이하
STS 329J4L	450 이상	620 이상	18 이상	302 이하	32 이하	320 이하
STS 329LD	450 이상	620 이상	25 이상	293 이하	31 이하	310 이하

■ 어닐링 상태의 기계적 성질(페라이트계)

종류의 기호	항복 강도 N/mm^2	인장 강도 N/mm^2	연신율 %	경도			굽힘성	
				HB	HRB	HV	굽힘 각도	안쪽 반지름
STS 405	175 이상	410 이상	20 이상	183 이하	88 이하	200 이하	180°	두께 8mm 미만 두께의 0.5배 두께 8mm 이상 두께의 1.0배
STS 410L	195 이상	360 이상	22 이상	183 이하	88 이하	200 이하	180°	두께의 1.0배
STS 429	205 이상	450 이상	22 이상	183 이하	88 이하	200 이하	180°	두께의 1.0배
STS 430	205 이상	450 이상	22 이상	183 이하	88 이하	200 이하	180°	두께의 1.0배
STS 430LX	175 이상	360 이상	22 이상	183 이하	88 이하	200 이하	180°	두께의 1.0배
STS 430J1L	205 이상	390 이상	22 이상	192 이하	90 이하	200 이하	180°	두께의 1.0배
STS 434	205 이상	450 이상	22 이상	183 이하	88 이하	200 이하	180°	두께의 1.0배
STS 436L	245 이상	410 이상	20 이상	217 이하	96 이하	230 이하	180°	두께의 1.0배
STS 436J1L	245 이상	410 이상	20 이상	192 이하	90 이하	200 이하	180°	두께의 1.0배
STS 439	175 이상	360 이상	22 이상	183 이하	88 이하	200 이하	180°	두께의 1.0배
STS 444	245 이상	410 이상	20 이상	217 이하	96 이하	230 이하	180°	두께의 1.0배
STS 445NF	245 이상	410 이상	20 이상	192 이하	90 이하	200 이하	180°	두께의 1.0배
STS 447J1	295 이상	450 이상	22 이상	207 이하	95 이하	220 이하	180°	두께의 1.0배
STS XM27	245 이상	410 이상	22 이상	192 이하	90 이하	200 이하	180°	두께의 1.0배
STS 446M	270 이상	430 이상	20 이상	–	–	210 이하	180°	두께의 1.0배

■ 어닐링 상태의 기계적 성질(마르텐사이트계)

종류의 기호	항복 강도 N/mm^2	인장 강도 N/mm^2	연신율 %	경도			굽힘성	
				HB	HRB	HV	굽힘 각도	안쪽 반지름
STS 403	205 이상	440 이상	20 이상	201 이하	93 이하	210 이하	180°	두께의 1.0배
STS 410	205 이상	440 이상	20 이상	201 이하	93 이하	210 이하	180°	두께의 1.0배
STS 410S	205 이상	410 이상	20 이상	183 이하	88 이하	200 이하	180°	두께의 1.0배
STS 420J1	225 이상	520 이상	18 이상	223 이하	97 이하	234 이하	–	–
STS 420J2	225 이상	540 이상	18 이상	235 이하	99 이하	247 이하	–	–
STS 429J1	225 이상	520 이상	18 이상	241 이하	100 이하	253 이하	–	–
STS 440A	245 이상	590 이상	15 이상	255 이하	HRC 25 이하	269 이하	–	–

■ 석출 경화계의 기계적 성질

종류의 기호	열처리 기호	항복 강도 N/mm^2	인장 강도 N/mm^2	연신율 %		경도			
						HB	HRC	HRB	HV
STS 630	S	–	–	–		363 이하	38 이하	–	–
	H900	1175 이상	1310 이상	두께 5.0mm 이하	5 이상	375 이상	40 이상	–	–
				두께 5.0mm 초과 15.0mm 이하	8 이상				
	H1025	1000 이상	1070 이상	두께 5.0mm 이하	5 이상	331 이상	35 이상	–	–
				두께 5.0mm 초과 15.0mm 이하	8 이상				
	H1075	860 이상	1000 이상	두께 5.0mm 이하	5 이상	302 이상	31 이상	–	–
				두께 5.0mm 초과 15.0mm 이하	9 이상				
	H1150	725 이상	930 이상	두께 5.0mm 이하	8 이상	277 이상	28 이상	–	–
				두께 5.0mm 초과 15.0mm 이하	10 이상				
STS 631	S	380 이하	1030 이하	20 이상		192 이하	–	92 이하	200 이하
	TH1050	960 이상	1140 이상	두께 3.0mm 이하	3 이상	–	35 이상	–	345 이상
				두께 3.0mm 초과	5 이상				
	RH950	1030 이상	1230 이상	두께 3.0mm 이하	–	–	40 이상	–	392 이상
				두께 3.0mm 초과	4 이상				

● 청열취성

탄소강을 가열하면 200~300℃에서 강은 경도가 최대로 되고, 연율, 단면 수축율은 최소가 되는데 이 때 산화물 피막의 색이 푸른 색이며 충격치가 약하므로 청열취성이라는 명칭이 붙은 것이다. 선반에서 가공 절삭시 나오는 칩(Chip)을 자세히 보면 푸른 빛을 띄며 이 때 온도가 약 200~300℃ 정도라고 한다.

● 저온취성

상온 20℃에 있는 금속은 –60～–80℃의 저온으로 급격히 낮추게 되면 충격치가 거의 '0'에 가깝다. 이를 저온취성이라 하며 이때 온도를 천이온도, 전이온도, 전이점이라 한다.

3-6 스테인리스 강선재

Stainless steel wire rods

KS D 3702 : 2008

■ 적용 범위

이 표준은 스테인리스 강선재에 대하여 규정한다. 다만, 용접 재료용 스테인리스 강선재에는 적용하지 않는다.

■ 종류의 기호 및 분류

종류의 기호	분류	종류의 기호	분류
STS 201	오스테나이트계	STS 321	오스테나이트계
STS 302		STS 347	
STS 303		STS 384	
STS 303Se		STS XM7	
STS 303Cu		STS 430	페라이트계
STS 304		STS 430F	
STS 304L		STS 434	
STS 304N1		STS 403	마르텐자이트계
STS 304J3		STS 410	
STS 305		STS 410F2	
STS 305J1		STS 416	
STS 309S		STS 420J1	
STS 310S		STS 420J2	
STS 316		STS 420F	
STS 316L		STS 420F2	
STS 316F		STS 431	
STS 317		STS 440C	
STS 317L		STS 631J1	석출경화계

【비 고】 선재인 것을 기호로 나타낼 필요가 있을 경우에는 종류의 기호 끝에 -WR을 붙인다.
보기 : **STS 304-WR**

■ 오스테나이트계의 화학 성분

단위 : %

종류의 기호	C	Si	Mn	P	S	Ni	Cr	Mo	기타
STS 201	0.15 이하	1.00 이하	5.50~7.50	0.060 이하	0.030 이하	3.50~5.50	16.00~18.00	–	N 0.25 이하
STS 302	0.15 이하	1.00 이하	2.00 이하	0.045 이하	0.030 이하	8.00~10.00	17.00~19.00	–	–
STS 303	0.15 이하	1.00 이하	2.00 이하	0.20 이하	0.15 이상	8.00~10.00	17.00~19.00	a)	–
STS 303Se	0.15 이하	1.00 이하	2.00 이하	0.20 이하	0.060 이하	8.00~10.00	17.00~19.00	–	Se 0.15 이상
STS 303Cu	0.15 이하	1.00 이하	3.00 이하	0.20 이하	0.15 이상	8.00~10.00	17.00~19.00	–	Cu 1.50~3.50
STS 304	0.08 이하	1.00 이하	2.00 이하	0.045 이하	0.030 이하	8.00~10.50	18.00~20.00	–	–
STS 304L	0.030 이하	1.00 이하	2.00 이하	0.045 이하	0.030 이하	9.00~13.00	18.00~20.00	–	–
STS 304N1	0.08 이하	1.00 이하	2.50 이하	0.045 이하	0.030 이하	7.00~10.50	18.00~20.00	–	N 0.10~0.25
STS 304J3	0.08 이하	1.00 이하	2.00 이하	0.045 이하	0.030 이하	8.00~10.50	17.00~19.00	–	Cu 1.00~3.00
STS 305	0.12 이하	1.00 이하	2.00 이하	0.045 이하	0.030 이하	10.50~13.00	17.00~19.00	–	–
STS 305J1	0.08 이하	1.00 이하	2.00 이하	0.045 이하	0.030 이하	11.00~13.50	16.50~19.00	–	–
STS 309S	0.08 이하	1.00 이하	2.00 이하	0.045 이하	0.030 이하	12.00~15.00	22.00~24.00	–	–
STS 310S	0.08 이하	1.50 이하	2.00 이하	0.045 이하	0.030 이하	19.00~22.00	24.00~26.00	–	–
STS 316	0.08 이하	1.00 이하	2.00 이하	0.045 이하	0.030 이하	10.00~14.00	16.00~18.00	2.00~3.00	–
STS 316L	0.030 이하	1.00 이하	2.00 이하	0.045 이하	0.030 이하	12.00~15.00	16.00~18.00	2.00~3.00	–
STS 316F	0.08 이하	1.00 이하	2.00 이하	0.045 이하	0.10 이상	10.00~14.00	16.00~18.00	2.00~3.00	–
STS 317	0.08 이하	1.00 이하	2.00 이하	0.045 이하	0.030 이하	11.00~15.00	18.00~20.00	3.00~4.00	–
STS 317L	0.030 이하	1.00 이하	2.00 이하	0.045 이하	0.030 이하	11.00~15.00	18.00~20.00	3.00~4.00	–
STS 321	0.08 이하	1.00 이하	2.00 이하	0.045 이하	0.030 이하	9.00~13.00	17.00~19.00	–	Ti5×C% 이상
STS 347	0.08 이하	1.00 이하	2.00 이하	0.045 이하	0.030 이하	9.00~13.00	17.00~19.00	–	Nb10×C% 이상
STS 384	0.08 이하	1.00 이하	2.00 이하	0.045 이하	0.030 이하	17.00~19.00	15.00~17.00	–	–
STS XM7	0.08 이하	1.00 이하	2.00 이하	0.045 이하	0.030 이하	8.50~10.50	17.00~19.00	–	Cu 3.00~4.00

【비 고】 a. Mo은 0.60% 이하를 첨가할 수 있다.

■ 페라이트계의 화학 성분

단위 : %

종류의 기호	C	Si	Mn	P	S	Cr	Mo
STS 430	0.12 이하	0.75 이하	1.00 이하	0.040 이하	0.030 이하	16.00~18.00	–
STS 430F	0.12 이하	1.00 이하	1.25 이하	0.060 이하	0.15 이상	16.00~18.00	a)
STS 434	0.12 이하	1.00 이하	1.00 이하	0.040 이하	0.030 이하	16.00~18.00	0.75~1.25

【비 고】 Ni은 0.60% 이하를 함유하여도 지장이 없다.
a. Mo은 0.60% 이하를 첨가할 수 있다.

■ 마르텐자이트계의 화학 성분

단위 : %

종류의 기호	C	Si	Mn	P	S	Ni	Cr	Mo	Pb
STS 403	0.15 이하	0.50 이하	1.00 이하	0.040 이하	0.030 이하	a)	11.50~13.00	–	–
STS 410	0.15 이하	1.00 이하	1.00 이하	0.040 이하	0.030 이하	a)	11.50~13.50	–	–
STS 410F2	0.15 이하	1.00 이하	1.00 이하	0.040 이하	0.030 이하	a)	11.50~13.50	–	0.05~0.30
STS 416	0.15 이하	1.00 이하	1.25 이하	0.060 이하	0.15 이상	a)	12.00~14.00	b)	–
STS 420J1	0.16~0.25	1.00 이하	1.00 이하	0.040 이하	0.030 이하	a)	12.00~14.00	–	–
STS 420J2	0.26~0.40	1.00 이하	1.00 이하	0.040 이하	0.030 이하	a)	12.00~14.00	–	–
STS 420F	0.26~0.40	1.00 이하	1.25 이하	0.060 이하	0.15 이상	a)	12.00~14.00	–	–
STS 420F2	0.26~0.40	1.00 이하	1.00 이하	0.040 이하	0.030 이하	a)	12.00~14.00	–	0.05~0.30
STS 431	0.20 이하	1.00 이하	1.00 이하	0.040 이하	0.030 이하	1.25~2.50	15.00~17.00	–	–
STS 440C	0.95~1.20	1.00 이하	1.00 이하	0.040 이하	0.030 이하	a)	16.00~18.00	c)	–

【비 고】 a. Ni은 0.60% 이하를 함유하여도 지장이 없다.
b. STS 416 및 STS 420F는 Mo 0.60% 이하를 첨가할 수 있다.
c. STS 440C는 Mo 0.75% 이하를 첨가할 수 있다.

■ 석출경화계의 화학 성분

단위 : %

종류의 기호	C	Si	Mn	P	S	Ni	Cr	Al
STS 631J1	0.09 이하	1.00 이하	1.00 이하	0.040 이하	0.030 이하	7.00~8.50	16.00~18.00	0.75~1.50

3-7 스테인리스 강선

Stainless steel wires

KS D 3703 : 2007

■ 적용 범위

이 규격은 스테인리스 강선 및 약 10.5% 이상의 크롬을 포함하는 내열 강선에 대하여 규정한다. 다만, 스프링용 스테인리스 강선 및 냉간 압조용 스테인리스 강선에는 적용하지 않는다.

■ 종류의 기호, 조질 및 분류

종류의 기호	조 질		분 류
	구 분	기 호	
STS 201	연질 1호	-W1	오스테나이트계
	연질 2호	-W2	
	$\frac{1}{2}$ 경질	$-W\frac{1}{2}H$	
STS 303	연질 1호	-W1	
	연질 2호	-W2	
STS 303Se	연질 1호	-W1	
	연질 2호	-W2	
STS 303Cu	연질 1호	-W1	
	연질 2호	-W2	
STS 304	연질 1호	-W1	
	연질 2호	-W2	
	$\frac{1}{2}$ 경질	$-W\frac{1}{2}H$	
STS 304L	연질 1호	-W1	
	연질 2호	-W2	
STS 304N1	연질 1호	-W1	
	연질 2호	-W2	
	$\frac{1}{2}$ 경질	$-W\frac{1}{2}H$	
STS 304J3	연질 1호	-W1	
	연질 2호	-W2	
STS 305	연질 1호	-W1	
	연질 2호	-W2	
STS 305J1	연질 1호	-W1	
	연질 2호	-W2	
STS 309S	연질 1호	-W1	
	연질 2호	-W2	
STS 310S	연질 1호	-W1	
	연질 2호	-W2	
STS 316	연질 1호	-W1	
	연질 2호	-W2	
	$\frac{1}{2}$ 경질	$-W\frac{1}{2}H$	
STS 316L	연질 1호	-W1	오스테나이트계
	연질 2호	-W2	
STS 316F	연질 1호	-W1	
	연질 2호	-W2	
STS 317	연질 1호	-W1	
	연질 2호	-W2	
STS 317L	연질 1호	-W1	
	연질 2호	-W2	
STS 321	연질 1호	-W1	
	연질 2호	-W2	
STS 347	연질 1호	-W1	
	연질 2호	-W2	
STS XM7	연질 1호	-W1	
	연질 2호	-W2	
STS XM15J1	연질 1호	-W1	
	연질 2호	-W2	
STH 330	연질 1호	-W1	
	연질 2호	-W2	
STS 405	연질 2호	-W2	페라이트계
STS 430	연질 2호	-W2	
STS 430F	연질 2호	-W2	
STH 446	연질 2호	-W2	
STS 403	연질 2호	-W2	마르텐자이트계
STS 410	연질 2호	-W2	
STS 410F2	연질 2호	-W2	
STS 416	연질 2호	-W2	
STS 420J1	연질 2호	-W2	
STS 420J2	연질 2호	-W2	
STS 420F	연질 2호	-W2	
STS 420F2	연질 2호	-W2	
STS 440C	연질 2호	-W2	

3-8 열간 압연 스테인리스 강판 및 강대

Hot rolled stainless steel plates, sheets and strip

KS D 3705 : 2008

■ 적용 범위

이 규격은 열간 압연 스테인리스 강판 및 열간 압연 스테인리스 강대에 대하여 규정한다.

■ 종류의 기호 및 분류

종류의 기호	분 류	종류의 기호	분 류	종류의 기호	분 류
STS 301	오스테나이트계	STS 316J1	오스테나이트계	STS 430	페라이트계
STS 301L		STS 316J1L		STS 430LX	
STS 301J1		STS 317		STS 430J1L	
STS 302		STS 317L		STS 434	
STS 302B		STS 317LN		STS 436L	
STS 303		STS 317J1		STS 436J1L	
STS 304		STS 317J2		STS 444	
STS 304L		STS 317J3L		STS 445NF	
STS 304N1		STS 836L		STS 447J1	
STS 304N2		STS 890L		STS XM27	
STS 304LN		STS 321		STS 403	마르텐사이트계
STS 304J1		STS 347		STS 410	
STS 304J2		STS XM7		STS 410S	
STS 305		STS XM15J1		STS 420J1	
STS 309S		STS 350		STS 420J2	
STS 310S		STS 329J1	오스테나이트계·페라이트계	STS 429J1	
STS 316		STS 329J3L		STS 440A	
STS 316L		STS 329J4L		STS 630	석출 경화계
STS 316N		STS 405	페라이트계	STS 631	
STS 316LN		STS 410L			
STS 316Ti		STS 429			

【비 고】 1. 강판이라는 것을 기호로 표시할 필요가 있을 경우에는 종류의 기호 끝부분에 -HP를 부기한다.
보기 : **STS 304-HP**
2. 강대라는 것을 기호로 표시할 필요가 있을 경우에는 종류의 기호 끝부분에 -HS를 부기한다.
보기 : **STS 304-HS**

■ 오스테나이트계의 화학 성분

단위 : %

종류의 기호	C	Si	Mn	P	S	Ni	Cr	Mo	Cu	N	기타
STS301	0.15 이하	1.00 이하	2.00 이하	0.045 이하	0.030 이하	6.00~8.00	16.00~18.00	–	–	–	–
STS301L	0.030 이하	1.00 이하	2.00 이하	0.045 이하	0.030 이하	6.00~8.00	16.00~18.00	–	–	0.20 이하	–
STS301J1	0.08~0.12	1.00 이하	2.00 이하	0.045 이하	0.030 이하	7.00~9.00	16.00~18.00	–	–	–	–
STS302	0.15 이하	1.00 이하	2.00 이하	0.045 이하	0.030 이하	8.00~10.00	17.00~19.00	–	–	–	–
STS302B	0.15 이하	2.00~3.00	2.00 이하	0.045 이하	0.030 이하	8.00~10.00	17.00~19.00	–	–	–	–
STS303	0.15 이하	1.00 이하	2.00 이하	0.20 이하	0.15 이하	8.00~10.00	17.00~19.00	a)	–	–	–
STS304	0.08 이하	1.00 이하	2.00 이하	0.045 이하	0.030 이하	8.00~10.00	18.00~20.00	–	–	–	–
STS304L	0.030 이하	1.00 이하	2.00 이하	0.045 이하	0.030 이하	9.00~13.00	18.00~20.00	–	–	–	–
STS304N1	0.08 이하	1.00 이하	2.50 이하	0.045 이하	0.030 이하	7.00~10.50	18.00~20.00	–	–	0.10~0.25	–
STS304N2	0.08 이하	1.00 이하	2.50 이하	0.045 이하	0.030 이하	7.50~10.50	18.00~20.00	–	–	0.15~0.30	Nb 0.15 이하
STS304LN	0.030 이하	1.00 이하	2.00 이하	0.045 이하	0.030 이하	8.50~11.50	17.00~19.00	–	–	0.12~0.22	–
STS304J1	0.08 이하	1.70 이하	3.00 이하	0.045 이하	0.030 이하	6.00~9.00	15.00~18.00	–	1.00~3.00	–	–
STS304J2	0.08 이하	1.70 이하	3.00~5.00	0.045 이하	0.030 이하	6.00~9.00	15.00~18.00	–	1.00~3.00	–	–
STS305	0.12 이하	1.00 이하	2.00 이하	0.045 이하	0.030 이하	10.50~13.00	17.00~19.00	–	–	–	–
STS309S	0.08 이하	1.00 이하	2.00 이하	0.045 이하	0.030 이하	12.00~15.00	22.00~24.00	–	–	–	–
STS310S	0.08 이하	1.50 이하	2.00 이하	0.045 이하	0.030 이하	19.00~22.00	24.00~26.00	–	–	–	–
STS316	0.08 이하	1.00 이하	2.00 이하	0.045 이하	0.030 이하	10.00~14.00	16.00~18.00	2.00~3.00	–	–	–
STS316L	0.030 이하	1.00 이하	2.00 이하	0.045 이하	0.030 이하	12.00~15.00	16.00~18.00	2.00~3.00	–	–	–
STS316N	0.08 이하	1.00 이하	2.00 이하	0.045 이하	0.030 이하	10.00~14.00	16.00~18.00	2.00~3.00	–	0.10~0.22	–
STS316LN	0.030 이하	1.00 이하	2.00 이하	0.045 이하	0.030 이하	10.50~14.50	16.50~18.50	2.00~3.00	–	0.12~0.22	–
STS316Ti	0.08 이하	1.00 이하	2.00 이하	0.045 이하	0.030 이하	10.00~14.00	16.00~18.00	2.00~3.00	–	–	Ti5×C% 이상
STS316J1	0.08 이하	1.00 이하	2.00 이하	0.045 이하	0.030 이하	10.00~14.00	17.00~19.00	1.20~2.75	1.00~2.50	–	–
STS316J1L	0.030 이하	1.00 이하	2.00 이하	0.045 이하	0.030 이하	12.00~16.00	17.00~19.00	1.20~2.75	1.00~2.50	–	–
STS317	0.08 이하	1.00 이하	2.00 이하	0.045 이하	0.030 이하	11.00~15.00	18.00~20.00	3.00~4.00	–	–	–
STS317L	0.030 이하	1.00 이하	2.00 이하	0.045 이하	0.030 이하	11.00~15.00	18.00~20.00	3.00~4.00	–	–	–
STS317LN	0.030 이하	1.00 이하	2.00 이하	0.045 이하	0.030 이하	11.00~15.00	18.00~20.00	3.00~4.00	–	0.10~0.22	–
STS317J1	0.040 이하	1.00 이하	2.50 이하	0.045 이하	0.030 이하	15.00~17.00	16.00~19.00	4.00~6.00	–	–	–
STS317J2	0.06 이하	1.50 이하	2.00 이하	0.045 이하	0.030 이하	12.00~16.00	23.00~26.00	0.50~1.20	–	0.25~0.40	–
STS317J3L	0.030 이하	1.00 이하	2.00 이하	0.045 이하	0.030 이하	11.00~13.00	20.50~22.50	2.00~3.00	–	0.18~0.30	–
STS836L	0.030 이하	1.00 이하	2.00 이하	0.045 이하	0.030 이하	24.00~26.00	19.00~24.00	5.00~7.00	–	0.25 이하	–
STS890L	0.020 이하	1.00 이하	2.00 이하	0.045 이하	0.030 이하	23.00~28.00	19.00~23.00	4.00~5.00	1.00~2.00	–	–
STS321	0.08 이하	1.00 이하	2.00 이하	0.045 이하	0.030 이하	9.00~13.00	17.00~19.00	–	–	–	Ti5×C% 이상
STS347	0.08 이하	1.00 이하	2.00 이하	0.045 이하	0.030 이하	9.00~13.00	17.00~19.00	–	–	–	Nb10×C% 이상
STSXM7	0.08 이하	1.00 이하	2.00 이하	0.045 이하	0.030 이하	8.50~10.50	17.00~19.00	–	3.00~4.00	–	–
STSXM15J1	0.08 이하	3.00~5.00	2.00 이하	0.045 이하	0.030 이하	11.50~15.00	15.00~20.00	–	–	–	–
STS350	0.03 이하	1.00 이하	1.50 이하	0.035 이하	0.020 이하	20.00~23.00	22.00~24.00	6.00~6.80	0.40 이하	0.21~0.32	–

[비 고] STS XM15J1에 대하여는 필요에 따라 표 이외의 합금 원소를 첨가할 수 있다.
a. Mo는 0.60% 이하를 첨가할 수 있다.

■ 오스테나이트 · 페라이트계의 화학 성분

단위 : %

종류의 기호	C	Si	Mn	P	S	Ni	Cr	Mo	N
STS 329J1	0.08 이하	1.00 이하	1.50 이하	0.040 이하	0.030 이하	3.00~6.00	23.00~28.00	1.00~3.00	–
STS 329J3L	0.030 이하	1.00 이하	2.00 이하	0.040 이하	0.030 이하	4.50~6.50	21.00~24.00	2.50~3.50	0.08~0.20
STS 329J4L	0.030 이하	1.00 이하	1.50 이하	0.040 이하	0.030 이하	5.50~7.50	24.00~26.00	2.50~3.50	0.08~0.30

【비 고】 필요에 따라 표 이외의 합금 원소를 첨가할 수 있다.

■ 페라이트계의 화학 성분

단위 : %

종류의 기호	C	Si	Mn	P	S	Cr	Mo	N	기타
STS 405	0.08 이하	1.00 이하	1.00 이하	0.040 이하	0.030 이하	11.50~14.50	–	–	Al 0.10~0.30
STS 410L	0.030 이하	1.00 이하	1.00 이하	0.040 이하	0.030 이하	11.00~13.50	–	–	–
STS 429	0.12 이하	1.00 이하	1.00 이하	0.040 이하	0.030 이하	14.00~16.00	–	–	–
STS 430	0.12 이하	0.75 이하	1.00 이하	0.040 이하	0.030 이하	16.00~18.00	–	–	–
STS 430LX	0.030 이하	0.75 이하	1.00 이하	0.040 이하	0.030 이하	16.00~19.00	–	–	Ti 또는 Nb 0.10~1.00
STS 430J1L	0.025 이하	1.00 이하	1.00 이하	0.040 이하	0.030 이하	16.00~20.00	–	0.025 이하	Ti, Nb, Zr 또는 그들의 조합 8×(C%+N%)~0.80 Cu 0.30~0.80
STS 434	0.12 이하	1.00 이하	1.00 이하	0.040 이하	0.030 이하	16.00~18.00	0.75~1.25	–	–
STS 436L	0.025 이하	1.00 이하	1.00 이하	0.040 이하	0.030 이하	16.00~19.00	0.75~1.50	0.025 이하	Ti, Nb, Zr 또는 그들의 조합 8×(C%+N%)~0.80
STS 436J1L	0.025 이하	1.00 이하	1.00 이하	0.040 이하	0.030 이하	17.00~20.00	0.40~0.80	0.025 이하	Ti, Nb, Zr 또는 그들의 조합 8×(C%+N%)~0.80
STS 444	0.025 이하	1.00 이하	1.00 이하	0.040 이하	0.030 이하	17.00~20.00	1.75~2.50	0.025 이하	Ti, Nb, Zr 또는 그들의 조합 8×(C%+N%)~0.80
STS 445NF	0.015 이하	1.00 이하	1.00 이하	0.040 이하	0.030 이하	20.00~23.00	–	0.015 이하	Ti, Nb 또는 그들의 조합 8×(C%+N%)~0.80
STS 447J1	0.010 이하	0.40 이하	0.40 이하	0.030 이하	0.020 이하	28.50~32.00	1.50~2.50	0.015 이하	–
STS XM27	0.010 이하	0.40 이하	0.40 이하	0.030 이하	0.020 이하	25.00~27.50	0.75~1.50	0.015 이하	–

【비 고】 1. STS447J1 및 STSXM27 이외는 Ni 0.60% 이하를 함유해도 좋다.
2. STS447J1 및 STSXM27은 Ni 0.50% 이하, Cu 0.20% 이하 및 (Ni+Cu)0.50% 이하를 함유해도 좋다.
또 STS447J1, STSXM27 및 STS430J1L은 필요에 따라 표 이외의 합금 원소를 첨가할 수 있다.

■ 마르텐사이트계의 화학 성분

단위 : %

종류의 기호	C	Si	Mn	P	S	Cr
STS 403	0.15 이하	0.50 이하	1.00 이하	0.040 이하	0.030 이하	11.50~13.50
STS 410	0.15 이하	1.00 이하	1.00 이하	0.040 이하	0.030 이하	11.50~13.50
STS 410S	0.08 이하	1.00 이하	1.00 이하	0.040 이하	0.030 이하	11.50~13.50
STS 420J1	0.16~0.25	1.00 이하	1.00 이하	0.040 이하	0.030 이하	12.00~14.00
STS 420J2	0.26~0.40	1.00 이하	1.00 이하	0.040 이하	0.030 이하	12.00~14.00
STS 429J1	0.25~0.40	1.00 이하	1.00 이하	0.040 이하	0.030 이하	15.00~17.00
STS 440A	0.60~0.75	1.00 이하	1.00 이하	0.040 이하	0.030 이하	16.00~18.00

【비 고】 1. Ni은 0.60% 이하를 함유해도 좋다.
2. STS440A는 Mo 0.75% 이하를 첨가할 수 있다.

■ 석출 경화계의 화학 성분

단위 : %

종류의 기호	C	Si	Mn	P	S	Ni	Cr	Cu	기타
STS 630	0.07 이하	1.00 이하	1.00 이하	0.040 이하	0.030 이하	3.00~5.00	15.00~17.50	3.00~5.00	Nb 0.15~0.45
STS 631	0.09 이하	1.00 이하	1.00 이하	0.040 이하	0.030 이하	6.50~7.75	16.00~18.00	–	Al 0.75~1.50

■ 고용화 열처리 상태의 기계적 성질(오스테나이트계)

종류의 기호	항복 강도 N/mm^2	인장 강도 N/mm^2	연신율 %	경도		
				HB	HRB	HV
STS 301	205 이상	520 이상	40 이상	207 이하	95 이하	218 이하
STS 301L	215 이상	550 이상	45 이상	207 이하	95 이하	218 이하
STS 301J1	205 이상	570 이상	45 이상	187 이하	90 이하	200 이하
STS 302	205 이상	520 이상	40 이상	187 이하	90 이하	200 이하
STS 302B	205 이상	520 이상	40 이상	207 이하	95 이하	218 이하
STS 303	205 이상	520 이상	40 이상	187 이하	90 이하	200 이하
STS 304	205 이상	520 이상	40 이상	187 이하	90 이하	200 이하
STS 304L	175 이상	480 이상	40 이상	187 이하	90 이하	200 이하
STS 304N1	275 이상	550 이상	35 이상	217 이하	95 이하	220 이하
STS 304N2	345 이상	690 이상	35 이상	248 이하	100 이하	260 이하
STS 304LN	245 이상	550 이상	40 이상	217 이하	95 이하	220 이하
STS 304J1	155 이상	450 이상	40 이상	187 이하	90 이하	200 이하
STS 304J2	155 이상	450 이상	40 이상	187 이하	90 이하	200 이하
STS 305	175 이상	480 이상	40 이상	187 이하	90 이하	200 이하
STS 309S	205 이상	520 이상	40 이상	187 이하	90 이하	200 이하
STS 310S	205 이상	520 이상	40 이상	187 이하	90 이하	200 이하
STS 316	205 이상	520 이상	40 이상	187 이하	90 이하	200 이하
STS 316L	175 이상	480 이상	40 이상	187 이하	90 이하	200 이하
STS 316N	275 이상	550 이상	35 이상	217 이하	95 이하	220 이하
STS 316LN	245 이상	550 이상	40 이상	217 이하	95 이하	220 이하
STS 316Ti	205 이상	520 이상	40 이상	187 이하	90 이하	200 이하
STS 316J1	205 이상	520 이상	40 이상	187 이하	90 이하	200 이하
STS 316J1L	175 이상	480 이상	40 이상	187 이하	90 이하	200 이하
STS 317	205 이상	520 이상	40 이상	187 이하	90 이하	200 이하
STS 317L	175 이상	480 이상	40 이상	187 이하	90 이하	200 이하
STS 317LN	245 이상	550 이상	40 이상	217 이하	95 이하	220 이하
STS 317J1	175 이상	480 이상	40 이상	187 이하	90 이하	200 이하
STS 317J2	345 이상	690 이상	40 이상	250 이하	100 이하	260 이하
STS 317J3L	275 이상	640 이상	40 이상	217 이하	96 이하	230 이하
STS 836L	205 이상	520 이상	35 이상	217 이하	96 이하	230 이하
STS 890L	215 이상	490 이상	35 이상	187 이하	90 이하	200 이하
STS 321	205 이상	520 이상	40 이상	187 이하	90 이하	200 이하
STS 347	205 이상	520 이상	40 이상	187 이하	90 이하	200 이하
STS XM7	155 이상	450 이상	40 이상	187 이하	90 이하	200 이하
STS XM15J1	205 이상	520 이상	40 이상	207 이하	95 이하	218 이하
STS 350	330 이상	674 이상	40 이상	250 이하	100 이하	260 이하

3-9 스테인리스 강봉

Stainless steel bars

KS D 3706 : 2008

■ 적용 범위

이 규격은 열간 가공 스테인리스 강을 열간으로 원형, 각, 육각 및 평판으로 성형한 봉상 또는 관상의 제품(원형강, 각강, 육각강 및 평강을 총칭하여 이하 봉이라 한다)에 대하여 규정한다.

■ 종류의 기호 및 분류

종류의 기호	분류	종류의 기호	분류
STS 201	오스테나이트계	STS 347	오스테나이트계
STS 202		STS XM7	
STS 301		STS XM15J1	
STS 302		STS 350	
STS 303		STS 329J1	오스테나이트·페라이트계
STS 303Se		STS 329J3L	
STS 303Cu		STS 329J4L	
STS 304		STS 405	페라이트계
STS 304L		STS 410L	
STS 304N1		STS 430	
STS 304N2		STS 430F	
STS 304LN		STS 434	
STS 304J3		STS 447J1	
STS 305		STS XM27	
STS 309S		STS 403	마르텐사이트계
STS 310S		STS 410	
STS 316		STS 410J1	
STS 316L		STS 410F2	
STS 316N		STS 416	
STS 316LN		STS 420J1	
STS 316Ti		STS 420J2	
STS 316J1		STS 420F	
STS 316J1L		STS 420F2	
STS 316F		STS 431	
STS 317		STS 440A	
STS 317L		STS 440B	
STS 317LN		STS 440C	
STS 317J1		STS 440F	
STS 836L		STS 630	석출 경화계
STS 890L		STS 631	
STS 321			

【비 고】 봉이라는 것을 기호로 표시할 필요가 있을 경우에는 종류의 기호 끝부분에 -B를 부기한다.
보기 : **STS 304-B**

■ 오스테나이트계의 화학 성분

단위 : %

종류의 기호	C	Si	Mn	P	S	Ni	Cr	Mo	Cu	N	기타
STS 201	0.15 이하	1.00 이하	5.50~7.50	0.060 이하	0.030 이하	3.50~5.50	16.00~18.00	–	–	0.25 이하	–
STS 202	0.15 이하	1.00 이하	7.50~10.00	0.060 이하	0.030 이하	4.00~6.00	17.00~19.00	–	–	0.25 이하	–
STS 301	0.15 이하	1.00 이하	2.00 이하	0.045 이하	0.030 이하	6.00~8.00	16.00~18.00	–	–	–	–
STS 302	0.15 이하	1.00 이하	2.00 이하	0.045 이하	0.030 이하	8.00~10.00	17.00~19.00	–	–	–	–
STS 303	0.15 이하	1.00 이하	2.00 이하	0.20 이하	0.15 이상	8.00~10.00	17.00~19.00	a)	–	–	–
STS 303Se	0.15 이하	1.00 이하	2.00 이하	0.20 이하	0.060 이하	8.00~10.00	17.00~19.00	–	–	–	Se 0.15 이상
STS 303Cu	0.15 이하	1.00 이하	3.00 이하	0.20 이하	0.15 이상	8.00~10.00	17.00~19.00	a)	1.50~3.50	–	–
STS 304	0.08 이하	1.00 이하	2.00 이하	0.045 이하	0.030 이하	8.00~10.50	18.00~20.00	–	–	–	–
STS 304L	0.030 이하	1.00 이하	2.00 이하	0.045 이하	0.030 이하	9.00~13.00	18.00~20.00	–	–	–	–
STS 304N1	0.08 이하	1.00 이하	2.50 이하	0.045 이하	0.030 이하	7.00~10.50	18.00~20.00	–	–	0.10~0.25	–
STS 304N2	0.08 이하	1.00 이하	2.50 이하	0.045 이하	0.030 이하	7.50~10.50	18.00~20.00	–	–	0.15~0.30	Nb 0.15 이하
STS 304LN	0.030 이하	1.00 이하	2.00 이하	0.045 이하	0.030 이하	8.50~11.50	17.00~19.00	–	–	0.12~0.22	–
STS 304J3	0.08 이하	1.00 이하	2.00 이하	0.045 이하	0.030 이하	8.00~10.50	17.00~19.00	–	1.00~3.00	–	–
STS 305	0.12 이하	1.00 이하	2.00 이하	0.045 이하	0.030 이하	10.50~13.00	17.00~19.00	–	–	–	–
STS 309S	0.08 이하	1.00 이하	2.00 이하	0.045 이하	0.030 이하	12.00~15.00	22.00~24.00	–	–	–	–
STS 310S	0.08 이하	1.00 이하	2.00 이하	0.045 이하	0.030 이하	19.00~22.00	24.00~26.00	–	–	–	–
STS 316	0.08 이하	1.00 이하	2.00 이하	0.045 이하	0.030 이하	10.00~14.00	16.00~18.00	2.00~3.00	–	–	–
STS 316L	0.030 이하	1.00 이하	2.00 이하	0.045 이하	0.030 이하	12.00~15.00	16.00~18.00	2.00~3.00	–	–	–
STS 316N	0.08 이하	1.00 이하	2.00 이하	0.045 이하	0.030 이하	10.00~14.00	16.00~18.00	2.00~3.00	–	0.10~0.22	–
STS 316LN	0.030 이하	1.00 이하	2.00 이하	0.045 이하	0.030 이하	10.50~14.50	16.50~18.50	2.00~3.00	–	0.12~0.22	–
STS 316Ti	0.08 이하	1.00 이하	2.00 이하	0.045 이하	0.030 이하	10.00~14.00	16.00~18.00	2.00~3.00	–	–	Ti5×C% 이상
STS 316J1	0.08 이하	1.00 이하	2.00 이하	0.045 이하	0.030 이하	10.00~14.00	17.00~19.00	1.20~2.75	1.00~2.50	–	–
STS 316J1L	0.030 이하	1.00 이하	2.00 이하	0.045 이하	0.030 이하	12.00~16.00	17.00~19.00	1.20~2.75	1.00~2.50	–	–
STS 316F	0.08 이하	1.00 이하	2.00 이하	0.045 이하	0.10 이상	10.00~14.00	16.00~18.00	2.00~3.00	–	–	–
STS 317	0.08 이하	1.00 이하	2.00 이하	0.045 이하	0.030 이하	11.00~15.00	18.00~20.00	3.00~4.00	–	–	–
STS 317L	0.030 이하	1.00 이하	2.00 이하	0.045 이하	0.030 이하	11.00~15.00	18.00~20.00	3.00~4.00	–	–	–
STS 317LN	0.030 이하	1.00 이하	2.00 이하	0.045 이하	0.030 이하	11.00~15.00	18.00~20.00	3.00~4.00	–	0.10~0.22	–
STS 317J1	0.040 이하	1.00 이하	2.50 이하	0.045 이하	0.030 이하	15.00~17.00	16.00~19.00	4.00~6.00	–	–	–
STS 836L	0.030 이하	1.00 이하	2.00 이하	0.045 이하	0.030 이하	24.00~26.00	19.00~24.00	5.00~7.00	–	0.25 이하	–
STS 890L	0.020 이하	1.00 이하	2.00 이하	0.045 이하	0.030 이하	23.00~28.00	19.00~23.00	4.00~5.00	1.00~2.00	–	–
STS 321	0.08 이하	1.00 이하	2.00 이하	0.045 이하	0.030 이하	9.00~13.00	17.00~19.00	–	–	–	Ti5×C% 이상
STS 347	0.08 이하	1.00 이하	2.00 이하	0.045 이하	0.030 이하	9.00~13.00	17.00~19.00	–	–	–	Nb10×C% 이상
STS XM7	0.08 이하	1.00 이하	2.00 이하	0.045 이하	0.030 이하	8.50~10.50	17.00~19.00	–	3.00~4.00	–	–
STS XM15J1	0.08 이하	3.00~5.00	2.00 이하	0.045 이하	0.030 이하	11.50~15.00	15.00~20.00	–	–	–	–
STS 350	0.03 이하	1.00 이하	1.50 이하	0.035 이하	0.020 이하	20.00~23.00	22.00~24.00	6.00~6.80	0.40 이하	0.21~0.32	–

[비 고] STS XM15J1에 대하여는 필요에 따라 표 이외에 Cu, Mo, Nb, Ti 또는 N 중 한 개 또는 복수의 원소를 함유하여도 좋다.
a. Mo은 0.60% 이하를 첨가할 수 있다.

■ 오스테나이트 · 페라이트계의 화학 성분

단위 : %

종류의 기호	C	Si	Mn	P	S	Ni	Cr	Mo	N
STS 329J1	0.08 이하	1.00 이하	1.50 이하	0.040 이하	0.030 이하	3.00~6.00	23.00~28.00	1.00~3.00	–
STS 329J3L	0.030 이하	1.00 이하	2.00 이하	0.040 이하	0.030 이하	4.50~6.50	21.00~24.00	2.50~3.50	0.08~0.20
STS 329J4L	0.030 이하	1.00 이하	1.50 이하	0.040 이하	0.030 이하	5.50~7.50	24.00~26.00	2.50~3.50	0.08~0.30

【비 고】 필요에 따라 표에 이외에 Cu, W 또는 N 중의 한 개 또는 복수의 원소를 함유하여도 좋다.

■ 페라이트계의 화학 성분

단위 : %

종류의 기호	C	Si	Mn	P	S	Cr	Mo	N	Al
STS 405	0.08 이하	1.00 이하	1.00 이하	0.040 이하	0.030 이하	11.50~14.50	–	–	0.10~0.30
STS 410L	0.030 이하	1.00 이하	1.00 이하	0.040 이하	0.030 이하	11.00~13.50	–	–	–
STS 430	0.12 이하	0.75 이하	1.00 이하	0.040 이하	0.030 이하	16.00~18.00	–	–	–
STS 430F	0.12 이하	1.00 이하	1.25 이하	0.060 이하	0.15 이상	16.00~18.00	a)	–	–
STS 434	0.12 이하	1.00 이하	1.00 이하	0.040 이하	0.030 이하	16.00~18.00	0.75~1.25	–	–
STS 447J1	0.010 이하	0.40 이하	0.40 이하	0.030 이하	0.020 이하	28.50~32.00	1.50~2.50	0.015 이하	–
STS XM27	0.010 이하	0.40 이하	0.40 이하	0.030 이하	0.020 이하	25.00~27.50	0.75 · 1.50	0.015 이하	–

【비 고】 1. STS 447J1 및 STS XM27 이외는 Ni 0.60% 이하를 함유하여도 좋다.
2. STS 447J1 및 STS XM27은 Ni 0.50% 이하, Cu 0.20% 이하 및 (Ni+Cu) 0.50% 이하를 함유하여도 좋다.
또, 필요에 따라 표 이외에 V, Ti 또는 Nb 중 한 개 또는 복수의 원소를 함유하여도 좋다.
a) Mo은 0.60% 이하를 첨가할 수 있다.

■ 마르텐사이트계의 화학 성분

단위 : %

종류의 기호	C	Si	Mn	P	S	Ni	Cr	Mo	Pb
STS 403	0.15 이하	0.50 이하	1.00 이하	0.040 이하	0.030 이하	b)	11.50~13.00	–	–
STS 410	0.15 이하	1.00 이하	1.00 이하	0.040 이하	0.030 이하	b)	11.50~13.50	–	–
STS 410J1	0.08~0.18	0.60 이하	1.00 이하	0.040 이하	0.030 이하	b)	11.50~14.00	0.30~0.60	–
STS 410F2	0.15 이하	1.00 이하	1.00 이하	0.040 이하	0.030 이하	b)	11.50~13.50	–	0.05~0.30
STS 416	0.15 이하	1.00 이하	1.25 이하	0.060 이하	0.15 이상	b)	12.00~14.00	a)	–
STS 420J1	0.16~0.25	1.00 이하	1.00 이하	0.040 이하	0.030 이하	b)	12.00~14.00	–	–
STS 420J2	0.26~0.40	1.00 이하	1.00 이하	0.040 이하	0.030 이하	b)	12.00~14.00	–	–
STS 420F	0.26~0.40	1.00 이하	1.25 이하	0.060 이하	0.15 이상	b)	12.00~14.00	a)	–
STS 420F2	0.26~0.40	1.00 이하	1.00 이하	0.040 이하	0.030 이하	b)	12.00~14.00	–	0.05~0.30
STS 431	0.20 이하	1.00 이하	1.00 이하	0.040 이하	0.030 이하	1.25~2.50	15.00~17.00	–	–
STS 440A	0.60~0.75	1.00 이하	1.00 이하	0.040 이하	0.030 이하	b)	16.00~18.00	c)	–
STS 440B	0.75~0.95	1.00 이하	1.00 이하	0.040 이하	0.030 이하	b)	16.00~18.00	c)	–
STS 440C	0.95~1.20	1.00 이하	1.00 이하	0.040 이하	0.030 이하	b)	16.00~18.00	c)	–
STS 440F	0.95~1.20	1.00 이하	1.25 이하	0.060 이하	0.15 이상	b)	16.00~18.00	c)	–

【비 고】 a. Mo은 0.60% 이하를 함유하여도 좋다.
b. Ni은 0.60% 이하를 함유하여도 좋다.
c. Mo은 0.75% 이하를 함유하여도 좋다.

■ 석출 경화계의 화학 성분

단위 : %

종류의 기호	C	Si	Mn	P	S	Ni	Cr	Cu	기타
STS 630	0.07 이하	1.00 이하	1.00 이하	0.040 이하	0.030 이하	3.00~5.00	15.00~17.50	3.00~5.00	Nb 0.15~0.45
STS 631	0.09 이하	1.00 이하	1.00 이하	0.040 이하	0.030 이하	6.50~7.75	16.00~18.00	–	Al 0.75~1.50

■ 오스테나이트계의 기계적 성질

종류의 기호	항복 강도 N/mm^2	인장 강도 N/mm^2	연신율 %	단면 수축률 a) %	경도 b)		
					HBW	HRBS 또는 HRBW	HV
STS 201	275 이상	520 이상	40 이상	45 이상	241 이하	100 이하	253 이하
STS 202	275 이상	520 이상	40 이상	45 이상	207 이하	95 이하	218 이하
STS 301	205 이상	520 이상	40 이상	60 이상	207 이하	95 이하	218 이하
STS 302	205 이상	520 이상	40 이상	60 이상	187 이하	90 이하	200 이하
STS 303	205 이상	520 이상	40 이상	50 이상	187 이하	90 이하	200 이하
STS 303Se	205 이상	520 이상	40 이상	50 이상	187 이하	90 이하	200 이하
STS 303Cu	205 이상	520 이상	40 이상	50 이상	187 이하	90 이하	200 이하
STS 304	205 이상	520 이상	40 이상	60 이상	187 이하	90 이하	200 이하
STS 304L	175 이상	480 이상	40 이상	60 이상	187 이하	90 이하	200 이하
STS 304N1	275 이상	550 이상	35 이상	50 이상	217 이하	95 이하	220 이하
STS 304N2	345 이상	690 이상	35 이상	50 이상	250 이하	100 이하	260 이하
STS 304LN	245 이상	550 이상	40 이상	50 이상	217 이하	95 이하	220 이하
STS 304J3	175 이상	480 이상	40 이상	60 이상	187 이하	90 이하	200 이하
STS 305	175 이상	480 이상	40 이상	60 이상	187 이하	90 이하	200 이하
STS 309S	205 이상	520 이상	40 이상	60 이상	187 이하	90 이하	200 이하
STS 310S	205 이상	520 이상	40 이상	50 이상	187 이하	90 이하	200 이하
STS 316	205 이상	520 이상	40 이상	60 이상	187 이하	90 이하	200 이하
STS 316L	175 이상	480 이상	40 이상	60 이상	187 이하	90 이하	200 이하
STS 316N	275 이상	550 이상	35 이상	50 이상	217 이하	95 이하	220 이하
STS 316LN	245 이상	550 이상	40 이상	50 이상	217 이하	95 이하	220 이하
STS 316Ti	205 이상	520 이상	40 이상	50 이상	187 이하	90 이하	200 이하
STS 316J1	205 이상	520 이상	40 이상	60 이상	187 이하	90 이하	200 이하
STS 316J1L	175 이상	480 이상	40 이상	60 이상	187 이하	90 이하	200 이하
STS 316F	205 이상	520 이상	40 이상	50 이상	187 이하	90 이하	200 이하
STS 317	205 이상	520 이상	40 이상	60 이상	187 이하	90 이하	200 이하
STS 317L	175 이상	480 이상	40 이상	60 이상	187 이하	90 이하	200 이하
STS 317LN	245 이상	550 이상	40 이상	50 이상	217 이하	95 이하	220 이하
STS 317J1	175 이상	480 이상	40 이상	45 이상	187 이하	90 이하	200 이하
STS 836L	205 이상	520 이상	35 이상	40 이상	217 이하	96 이하	230 이하
STS 890L	215 이상	490 이상	35 이상	40 이상	187 이하	90 이하	200 이하
STS 321	205 이상	520 이상	40 이상	50 이상	187 이하	90 이하	200 이하
STS 347	205 이상	520 이상	40 이상	50 이상	187 이하	90 이하	200 이하
STS XM7	175 이상	480 이상	40 이상	60 이상	187 이하	90 이하	200 이하
STS XM15J1	205 이상	520 이상	40 이상	60 이상	207 이하	95 이하	218 이하
STS 350	330 이상	674 이상	40 이상	–	205 이하	100 이하	260 이하

[비 고] 1. 표의 값은 지름, 변 혹은 대변거리 또는 두께 180mm 이하의 봉에 적용한다. 180mm를 초과하는 경우의 값은 주문자와 제조자 사이의 협정에 따른다.

2. HRB 측정값의 보고서에는 HRBS 또는 HRBW를 명기 한다.

3. $1N/mm^2=1MPa$

a. 평강에는 적용하지 않는다. 다만, 주문자의 요구가 있는 경우는 주문자와 제조자 사이의 협정에 따른다.

b. 경도는 어느 것이든 1 종류를 적용한다.

■ 오스테나이트 · 페라이트계의 기계적 성질

종류의 기호	항복 강도 N/mm^2	인장 강도 N/mm^2	연신율 %	단면 수축률 a) %	경도 b)		
					HBW	HRC	HV
STS 329J1	390 이상	590 이상	18 이상	40 이상	277 이하	29 이하	292 이하
STS 329J3L	450 이상	620 이상	18 이상	40 이상	302 이하	32 이하	320 이하
STS 329J4L	450 이상	620 이상	18 이상	40 이상	302 이하	32 이하	320 이하

[비 고] 1. 표의 값은 지름, 변 혹은 대변거리 또는 두께 75mm 이하의 봉에 적용한다. 75mm를 초과할 경우의 값은 주문자와 제조자 사이의 협정에 따른다.
2. $1N/mm^2=1MPa$
a. 평강에는 적용하지 않는다. 다만, 주문자의 요구가 있는 경우에는 주문자와 제조자 사이의 협정에 따른다.
b. 경도는 어느 것이든 1종류를 적용한다.

■ 페라이트계의 기계적 성질

종류의 기호	항복 강도 N/mm^2	인장 강도 N/mm^2	연신율 %	단면 수축률 a) %	경도 HBW
STS 405	175 이상	410 이상	20 이상	60 이상	183 이하
STS 410L	195 이상	360 이상	22 이상	60 이상	183 이하
STS 430	205 이상	450 이상	22 이상	50 이상	183 이하
STS 430F	205 이상	450 이상	22 이상	50 이상	183 이하
STS 434	205 이상	450 이상	22 이상	60 이상	183 이하
STS 447J1	295 이상	450 이상	20 이상	45 이상	228 이하
STS XM27	245 이상	410 이상	20 이상	45 이상	219 이하

[비 고] 1. 표의 값은 지름, 변 혹은 대변거리 또는 두께 75mm 이하의 봉에 적용한다. 75mm를 초과할 경우의 값은 주문자와 제조자 사이의 협정에 따른다.
a. 평강에는 적용하지 않는다. 다만, 주문자의 요구가 있는 경우는 주문자와 제조자 사이의 협정에 따른다.

■ 마르텐사이트계의 퀜칭 · 템퍼링 상태의 기계적 성질

종류의 기호	항복 강도 N/mm^2	인장 강도 N/mm^2	연신율 %	단면 수축률 a) %	샤르피 충격값 J/cm^2	경도	
						HBW	HRC
STS 403	390 이상	590 이상	25 이상	55 이상	147 이상	170 이상	–
STS 410	345 이상	540 이상	25 이상	55 이상	98 이상	159 이상	–
STS 410J1	490 이상	690 이상	20 이상	60 이상	98 이상	192 이상	–
STS 410F2	345 이상	540 이상	18 이상	50 이상	98 이상	159 이상	–
STS 416	345 이상	540 이상	17 이상	45 이상	69 이상	159 이상	–
STS 420J1	440 이상	640 이상	20 이상	50 이상	78 이상	192 이상	–
STS 420J2	540 이상	740 이상	12 이상	40 이상	29 이상	217 이상	–
STS 420F	540 이상	740 이상	8 이상	35 이상	29 이상	217 이상	–
STS 420F2	540 이상	740 이상	5 이상	35 이상	29 이상	217 이상	–
STS 431	590 이상	780 이상	15 이상	40 이상	39 이상	229 이상	–
STS 440A	–	–	–	–	–	–	54 이상
STS 440B	–	–	–	–	–	–	56 이상
STS 440C	–	–	–	–	–	–	58 이상
STS 440F	–	–	–	–	–	–	58 이상

[비 고] 1. 표의 값은 지름, 변 혹은 대변거리 또는 두께 75mm 이하의 봉에 적용한다. 75mm를 초과할 경우의 값은 주문자와 제조자 사이의 협정에 따른다.
2. 1N/mm²=1MPa
a. 평강에는 적용하지 않는다. 다만, 주문자의 요구가 있는 경우는 주문자와 제조자 사이의 협정에 따른다.

■ 마르텐사이트계의 어닐링 상태의 경도

종류의 기호	경도 HB	종류의 기호	경도 HB
STS 403	200 이하	STS 420F	235 이하
STS 410	200 이하	STS 420F2	235 이하
STS 410J1	200 이하	STS 431	302 이하
STS 410F2	200 이하	STS 440A	255 이하
STS 416	200 이하	STS 440B	255 이하
STS 420J1	223 이하	STS 440C	269 이하
STS 420J2	235 이하	STS 440F	269 이하

■ 석출 경화계의 기계적 성질

종류의 기호	열처리 기호	항복 강도 N/mm^2	인장 강도 N/mm^2	연신율 %	단면 수축률 a) %	경도 b)	
						HBW	HRC
STS 630	S	–	–	–	–	363 이하	38 이하
	H900	1175 이상	1310 이상	10 이상	40 이상	375 이상	40 이상
	H1025	1000 이상	1070 이상	12 이상	45 이상	331 이상	35 이상
	H1075	860 이상	1000 이상	13 이상	45 이상	302 이상	31 이상
	H1150	725 이상	930 이상	16 이상	50 이상	277 이상	28 이상
STS 631	S	380 이하	1030 이하	20 이상	–	229 이하	–
	RH950	1030 이상	1230 이상	4 이상	10 이상	388 이상	–
	TH1050	960 이상	1140 이상	5 이상	25 이상	363 이상	–

[비 고] 1. 표의 값은 지름, 변 혹은 대변거리 또는 두께 75mm 이하의 봉에 적용한다. 75mm를 초과할 경우의 값은 주문자와 제조자 사이의 협정에 따른다.
2. 1N/mm²=1MPa
a. 평강에는 적용하지 않는다. 다만, 주문자의 요구가 있는 경우는 주문자와 제조자 사이의 협정에 따른다.
b. STS 630의 경도는 어느 것이든 1종류로 한다.

특수 용도강 - 스프링강

4-1 스프링용 냉간 압연 강대

Cold-rolled steel strips for springs

KS D 3597 : 2009

■ 적용 범위

이 표준은 주로 박판 스프링 및 용수철 스프링에 사용되는 강대에 대하여 규정한다. 다만, 강대로부터 절단한 절단판에 대하여도 이 표준을 적용한다.

■ 종류의 기호

종류의 기호	종래의 기호(참고)
S50C-CSP	-
S55C-CSP	-
S60C-CSP	-
S65C-CSP	-
S70C-CSP	-
SK85-CSP	SK5-CSP
SK95-CSP	SK4-CSP
SUP10-CSP	-

■ 조질 구분 및 기호

조질 구분	조질 기호
어닐링을 한 것	A
냉간 압연한 그대로의 것	R
퀜칭·템퍼링을 한 것	H
오스템퍼링을 한 것	B

■ 조질 기호 A의 강대의 경도

강대의 기호	경도 HV
S50C-CSP	180 이하
S55C-CSP	180 이하
S60C-CSP	190 이하
S65C-CSP	190 이하
S70C-CSP	190 이하
SK85-CSP	190 이하
SK95-CSP	200 이하
SUP10-CSP	190 이하

■ 화학 성분

종류의 기호	화학 성분 %									
	C	Si	Mn	P	S	Cu	Ni	Cr	Ni+Cr	V
S50C-CSP	0.47~0.53	0.15~0.35	0.60~0.90	0.030 이하	0.035 이하	0.30 이하	0.20 이하	0.20 이하	0.35 이하	-
S55C-CSP	0.52~0.58	0.15~0.35	0.60~0.90	0.030 이하	0.035 이하	0.30 이하	0.20 이하	0.20 이하	0.35 이하	-
S60C-CSP	0.55~0.65	0.15~0.30	0.60~0.90	0.030 이하	0.035 이하	0.30 이하	0.20 이하	0.20 이하	-	-
S65C-CSP	0.60~0.70	0.15~0.30	0.60~0.90	0.030 이하	0.035 이하	0.30 이하	0.20 이하	0.20 이하	-	-
S70C-CSP	0.65~0.75	0.15~0.30	0.60~0.90	0.030 이하	0.035 이하	0.30 이하	0.20 이하	0.20 이하	-	-
SK85-CSP	0.80~0.90	0.35 이하	0.50 이하	0.030 이하	0.030 이하	0.30 이하	0.25 이하	0.20 이하	-	-
SK95-CSP	0.90~1.00	0.35 이하	0.50 이하	0.030 이하	0.030 이하	0.30 이하	0.25 이하	0.20 이하	-	-
SUP10-CSP	0.47~0.55	0.15~0.35	0.65~0.95	0.035 이하	0.035 이하	0.30 이하	-	0.80~1.10	-	0.15~0.25

4-2 스프링 강재

Spring steels

KS D 3701 : 2007

■ 적용 범위

이 규격은 겹판 스프링, 코일 스프링, 비틀림 막대 스프링(torsion bar) 등 주로 열간 성형 스프링에 사용하는 스프링 강재에 대하여 규정한다.

■ 종류 및 기호

종류의 기호	적 요	
SPS 6	실리콘 망가니즈 강재	주로 겹판 스프링, 코일 스프링 및 비틀림 막대 스프링에 사용한다.
STS 7		
STS 9	망가니즈 크로뮴 강재	
STS 9A		
STS 10	크로뮴 바나듐 강재	주로 코일 스프링 및 비틀림 막대 스프링용에 사용한다.
STS 11A	망가니즈 크로뮴 보론 강재	주로 대형 겹판 스프링, 코일 스프링 및 비틀림 막대 스프링에 사용한다.
STS 12	실리콘 크로뮴 강재	주로 코일 스프링에 사용한다.
STS 13	크로뮴 몰리브데넘 강재	주로 대형 겹판 스프링, 코일 스프링에 사용한다.

■ 화학 성분

종류의기호	화학성분 %								
	C	Si	Mn	P	S	Cr	Mo	V	B
SPS6	0.56~0.64	1.50~1.80	0.70~1.00	0.030 이하	0.030 이하	–	–	–	–
SPS7	0.56~0.64	1.80~2.20	0.70~1.00			–	–	–	–
SPS9	0.52~0.60	0.15~0.35	0.65~0.95			0.65~0.95	–	–	–
SPS9A	0.56~0.64	0.15~0.35	0.70~1.00			0.70~1.00			
SPS10	0.47~0.55	0.15~0.35	0.65~0.95			0.80~1.10	–	0.15~0.25	–
SPS11A	0.56~0.64	0.15~0.35	0.70~1.00			0.70~1.00	–	–	0.005 이상
SPS12	0.51~0.59	1.20~1.60	0.60~0.90			0.60~0.90	–	–	–
SPS13	0.56~0.64	0.15~0.35	0.70~1.00			0.70~0.90	0.25~0.35	–	–

[비 고] 불순물로서 각종 모두 Cu 0.30% 이하이어야 한다.
P 및 S의 값은 주문자와 제조자의 협의에 따라 각각 0.035% 이하로 하여도 좋다.

CHAPTER

05 주조 · 단조품

5-1 탄소강 단강품

Carbon steel forgings for general use

KS D 3710 : 2001(2011 확인)

■ 적용 범위

이 규격은 일반용으로 사용하는 탄소강 단강품에 대하여 규정한다.

■ 종류의 기호

종류의 기호		열처리의 종류
SI 단위	종래 단위(참고)	
SF340A	SF34	어닐링, 노멀라이징 또는 노멀라이징 템퍼링
SF390A	SF40	
SF440A	SF45	
SF490A	SF50	
SF540A	SF55	
SF590A	SF60	
SF540B	SF55	퀜칭 템퍼링
SF590B	SF60	
SF640B	SF65	

■ 화학 성분

단위 : %

C	Si	Mn	P	S
0.60 이하	0.15~0.50	0.30~1.20	0.030 이하	0.035 이하

● 탄소강

일반적으로 강이란 철과 탄소로 구성된 합금으로서 탄소함유량 1.7% 이하인 것을 말한다.

표준상태에 있어 탄소강은 페라이트와 시멘타이트와의 혼합체로 볼 수 있는데, 물리적 성질은 양자의 성질을 반반씩 지니고 있으며, 기계적 성질은 거의 탄소함유량과 비례한다. 인장강도, 경도 등은 탄소함유량과 함께 증가하고 신장률은 반대로 감소한다.

● 탄소강에서 탄소의 증가

탄소강에서 탄소의 증가에 따라서 0.8%C 까지는 페라이트는 감소하고 펄라이트는 증가한다.(연율 감소, 강도 및 경도 증가)

0.8~2.0%C 까지는 펄라이트는 감소하고 시멘타이트는 증가한다.(연율 및 강도 감소, 경도는 직선적으로 증가)

- 페라이트 : α철이 탄소 등의 다른 원소를 고용한 상태의 조직으로 고용체, 지철 등이라고 하는데 특징으로 고용하는 양은 극히 적고 부드럽다.
- 펄라이트 : 공석강의 결정 조직명으로 페라이트와 시멘타이트가 층상으로 혼합되어 있는 조직을 말한다. 현미경으로 관찰시 층상의 조직이 진주 조개 표면의 모습을 닮고 있다는 것에서 이름이 붙여졌다.
- 시멘타이트 : 강 속에서 생성되는 금속간 화합물인 Fe3C(탄화철)을 말한다.

● 단강

종류와 용도에 따라 연강, 경강, 특수강 등으로 단조되며 일반적으로 주조물과 비교하여 그 기계적 성질이 우수하다.

5-2 크롬 몰리브덴강 단강품

Chromium Molybdenum Steel Forgings for General Use　KS D 4114 : 1990 (2010 확인)

■ 적용 범위

이 규격은 봉, 축, 크랭크, 피니언, 기어, 플랜지, 링, 휠, 디스크 등 일반용으로 사용하는 축상, 원통상, 링상 및 디스크상으로 성형한 크롬 몰리브덴강 단강품에 대하여 규정한다.

【비 고】 이 규격 중 ( )를 붙여 표시한 단위 및 수치는 종래 단위에 따른 것으로서 참고로 병기한 것이다.

■ 종류의 기호

종류의 기호					
축상 단강품		링상 단강품		디스크상 단강품	
SI 단위	(참고) 종래단위	SI 단위	(참고) 종래단위	SI 단위	(참고) 종래단위
SFCM 590 S	SFCM 60 S	SFCM 590 R	SFCM 60 R	SFCM 590 D	SFCM 60 D
SFCM 640 S	SFCM 65 S	SFCM 640 R	SFCM 65 R	SFCM 640 D	SFCM 65 D
SFCM 690 S	SFCM 70 S	SFCM 690 R	SFCM 70 R	SFCM 690 D	SFCM 70 D
SFCM 740 S	SFCM 75 S	SFCM 740 R	SFCM 75 R	SFCM 740 D	SFCM 75 D
SFCM 780 S	SFCM 80 S	SFCM 780 R	SFCM 80 R	SFCM 780 D	SFCM 80 D
SFCM 830 S	SFCM 85 S	SFCM 830 R	SFCM 85 R	SFCM 830 D	SFCM 85 D
SFCM 880 S	SFCM 90 S	SFCM 880 R	SFCM 90 R	SFCM 880 D	SFCM 90 D
SFCM 930 S	SFCM 95 S	SFCM 930 R	SFCM 95 R	SFCM 930 D	SFCM 95 D
SFCM 980 S	SFCM 100 S	SFCM 980 R	SFCM 100 R	SFCM 980 D	SFCM 100 D

■ 화학 성분

단위 : %

C	Si	Mn	P	S	Cr	Mo
0.48 이하	0.15~0.35	0.30~0.85	0.030 이하	0.030 이하	0.90~1.50	0.15~0.30

【주】 1. 불순물로서 Cu는 0.30%를 초과해서는 안된다.
2. 화학성분은 표의 범위 내에서 인수, 인도 당사자 사이의 협의에 따라 결정할 수 있다.

■ 기계적 성질(축상 단강품)

종류의 기호	열처리시 시험부의 지름 또는 두께 mm	항복점 또는 내구력 N/mm² {kgf/mm²}	인장강도[1] N/mm² {kgf/mm²}	연신율		단면 수축률		샤르피 충격치		경도[2]	
				축방향 %	절선방향 %	축방향 %	절선방향 %	축방향 J/cm² {kgfm/cm²}	절선방향 J/cm² {kgf·m/cm²}	HB	HS
				14A 호 시험편				3호 시험편			
SFCM 590S	200미만	360{37}이상	590～740 {60～75}	20이상	–	54이상	–	88{9.0}이상	–	170이상	26이상
	200이상 400미만	360{37}이상		19이상	14이상	51이상	33이상	78{8.0}이상	54{5.5}이상		
	400이상 700미만	360{37}이상		18이상	13이상	48이상	31이상	69{7.0}이상	44{4.5}이상		
SFCM 640S	200미만	410{42}이상	640～780 {65～80}	18이상	–	51이상	–	78{8.0}이상	–	187이상	28이상
	200이상 400미만	410{42}이상		17이상	13이상	48이상	31이상	69{7.0}이상	49{5.0}이상		
	400이상 700미만	410{42}이상		16이상	12이상	45이상	29이상	59{6.0}이상	39{4.0}이상		
SFCM 690S	200미만	460{47}이상	690～830 {70～85}	17이상	–	48이상	–	69{7.0}이상	–	201이상	31이상
	200이상 400미만	450{46}이상		16이상	12이상	45이상	29이상	64{6.5}이상	44{4.5}이상		
	400이상 700미만	450{46}이상		15이상	11이상	43이상	27이상	54{5.5}이상	34{3.5}이상		
SFCM 740S	200미만	510{52}이상	740～880 {75～90}	16이상	–	45이상	–	64{6.5}이상	–	217이상	33이상
	200이상 400미만	500{51}이상		15이상	11이상	43이상	28이상	54{5.5}이상	39{4.0}이상		
	400이상 700미만	490{50}이상		14이상	10이상	40이상	26이상	49{5.0}이상	29{3.0}이상		
SFCM 780S	200미만	560{57}이상	780～930 {80～95}	15이상	–	43이상	–	54{5.5}이상	–	229이상	34이상
	200이상 400미만	550{56}이상		14이상	10이상	40이상	27이상	49{5.0}이상	34{3.5}이상		
	400이상 700미만	540{55}이상		13이상	9이상	38이상	25이상	44{4.5}이상	29{3.0}이상		
SFCM 830S	200미만	610{62}이상	830～980 {85～100}	14이상	–	41이상	–	49{5.0}이상	–	241이상	36이상
	200이상 400미만	590{60}이상		13이상	9이상	38이상	25이상	44{4.5}이상	29{3.0}이상		
	400이상 700미만	580{59}이상		12이상	8이상	35이상	23이상	39{4.0}이상	25{2.5}이상		
SFCM 880S	200미만	655{67}이상	880～1030 {90～105}	13이상	–	39이상	–	49{5.0}이상	–	255이상	38이상
	200이상 400미만	635{65}이상		12이상	9이상	36이상	24이상	44{4.5}이상	29{3.0}이상		
	400이상 700미만	625{64}이상		11이상	8이상	33이상	22이상	39{4.0}이상	25{2.5}이상		
SFCM 930S	200미만	705{72}이상	930～1080 {95～110}	12이상	–	37이상	–	44{4.5}이상	–	269이상	40이상
	200이상 400미만	685{70}이상		11이상	8이상	34이상	22이상	39{4.0}이상	29{3.0}이상		
SFCM 980S	200미만	755{77}이상	980～1130 {100～115}	11이상	–	36이상	–	44{4.5}이상	–	285이상	42이상

【주】 1. 1개의 단강품의 인장강도 편차는 100N/mm²{10kgf/mm²}이하로 한다.
2. 동일 로트의 단강품의 경도 편차는 HB50 또는 HS8 이하로 하고, 1개의 단강품의 경도 편차는 HB30 또는 HS5 이하로 한다.

■ 기계적 성질(링상 단강품)

종류의 기호	열처리시 시험부의 두께 mm	항복점 또는 내구력 N/mm² {kgf/mm²}	인장강도[1] N/mm² {kgf/mm²}	연신율 절선 방향 % 14A호 시험편	단면 수축률 절선 방향 %	샤르피 충격치 절선방향 J/cm² {kgf·m/cm²} 3호 시험편	경도[2] HB	경도[2] HS
SFCM 590R	50 미만	360{37} 이상	590~740 {60~75}	19 이상	50 이상	83{8.5} 이상	170 이상	26 이상
	50 이상 100 미만	360{37} 이상		18 이상	47 이상	74{7.5} 이상		
	100 이상 200 미만	360{37} 이상		18 이상	46 이상	74{7.5} 이상		
	200 이상 300 미만	360{37} 이상		17 이상	45 이상	64{6.5} 이상		
SFCM 640R	50 미만	410{42} 이상	640~780 {65~80}	18 이상	48 이상	74{7.5} 이상	187 이상	28 이상
	50 이상 100 미만	410{42} 이상		18 이상	45 이상	64{6.5} 이상		
	100 이상 200 미만	410{42} 이상		17 이상	44 이상	64{6.5} 이상		
	200 이상 300 미만	410{42} 이상		16 이상	42 이상	59{6.0} 이상		
SFCM 690R	50 미만	460{47} 이상	690~830 {70~85}	17 이상	45 이상	64{6.5} 이상	201 이상	31 이상
	50 이상 100 미만	460{47} 이상		16 이상	43 이상	59{6.0} 이상		
	100 이상 200 미만	460{47} 이상		16 이상	42 이상	59{6.0} 이상		
	200 이상 300 미만	460{47} 이상		15 이상	40 이상	54{5.5} 이상		
SFCM 740R	50 미만	530{54} 이상	740~880 {75~90}	16 이상	42 이상	59{6.0} 이상	217 이상	33 이상
	50 이상 100 미만	520{53} 이상		15 이상	41 이상	54{5.5} 이상		
	100 이상 200 미만	510{52} 이상		14 이상	40 이상	54{5.5} 이상		
	200 이상 300 미만	500{51} 이상		13 이상	38 이상	49{5.0} 이상		
SFCM 780R	50 미만	590{60} 이상	780~930 {80~95}	15 이상	40 이상	54{5.5} 이상	229 이상	34 이상
	50 이상 100 미만	570{58} 이상		14 이상	38 이상	44{4.5} 이상		
	100 이상 200 미만	560{57} 이상		13 이상	37 이상	44{4.5} 이상		
	200 이상 300 미만	550{56} 이상		12 이상	36 이상	39{4.0} 이상		
SFCM 830R	50 미만	655{67} 이상	830~980 {85~100}	14 이상	37 이상	49{5.0} 이상	241 이상	36 이상
	50 이상 100 미만	625{64} 이상		13 이상	36 이상	44{4.5} 이상		
	100 이상 200 미만	610{62} 이상		12 이상	35 이상	44{4.5} 이상		
	200 이상 300 미만	590{60} 이상		11 이상	33 이상	39{4.0} 이상		
SFCM 880R	50 미만	705{72} 이상	880~1030 {90~105}	13 이상	35 이상	44{4.5} 이상	255 이상	38 이상
	50 이상 100 미만	675{69} 이상		13 이상	34 이상	39{4.0} 이상		
	100 이상 200 미만	655{67} 이상		12 이상	33 이상	39{4.0} 이상		
	200 이상 300 미만	635{65} 이상		11 이상	31 이상	34{3.5} 이상		
SFCM 930R	50 미만	755{77} 이상	930~1080 {95~110}	13 이상	33 이상	44{4.5} 이상	269 이상	40 이상
	50 이상 100 미만	725{74} 이상		12 이상	32 이상	39{4.0} 이상		
	100 이상 200 미만	705{72} 이상		11 이상	31 이상	39{4.0} 이상		
	200 이상 300 미만	685{70} 이상		10 이상	30 이상	34{3.5} 이상		
SFCM 980R	50 미만	805{82} 이상	980~1130 {100~115}	12 이상	32 이상	39{4.0} 이상	285 이상	42 이상
	50 이상 100 미만	775{79} 이상		11 이상	31 이상	39{4.0} 이상		
	100 이상 200 미만	775{77} 이상		10 이상	30 이상	39{4.0} 이상		

■ 기계적 성질(디스크상 단강품)

종류의 기호	열처리시 시험부의 두께 mm	항복점 또는 내구력 N/mm² {kgf/mm²}	인장강도[1] N/mm² {kgf/mm²}	연신율	단면 수축률	샤르피 충격치	경도	
				절선 방향 %	절선 방향 %	절선방향 J/cm² {kgf·m/cm²}	HB	HS
				14A호 시험편		3호 시험편		
SFCM 590D	100미만	360{37}이상	590~740 {60~75}	18이상	46이상	69{7.0}이상	170이상	26이상
	100이상 200미만	360{37}이상		17이상	44이상	64{6.5}이상		
	200이상 300미만	360{37}이상		16이상	43이상	59{6.0}이상		
	300이상 400미만	360{37}이상		15이상	42이상	59{6.0}이상		
	400이상 600미만	360{37}이상		14이상	41이상	54{5.50}이상		
SFCM 640D	100미만	410{42}이상	640~780 {65~80}	17이상	44이상	59{6.0}이상	187이상	28이상
	100이상 200미만	410{42}이상		16이상	42이상	59{6.0}이상		
	200이상 300미만	410{42}이상		15이상	41이상	54{5.5}이상		
	300이상 400미만	410{42}이상		14이상	40이상	49{5.0}이상		
	400이상 600미만	410{42}이상		13이상	39이상	49{5.0}이상		
SFCM 690D	100미만	460{47}이상	690~830 {70~85}	16이상	41이상	54{5.5}이상	201이상	31이상
	100이상 200미만	460{47}이상		15이상	40이상	49{5.0}이상		
	200이상 300미만	460{47}이상		14이상	39이상	49{5.0}이상		
	300이상 400미만	450{46}이상		13이상	38이상	44{4.5}이상		
	400이상 600미만	450{46}이상		12이상	37이상	44{4.5}이상		
SFCM 740D	100미만	520{53}이상	740~880 {75~90}	15이상	39이상	49{5.0}이상	217이상	33이상
	100이상 200미만	510{52}이상		14이상	38이상	44{4.5}이상		
	200이상 300미만	500{51}이상		13이상	37이상	44{4.5}이상		
	300이상 400미만	500{51}이상		12이상	36이상	39{4.0}이상		
	400이상 600미만	490{50}이상		11이상	35이상	39{4.0}이상		
SFCM 780D	100미만	570{58}이상	780~930 {80~95}	14이상	37이상	44{4.5}이상	229이상	34이상
	100이상 200미만	560{57}이상		13이상	35이상	39{4.0}이상		
	200이상 300미만	550{56}이상		12이상	34이상	39{4.0}이상		
	300이상 400미만	550{56}이상		11이상	33이상	34{3.5}이상		
	400이상 600미만	540{55}이상		10이상	32이상	34{3.5}이상		
SFCM 830D	100미만	625{64}이상	830~980 {85~100}	13이상	35이상	39{4.0}이상	241이상	36이상
	100이상 200미만	610{62}이상		12이상	33이상	39{4.0}이상		
	200이상 300미만	590{60}이상		11이상	32이상	34{3.5}이상		
	300이상 400미만	590{60}이상		10이상	31이상	34{3.5}이상		
	400이상 600미만	580{59}이상		9이상	30이상	34{3.5}이상		
SFCM 880D	100미만	675{69}이상	880~1030 {90~105}	12이상	33이상	39{4.0}이상	255이상	38이상
	100이상 200미만	655{67}이상		11이상	31이상	34{3.5}이상		
	200이상 300미만	635{65}이상		10이상	30이상	34{3.5}이상		
SFCM 930D	100미만	725{74}이상	930~1080 {95~110}	11이상	31이상	39{4.0}이상	269이상	40이상
	100이상 200미만	705{72}이상		10이상	30이상	34{3.5}이상		
	200이상 300미만	685{70}이상		9이상	29이상	34{3.5}이상		
SFCM 980D	100미만	775{79}이상	980~1130 {100~115}	10이상	30이상	34{3.5}이상	285이상	42이상
	100이상 200미만	755{77}이상		9이상	29이상	34{3.5}이상		

5-3 압력 용기용 스테인리스강 단강품

Stainless steel forgings for pressure vessels KS D 4115 : 2001 (2010 확인)

■ 적용 범위

이 규격은 주로 부식용 및 고온용 압력 용기 및 그 부품에 사용되는 스테인리스강 단강품에 관해서 규정한다. 다만 오스테나이트계 스테인리스강 단강품에 대해서는 저온용 압력 용기 및 그 부품에도 적용 가능하다.

■ 종류의 기호 및 분류

종류의 기호	분류	종류의 기호	분류	종류의 기호	분류
STS F 304	오스테나이트계	STS F 316L	오스테나이트계	STS F 347H	오스테나이트계
STS F 304H		STS F 316N		STS F 350	
STS F 304L		STS F 316LN		STS F 410-A	마르텐사이트계
STS F 304N		STS F 317		STS F 410-B	
STS F 304LN		STS F 317L		STS F 410-C	
STS F 310		STS F 321		STS F 410-D	
STS F 316		STS F 321H		STS F 6B	
STS F 316H		STS F 347		STS F 6NM	
				STS F 630	석출 경화계

■ 오스테나이트계 스테인리스강 단강품의 화학 성분

단위 : %

종류의 기호	C	Si	Mn	P	S	Ni	Cr	Mo	N	기타
STS F 304	0.08이하	1.00 이하	2.00 이하	0.040 이하	0.030 이하	8.00~11.00	18.00~20.00	–	–	–
STS F 304H	0.04~0.10	1.00 이하	2.00 이하	0.040 이하	0.030 이하	8.00~12.00	18.00~20.00	–	–	–
STS F 304L	0.030이하	1.00 이하	2.00 이하	0.040 이하	0.030 이하	9.00~13.00	18.00~20.00	–	–	–
STS F 304N	0.08이하	0.75 이하	2.00 이하	0.040 이하	0.030 이하	8.00~11.00	18.00~20.00	–	0.10~0.16	–
STS F 304LN	0.030이하	1.00 이하	2.00 이하	0.040 이하	0.030 이하	8.00~11.00	18.00~20.00	–	0.10~0.16	–
STS F 310	0.15이하	1.00 이하	2.00 이하	0.040 이하	0.030 이하	19.00~22.00	24.00~26.00	–	–	–
STS F 316	0.08이하	1.00 이하	2.00 이하	0.040 이하	0.030 이하	10.00~14.00	16.00~18.00	2.00~3.00	–	–
STS F 316H	0.04~0.10	1.00 이하	2.00 이하	0.040 이하	0.030 이하	10.00~14.00	16.00~18.00	2.00~3.00	–	–
STS F 316L	0.030이하	1.00 이하	2.00 이하	0.040 이하	0.030 이하	12.00~15.00	16.00~18.00	2.00~3.00	–	–
STS F 316N	0.08이하	0.75 이하	2.00 이하	0.040 이하	0.030 이하	11.00~14.00	16.00~18.00	2.00~3.00	0.10~0.16	–
STS F 316LN	0.030이하	1.00 이하	2.00 이하	0.040 이하	0.030 이하	10.00~14.00	16.00~18.00	2.00~3.00	0.10~0.16	–
STS F 317	0.08이하	1.00 이하	2.00 이하	0.040 이하	0.030 이하	11.00~15.00	18.00~20.00	3.00~4.00	–	–
STS F 317L	0.030이하	1.00 이하	2.00 이하	0.040 이하	0.030 이하	11.00~15.00	18.00~20.00	3.00~4.00	–	–
STS F 321	0.08이하	1.00 이하	2.00 이하	0.040 이하	0.030 이하	9.00~12.00	17.00 이상	–	–	Ti 5xC% ~0.60
STS F 321H	0.04~0.10	1.00 이하	2.00 이하	0.040 이하	0.030 이하	9.00~12.00	17.00 이상	–	–	Ti 4xC% ~0.60
STS F 347	0.08이하	1.00 이하	2.00 이하	0.040 이하	0.030 이하	9.00~13.00	17.00~20.00	–	–	Nb 10xC% ~1.00
STS F 347H	0.04~0.10	1.00 이하	2.00 이하	0.040 이하	0.030 이하	9.00~13.00	17.00~20.00	–	–	Nb 8xC% ~1.00
STS F 350	0.03이하	1.00 이하	1.50 이하	0.035 이하	0.02 이하	20.00~23.00	22.00~24.00	6.0~6.8	0.21~0.32	Cu 0.4 이하

■ 마르텐사이트계 스테인리스강 단강품의 확학 성분

단위 : %

종류의 기호	C	Si	Mn	P	S	Ni	Cr	Mo	Cu
STS F 410-A STS F 410-B STS F 410-C STS F 410-D	0.15이하	1.00이하	1.00이하	0.040이하	0.030이하	0.50이하	11.50~13.50	–	–
STS F 6B	0.15이하	1.00이하	1.00이하	0.020이하	0.020이하	1.00~2.00	11.50~13.50	0.40~0.60	0.50이하
STS F 6NM	0.05이하	0.60이하	0.50~1.00	0.030이하	0.030이하	3.50~5.50	11.50~14.00	0.50~1.00	–

■ 석출 경화계 스테인리스강 단강품의 화학 성분

단위 : %

종류의 기호	C	Si	Mn	P	S	Ni	Cr	Cu	Nb
STS F 630	0.07이하	1.00이하	1.00이하	0.040이하	0.030이하	3.00~5.00	15.00~17.50	3.00~5.00	0.15~0.45

■ 오스테나이트계 스테인리스강 단강품의 기계적 성질

종류의 기호	열처리시의 지름 또는 두께 mm	내구력 N/mm^2	인장강도 N/mm^2	연신율 % 14A호 시험편	수축률 %	경도 HB
STS F 304	130 미만	205 이상	520 이상	43 이상	50 이상	187 이하
	130 이상 200 이하	205 이상	480 이상	29 이상	45 이상	187 이하
STS F 304H	130 미만	205 이상	520 이상	43 이상	50 이상	187 이하
	130 이상 200 이하	205 이상	480 이상	29 이상	45 이상	187 이하
STS F 304L	130 미만	175 이상	480 이상	29 이상	50 이상	187 이하
	130 이상 200 이하	175 이상	450 이상	29 이상	45 이상	187 이하
STS F 304N	130 미만	240 이상	550 이상	29 이상	50 이상	217 이하
	130 이상 200 이하	240 이상	550 이상	24 이상	45 이상	217 이하
STS F 304LN	130 미만	205 이상	520 이상	29 이상	50 이상	187 이하
	130 이상 200 이하	205 이상	480 이상	29 이상	45 이상	187 이하
STS F 310	130 미만	205 이상	520 이상	34 이상	50 이상	187 이하
	130 이상 200 이하	205 이상	480 이상	29 이상	40 이상	187 이하
STS F 316	130 미만	205 이상	520 이상	43 이상	50 이상	187 이하
	130 이상 200 이하	205 이상	480 이상	29 이상	50 이상	187 이하
STS F 316H	130 미만	205 이상	520 이상	43 이상	50 이상	187 이하
	130 이상 200 이하	205 이상	480 이상	29 이상	50 이상	187 이하
STS F 316L	130 미만	175 이상	480 이상	29 이상	50 이상	187 이하
	130 이상 200 이하	175 이상	450 이상	29 이상	45 이상	187 이하
STS F 316N	130 미만	240 이상	550 이상	29 이상	50 이상	217 이하
	130 이상 200 이하	240 이상	550 이상	24 이상	45 이상	217 이하
STS F 316LN	130 미만	205 이상	520 이상	29 이상	50 이상	187 이하
	130 이상 200 이하	205 이상	480 이상	29 이상	45 이상	187 이하
STS F 317	130 미만	205 이상	520 이상	29 이상	50 이상	187 이하
	130 이상 200 이하	205 이상	480 이상	29 이상	50 이상	187 이하
STS F 317L	130 미만	175 이상	480 이상	29 이상	50 이상	187 이하
	130 이상 200 이하	175 이상	450 이상	29 이상	50 이상	187 이하
STS F 321	130 미만	205 이상	520 이상	43 이상	50 이상	187 이하
	130 이상 200 이하	205 이상	480 이상	29 이상	45 이상	187 이하
STS F 321H	130 미만	205 이상	520 이상	43 이상	50 이상	187 이하
	130 이상 200 이하	205 이상	480 이상	29 이상	45 이상	187 이하
STS F 347	130 미만	205 이상	520 이상	43 이상	50 이상	187 이하
	130 이상 200 이하	205 이상	480 이상	29 이상	45 이상	187 이하
STS F 347H	130 미만	205 이상	520 이상	43 이상	50 이상	187 이하
	130 이상 200 이하	205 이상	480 이상	29 이상	45 이상	187 이하
STS F 350	130 미만	330 이상	675 이상	40 이상	–	–
	130 이상 200 이하					

【비 고】 열처리시의 지름 또는 두께가 200mm를 넘는 단강품의 연신율 및 수축률에 관해서는 인수 인도 당사자 사이의 협정에 따른다.

■ 마르텐사이트 스테인리스강 단강품의 기계적 성질

종류의 기호	내구력 N/mm^2	인장강도 N/mm^2	연신율 %	수축률 %	경도 HBS 또는 HBW
			14A호 시험편		
STS F 410-A	275 이상	480 이상	16 이상	35 이상	143~187
STS F 410-B	380 이상	590 이상	16 이상	35 이상	167~229
STS F 410-C	585 이상	760 이상	14 이상	35 이상	217~302
STS F 410-D	760 이상	900 이상	11 이상	35 이상	262~321
STS F 6B	620 이상	760~930	15 이상	45 이상	217~285
STS F 6NM	620 이상	790 이상	14 이상	45 이상	295 이하

■ 석출 경화계 스테인리스강 단강품의 기계적 성질

종류의 기호	열처리 기호	내구력 N/mm^2	인장강도 N/mm^2	연신율 %	수축률 %	경도 HBS 또는 HBW	샤르피 흡수 에너지 J
				14A호 시험편			
STS F 630	H1075	860 이상	1000 이상	12 이상	45 이상	311 이상	27 이상
	H1100	795 이상	970 이상	13 이상	45 이상	302 이상	34 이상
	H1150	725 이상	930 이상	15 이상	50 이상	277 이상	41 이상

【비 고】 1. 열처리시의 지름 또는 두께가 200mm 이하인 단강품에 적용한다.
2. 표 이외의 열처리를 하는 경우 열처리시의 지름 또는 두께가 200mm를 넘는 경우의 단강품의 내구력, 인장강도, 연신율, 수축률 및 샤르피 흡수 에너지에 관해서는 인수 · 인도 당사자 사이의 협정에 따른다.

● 스테인레스강

• 13% 크롬 스테인레스강

탄소 0.5% 이하, 크롬 11~15%, 망간 0.3~0.5%인 성분의 스테인레스강을 총칭하여 13% 크롬 스테인레스강 이라고 하고 산화를 받기 어려운 특성이 있다.

• 18~8 스테인레스강

탄소 0.1~0.3%, 크롬 12~18%, 니켈 7~12% 정도의 오스테나이트 조직의 강으로서, 13% 크롬 스테인레스강에 비해서 그 불수성은 한층 우수한데, 특히 고온도에 있어서도 산화되지 않는 특성 때문에 널리 사용되고 있다.

5-4 니켈-크롬 몰리브덴강 단강품

Mickel Chromium Molybdenum Steel Forgings for General Use KS D 4117 : 1991 (2011 확인)

■ 적용 범위

이 규격은 봉, 축, 크랭크, 피니언, 기어, 플랜지, 링, 휠, 디스크 등 일반용으로 사용하는 축상, 환상 및 원판상으로 성형한 니켈 크롬 몰리브덴강 단강품에 대하여 규정한다.

【비 고】 이 규격 중 { }를 붙여 표시한 단위 및 수치는 종래 단위에 따른 것으로서 참고로 병기한다.

■ 종류 및 기호

종류의 기호					
축상 단강품		환상 단강품		원판상 단강품	
SI 단위	(참고) 종래 단위	SI 단위	(참고) 종래 단위	SI 단위	(참고) 종래 단위
SFNCM 690 S	SFNCM 70 S	SFNCM 690 R	SFNCM 70 R	SFNCM 690 D	SFNCM 70 D
SFNCM 740 S	SFNCM 75 S	SFNCM 740 R	SFNCM 75 R	SFNCM 740 D	SFNCM 75 D
SFNCM 780 S	SFNCM 80 S	SFNCM 780 R	SFNCM 80 R	SFNCM 780 D	SFNCM 80 D
SFNCM 830 S	SFNCM 85 S	SFNCM 830 R	SFNCM 85 R	SFNCM 830 D	SFNCM 85 D
SFNCM 880 S	SFNCM 90 S	SFNCM 880 R	SFNCM 90 R	SFNCM 880 D	SFNCM 90 D
SFNCM 930 S	SFNCM 95 S	SFNCM 930 R	SFNCM 95 R	SFNCM 930 D	SFNCM 95 D
SFNCM 980 S	SFNCM 100 S	SFNCM 980 R	SFNCM 100 R	SFNCM 980 D	SFNCM 100 D
SFNCM 1030 S	SFNCM 105 S	SFNCM 1030 R	SFNCM 105 R	SFNCM 1030 D	SFNCM 105 D
SFNCM 1080 S	SFNCM 110 S	SFNCM 1080 R	SFNCM 110 R	SFNCM 1080 D	SFNCM 110 D

■ 화학 성분

단위 : %

C	Si	Mn	P	S	Ni	Cr	Mo
0.50 이하	0.15~0.35	0.35~1.00	0.030 이하	0.030 이하	0.40~3.50	0.40~3.50	0.15~0.70

【비 고】 1. 불순물로서 Cu는 0.30%를 초과하지 않아야 한다.
2. 화학 성분은 표의 범위 내에서 인수 · 인도 당사자 간의 협정에 따라 결정할 수 있다.

■ 기계적 성질(축상 단강품)

종류의 기호	열처리시 공시부의 지름 또는 두께 mm	항복점 또는 내구력 N/mm^2 {kgf/mm^2}	인장강도[1] N/mm^2 {kgf/mm^2}	신장률		단면 수축률		샤르피 충격치		경 도[2]	
				축방향 %	절선 방향 %	축방향 %	절선 방향 %	축방향 J/cm^2 {kgf · m/cm^2}	절선 방향	HB	HS
				14A호 시험편				3호 시험편			
SFNCM 690S	200 미만	490이상 {50}이상	690~830 (70~85)	18이상	–	51 이상	–	830이상 {8.5}	–	201 이상	31 이상
	200 이상 400 미만	490이상 {50}이상		17이상	13 이상	48 이상	31 이상	780이상 {8.0}이상	490이상 {5.0]이상		
	400 이상 700 미만	490이상 {50}이상		16이상	12 이상	46 이상	29 이상	740이상 {7.5}이상	440이상 {4.5}이상		
	700 이상 1000 미만	490이상 {50}이상		15이상	11 이상	43 이상	27 이상	640이상 {6.5}이상	440이상 {4.5}이상		
SFNCM 740S	200 미만	540이상 {55}이상	740~880 (75~90)	17이상	–	48 이상	–	780이상 {8.0}이상	–	217 이상	33 이상
	200 이상 400 미만	530이상 {54}이상		16이상	12 이상	46 이상	30 이상	740이상 {7.5}이상	490이상 {5.5}이상		
	400 이상 700 미만	530이상 {54}이상		15이상	11 이상	43 이상	28 이상	690이상 {7.0}이상	440이상 {4.5}이상		
	700 이상 1000 미만	520이상 {53}이상		14이상	10 이상	40 이상	26 이상	590이상 {6.0}이상	390이상 {4.0}이상		
SFNCM 780S	200 미만	590이상 {60}이상	780~930 (80~95)	16이상	–	46 이상	–	740이상 {7.5}이상	–	229 이상	34 이상
	200 이상 400 미만	580이상 {59}이상		15이상	11 이상	43 이상	29 이상	690이상 {7.0}이상	440이상 {4.5}이상		
	400 이상 700 미만	570이상 {58}이상		14이상1 30이상	10 이상	40 이상	27 이상	640이상 {6.5}이상	390이상 {4.0}이상		
	700 이상 1000 미만	560이상 {57}이상		15이상	9 이상	36 이상	25 이상	540이상 {5.5}이상	340이상 {3.5}이상		
SFNCM 830S	200 미만	635이상 {65}이상	830~980 (85~100)	14이상	–	44 이상	–	690이상 {7.0}이상	–	241 이상	36 이상
	200 이상 400 미만	615이상 {63}이상		13이상	10 이상	41 이상	27 이상	640이상 {6.5}이상	440이상 {4.5}이상		
	400 이상 700 미만	610이상 {62}이상		12이상	9 이상	38 이상	25 이상	590이상 {6.0}이상	390이상 {4.0}이상		
	700 이상 1000 미만	600이상 {61}이상		11이상	8 이상	34 이상	23 이상	490이상 {5.0}이상	340이상 {3.5}이상		
SFNCM 880S	200 미만	685이상 {68}이상	880~1030 (90~105)	13이상	–	42 이상	–	690이상 {7.0}이상	–	255 이상	38 이상
	200 이상 400 미만	665이상 {68}이상		12이상	10 이상	39 이상	26 이상	{64}이상 {6.5}이상	390이상 {4.0}이상		
	400 이상 700 미만	655이상 {67}이상		11이상	9 이상	36 이상	24 이상	{59}이상 {6.0}이상	340이상 {3.5}이상		
	700 이상 1000 미만	635이상 {65}이상		10이상	7 이상	33 이상	22 이상	{49}이상 {5.0}이상	290이상 {3.0}이상		
SFNCM 930S	200 미만	735이상 {75}이상	930~1080 (95~110)	13이상	–	40 이상	–	{64}이상 {6.5}이상	–	269 이상	40 이상
	200 이상 400 미만	715이상 {73}이상		12이상	9 이상	37 이상	25 이상	{59}이상 {6.0}이상	340이상 {3.5}이상		
	400 이상 700 미만	705이상 {72}이상		11이상	8 이상	35 이상	24 이상	{54}이상 {5.5}이상	340이상 {3.5}이상		
	700 이상 1000 미만	685이상 {70}이상		10이상	7 이상	32 이상	22 이상	{44}이상 {4.5}이상	290이상 {3.0}이상		
SFNCM 980S	200 미만	785이상 {80}이상	980~1130 (100~115)	13이상	–	39 이상	–	640이상 {6.5}이상	–	285 이상	42 이상
	200 이상 400 미만	765이상 {78}이상		12이상	8 이상	36 이상	24 이상	590이상 {6.0}이상	340이상 {3.5}이상		
	400 이상 700 미만	755이상 {77}이상		11이상	7 이상	34 이상	23 이상	540이상 {5.5}이상	340이상 {3.5}이상		
SFNCM 1030S	200 미만	835이상 {85}이상	1030~1180 (105~120)	11이상	–	38 이상	–	590이상 {6.0}이상	–	302 이상	45 이상
	200 이상 400 미만	815이상 {83}이상		11이상	7 이상	35 이상	23 이상	540이상 {5.5}이상	340이상 {3.5}이상		
SFNCM 1080S	20 미만	885이상 {90}이상	1080~1230 (110~125)	11이상	–	37 이상	–	590이상 {6.0}이상	–	311 이상	46 이상
	200 이상 400 미만	860이상 {88}이상		11이상	7 이상	35 이상	23 이상	540이상 {5.5}이상	340이상 {3.5}이상		

[주] 1. 1개의 단강품의 인장강도 편차는 100N/mm^2{10kgf/mm^2}이하로 한다.
2. 동일 로트의 단강품의 경도 편차는 HB50 또는 HS8 이하로 하고, 1개의 단강품의 경도 편차는 HB30 또는 HS5 이하로 한다.

■ 기계적 성질(환상 단강품)

종류의 기호	열처리시 공시부의 두께 mm	항복점 또는 내구력 N/mm² {kgf/mm²}	인장강도[1] N/mm² {kgf/mm²}	신장률	단면 수축률	샤르피충격치	경도[2]	
				절선방향 % 14A호 시험편	절선방향 %	절선방향 J/cm² {kgf · m/cm²} 3호 시험편	HB	HS
SFNCM 690 R	100 미만	490이상 {50}이상	690~830 {70~85}	18 이상	45 이상	74이상 {7.5}이상	201 이상	31 이상
	100 이상 200 미만	490이상 {50}이상		17 이상	44 이상	69이상 {7.0}이상		
	200 이상 300 미만	490이상 {50}이상		16 이상	42 이상	64이상 {6.5}이상		
	300 이상 400 미만	490이상 {50}이상		15 이상	41 이상	59이상 {6.0}이상		
SFNCM 740 R	100 미만	550이상 {56}이상	740~880 {75~90}	17 이상	43 이상	69이상 {7.0}이상	217 이상	33 이상
	100 이상 200 미만	540이상 {55}이상		16 이상	42 이상	{64}이상 {6.5}이상		
	200 이상 300 미만	530이상 {54}이상		15 이상	40 이상	59이상 {6.0}이상		
	300 이상 400 미만	530이상 {54}이상		14 이상	39 이상	49이상 {5.0}이상		
SFNCM 780 R	100 미만	600이상 {61}이상	780~930 {80~95}	16 이상	40 이상	{59}이상 {6.0}이상	229 이상	34 이상
	100 이상 200 미만	590이상 {60}이상		15 이상	39 이상	54이상 {5.5}이상		
	200 이상 300 미만	580이상 {59}이상		14 이상	38 이상	54이상 {5.5}이상		
	300 이상 400 미만	570이상 {58}이상		13 이상	37 이상	{49}이상 {5.0}이상		
SFNCM 830 R	100 미만	655이상 {67}이상	830~980 {85~100}	15 이상	38 이상	59이상 {6.0}이상	241 이상	36 이상
	100 이상 200 미만	635이상 {65}이상		14 이상	37 이상	54이상 {5.5}이상		
	200 이상 300 미만	615이상 {63}이상		13 이상	35 이상	54이상 {5.5}이상		
	300 이상 400 미만	610이상 {62}이상		12 이상	34 이상	{44}이상 {4.5}이상		
SFNCM 880 R	100 미만	705이상 {72}이상	880~1030 {90~105}	14 이상	36 이상	{54}이상 {5.5}이상	225 이상	38 이상
	100 이상 200 미만	685이상 {70}이상		13 이상	35 이상	54이상 {5.5}이상		
	200 이상 300 미만	665이상 {68}이상		12 이상	33 이상	{44}이상 {4.5}이상		
	300 이상 400 미만	665이상 {67}이상		11 이상	32 이상	{54}이상 {5.5}이상		
SFNCM 930 R	100 미만	775이상 {77}이상	930~1080 {95~110}	13 이상	34 이상	54이상 {5.5}이상	269 이상	40 이상
	100 이상 200 미만	735이상 {75}이상		12 이상	33 이상	49이상 {5.0}이상		
	200 이상 300 미만	715이상 {73}이상		11 이상	32 이상	{44}이상 {4.5}이상		
	300 이상 400 미만	705이상 {72}이상		10 이상	31 이상	54이상 {5.5}이상		
SFNCM 980 R	100 미만	805이상 {82}이상	980~1130 {100~115}	12 이상	33 이상	{49}이상 {5.0}이상	285 이상	42 이상
	100 이상 200 미만	785이상 {80}이상		11 이상	32 이상	49이상 {5.0}이상		
	200 이상 300 미만	765이상 {78}이상		10 이상	32 이상	54이상 {5.5}이상		
SFNCM 1030 R	100 미만	885이상 {87}이상	1030~1180 {105~120}	11 이상	32 이상	49이상 {5.0}이상	302 이상	45 이상
	100 이상 200 미만	835이상 {85}이상		11 이상	31 이상	49이상 {5.0}이상		
SFNCM 1080 R	100 미만	900이상 {92}이상	1080~1230 {110~125}	10 이상	32 이상	49이상 {5.0}이상	311 이상	46 이상
	100 이상 200 미만	880이상 {90}이상		10 이상	31 이상	49이상 {5.0}이상		

[주] 1. 1개의 단강품의 인장강도 편차는 100N/mm²{10kgf/mm²}이하로 한다.

2. 동일 로트의 단강품의 경도 편차는 HB50 또는 HS8 이하로 하고, 1개의 단강품의 경도 편차는 HB30 또는 HS5 이하로 한다.

■ 기계적 성질(원판상 단강품)

종류의 기호	열처리시 공시부 축방향의 길이 mm	항복점 또는 내구력 N/mm² {kgf/mm²}	인장강도[1] N/mm² {kgf/mm²}	신장률 절선방향 % 14A호 시험편	단면 수축률 절선방향 %	샤르피 충격치 절선방향 J/cm² {kgf · m/cm²} 3호 시험편	경도[2] HB	경도[2] HS
SFNCM 690 D	200 미만	490이상 {50}이상	690~830 {70~85}	16 이상	42 이상	64이상 {6.5}이상	201 이상	31 이상
	200 이상 300 미만	490이상 {50}이상		15 이상	41 이상	59이상 {6.0}이상		
	300 이상 400 미만	480이상 {49}이상		14 이상	40 이상	54이상 {5.5}이상		
	400 이상 600 미만	480이상 {49}이상		13 이상	39 이상	54이상 {5.5}이상		
SFNCM 740 D	200 미만	540이상 {55}이상	740~880 {75~90}	15 이상	40 이상	64이상 {6.5}이상	217 이상	33 이상
	200 이상 300 미만	530이상 {54}이상		14 이상	39 이상	54이상 {5.5}이상		
	300 이상 400 미만	530이상 {54}이상		13 이상	38 이상	{49}이상 {5.0}이상		
	400 이상 600 미만	520이상 {53}이상		12 이상	37 이상	49이상 {5.0}이상		
SFNCM 780 D	200 미만	590이상 {60}이상	780~930 {80~95}	14 이상	37 이상	59이상 {6.0}이상	229 이상	34 이상
	200 이상 300 미만	580이상 {59}이상		13 이상	36 이상	54이상 {5.5}이상		
	300 이상 400 미만	580이상 {59}이상		12 이상	35 이상	49이상 {5.0}이상		
	400 이상 600 미만	570이상 {58}이상		11 이상	34 이상	49이상 {5.5}이상		
SFNCM 830 D	200 미만	635이상 {65}이상	830~980 {85~100}	13 이상	35 이상	{54}이상 {5.5}이상	241 이상	36 이상
	200 이상 300 미만	615이상 {63}이상		12 이상	34 이상	49이상 {5.0}이상		
	300 이상 400 미만	615이상 {63}이상		11 이상	33 이상	44이상 {4.5}이상		
	400 이상 600 미만	610이상 {62}이상		10 이상	32 이상	44이상 {4.5}이상		
SFNCM 880 D	200 미만	685이상 {70}이상	880~1030 {90~105}	12 이상	33 이상	49이상 {5.0}이상	225 이상	38 이상
	200 이상 300 미만	665이상 {68}이상		11 이상	32 이상	44이상 {4.5}이상		
	300 이상 400 미만	668이상 {68}이상		10 이상	31 이상	44이상 {4.5}이상		
	400 이상 600 미만	645이상 {66}이상		9 이상	30 이상	{44}이상 {4.5}이상		
SFNCM 930 D	200 미만	735이상 {75}이상	930~1080 {95~110}	11 이상	32 이상	49이상 {5.0}이상	269 이상	40 이상
	200 이상 300 미만	715이상 {73}이상		10 이상	31 이상	44이상 {4.5}이상		
	300 이상 400 미만	705이상 {72}이상		9 이상	30 이상	44이상 {4.5}이상		
	400 이상 600 미만	685이상 {70}이상		8 이상	29 이상	39이상 {4.0}이상		
SFNCM 980 D	200 미만	785이상 {80}이상	960~1080 {100~115}	10 이상	31 이상	44이상 {4.5}이상	285 이상	42 이상
	200 이상 300 미만	765이상 {78}이상		9 이상	30 이상	44이상 {4.5}이상		
	300 이상 400 미만	745이상 {76}이상		8 이상	29 이상	39이상 {4.0}이상		
SFNCM 1030 D	200 미만	835이상 {85}이상	1030~1180 {105~120}	10 이상	30 이상	44이상 {4.5}이상	302 이상	45 이상
	200 이상 300 미만	815이상 {83}이상		9 이상	30 이상	39이상 {4.0}이상		
SFNCM 1080 D	200 미만	880이상 {90}이상	1080~1230 {110~125}	9 이상	30 이상	44이상 {4.5}이상	311 이상	46 이상
	200 이상 300 미만	880이상 {90}이상		9 이상	30 이상	39이상 {4.0}이상		

[주] 1. 1개의 단강품의 인장강도 편차는 100N/mm²{10kgf/mm²}이하로 한다.
2. 동일 로트의 단강품의 경도 편차는 HB50 또는 HS8 이하로 하고, 1개의 단강품의 경도 편차는 HB30 또는 HS5 이하로 한다.

5-5 압력 용기용 탄소강 단강품

Carbon steel forgings for pressure vessels

KS D 4122 : 1993(2010 확인)

■ 적용 범위

이 규격은 주로 중온 내지 상온에서 사용되는 압력 용기 및 그 부품에 사용하는 용접성을 고려한 탄소강 단강품에 대하여 규정한다.

【비 고】 1. 이 규격중 { }를 붙여 표시한 단위 및 수치는 종래 단위에 따른 것으로서 참고로 병기한 것이다.
2. 이 규격의 관련 규격은 부표와 같다.

■ 종류의 기호

종류의 기호
SFVC 1
SFVC 2A
SFVC 2B

■ 화학 성분

단위 : %

종류의 기호	C	Si	Mn	P	S
SFVC 1	0.30 이하	0.35 이하	0.40~1.35	0.030 이하	0.030 이하
SFVC 2A	0.35 이하	0.35 이하	0.40~1.10	0.030 이하	0.030 이하
SFVC 2B	0.30 이하	0.35 이하	0.70~1.35	0.030 이하	0.030 이하

■ 기계적 성질

종류의 기호	항복점 또는 내력 N/mm^2 {kgf/mm^2}	인장 강도 N/mm^2 {kgf/mm^2}	연신율 %	단면수축률 %	충격시험 온도℃	샤르피 흡수 에너지 J{kgf·m}	
						3개의 평균	별개의 값
			14A호 시험관			4호 시험편	
SFVC 1	205 이상 {21}이상	410~560 {42~57}	21 이상	38 이상	–	–	–
SFVC 2A	245 이상 {25}이상	490~640 {50~65}	18 이상	33 이상	–	–	–
SFVC 2B	245 이상 {25}이상	490~640 {50~65}	18 이상	38 이상	0	27 이상 {2.8 이상}	21 이상 {2.1 이상}

5-6 압력 용기용 합금강 단강품

Alloy steel forgings for pressure vessels

KS D 4123 : 2008

■ 적용 범위

이 표준은 고온에서 사용되는 압력 용기 및 그 부품에 사용하는 용접성을 고려한 조절형(퀜칭, 템퍼링) 합금강 단강품에 대하여 규정한다.

■ 종류의 기호

고온용	조질형
SFVA F 1	SFVQ 1A
SFVA F 2	SFVQ 1B
SFVA F 12	SFVQ 2A
SFVA F 11A	SFVQ 2B
SFVA F 11B	SFVQ 3
SFVA F 22A	–
SFVA F 22B	
SFVA F 21A	
SFVA F 21B	
SFVA F 5A	
SFVA F 5B	
SFVA F 5C	
SFVA F 5D	
SFVA F 9	

■ 화학 성분(고온용)

단위 : %

종류의 기호	C	Si	Mn	P	S	Cr	Mo
SFVA F 1	0.30 이하	0.35	0.60~0.90	0.030 이하	0.030 이하	–	0.45~0.65
SFVA F 2	0.20 이하	0.60	0.30~0.80	0.030 이하	0.030 이하	0.50~0.80	0.45~0.65
SFVA F 12	0.20 이하	0.60	0.30~0.80	0.030 이하	0.030 이하	0.80~1.25	0.45~0.65
SFVA F 11A SFVA F 11B	0.20 이하	0.50~1.00	0.30~0.80	0.030 이하	0.030 이하	1.00~1.50	0.45~0.65
SFVA F 22A SFVA F 22B	0.15 이하	0.50 이하	0.30~0.60	0.030 이하	0.030 이하	2.00~2.50	0.90~1.10
SFVA F 21A SFVA F 21B	0.15 이하	0.50 이하	0.30~0.60	0.030 이하	0.030 이하	2.65~3.35	0.80~1.00
SFVA F 5A SFVA F 5B	0.15 이하	0.50 이하	0.30~0.60	0.030 이하	0.030 이하	4.00~6.00	0.45~0.65
SFVA F 5C SFVA F 5D	0.25 이하	0.50 이하	0.30~0.60	0.030 이하	0.030 이하	4.00~6.00	0.45~0.65
SFVA F 9	0.15 이하	0.50~1.00	0.30~0.60	0.030 이하	0.030 이하	8.00~10.0	0.90~1.10

■ 화학 성분(조질형)

단위 : %

종류의 기호	C	Si	Mn	P	S	Ni	Cr	Mo	V
SFVQ 1A SFVQ 1B	0.25 이하	0.40 이하	1.20~1.50	0.030 이하	0.030 이하	0.40~1.00	0.25 이하	0.45~0.60	0.05 이하
SFVQ 2A SFVQ 2B	0.27 이하	0.40 이하	0.50~1.00	0.030 이하	0.030 이하	0.50~1.00	0.25~0.45	0.55~0.70	0.05 이하
SFVQ 3	0.23 이하	0.40 이하	0.20~0.40	0.020 이하	0.020 이하	2.75~3.90	1.50~2.00	0.40~0.60	0.03 이하

【비 고】 SFVQ 3을 제외한 다른 종류에 대하여 압력 용기용 부품으로 할 경우 P 0.025% 이하, S 0.025% 이하로 할 수 있다.

■ 기계적 성질

종류의 기호	항복점 또는 항복 강도 N/mm²	인장 강도 N/mm²	연신율 %	단면수축률 %	충격시험 온도℃	샤르피 흡수 에너지 J	
			14A호 시험편			3개의 평균	별개의 값
						U노치 시험편	
SFVA F 1	275 이상	480~660	18 이상	35 이상	–	–	–
SFVA F 2	275 이상	480~660	18 이상	35 이상			
SFVA F 12	275 이상	480~660	18 이상	35 이상			
SFVA F 11A	275 이상	480~660	18 이상	35 이상			
SFVA F 11B	315 이상	520~690	18 이상	35 이상			
SFVA F 22A	205 이상	410~590	18 이상	40 이상			
SFVA F 22B	315 이상	520~690	18 이상	35 이상			
SFVA F 21A	205 이상	410~590	18 이상	40 이상			
SFVA F 21B	315 이상	520~590	18 이상	35 이상			
SFVA F 5A	245 이상	410~590	18 이상	40 이상			
SFVA F 5B	275 이상	480~660	18 이상	35 이상			
SFVA F 5C	345 이상	550~730	18 이상	35 이상			
SFVA F 5D	450 이상	620~780	18 이상	35 이상			
SFVA F 9	380 이상	590~760	18 이상	40 이상			
SFVQ 1A	345 이상	550~730	16 이상	38 이상	0	40 이상	34 이상
SFVQ 1B	450 이상	620~790	14 이상	35 이상	20	47 이상	40 이상
SFVQ 2A	345 이상	550~730	16 이상	38 이상	0	40 이상	34 이상
SFVQ 2B	450 이상	620~790	14 이상	35 이상	20	47 이상	40 이상
SFVQ 3	490 이상	620~790	18 이상	48 이상	−30	47 이상	40 이상

CHAPTER 05

5-7 저온 압력 용기용 단강품

Carbon and alloy steel forgings for pressure vessels for low-temperature service

KS D 4125 : 2007

■ 적용 범위

이 규격은 저온에서 사용되는 압력용기 및 그 부품에 사용하는 용접성을 고려한 탄소강 및 합금강 단강품에 대하여 규정한다.

■ 종류의 기호

종류의 기호
SFL 1
SFL 2
SFL 3

■ 화학 성분

단위 : %

종류의 기호	C	Si	Mn	P	S	Ni
SFL 1	0.30 이하	0.35 이하	1.35 이하	0.030 이하	0.030 이하	–
SFL 2	0.30 이하	0.35 이하	1.35 이하	0.030 이하	0.030 이하	–
SFL 3	0.20 이하	0.35 이하	0.90 이하	0.030 이하	0.030 이하	3.25~3.75

[비 고] SFL 2는 C 0.25% 이하인 경우, Mn 1.50% 이하를 함유할 수가 있다.

■ 기계적 성질

종류의 기호	항복점 또는 항복 강도 N/mm²	인장강도 N/mm²	연신율 %	단면수축률 %	충격시험 온도 ℃	샤르피 흡수 에너지 J	
						3개의 평균	별개의 값
			14A호 시험편			V노치 시험편	
SFL 1	225 이상	440~590	22 이상	38 이상	-30	21 이상	14 이상
SFL 2	245 이상	490~640	19 이상	30 이상	-45	27 이상	21 이상
SFL 3	255 이상	490~640	19 이상	35 이상	-101	27 이상	21 이상

CHAPTER

06 주강품

6-1 탄소강 주강품 [폐지]

Carbon steel castings

KS D 4101 : 2001(2010 확인)

■ 적용 범위

이 규격은 탄소강 주강품(원심력 주강관을 포함한다)에 대하여 규정한다.

■ 종류의 기호

종류의 기호	적 용
SC 360	일반 구조용, 전동기 부품용
SC 410	일반 구조용
SC 450	일반 구조용
SC 480	일반 구조용

【비 고】 원심력 주강관에는 위 표의 기호의 끝에 이것을 표시하는 기호-CF를 붙인다.
보기 : SC 410-CF

■ 화학 성분

단위 : %

종류의 기호	C	P	S
SC 360	0.20 이하	0.040 이하	0.040 이하
SC 410	0.30 이하	0.040 이하	0.040 이하
SC 450	0.35 이하	0.040 이하	0.040 이하
SC 480	0.40 이하	0.040 이하	0.040 이하

■ 기계적 성질

종류의 기호	항복점 또는 내구력 N/mm^2	인장 강도 N/mm^2	연 신 율 %	단면 수축률 %
SC 360	175 이상	360 이상	23 이상	35 이상
SC 410	205 이상	410 이상	21 이상	35 이상
SC 450	225 이상	450 이상	19 이상	30 이상
SC 480	245 이상	480 이상	17 이상	25 이상

6-2 구조용 고장력 탄소강 및 저합금강 주강품 [폐지]

High tensile strength carbon steel castings and low alloy steel castings for strucfural purposes

KS D 4102 : 1995(2005 확인)

■ 적용 범위

이 규격은 구조용 고장력 탄소강 및 저합금강 주강품(원심력 주강관을 포함한다)에 대하여 규정한다.

■ 종류의 기호

종류의 기호	적 용	종류의 기호	적 용
SCC 3	구조용	SCMnCr 3	구조용
SCC 5	구조용 내마모용	SCMnCr 4	구조용, 내마모용
SCMn 1	구조용	SCMnM 3	구조용, 강인재용
SCMn 2	구조용	SCCrM 1	구조용, 강인재용
SCMn 3	구조용	SCCrM 3	구조용, 강인재용
SCMn 5	구조용, 내마모용	SCMnCrM 2	구조용, 강인재용
SCSiMn 2	구조용(주로 앵커 체인용)	SCMnCrM 3	구조용, 강인재용
SCMnCr 2	구조용	SCNCrM 2	구조용, 강인재용

[비 고] 원심력 주강관에는 위 표의 기호 끝에 이것을 표시하는 기호-CF를 붙인다.
보기 : SCC 3-CF

■ 화학 성분

단위 : %

종류의 기호	C	Si	Mn	P	S	Ni	Cr	Mo
SCC 3	0.30~0.40	0.30~0.60	0.50~0.80	0.040 이하	0.040 이하	–	–	–
SCC 5	0.40~0.50	0.30~0.60	0.50~0.80	0.040 이하	0.040 이하	–	–	–
SCMn 1	0.20~0.30	0.30~0.60	1.00~1.60	0.040 이하	0.040 이하	–	–	–
SCMn 2	0.25~0.35	0.30~0.60	1.00~1.60	0.040 이하	0.040 이하	–	–	–
SCMn 3	0.30~0.40	0.30~0.60	1.00~1.60	0.040 이하	0.040 이하	–	–	–
SCMn 5	0.40~0.50	0.30~0.60	1.00~1.60	0.040 이하	0.040 이하	–	–	–
SCSiMn 2	0.25~0.35	0.50~0.80	0.90~1.20	0.040 이하	0.040 이하	–	–	–
SCMnCr 2	0.25~0.35	0.30~0.60	1.20~1.60	0.040 이하	0.040 이하	–	0.40~0.80	–
SCMnCr 3	0.30~0.40	0.30~0.60	1.20~1.60	0.040 이하	0.040 이하	–	0.40~0.80	–
SCMnCr 4	0.35~0.45	0.30~0.60	1.20~1.60	0.040 이하	0.040 이하	–	0.40~0.80	–
SCMnM 3	0.30~0.40	0.30~0.60	1.20~1.60	0.040 이하	0.040 이하	–	0.20 이하	0.15~0.35
SCCrM 1	0.20~0.30	0.30~0.60	0.50~0.80	0.040 이하	0.040 이하	–	0.80~1.20	0.15~0.35
SCCrM 3	0.30~0.40	0.30~0.60	0.50~0.80	0.040 이하	0.040 이하	–	0.80~1.20	0.15~0.35
SCMnCrM 2	0.25~0.35	0.30~0.60	1.20~1.60	0.040 이하	0.040 이하	–	0.30~0.70	0.15~0.35
SCMnCrM 3	0.30~0.40	0.30~0.60	1.20~1.60	0.040 이하	0.040 이하	–	0.30~0.70	0.15~0.35
SCNCrM 2	0.25~0.35	0.30~0.60	0.90~1.50	0.040 이하	0.040 이하	1.60~2.00	0.30~0.90	0.15~0.35

■ 기계적 성질

종류의 기호[1]	열 처 리		항복점 또는 내구력 N/mm²	인장강도 N/mm²	연 신 율 %	단면 수축률 %	경 도 HB
	노멀라이징 템퍼링의 경우[2]	퀜칭 템퍼링의 경우[3]					
SCC 3A	○	–	265 이상	520 이상	13 이상	20 이상	143 이상
SCC 3B	–	○	370 이상	620 이상	13 이상	20 이상	183 이상
SCC 5A	○	–	295 이상	620 이상	9 이상	15 이상	163 이상
SCC 5B	–	○	440 이상	690 이상	9 이상	15 이상	201 이상
SCMn 1A	○	–	275 이상	540 이상	17 이상	35 이상	143 이상
SCMn 1B	–	○	390 이상	590 이상	17 이상	35 이상	170 이상
SCMn 2A	○	–	345 이상	590 이상	16 이상	35 이상	163 이상
SCMn 2B	–	○	440 이상	640 이상	16 이상	35 이상	183 이상
SCMn 3A	○	–	370 이상	640 이상	13 이상	30 이상	170 이상
SCMn 3B	–	○	490 이상	690 이상	13 이상	30 이상	197 이상
SCMn 5A	○	–	390 이상	690 이상	9 이상	20 이상	183 이상
SCMn 5B	–	○	540 이상	740 이상	9 이상	20 이상	212 이상
SCSiMn 2A	○	–	295 이상	590 이상	13 이상	35 이상	163 이상
SCSiMn 2B	–	○	440 이상	640 이상	17 이상	35 이상	183 이상
SCMnCr 2A	○	–	370 이상	640 이상	13 이상	30 이상	170 이상
SCMnCr 2B	–	○	440 이상	690 이상	17 이상	35 이상	183 이상
SCMnCr 3A	○	–	390 이상	690 이상	9 이상	25 이상	183 이상
SCMnCr 3B	–	○	490 이상	740 이상	13 이상	30 이상	207 이상
SCMnCr 4A	○	–	410 이상	690 이상	9 이상	20 이상	201 이상
SCMnCr 4B	–	○	540 이상	740 이상	13 이상	25 이상	223 이상
SCMnM 3A	○	–	390 이상	590 이상	13 이상	30 이상	183 이상
SCMnM 3B	–	○	490 이상	740 이상	13 이상	30 이상	212 이상
SCCrM 1A	○	–	390 이상	590 이상	13 이상	30 이상	170 이상
SCCrM 1B	–	○	490 이상	690 이상	13 이상	30 이상	201 이상
SCCrM 3A	○	–	440 이상	690 이상	9 이상	25 이상	201 이상
SCCrM 3B	–	○	540 이상	740 이상	9 이상	25 이상	217 이상
SCMnCrM 2A	○	–	440 이상	690 이상	13 이상	30 이상	201 이상
SCMnCrM 2B	–	○	540 이상	740 이상	13 이상	30 이상	212 이상
SCMnCrM 3A	○	–	540 이상	740 이상	9 이상	25 이상	212 이상
SCMnCrM 3B	–	○	635 이상	830 이상	9 이상	25 이상	223 이상
SCNCrM 2A	○	–	590 이상	780 이상	9 이상	20 이상	223 이상
SCNCrM 2B	–	○	685 이상	880 이상	9 이상	20 이상	269 이상

【주】 1. 기호 끝의 A는 노멀라이징 후 템퍼링을, B는 퀜칭 후 템퍼링을 표시한다.
2. 노멀라이징 온도 850~950℃, 템퍼링 온도 550~650℃
3. 퀜칭 온도 850~950℃, 템퍼링 온도 550~650℃

【비 고】 ○표시는 해당하는 열처리를 나타낸다.

CHAPTER 06

6-3 스테인리스강 주강품 [폐지]

Stainless steel castings

KS D 4103 : 2009

■ 적용 범위

이 표준은 스테인리스강 주강품(원심력 주강관을 포함한다)에 대하여 규정한다.

■ 종류의 기호

종류의 기호	대응 ISO 강종	유사 강종(참고)
		ASTM
SSC 1	–	CA 15
SSC 1X	GX 12 Cr 12	CA 15
SSC 2	–	CA 40
SSC 2A	–	CA 40
SSC 3	–	CA 15M
SSC 3X	GX 8 CrNiMo 12 1	CA 15M
SSC 4	–	–
SSC 5	–	–
SSC 6	–	CA 6NM
SSC 6X	GX 4 CrNi 12 4(QT1)(QT2)	CA 6NM
SSC 10	–	–
SSC 11	–	–
SSC 12	–	CF 20
SSC 13	–	–
SSC 13A	–	CF 8
SSC 13X		–
SSC 14	–	–
SSC 14A	–	CF 8M
SSC 14X	GX 5 CrNi 19 9	–
SSC 14XNb	GX 6 CrNiMoNb 19 11 2	–
SSC 15	–	–
SSC 16	–	–
SSC 16A	–	CF 3M
SSC 16AX	GX 2 CrNiMo 19 11 2	CF 3M
SSC AXN	GX 2 CrNiMoN 19 11 2	CF 3MN
SSC 17	–	CH 10, CH20
SSC 18	–	CK 20
SSC 19	–	–
SSC 19A	–	CF3
SSC 20	–	–
SSC 21	–	CF 8C
SSC 21X	GX 6 CrNiNb 19 10	CF 8C
SSC 22	–	–
SSC 23	–	CN 7M
SSC 24	–	CB 7Cu–1
SSC 31	GX 4 CrNiMo 16 5 1	–
SSC 32	GX 2 CrNiCuMoN 26 5 3 3	A890M 1B
SSC 33	GX 2 CrNiMoN 26 5 3	–
SSC 34	GX 5 CrNiMo 19 11 3	CG8M
SSC 35	–	CK–35MN
SSC 40	–	–

【비 고】 원심력 주강관에는 위 표의 기호의 끝에 이것을 표시하는 기호 –CF를 붙인다.
보기 : **SSC 1–CF**

■ 화학 성분

단위 : %

종류의 기호	C	Si	Mn	P	S	Ni	Cr	Mo	Cu	기타
SSC 1	0.15 이하	1.50 이하	1.00 이하	0.040 이하	0.040 이하	(1)	11.50 ~14.00	(4)	–	–
SSC 1X	0.15 이하	0.80 이하	0.80 이하	0.035 이하	0.025 이하	(1)	11.50 ~13.50	(4)	–	–
SSC 2	0.16 ~0.24	1.50 이하	1.00 이하	0.040 이하	0.040 이하	(1)	11.50 ~14.00	(4)	–	–
SSC 2A	0.25 ~0.40	1.50 이하	1.00 이하	0.040 이하	0.040 이하	(1)	11.50 ~14.00	(4)	–	–
SSC 3	0.15 이하	1.00 이하	1.00 이하	0.040 이하	0.040 이하	0.50 ~1.50	11.50 ~14.00	0.15 ~1.00	–	–
SSC 3X	0.10 이하	0.80 이하	0.80 이하	0.035 이하	0.025 이하	0.80 ~1.80	11.50 ~13.00	0.20 ~0.50	–	–
SSC 4	0.15 이하	1.50 이하	1.00 이하	0.040 이하	0.040 이하	1.50 ~2.50	11.50 ~14.00	–	–	–
SSC 5	0.06 이하	1.00 이하	1.00 이하	0.040 이하	0.040 이하	3.50 ~4.50	11.50 ~14.00	–	–	–
SSC 6	0.06 이하	1.00 이하	1.00 이하	0.040 이하	0.030 이하	3.50 ~4.50	11.50 ~14.00	0.40 ~1.00	–	–
SSC 6X	0.06 이하	1.00 이하	1.50 이하	0.035 이하	0.025 이하	3.50 ~5.00	11.50 ~13.00	1.00 이하	–	–
SSC 10	0.03 이하	1.50 이하	1.50 이하	0.040 이하	0.030 이하	4.50 ~8.50	21.00 ~26.00	2.50 ~4.00	–	N0.08~0.30(2)
SSC 11	0.08 이하	1.50 이하	1.00 이하	0.040 이하	0.030 이하	4.00 ~7.00	23.00 ~27.00	1.50 ~2.50	–	(2)
SSC 12	0.20 이하	2.00 이하	2.00 이하	0.040 이하	0.040 이하	8.00 ~11.00	18.00 ~21.00	–	–	–
SSC 13	0.08 이하	2.00 이하	2.00 이하	0.040 이하	0.040 이하	8.00 ~11.00	18.00(3) ~21.00	–	–	–
SSC 13A	0.08 이하	2.00 이하	1.50 이하	0.040 이하	0.040 이하	8.00 ~11.00	18.00(3) ~21.00	–	–	–
SSC 13X	0.07 이하	1.50 이하	1.50 이하	0.040 이하	0.030 이하	8.00 ~11.00	18.00 ~21.00	–	–	–
SSC 14	0.08 이하	2.00 이하	2.00 이하	0.040 이하	0.040 이하	10.00 ~14.00	17.00(3) ~20.00	2.00~ 3.00	–	–
SSC 14A	0.08 이하	1.50 이하	1.50 이하	0.040 이하	0.040 이하	9.00 ~12.00	18.00(3) ~21.00	2.00~ 3.00	–	–
SSC 14X	0.07 이하	1.50 이하	1.50 이하	0.040 이하	0.030 이하	9.00 ~12.00	17.00 ~20.00	2.00~ 2.50	–	–
SSC 14XNb	0.08 이하	1.50 이하	1.50 이하	0.040 이하	0.030 이하	9.00 ~12.00	17.00 ~20.00	2.00~ 2.50	–	Nb 8×C 이상 1.00 이하
SSC 15	0.08 이하	20.0 이하	2.00 이하	0.040 이하	0.040 이하	10.00 ~14.00	17.00 ~20.00	1.75~ 2.75	1.00~ 2.50	–

■ 화학 성분(계속)

단위 : %

종류의 기호	C	Si	Mn	P	S	Ni	Cr	Mo	Cu	기타
SSC 16	0.03 이하	1.50 이하	2.00 이하	0.040 이하	0.040 이하	12.00 ~16.00	17.00 ~20.00	2.00 ~3.00	–	–
SSC 16A	0.03 이하	1.50 이하	1.50 이하	0.040 이하	0.040 이하	9.00 ~13.00	17.00 ~21.00	2.00 ~3.00	–	–
SSC 16AX	0.03 이하	1.50 이하	1.50 이하	0.040 이하	0.030 이하	9.00 ~12.00	17.00 ~21.00	2.00 ~2.50	–	–
SSC AXN	0.03 이하	1.50 이하	1.50 이하	0.040 이하	0.030 이하	9.00 ~12.00	17.00 ~21.00	2.00 ~2.50	–	N 0.10~0.20
SSC 17	0.20 이하	2.00 이하	2.00 이하	0.040 이하	0.040 이하	12.00 ~15.00	22.00 ~26.00	–	–	–
SSC 18	0.20 이하	2.00 이하	2.00 이하	0.040 이하	0.040 이하	19.00 ~22.00	23.00 ~27.00	–	–	–
SSC 19	0.03 이하	2.00 이하	2.00 이하	0.040 이하	0.040 이하	8.00 ~12.00	17.00 ~21.00	–	–	–
SSC 19A	0.03 이하	2.00 이하	1.50 이하	0.040 이하	0.040 이하	8.00 ~12.00	17.00 ~21.00	–	–	–
SSC 20	0.03 이하	2.00 이하	2.00 이하	0.040 이하	0.040 이하	12.00~16.00	17.00 ~20.00	1.75 ~2.75	1.00 ~2.50	–
SSC 21	0.08 이하	2.00 이하	2.00 이하	0.040 이하	0.040 이하	9.00 ~12.00	18.00 ~21.00	–	–	Nb 10×C% 이상 1.35 이하
SSC 21X	0.08 이하	1.5 이하	1.50 이하	0.040 이하	0.030 이하	8.00 ~12.00	18.00 ~21.00	–	–	Nb 8×C% 이상 1.00 이하
SSC 22	0.08 이하	2.00 이하	2.00 이하	0.040 이하	0.040 이하	10.00 ~14.00	17.00 ~20.00	2.00 ~3.00	–	Nb 10×C% 이상 1.35 이하
SSC 23	0.07 이하	2.00 이하	2.00 이하	0.040 이하	0.040 이하	27.50 ~30.00	19.00 ~22.00	2.00 ~3.00	3.00 ~4.00	–
SSC 24	0.07 이하	1.00 이하	1.00 이하	0.040 이하	0.040 이하	3.00 ~5.00	15.50 ~17.50	–	2.50 ~4.00	Nb 0.15~0.45
SSC 31	0.06 이하	0.80 이하	0.80 이하	0.035 이하	0.025 이하	4.00 ~6.00	15.00 ~17.00	0.70 ~1.50	–	–
SSC 32	0.03 이하	1.00 이하	1.50 이하	0.035 이하	0.025 이하	4.50 ~6.50	25.00 ~27.00	2.50 ~3.50	2.50 ~3.50	N0.12~0.25
SSC 33	0.03 이하	1.00 이하	1.50 이하	0.035 이하	0.025 이하	4.50 ~6.50	25.00 ~27.00	2.50 ~3.50	–	N0.12~0.25
SSC 34	0.07 이하	1.50 이하	1.50 이하	0.040 이하	0.030 이하	9.00 ~12.00	17.00 ~20.00	3.00 ~3.50	–	–
SSC 35	0.035 이하	1.00 이하	2.00 이하	0.035 이하	0.020 이하	20.00 ~22.00	22.00 ~24.00	6.00 ~6.80	0.40 이하	N0.21~0.32
SSC 40	0.03 이하	1.00 이하	1.50 ~3.00	0.035 이하	0.020 이하	6.00 ~8.00	26.00 ~28.00	2.00 ~3.50	3.00 이하	N 0.30~0.40 W 3.00~1.00 REM 0.0005~0.6(5) Bd 0.0001~0.6 B0.1 이하

[비 고] 1. Ni은 1.00% 이하 첨가할 수 있다.
2. 필요에 따라 표기 이외의 합금 원소를 첨가하여도 좋다.
3. SSC14, SSC14A, SSC14 및 SSC14A에 있어서 저온으로 사용할 경우, Cr의 상한을 23.00%로 하여도 좋다.
4. SSC1, SSC 1X, SSC2 및 SSC2A는 Mo 0.50% 이하를 함유하여도 좋다.
5. REM(Rare Earth Metals) : Ce 또는 Ld 또는 Nd 또는 Pr 중 1개 이상으로 첨가한다.

■ 기계적 성질 및 열처리

종류의 기호	열처리 조건 ℃				항복 강도[2] N/mm^2	인장 강도 N/mm^2	연신율 %	단면 수축률 %	경도 HB	샤르피 흡수 에너지 J
	기호	퀜칭	템퍼링	고용화 열처리						
SSC 1[1]	T1	950 이상 유랭 또는 공랭	680～740 공랭 또는 서랭	–	345 이상[4]	540 이상	18 이상	40 이상	163～229	–
	T2	950 이상 유랭 또는 공랭	590～700 공랭 또는 서랭	–	450 이상[4]	620 이상	16 이상	30 이상	179～241	–
SSC 1X[7],[8],[9]	–	950～1050 유랭	650～750 공랭	–	450 이상	620 이상	14 이상	–	–	20 이상[10]
SSC 2[1]	T	950 이상 유랭 또는 공랭	680～740 공랭 또는 서랭	–	390 이상[4]	590 이상	16 이상	35 이상	170～235	–
SSC 2A[1]	T	950 이상 유랭 또는 공랭	600 이상 공랭 또는 서랭	–	485 이상[4]	690 이상	15 이상	25 이상	269 이하	–
SSC 3[1]	T	900 이상 유랭 또는 공랭	650～740 공랭 또는 서랭	–	440 이상[4]	590 이상	16 이상	40 이상	170～235	–
SSC 3X[7],[8],[9]	–	1000～1050 공랭	620～720 공랭 또는 서랭	–	440 이상	590 이상	15 이상	–	–	27 이상[10]
SSC 4[1]	T	900 이상 유랭 또는 공랭	650～740 공랭 또는 서랭	–	490 이상[4]	640 이상	13 이상	40 이상	192～255	–
SSC 5[1]	T	900 이상 유랭 또는 공랭	600～700 공랭 또는 서랭	–	540 이상[4]	740 이상	13 이상	40 이상	217～277	–
SSC 6[1]	T	950 이상 공랭	570～620 공랭 또는 서랭	–	550 이상[4]	750 이상	15 이상	35 이상	285 이하	–
SSC 6X[7],[8],[9]	QT1	1000～1100	570～620 공랭 또는 서랭	–	550 이상	750 이상	15 이상	–	–	45 이상[10]
	QT2	1000～1100	500～530 공랭 또는 서랭	–	830 이상	900 이상	12 이상	–	–	35 이상[10]
SSC 10	S	–	–	1050～1150 급랭	390 이상[4]	620 이상	15 이상	–	302 이하	–
SSC 11	S	–	–	1030～1150 급랭	345 이상[4]	590 이상	13 이상	–	241 이하	–
SSC 12	S	–	–	1030～1150 급랭	205 이상[4]	480 이상	28 이상	–	183 이하	–
SSC 13	S	–	–	1030～1150 급랭	185 이상[4]	440 이상	30 이상	–	183 이하	–

CHAPTER 06

■ 기계적 성질 및 열처리(계속)

종류의 기호	열처리 조건 ℃				항복 강도(2) N/mm^2	인장 강도 N/mm^2	연신율 %	단면 수축률 %	경도 HB	샤르피 흡수 에너지 J
	기호	퀜칭	템퍼링	고용화 열처리						
SSC 13A	S	–	–	1030~1150 급랭	205 이상(4)	480 이상	33 이상	–	183 이하	–
SSC 13X(7),(8),(9)	–	–	–	1050 이상 급랭	180 이상(3)	440 이상	30 이상	–	–	60 이상
SSC 14	S	–	–	1030~1150 급랭	185 이상(4)	440 이상	28 이상	–	183 이하	–
SSC 14A	S	–	–	1030~1150 급랭	205 이상(4)	480 이상	33 이상	–	183 이하	–
SSC 14X(7),(8),(9)	–	–	–	1080 이상 급랭	180 이상(3)	440 이상	30 이상	–	–	60 이상
SSC 14XNb(7),(8),(9)	–	–	–	1080 이상 급랭	180 이상(3)	440 이상	25 이상	–	–	40 이상
SSC 15	S	–	–	1030~1150 급랭	185 이상(4)	440 이상	28 이상	–	183 이하	–
SSC 16	S	–	–	1030~1150 급랭	175 이상(4)	390 이상	33 이상	–	183 이하	–
SSC 16A	S	–	–	1030~1150 급랭	205 이상(4)	480 이상	33 이상	–	183 이하	–
SSC 16AX(7),(8),(9)	–	–	–	1080 이상 급랭	180 이상(3)	440 이상	30 이상	–	–	80 이상
SSC 16AX(7),(8),(9)	–	–	–	1080 이상 급랭(5)	230 이상(3)	510 이상	30 이상	–	–	80 이상(10)
SSC 17	S	–	–	1050~1160 급랭	205 이상(4)	480 이상	28 이상	–	183 이하	–
SSC 18	S	–	–	1070~1180 급랭	195 이상(4)	450 이상	28 이상	–	183 이하	–
SSC 19	S	–	–	1030~1150 급랭	185 이상(4)	390 이상	33 이상	–	183 이하	–
SSC 19A	S	–	–	1030~1150 급랭	205 이상(4)	480 이상	33 이상	–	183 이하	–
SSC 20	S	–	–	1030~1150 급랭	175 이상(4)	390 이상	33 이상	–	183 이하	–
SSC 21	S	–	–	1030~1150 급랭	205 이상(4)	480 이상	28 이상	–	183 이하	–
SSC 21X(7),(8),(9)	–	–	–	1050 이상 급랭(5)	180 이상(4)	440 이상	25 이상	–	–	40 이상(10)
SSC 22	S	–	–	1030~1150 급랭	250 이상(4)	440 이상	28 이상	–	183 이하	–
SSC 23	S	–	–	1070~1180 급랭	165 이상(4)	390 이상	30 이상	–	183 이하	–

■ 기계적 성질 및 열처리(계속)

종류의 기호	열처리 조건 ℃				항복 강도[2] N/mm²	인장 강도 N/mm²	연신율 %	단면 수축률 %	경도 HB	샤르피 흡수 에너지 J
	기호	퀜칭	템퍼링	고용화 열처리						
SSC 31[7],[8],[9]	–	1020~1070 공랭	580~630 공랭 또는 서랭	–	540 이상	760 이상	15 이상	–	–	60 이상[10]
SSC 32[7],[8],[9]	–	–	–	1120 이상 급랭[6]	450 이상	650 이상	18 이상	–	–	50 이상[10]
SSC 33[7],[8],[9]	–	–	–	1120 이상 급랭[6]	450 이상	650 이상	18 이상	–	–	50 이상[10]
SSC 34[7],[8],[9]	–	–	–	1120 이상 급랭[5]	180 이상	440 이상	30 이상	–	–	60 이상[10]
SSC 35	S	–	–	1150~1200 급랭	280 이상	570 이상	35 이상	–	250 이하	–
SSC 40	S	–	–	(11)	520 이상	700 이상	20 이상	–	330 이하	–

[비 고] 1. SSC1, SSC2, SSC2A, SSC3, SSC4, SSC5 및 SSC6의 기계적 성질 및 열처리에 대하여는 주문자 제조자 사이의 협정에 따른다.
2. 0.2% 항복강도 값으로 한다.
3. 1% 항복강도의 최소값을 설정한 경우는 0.2% 항복강도의 최소값보다 25N/mm2 높은 값으로 한다.
4. 값은 주문자의 지정이 있는 경우에 적용한다.
5. 살 두께에 따라 공랭하여도 좋다.
6. 고용화 후 복잡한 형상의 균열을 방지하기 위하여 수랭 전에 1010℃~1040℃까지 냉각하여도 좋다.
7. SSC3X, SSC6X 및 SSC31은 두께 300mm 이하, SSC1X, SSC13X, SSC14X, SSC14XNb, SSC16DX, SSC16DXN, SSC21X, SSC32, SSC33, SSC34는 두께 150mm 이하에 대하여 적용한다.
8. 두께 150mm 이하의 시험재에 대하여 기계적 성질을 적용한다.
9. 주조품의 본체에서 시험편을 채취하는 경우에는 주문자 · 제조자 사이의 협정에 따른다.
10. V노치 시험편으로 할 것.
11. 고용화 열처리는 최소 1120℃ 온도에서 충분히 유지한 후 최소 1050℃까지 노냉한 다음 급랭한다.

■ SSC24의 기계적 성질 및 열처리

종류의 기호	열처리 조건			항복 강도[1] N/mm²	인장 강도 N/mm²	연신율 %	경도 HB
	기호	고용화 열처리 ℃	시효 처리 ℃				
SSC 24	H 900	1020~1080 급랭	475~525×90분 공랭	1030 이상	1240 이상	6 이상	375 이상
	H 1025	1020~1080 급랭	535~585×4시간 공랭	885 이상	980 이상	9 이상	311 이상
	H 1075	1020~1080 급랭	565~615×4시간 공랭	785 이상	960 이상	9 이상	277 이상
	H 1150	1020~1080 급랭	605~655×4시간 공랭	665 이상	850 이상	10 이상	269 이상

[비 고] 기계적 성질 및 열처리에 대하여는 주문자 · 제조자 사이의 협정에 따라도 좋다.
1. 0.2% 항복강도로 하여 주문자의 지정이 있는 경우에 적용한다.

6-4 고망간강 주강품 [폐지]

High manganese steel castings

KS D 4104 : 1995 (2010 확인)

■ 적용 범위

이 규격은 고망간강 주강품에 대하여 규정한다.

■ 종류의 기호

종류의 기호	적 용
SCMnH 1	일반용(보통품)
SCMnH 2	일반용(고급품, 비자성품)
SCMnH 3	주로 레일 크로싱용
SCMnH 11	고내력 고내마모용(해머, 조 플레이트 등)
SCMnH 21	주로 무한궤도용

■ 화학 성분

단위 : %

종류의 기호	C	Si	Mn	P	S	Cr	V
SCMnH 1	0.90~1.30	–	11.00~14.00	0.100 이하	0.050 이하	–	–
SCMnH 2	0.90~1.20	0.80 이하	11.00~14.00	0.070 이하	0.040 이하	–	–
SCMnH 3	0.90~1.20	0.30~0.80	11.00~14.00	0.050 이하	0.035 이하	–	–
SCMnH 11	0.90~1.30	0.80 이하	11.00~14.00	0.070 이하	0.040 이하	1.50~2.50	–
SCMnH 21	1.0~1.35	0.80 이하	11.00~14.00	0.070 이하	0.040 이하	2.00~3.00	0.40~0.70

■ 기계적 성질

종류의 기호	물강인화 처리온도 ℃	내구력 N/mm^2	인장강도 N/mm^2	연신율 %
SCMnH 1	약 1000	–	–	–
SCMnH 2	약 1000	–	740 이상	35 이상
SCMnH 3	약 1050	–	740 이상	35 이상
SCMnH 11	약 1050	390 이상	740 이상	20 이상
SCMnH 21	약 1050	440 이상	740 이상	10 이상

6-5 내열강 주강품 [폐지]

Heat resisting steel castings

KS D 4105 : 1995 (2010 확인)

■ 적용 범위

이 규격은 내열강 주강품(원심력 주강관을 포함한다)에 대하여 규정한다.

■ 종류의 기호

종류의 기호	유사강종(참고)	종류의 기호	유사강종(참고)
HRSC 1	–	HRSC 17	ASTM HE, ACI HE
HRSC 2	ASTM HC, ACI HC	HRSC 18	ASTM HI, ACI HI
HRSC 3	–	HRSC 19	ASTM HN, ACI HN
HRSC 11	ASTM HD, ACI HD	HRSC 20	ASTM HU, ACI HU
HRSC 12	ASTM HF, ACI HF	HRSC 21	ASTM HK30, ACI HK 30
HRSC 13	ASTM HH, ACI HH	HRSC 22	ASTM HK40, ACI HK 40
HRSC 13 A	ASTM HH Type II	HRSC 23	ASTM HL, ACI HL
HRSC 15	ASTM HT, ACI HT	HRSC 24	ASTM HP, ACI HP
HRSC 16	ASTM HT 30		

[비 고] 원심력 주강관에는 위표의 기호 끝에 이것을 표시하는 기호 –CF를 붙인다.
보기 : **HRSC 1-CF**

■ 화학 성분

단위 : %

종류의 기호	C	Si	Mn	P	S	Ni	Cr	기타
HRSC 1	0.20~0.40	1.50~3.00	1.00 이하	0.040 이하	0.040 이하	1.00 이하	12.00~15.00	(1)
HRSC 2	0.40 이하	2.00 이하	1.00 이하	0.040 이하	0.040 이하	1.00 이하(2)	25.00~28.00	(1)
HRSC 3	0.40 이하	2.00 이하	1.00 이하	0.040 이하	0.040 이하	1.00 이하	12.00~15.00	(1)
HRSC 11	0.40 이하	2.00 이하	1.00 이하	0.040 이하	0.040 이하	4.00~6.00	24.00~28.00	(1)
HRSC 12	0.20~0.40	2.00 이하	2.00 이하	0.040 이하	0.040 이하	8.00~12.00	18.00~23.00	(1)
HRSC 13	0.20~0.50	2.00 이하	2.00 이하	0.040 이하	0.040 이하	11.00~14.00	24.00~28.00	(1)(3)
HRSC 13 A	0.25~0.50	1.75 이하	2.50 이하	0.040 이하	0.040 이하	12.00~14.00	23.00~26.00	(1)(3)
HRSC 15	0.35~0.70	2.50 이하	2.00 이하	0.040 이하	0.040 이하	33.00~37.00	15.00~19.00	(1)
HRSC 16	0.20~0.35	2.50 이하	2.00 이하	0.040 이하	0.040 이하	33.00~37.00	13.00~17.00	(1)
HRSC 17	0.20~0.50	2.00 이하	2.00 이하	0.040 이하	0.040 이하	8.00~11.00	26.00~30.00	(1)
HRSC 18	0.20~0.50	2.00 이하	2.00 이하	0.040 이하	0.040 이하	14.00~18.00	26.00~30.00	(1)
HRSC 19	0.20~0.50	2.00 이하	2.00 이하	0.040 이하	0.040 이하	23.00~27.00	19.00~23.00	(1)
HRSC 20	0.35~0.75	2.50 이하	2.00 이하	0.040 이하	0.040 이하	37.00~41.00	17.00~21.00	(1)
HRSC 21	0.25~0.35	1.75 이하	1.50 이하	0.040 이하	0.040 이하	19.00~22.00	23.00~27.00	(1)(3)
HRSC 22	0.35~0.45	1.75 이하	1.50 이하	0.040 이하(4)	0.040 이하	19.00~22.00(4)	23.00~27.00(4)	(1)(3)
HRSC 23	0.20~0.60	2.00 이하	2.00 이하	0.040 이하	0.040 이하	18.00~22.00	28.00~32.00	(1)
HRSC 24	0.35~0.75	2.00 이하	2.00 이하	0.040 이하	0.040 이하	33.00~37.00	24.00~28.00	(1)

[주] 1. 어느 주강품에서도 Mo은 0.05% 이하를 함유해도 지장이 없다.
2. HRSC 2는 인수 · 인도 당사자 사이의 협정에 따라 Ni 4.00% 이하로 할 수 있다.
3. HRSC 13, HRSC 13A, HRSC 21 및 HRSC 22는 N 0.20% 이하를 첨가할 수 있다. 이 경우에는 다음 장의 기계적 성질 및 열처리표의 연신율은 적용하지 않는다.
4. HRSC 22에서 고압용 원심력 주강관인 경우는 Ni 20.00~23.00%, Cr 23.00~26.00% 및 P 0.030% 이하로 한다.

■ 기계적 성질 및 열처리

종류의 기호	열처리 조건 ℃	내 구 력 N/mm^2	인장강도 N/mm^2	연신율 %
	어 닐 링			
HRSC 1	800~900 서랭	–	490 이상	–
HRSC 2	800~900 서랭	–	340 이상	–
HRSC 3	800~900 서랭	–	490 이상	–
HRSC 11	–	–	590 이상	–
HRSC 12	–	235 이상	490 이상	23 이상
HRSC 13	–	235 이상	490 이상	8 이상
HRSC 13 A	–	235 이상	490 이상	8 이상
HRSC 15	–	–	440 이상	4 이상
HRSC 16	–	195 이상	440 이상	13 이상
HRSC 17	–	275 이상	540 이상	5 이상
HRSC 18	–	235 이상	490 이상	8 이상
HRSC 19	–	–	390 이상	5 이상
HRSC 20	–	–	390 이상	4 이상
HRSC 21	–	235 이상	440 이상	8 이상
HRSC 22	–	235 이상	440 이상	8 이상
HRSC 23	–	245 이상	450 이상	8 이상
HRSC 24	–	235 이상	440 이상	5 이상

● 화염(불꽃) 경화법

산소 아세틸렌 불꽃에 의해서 강재의 표면부를 담금질 온도(작업자의 경험 즉, 온도에 따른 강재의 색으로 구분)까지 가열한 후 급냉하는 조작으로 급냉 방법은 유관 주수식에 의해서 하며 아무리 큰 강재라 할 지라도 아주 쉽게 응용할 수 있다.
선반의 베드, 미끄럼면, 공작기계 등에 실시한다.

• 화염경화법의 장점

❶ 주철, 주강, 특수강, 탄소강 등 거의 모든 강에 담금질 할 수 있다
❷ 노안에 장입할 수 없는 대형부품의 부분 담금질도 가능하다.
❸ 전용 담금질 장치를 제외하고 가열장치의 이동이 가능하다.
❹ 장치가 간단한 편이고 다른 담금질 방법에 비해서 설비비가 저렴하다.
❺ 부분 담금질이나 담금질 깊이의 조절이 가능하다.
❻ 담금질 균열이나 변형이 적다.
❼ 기계가공을 생략할 수 있다.
❽ 강재의 표면은 경화되고 내마모성이 우수하다.
❾ 강재의 부품은 동적강도가 크고 기계적 성질이 우수하다.
❿ 간단한 소형부품은 용접용 토오치로도 담금질이 가능하다.

• 화염경화법의 단점

❶ 가열온도를 정확하게 측정할 수 없으므로 담금질 조작에는 숙련된 기술이 필요하다.
❷ 화구(노즐 : nozzle)의 설계와 제작이 정밀해야 한다.
❸ 불꽃을 일정하게 조절하기가 어렵다.
❹ 급속한 가열이므로 복잡한 형상의 것이나 모서리가 있는 부분은 열에 의한 치수의 변형이 생기기 쉽다.
❺ 가스의 취급 및 조작시에 위험이 따르며 전문성이 요구된다.

6-6 용접 구조용 주강품 [폐지]

Steel castings for welded structure

KS D 4106 : 2007

■ 적용 범위

이 규격은 압연 강재, 주강품 또는 다른 주강품의 용접 구조에 사용하는 것으로서 특히 용접성이 우수한 주강품에 대하여 규정한다.

■ 종류 및 기호

종류 및 기호	구 기호(참고)
SCW 410	SCW 42
SCW 450	–
SCW 480	SCW 49
SCW 550	SCW 56
SCW 620	SCW 63

■ 화학 성분 및 탄소당량

단위 : %

종류 및 기호	C	Si	Mn	P	S	Ni	Cr	Mo	V	탄소당량
SCW 410	0.22 이하	0.80 이하	1.50 이하	0.040 이하	0.040 이하	–	–	–	–	0.40 이하
SCW 450	0.22 이하	0.80 이하	1.50 이하	0.040 이하	0.040 이하	–	–	–	–	0.43 이하
SCW 480	0.22 이하	0.80 이하	1.50 이하	0.040 이하	0.040 이하	0.50 이하	0.50 이하	–	–	0.45 이하
SCW 550	0.22 이하	0.80 이하	1.50 이하	0.040 이하	0.040 이하	2.50 이하	0.50 이하	0.30 이하	0.20 이하	0.48 이하
SCW 620	0.22 이하	0.80 이하	1.50 이하	0.040 이하	0.040 이하	2.50 이하	0.50 이하	0.30 이하	0.20 이하	0.50 이하

■ 기계적 성질

종류 및 기호	항복점 또는 항복 강도 N/mm^2	인장 강도 N/mm^2	연신율 %	샤르피 흡수에너지	
				충격 시험 온도 ℃	V노치 시험편 3개의 평균치
SCW 410	235 이상	410 이상	21 이상	0	27 이상
SCW 450	255 이상	450 이상	20 이상	0	27 이상
SCW 480	275 이상	480 이상	20 이상	0	27 이상
SCW 550	355 이상	550 이상	18 이상	0	27 이상
SCW 620	430 이상	620 이상	17 이상	0	27 이상

6-7 고온 고압용 주강품 [폐지]

Steel castings for high temperature and high pressure service

KS D 4107 : 2007

■ 적용 범위

이 규격은 고온에서 사용되는 밸브, 플랜지, 케이싱 기타 고압 부품용 주강품에 대하여 규정한다.

■ 종류의 기호

종류의 기호	강종
SCPH 1	탄소강
SCPH 2	탄소강
SCPH 11	0.5% 몰리브데넘강
SCPH 21	1% 크로뮴-0.5% 몰리브데넘강
SCPH 22	1% 크로뮴-1% 몰리브데넘강
SCPH 23	1% 크로뮴-1% 몰리브데넘-0.2% 바나듐강
SCPH 32	2.5% 크로뮴-1% 몰리브데넘강
SCPH 61	5% 크로뮴-0.5% 몰리브데넘강

■ 화학 성분

단위 : %

종류의 기호	C	Si	Mn	P	S	Cr	Mo	V
SCPH 1	0.25 이하	0.60 이하	0.70 이하	0.040 이하	0.040 이하	-	-	-
SCPH 2	0.30 이하	0.60 이하	1.00 이하	0.040 이하	0.040 이하	-	-	-
SCPH 11	0.25 이하	0.60 이하	0.50~0.80	0.040 이하	0.040 이하	-	0.45~0.65	-
SCPH 21	0.20 이하	0.60 이하	0.50~0.80	0.040 이하	0.040 이하	1.00~1.50	0.45~0.65	-
SCPH 22	0.25 이하	0.60 이하	0.50~0.80	0.040 이하	0.040 이하	1.00~1.50	0.90~1.20	-
SCPH 23	0.20 이하	0.60 이하	0.50~0.80	0.040 이하	0.040 이하	1.00~1.50	0.90~1.20	0.15~0.20
SCPH 32	0.20 이하	0.60 이하	0.50~0.80	0.040 이하	0.040 이하	2.00~2.75	0.90~1.20	-
SCPH 61	0.20 이하	0.75 이하	0.50~0.80	0.040 이하	0.040 이하	4.00~6.50	0.45~0.65	-

■ 불순물의 화학 성분

단위 : %

종류의 기호	Cu	Mi	Cr	Mo	W	합계량
SCPH 1	0.50 이하	0.50 이하	0.25 이하	0.25 이하	-	1.00 이하
SCPH 2	0.50 이하	0.50 이하	0.25 이하	0.25 이하	-	1.00 이하
SCPH 11	0.50 이하	0.50 이하	0.35 이하	-	0.10 이하	1.00 이하
SCPH 21	0.50 이하	0.50 이하	-	-	0.10 이하	1.00 이하
SCPH 22	0.50 이하	0.50 이하	-	-	0.10 이하	1.00 이하
SCPH 23	0.50 이하	0.50 이하	-	-	0.10 이하	1.00 이하
SCPH 32	0.50 이하	0.50 이하	-	-	0.10 이하	1.00 이하
SCPH 61	0.50 이하	0.50 이하	-	-	0.10 이하	1.00 이하

■ 기계적 성질

종류의 기호	항복점 또는 항복 강도 N/mm^2	인장 강도 N/mm^2	연신율 %	단면 수축률
SCPH 1	205 이상	410 이상	21 이상	35 이상
SCPH 2	245 이상	480 이상	19 이상	35 이상
SCPH 11	245 이상	450 이상	22 이상	35 이상
SCPH 21	275 이상	480 이상	17 이상	35 이상
SCPH 22	345 이상	550 이상	16 이상	35 이상
SCPH 23	345 이상	550 이상	13 이상	35 이상
SCPH 32	275 이상	480 이상	17 이상	35 이상
SCPH 61	410 이상	620 이상	17 이상	35 이상

6-8 저온 고압용 주강품 [폐지]

Steel castings for low temperature and high pressure service

KS D 4111 : 1995 (2005 확인)

■ 적용 범위

이 규격은 저온에서 사용되는 밸브, 플랜지, 실린더 그 밖의 고압 부품용 주강품(원심력 주강관을 포함한다)에 대하여 규정한다.

■ 종류의 기호

종류의 기호	비 고
SCPL 1	탄소강(보통품)
SCPL 11	0.5% 몰리브덴강
SCPL 21	2.5% 니켈강
SCPL 31	3.5% 니켈강

■ 화학 성분

단위 : %

종류의 기호	C	Si	Mn	P	S	Ni	Mo
SCPL 1	0.30 이하	0.60 이하	1.00 이하	0.040 이하	0.040 이하	–	–
SCPL 11	0.25 이하	0.60 이하	0.50~0.80	0.040 이하	0.040 이하	–	0.45~0.65
SCPL 21	0.25 이하	0.60 이하	0.50~0.80	0.040 이하	0.040 이하	2.00~3.00	–
SCPL 31	0.15 이하	0.60 이하	0.50~0.80	0.040 이하	0.040 이하	3.00~4.00	–

■ 불순물의 화학 성분

단위 : %

종류의 기호	Cu	Ni	Cr	합 계 량
SCPL 1	0.50 이하	0.50 이하	0.25 이하	1.00 이하
SCPL 11	0.50 이하	–	0.35 이하	–
SCPL 21	0.50 이하	–	0.35 이하	–
SCPL 31	0.50 이하	–	0.35 이하	–

■ 기계적 성질

종류의 기호	항복점 또는 내구력 N/mm^2	인장강도 N/mm^2	연신율 %	단면 수축률 %	샤르피 흡수 에너지 J						
					충격 시험 온도 ℃	4호 시험편		4호 시험편 (나비 7.5mm)(1)		4호 시험편 (나비 5mm)(1)	
						3개의 평균치	개별의 값	3개의 평균치	개별의 값	3개의 평균치	개별의 값
SCPL 1	245 이상	450 이상	21 이상	35 이상	– 45	18 이상	14 이상	15 이상	12 이상	12 이상	8 이상
SCPL 11	245 이상	450 이상	21 이상	35 이상	– 60	18 이상	14 이상	15 이상	12 이상	12 이상	9 이상
SCPL 21	275 이상	480 이상	21 이상	35 이상	– 75	21 이상	17 이상	18 이상	14 이상	14 이상	11 이상
SCPL 31	275 이상	480 이상	21 이상	35 이상	–100	21 이상	17 이상	18 이상	14 이상	14 이상	11 이상

【주】 1. 4호의 충격 시험편이 채취되지 않는 원심력 주강관인 경우에는 서브사이즈 시험편을 적용한다. 이 경우, ( ) 안의 수치는 시험편의 나비를 나타낸다.

CHAPTER

07 주철품

7-1 회 주철품 [폐지]

Grey iron castings

KS D 4301 : 2006 (2011 확인)

■ 적용 범위

이 규격은 편상 흑연을 함유한 주철품에 대하여 규정한다.

■ 종류의 기호

종류의 기호	JIS 기호
GC100	FC100
GC150	FC150
GC200	FC200
GC250	FC250
GC300	FC300
GC350	FC350

■ 별도 주입한 공시재의 기계적 성질

종류 및 기호	인장 강도 N/mm^2	경도 HB
GC100	100 이상	201 이하
GC150	150 이상	212 이하
GC200	200 이상	223 이하
GC250	250 이상	241 이하
GC300	300 이상	262 이하
GC350	350 이상	277 이하

■ 본체 붙임 공시재의 기계적 성질

종류 및 기호	주철품의 두께 mm	인장 강도 N/mm^2
GC100	–	–
GC150	20 이상 40 미만	120 이상
	40 이상 80 미만	110 이상
	80 이상 150 미만	100 이상
	150 이상 300 미만	90 이상
GC200	20 이상 40 미만	170 이상
	40 이상 80 미만	150 이상
	80 이상 150 미만	140 이상
	150 이상 300 미만	130 이상
GC250	20 이상 40 미만	210 이상
	40 이상 80 미만	190 이상
	80 이상 150 미만	170 이상
	150 이상 300 미만	160 이상
GC300	20 이상 40 미만	250 이상
	40 이상 80 미만	220 이상
	80 이상 150 미만	210 이상
	150 이상 300 미만	190 이상
GC350	20 이상 40 미만	290 이상
	40 이상 80 미만	260 이상
	80 이상 150 미만	230 이상
	150 이상 300 미만	210 이상

[주] 시험편의 모양, 치수는 인수 · 인도 당사자 사이의 협의에 따른다.

■ 실제 강도용 공시재의 기계적 성질

종류 및 기호	주철품의 두께 mm	인장 강도 N/mm^2
GC100	2.5 이상 10 미만(1)	120 이상
	10.5 이상 20 미만	90 이상
GC150	2.5 이상 10 미만(1)	155 이상
	10 이상 20 미만	130 이상
	20 이상 40 미만	110 이상
	40 이상 80 미만	95 이상
	80 이상 150 미만	80 이상
GC200	2.5 이상 10 미만(1)	205 이상
	10 이상 20 미만	180 이상
	20 이상 40 미만	155 이상
	40 이상 80 미만	130 이상
	80 이상 150 미만	115 이상
GC250	4.0 이상 10 미만(1)	250 이상
	10 이상 20 미만	225 이상
	20 이상 40 미만	195 이상
	40 이상 80 미만	170 이상
	80 이상 150 미만	155 이상
GC300	10 이상 20 미만	270 이상
	20 이상 40 미만	240 이상
	40 이상 80 미만	210 이상
	80 이상 150 미만	195 이상
GC350	10 이상 20 미만	315 이상
	20 이상 40 미만	280 이상
	40 이상 80 미만	250 이상
	80 이상 150 미만	225 이상

7-2 구상 흑연 주철품 [폐지]

Spheroidal graphite iron castings

KS D 4302 : 2011

■ 적용 범위

이 규격은 구상(球狀) 흑연 주철품에 대하여 규정한다.

■ 종류의 기호

별도 주입 공시재에 의한 경우	본체 부착 공시재에 의한 경우
GCD 350-22	GCD 400-18A
GCD 350-22L	GCD 400-18L
GCD 400-18	GCD 400-15A
GCD 400-18L	GCD 500-7A
GCD 400-15	GCD 600-3A
GCD 450-10	
GCD 500-7	
GCD 600-3	
GCD 700-2	
GCD 800-2	

【비 고】 1. 종류의 기호에 붙인 문자 L은 저온 충격값이 규정된 것임을 나타낸다.
2. 종류의 기호에 붙인 문자 A는 본체 부착 공시재에 의한 것임을 나타낸다.

■ 화학 성분

단위 : %

<table>
<tr><th>종류의 기호</th><th>C</th><th>Si</th><th>Mn</th><th>P</th><th>S</th><th>Mg</th></tr>
<tr><td>GCD 350-22</td><td rowspan="15">2.5 이상</td><td rowspan="6">2.7 이하</td><td rowspan="6">0.4 이하</td><td rowspan="6">0.08 이</td><td rowspan="15">0.02 이하</td><td rowspan="15">0.09 이하</td></tr>
<tr><td>GCD 350-22L</td></tr>
<tr><td>GCD 400-18</td></tr>
<tr><td>GCD 400-18L</td></tr>
<tr><td>GCD 400-18A</td></tr>
<tr><td>GCD 400-18AL</td></tr>
<tr><td>GCD 400-15</td><td rowspan="9">–</td><td rowspan="9">–</td><td rowspan="9">–</td></tr>
<tr><td>GCD 400-15A</td></tr>
<tr><td>GCD 450-10</td></tr>
<tr><td>GCD 500-7</td></tr>
<tr><td>GCD 500-7A</td></tr>
<tr><td>GCD 600-3</td></tr>
<tr><td>GCD 600-3A</td></tr>
<tr><td>GCD 700-2</td></tr>
<tr><td>GCD 800-2</td></tr>
</table>

■ 별도 주입 공시재의 기계적 성질

종류의 기호	인장 강도 N/mm²	항복 강도 N/mm²	연 신 %	샤르피 흡수 에너지			(참 고)	
				시험 온도 ℃	3개의 평균값 J	개개의 값 J	경 도 HB	기지 조직
GCD 350-22	350 이상	220 이상	22 이상	23±5	17 이상	14 이상	150 이하	페라이트
GCD 350-22L				-40±2	12 이상	9 이상		
GCD 400-18	400 이상	250 이상	18 이상	23±5	14 이상	11 이상	130~180	
GCD 400-18L				-20±2	12 이상	9 이상		
GCD 400-15			15 이상	–	–	–		
GCD 450-10	450 이상	280 이상	10 이상				140~210	
GCD 500-7	500 이상	320 이상	7 이상				150~230	페라이트+펄라이트
GCD 600-3	600 이상	370 이상	3 이상				170~270	펄라이트+페라이트
GCD 700-2	700 이상	420 이상	2 이상				180~300	펄라이트
GCD 800-2	800 이상	480 이상					200~330	펄라이트 또는 템퍼링 조직

■ 기계적 성질

종류의 기호	주철품의 주요 살두께 mm	인장 강도 N/mm²	항복 강도 N/mm²	연 신 %	샤르피 흡수 에너지			(참 고)	
					시험온도 ℃	3개의 평균값 J	개개의 값 J	경 도 HB	기지조직
GCD 400-18A	30 초과 60 이하	390 이상	250 이상	15 이상	23±5	14 이상	11 이상	120~180	페라이트
	60 초과 200 이하	370 이상	240 이상	12 이상		12 이상	9 이상		
GCD 400-18AL	30 초과 60 이하	390 이상	250 이상	15 이상	-20±2				
	60 초과 200 이하	370 이상	240 이상	12 이상		10 이상	7 이상		
GCD-400-15A	30 초과 60 이하	390 이상	250 이상	15 이상	–	–	–		
	60 초과 200 이하	370 이상	240 이상	12 이상					
GCD 500-7A	30 초과 60 이하	450 이상	300 이상	7 이상				130~230	
	60 초과 200 이하	420 이상	290 이상	5 이상					
GCD 600-3A	30 초과 60 이하	600 이상	360 이상	2 이상				160~270	펄라이트+페라이트
	60 초과 200 이하	550 이상	340 이상	1 이상					

CHAPTER

08 봉강 · 형강 · 강판 · 강대

8-1 일반 구조용 압연 강재

Rolled steels for general structure KS D 3503 : 2014

■ 적용 범위

이 표준은 다리, 선박, 차량, 그 밖의 구조물에 사용되는 일반 구조용 열간 압연 강재에 대하여 규정한다.

■ 종류의 기호

종류의 기호	적용
SS330	강판, 강대, 평강 및 봉강
SS400	강판, 강대, 형강, 평강 및 봉강
SS490	
SS540	두께 40mm 이하의 강판, 강대, 형강, 평강 및 지름, 변 또는 맞변거리 40mm 이하의 봉강
SS590	

[비 고] 봉강에는 코일 봉강을 포함한다.

■ 화학 성분

단위 : %

종류의 기호	C	Mn	P	S
SS330	-	-	0.050 이하	0.050 이하
SS400				
SS490				
SS540	0.30 이하	1.60 이하	0.040 이하	0.040 이하
SS590				

[비 고] 필요에 따라 표 이외의 합금원소를 첨가할 수 있다.

■ 기계적 성질

종류의 기호	항복점 또는 항복 강도 N/mm² 강재의 두께 mm 16 이하	16초과 40이하	40초과 100이하	100초과 하는 것	인장 강도 N/mm²	강재의 두께 mm	인장 시험편	연신율 %	굽힘성 굽힘 각도	안쪽 반지름
SS330	205 이상	195 이상	175 이상	165 이상	330 ~ 430	강판, 강대, 평강의 두께 5이하	5호	26 이상	180°	두께의 0.5배
						강판, 강대, 평강의 두께 5초과 16이하	1A호	21 이상		
						강판, 평강의 두께 16초과 40이하	1A호	26 이상		
						강판, 강대, 평강의 두께 40초과하는 것	4호	28 이상		
						봉강의 지름, 변 또는 맞변거리 25 이하	2호	25 이상	180°	지름, 변 또는 맞변거리의 2.0배
						봉강의 지름, 변 또는 맞변거리 25 초과하는 것	14A호	28 이상		
SS400	245 이상	234 이상	215 이상	245 이상	400 ~ 510	강판, 강대, 형강의 두께 5이하	5호	21 이상	180°	두께의 1.5배
						강판, 강대, 형강의 두께 5초과 16이하	1A호	17 이상		
						강판, 강대, 평강, 형강의 두께 16초과 40이하	1A호	21 이상		
						강판, 평강, 형강의 두께 40초과하는 것	4호	23 이상		
						봉강의 지름, 변 또는 맞변거리 25 이하	2호	20 이상	180°	지름, 변 또는 맞변거리의 1.5배
						봉강의 지름, 변 또는 맞변거리 25 초과하는 것	14A호	22 이상		
SS490	285 이상	275 이상	255 이상	245 이상	490 ~ 610	강판, 강대, 평강, 형강의 두께 5이하	5호	19 이상	180°	두께의 2.0배
						강판, 강대, 평강, 형강의 두께 5초과 16이하	1A호	15 이상		
						강판, 강대, 평강, 형강의 두께 16 초과 40이하	1A호	19 이상		
						강판, 평강, 형강의 두께 40초과하는 것	4호	21 이상		
						봉강의 지름, 변 또는 맞변거리 25 이하	2호	18 이상	180°	지름, 변 또는 맞변거리의 2.0배
						봉강의 지름, 변 또는 맞변거리 25 초과하는 것	14A호	20 이상		
SS540	400 이상	390 이상	–	–	540 이상	강판, 강대, 평강, 형강의 두께 5이하	5호	16 이상	180°	두께의 2.0배
						강판, 강대, 형강의 두께 5초과 16이하	1A호	13 이상		
						강판, 강대, 평강, 형강의 두께 16 초과 40이하	1A호	17 이상		
						봉강의 지름, 변 또는 맞변거리 25 이하	2호	13 이상	180°	지름, 변 또는 맞변거리의 2.0배
						봉강의 지름, 변 또는맞변거리 25 초과하는 것	14A호	16 이상		
SS590	450 이상	440 이상	–	–	590 이상	강판, 강대, 평강, 형강의 두께 5이하	5호	14 이상	180°	두께의 2.0배
						강판, 강대, 평강, 형강의 두께 5초과 16이하	1A호	11 이상		
						강판, 강대, 평강, 형강의 두께 16 초과 40이하	1A호	15 이상		
						봉강의 지름, 변 또는 맞변거리 25 이하	2호	10 이상	180°	지름, 변 또는 맞변거리의 2.0배
						봉강의 지름, 변 또는맞변거리 25 초과 40 이하	14A호	12 이상		

[비 고] 두께 90mm를 초과하는 강판의 4호 시험편의 연신율은 두께 25.0mm 또는 그 끝수를 늘릴 때마다 표의 연신율 값에서 1%를 감한다. 다만, 감하는 한도는 3%로 한다.

8-2 용접 구조용 압연 강재

Rolled steels for welded structures　　KS D 3515 : 2014

■ 적용 범위

이 규격은 다리, 선박, 차량, 석유 저장조, 용기, 그 밖의 구조물에 사용하는 열간 압연 강재로 특히 용접성이 뛰어난 것에 대하여 규정한다.

■ 종류의 기호

종류의 기호	적용 두께 mm
SM400A	강판, 강대, 형강 및 평강 200 이하
SM400B	
SM400C	강판, 강대, 형강 및 평강 100 이하
SM490A	강판, 강대, 형강 및 평강 200 이하
SM490B	
SM490C	강판, 강대, 형강 및 평강 100 이하
SM490YA	강판, 강대, 형강 및 평강 100 이하
SM490YB	
SM520B	강판, 강대, 형강 및 평강 100이하
SM520C	강판, 강대, 형강 및 평강 100 이하
SM570	강판, 강대, 형강 및 평강 100 이하

[비 고] 1. SM520B, SM520C, SM570은 주문자와 제조자 사이의 협정에 따라 두께 150mm까지의 강판을 제조하여도 좋다.
2. SM400C 및 SM490C에 대하여는 두께 75mm, SM520C에 대하여는 두께 50mm까지 주문자와 제조자 사이의 협정에 따라 평강을 제조하여도 좋다.

■ 화학 성분

단위 : %

종류의 기호	두께	C	Si	Mn	P	S
SM400A	50mm 이하 50mm 초과 200mm 이하	0.23 이하 0.25 이하	–	2.5×C 이상 [(a)]	0.035 이하	0.035 이하
SM400B	50mm 이하 50mm 초과 200mm 이하	0.20 이하 0.22 이하	0.35 이하	0.60~1.40	0.035 이하	0.035 이하
SM400C	100mm 이하	0.18 이하	0.35 이하	1.40 이하	0.035 이하	0.035 이하
SM490A	50mm 이하 50mm 초과 200mm 이하	0.20 이하 0.22 이하	0.55 이하	1.60 이하	0.035 이하	0.035 이하
SM490B	50mm 이하 50mm 초과 200mm 이하	0.18 이하 0.20 이하	0.55 이하	1.60 이하	0.035 이하	0.035 이하
SM490C	100mm 이하	0.18 이하	0.55 이하	1.60 이하	0.035 이하	0.035 이하
SM490YA SM490YB	100mm 이하	0.20 이하	0.55 이하	1.60 이하	0.035 이하	0.035 이하
SM520B SM520C	100mm 이하	0.20 이하	0.55 이하	1.60 이하	0.035 이하	0.035 이하
SM570	100mm 이하	0.18 이하	0.55 이하	1.60 이하	0.035 이하	0.035 이하

[비 고] 1. 필요에 따라 표 이외의 합금 원소를 첨가할 수 있다.
2. SM520B, SM520C 및 SM570의 두께 100mm를 초과하고 150mm 이하인 강판의 화학 성분은 주문자와 제조자 사이의 협정에 따른다.
a. C의 값은 레이들 분석값을 적용한다.

8-3 마봉강용 일반 강재

Rolled carbon steel for cold-finished steel bars　KS D 3526 : 2007

■ 적용 범위

이 규격은 마봉강용으로서 열간압연에 의해 제조된 일반 강재에 대하여 규정한다.

■ 종류의 기호

종류의 기호	적용
SGD A	기계적 성질 보증
SGD B	
SGD 1	화학성분 보증
SGD 2	
SGD 3	
SGD 4	

【비 고】 SGD 1, SGD 2, SGD 3 및 SGD 4에 대하여 킬드강을 지정할 경우는 각각 기호의 뒤에 K를 붙인다.

■ 화학 성분 및 기계적 성질

종류의 기호	화학성분 %				항복점 N/mm² 강재의 지름, 변, 맞변거리, 두께 mm			인장강도 N/mm²	연신율		
	C	Mn	P	S	16 이하	16초과 40이하	40 초과		강재의 지름, 변, 맞변거리, 두께 mm	시험편	%
SGD A	–	–	0.045 이하	0.045 이하	–	–	–	290~390	25 이하	2호	26 이상
									25 초과	14A호	29 이상
SGD B	–	–	0.045 이하	0.045 이하	245 이상	235 이상	215 이상	400~510	25 이하	2호	20 이상
									25 초과	14A호	22 이상
SGD 1	0.10 이하	0.30~0.60	0.045 이하	0.045 이하	–						
SGD 2	0.10~0.15	0.30~0.60	0.045 이하	0.045 이하							
SGD 3	0.15~0.20	0.30~0.60	0.045 이하	0.045 이하							
SGD 4	0.20~0.25	0.30~0.60	0.045 이하	0.045 이하							

【비 고】 1. 표 중의 화학성분의 값은 레이들 분석값으로 한다.
2. SGD 1~4의 Mn은 주문자 · 제조자 사이의 협의에 따라 0.60~0.90%로 하여도 좋다.
이 경우 종류의 기호 끝에 M을 붙인다.
보기 : SGD 3에서 Mn 0.60~0.90%인 경우 → **SGD 3M**
킬드강 지정의 SGD 3에서 Mn 0.60~0.90%인 경우 → **SGD 3KM**
3. SGD B에서 지름이 30mm를 넘는 경우의 인장강도는 주문자 · 제조자 사이의 협의에 따라 370N/mm² 이상으로 하여도 좋다.
4. SGD B에서 지름이 100mm를 넘는 경우의 항복점은 205N/mm² 이상으로 한다.
5. 1N/mm²=1MPa

8-4 일반 구조용 경량 형강

Light gauge steels for general structure

KS D 3530 : 2007

■ 적용 범위

이 규격은 건축 기타의 구조물에 사용하는 냉간 성형 경량 형강에 대하여 규정한다.

■ 종류의 기호 및 단면 모양에 따른 명칭과 그 기호

종류의 기호	단면 모양에 따른 명칭	단면 모양 기호
SSC 400	경 ㄷ형강	
	경 Z형강	
	경 ㄱ형강	
	리프 ㄷ형강	
	리프 Z형강	
	모자 형강	

■ 화학 성분

단위 : %

종류의 기호	C	P	S
SSC 400	0.25 이하	0.050 이하	0.050 이하

【비 고】 필요에 따라 표 이외의 합금 원소를 첨가하여도 좋다.

■ 기계적 성질

종류의 기호	항복점 N/mm^2	인장 강도 N/mm^2	연신		
			두께 mm	시험편	%
SSC 400	245 이상	400~540	5 이하	5호	21 이상
			5 초과	1A호	17 이상

【비 고】 1N/mm^2=1MPa

■ 경 ㄷ형강

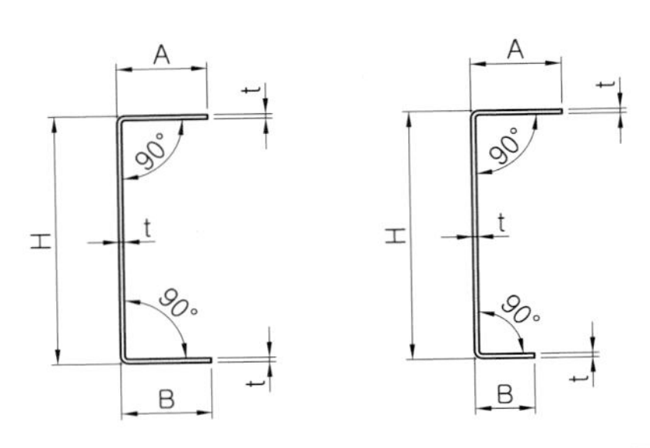

호칭명	치수 mm		단면적 cm^2	단위무게 kg/m
	$H \times A \times B$	t		
1618	450×75×75	6.0	34.82	27.3
1617		4.5	26.33	20.7
1578	400×75×75	6.0	31.82	25.0
1577		4.5	24.08	18.9
1537	350×50×50	4.5	19.58	15.4
1536		4.0	17.47	13.7
1497	300×50×50	4.5	17.33	13.6
1496		4.0	15.47	12.1
1458	250×75×75	6.0	22.82	17.9
1427	250×50×50	4.5	15.08	11.8
1426		4.0	13.47	10.6
1388	200×75×75	6.0	19.82	15.6
1357	200×50×50	4.5	12.83	10.1
1356		4.0	11.47	9.00
1355		3.2	9.263	7.27
1318	150×75×75	6.0	16.82	13.2
1317		4.5	12.83	10.1
1316		4.0	11.47	9.00
1287	150×50×50	4.5	10.58	8.31
1285		3.2	7.663	6.02
1283		2.3	5.576	4.38
1245	120×40×40	3.2	6.063	4.76
1205	100×50×50	3.2	6.063	4.76
1203		2.3	4.426	3.47
1175	100×40×40	3.2	5.423	4.26
1173		2.3	3.966	3.11
1133	80×40×40	2.3	3.506	2.75
1093	60×30×30	2.3	2.586	2.03
1091		1.6	1.836	1.44
1055	40×40×40	3.2	3.503	2.75
1053		2.3	2.586	2.03
1041	38×15×15	1.6	1.004	0.788
1011	19×12×12	1.6	0.6039	0.474
1878	150×75×30	6.0	14.12	11.1
1833	100×50×15	2.3	3.621	2.84
1795	75×40×15	3.2	3.823	3.00
1793		2.3	2.816	2.21
1753	50×25×10	2.3	1.781	1.40
1715	40×40×15	3.2	2.703	2.12

■ 경 Z형강

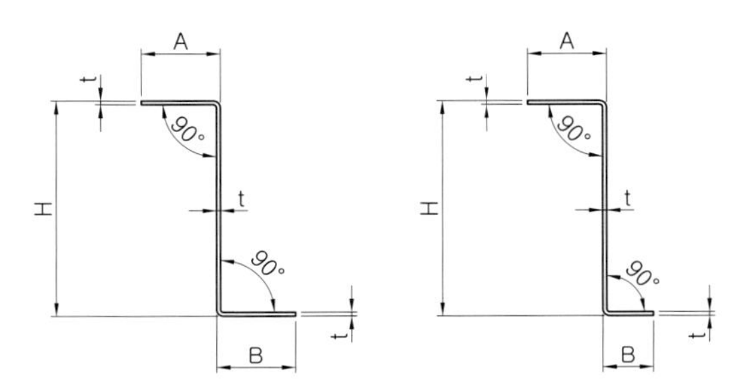

호칭명	치수 mm		단면적 cm^2	단위무게 kg/m
	$H \times A \times B$	t		
2155	100×50×50	3.2	6.063	4.76
2153		2.3	4.426	3.47
2115	75×30×30	3.2	3.983	3.13
2073	60×30×30	2.3	2.586	2.03
2033	40×20×20	2.3	1.666	1.31
2753	75×40×30	2.3	3.161	2.48
2723	75×30×20	2.3	2.701	2.12

■ 경 ㄱ형강

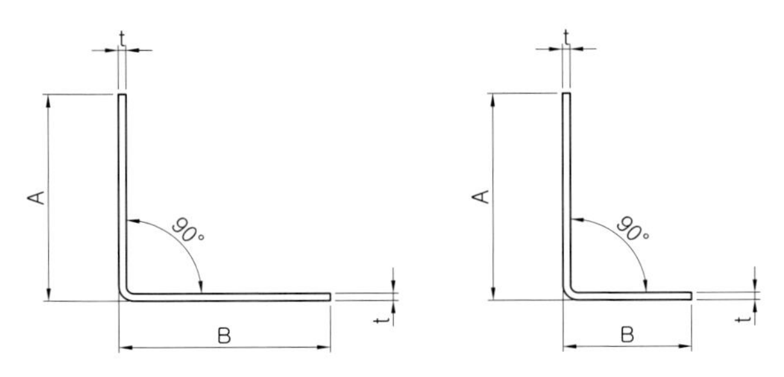

호칭명	치수 mm		단면적 cm^2	단위무게 kg/m
	$A \times B$	t		
3155	60×60	3.2	3.672	2.88
3115	50×50	3.2	3.032	2.38
3113		2.3	2.213	1.74
3075	40×40	3.2	2.392	1.88
3035	30×30	3.2	1.752	1.38
3725	75×30	3.2	3.192	2.51

■ 리프 ㄷ형강

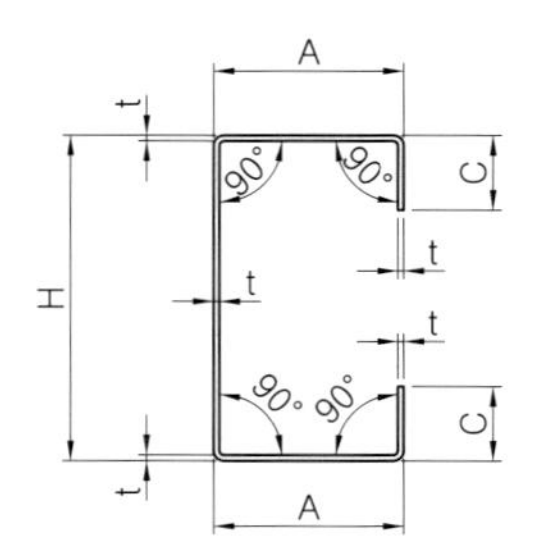

호칭명	치수 mm		단면적 cm^2	단위무게 kg/m
	$H \times A \times C$	t		
4607	250×75×25	4.5	18.92	14.9
4567	200×75×25	4.5	16.67	131
4566		4.0	14.95	11.7
4565		3.2	12.13	9.52
4537	200×75×20	4.5	16.22	12.7
4536		4.0	14.55	11.4
4535		3.2	11.81	9.27
4497	150×75×25	4.5	14.42	11.3
4496		4.0	12.95	10.2
4495		3.2	10.53	8.27
4467	150×75×20	4.5	13.97	11.0
4466		4.0	12.55	9.85
4465		3.2	10.21	8.01
4436	150×65×20	4.0	11.75	9.22
4435		3.2	9.567	7.51
4433		2.3	7.012	5.50
4407	150×50×20	4.5	11.72	9.20
4405		3.2	8.607	6.76
4403		2.3	6.322	4.96
4367	125×50×20	4.5	10.59	8.32
4366		4.0	9.548	7.50
4365		3.2	7.807	6.13
4363		2.3	5.747	4.51
4327	120×60×25	4.5	11.72	9.20
4295	120×60×20	3.2	8.287	6.51
4293		2.3	6.092	4.78
4255	120×40×20	3.2	7.007	5.50
4227	100×50×20	4.5	9.469	7.43
4226		4.0	8.548	6.71
4225		3.2	7.007	5.50
4224		2.8	6.205	4.87
4223		2.3	5.172	4.06
4222		2.0	4.537	3.56
4221		1.6	3.672	2.88
4185	90×45×20	3.2	6.367	5.00
4183		2.3	4.712	3.70
4181		1.6	3.352	2.63
4143	75×45×15	2.3	4.137	3.25
4142		2.0	3.637	2.86
4141		1.6	2.952	2.32
4113	75×35×15	2.3	3.677	2.89
4071	70×40×25	1.6	3.032	2.38
4033	60×30×10	2.3	2.872	2.25
4032		2.0	2.537	1.99
4031		1.6	2.072	1.63

■ 리프 Z형강

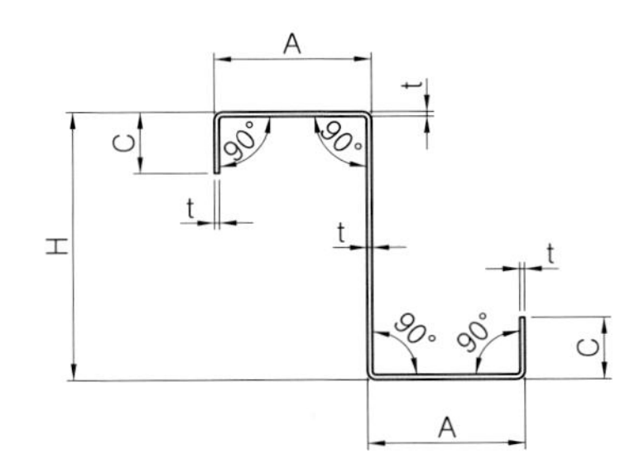

호칭명	치수 mm		단면적 cm^2	단위무게 kg/m
	$H \times A \times C$	t		
5035	100×50×20	3.2	7.007	5.50
5033		2.3	5.172	4.06

■ 모자 형강

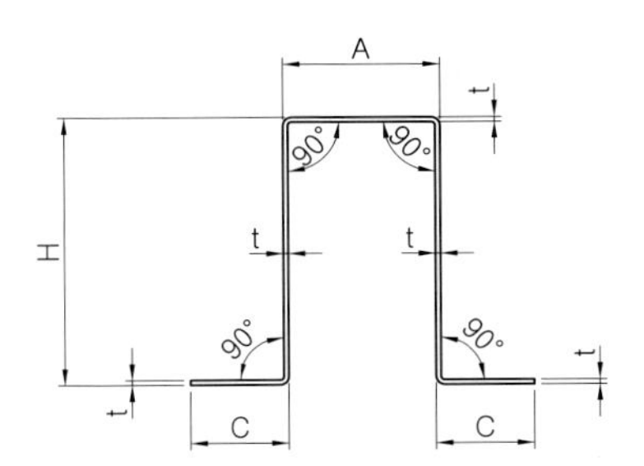

호칭명	치수 mm		단면적 cm^2	단위무게 kg/m
	$H \times A \times C$	t		
6163	60×30×25	2.3	4.358	3.42
6161		1.6	3.083	2.42
6133	60×30×20	2.3	4.128	3.24
6131		1.6	2.923	2.29
6105	50×40×30	3.2	5.932	4.66
6073	50×40×20	2.3	3.898	3.06
6033	40×20×20	2.3	2.978	2.34
6031		1.6	2.123	1.67

■ 표준 길이

단위 : m

6.0	7.0	8.0	9.0	10.0	11.0	12.0

【비 고】 주문자 · 제조자 사이의 협의에 따라 표 이외의 치수를 적용하여도 좋다.

■ 모양 및 치수의 허용차

구 분		허용차
높이 H	150mm 미만	±1.5mm
	150mm 이상 300mm 미만	±2.0mm
	300mm 이상	±3.0mm
변 A 또는 B		±1.5mm
리츠 C		±2.0mm
인접한 평판 부분을 구성하는 각도		±1.5°
길이	7m 이하	+40mm 0
	7m 초과	길이 1m 또는 그 끝수를 늘릴 때마다 위의 플러스 쪽 허용차에 5mm를 더한다.
굽 음 [a]		전체 길이의 0.2% 이하
평판 부분[b]의 두께 t	1.6mm	±0.22mm
	2.0mm, 2.3mm	±0.25mm
	2.8mm	±0.28mm
	3.2mm	±0.30mm
	4.0mm, 4.5mm	±0.45mm
	6.0mm	±0.60mm

[비 고] 경량 형강의 중심의 위치, 단면 2차 모멘트, 단면 2차 반지름, 단면계수 및 전단 중심의 위치의 각 사항을 참고로 해서 부표 1~6에 나타낸다.

[주] a. 굽음이란 평판 부분의 길이 방향의 큰 굽음을 말한다. b. 평판 부분이란 사선 부분을 말한다.

■ 무게의 계산 방법

계산 순서	계산 방법	결과의 끝맺음
기본 무게 kg/(cm²·m)	0.785(단면적 1cm², 길이 1m의 무게)	
단면적 cm²	다음 식에 따라 구하고 계산값에 $\frac{1}{100}$ 을 곱한다. 경 e형강 $t(H+A+B-3.287t)$ 경 Z형강 $t(H+A+B-3.287t)$ 경 ㄱ형강 $t(A+B-1.644t)$ 리프 ㄷ형강 $t(H+2A+2C-6.574t)$ 리프 Z형강 $t(H+2A+2C-6.574t)$ 모자 형강 $t(2H+A+2C-4.575t)$	유효숫자 4자리의 수치로 끝맺음한다.
단위 무게 kg/m	기본무게(kg/cm²·m)×단면적(cm²)	유효숫자 3자리의 수치로 끝맺음한다.
1개의 무게 kg	단위무게(kg/m)×길이(m)	유효숫자 3자리의 수치로 끝맺음한다.
총무게 kg	1개의 무게(kg)×동일치수의 총 개수	kg의 정수값으로 끝맺음한다.

[비 고] 1. 단면적에 사용한 기호는 경량 형강의 단면치수를 나타내고, 기호와 단면 각 부의 관계는 앞 장들의 그림에 따른다.
2. 수치의 맺음법은 KS A 3251-1의 규칙 A에 따른다.

■ 무게의 허용차

1조의 계산무게	허용차 %	적요
600kg 미만	±10	동일 단면 모양, 동일 치수의 것을 1조로 한다.
600kg 이상 2t 미만	±7.5	
2t 이상	±5	

■ [부표 1] 경 ㄷ형강

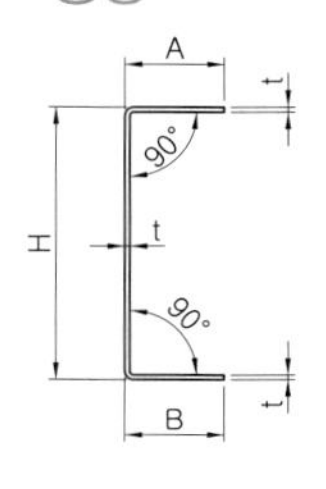

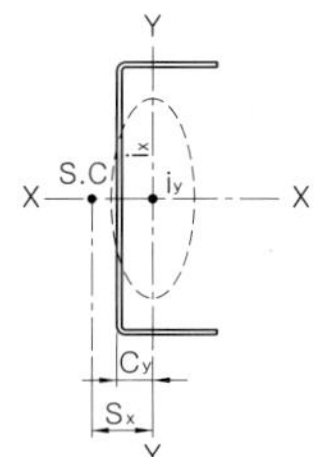

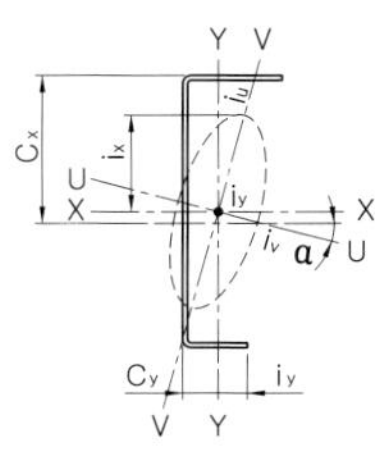

호칭명	치수 mm		중심위치 cm		단면 2차 모멘트 cm^4		단면 2차 반지름 cm		단면계수 cm^3		전단 중심 cm	
	$H \times A \times B$	t	C_x	C_y	I_x	I_y	i_x	i_y	Z_x	Z_y	S_x	S_y
1618	450×75×75	6.0	0	1.19	8400	122	15.5	1.87	374	19.4	2.7	0
1617		4.5	0	1.13	6430	94.3	15.6	1.89	286	14.8	2.7	0
1578	400×75×75	6.0	0	1.28	6230	120	14.0	1.94	312	19.2	2.9	0
1577		4.5	0	1.21	4780	92.2	14.1	1.96	239	14.7	2.9	0
1537	350×50×50	4.5	0	0.75	2750	27.5	11.9	1.19	157	6.48	1.6	0
1536		4.0	0	0.73	2470	24.8	11.9	1.19	141	5.81	1.6	0
1497	300×50×50	4.5	0	0.82	1850	26.8	10.3	1.24	123	6.41	1.8	0
1496		4.0	0	0.80	1660	24.1	10.4	1.25	111	5.74	1.8	0
1458	250×75×75	6.0	0	1.66	1940	107	9.23	2.17	155	18.4	3.7	0
1427	250×50×50	4.5	0	0.91	1160	25.9	8.78	1.31	93.0	6.31	2.0	0
1426		4.0	0	0.88	1050	23.3	8.81	1.32	83.7	5.66	2.0	0
1388	200×75×75	6.0	0	0.87	1130	101	7.56	2.25	113	17.9	4.1	0
1357	200×50×50	4.5	0	1.03	666	24.6	7.20	1.38	66.6	6.19	2.2	0
1356		4.0	0	1.00	600	22.2	7.23	1.39	60.0	5.55	2.2	0
1355		3.2	0	0.97	490	18.2	7.28	1.40	49.0	4.51	2.3	0
1318	150×75×75	6.0	0	2.15	573	91.9	5.84	2.34	76.4	17.2	4.6	0
1317		4.5	0	2.08	448	71.4	5.91	2.36	59.8	13.2	4.6	0
1316		4.0	0	2.06	404	64.2	5.93	2.36	53.9	11.8	4.6	0
1287	150×50×50	4.5	0	1.20	329	22.8	5.58	1.47	43.9	5.99	2.6	0
1285		3.2	0	1.14	244	16.9	5.64	1.48	32.5	4.37	2.6	0
1283		2.3	0	1.10	181	12.5	5.69	1.50	24.1	3.20	2.6	0
1245	120×40×40	3.2	0	0.94	122	8.43	4.48	1.18	20.3	2.75	2.1	0
1205	100×50×50	3.2	0	1.40	93.6	14.9	3.93	1.57	18.7	4.15	3.1	0
1203		2.3	0	1.36	69.9	11.1	3.97	1.58	14.0	3.04	3.1	0
1175	100×40×40	3.2	0	1.03	78.6	7.99	3.81	1.21	15.7	2.69	2.2	0
1173		2.3	0	0.99	58.9	5.96	3.85	1.23	11.8	1.98	2.2	0
1133	80×40×40	2.3	0	1.11	34.9	5.56	3.16	1.26	8.73	1.92	2.4	0
1093	60×30×30	2.3	0	0.86	14.2	2.27	2.34	0.94	4.72	1.06	1.8	0
1091		1.6	0	0.82	10.3	1.64	2.37	0.95	3.45	0.75	1.8	0
1055	40×40×40	3.2	0	1.51	9.21	5.72	1.62	1.28	4.60	2.30	3.0	0
1053		2.3	0	1.46	7.13	3.54	1.66	1.17	3.57	1.39	3.0	0
1041	38×15×15	1.6	0	0.40	2.04	0.20	1.42	0.45	1.07	0.18	0.8	0
1011	19×12×12	1.6	0	0.41	0.32	0.08	0.72	0.37	0.33	0.11	0.8	0
1878	150×75×30	6.0	6.33	1.56	4.06	56.4	5.36	2.00	46.9	9.49	2.2	4.5
1833	100×50×15	2.3	3.91	0.94	46.4	4.96	3.58	1.17	7.62	1.22	1.2	3.0
1795	75×40×15	3.2	3.91	0.80	21.0	3.93	2.34	1.01	4.68	1.23	1.2	2.1
1793		2.3	3.01	0.81	20.8	3.12	2.72	1.05	4.63	0.98	1.2	2.1
1753	50×25×10	2.3	1.97	0.54	5.59	0.79	1.77	0.67	1.84	0.40	0.7	1.5
1715	40×40×15	3.2	1.46	1.14	5.71	3.68	1.45	1.17	2.24	1.29	1.4	1.2

■ [부표 2] 경 Z형강

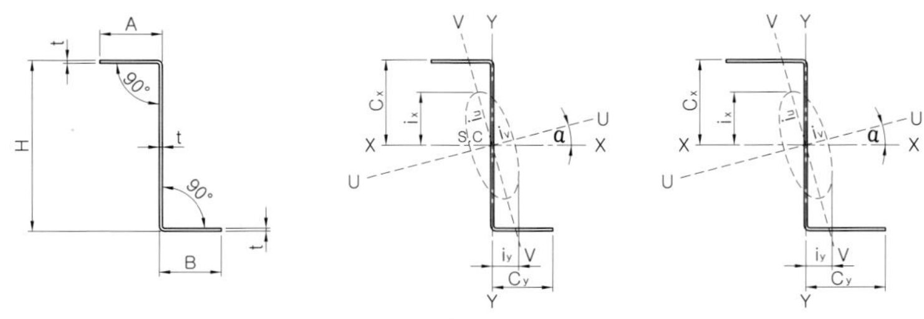

호칭명	치수 mm		중심위치 cm		단면 2차 모멘트 cm^4				단면 2차 반지름 cm				tan α	단면계수 cm^3		전단 중심 cm	
	$H\times A\times B$	t	C_x	C_y	l_x	l_y	l_u	l_v	i_x	i_y	i_u	l_v		Z_x	Z_y	S_x	S_y
2155	100×50×50	3.2	5.00	4.84	93.6	24.2	109	8.70	3.93	2.00	4.24	1.20	0.427	18.7	5.00	0	0
2153		2.3	5.00	4.88	69.9	17.9	81.2	6.53	3.97	2.01	4.28	1.21	0.423	14.0	3.66	0	0
2115	75×30×30	3.2	3.75	2.84	31.6	4.91	34.5	2.00	2.82	1.11	2.94	0.71	0.313	8.42	1.73	0	0
2073	60×30×30	2.3	3.00	2.88	14.2	3.69	16.5	1.31	2.34	1.19	2.53	0.71	0.430	4.72	1.28	0	0
2033	40×20×20	2.3	2.00	1.88	3.86	1.03	4.54	0.35	1.52	0.79	1.65	0.46	0.443	1.93	0.55	0	0
2753	75×40×30	2.3	3.49	3.13	26.8	6.15	30.6	2.39	2.91	1.40	3.11	0.865	0.394	6.68	1.69	0.05	1.38
2723	75×30×20	2.3	3.44	2.09	20.7	2.25	21.9	1.08	2.77	0.913	2.85	0.631	0.245	5.10	0.839	0.03	1.86

■ [부표 3] 경 ㄱ형강

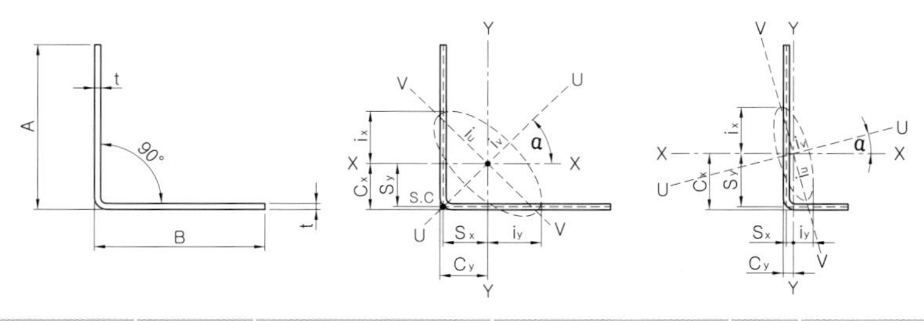

호칭명	치수 mm		중심위치 cm		단면 2차 모멘트 cm^4				단면 2차 반지름 cm				tan α	단면계수 cm^3		전단 중심 cm	
	$H\times A\times B$	t	C_x	C_y	l_x	l_y	l_u	l_v	i_x	i_y	i_u	l_v		Z_x	Z_y	S_x	S_y
3155	60 × 60	3.2	1.65	1.65	13.1	13.1	21.3	5.03	1.89	1.89	2.41	1.17	1.00	3.02	3.02	1.49	1.49
3115	50× 50	3.2	1.40	1.40	7.47	7.47	12.1	2.83	1.57	1.57	2.00	0.97	1.00	2.07	2.07	1.24	1.24
3113		2.3	1.36	1.36	5.54	5.54	8.94	2.13	1.58	1.58	2.01	0.98	1.00	1.52	1.52	1.24	1.24
3075	40× 40	3.2	1.15	1.15	3.72	3.72	6.04	1.39	1.25	1.25	1.59	0.76	1.00	1.30	1.30	0.99	0.99
3035	30× 30	3.2	0.90	0.90	1.50	1.50	2.45	0.54	0.92	0.92	1.18	0.56	1.00	0.71	0.71	0.74	0.74
3725	75× 30	3.2	2.86	0.57	18.9	1.94	19.6	1.47	2.43	0.78	2.48	0.62	0.198	4.07	0.80	0.41	2.70
3075	40× 40	3.2	1.15	1.15	3.72	3.72	6.04	1.39	1.25	1.25	1.59	0.76	1.00	1.30	1.30	0.99	0.99
3035	30× 30	3.2	0.90	0.90	1.50	1.50	2.45	0.54	0.92	0.92	1.18	0.56	1.00	0.71	0.71	0.74	0.74
3725	75× 30	3.2	2.86	0.57	18.9	1.94	19.6	1.47	2.43	0.78	2.48	0.62	0.198	4.07	0.80	0.41	2.70

■ [부표 4] 리프 ㄷ형강

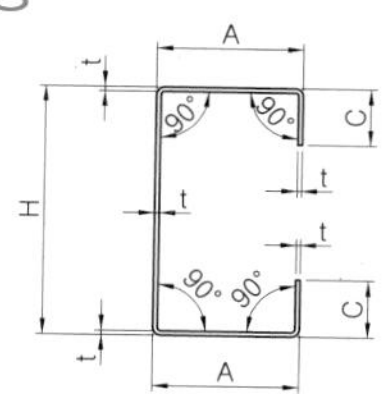

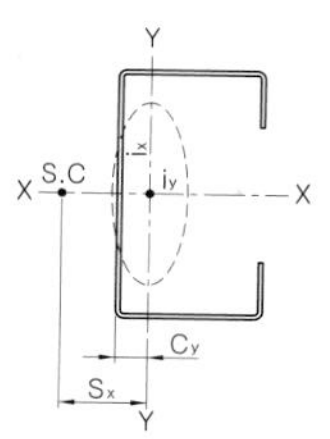

호칭명	치수 mm		중심위치 cm		단면 2차 모멘트 cm^4		단면 2차 반지름 cm		단면계수 cm^3		전단 중심 cm	
	$H \times A \times C$	t	C_x	C_y	I_x	I_y	i_x	i_y	Z_x	Z_y	S_x	S_y
4607	250×75×25	4.5	0	2.07	1690	129	9.44	2.62	135	23.8	5.1	0
4567		4.5	0	2.32	990	121	7.61	2.69	99.0	23.3	5.6	0
4566	200×75×25	4.0	0	2.32	895	110	7.74	2.72	89.5	21.3	5.7	0
4565		3.2	0	2.33	736	92.3	7.70	2.76	73.6	17.8	5.7	0
4537		4.5	0	2.19	963	109	7.71	2.60	96.3	20.6	5.3	0
4536	200×75×20	4.0	0	2.19	871	100	7.74	2.62	87.1	18.9	5.3	0
4535		3.2	0	2.19	716	84.1	7.79	2.67	71.6	15.8	5.4	0
4497		4.5	0	2.65	501	109	5.90	2.75	66.9	22.5	6.3	0
4496	150×75×25	4.0	0	2.65	455	99.8	5.93	2.78	60.6	20.6	6.3	0
4495		3.2	0	2.66	375	83.6	5.97	2.82	50.0	17.3	6.4	0
4467		4.5	0	2.50	489	99.2	5.92	2.66	65.2	19.8	6.0	0
4466	150×75×20	4.0	0	2.51	445	91.0	5.95	2.69	59.3	18.2	5.8	0
4465		3.2	0	2.51	366	76.4	5.99	2.74	48.9	15.3	5.1	0
4436		4.0	0	2.11	401	63.7	5.84	2.33	53.5	14.5	5.0	0
4436	150×65×20	3.2	0	2.11	332	53.8	5.89	2.37	44.3	12.2	5.1	0
4433		2.3	0	2.12	248	41.1	5.94	2.42	33.0	9.37	5.2	0
4407		4.5	0	1.54	368	35.7	5.60	1.75	49.0	10.5	3.7	0
4405	150×50×20	3.2	0	1.54	280	28.3	5.71	1.81	37.4	8.19	3.8	0
4403		2.3	0	1.55	210	21.9	5.77	1.86	28.0	6.33	3.8	0
4367		4.5	0	1.68	238	33.5	4.74	1.78	38.0	10.0	4.0	0
4366	125×50×20	4.0	0	1.68	217	33.1	4.77	1.81	34.7	9.38	4.0	0
4365		3.2	0	1.68	181	26.6	4.82	1.85	29.0	8.02	4.0	0
4363		2.3	0	1.69	137	20.6	4.88	1.89	21.9	6.22	4.1	0
4327	120×60×25	4.5	0	2.25	252	58.0	4.63	2.22	41.9	15.5	5.3	0
4295	120×60×20	3.2	0	2.12	186	40.9	4.74	2.22	31.0	10.5	4.9	0
4293		2.3	0	2.13	140	31.3	4.79	2.27	23.3	8.10	5.1	0
4255	120×40×20	3.2	0	1.32	144	15.3	4.53	1.48	24.0	5.71	3.4	0
4227		4.5	0	1.86	139	30.9	3.82	1.81	27.7	9.82	4.3	0
4226		4.0	0	1.86	127	28.7	3.85	1.83	25.4	9.13	4.3	0
4225		3.2	0	1.86	107	24.5	3.90	1.87	21.3	7.81	4.4	0
4224	100×50×20	2.8	0	1.88	99.8	23.2	3.96	1.91	20.0	7.44	4.3	0
4223		2.3	0	1.86	80.7	19.0	3.95	1.92	16.1	6.06	4.4	0
4222		2.0	0	1.86	71.4	16.9	3.97	1.93	14.3	5.40	4.4	0
4221		1.6	0	1.87	58.4	14.0	3.99	1.95	11.7	4.47	4.5	0
4185		3.2	0	1.72	76.9	18.3	3.48	1.69	17.1	6.57	4.1	0
4183	90×45×20	2.3	0	1.73	58.6	14.2	3.53	1.74	13.0	5.14	4.1	0
4181		1.6	0	1.73	42.6	10.5	3.56	1.77	9.46	5.80	4.2	0

■ [부표 4] 리프 ㄷ형강 (계속)

호칭명	치수 mm		중심위치 cm		단면 2차 모멘트 cm^4		단면 2차 반지름 cm		단면계수 cm^3		전단 중심 cm	
	$H \times A \times C$	t	C_x	C_y	I_x	I_y	i_x	i_y	Z_x	Z_y	S_x	S_y
4143	75×45×15	2.3	0	1.72	37.1	11.8	3.00	1.69	9.90	4.24	4.0	0
4142		2.0	0	1.72	33.0	10.5	3.01	1.70	8.79	3.76	4.0	0
4141		1.6	0	1.72	27.11	8.71	3.03	1.72	7.24	3.13	4.1	0
4113	75×35×15	2.3	0	1.29	31.0	6.58	2.91	1.34	8.28	2.98	3.1	0
4071	70×40×25	1.6	0	1.80	22.0	8.00	2.69	1.62	6.29	3.64	4.4	0
4033	60×30×10	2.3	0	1.06	15.6	3.32	2.33	1.07	5.20	1.71	2.5	0
4032		2.0	0	1.06	14.0	3.01	2.35	1.09	4.65	1.55	2.5	0
4031		1.6	0	1.06	11.6	2.56	2.37	1.11	3.88	1.32	2.5	0

■ [부표 5] 리프 Z형강

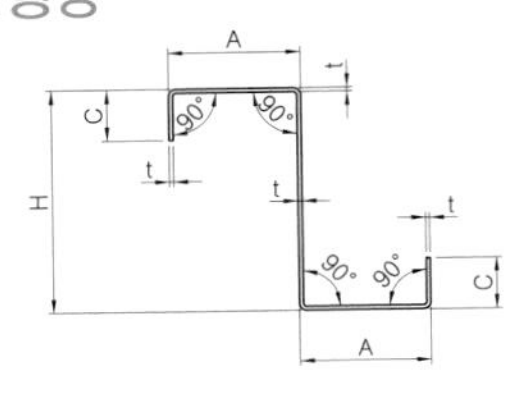

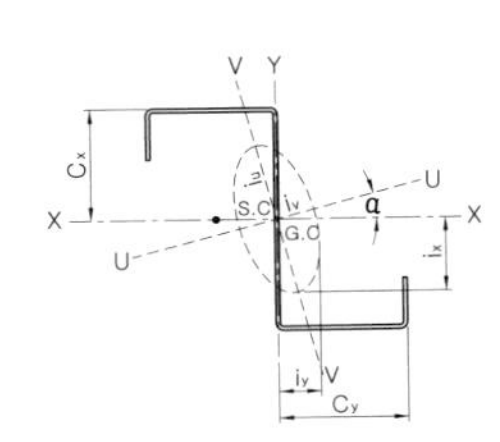

호칭명	치수 mm		중심위치 cm		단면 2차 모멘트 cm^4				단면 2차 반지름 cm				$\tan \alpha$	단면계수 cm^3		전단 중심 cm	
	$H \times A \times B$	t	C_x	C_y	I_x	I_y	I_u	I_v	i_x	i_y	i_u	I_v		Z_x	Z_y	S_x	S_y
5035	100×50×20	3.2	5.00	4.84	107	44.8	137	14.7	3.90	2.53	4.41	1.45	0.572	21.3	9.25	0	0
5033		2.3	5.00	4.88	80.7	34.8	104	11.4	3.95	2.59	4.49	1.48	0.581	16.1	7.13	0	0

■ [부표 6] 모자 형강

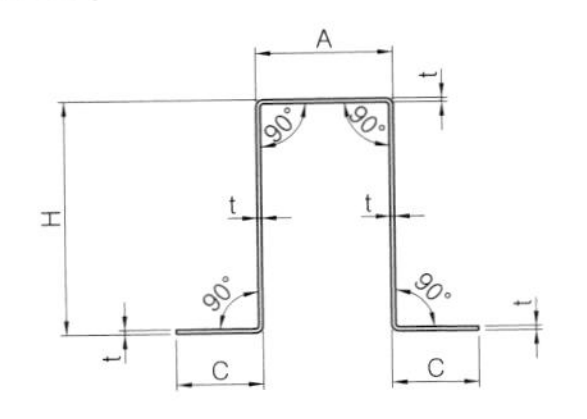

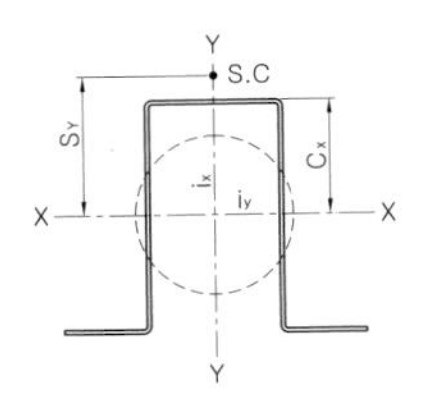

호칭명	치수 mm		중심위치 cm		단면 2차 모멘트 cm^4		단면 2차 반지름 cm		단면계수 cm^3		전단 중심 cm	
	$H \times A \times C$	t	C_x	C_y	I_x	I_y	i_x	i_y	Z_x	Z_y	S_x	S_y
6163	60×30×25	2.3	3.37	0	20.9	14.7	2.19	1.83	6.20	3.66	0	4.1
6161		1.6	3.35	0	15.3	10.5	2.23	1.84	4.56	2.62	0	4.2
6133	60×30×20	2.3	3.23	0	19.4	11.4	2.17	1.66	5.88	3.26	0	4.5
6131		1.6	3.21	0	14.2	8.21	2.20	1.68	4.41	2.35	0	4.6
6105	50×40×30	3.2	2.83	0	20.9	35.9	1.88	2.46	7.36	7.19	0	3.6
6073	50×0×20	2.3	2.56	0	13.8	17.1	1.88	2.10	5.39	4.28	0	3.5
6033	40×20×20	2.3	2.36	0	6.08	5.40	1.43	1.35	2.58	1.80	0	2.8
6031		1.6	2.34	0	4.56	3.87	1.47	1.35	1.95	1.29	0	2.9

8-5 체인용 원형강

Steel bars for chains

KS D 3546 : 2014

■ 적용 범위

이 규격은 체인에 사용하는 열간압연 원형강에 대하여 규정한다.

■ 종류의 기호

종류의 기호
SBC 300
SBC 490
SBC 690

■ 화학 성분

종류의 기호	화학성분 %				
	C	Si	Mn	P	S
SBC 300	0.13 이하	0.04 이하	0.50 이하	0.040 이하	0.040 이하
SBC 490	0.25 이하	0.15~0.40	1.00~1.50	0.040 이하	0.040 이하
SBC 690	0.36 이하	0.15~0.55	1.00~1.90	0.040 이하	0.040 이하

【비 고】 SBC 690에 대하여는 표의 화학성분 이외에 Ni, Cr, Mo, V 등의 합금원소를 필요에 따라 첨가하여도 좋다.

■ 기계적 성질

종류의 기호	인장강도 N/mm^2	인장 시험편	연신율 %	단면수축률 %	굽힘성			시험재의 상태
					굽힘각도	안쪽 반지름	시험편	
SBC 300	300 이상	14A호	30 이상	–	180°	지름의 0.5배	KS B 0804의 5.	압연한 그대로
		2호	25 이상	–				
SBC 490	490 이상	14A호	22 이상	–	180°	지름의 1.5배	KS B 0804의 5.	압연한 그대로 또는 어닐링
		2호	18 이상	–				
SBC 690	690 이상	14A호	17 이상	40 이상	–	–	–	퀜칭 템퍼링 등의 열처리
		2호	12 이상					

8-6 리벳용 원형강

Steel bars for rivet

KS D 3557 : 2007

■ 적용 범위

이 규격은 리벳의 제조에 사용하는 열간 압연 원형강에 대하여 규정한다.

■ 종류의 기호

종류의 기호
SV330
SV400

■ 화학 성분

종류의 기호	화학 성분 %	
	P	S
SV330	0.040 이하	0.040 이하
SV400	0.040 이하	0.040 이하

[비 고] 필요에 따라서 표 이외의 화학 성분을 첨가하여도 좋다.

■ 기계적 성질

종류의 기호	인장 강도 N/mm^2	인장 시험편	연신율 %	굽힘성		
				굽힘각도	안쪽 반지름	시험편
SV330	330~400	2호	27 이상	180°	밀착	KS B 0804의 5.
		14A호	32 이상			
SV400	400~490	2호	25 이상	180°	밀착	KS B 0804의 5.
		14A호	28 이상			

[비 고] $1N/mm^2$=1MPa

8-7 일반 구조용 용접 경량 H형강

Welded light gauge H steels for general structures KS D 3558 : 2015

■ 적용 범위

이 규격은 건축, 토목 그 밖의 일반 구조물에 사용하는 연속적으로 고주파 저항 용접 또는 이것과 고주파 유도 용접의 병용으로 성형하는 경량 H형강에 대하여 규정한다.

■ 종류의 기호

종류	단면 모양에 따른 분류		
	명칭	기호	
		SI 단위	종래 단위(참고)
경량 H형강	경량 H형강	SWH 400	SWH 41
	경량 립 H형강	SWH 400 L	SWH 41 L

■ 화학 성분

단위 : %

기호	C	P	S
SWH 400	0.25 이하	0.050 이하	0.050 이하
SWH 400L			

■ 기계적 성질

기호	인장 강도 N/mm^2	항복점 N/mm^2	연신율		
			강대의 두께 mm	시험편	%
SWH 400	400~540	245 이상	5 이하	5호	21 이상
SWH 400L			5를 초과하는 것.	1A호	17 이상

■ 경량 H형강의 모양 및 치수의 허용차

구분		허용차	적요
높이(H)		±1.5mm	B, H, t_1, t_2
나비(B)		±1.5mm	
평판 부분의 두께 (t_1,t_2)	2.3mm 3.2mm 4.5mm 6.0mm, 9.0mm, 12.0mm	±0.25mm ±0.30mm ±0.45mm ±0.60mm	
길이		+ 규정하지 않음 0	
굽음	높이 300mm 이하	길이의 0.20% 이하	
	높이 300mm 초과	길이의 0.10% 이하	
직각도 (T)	높이 300mm 이하	나비(B)의 1.0% 이하 다만, 허용차의 최소치 1.5mm	T
	높이 300mm 초과	나비(B)의 1.2% 이하	
중심의 치우침 (S)		±2.0mm	$S=\frac{b_1-b_2}{2}$ b_1 b_2
절단면의 직각도 (e)		높이(H) 또는 나비(B)의 1.6% 이하 다만, 허용차의 최소치 3.0mm	높이 H, 나비 B, e

【비 고】 단면치수의 측정 위치는 경량 H형강의 양 끝부를 제외한 임의의 점으로 한다.

■ 경량 립 H형강의 모양 및 치수의 허용차

구분		허용차	적요
높이(H)		±1.5mm	
나비(B)		±1.5mm	
립 길이(C)		±1.5mm	
평판 부분의 두께 (t_1, t_2)	2.3mm	±0.25mm	
	2.6mm	±0.28mm	
	3.2mm	±0.30mm	
	4.0mm	±0.45mm	
	4.5mm	±0.45mm	
	6.0mm, 9.0mm, 12.0mm	±0.60mm	
길이		+ 규정하지 않음 0	
립 굽힘 각도		±1.5°	
굽음	높이가 300mm 이하	길이의 0.20% 이하	
	높이가 300mm를 초과하는 것	길이의 0.10% 이하	
직각도 (T)	높이가 300mm 이하	나비(B)의 1.0% 이하 다만, 허용차의 최소치 1.5mm	
	높이가 300mm를 초과하는 것	나비(B)의 1.2% 이하	
중심의 치우침 (S)		±2.0mm	$S = \frac{b_1 - b_2}{2}$
절단면의 직각도 (e)		높이(H) 또는 나비(B)의 1.6% 이하 다만, 허용차의 최소치 3.0mm	

【비 고】 1. 단면치수의 측정 위치는 경량 립 H형강의 양 끝부를 제외한 임의의 점으로 한다.
2. 립 간격(D)의 허용차에 대하여 특별히 요구가 있을 때는 주문자 · 제조자 사이의 협의에 따른다

■ 단면적, 무게의 계산 방법

계산 순서	계산 방법	결과의 자릿수
기본 무게 kg/cm²·m	0.785(단면적 1cm², 길이 1m의 무게)	–
단면적 cm²	다음 식에 의하여 구하고 계산값에 $\frac{1}{100}$을 곱한다. 경량 H형강 $t_1(H-2t_2)+2Bt_2$ 경량 립 H형강 $t_1(H-2t_2)+(2B+4C-6.574\,t_2)t_2$	유효숫자 4자리 수치로 끝맺음한다.
단위 무게 kg/m	기본 무게(kg/cm²·m)×단면적(cm²)	유효숫자 3자리의 수치로 끝맺음한다.
1개의 무게 kg	단위무게(kg/m)×길이(m)	유효숫자 3자리의 수치로 끝맺음한다.
총무게 kg	1개의 무게(kg)×동일 치수의 총 개수	kg의 정수치로 끝맺음한다.

【비 고】 1. 단면적의 계산에 사용한 기호는 형강의 단면 치수를 나타내고 기호와 단면 각 부의 관계는 부표 1 및 부표 2에 따른다.
2. 수치의 맺음법은 KS A 3251-1에 따른다.
경량 H형강의 단면 2차 모멘트, 단면 2차 반지름 및 단면계수를 부표 1 및 부표 2에 표시한다.

■ [부표1] 경량 H형강의 표준 단면치수와 그 단면적, 단위무게

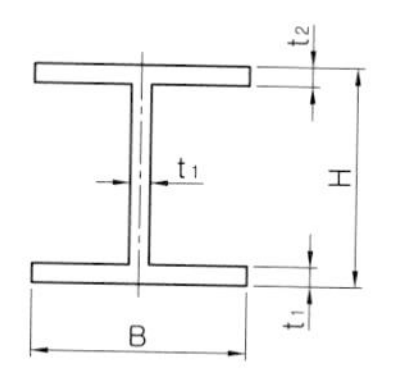

단면 2차 모멘트 $I = ai^2$

단면 2차 반지름 $i = \sqrt{\dfrac{I}{a}}$

단면계수 $Z = \dfrac{I}{e}$

(a=단면적)

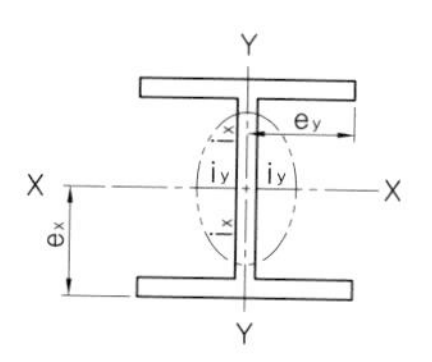

높이 mm	너비 mm	두께 mm		단면적 cm^2	단위 무게 kg/m	참고					
						단면 2차 모멘트 cm^4		단면 2차 반지름 cm		단면계수 cm^3	
		웨브	플랜지			I_x	I_y	i_x	i_y	Z_x	Z_y
100	60	2.3	4.5	7.493	5.88	138	16.2	4.29	1.47	27.5	5.40
		3.2	4.5	8.312	6.52	143	16.2	4.15	1.50	28.7	5.41
100	100	2.3	4.5	11.09	8.71	220	75.0	4.45	2.60	44.0	15.0
		3.2	4.5	11.91	9.35	225	75.0	4.35	2.51	45.1	15.0
125	60	2.3	4.5	8.068	6.33	226	16.2	5.29	1.42	36.0	5.40
		3.2	4.5	9.112	7.15	238	16.2	5.11	1.33	38.0	5.41
125	100	2.3	4.5	11.67	9.16	357	75.0	5.53	2.54	57.1	15.0
		3.2	4.5	12.71	9.98	368	75.0	5.38	2.43	59.0	15.0
125	125	2.3	4.5	13.92	10.9	438	146	5.61	3.24	70.2	23.4
		3.2	4.5	14.96	11.7	450	147	5.50	3.13	72.0	23.4
150	75	2.3	4.5	9.993	7.84	411	31.6	6.41	1.78	54.8	8.44
		3.2	4.5	11.26	8.84	432	31.7	6.19	1.68	57.6	8.45
		3.2	6.0	13.42	10.5	537	42.2	6.33	1.77	71.6	11.3
150	100	2.3	4.5	12.24	9.61	530	75.0	6.58	2.48	70.7	15.0
		3.2	4.5	13.51	10.6	551	75.0	6.39	2.36	73.5	15.0
		3.2	6.0	16.42	12.9	693	100	6.50	2.47	92.3	20.0
150	150	2.3	4.5	16.74	13.1	768	253	6.77	3.89	102	33.7
		3.2	4.5	18.01	14.1	789	253	6.62	3.75	105	33.8
		3.2	6.0	22.42	17.6	1000	338	6.69	3.88	134	45.0
175	90	2.3	4.5	11.92	9.36	676	54.7	7.53	2.14	77.3	12.2
		3.2	4.5	13.41	1.5	711	54.7	7.28	2.02	81.2	12.2
200	100	2.3	4.5	13.39	10.5	994	75.0	8.61	2.37	99.4	15.0
		3.2	4.5	15.11	11.9	1050	75.1	8.32	2.23	15	15.0
		3.2	6.0	18.02	14.1	1310	100	8.52	2.36	131	20.0
		4.5	6.0	20.46	16.1	1380	100	8.21	2.21	138	20.0
200	125	3.2	6.0	21.02	16.5	1590	195	8.70	3.05	159	31.3
200	150	2.3	4.5	17.89	14.05	1420	253	8.92	3.76	142	33.7
		3.2	4.5	19.61	15.4	1480	253	8.68	3.59	148	33.8
		3.2	6.0	24.02	18.9	1870	338	8.83	3.75	187	45.0
		4.5	6.0	26.46	20.8	1940	338	8.57	3.57	194	45.0
250	125	3.2	4.5	18.96	14.9	2070	147	10.4	2.78	166	23.5
		4.5	6.0	25.71	20.2	2740	195	10.3	2.76	219	31.3
		4.5	9.0	32.94	25.9	3740	293	10.7	2.98	299	46.9
250	150	3.2	4.5	21.21	16.7	2410	253	10.7	3.45	193	33.8
		4.5	6.0	28.71	22.5	3190	338	10.5	3.43	255	45.0
		4.5	9.0	37.44	29.4	4390	506	10.8	3.68	351	67.5
300	150	3.2	4.5	22.81	17.9	3600	253	12.6	3.33	240	33.8
		4.5	6.0	30.96	24.3	4790	338	12.4	3.30	319	45.0
		4.5	9.0	39.69	31.2	6560	506	12.9	3.57	437	67.5
350	175	4.5	6.0	36.21	28.4	7660	536	14.6	3.85	438	61.3
		4.5	9.0	46.44	36.5	10500	804	15.1	4.16	602	91.9
400	200	4.5	6.0	41.46	32.5	11500	800	16.7	4.39	575	80.0
		4.5	9.0	53.19	41.8	15900	1200	17.3	4.75	793	120
		6.0	9.0	58.92	46.3	16500	1200	16.8	4.51	827	120
		6.0	12.0	70.56	55.4	20700	1600	17.1	4.76	1040	160
450	200	4.5	9.0	55.44	43.5	20500	1200	19.2	4.65	912	120
		6.0	12.0	73.56	57.7	26900	1600	19.1	4.66	1200	160
450	250	6.0	12.0	85.56	67.2	32600	3130	19.5	6.04	1450	250

■ 경량 립 H형강 표준 단면치수와 그 단면적, 단위무게

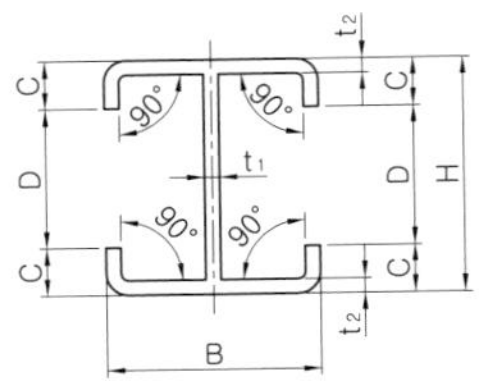

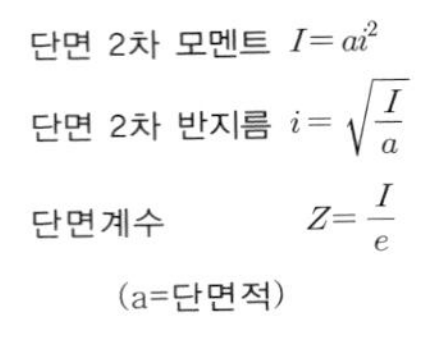

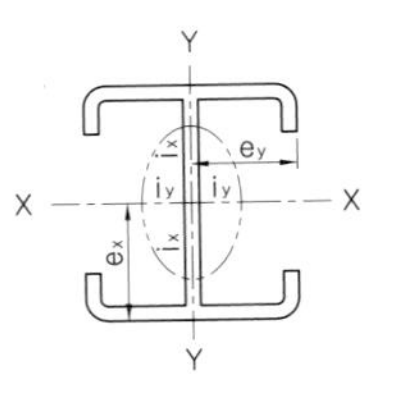

높이 mm	너비 mm	립 길이 mm	두께 mm		단면적 cm^2	단위 무게 kg/m	참고					
							단몇 2차 모멘트 cm^4		단면 2차 반지름 cm		단면계수 cm^3	
			웨브	플랜지			I_x	I_y	i_x	i_y	Z_x	Z_y
60	60	10	2.3	2.3	4.606	3.62	30.4	14.1	2.57	1.75	10.1	4.72
75	90	15	2.3	2.3	6.794	5.35	71.2	50.4	3.24	2.70	19.0	11.2
			2.3	3.2	8.585	6.74	92.8	67.4	3.29	2.80	24.7	15.0
			2.3	4.0	10.09	7.92	111	81.2	3.32	2.84	29.6	18.0
			3.2	3.2	9.202	7.22	95.3	67.4	3.22	2.76	25.4	15.0
90	90	22.5	2.3	2.3	7.825	6.14	112	63.7	3.78	2.85	24.9	14.2
			2.3	3.2	9.890	7.76	146	85.4	3.84	2.94	32.4	19.0
			2.3	4.0	11.63	9.13	174	103	3.87	2.98	38.7	22.9
			3.2	3.2	10.64	8.35	150	85.5	3.76	2.84	33.4	19.0
100	100	20	2.3	2.3	8.286	6.50	151	77.2	4.27	3.05	30.3	15.4
			2.3	3.2	10.44	8.20	198	104	4.35	3.16	39.6	20.8
			2.3	4.0	12.26	9.62	237	126	4.40	3.21	47.4	25.2
			3.2	3.2	11.28	8.90	204	103	4.24	2.99	40.8	20.7
150	100	20	2.3	3.2	11.59	9.10	489	104	6.50	3.00	65.2	20.8
			2.3	4.0	13.41	10.5	583	126	6.59	3.07	77.7	25.2
			3.2	3.2	12.88	10.1	511	104	6.30	2.84	68.1	20.8
200	200	40	4.5	6.0	39.69	31.2	2910	1480	8.56	6.10	291	148
250	250	45	4.5	6.0	49.14	38.6	5770	2810	10.8	7.57	461	225
300	300	50	4.5	6.0	58.59	46.0	10100	4780	13.1	9.03	671	318
		60	6.0	9.0	87.19	68.4	14600	7480	12.9	9.26	972	499
450	300	50	4.5	6.0	65.34	51.3	24500	4780	19.4	8.55	1090	318
		60	6.0	9.0	96.19	75.5	36000	7480	19.3	8.82	1600	499

8-8 마봉강

Cold finished caron and alloy steel bar

KS D 3561 : 2014

■ 적용 범위

이 규격은 기계 구조용 및 각종 부품에 사용하는 단면 모양이 원형, 6각, 각, 평형의 탄소강 및 합금강의 마봉강에 대하여 규정한다.

■ 종류의 기호

분류	재료(기호)	가공 방법 (기호)	열처리방법 (기호)	치수의 허용차 (기호)	(참고) 종류[3](기호)
탄소강 마봉강	다음의 규격에 규정한 강재 및 그 기호[1]를 사용한다. KS D 3526 마봉강용 일반 강재 KS D 3752 기계구조용탄소 강재 KS D 3567 황 및 황복합 쾌삭강 강재	냉간인발(D) 연삭(G) 절삭(T)	노멀라이징(N) 퀜칭템퍼링(Q) 어닐링(A) 구상화어닐링(AS)	표 6에 규정한 공칭등급[2]	SGD3-D9 SGD400-T12 SGD290-D9 SM45C-DQG7 SM35C-DAS10 SNC836-AT12 등
합금강 마봉강	다음의 규격에 규정한 강재 및 그 기호[1]를 사용한다. KS D 3754 경화능 보증구조용 강재(H강) KS D 3867 기계구조용 합금강 강재 KS D 3756 알루미늄크로뮴몰리브데넘강강재				

【비 고】 1. KS D 3526에 규정한 강재를 사용하여 냉간인발을 하여 제조한 마봉강 중 기계적 성질을 보증한 SGDA 및 SGDB의 기호는 각각 SGD290-D 및 SGD400-D로 한다.(다음 장 표 참조)

2. 치수 허용차는 공칭등급의 실제 수로 나타낸다. 보기 : IT11의 경우 11

3. 종류의 기호 표시 보기

• 보기 1 **SGD3-D9**
마봉강용 일반 강재 SGD3을 사용하여 화학성분을 보증하며, 허용차 공차등급 IT9로 냉간 인발 가공한 것

• 보기 2 **SGD400-T12**
마봉강용 일반 강재 SGD B를 사용하여 허용차 공차등급 IT12로 절삭 가공하여 기계적 성질을 보증하는 것

• 보기 3 **SGD290-D9**
마봉강용 일반 강재 SGDA를 사용하여 기계적 성질을 보증하며, 허용차 공차등급 IT9로 냉간 인발 가공한 것

• 보기 4 **SM45C-DQG7**
기계구조용 탄소강재 SM45C를 사용하여 냉간 인발 가공을 하고, 퀜칭. 템퍼링을 실시한 후 허용차 공차등급 IT7로 연삭 가공한 것

• 보기 5 **SM35C-DAS10**
기계구조용 탄소강재 SM35C를 사용하여 냉간 인발하며, 그 후 구상화 어닐링을 하여 허용차 공차등급 IT10으로 한 것

• 보기 6 **SNC836-AT12**
니켈 크로뮴 강재 SNC836을 사용하여 어닐링을 실시한 후, 허용차 공차등급 IT12로 절삭 가공한 것

■ 탄소강 마봉강의 기계적 성질(원형강, 6각강)

기호	지름 또는 맞변거리[1] mm	인장 강도 N/mm^2	경도(참고값)	
			HRB(HRC)[2]	HB[3]
SGD 290-D	원형 5 이상 20 이하 6각 5.5 이상 80 이하	380~740	58~99(21)	–
	원형 20 초과 100 이하	340~640	50~97(–)	90~504
SGD 400-D	원형 5 이상 20 이하 6각 5.5 이상 80 이하	500~850	74~103(28)	–
	원형 20 초과 100 이하	450~760	69~100(22)	121~240

[비 고] 1. 지름이 100mm를 초과하는 마봉강(원형) 및 맞변거리가 80 mm를 초과하는 마봉강(육각)의 기계적 성질은 주문자와 제조자 사이의 협의에 따른다.
2. 경도 HRB의 상한 부근의 측정에는 HRC를 사용하는 것이 좋다.
3. 지름 또는 맞변거리 25mm 이하의 마봉강의 경도 측정에는 HB를 사용하지 않는 것이 좋다.
4. 1N/mm^2=1MPa

● 열처리의 주요 목적

❶ 경도 또는 인장강도를 증가시키기 위한 목적(담금질, 담금질 후 보통 취약해지는 것을 막기 위해 뜨임처리)
❷ 조직을 연한 성질로 변화시키거나 또는 기계 가공에 적합한 상태로 만들기 위한 목적(어넬링, 탄화물의 구상화 처리)
❸ 조직을 미세화하고 방향성을 적게 하며, 균일한 상태로 만들기 위한 목적(노멀라이징)
❹ 냉간 가공의 영향을 제거할 목적(중간 어넬링, 변태점 이하의 온도로 가열함으로써 연화 처리)
❺ 내부 응력을 제거하고 사전에 기계 가공에 의한 제품의 비틀림의 발생 또는 사용중의 파손이 발생하는 것을 방지할 목적(응력제거 어넬링)
❻ 산세 또는 전기 도금에 의해 외부에서 강중으로 확산하여 용해된 수소를 제거하여 수소에 의한 취화를 적게 하기 위한 목적(150~300℃로 가열)
❼ 조직을 안정화시킬 목적(어넬링, 템퍼링, 심냉 처리 후 템퍼링)
❽ 내식성을 개선할 목적(스테인리스 강의 퀜칭)
❾ 자성을 향상시키기 위한 목적(규소강판의 어넬링)
❿ 표면을 경화시키기 위한 목적(고주파 경화, 화염 경화)
⓫ 강에 점성과 인성을 부여하기 위한 목적(고망간(Mn)강의 퀜칭)

이상과 같은 열처리는 강의 화학 조성과 용도에 따라 열처리 방법이 결정된다.

CHAPTER

09 압력 용기용

9-1 압력 용기용 강판

Steel plates for pressure vessels for intermediate temperature service

KS D 3521 : 2008

■ 적용 범위

이 표준은 압력 용기 및 고압 설비 등(고온 및 저온에서 사용하는 것을 제외한다)에 사용되고, 용접성이 좋은 열간 압연 강판에 대하여 규정한다.

■ 종류 및 기호

종류의 기호	적용 두께 mm
SPPV 235	6이상 200이하
SPPV 315	6이상 150이하
SPPV 355	
SPPV 410	
SPPV 450	
SPPV 490	

■ 강판의 열처리

종류의 기호	열처리
SPPV 235	압연한 그대로 한다. 다만 필요에 따라 노멀라이징하여도 좋다.
SPPV 315 SPPV 355	압연한 그대로 한다. 다만 필요에 따라 노멀라이징하여도 좋다. 다만 주문자 · 제조자 사이의 협정에 따라 열가공 제어 또는 퀜칭 템퍼링을 하여도 좋다.
SPPV 410	열가공 제어를 한다. 다만, 열가공 제어에 따라 제조한 최대 두께는 100mm로 한다. 또한 주문자 · 제조자 사이의 협정에 따라 노멀라이징 또는 퀜칭 템퍼링을 하여도 좋다.
SPPV 450 SPPV 490	퀜칭 템퍼링을 하는 것으로 한다. 다만 주문자와 제조자와의 협의에 따라 노멀라이징을 하여도 좋다.

【비 고】 주문자 제조자의 협정에 따라 주문자가 노멀라이징 또는 퀜칭 템퍼링의 열처리를 하는 경우, 제조자는 시험편에만 열처리를 하고, 강판은 압연한 그대로 출하하여도 좋다.

■ 화학 성분

종류의 기호	화학 성분(%)				
	C	Si	Mn	P	S
SPPV 235	두께 100mm 이하는 0.18 이하, 두께 100mm를 초과하는 것은 0.20 이하	0.35 이하	1.40 이하	0.030 이하	0.030 이하
SPPV 315	0.18 이하	0.55 이하	1.60 이하	0.030 이하	0.030 이하
SPPV 355	0.20 이하	0.55 이하	1.60 이하	0.030 이하	0.030 이하
SPPV 410	0.18 이하	0.75 이하	1.60 이하	0.030 이하	0.030 이하
SPPV 450	0.18 이하	0.75 이하	1.60 이하	0.030 이하	0.030 이하
SPPV 490	0.18 이하	0.75 이하	1.60 이하	0.030 이하	0.030 이하

【비 고】 1. 화학성분표 이외의 합금 원소를 첨가하여도 좋다.
2. 퀜칭 · 템퍼링을 하지 않는 SPPV 450 및 SPPV 490 강판의 경우, 첨가 원소에 대하여는 주문자 · 제조자 사이의 협정에 따른다.

■ 탄소 당량

단위 : %

기호	두께 mm				
	50 이하	50 초과 75 이하	75 초과 100 이하	100 초과 125 이하	125 초과 150 이하
SPPV 450	0.44 이하	0.46 이하	0.49 이하	0.52 이하	0.54 이하
SPPV 490	0.45 이하	0.47 이하	0.50 이하	0.53 이하	0.55 이하

■ 용접 균열 감수성

단위 : %

종류의 기호	50 이하	50 초과 150 이하
SPPV 450	0.28 이하	0.30 이하
SPPV 490	0.28 이하	0.30 이하

■ 기계적 성질

종류의 기호	인장 시험							굽힘 시험		
	항복점 또는 항복 강도 N/mm^2			인장 강도 N/mm^2	연신율			굽힘 각도	안쪽 반지름	시험편
	강판의 두께 mm				강판의 두께 mm	시험편	%			
	6 이상 50이하	50초과 100이하	100초과 200이하							
SPPV 235	235이상	215 이상	195 이상	400~510	16이하 16초과 40이하 40을 초과하는 것	1A호 1A호 4호	17이상 21이상 24이상	180 °	두께의 50mm이하 두께의 1.0배, 두께 50mm 초과 두께의 1.5배	KS B 0804의 5. 참조
SPPV 315	315이상	295 이상	275 이상[(1)]	490~610	16이하 16초과 40이하 40을 초과하는 것	1A호 1A호 4호	16이상 20이상 23이상		두께의 1.5배	
SPPV 355	355 이상	335 이상	315 이상[(1)]	520~640	16이하 16초과 40이하 40을 초과하는 것	1A호 1A호 4호	14이상 18이상 21이상		두께의 1.5배	
SPPV 410	410 이상	390 이상	370 이상[(1)]	550~670	16이하 16초과 40이하 40을 초과하는 것	1A호 1A호 4호	12이상 16이상 18이상		두께의 1.5배	
SPPV 450	450 이상	430 이상	410 이상[(1)]	570~700	16이하 16초과 20이하 20을 초과하는 것	5호 5호 4호	19이상 26이상 20이상		두께의 1.5배	
SPPV 490	490 이상	470 이상	450 이상[(1)]	610~740	16이하 16초과 20이하 20을 초과하는 것	5호 5호 4호	18이상 25이상 19이상		두께의 1.5배	

【비 고】 1. 두께 150mm 이하에 적용한다.

9-2 고압 가스 용기용 강판 및 강대

Steel sheets, plates and strip for gas cylinders　　KS D 3533 : 2008

■ 적용 범위

이 표준은 LP가스, 아세틸렌, 각종 프레온 가스 등의 고압 가스를 충전시키는 내용적 500L 이하의 용접 용기에 사용하는 열간 압연 강판 및 강대에 대하여 규정한다.

■ 종류 및 기호

종류의 기호	적용 두께 mm	구기호(참고)
SG 255	2.3 이상 6.0 이하	SG 26
SG 295	2.3 이상 6.0 이하	SG 30
SG 325	2.3 이상 6.0 이하	SG 33
SG 365	2.3 이상 6.0 이하	SG 37

■ 화학 성분

단위 : %

종류의 기호	C	Si	Mn	P	S
SG 255	0.20 이하	–	0.30 이상	0.040 이하	0.040 이하
SG 295	0.20 이하	0.35 이하	1.00 이하	0.040 이하	0.040 이하
SG 325	0.20 이하	0.55 이하	1.50 이하	0.040 이하	0.040 이하
SG 365	0.20 이하	0.55 이하	1.50 이하	0.040 이하	0.040 이하

■ 기계적 성질

종류의 기호	항복점 또는 항복 강도 N/mm^2	인장 강도 N/mm^2	연신율 %	인장 시험편	굽힘성		
					굽힘 각도	굽힘 반지름	시험편
SG 255	255 이상	400 이상	28 이상	KS B 0801의 5호 압연 방향	180 °	두께의 1.0배	KS B 0804의 5. 압연 방향
SG 295	295 이상	440 이상	26 이상		180 °	두께의 1.5배	
SG 325	325 이상	490 이상	22 이상		180 °	두께의 1.5배	
SG 365	365 이상	540 이상	20 이상		180 °	두께의 1.5배	

【비 고】 강대의 양끝이 정상이 아닌 부분에는 적용하지 않는다.

■ SG 255 및 SG 295의 두께 허용차

단위 : mm

두 께	나 비			
	600 이상 1200 미만	1200 이상 1500 미만	1500 이상 1800 미만	1800 이상 2000 미만
2.30 이상 2.50 미만	±0.18	±0.22	±0.23	±0.25
2.50 이상 3.15 미만	±0.20	±0.24	±0.26	±0.29
3.15 이상 4.00 미만	±0.23	±0.26	±0.28	±0.30
4.00 이상 5.00 미만	±0.26	±0.29	±0.31	±0.32
5.00 이상 6.00 미만	±0.29	±0.31	±0.32	±0.34
6.00 이상	±0.32	±0.33	±0.34	±0.38

【비 고】 1. 나비 200mm 이상인 경우는 인수 인도 당사자 사이의 협의에 따른다.
2. 두께의 측정 위치는 가장자리에서 20mm 이상 안쪽 임의의 점으로 한다.
3. 강대 양끝이 정상이 아닌 부분에는 적용하지 않는다.

■ SG 325 및 SG 365의 두께 허용차

단위 : mm

두께	나비			
	600 이상 1200 미만	1200 이상 1500 미만	1500 이상 1800 미만	1800 이상 2000 미만
2.30 이상 2.50 미만	±0.17	±0.19	±0.21	±0.25
2.50 이상 3.15 미만	±0.19	±0.21	±0.24	±0.26
3.15 이상 4.00 미만	±0.21	±0.23	±0.26	±0.27
4.00 이상 5.00 미만	±0.24	±0.26	±0.28	±0.29
5.00 이상 6.00 미만	±0.26	±0.28	±0.29	±0.31
6.00 이상	±0.29	±0.30	±0.31	±0.35

[비 고] 1. 나비 200mm 이상인 경우는 인수 인도 당사자 사이의 협의에 따른다.
2. 두께의 측정 위치는 가장자리에서 20mm 이상 안쪽 임의의 점으로 한다.
3. 강대 양끝이 정상이 아닌 부분에는 적용하지 않는다.

● 조질처리

담금질은 강(순철과 탄소의 합금)을 일정한 온도 이상으로 가열시킨 후 빠르게 냉각(급냉)시키는 열처리를 의미하며, 가열 시킨 후 빠른 냉각은 강을 단단하게 만든다. 즉, 경도가 높아지는 것을 말하며, 경도가 너무 높은 것은 깨지기 쉽게 된다. 그래서 뜨임을 하는 것인데 경도가 높아진 강을 적당한 온도로 알맞게 가열하면 강의 높은 경도는 그대로 유지하는 반면에 강도는 상당히 높아지게 된다. 이처럼 높은 경도와 강도를 얻어 강인한 재질을 만드는 열처리를 마치 밥을 한 후에 뜸을 들이는 것과 비슷하다고해서 '뜨임'이라고 한다. 뜨임은 강인한 쇠를 만들기 위해 담금질 후 공정으로 꼭 필요한 공정이며, 이러한 담금질 및 뜨임 공정을 영어의 머릿글자를 따서 'QT'(Quenching & Tempering)이라고 하고 한자로는 조질(調質)처리라고 한다.

● 침탄경화법

침탄이란 재료의 표면만을 단단한 재질로 만들기 위해 다음과 같은 단계를 사용하는 방법이다. 탄소함유량이 0.2% 미만인 저탄소강이나 저탄소 합금강을 침탄제 속에 파묻고 오스테나이트 범위로 가열한 다음, 그 표면에 탄소를 침입하고 확산시켜서 표면층만을 고탄소 조직으로 만든다. 침탄 후 담금질하면 표면의 침탄층은 마텐자이트 조직으로 경화시켜도 중심부는 저탄소강 성질을 그대로 가지고 있어 이중 조직이 된다. 표면이 단단하기 때문에 내마멸성을 가지게 되며, 재료의 중심부는 저탄소강이기 때문에 인성을 가지게 된다. 이러한 성질 때문에 고부하가 걸리는 기어에는 대개 침탄 열처리를 사용한다. 침탄법은 침탄에 사용되는 침탄제에 따라 고체침탄법, 액체침탄법, 가스침탄법으로 나눈다. 특별히 액체 침탄의 경우, 질화도 동시에 어느 정도 이루어지기 때문에 침탄 질화법이라 부른다. 표면측만을 경화, 특히 내마모성 혹은 내피로성을 얻는 것을 주 목적으로 한다.

• 표면경화 처리를 하는 부품

❶ 표면경화를 필요로 하는 부품에 경화 방지 부분(나사, 핀 홀)이 있는 부품
❷ 충격 하중을 반복적으로 받는 부품
❸ 열변형이 발생할 우려가 있는 부품
❹ 절단 부위에 크랙(Crack) 현상이 발생할 소지가 있는 부품

9-3 보일러 및 압력용기용 망가니즈 몰리브데넘강 및 망가니즈 몰리브데넘 니켈강 강판

Manganese-molybdenum and manganese -molybdenum-nickel alloy steel plates for boilers and other pressure vessels

KS D 3538 : 2007

■ 적용 범위

이 규격은 보일러 및 압력용기(저온에서 사용하는 것을 제외한다)에 사용하는 망가니즈 몰리브데넘강 및 망가니즈 몰리브데넘 니켈강 열간 압연 강판에 대하여 규정한다.

■ 종류의 기호

종류의 기호	적용 두께 mm
SBV1A	6 이상 150 이하
SBV1B	6 이상 150 이하
SBV2	6 이상 150 이하
SBV3	6 이상 150 이하

■ 화학 성분

단위 : %

종류의 기호	두 께	C	Si	M	P	S	Ni	Mo
SBV1A	25mm 이하 25mm 초과 50mm 이하 50mm 초과 150mm 이하	0.20 이하 0.23 이하 0.25 이하	0.15~0.40	0.95~1.30	0.030 이하	0.030 이하	–	0.45~ 0.60
SBV1B	25mm 이하 25mm 초과 50mm 이하 50mm 초과 150mm 이하	0.20 이하 0.23 이하 0.25 이하	0.15~0.40	0.15~1.50	0.030 이하	0.030 이하	–	0.45~ 0.60
SBV2	25mm 이하 25mm 초과 50mm 이하 50mm 초과 150mm 이하	0.20 이하 0.23 이하 0.25 이하	0.15~0.40	0.15~1.50	0.030 이하	0.030 이하	0.40~ 0.70	0.45~ 0.60
SBV3	25mm 이하 25mm 초과 50mm 이하 50mm 초과 150mm 이하	0.20 이하 0.23 이하 0.25 이하	0.15~0.40	0.15~1.50	0.030 이하	0.030 이하	0.70~ 1.00	0.45~ 0.60

■ 기계적 성질

종류의 기호	항복점 N/mm^2	인장 강도 N/mm^2	연신 %	인장 시험편	굽힘성	
					굽힘 각도	안쪽 반지름
SBV1A	315 이상	520~660	15 이상	1A호	180 °	두께 25mm 이하 두께의 1.0배 두께 25mm 초과 50mm 이하 두께의 1.25배 두께 50mm 초과 150mm 이하 두께의 1.5배
			19 이상	10호		
SBV1B	345 이상	550~690	15 이상	1A호	180 °	두께 25mm 이하 두께의 1.25배 두께 25mm 초과 50mm 이하 두께의 1.5배 두께 50mm 초과 150mm 이하 두께의 1.75배
			18 이상	10호		
SBV2	345 이상	550~690	17 이상	1A호	180 °	두께 25mm 이하 두께의 1.25배 두께 25mm 초과 50mm 이하 두께의 1.5배 두께 50mm 초과 150mm 이하 두께의 1.75배
			20 이상	10호		
SBV3	345 이상	550~690	17 이상	1A호	180 °	두께 25mm 이하 두께의 1.25배 두께 25mm 초과 50mm 이하 두께의 1.5배 두께 50mm 초과 150mm 이하 두께의 1.75배
			20 이상	10호		

[비 고] 1. 두께 50mm 이하의 강판은 1A호 시험편, 두께 50mm를 넘는 강판은 10호 시험편을 사용한다. 다만, 두께 40mm를 넘는 것은 10호 시험편을 사용하여도 좋다.
2. 두께 8mm 미만의 강판의 1A호 시험편의 연신율은 두께 1mm 또는 그 끝수를 뺄 때마다 기계적 성질표의 연신율의 값에서 1%를 뺀다.
3. 두께 90mm를 넘는 강판의 10호 시험편의 연신율은 두께 12.5mm 또는 그 끝수를 늘릴 때마다 기계적 성질표의 연신율의 값에서 0.5%를 뺀다. 다만, 빼는 한도는 3%로 한다.
4. 두게 6mm 초과 20mm 미만인 강판의 1A호 시험편의 연신율이 기계적 성질표의 규정값(%)에서 3을 뺀 값 이상인 경우는 파단부를 포함하는 표점거리 50mm의 연신율의 값이 25% 이상이면 기계적 성질표의 규정에 관계없이 합격으로 한다.

■ 두께의 허용차

단위 : mm

두께	나비					
	1600 미만	1600 이상 2000 미만	2000 이상 2500 미만	2500 이상 3150 미만	3150 이상 4000 미만	4000 이상 5000 미만
6.00 이상 6.30 미만	+0.75	+0.95	+0.95	+1.25	+1.25	−
6.30 이상 10.0 미만	+0.85	+1.05	+1.05	+1.35	+1.35	+1.55
10.0 이상 16.0 미만	+0.85	+1.05	+1.05	+1.35	+1.35	+1.75
16.0 이상 25.0 미만	+1.05	+1.25	+1.25	+1.65	+1.65	+1.95
25.0 이상 40.0 미만	+1.15	+1.35	+1.35	+1.75	+1.75	+2.15
40.0 이상 63.0 미만	+1.35	+1.65	+1.65	+1.95	+1.95	+2.35
63.0 이상 100 미만	+1.55	+1.95	+1.95	+2.35	+2.35	+2.75
100 이상 150 이하	+2.35	+2.75	+2.75	+3.15	+3.15	+3.55

【비 고】 1. 마이너스 쪽의 허용차는 0.25mm로 한다.
2. 나비 5000mm 이상인 경우의 허용차는 주문자와 제조자 사이의 협의에 따른다.
3. 주문자와 제조자 사이의 협의에 따라 마이너스 쪽의 허용차를 0mm로 한 경우의 플러스쪽의 허용차는 두께의 허용차표의 수치에 0.25mm를 더한 것으로 한다.

■ 무게의 산출에 사용하는 가산값

단위 : mm

두께	나비					
	1600 미만	1600 이상 2000 미만	2000 이상 2500 미만	2500 이상 3150 미만	3150 이상 4000 미만	4000 이상 5000 미만
6.00 이상 6.30 미만	0.25	0.35	0.35	0.50	0.50	−
6.30 이상 10.0 미만	0.30	0.40	0.40	0.55	0.55	0.65
10.0 이상 16.0 미만	0.30	0.40	0.40	0.55	0.55	0.75
16.0 이상 25.0 미만	0.40	0.50	0.50	0.70	0.70	0.85
25.0 이상 40.0 미만	0.45	0.55	0.55	0.75	0.75	0.95
40.0 이상 63.0 미만	0.55	0.70	0.70	0.85	0.85	1.05
63.0 이상 100 미만	0.65	0.85	0.85	1.05	1.05	1.25
100 이상 150 이하	1.05	1.25	1.25	1.45	1.45	1.65

【비 고】 1. 나비 5000mm 이상인 경우의 허용차는 주문자와 제조자 사이의 협의에 따른다.
2. 주문자와 제조자 사이의 협의에 따라 마이너스 쪽의 허용차를 0mm로 한 경우의 플러스쪽의 허용차는 무게의 산출에 사용하는 가산값표의 수치에 0.25mm를 더한 것으로 한다.

9-4 중 · 상온 압력 용기용 탄소 강판

Carbon steel plates for pressure vessels for intermediate and moderate temperature services

KS D 3540 : 2002 (2011 확인)

■ 적용 범위

이 규격은 주로 중온 내지 상온에서 사용되는 압력 용기에 사용하는 탄소강 열간 압연 강판에 대해서 규정한다.

■ 종류 및 기호

종류의 기호		적용 두께 mm
현재 기호	종래 기호(참고)	
SGV 410	SGV 42	6 이상 200 이하
SGV 450	SGV 46	
SGV 480	SGV 49	

■ 화학 성분

종류의 기호	화학 성분 %					
	두 께	C	Si	Mn	P	S
SGV 410	12.5mm 이하 12.5mm 초과 50mm 이하 50mm 초과 100mm 이하 100mm 초과 200mm 이하	0.21 이하 0.23 이하 0.25 이하 0.27 이하	0.15~0.40	0.85~1.20 (1)(2)	0.030 이하	0.030 이하
SGV 450	12.5mm 이하 12.5mm 초과 50mm 이하 50mm 초과 100mm 이하 100mm 초과 200mm 이하	0.24 이하 0.26 이하 0.28 이하 0.29 이하	0.15~0.40	0.85~1.20 (2)	0.030 이하	0.030 이하
SGV 480	12.5mm 이하 12.5mm 초과 50mm 이하 50mm 초과 100mm 이하 100mm 초과 200mm 이하	0.27 이하 0.28 이하 0.30 이하 0.31 이하	0.15~0.40	0.85~1.20 (2)	0.030 이하	0.030 이하

【주】 1. SGV 410에 대해서 두께 12.5mm 이하의 강판의 Mn은 0.60%~0.90%로 할 수 있다.
2. Mn의 용탕 분석의 상한값은 인수 · 인도 당사자 사이의 협의에 의해 C가 0.18% 이하인 경우, 1.60%로 할 수 있다.

■ 기계적 성질

종류의 기호	인장 시험				굽힘시험	
	항복점 N/mm^2	인장 강도 N/mm^2	연신율 % (2)(3)(4)	시험편 (1)	굽힘 각도	안쪽 반지름
SGV 410	225 이상	410~490	21 이상	1A호	180 °	두께 25mm 이하 두께의 0.5배 두께 25mm 초과 50mm 이하 두께의 0.75배 두께 50mm 초과 100mm 이하 두께의 1.0배 두께 100mm 초과 200mm 이하 두께의 1.25배
			25이상	10호		
SGV 450	245 이상	450~540	19이상	1A호	180 °	두께 25mm 이하 두께의 0.75배 두께 25mm 초과 50mm 이하 두께의 1.0배 두께 50mm 초과 100mm 이하 두께의 1.0배 두께 100mm 초과 200mm 이하 두께의 1.25배
			23이상	10호		
SGV 480	265 이상	480~590	17 이상	1A호	180 °	두께 25mm 이하 두께의 1.0배 두께 25mm 초과 50mm 이하 두께의 1.0배 두께 50mm 초과 100mm 이하 두께의 1.25배 두께 100mm 초과 200mm 이하 두께의 1.5배
			21 이상	10호		

[주] 1. 두께 50mm 이하의 강판은 1A호 시험편, 두께 50mm를 초과하는 강판은 10호 시험편을 사용한다. 다만, 두께가 40mm를 초과하는 것에는 10호 시험편을 사용할 수 있다.
2. 두께 8mm 미만 강판의 1A호 시험편의 연신율은 두께 1mm 또는 그 단수를 감할 때마다 기계적 성질표의 연신율의 값에서 1%를 감한다.
3. 두께 20mm를 초과하는 강판의 1A호 시험편의 연신율은 두께 3mm 또는 그 단수를 증가할 때마다 기계적 성질표의 연신율의 값에서 0.5%를 감한다. 다만, 감하는 한도는 3%로 한다.
4. 두께 90mm를 초과하는 강판의 10호 시험편의 연신율은 두께 12.5mm 또는 그 단수를 증가할 때마다 기계적 성질표의 연신율의 값에서 0.5%를 감한다. 다만, 감하는 한도는 3%로 한다.

■ 두께의 허용차

단위 : mm

두께	나비 (1)					
	1600 미만	1600 이상 2000 미만	2000 이상 2500 미만	2500 이상 3150 미만	3150 이상 4000 미만	4000 이상 5000 미만
6.00 이상 6.30 미만	+0.75	+0.95	+0.95	+1.25	+1.25	–
6.30 이상 10.0 미만	+0.85	+1.05	+1.05	+1.35	+1.35	+1.55
10.0 이상 16.0 미만	+0.85	+1.05	+1.05	+1.55	+1.35	+1.75
16.0 이상 25.0 미만	+1.05	+1.25	+1.25	+1.65	+1.65	+1.95
25.0 이상 40.0 미만	+1.15	+1.35	+1.35	+1.75	+1.75	+2.15
40.0 이상 63.0 미만	+1.35	+1.65	+1.65	+1.95	+1.95	+2.35
63.0 이상 100 미만	+1.55	+1.95	+1.95	+2.35	+2.35	+2.75
100 이상 160 미만	+2.35	+2.75	+2.75	+3.15	+3.15	+3.55
160 이상	+2.95	+3.35	+3.35	+3.55	+3.55	+3.95

[주] 1. 나비 5000mm 이상인 경우의 허용차는 인수 · 인도 당사자 사이의 협의에 의한다.

[비 고] 1. 마이너스(–)측의 허용차는 0.25mm로 한다. 인수 · 인도 당사자 사이의 협의에 의해 마이너스측의 허용차를 0mm로 한 경우의 플러스(+)측의 허용차는 두께의 허용차표의 수치에 0.25mm를 더한 것으로 한다.

■ 강판의 무게 산출에 사용하는 가산값

단위 : mm

두께	나비 (1)					
	1600 미만	1600 이상 2000 미만	2000 이상 2500 미만	2500 이상 3150 미만	3150 이상 4000 미만	4000 이상 5000 미만
6.00 이상 6.30 미만	0.25	0.35	0.35	0.50	0.50	–
6.30 이상 10.0 미만	0.30	0.40	0.40	0.55	0.55	–
10.0 이상 16.0 미만	0.30	0.40	0.40	0.55	0.55	0.75
16.0 이상 25.0 미만	0.40	0.50	0.50	0.70	0.70	0.85
25.0 이상 40.0 미만	0.45	0.55	0.55	0.75	0.75	0.95
40.0 이상 63.0 미만	0.55	0.70	0.70	0.85	0.85	1.05
63.0 이상 100 미만	0.65	0.85	0.85	1.05	1.05	1.25
100 이상 160 미만	1.05	1.25	1.25	1.45	1.45	1.65
160 이상	1.35	1.55	1.55	1.65	1.65	1.85

[주] 1. 나비 5000mm 이상인 경우의 허용차는 인수 · 인도 당사자 사이의 협의에 의한다.

[비 고] 1. 인수 · 인도 당사자 사이의 협의에 의해 마이너스측의 허용차를 0mm로 한 경우의 무게산출에 사용하는 가산값은 무게산출에 사용하는 가산값표의 수치에 0.25mm를 더한 것으로 한다.

9-5 저온 압력 용기용 탄소강 강판

Carbon steel plates for pressure vessels for low temperature services

KS D 3541 : 2008

■ 적용 범위

이 규격은 저온에서 사용되는 압력 용기 및 설비에 사용하는 열간 압연 탄소강 강판에 대하여 규정한다.

■ 종류 및 기호

종류의 기호	종래 기호	적용		
SLAI 235 A	SLAI 24A	두께 6mm 이상 50mm 이하	Al 처리 세립 킬드강	최저 사용 온도 −30 ° C
SLAI 235 B	SLAI 24B	두께 6mm 이상 50mm 이하		최저 사용 온도 −45 ° C
SLAI 325 A	SLAI 33A	두께 6mm 이상 32mm 이하		최저 사용 온도 −45 ° C
SLAI 325 B	SLAI 33B	두께 6mm 이상 32mm 이하		최저 사용 온도 −60 ° C
SLAI 360	SLAI 37	두께 6mm 이상 32mm 이하		최저 사용 온도 −60 ° C

【주】 1. 표 중의 최저 사용 온도는 보통 사용 조건에 대하여 적용되는 것으로, 취성 균열의 전파를 저지하는 등 특수한 성능이 요구될 경우에는 적용하지 않는다.

■ 열처리

종류의 기호	종래 기호	열처리
SLAI 235 A	SLAI 24A	노멀라이징
SLAI 235 B	SLAI 24B	노멀라이징
SLAI 325 A	SLAI 33A	노멀라이징
SLAI 325 B	SLAI 33B	퀜칭 템퍼링
SLAI 360	SLAI 37	퀜칭 템퍼링

■ 화학 성분

종류의 기호	종래 기호	화학 성분 %				
		C	Si	Mn	P	S
SLAI 235	SLAI 24	0.15 이하	0.15~0.30	0.70~1.50	0.035 이하	0.035 이하
SLAI 325	SLAI 33	0.16 이하	0.15~0.55	0.80~1.60	0.035 이하	0.035 이하
SLAI 360	SLAI 37	0.18 이하	0.15~0.55	0.80~1.60	0.035 이하	0.035 이하

【비 고】 1. 필요에 따라 약간의 합금 원소를 첨가할 수 있다.

■ 기계적 성질

종류의 기호	종래 기호	인장 시험					굽힘시험		
		항복점 또는 항복 강도 N/mm²	인장 강도 N/mm²	연신율			굽힘 각도	내측 반지름	시험편
				강판의 두께 mm	시험편	%			
SLAI 235	SLAI 24	두께 40mm 이하는 235 이상 두께 40mm를 넘는 것 215 이상	400~510	6 이상 16 이하 16을 넘는 것 40을 넘는 것	1A호 1A호 4호	18 이상 22 이상 24 이상	180 °	두께의 1.0배	압연 방향에 직각
SLAI 325	SLAI 33	325 이상	440~560	6 이상 16 이하 16을 넘는 것 40을 넘는 것	5호 5호 4호	22 이상 30 이상 22 이상	180 °	두께의 1.5배	압연 방향에 직각
SLAI 360	SLAI 37	360 이상	490~610	6 이상 16 이하 16을 넘는 것 40을 넘는 것	5호 5호 4호	20 이상 28 이상 20 이상	180 °	두께의 1.5배	압연 방향에 직각

■ 샤르피 흡수 에너지

종류의 기호	종래 기호	시험 온도 ℃					흡수 에너지 J	시험편
		두께 mm	6 이상 8.5 미만	8.5 이상 11 미만	11 이상 20 이하	20을 넘는 것		
		시험편의 두께 x mm	10×5	10×7.5	10×10	10×10		
SLAI 235 A	SLAI 24A	–	–5	–5	–5	–10	최고 흡수 에너지 값의 1/2 이상	4호 압연 방향
SLAI 235 B	SLAI 24B		–30	–20	–15	–30		
SLAI 325 A	SLAI 33A		–40	–30	–25	–35		
SLAI 325 B	SLAI 33B		–60	–50	–45	–55		
SLAI 360	SLAI 37		–60	–50	–45	–55		

【비 고】 1. 흡수 에너지는 3개 시험편의 평균값으로 한다.
2. 최고 흡수 에너지 값이란 3개 시험편의 취성 파면율이 모두 영으로 되는 온도(a)에서의 흡수 에너지의 평균값으로 한다.
a. 보통 상온이며 시험편의 취성 파면율이 영으로 되지 않을 때는 온도를 높여서 시험한다.

■ 두께의 허용차

단위 : mm

두께	나비					
	1600 미만	1600 이상 2000 미만	2000 이상 2500 미만	2500 이상 3150 미만	3150 이상 4000 미만	4000 이상 5000 미만
6.00 이상 10.0 미만	+0.95	+1.05	+1.25	+1.45	+1.65	+1.85
10.0 이상 16.0 미만	+0.95	+1.15	+1.35	+1.55	+1.75	+1.95
16.0 이상 25.0 미만	+1.15	+1.35	+1.55	+1.75	+2.15	+2.35
25.0 이상 40.0 미만	+1.35	+1.55	+1.75	+1.95	+2.35	+2.55
40.0 이상 50.0 미만	+1.55	+1.75	+2.15	+2.35	+2.55	+2.75

【비 고】 1. 마이너스(–)측의 허용차는 0.25mm로 한다.

■ 강판의 무게 산출에 사용하는 가산치

단위 : mm

두께	나비					
	1600 미만	1600 이상 2000 미만	2000 이상 2500 미만	2500 이상 3150 미만	3150 이상 4000 미만	4000 이상 5000 미만
6.00 이상 10.0 미만	0.35	0.40	0.50	0.60	0.70	0.80
10.0 이상 16.0 미만	0.35	0.45	0.55	0.65	0.75	0.85
16.0 이상 25.0 미만	0.45	0.55	0.65	0.75	0.95	1.05
25.0 이상 40.0 미만	0.55	0.65	0.75	0.85	1.05	1.15
40.0 이상 50.0 미만	0.65	0.75	0.95	1.05	1.15	1.25

【비 고】 1. 나비 5000mm 이상인 경우의 가산치는 당사자 사이의 협정에 따른다.

9-6 보일러 및 압력 용기용 크로뮴 몰리브데넘강 강판

Chromium-molybdenum alloy steel plates
for boilers and pressure vessels

KS D 3543 : 2009

■ 적용 범위

이 표준은 보일러 및 압력 용기(저온에서 사용하는 것을 제외한다)에 사용하는 크로뮴 몰리브데넘강 열간 압연 강판에 대하여 규정한다.

■ 종류 및 강도 구분의 기호

종류의 기호	강도 구분	적용 두께 mm
SCMV 1	1	6 이상 200 이하
	2	
SCMV 2	1	
	2	
SCMV 3	1	
	2	
SCMV 4	1	6 이상 300 이하
	2	
SCMV 5	1	
	2	
SCMV 6	1	
	2	

■ 화학 성분(레이들 분석값)

종류의 기호	화학 성분 %						
	C	Si	Mn	P	S	Cr	Mo
SCMV 1	0.21 이하	0.40 이하	0.55~0.80	0.030 이하	0.030 이하	0.50~0.80	0.45~0.60
SCMV 2	0.17 이하	0.40 이하	0.40~0.65	0.030 이하	0.030 이하	0.80~1.15	0.45~0.60
SCMV 3	0.17 이하	0.50~0.80	0.40~0.65	0.030 이하	0.030 이하	1.00~1.50	0.45~0.65
SCMV 4	0.17 이하	0.50 이하	0.30~0.60	0.030 이하	0.030 이하	2.00~2.50	0.90~1.10
SCMV 5	0.17 이하	0.50 이하	0.30~0.60	0.030 이하	0.030 이하	2.75~3.25	0.90~1.10
SCMV 6	0.15 이하	0.50 이하	0.30~0.60	0.030 이하	0.030 이하	4.00~6.00	0.45~0.65

【비 고】 1. 두께 150mm를 초과하는 강판의 화학 성분은 기계적 성질을 얻기 위해 별도로 주문자 · 제조자 사이에 협의하여도 좋다.

■ 화학 성분(제품 분석값)

종류의 기호	화학 성분 %						
	C	Si	Mn	P	S	Cr	Mo
SCMV 1	0.21 이하	0.45 이하	0.51~0.84	0.030 이하	0.030 이하	0.46~0.85	0.40~0.65
SCMV 2	0.17 이하	0.45 이하	0.36~0.69	0.030 이하	0.030 이하	0.74~1.21	0.40~0.65
SCMV 3	0.17 이하	0.44~0.86	0.36~0.69	0.030 이하	0.030 이하	0.94~1.56	0.40~0.70
SCMV 4	0.17 이하	0.50 이하	0.27~0.63	0.030 이하	0.030 이하	1.88~2.62	0.85~1.15
SCMV 5	0.17 이하	0.50 이하	0.27~0.63	0.030 이하	0.030 이하	2.63~3.37	0.85~1.15
SCMV 6	0.15 이하	0.55 이하	0.27~0.63	0.030 이하	0.030 이하	3.90~6.10	0.40~0.70

【비 고】 1. 두께 150mm를 초과하는 강판의 화학 성분은 기계적 성질을 얻기 위해 별도로 주문자 · 제조자 사이에 협의하여도 좋다.

■ 강도 구분 1의 기계적 성질

종류의 기호	항복점 또는 항복 강도 N/mm²	인장 강도 N/mm²	연신율 %	단면 수축률 %	시험편	굽힘성	
						굽힘 각도	안쪽 반지름
SCMV 1	225 이상	380~550	18 이상	–	1A호	180°	두께 25mm 이하 두께의 0.75배 두께 25mm 초과 100mm 이하 두께의 1.0배 두께 100mm를 초과하는 것. 두께의 1.25배
			22 이상	–	10호		
SCMV 2	225 이상	380~550	19 이상	–	1A호		
			22 이상	–	10호		
SCMV 3	235 이상	410~590	19 이상	–	1A호		
			22 이상	–	10호		
SCMV 4	205 이상	410~590	18 이상	45 이상	10호	180°	두께 25mm 이하 두께의 1.0배 두께 25mm 초과 50mm 이하 두께의 1.25배 두께 50mm 초과 100mm 이하 두께의 1.5배 두께 100mm를 초과하는 것. 두께의 1.75배
SCMV 5	205 이상	410~590	18 이상	45 이상	10호		
SCMV 6	205 이상	410~590	18 이상	45 이상	10호	180°	

【비 고】 1. SCMV 1, SCMV 2 및 SCMV 3의 두께 50mm 이하인 강판은 1A호 시험편, 두께 50mm를 초과한 강판은 10호 시험편을 사용한다. 다만, 두께 40mm를 초과한 것은 10호 시험편을 사용하여도 좋다.

2. SCMV 4, SCMV 5 및 SCMV 6의 강판에서 강판의 두께가 얇기 때문에 10호 시험편을 채취할 수 없는 경우는 표점 거리를 형행부 지름의 4배로 한 10호 유사 시험편을 사용한다. 또한 두께 20mm 이하의 강판은 1A호 시험편을 사용하여도 좋다. 이 경우, 연신율을 측정하기 위한 표점 거리는 50mm로 하고, 파단부를 포함하여 측정한다. 1A호 시험편을 사용하는 경우의 단면수축률은 강도 구분 1의 기계적 성질표의 단면수축률 값에서 5%를 뺀다.
3. SCMV 1, SCMV 2 및 SCMV 3의 두께 8mm 미만인 강판의 1A호 시험편의 연신율은 두께 1mm 또는 그 끝수를 뺀 것에 강도 구분 1의 기계적 성질표의 연신율 값에서 1%를 뺀다.
4. SCMV 1, SCMV 2 및 SCMV 3의 두께 20mm 미만인 강판의 1A호 시험편의 연신율이 강도 구분 1의 기계적 성질표의 규정에서 3을 뺀 값 이상의 경우는 파단부를 포함한 표점 거리 50mm인 연신율 값이 25% 이상이면 강도 구분 1의 기계적 성질표의 규정에 관계없이 합격으로 한다.
5. 두께 90mm를 초과한 강판의 10호 시험편의 연신율은 두께 12.5mm 또는 그 끝수를 늘릴 때마다 강도 구분 1의 기계적 성질표의 연신율 값에서 0.5%를 뺀다. 다만, 빼는 한도는 3%로 한다.

■ 강도 구분 2의 기계적 성질

종류의 기호	항복점 또는 항복 강도 N/mm²	인장 강도 N/mm²	연신율 %	단면 수축률 %	시험편	굽힘성	
						굽힘 각도	안쪽 반지름
SCMV 1	315 이상	480~620	18 이상	–	1A호	180°	두께 25mm 이하 두께의 0.75배 두께 25mm 초과 100mm 이하 두께의 1.0배 두께 100mm를 초과하는 것. 두께의 1.25배
			22 이상	–	10호		
SCMV 2	275 이상	450~590	19 이상	–	1A호		
			22 이상	–	10호		
SCMV 3	315 이상	520~690	18 이상	–	1A호		
			22 이상	–	10호		
SCMV 4	315 이상	520~690	18 이상	45 이상	10호	180°	두께 25mm 이하 두께의 1.0배 두께 25mm 초과 50mm 이하 두께의 1.25배 두께 50mm 초과 100mm 이하 두께의 1.5배 두께 100mm를 초과하는 것. 두께의 1.75배
SCMV 5	315 이상	520~690	18 이상	45 이상	10호		
SCMV 6	315 이상	520~690	18 이상	45 이상	10호	180°	

【비 고】 1. SCMV 1, SCMV 2 및 SCMV 3의 두께 50mm 이하인 강판은 1A호 시험편, 두께 50mm를 초과한 강판은 10호 시험편을 사용한다. 다만, 두께 40mm를 초과한 것은 10호 시험편을 사용하여도 좋다.

2. SCMV 4, SCMV 5 및 SCMV 6의 강판에서 강판의 두께가 얇기 때문에 10호 시험편을 채취할 수 없는 경우는 표점 거리를 형행부 지름의 4배로 한 10호 유사 시험편을 사용한다. 또한 두께 20mm 이하의 강판은 1A호 시험편을 사용하여도 좋다. 이 경우, 연신율을 측정하기 위한 표점 거리는 50mm로 하고, 파단부를 포함하여 측정한다. 1A호 시험편을 사용하는 경우의 단면수축률은 강도 구분 2의 기계적 성질표의 단면수축률 값에서 5%를 뺀다.
3. SCMV 1, SCMV 2 및 SCMV 3의 두께 8mm 미만인 강판의 1A호 시험편의 연신율은 두께 1mm 또는 그 끝수를 뺀 것에 강도 구분 2의 기계적 성질표의 연신율 값에서 1%를 뺀다.
4. SCMV 1, SCMV 2 및 SCMV 3의 두께 20mm 미만인 강판의 1A호 시험편의 연신율이 강도 구분 2의 기계적 성질표의 규정에서 3을 뺀 값 이상의 경우는 파단부를 포함한 표점 거리 50mm인 연신율 값이 25% 이상이면 강도 구분 2의 기계적 성질표의 규정에 관계없이 합격으로 한다.
5. 두께 90mm를 초과한 강판의 10호 시험편의 연신율은 두께 12.5mm 또는 그 끝수를 늘릴 때마다 강도 구분 1의 기계적 성질표의 연신율 값에서 0.5%를 뺀다. 다만, 빼는 한도는 3%로 한다.

■ 두께의 허용차

단위 : mm

두께	나비					
	1600 미만	1600 이상 2000 미만	2000 이상 2500 미만	2500 이상 3150 미만	3150 이상 4000 미만	4000 이상 5000 미만
6.00 이상 6.30 미만	+0.75	+0.95	+0.95	+1.25	+1.25	–
6.30 이상 10.0 미만	+0.85	+1.05	+1.05	+1.35	+1.35	+1.55
10.0 이상 16.0 미만	+0.85	+1.05	+1.05	+1.35	+1.35	+1.75
16.0 이상 25.0 미만	+1.05	+1.25	+1.25	+1.65	+1.65	+1.95
25.0 이상 40.0 미만	+1.15	+1.35	+1.35	+1.75	+1.75	+2.15
40.0 이상 63.0 미만	+1.35	+1.65	+1.65	+1.95	+1.95	+2.35
63.0 이상 100 미만	+1.55	+1.95	+1.95	+2.35	+2.35	+2.75
100 이상 160 미만	+2.35	+2.75	+2.75	+3.15	+3.15	+3.55
160 이상 200 미만	+2.95	+3.35	+3.35	+3.55	+3.55	+3.95
200 이상 250 미만	+3.35	+3.55	+3.55	+3.75	+3.75	+4.15
250 이상 300 미만	+3.75	+3.95	+3.95	+4.15	+4.15	+4.75
300 이상	+3.95	+4.35	+4.35	+4.55	+4.55	+5.35

【비 고】 1. 마이너스(–)측의 허용차는 0.25mm로 한다.
2. 나비 5000mm 이상인 경우의 허용차는 주문자 · 제조자 사이의 협의에 따른다.
3. 주문자 · 제조자 사이의 협의에 따라 마이너스 쪽의 허용차를 0mm로 한 경우의 플러스 쪽의 허용차는 두께의 허용차표의 수치에 0.25mm를 더한 것으로 한다.

■ 무게의 산출에 사용하는 가산값

단위 : mm

두께	나비					
	1600 미만	1600 이상 2000 미만	2000 이상 2500 미만	2500 이상 3150 미만	3150 이상 4000 미만	4000 이상 5000 미만
6.00 이상 6.30 미만	0.25	0.35	0.35	0.50	0.50	–
6.30 이상 10.0 미만	0.30	0.40	0.40	0.55	0.55	0.65
10.0 이상 16.0 미만	0.30	0.40	0.40	0.55	0.55	0.75
16.0 이상 25.0 미만	0.40	0.50	0.50	0.70	0.70	0.85
25.0 이상 40.0 미만	0.45	0.55	0.55	0.75	0.75	0.95
40.0 이상 63.0 미만	0.55	0.70	0.70	0.85	0.85	1.05
63.0 이상 100 미만	0.65	0.85	0.85	1.05	1.05	1.25
100 이상 160 미만	1.05	1.25	1.25	1.45	1.45	1.65
160 이상 200 미만	1.35	1.55	1.55	1.65	1.65	1.85
200 이상 250 미만	1.55	1.65	1.65	1.75	1.75	1.95
250 이상 300 미만	1.75	1.85	1.85	1.95	1.95	2.25
300 이상	1.85	2.05	2.05	2.15	2.15	2.55

【비 고】 1. 나비 5000mm 이상인 경우의 가산값은 주문자 · 제조자 사이의 협의에 따른다.
2. 주문자 · 제조자 사이의 협의에 따라 마이너스 쪽의 허용차를 0mm로 한 경우 무게의 산출에 사용하는 가산값은 무게의 산출에 사용하는 가산값표의 수치에 0.25mm를 더한 것으로 한다.

9-7 저온 압력 용기용 니켈 강판

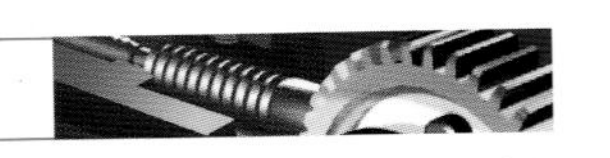

Nickel steel plates for pressure vessels for low temperature service

KS D 3586 : 2007

■ 적용 범위

이 규격은 저온에서 사용하는 압력 용기 및 설비에 사용하는 열간 압연 니켈 강판에 대하여 규정한다.

■ 종류의 기호 및 적용 두께와 최저 사용 가능 온도

종류의 기호	적용 두께 mm	최저 사용 가능 온도 ℃
SL2N255	6 이상 50 이하	−70
SL3N255		−101
SL3N275		−101
SL3N440		−110
SL5N590		−130
SL9N520		−196
SL9N590	6 이상 100 이하	−196

■ 강판의 열처리

종류의 기호	열처리	
SL2N255	노멀라이징. 다만, 필요에 따라 노멀라이징 후 템퍼링을 하여도 좋다. 또는 주문자와 제조자 사이의 협의에 따라 제조자는 열가공 제어 또는 적절한 열처리를 하여도 좋다.	
SL3N255		
SL3N275		
SL3N440	퀜칭 템퍼링	다만, 필요에 따라 중간 열처리(1)를 하여도 좋다.
SL5N590	퀜칭 템퍼링	
SL9N520	2회 노멀라이징 후 템퍼링	
SL9N590	퀜칭 템퍼링	

[비 고] 주문자와 제조자 사이의 협의에 따라 주문자가 열처리를 하는 경우에는 제조자는 시험편에만 열처리를 하고, 강판은 압연한 그대로 출하하여도 좋다.

1. 중간 열처리란 인성의 개선을 목적으로 하여 템퍼링에 앞서 오스테나이트 및 페라이트의 2상 영역에서 냉각하는 열처리를 말한다.

■ 화학 성분

단위 : %

종류의 기호	C	Si	Mn	P	S	Ni
SL2N255	0.17 이하	0.30 이하	0.70 이하	0.025 이하	0.025 이하	2.10~2.50
SL3N255	0.15 이하	0.30 이하	0.70 이하	0.025 이하	0.025 이하	3.25~3.75
SL3N275	0.17 이하	0.30 이하	0.70 이하	0.025 이하	0.025 이하	3.25~3.75
SL3N440	0.15 이하	0.30 이하	0.70 이하	0.025 이하	0.025 이하	3.25~3.75
SL5N590	0.13 이하	0.30 이하	1.50 이하	0.025 이하	0.025 이하	4.75~6.00
SL9N520	0.12 이하	0.30 이하	0.90 이하	0.025 이하	0.025 이하	8.50~9.50
SL9N590	0.12 이하	0.30 이하	0.90 이하	0.025 이하	0.025 이하	8.50~9.50

[비 고] 1. 필요에 따라 화학성분표 이외의 합금원소를 첨가하여도 좋다.

2. 주문자의 요구에 따라 제품 분석을 하는 경우, 화학성분표에 대한 허용변동값은 KS D 0228의 부표 4에 따른다.

■ 항복점 또는 항복강도, 인장강도, 연신율 및 굽힘성

종류의 기호	항복점 또는 항복 강도 N/mm^2	인장 강도 N/mm^2	연신율			굽힘성		
			두께 mm	시험편	%	굽힘 각도	안쪽 반지름	시험편
SL2N255	255 이상	450~590	6 이상 16 이하	5호	24 이상	180°	두께 25mm 이하 : 두께의 0.5배 두께 25mm 초과하는 것 : 두께의 1.0배	KS B 0804의 5. (시험편)
			16을 초과하는 것	5호	29 이상			
			20을 초과하는 것	4호	24 이상			
SL3N255	255 이상	450~590	6 이상 16 이하	5호	24 이상	180°	두께 25mm 이하 : 두께의 0.5배 두께 25mm 초과하는 것 : 두께의 1.0배	
			16을 초과하는 것	5호	29 이상			
			20을 초과하는 것	4호	24 이상			
SL3N275	275 이상	480~620	6 이상 16 이하	5호	22 이상	180°	두께 25mm 이하 : 두께의 0.5배 두께 25mm 초과하는 것 : 두께의 1.0배	
			16을 초과하는 것	5호	26 이상			
			20을 초과하는 것	4호	22 이상			
SL3N440	440 이상	540~690	6 이상 16 이하	5호	21 이상	180°	두께 25mm 이하 : 두께의 1.0배 두께 25mm 초과하는 것 : 두께의 1.5배	
			16을 초과하는 것	5호	25 이상			
			20을 초과하는 것	4호	21 이상			
SL5N590	590 이상	690~830	6 이상 16 이하	5호	21 이상	180°	두께 19mm 이하 : 두께의 1.0배 두께 19mm 초과하는 것 : 두께의 1.5배	
			16을 초과하는 것	5호	25 이상			
			20을 초과하는 것	4호	21 이상			
SL9N520	520 이상	690~830	6 이상 16 이하	5호	21 이상	180°	두께 19mm 이하 : 두께의 1.0배 두께 19mm 초과하는 것 : 두께의 1.5배	
			16을 초과하는 것	5호	25 이상			
			20을 초과하는 것	4호	21 이상			
SL9N590	590 이상	690~830	6 이상 16 이하	5호	21 이상	180°	두께 19mm 이하 : 두께의 0.5배 두께 19mm 초과하는 것 : 두께의 1.5배	
			16을 초과하는 것	5호	25 이상			
			20을 초과하는 것	4호	21 이상			

【비 고】 1. $1N/mm^2$=1MPa

■ 샤르피 흡수 에너지

단위 : J

종류의 기호	시험온도 ℃	샤르피 흡수 에너지						시험편
		3개의 시험편의 평균값			개개의 시험편의 값			
		두께 mm			두께 mm			
		6 이상 8.5 미만	8.5 이상 11 미만	11 이상	6 이상 8.5 미만	8.5 이상 11 미만	11 이상	
		시험편의 두께 × 나비 (mm)						
		10×5	10×7.5	10×10	10×5	10×7.5	10×10	
SL2N255	−70	11 이상	17 이상	21 이상	10 이상	14 이상	17 이상	V노치 압연방향
SL3N255	−101	11 이상	17 이상	21 이상	10 이상	14 이상	17 이상	
SL3N275	−101	11 이상	17 이상	21 이상	10 이상	14 이상	17 이상	
SL3N440	−110	14 이상	22 이상	27 이상	11 이상	17 이상	21 이상	
SL5N590	−130	21 이상	29 이상	41 이상	18 이상	25 이상	34 이상	
SL9N520	−196	18 이상	25 이상	34 이상	14 이상	22 이상	27 이상	
SL9N590	−196	21 이상	29 이상	41 이상	18 이상	25 이상	34 이상	

【비 고】 1. 시험편의 채취방향은 주문자와 제조자 사이의 협의에 따라 샤르피 흡수 에너지표 대신에 압연방향에 직각으로 지정하여도 좋다.

■ 두께의 허용차

단위 : mm

두께	나비					
	1600 미만	1600 이상 2000 미만	2000 이상 2500 미만	2500 이상 3150 미만	3150 이상 4000 미만	4000 이상 5000 미만
6.00 이상 6.30 미만	+0.75	+0.95	+0.95	+1.25	+1.25	–
6.30 이상 10.0 미만	+0.85	+1.05	+1.05	+1.35	+1.35	+1.55
10.0 이상 16.0 미만	+0.85	+1.05	+1.05	+1.35	+1.35	+1.75
16.0 이상 25.0 미만	+1.05	+1.25	+1.25	+1.65	+1.65	+1.95
25.0 이상 40.0 미만	+1.15	+1.35	+1.35	+1.75	+1.75	+2.15
40.0 이상 63.0 미만	+1.35	+1.65	+1.65	+1.95	+1.95	+2.35
63.0 이상 100 미만	+1.55	+1.95	+1.95	+2.35	+2.35	+2.75

【비 고】 1. 마이너스(–)측의 허용차는 0.25mm로 한다.
2. 나비 5000mm 이상인 경우의 허용차는 주문자와 제조자 사이의 협의에 따른다.
3. 주문자와 제조자 사이의 협의에 따라 마이너스 쪽의 허용차를 0mm로 한 경우의 플러스 쪽의 허용차는 두께의 허용차표의 수치에 0.25mm를 더한 것으로 한다.

● 고주파 표면 경화법

0.4~0.5%의 탄소를 함유한 고탄소강을 고주파를 사용하여 일정 온도로 가열한 후 담금질하여 뜨임하는 방법이다. 이 방법에 의하면 0.4% 전후의 구조용 탄소강으로도 합금강이 갖는 목적에 적용할 수 있는 재료를 얻을 수 있다. 표면경화 깊이는 가열되어 오스테나이트 조직으로 변화되는 깊이로 결정되므로 가열 온도와 시간 등에 따라 다르다. 보통 열처리에 사용되는 가열 방법은 열에너지가 전도와 복사 형식으로 가열하는 물체에 도달하는 방식을 이용하고 있다. 그러나 고주파 가열법에서는 전자 에너지 형식으로 가공물에 전달되고, 전자 에너지가 가공물의 표면에 도달하면 유도 2차 전류가 발생한다. 이 때 가공물 표면에 와전류(eddy current)가 발생하여 표피효과(skin effect)가 된다. 2차 유도전류는 표면에 집중하여 흐르므로 표면경화에는 다음과 같은 장점이 나타난다.

• 고주파 표면 경화법의 특징

❶ 표면에 에너지가 집중하기 때문에 가열 시간을 단축할 수 있어 작업비가 싸다.
❷ 가공물의 응력을 최대한 억제할 수 있다.
❸ 가열시간이 극히 짧으므로 탈탄되는 일이 없고 표면경화의 산화가 극히 적다.
❹ 열처리 불량(담금질 균열 및 변형)이 거의 없다.
❺ 강의 표면은 경도가 높고 내마모성이 향상된다.
❻ 기계적 성질이 향상되고 동적강도가 높다.
❼ 재질은 보통 0.30~0.6% 탄소강이면 충분하기 때문에 고탄소강이나 특수강을 필요로 하지 않는다.

CHAPTER
10 일반가공용

10-1 열간 압연 연강판 및 강대

Hot-rolled mild steel plates, sheets and strip

KS D 3501 : 2008

■ 적용 범위

이 표준은 일반용 및 드로잉용의 열간 압연 연강판 및 강대에 대하여 규정한다.

■ 종류의 기호

종류의 기호	적용 두께 mm	비 고
SPHC	1.2 이상 14 이하	일반용
SPHD	1.2 이상 14 이하	드로잉용
SPHE	1.2 이상 6 이하	디프 드로잉용

【참 고】 1. SPHE는 드로잉성을 높이기 위한 특수한 제조 방법, 예를 들면 킬드 처리 등에 의해 제조한다.

■ 화학 성분

단위 : %

종류의 기호	C	Mn	P	S
SPHC	0.15 이하	0.60 이하	0.050 이하	0.050 이하
SPHD	0.10 이하	0.50 이하	0.040 이하	0.040 이하
SPHE	0.10 이하	0.50 이하	0.030 이하	0.035 이하

■ 기계적 성질

종류의 기호	인장강도 N/mm²	연신율 %						인장 시험편	굽힘성			
		두께 1.2mm이상 1.6mm미만	두께 1.6mm이상 2.0mm미만	두께 2.0mm이상 2.5mm미만	두께 2.5mm이상 3.2mm미만	두께 3.2mm이상 4.0mm미만	두께 4.0mm 이상		굽힘 각도	안쪽 반지름 두께 3.2mm 미만	안쪽 반지름 두께 3.2mm 이상	굽힘 시험편
SPHC	270이상	27이상	29이상	29이상	29이상	31이상	31이상	5호 시험편 압연 방향	180°	밀착	두께의 0.5배	KS B 0804의 5에 따름 다만 시험편은 압연 방향으로 채취
SPHD	270이상	30이상	32이상	33이상	35이상	37이상	39이상		−	−	−	
SPHE	270이상	31이상	33이상	35이상	37이상	39이상	41이상		−	−	−	

【비 고】 1. 강대의 양끝의 정상이 아닌 부분에는 적용하지 않는다.

단위 : mm

■ 두께의 허용차

두께	나비			
	1200 미만	1200 이상 1500 미만	1500 이상 1800 미만	1800 이상 2300 이하
1.60 미만	±0.14	±0.15	±0.16(1)	–
1.60 이상 2.00 미만	±0.16	±0.17	±0.18	±0.21(2)
2.00 이상 2.50 미만	±0.17	±0.19	±0.21	±0.25(2)
2.50 이상 3.15 미만	±0.19	±0.21	±0.24	±0.26
3.15 이상 4.00 미만	±0.21	±0.23	±0.26	±0.27
4.00 이상 5.00 미만	±0.24	±0.26	±0.28	±0.29
5.00 이상 6.00 미만	±0.26	±0.28	±0.29	±0.31
6.00 이상 8.00 미만	±0.29	±0.30	±0.31	±0.35
8.00 이상 10.0 미만	±0.32	±0.33	±0.34	±0.40
10.0 이상 12.5 미만	±0.35	±0.36	±0.37	±0.45
12.5 이상 14.0 이하	±0.38	±0.39	±0.40	±0.50

【비 고】 1. 두께의 측정 위치는 테두리에서 20mm 이상 안쪽의 임의의 점으로 한다. 다만 나비 40mm 미만인 경우에는 그 중앙을 측정한다.
2. 강대의 양끝의 정상이 아닌 부분에는 적용하지 않는다.
3. 강대에서 제조되지 않은 강판의 두께 허용차는 인수 · 인도 당사자 사이에서 협정할 수 있다.

【주】 1. 나비 1600mm 미만에 대하여 적용한다.
2. 나비 2000mm 미만에 대하여 적용한다.

● 베어링강

베어링강은 회전하는 베어링의 궤도륜(race)과 볼(ball) 및 롤러(roller)등의 제조에 사용하는 강으로 주로 탄소량과 크롬량이 많은 고탄소(高炭素), 고크롬강이 사용되며, 13크롬 스테인리스강을 사용하는 것도 있다. 고탄소-크롬베어링강의 화학성분으로, 1종과 2종은 베어링 강구(鋼球)나 롤러베어링용에, 3종은 대형 롤러베어링용에 사용된다. 고탄소-크롬강은 780~850℃ 에서 담금질(quenching), 140~160℃로 뜨임(tempering) 처리하여 HRC 62~65의 경도로 한다.

❶ STB1 (JIS : SUJ1)은 소형 볼 베어링용으로 사용되지만 경화능과 뜨임저항이 나쁘므로 사용량이 가장 적은 편이다.
❷ STB2 (JIS : SUJ2)는 표준 베어링강으로 가장 널리 사용되는 대표적인 베어링강으로 주로 직선왕복 운동을 하는 리니어 샤프트에 경질크롬도금을 하여 널리 사용한다. 경도는 고주파 열처리하여 HRC58이상으로 한다.
❸ STB3 (JIS : SUJ3)는 경화능이 좋기 때문에 대형 베어링에 사용된다.

10-2 용융 아연 도금 강판 및 강대

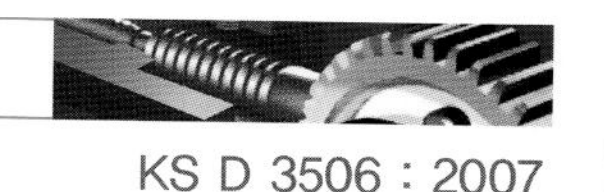

Hot-dip zinc-coated steel sheets and coils

KS D 3506 : 2007

■ 적용 범위

이 규격은 질량 백분율로 97% 이상의 아연을 함유한 도금조(다만, 일반적으로 알루미늄을 0.30%이하로 한다)에서 양면을 같은 두께로 용융 아연 도금을 한 강판 및 강대에 대하여 규정한다. 이 경우 판에는 평판 외에 KS D 3053에 규정된 모양, 치수의 골판을 포함한다.

■ 종류 및 기호(열연 원판을 사용한 경우)

단위 : mm

종류의 기호	적용 표시 두께(1)	적 용
SGHC	1.2 이상 6.0 이하	일반용
SGH 340		구조용
SGH 400		
SGH 440		
SGH 490		
SGH 540		

■ 종류 및 기호(냉연 원판을 사용한 경우)

단위 : mm

종류의 기호	적용 표시 두께(1)	적 용
SGCC	0.25 이상 3.2 이하	일반용
SGCH	0.11 이상 1.0 이하	일반 경질용
SGCD1	0.40 이상 2.3 이하	가공용 1종
SGCD2		가공용 2종
SGCD3	0.60 이상 2.3 이하	가공용 3종
SGC 340	0.25 이상 3.2 이하	구조용
SGC 400		
SGC 440		
SGC 490		
SGC 570	0.25 이상 2.0 이하	

【비 고】 1. SGCD3의 판 및 코일은 주문자의 지정에 의하여 비시효성을 보증하는 경우, 종류의 기호 끝에 N을 붙여 SGCD3N으로 한다.
2. 종류 및 기호표 이외의 표시 두께를 주문자와 제조자 사이에 협의할 수 있다.
3. 지붕용 및 건축 외판용으로 사용할 때는 종류 및 기호표의 종류의 기호 끝에 지붕용에는 R, 건축 외판용에는 A를 붙인다. 이 경우 표시 두께 및 도금 부착량은 부속서 A에 따른다.
4. KS D 3053에 따라 골판으로 가공한 경우는 종류 및 기호표의 종류의 기호에 다시 W 및 골판의 모양 기호를 붙인다. 이 경우 표시 두께 및 도금 부착량은 부속서 B에 따른다.
5. 골판용에는 종류 및 기호표의 종류 중 일반용, 일반 경질용 및 구조용을 사용한다.

■ 도금의 표면 다듬질의 종류 및 기호

도금의 표면 다듬질의 종류	기 호	비 고
레귤러 스팽글	R	아연 결정이 일반적인 응고 과정에서 생성되어 스팽글을 가진 것
미니마이즈드 스팽글	Z	스팽글을 아주 미세화한 것

10-3 냉간 압연 강판 및 강대

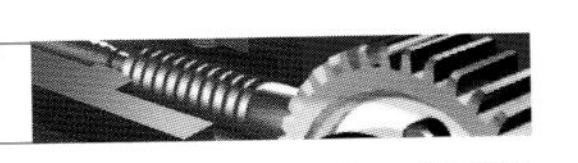

Cold-reduced carbon steel sheets and strip

KS D 3512 : 2007

■ 적용 범위

이 규격은 냉간 압연 강판 및 강대에 대하여 규정하고, 마대강(나비 500mm 미만으로 냉간 압연된 강대) 및 마대강에서 절단된 강판을 포함한다.

■ 종류 및 기호(열연 원판을 사용한 경우)

종류의 기호	적 요
SPCC	일반용
SPCD	드로잉용
SPCE	딥드로잉용
SPCF	비시효성 딥드로잉
SPCG	비시효성 초(超) 딥드로잉

[비 고] 1. SPCC의 표준 조질 및 어닐링한 강판 및 강대는 주문자의 지정에 따라 인장 강도 및 연신율을 보증하는 경우, 종류의 기호 끝에 T를 붙여 SPCCT로 한다.
2. SPCG는 일반적으로 IF강으로 제조한다. 또한 IF는 고용한 C 및 N이 극히 작게 되는 방법으로 제조한 강을 말한다.

■ 조질 구분

조질 구분	조질 기호
어닐링 상태	A
표준 조질	S
1/8 경질	8
1/4 경질	4
1/2 경질	2
경질	1

■ 표면 마무리 구분

표면 마무리 구분	표면 마무리 기호	적 요
무광택 마무리 (dull finishing)	D	물리적 또는 화학적으로 표면을 거칠게 한 롤 광택을 없앤 것
광택 마무리 (bright finishing)	B	매끈하게 마무리한 롤로 매끄럽게 마무리한 것

[비 고] 1. 어닐링한 강판 및 강대에는 이 표의 규정은 적용하지 않는다.

■ 화학 성분

단위 : %

종류의 기호	C	Mn	P	S
SPCC	0.15 이하	0.60 이하	0.050 이하	0.050 이하
SPCD	0.12 이하	0.50 이하	0.040 이하	0.040 이하
SPCE	0.10 이하	0.45 이하	0.030 이하	0.030 이하
SPCF	0.08 이하	0.45 이하	0.030 이하	0.030 이하
SPCG(1)	0.02 이하	0.25 이하	0.020 이하	0.020 이하

[비 고] 필요에 의해 표 이외의 합금 원소를 첨가해도 좋다.
1. Mn, P 또는 S의 상한값은 주문자와 제조자 간의 협의에 따라 조정해도 좋다.

■ 종류 및 기호(냉연 원판을 사용한 경우)

종류의 기호	적용 표시 두께[1]	적용
SGCC	0.25 이상 3.2 이하	일반용
SGCH	0.11 이상 1.0 이하	일반 경질용
SGCD1	0.40 이상 2.3 이하	가공용 1종
SGCD2		가공용 2종
SGCD3	0.60 이상 2.3 이하	가공용 3종
SGC 340	0.25 이상 3.2 이하	구조용
SGC 400		
SGC 440		
SGC 490		
SGC 570	0.25 이상 2.0 이하	

【비 고】 1. SGCD3의 판 및 코일은 주문자의 지정에 의하여 비시효성을 보증하는 경우, 종류의 기호 끝에 N을 붙여 SGCD3N으로 한다.
2. 종류 및 기호표 이외의 표시 두께를 주문자와 제조자 사이에 협의할 수 있다.
3. 지붕용 및 건축 외판용으로 사용할 때는 종류 및 기호표의 종류의 기호 끝에 지붕용에는 R, 건축 외판용에는 A를 붙인다. 이 경우 표시 두께 및 도금 부착량은 부속서 A에 따른다.
4. KS D 3053에 따라 골판으로 가공한 경우는 종류 및 기호표의 종류의 기호에 다시 W 및 골판의 모양 기호를 붙인다. 이 경우 표시 두께 및 도금 부착량은 부속서 B에 따른다.
5. 골판용에는 종류 및 기호표의 종류 중 일반용, 일반 경질용 및 구조용을 사용한다.

■ 도금의 표면 다듬질의 종류 및 기호

도금의 표면 다듬질의 종류	기호	비고
레귤러 스팽글	R	아연 결정이 일반적인 응고 과정에서 생성되어 스팽글을 가진 것
미니마이즈드 스팽글	Z	스팽글을 아주 미세화한 것

● 합금공구강

용도에 따라 내마모성(耐磨耗性)을 비롯하여 내압 · 내산(耐酸) · 내열 등 여러 가지 특성이 요구된다. 크게 구별하면 탄소만으로 특성을 낸 탄소공구강과 탄소 외에 다른 원소를 넣어서 특성을 향상시킨 합금공구강으로 분류한다. 탄소공구강은 탄소량이 0.6~1.5%인 고탄소강으로, 황, 인, 비금속 개재물이 적고 담금질 및 뜨임처리를 해서 사용한다. 탄소량이 적은 것은 인성이 좋고, 많은 것은 내마모성 및 절삭 능력이 우수하다. 합금공구강은 탄소공구강에 0.5~1.0%의 크롬, 4~5%의 텅스텐을 첨가한 절삭용과 0.07~1.3%의 니켈에 소량의 크롬을 첨가한 톱용이 대표적이며, 역시 담금질 및 뜨임처리를 하여 사용한다. 이 밖에도 망간, 몰리브덴, 바나듐, 실리콘 등을 첨가해서 인성 및 내마모성 등을 높여주기도 한다.

• 고주파 표면 경화법의 특징
❶ STC : 탄소공구강
❷ STS : 합금공구강

10-4 냉간 압연 전기 주석 도금 강판 및 원판

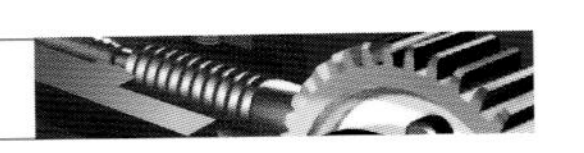

Cold-reduced electrolytic tinplate and cold-reduced blackplate in coil form for the production of tinplate

KS D 3516 : 2007

■ 적용 범위

이 규격은 주석 도금 강판 제조를 위한 코일 형태의 1회 또는 2회 냉간 압연한 원판과 코일 또는 판 형태의 1회 또는 2회 냉간 압연한 저탄소 연강의 전기 주석 도금 강판의 요구 사항에 대하여 규정한다. 1회 냉간 압연한 원판 및 강판의 공칭 두께는 0.005mm 배수로 하여 0.15~0.60mm로 하며, 2회 냉간 압연한 원판 및 강판의 공칭 두께는 0.005mm 배수로 하여 0.14~0.36mm로 한다.

■ 원판 및 강판의 기호

종류	기호
원판	SPB
강판	ET

■ 주석 부착량

구분(기호)	부착량 표시 기호	호칭 부착량 (g/m^2)	구분(기호)	부착량 표시 기호	호칭 부착량 (g/m^2)
동일 두께 도금 (E)	1.0/1.0	1.0/1.0	차등 두께 도금 (D)	5.6/1.5	5.6/1.5
	1.5/1.5	1.5/1.5		5.6/2.0	5.6/2.0
	2.0/2.0	2.0/2.0		5.6/2.8	5.6/2.8
	2.8/2.8	2.8/2.8		8.4/1.0	8.4/1.0
	5.6/5.6	5.6/5.6		8.4/1.5	8.4/1.5
	8.4/8.4	8.4/8.4		8.4/2.0	8.4/2.0
	11.2/11.2	11.2/11.2		8.4/2.8	8.4/2.8
차등 두께 도금 (D)	1.5/1.0	1.5/1.0		8.4/5.6	8.4/5.6
	2.0/1.0	2.0/1.0		11.2/1.0	11.2/1.0
	2.0/1.5	2.0/1.5		11.2/1.5	11.2/1.5
	2.8/1.0	2.8/1.0		11.2/2.0	11.2/2.0
	2.8/1.5	2.8/1.5		11.2/2.8	11.2/2.8
	2.8/2.0	2.8/2.0		11.2/5.6	11.2/5.6
	5.6/1.0	5.6/1.0		11.2/8.4	11.2/8.4

【비 고】 1. 부착량은 $1m^2$의 한 면 주석 부착량을 표시한다.

【보 기】 **11.2/2.8**

- 겹쳐 쌓은 판의 아랫면 또는 코일 안쪽면의 부착량
- 겹쳐 쌓은 판의 윗면 또는 코일 바깥면의 부착량

■ 주석 부착량 허용차

단위 : g/m^2

주석 부착량(M)	호칭 부착량으로부터 샘플 평균에 대한 허용차
1.0≤M<1.5	−0.25
1.5≤M<2.8	−0.30
2.8≤M<4.1	−0.35
4.1≤M<7.6	−0.50
7.6≤M<10.1	−0.65
10.1≤M	−0.90

10-5 자동차 구조용 열간 압연 강판 및 강대

Hot-rolled steel plates, sheets and strip for automobile structural uses

KS D 3519 : 2008

■ 적용 범위

이 표준은 주로 자동차의 프레임, 바퀴 등에 사용되는 프레스 가공성을 가지는 구조용 열간 압연 강판 및 강대에 대하여 규정한다.

■ 종류의 기호

종류의 기호	적용 두께
SAPH 310	1.6mm 이상 14mm 이하
SAPH 370	
SAPH 400	
SAPH 440	

■ 화학 성분

종류의 기호	화학 성분 %	
	P	S
SAPH 310	0.040 이하	0.040 이하
SAPH 370		
SAPH 400		
SAPH 440		

■ 기계적 성질

종류의 기호	인장 시험										굽힘 시험			
	인장 강도 N/mm^2	항복점 N/mm^2			연신율 %(압연 방향) 5호 시험편						굽힘 각도	안쪽 반지름		시험편
		두께 6mm 미만	두께 6mm 이상 8mm 미만	두께 8mm 이상 14mm 미만	두께 1.6mm 이상 2.0mm 미만	두께 2.0mm 이상 2.5mm 미만	두께 2.5mm 이상 3.15mm 미만	두께 3.15mm 이상 4.0mm 미만	두께 4.0mm 이상 6.3mm 미만	두께 6.3mm 이상 14mm 이하		두께 2.0mm 미만	두께 2.0mm 이상	
SAPH 310	310 이상	(185) 이상	(185) 이상	(185) 이상	33 이상	34 이상	36 이상	38 이상	40 이상	41 이상	180°	밀착	두께의 1.0배	압연 방향에 직각 방향
SAPH 370	370 이상	225 이상	225 이상	215 이상	32 이상	33 이상	35 이상	36 이상	37 이상	38 이상	180°	두께의 0.5배	두께의 1.0배	
SAPH 400	400 이상	255 이상	235 이상	235 이상	31 이상	32 이상	34 이상	35 이상	36 이상	37 이상	180°	두께의 1.0배	두께의 1.0배	
SAPH 440	440 이상	305 이상	295 이상	275 이상	29 이상	30 이상	32 이상	33 이상	34 이상	35 이상	180°	두께의 1.0배	두께의 1.5배	

【비 고】 1. 강대 양 끝의 정상이 아닌 부분에는 적용하지 않는다
2. ( ) 안의 수치는 참고값이다.
3. $1N/mm^2$=1MPa

■ 두께의 허용차

단위 : mm

두께	나비			
	1250 미만	1250 이상 1600 미만	1600 이상 2000 미만	2000 이상 2300 미만
1.60 이상 2.00 미만	±0.16	±0.17	±0.18	–
2.00 이상 2.50 미만	±0.17	±0.19	±0.21	–
2.50 이상 3.15 미만	±0.19	±0.21	±0.24	–
3.15 이상 4.00 미만	±0.20	±0.22	±0.26	–
4.00 이상 5.00 미만	±0.25	±0.27	±0.32	±0.37
5.00 이상 6.30 미만	±0.30	±0.32	±0.37	±0.42
6.30 이상 8.00 미만	±0.40	±0.40	±0.45	±0.50
8.00 이상 10.0 미만	±0.45	±0.45	±0.50	±0.55
10.0 이상 12.0 미만	±0.50	±0.50	±0.55	±0.60
12.0 이상 14.0 이하	±0.55	±0.55	±0.60	±0.65

【비 고】 1. 두께의 측정 위치는 KS D 3500의 규정에 따른다.
2. 강대 양 끝의 정상이 아닌 부분에는 적용하지 않는다.

● 회주철

회주철품은 일반적으로 주물품을 말한다. 가격이 저렴하고 주조성이 우수하며 내마모성이 크고 내식성이 비교적 좋으며 진동의 흡수 능력이 좋다. 형상이 복잡하거나 리브나 라운드가 많아 기계가공 만을 하여 제작하기 곤란한 본체나 몸체 및 하우징, 케이스, 본체 커버 등과 V-벨트풀리, 일체형 평 벨트풀리 등의 기계요소들은 회주철제를 적용하는데 몸체의 두께가 비교적 얇은 경우에는 GC200을 두께가 비교적 두꺼운 경우에는 GC300을 적용해 준다.

● 주강

강(steel)으로 주조한 주물을 주강이라 부른다. 주강은 형상이 복잡하거나 대형으로 단조가공이 곤란한 기어 등에 자주 사용된다. 탄소강 주강품은 탄소함유량이 0.2%~0.4% 이하로 SC360, SC410, SC450, SC480으로 구분하며 기호의 뒤에 붙은 수치는 인장강도를 의미한다.(SC480 : 인장강도 480 N/mm²) 주강은 주조를 한 상태로는 조직이 균일하지 않으므로 주조 후 완전 풀림을 실시하여 조직을 미세화시키고 주조응력을 제거해야 하는 단점이 있다. 이같은 단점으로 인해 과거에는 주강기어가 많이 제작 되었으나 요즘에는 특수한 경우나 대형기어를 제작하는 곳 외에는 잘 사용하지 않는다. 주로 본체나 기어펌프의 케이스 등 기계 가공이 곤란한 복잡한 형상 등에 적용한다.

10-6 도장 용융 아연 도금 강판 및 강대

Prepainted hot-dip zinc-coated steel sheets and coils KS D 3520 : 2008

■ 적용 범위

이 규격은 KS D 3506에 규정된 냉간 압연 원판을 사용한 용융 아연 도금 강판 및 강대(이하, 도장 원판이라 한다)에 내구성이 있는 합성수지 도료를 양면 또는 한 면에 균일하게 도장, 열처리한 도장 용융 아연 도금 강판 및 강대(이하, 판 및 코일이라 한다)에 대하여 규정한다. 이 경우, 판은 평판외의 KS D 3053에 규정된 모양 및 치수의 골판을 포함한다.

■ 종류 및 기호

단위 : mm

종류의 기호	적용하는 표시 두께[1]	적용	도장 원판의 종류의 기호
CGCC	0.25 이상 2.30 이하	일반용	SGCC
CGCH	0.11 이상 1.00 이하	일반경질용	SGCH
CGCD	0.40 이상 2.30 이하	조임용	SGCD1, SGCD2, SGCD3
CGC340	0.25 이상 1.60 이하	구조용	SGC340
CGC400	0.25 이상 1.60 이하		SGC400
CGC440	0.25 이상 1.60 이하		SGC440
CGC490	0.25 이상 1.60 이하		SGC490
CGC570	0.25 이상 1.60 이하		SGC570

【비 고】 1. 위 표 이외의 표시 두께를 주문자와 제조자 사이에서 협의하여도 좋다.
2. 도장 원판의 도금 부착량은 KS D 3506에 따른다.
3. 지붕용 및 건축외판용에 사용하는 경우는 위 표의 종류의 기호 말미에 지붕용은 R, 건축외판용은 A를 붙인다. 이 경우의 표시 두께 및 도금 부착량 표시기호는 KS D 3506의 부속서 A에 따른다.
4. KS D 3053에 따라 골판으로 가공한 경우는 위 표의 종류의 기호에 다시 W 및 골판의 모양 기호를 붙인다. 이 경우의 표시 두께 및 도금 부착량 표시기호는 KS D 3506의 부속서 B에 따른다.
5. 골판에는 위 표의 종류의 기호 중 일반용, 일반경질용 및 구조용을 사용한다.
6. 지붕용 및 건축외판용에는 도막의 내구성 종류의 2류 이상의 것을 적용한다.
7. 지붕에서 한 면 보증인 경우, 2류에 대해서는 뒷면에 5μm 이하의 방청도장을 한다.

【주】 1. 판 및 코일의 두께는 도금 전의 원판 두께를 표시 두께로 하고, 원판에 도금 및 도장을 한 후의 두께를 제품 두께로 한다.

■ 표면 보호처리의 종류 및 기호

표면 보호 처리의 종류 및 기호	기호
보호 필름	P
왁스	T

■ 표준 나비 및 표준 길이

단위 : mm

표준 나비	판의 표준 길이						
762	1829	2134	2438	2743	3048	3353	3658
914	1829	2134	2438	2743	3048	3353	3658
1000	2000						
1219	2438	3048	3658				

【비 고】 1. 코일의 경우, 나비 610mm도 표준 나비로 한다.

■ 물리적 성질

항 목	일반 경질용 (CGCH) 구조용 (CGC570)	일반용, 조임용 (CGCC, CGCD) 구조용 (CGC340, CGC400, CGC440, CGC490)	물리적 성질	시험방법의 항목번호
굽힘 밀착성	–	○	시험편의 나비의 양끝에서 각각 7mm 이상 떨어진 곳의 바깥쪽 표면의 도막이 원판에서 벗겨지지 않아야 한다.	13.2.2
도막 경도	○	○	도막에 긁힌 자국이 생기지 않아야 한다.	13.2.3
내충격성	–	○	도막이 원판에서 벗겨지지 않아야 한다.	13.2.4
밀착성	○	–	도막이 원판에서 벗겨지거나 도막이 찢어지거나 주름이 되는 이상한 부풀어 오름이 생겨서는 안 된다.	13.2.5

[비 고] 1. 굽힘 밀착성은 비합금화 도금을 한 도막 원판을 이용하는 경우에 적용하고, 합금화 도금을 한 도막 원판을 이용하는 경우에는 참고 시험으로 한다.
2. 지붕용, 건축외판용 및 골판용에 이용하는 경우의 시험 항목은 위 표에 준한다.

■ 제품 두께의 허용차(도막의 내구성의 종류 기호가 '10', '11', '20' 및 '21' 인 경우에 적용한다)

단위 : mm

표시 두께	나비		
	630 미만	630 이상 1000 미만	1000 이상 1250 이하
0.25 미만	+0.08 −0.03	+0.08 −0.03	+0.08 −0.03
0.25 이상 0.40 미만	+0.09 −0.04	+0.09 −0.04	+0.09 −0.04
0.40 이상 0.60 미만	+0.10 −0.05	+0.10 −0.05	+0.10 −0.05
0.60 이상 0.80 미만	+0.11 −0.06	+0.11 −0.06	+0.11 −0.06
0.80 이상 1.00 미만	+0.11 −0.06	+0.11 −0.06	+0.12 −0.07
1.00 이상 1.25 미만	+0.12 −0.07	+0.12 −0.07	+0.13 −0.08
1.25 이상 1.60 미만	+0.13 −0.08	+0.14 −0.09	+0.15 −0.10
1.60 이상 2.00 미만	+0.15 −0.10	+0.16 −0.11	+0.17 −0.12
2.00 이상 2.30 미만	+0.17 −0.12	+0.18 −0.13	+0.19 −0.14

■ 제품 두께의 허용차(도막의 내구성의 종류 기호가 '10', '11', '20' 및 '21' 이외의 경우에 적용한다)

단위 : mm

표시 두께	나비		
	630 미만	630 이상 1000 미만	1000 이상 1250 이하
0.25 미만	+0.10 −0.02	+0.10 −0.02	+0.10 −0.02
0.25 이상 0.40 미만	+0.11 −0.03	+0.11 −0.03	+0.11 −0.03
0.40 이상 0.60 미만	+0.12 −0.04	+0.12 −0.04	+0.12 −0.04
0.60 이상 0.80 미만	+0.13 −0.05	+0.13 −0.05	+0.13 −0.05
0.80 이상 1.00 미만	+0.13 −0.05	+0.13 −0.05	+0.14 −0.06
1.00 이상 1.25 미만	+0.14 −0.06	+0.14 −0.06	+0.15 −0.07
1.25 이상 1.60 미만	+0.15 −0.07	+0.16 −0.08	+0.17 −0.09
1.60 이상 2.00 미만	+0.17 −0.09	+0.18 −0.10	+0.19 −0.11
2.00 이상 2.30 미만	+0.19 −0.11	+0.20 −0.12	+0.21 −0.13

■ 상당 도금 두께

단위 : mm

도금의 부착량 표시기호	Z06	Z08	Z10	Z12	Z18	Z20	Z22	Z25	Z27	Z35	Z37	Z45	Z60
상당 도금 두께	0.013	0.017	0.021	0.026	0.034	0.040	0.043	0.049	0.054	0.064	0.067	0.080	0.102
도금의 부착량 표시기호	F04	F06	F08	F10	F12	F18							
상당 도금 두께	0.008	0.013	0.017	0.021	0.026	0.034							

● 기계구조용 탄소강

기계구조용 탄소강은 탄소(C)이외에도 Mn, Si, P, S 등이 함유되어 있는데 강의 성질의 조정은 주로 탄소량에 의하여 행하여진다. 탄소량이 증가됨에 따라 경도, 강도가 증가하며 연신율, 단면수축율이 감소한다. 기계구조용 탄소강의 대부분은 압연 또는 단조한 상태 그대로 혹은 풀림(Annealing)또는 불림(Normalizing)을 실시하여 사용하는 것이 일반적인데, SM28C 이상이면 담금질 효과가 있게 되므로 강인성을 필요로 하는 기계 부품에서는 담금질 및 뜨임을 실시하여 사용한다. 기계구조용 탄소강재는 SM10C 에서 SM58C 까지와 SM9CK, SM15CK, SM20CK의 23종류가 있으며 이 중에서 CK가 붙는 3종류는 침탄열처리용이다.

• 탄소량에 따른 분류

❶ 저탄소강(SM10C ~ SM25C)

이 범위의 탄소강은 열처리 효과를 기대할 수 없으므로 비교적 강도를 필요로 하지 않는 것에 사용되고 인성이 있으며 용접도 용이해서 일반기계 구조 부품에 널리 사용된다.

❷ 중탄소강(SM28C ~ SM48C)

이 범위의 탄소강은 냉간가공성, 용접성은 약간 나쁘게 되나 담금질, 뜨임에 의하여 강인성이 증대되므로 비교적 중요한 기계구조부품에 사용된다. 그 중에서도 특히 SM40C~SM58C의 것은 고주파 담금질에 의해 표면경화시켜 피로 강도가 높고, 또 마모에 강한 기계부품에 사용이 가능하므로 그 용도가 광범위하여 실제로 많이 사용되고 있다.

❸ 고탄소강(SM50C ~ SM58C)

이 탄소강은 열처리 효과가 크고 담금질성이 양호하나 인성이 부족하므로 표면의 경도를 필요로 하는 기계부품에 사용되며 비교적 사용 용도가 한정되어 있다.

● 일반구조용 압연강재

일반 구조용 압연강은 평강, 각재, 환봉, 강판, 형강등으로 제작되어 일반구조물이나 용접구조물, 기계 프레임, 브라켓류 제작 등에 널리 사용되는 강재로 현장에서는 SS41(구KS : SB41)이라는 JIS 구기호로 표기된 도면을 쉽게 접할 수 있으며, KS규격과 JIS규격에서는 신기호인 SS 400으로 변경하여 규격화 되어 있다. 일반 구조용 압연 강재는 가공성과 용접성이 양호하여 일반 기계 부품 및 구조물에 폭 넓게 사용되고 있다. 용접성에 있어서 SS400 은 판 두께가 50㎜를 초과하지 않는 한 거의 문제되지 않으며, SS490 및 SS540은 용접하지 않는 곳에 사용한다. 판 두께가 50㎜ 이상인 경우 용접이 필요할 때는 SS400을 사용해서는 안되며, 용접구조용 압연강제(SWS)를 사용한다.

10-7 전기 아연 도금 강판 및 강대

Electrolytic zinc-coated steel sheets and coils KS D 3528 : 2014

■ 적용 범위

이 규격은 전기 아연 도금 강판 및 강대에 대해서 규정한다. 판 및 코일에 사용하는 원판은 원칙적으로 KS D 3503, KS D 3519, KS D 3501, KS D 3616, KS D 3617 및 KS D3512에 따른다. 다만, KS D 3512에 따른 원판은 원칙적으로 무광택(dull) 마무리의 표준 조질로 한다.

■ 종류 및 기호(열연 원판을 사용한 경우)

종류의 기호	표시 두께 mm	적용	
		주된 용도	대응하는 KS 원판의 종류 기호
SEHC	1.6 이상 4.5 이하	일반용	SPHC
SEHD		드로잉용	SPHD
SEHE	1.6 이상 4.5 이하	디프드로잉용	SPHE
SEFH490	1.6 이상 4.5 이하	가공용	SPFH490
SEFH540			SPFH540
SEFH590			SPFH590
SEFH540Y	2.0 이상 4.0 이하	고가공용	SPFH540Y
SEFH590Y			SPFH590Y
SE330	1.6 이상 4.5 이하	일반 구조용	SS330
SE400			SS400
SE490			SS490
SE540			SS540
SEPH310	1.6 이상 4.5 이하	구조용	SAPH310
SEPH370			SAPH370
SEPH400			SAPH400
SEPH440			SAPH440

【비 고】 1. SEHC, SEHD 및 SEHE에 대하여 표 이외의 표시 두께를 인수 · 인도 당사자 사이에 협의할 수 있다.

■ 종류 및 기호(냉연 원판을 사용한 경우)

종류의 기호	표시 두께 mm	적용	
		주된 용도	대응하는 KS 원판의 종류 기호
SECC	0.4 이상 3.2 이하	일반용	SPCC
SECD	0.4 이상 3.2 이하	드로잉용	SPCD
SECE	0.4 이상 3.2 이하	디프드로잉용	SPCE
SEFC340	0.6 이상 2.3 이하	드로잉 가공용	SPFC340
SEFC370			SPFC370
SEFC390	0.6 이상 2.3 이하	가공용	SPFC390
SEFC440			SPFC440
SEFC490			SPFC490
SEFC540			SPFC540
SEFC590			SPFC590
SEFC490Y	0.6 이상 1.6 이하	저항복비형	SPFC490Y
SEFC540Y			SPFC540Y
SEFC590Y			SPFC590Y
SEFC780Y	0.8 이상 1.4 이하		SPFC780Y
SEFC980Y			SPFC980Y
SEFC340H	0.6 이상 1.6 이하	열처리 경화형	SPFC340H

【비 고】 1. SECC의 표준 조질 및 어닐링한 그대로의 판 및 코일은 주문자의 지정에 따라 인장 시험 혹은 에릭슨 값의 어느 한쪽 또는 양쪽을 보증하는 경우, 종류의 기호 끝에 T를 붙여 SECCT로 한다.
2. SECE의 표준 조질 판 및 코일은 주문자의 지정에 따라 비시효성을 보증하는 경우, 종류의 기호 끝에 N을 붙여 SECEN으로 한다.
3. SECC, SECD 및 SECE에 대하여 표 이외의 표시 두께를 인수 · 인도 당사자 사이에 협의할 수 있다.
4. SECC, SECD 또는 SECE의 조질 구분 기호는 다음 장의 표 조질 구분에 따른다.

■ 조질 구분

조질 구분	조질 기호
어닐링한 그대로	A
표준 조질	S
1/8 경질	8
1/4 경질	4
1/2 경질	2
경질	1

■ 아연의 최소 부착량

아연의 한 면 부착량 표시기호	아연의 최소 부착량(한 면) g/m^2		(참고) 아연 표준 부착량(한 면) g/m^2
	동일 두께 도금인 경우	차등 두께 도금인 경우	
ES	–	(1)	–
EB	2.5	–	3
E8	8.5	8	10
E16	17	16	20
E24	25.5	24	30
E32	34	32	40
E40	42.5	40	50

【비 고】 40g/m^2를 초과하는 아연의 부착량 표시기호 및 최소 부착량은 인수 · 인도 당사자 사이의 협의에 따른다.
1. 에지부를 제외하고 아연 부착량 50mg/m^2 이하로 한다.

■ 화성 처리의 종류 및 기호

화성 처리의 종류	기호
무처리	M
크로뮴산 처리	C
인산염 처리	P

【비 고】 1. 표 이외의 화성 처리 종류에 대하여는 인수 · 인도 당사자 사이에 협의한다.

10-8 용융 알루미늄 도금 강판 및 강대

Hot-dip aluminium coated steel sheets and coils KS D 3544 : 2002(2012 확인)

■ 적용 범위

이 규격은 용융 알루미늄 도금을 한 강판 및 강대에 대하여 규정한다.

■ 종류 및 기호

종류의 기호	적 용	
	주요 용도	알루미늄 부착량 기호
SA1C	내열용(일반용)	40, 60, 80, 100
SA1D	내열용(드로잉용)	
SA1E	내열용(디프 드로잉용)	
SA2C	내후용(일반용)	200

■ 알루미늄 최소 부착량

알루미늄 부착량 기호	40	60	80	100	200
최소 부착량(양면 3점법) g/m^2	40	60	80	100	200

【비 고】 1. 최소 부착량(양면 3점법)은 공시재로부터 채취한 3개 시험편의 산술 평균에 대해서 적용한다.

■ 연신율 및 굽힘

종류의 기호	연신율 %			굽 힘	
	두께 mm				
	0.40 이상 0.60 미만	0.60 이상 1.00 미만	1.00 이상	굽힘 각도	굽힘의 안쪽 간격
SA1C	–	–	–	180°	표시 두께의 판 4매
SA1D	30 이상	32 이상	34 이상	180°	표시 두께의 판 1매(1)
SA1E	34 이상	36 이상	38 이상	180°	표시 두께의 판 1매(1)
SA2C	–	–	–	180°	표시 두께의 판 4매

【주】 1. SAID 및 SAIE에서 두께 1.6mm 이상의 경우 굽힘의 안쪽 간격은 표시 두께의 판 2매로 할 수도 있다.

【비 고】 1. 인장 강도는 참고값으로 하며, 그 값은 $275N/mm^2$ 이상으로 한다.

■ 표준 두께

단위 : mm

0.40	0.50	0.60	0.70	0.80	0.90	1.0	1.2	1.4	1.6	2.0	2.3

■ 표준 나비 및 표준 길이

단위 : mm

표준 나비	표준 길이		
914	1829	2438	3658
1000	2000		
1219	2438	3658	

■ 두께의 허용차

단위 : mm

종류의 기호	알루미늄 부착량 기호	두 께	나 비	
			1000 미만	1000 이상 1250 미만
SA1C	40	0.40 이상 0.60 미만	±0.07	±0.07
SA1D	60	0.60 이상 1.0 미만	±0.10	±0.11
SA1E	80	1.0 이상 1.6 미만	±0.13	±0.14
	100	1.6 이상 2.3 미만	±0.17	±0.18
		2.3 이상	±0.21	±0.22
SA2C	200	0.40 이상 0.60 미만	±0.09	±0.09
		0.60 이상 1.0 미만	±0.12	±0.13
		1.0 이상 1.6 미만	±0.15	±0.16
		1.6 이상 2.3 미만	±0.19	±0.20
		2.3 이상	±0.23	±0.24

■ 나비 및 길이의 허용차

단위 : mm

구 분	허 용 차
나 비	+10 0
길 이	+15 0

■ 무게의 계산 방법

계산 순서		계산 방법	결과의 자리수
원판의 기본 무게 kg/mm · m^2		7.85(두께 1mm, 면적 1m^2)	
원판의 단위 무게 kg/m^2		원판의 기본 무게(kg/mm · m^2)×[표시 두께(mm) −무게의 계산에 사용하는 도금 두께(mm)]	유효 숫자 4자리로 끝맺음한다
판	판의 단위 무게 kg/m^2	원판의 단위 무게(kg/m^2)+무게의 계산에 사용하는 알루미늄 부착량(g/m^2)×10^{-3}	유효 숫자 4자리로 끝맺음하다
	판의 면적 m^2	나비(mm)×길이(mm)×10^{-6}	유효 숫자 4자리로 끝맺음한다
	1매의 무게 kg	판의 단위 무게(kg/m^2)×판의 면적(m^2)	유효 숫자 3자리로 끝맺음한다
	1묶음의 무게 kg	1매의 무게(kg)×동일 치수의 1묶음 내의 매수	kg의 정수로 끝맺음한다
	총 무게 kg	각 묶음의 무게(kg)의 합계	kg의 정수
코 일	코일의 단위 무게 kg/m	판의 단위 무게(kg/m^2)×나비(mm)×10^{-3}	유효 숫자 3자리로 끝맺음한다
	1코일의 무게 kg	코일의 단위 무게(kg/m)×길이(m)	kg의 정수로 끝맺음한다
	총 무게 kg	각 코일의 무게(kg)의 합계	kg의 정수

【비 고】 1. 치수의 끝맺음은 KS A 0021에 따른다.

■ 무게의 계산에 사용하는 도금 두께

단위 : mm

알루미늄 부착량 기호	40	60	80	100	200
무게의 계산에 사용하는 도금 두께	0.022	0.033	0.044	0.056	0.111

■ 무게의 계산에 사용하는 알루미늄 부착량

단위 : g/m^2

알루미늄 부착량 기호	40	60	80	100	200
무게의 계산에 사용하는 알루미늄 부착량	60	90	120	150	300

10-9 강관용 열간 압연 탄소 강대

Hot-rolled carbon steel strip for pipes and tubes KS D 3555 : 2008

■ 적용 범위

이 표준은 용접 강관에 사용하는 열간 압연 강대에 대하여 규정한다.

■ 종류의 기호

종류의 기호	적용 두께
HRS1	1.2mm 이상 13mm 이하
HRS2	
HRS3	1.6mm 이상 13mm 이하
HRS4	

■ 화학 성분

종류의 기호	화학 성분 %				
	C	Si	Mn	P	S
HRS1	0.10 이하	0.35 이하(1)	0.50 이하	0.040 이하	0.040 이하
HRS2	0.18 이하	0.35 이하	0.60 이하	0.040 이하	0.040 이하
HRS3	0.25 이하	0.35 이하	0.30~0.90	0.040 이하	0.040 이하
HRS4	0.30 이하	0.35 이하	0.30~1.00	0.040 이하	0.040 이하

【비 고】 1. 당사자 사이의 협정에 따라 0.04% 이하로 할 수 있다.

■ 기계적 성질

종류의 기호	인장 시험						굽힘 시험			
	인장 강도 N/mm² {kgf/mm²}	연신율 %				시험편	굽힘 각도	안쪽 반지름		시험편
		두께 1.2mm이상 1.6mm미만	두께 1.6mm이상 3.0mm미만	두께 3.0mm이상 6.0mm미만	두께 6.0mm이상 13mm미만			두께 3.0mm이하	두께 3.0mm초과 13mm이하	
HRS1	270 이상 {28} 이상	30 이상	32 이상	35 이상	37 이상	5호 압연 방향	180°	밀착	두께의 0.5배	3호 압연 방향
HRS2	340 이상 {35} 이상	25 이상	27 이상	30 이상	32 이상		180°	두께의 1.0배	두께의 1.5배	
HRS3	410 이상 {42} 이상	20 이상	22 이상	25 이상	27 이상		180°	두께의 1.5배	두께의 2.0배	
HRS4	490 이상 {50} 이상	15 이상	18 이상	20 이상	22 이상		180°	두께의 1.5배	두께의 2.0배	

【비 고】 1. 강대의 양끝이 정상이 아닌 부분은 위 표를 적용하지 않는다.

■ 두께의 허용차

단위 : mm

두께	나비						
	630 미만	630 이상 800 미만	800 이상 1000 미만	1000 이상 1250 미만	1250이상 1600미만	1600이상 2000미만	2000이상 2300이하
1.25 미만	±0.14	±0.14	±0.14	±0.15	±0.16	-	-
1.25 이상 1.60 미만	±0.15	±0.15	±0.15	±0.16	±0.17	-	-
1.60 이상 2.00 미만	±0.16	±0.17	±0.18	±0.19	±0.20	±0.21	-
2.00 이상 2.50 미만	±0.18	±0.20	±0.21	±0.22	±0.23	±0.25	-
2.50 이상 3.15 미만	±0.20	±0.23	±0.24	±0.25	±0.27	±0.30	±0.35
3.15 이상 4.00 미만	±0.23	±0.26	±0.27	±0.28	±0.31	±0.35	±0.40
4.00 이상 5.00 미만	±0.27	±0.29	±0.30	±0.32	±0.35	±0.40	±0.45
5.00 이상 6.00 미만	±0.32	±0.32	±0.33	±0.36	±0.40	±0.45	±0.50
6.00 이상 8.00 미만	±0.45	±0.45	±0.45	±0.45	±0.50	±0.55	±0.60
8.00 이상 13.0 미만	±0.55	±0.55	±0.55	±0.55	±0.60	±0.65	±0.70

【비 고】 1. 강대의 양끝이 정상이 아닌 부분에는 적용하지 않는다.
2. 두께의 측정 장소는 가장자리에서 20mm 이상 안쪽의 임의의 점으로 한다. 다만, 나비 40mm 미만인 경우에는, 그 중앙을 측정한다.

● 스테인레스강재

스테인레스강은 철강의 최대 결점인 녹발생을 방지하기 위하여 표층부에 부동태를 형성해서 녹슬지 않는 성질을 갖는 강으로서, 주성분으로 Cr을 함유하는 특수강으로 정의하며 표면이 미려하고 청결감이 좋아 안정된 분위기를 느끼게 하며 또한 그 표면처리 가공은 경면(거울면) 상태로부터 무광택, 헤어라인(Hair Line), 부식에 의한 에칭(Etching), 화학착색 등 여러가지 모양으로 표면가공이 가능하다. 내식성이 우수하고, 내마모성이 높으며 기계적 성질이 좋다. 또한 강도가 크고 저온 특성이 우수하며 내화 및 내열성(고온강도)이 크다. 스테인레스강은 크게 4가지로 분류가 되는데 페라이트계, 오스테나이트계, 마르텐사이트계, 석출경화계로 구분이 된다. 합금성분의 차이로 단가의 차이가 나며 이들 중에서 석출경화계가 가장 비싸다. 페라이트계의 대표적인 합금강은 STS405, 430, 434 등이 있으며, 오스테나이트계의 대표적인 합금강은 STS304, 305, 316, 321 등이 있으며, 이 재질은 다른 것에 비해 연한 성질이 있어 굽힘 가공이 용이한 편이다. 우리가 흔히 사용하는 수저나 젓가락, 의료용기기, 스테인레스 수도관등의 재료로 사용이 된다. 마르텐사이트계의 대표적인 합금강은 STS410, 420, 431, 440 등이 있으며 실린더, 피스톤, 절단공구, 금형공구 등 어느 정도의 강도가 필요한 제품에 사용되고 있다. 석출경화계는 오스테나이트계와 마르텐사이트계의 두 성질을 모두 만족하고, 대표적인 합금강으로는 STS630, 631이 있으며 내식성이 우수할 뿐만 아니라 시효경화처리를 통해 높은 경도를 얻을 수 있다.

● 알루미늄합금

알루미늄 합금은 열처리에 의한 경화 여부에 기준을 두어 구분하고 있다. 비열처리 알루미늄 합금의 강도는 실리콘(Si), 철(Fe), 망간(Mn), 마그네슘(Mg) 등의 원소에 의한 고용 강화 혹은 분산 강화에 의해 결정된다. 1XXX, 3XXX, 4XXX, 5XXX 계열에 속하는 금속들이다. 근본적으로 석출물에 의해서 경화하는 조직상의 특성을 가지고 있기에 열처리에 의해 경화하지 않는다. 비열처리 알루미늄 합금을 용융 용접하게 되면 열영향부의 강도가 저하한다. 구리(Cu), 망간(Mn), 아연(Zn), 규소(Si) 등의 원소는 알루미늄 합금의 온도가 올라갈수록 고용도가 높아진다. 따라서 열처리에 의해서 이들 합금 원소의 석출과 고용화에 의한 경화를 이룰 수 있다. 이러한 의미에서 이들 합금 원소가 첨가된 알루미늄 합금을 열처리 알루미늄 합금이라고 구분하다. 여기에 속하는 합금은 2XXX, 6XXX 와 7XXX 계열 그리고, 합금 원소 조합에 따라 일부 4XXX 계열이 있다.

10-10 자동차용 가공성 열간 압연 고장력 강판 및 강대 [폐지]

Hot rolled high strength steel sheets with improved formability for automobile structural uses

KS D 3616 : 2002(2007 확인)

■ 적용 범위

이 규격은 주로 자동차의 프레임, 바퀴 등에 사용되는 프레스 가공성을 가지는 구조용 열간 압연 강판 및 강대에 대하여 규정한다.

■ 종류의 기호

종류의 기호		적용 두께 mm	비 고
SI 단위	종래 단위(참고)		
SPFH 490	SPFH 50	1.6 이상 6.0 이하	가공용
SPFH 540	SPFH 55		
SPFH 590	SPFH 60		
SPFH 540Y	SPFH 55Y	2.0 이상 4.0 이하	고가공용
SPFH 590Y	SPFH 60Y		

■ 기계적 성질

종류의 기호	인장강도 N/mm²	항복점 또는 항복강도 N/mm²	연신율 %				인장 시험편	굽힘성			
			두께 mm					굽힘 각도	안쪽 반지름		시험편
									두께 mm		
			1.6이상 2.0미만	2.0이상 2.5미만	2.5이상 3.25미만	3.25이상 6.0이하			1.6이상 3.25미만	3.25이상 6.0이하	
SPFH 490	490 이상	325 이상	22 이상	23 이상	24 이상	25 이상	5호 시험편 압연 방향에 직각	180°	두께의 0.5배	두께의 1.0배	3호 시험편 압연 방향에 직각
SPFH 540	540 이상	355 이상	21 이상	22 이상	23 이상	24 이상			두께의 1.0배	두께의 1.5배	
SPFH 590	590 이상	420 이상	19 이상	20 이상	21 이상	22 이상			두께의 1.5배	두께의 1.5배	
SPFH 540Y	540 이상	295 이상	–	24 이상	25 이상	26 이상			두께의 1.0배	두께의 1.5배	
SPFH 590Y	590 이상	325 이상	–	22 이상	23 이상	24 이상			두께의 1.5배	두께의 1.5배	

■ 표준 두께

단위 : mm

표준 두께								
	1.6	1.8	2.0	2.3	2.5	2.6	2.8	2.9
	3.2	3.6	4.0	4.5	5.0	5.6	6.0	–

■ 두께의 허용차

단위 : mm

두께 \ 나비	1200미만	1200 이상 1500 미만	1500 이상 1800 미만	1800 이상 2160 미만
1.60이상 2.00 미만	±0.16	±0.19	±0.20[1]	–
2.00이상 2.50 미만	±0.18	±0.22	±0.23[1]	–
2.50이상 3.15 미만	±0.20	±0.24	±0.26[1]	–
3.15이상 4.00 미만	±0.23	±0.26	±0.28	±0.30
4.00이상 5.00 미만	±0.26	±0.29	±0.31	±0.32
5.00이상 6.00 미만	±0.29	±0.31	±0.32	±0.34
6.00	±0.32	±0.33	±0.34	±0.38

【주】 1. 나비 1600mm 미만에 대하여 적용한다.

【비 고】 1. 두께의 측정 위치는 KS D 3500에 따른다.
2. 강대 양끝의 정상이 아닌 부분에는 적용하지 않는다.

■ 나비의 허용차

단위 : mm

나 비	두 께	허용차			
		밀 에지		컷 에지	
		압연한 그대로의 강판 (귀붙이 강판)	강대 및 강대로부터의 절판	+	−
400 이상 630 미만	3.15 미만	+ 규정하지 않음 0	+20 0	10	0
	3.15 이상 6.00 미만			10	
	6.00			10	
630 이상 1000 미만	3.15 미만	+ 규정하지 않음 0	+25 0	10	0
	3.15 이상 6.00 미만			10	
	6.00			10	
1000 이상 1250 미만	3.15 미만	+ 규정하지 않음 0	+30 0	10	0
	3.15 이상 6.00 미만			10	
	6.00			15	
1250 이상 1600 미만	3.15 미만	+ 규정하지 않음 0	+35 0	10	0
	3.15 이상 6.00 미만			10	
	6.00			15	
1600 이상	3.15 미만	+ 규정하지 않음 0	+40 0	10	0
	3.15 이상 6.00 미만			10	
	6.00			1.2%	

■ 강판 길이의 허용차

단위 : mm

길이 구분	허용차
6300 미만	+25 0
6300 이상	+0.5% 0

■ 강판 평탄도의 최대값

단위 : mm

종류의 기호		두 께	나 비 1250 미만	나 비 1250 이상 1600 미만	나 비 1600 이상 2000 미만	나 비 2000 이상
가 공 용	SPFH 490	1.60이상 4.0미만	16	18	20	–
	SPFH 540	4.00이상 6.00이하	14	16	18	22
	SPFH 590	1.60이상 4.0미만	20	22	24	–
		4.00이상 6.00이하	18	20	22	26
고가공용	SPFH 540Y SPFH 590Y	2.00이상 4.0미만	22	–	–	–

【비 고】 1. 평탄도는 원칙적으로 정반 위에 놓고 측정하며, 그 값은 변형의 최대값에서 강판의 두께를 뺀 것으로서 강판의 위쪽면에 적용한다.
2. 위 표는 임의의 길이 4000mm에 대하여 적용하고, 길이 4000mm 미만일 때는 전체 길이에 대하여 적용한다.

10-11 자동차용 냉간 압연 고장력 강판 및 강대 [폐지]

Cold rolled high strength steel for automobile uses KS D 3617 : 2002(2007 확인)

■ 적용 범위

이 규격은 주로 자동차에 사용되는 가공성이 양호한 냉간 압연 고장력 강판 및 강대에 대하여 규정한다. 또한 적용 두께는 아래표에 따른다.

■ 종류의 기호

종류의 기호	적용 두께(mm)	비 고
SPFC 340	0.6 이상 2.3 이하	드로잉용
SPFC 370		
SPFC 390	0.6 이상 2.3 이하	가 공 용
SPFC 440		
SPFC 490		
SPFC 540		
SPFC 590		
SPFC 490Y	0.6 이상 1.6 이하	저항복 비형
SPFC 540Y		
SPFC 590Y		
SPFC 780Y	0.8 이상 1.4 이하	
SPFC 980Y		
SPFC 340H	0.6 이상 1.6 이하	베이커 경화형

■ 기계적 성질

종류의 기호	인장 강도 N/mm^2	항복 강도 또는 항복점 N/mm^2	연 신 율 % 두 께 mm 0.6이상 1.0미만	연 신 율 % 두 께 mm 1.0이상 2.3이하	베이커 경화량 N/mm^2	시험편	굽힘성 굽힘각도	굽힘성 굽힘의 안쪽 반지름	굽힘성 시험편
SPFC 340	343 이상	177 이상	34 이상	35 이상	–	KS 5호 압연 방향으로 직각	180°	밀 착	압연 방향으로 직각
SPFC 370	373 이상	206 이상	32 이상	33 이상	–			밀 착	
SPFC 390	392 이상	235 이상	30 이상	31 이상	–			밀 착	
SPFC 440	441 이상	265 이상	26 이상	27 이상	–			밀 착	
SPFC 490	490 이상	294 이상	23 이상	24 이상	–			밀 착	
SPFC 540	539 이상	324 이상	20 이상	21 이상	–			두께의 0.5배	
SPFC 590	588 이상	353 이상	17 이상	18 이상	–			두께의 1.0배	
SPFC 490Y	490 이상	226 이상	24 이상	25 이상	–			밀 착	
SPFC 540Y	539 이상	245 이상	21 이상	22 이상	–			두께의 0.5배	
SPFC 590Y	588 이상	265 이상	18 이상	19 이상	–			두께의 1.0배	
SPFC 780Y	785 이상	363 이상	13 이상	14 이상	–			두께의 3.0배	
SPFC 980Y	981 이상	490 이상	6 이상	7 이상	–			두께의 4.0배	
SPFC 340H	343 이상	186 이상	34 이상	35 이상	29 이상			밀 착	

[비 고] SPFC 780Y, SPFC 980Y의 연신율 값의 적용 두께는 0.6mm 이상 1.0mm 미만, 1.0mm 이상 2.3mm이하를 각각 0.8mm 이상 1.0mm 미만, 1.0mm 이상 1.4mm 이하로 한다.

■ 표준 두께

단위 : mm

표준 두께							
	0.6	(0.65)	0.7	(0.75)	0.8	0.9	1.0
	1.2	1.4	1.6	1.8	2.0	2.3	–

■ 두께의 허용차

단위 : mm

인장 강도에 따른 적용 구분	두께 \ 나비	630 미만	630 이상 1000 미만	1000 이상 1250 미만	1250 이상 1600 미만	1600 이상
인장 강도의 규격하한이 785 N/mm² 미만의 것	0.60이상 0.80미만	±0.06	±0.06	±0.06	±0.07	±0.08
	0.80이상 1.00미만	±0.07	±0.07	±0.08	±0.09	±0.10
	1.00이상 1.25미만	±0.08	±0.08	±0.09	±0.10	±0.12
	1.25이상 1.60미만	±0.09	±0.10	±0.11	±0.12	±0.14
	1.60이상 2.00미만	±0.10	±0.11	±0.12	±0.14	±0.16
	2.00이상 2.30이하	±0.12	±0.13	±0.14	±0.16	±0.18
인장 강도의 규격하한이 785 N/mm² 이상의 것	0.80이상 1.00미만	±0.09			±0.10	–
	1.00이상 1.25미만	±0.10			±0.12	–
	1.25이상 1.40이하	±0.12			±0.15	–

[비 고] 1. 두께의 측정 위치는 밀 에지의 경우는 가장자리로부터 25mm 이상 안쪽의 임의의 점, 컷 에지의 경우는 가장자리로부터 15mm 이상 안쪽의 임의의 점으로 한다.
2. 강대 양끝의 정상적이 아닌 부분에는 적용하지 않는다.

■ 나비의 허용차

단위 : mm

나 비	허 용 차
1250 미만	+7 0
1250 이상	+10 0

■ 강판의 길이의 허용차

단위 : mm

길 이	허 용 차
2000 미만	+10 0
2000 이상 4000 미만	+15 0
4000 이상 6000 이하	+20 0

■ 강판 평탄도의 최대값

단위 : mm

나비 \ 등급 \ 변형의종류	휨 · 물결			바깥쪽 늘어남			안쪽 늘어남		
	1	2	3	1	2	3	1	2	3
1000 미만	12	16	18	8	11	12	6	8	9
1000 이상 1250 미만	15	19	21	10	12	13	8	10	11
1250 이상 1600 미만	15	19	21	12	14	15	9	11	12
1600 이상	20	–	–	14	–	–	10	–	–

[비 고] 1. 등급 1, 등급 2, 등급 3은 인장 강도의 규격 하한이 각각 785N/mm² 미만, 785N/mm², 981N/mm²의 강판에 적용한다.
2. 평탄도의 값은 원칙적으로 정반위에 놓고 측정하며, 변형 최대값으로부터 강판의 표시 두께를 뺀 것으로서, 강판의 위쪽 면에 적용한다.

■ 가로휨의 최대값

단위 : mm

인장 강도에 따른 적용 구분	나 비 \ 강판, 강대의 구별	강 판: 길이 2000 미만	강 판: 길이 2000 이상	강 대
인장 강도의 규격 하한이 785 N/mm² 미만	630 미만	4	임의의 길이 2000에 대해서 4	
	630 이상	2	임의의 길이 2000에 대해서 2	
인장 강도의 규격 하한이 785 N/mm² 이상	630 미만	4	임의의 길이 2000에 대해서 4	
	630 이상	3	임의의 길이 2000에 대해서 3	

■ 무게의 계산 방법

계산 순서	계산 방법	결과의 자리수
기본 무게 kg/mm · m^2	7.85(두께 1mm 면적 $1m^2$의 무게)	–
단위 무게 kg/m^2	기본 무게(kg/mm · m^2)×두께(mm)	유효 숫자 4자리로 끝맺음
판의 면적 m^2	나비(m)×길이(m)	유효 숫자 4자리로 끝맺음
1매의 무게 kg	단위 무게(kg/m^2)×면적(m^2)	유효 숫자 3자리로 끝맺음
1묶음의 무게 kg	1매의 무게(kg)×같은 치수의 한 묶음의 매수	kg의 정수값으로 끝맺음
총무게 kg	각 묶음 무게의 합계	kg의 정수값

[비 고] 1. 수치 맺음법은 KS A 3251-1에 따른다.
2. 강판의 무게는 원칙적으로 계산 무게로 하고, 계산 방법 및 그 표시 방법은 위 표에 따른다.
3. 강대의 무게는 원칙적으로 실측 무게로 하여 kg으로 나타낸다.

● 구리

연전성이 풍부하고 가공도가 높은 것은 인장강도 40kg/㎟, 신장률 4%, 브리넬 경도가 110 정도나 되며, 풀림처리를 하면 인장강도 25kg/㎟, 신장률 50%, 브리넬 경도가 50 정도가 된다.

● 동합금

동은 옛날부터 사용되어 오던 금속으로, 열 및 전기의 전도율이 좋으며, 아름답고 내식성 또한 우수하며 연신성이 풍부해서 전선이나 전기 기계 기구등의 도전재료로 널리 사용되고 있다. 황동은 일반적으로 놋쇠 또는 진유(眞鍮)라고 부르고, 구리(Cu)와 아연(Zn)을 주성분으로 한 동합금으로서 미량의 다른 원소를 함유한 특수 황동도 있다. 황동은 주조 및 가공이 용이하고 기계적 성질이 좋으며, 아름다운 색과 광택을 지니고 있는데다 가격이 비교적 저렴하기 때문에 기계기구, 창틀, 선풍기의 base, 기타 미술품 등에 쓰인다. 황동의 종류에는 Tambac, 7:3 황동, 6:4 황동, 주물용 황동이 있으며 아연(Zn)의 함유량에 따라 분류된다.
청동(靑銅)은 구리(Cu)와 주석(Sn)으로 된 합금으로 가장 오래 전부터 사용되어 왔고, 검(劍), 장신구 등으로 쓰이며, 12세기 경 대포(大砲)의 주조에 쓰이고 나서부터, 청동을 포금(砲金)이라 부르게 되었다. 청동은 강하고 단단하며, 주조하기 쉽고 내식성이 있으며, 광택도 있으므로, 현재에도 더욱 활발하게 쓰이고 있다. 청동의 종류에는 보통 청동(아연(Zn)을 함유한 청동, 납(Pb)을 함유한 청동)과 특수 청동(인청동, 알루미늄청동, 니켈청동, 규소(硅素)청동, 베릴륨(Beryllium)청동)으로 구분할 수 있다. 이중에서 베릴륨(Beryllium)청동은 현저한 시효경화성(時效硬化性)을 갖고 있으며, 동 합금 중에서 최고의 강도를 갖고 있다. 예를 들어 Be(beryllium) 2.6~2.9%, Co 0.35~0.65%, 나머지가 Cu인 합금의 인장강도는 120㎏/mm^2 내외로 대단히 강하다. 그러나 Be가 고가이므로, 일반용 동합금에서는 별로 사용되지 않으며 고급 정밀기계 부품으로서, 시계용 스프링, 축 베어링, 애자 금구 등의 내마모성, 내피로성, 내식성, 고온강도를 요구하는 부품에 사용하고 있다.

● 청동주물

보통 주석 8~12%를 함유하며, 주석 10%, 아연 2%, 구리 88%인 것을 일반적으로 포금이라고 한다. 내마모성이 있으면서 내식성을 가지고 고압에도 잘 견디는 특징이 있다.

● 인청동

청동에 인을 첨가한 것으로 내마모성을 지니고 있으며 인이 너무 많으면 무르게 되고 주조가 곤란해진다. 그 성분은 주석 8~12%, 인 0.5~1.5%

● 망간청동

황동에 망간 그 외의 것을 첨가한 복잡한 합금으로서 강도가 높고 내식성을 갖는다. 망간을 탈산제 이상으로 증가시키게 되면 고온에서 특히 강도를 잃지 않는다. 구리 82~84%, 주석 8%, 아연 5%, 납 3%, 망간 0.5~2.0%인 것은 인장강도 15~20㎏/㎟ , 신장률 8~20%, 구리 94~97%, 망간 2~6%인 것은 인장강도 22~27㎏/㎟, 신장률 33~45%이다.

● 알루미늄청동

구리에 알루미늄을 첨가한 것으로 보통 알루미늄 2~10%를 함유하고 11% 이상이 되면 급속히 물러지는 성질이 있다.

● 망가니즈 · 브론즈

보통 망기니즈 · 브론즈라고 하면 구리 58.6%, 아연 38.4%, 철 1.6%, 망간 0.02%로서, 인장강도 48~58㎏/㎟에서 단조가 가능하다.

● 니켈청동

구리합금에 니켈을 10% 이상 첨가시키면 백색이 되고 부식에 대해 현저한 내구력을 증가시킨다.

● 모넬메탈

니켈 67%, 구리 28%, 망간, 규소 등 5%의 니켈청동의 일종으로 고온에서도 강도 및 경도가 저하되지 않으며, 내식성 및 내마모성 또한 크다.

10-12 용융 55% 알루미늄 아연합금 도금 강판 및 강대

Hot-dip 55% aluminium-zinc alloy-coated steel sheets and coils

KS D 3770 : 2007

■ 적용 범위

이 규격은 약 55% 알루미늄, 1.6% 실리콘, 나머지 아연을 표준원소 조성으로 하는 도금 조에서 용융도금을 한 강판 및 강대에 대하여 규정한다. 이 경우, 판에는 평판 외에 KS D 3053의 모양 및 치수의 골판을 포함한다.

■ 종류 및 기호(열연 원판을 사용한 경우)

단위 : mm

종류의 기호	적용하는 표시 두께(1)	적 용
SGLHC	1.6 이상 2.3 이하	일반용
SGLH400	1.6 이상 2.3 이하	구조용
SGLH440		
SGLH490		
SGLH540		

■ 종류 및 기호(냉연 원판을 사용한 경우)

단위 : mm

종류의 기호	적용하는 표시 두께(1)	적 용
SGLCC	0.25 이상 2.3 이하	일반용
SGLCD	0.40 이상 1.6 이하	조임용
SGLCDD	0.40 이상 1.6 이하	심조임용 1종
SGLC400	0.25 이상 2.3 이하	구조용
SGLC440	0.25 이상 2.3 이하	구조용
SGLC490	0.25 이상 2.3 이하	구조용
SGLC570	0.25 이상 2.0 이하	구조용

【비 고】 1. 위 표 이외의 표시 두께는 주문자와 제조자 사이에서 협의하여도 좋다.
2. 지붕용 및 건축외판용에 사용하는 경우는 위 표의 종류의 기호 말미에 지붕용은 R, 건축외판용은 A를 붙인다. 이 경우의 표시 두께 및 도금 부착량 표시 기호는 부속서 A에 따른다.
3. KS D 3053에 따라 골판으로 가공한 경우는 위 표의 종류의 기호에 다시 W 및 골판의 모양 기호를 붙인다. 이 경우의 표시 두께 및 도금 부착량 표시 기호는 부속서 B에 따른다.

■ 화학 성분(열연 원판을 사용한 경우)

단위 : %

종류의 기호	C	Mn	P	S
SGLHC	0.15 이하	0.80 이하	0.05 이하	0.05 이하
SGLH400	0.25 이하	1.70 이하	0.20 이하	0.05 이하
SGLH440	0.25 이하	2.00 이하	0.20 이하	0.05 이하
SGLH490	0.30 이하	2.00 이하	0.20 이하	0.05 이하
SGLH540	0.30 이하	2.50 이하	0.20 이하	0.05 이하

【비 고】 1. C, Mn, P 및 S의 레이들 분석값의 보고는 주문자와 제조자 사이의 협의에 따른다.

■ 화학 성분(냉연 원판을 사용한 경우)

단위 : %

종류의 기호	C	Mn	P	S
SGLCC	0.15 이하	0.80 이하	0.05 이하	0.05 이하
SGLCD	0.10 이하	0.45 이하	0.03 이하	0.03 이하
SGLCDD	0.08 이하	0.45 이하	0.03 이하	0.03 이하
SGLC400	0.25 이하	1.70 이하	0.20 이하	0.05 이하
SGLC440	0.25 이하	2.00 이하	0.20 이하	0.05 이하
SGLC490	0.30 이하	2.00 이하	0.20 이하	0.05 이하
SGLC570	0.30 이하	2.00 이하	0.20 이하	0.05 이하

【비 고】 1. C, Mn, P 및 S의 레이들 분석값의 보고는 주문자와 제조자 사이의 협의에 따른다.

■ 양면 같은 두께 도금의 양면 최소 부착량(양면의 합계)

단위 : g/m^2(양면)

도금의 부착량 표시 기호	3점 평균 최소 부착량	1점 최소 부착량
(AZ70)(1)	(70)(1)	(60)(1)
AZ90	90	76
AZ120	120	102
AZ150	150	130
AZ170	170	145
(AZ185)(1)	185	160
(AZ200)(1)	(200)(1)	(170)(1)

【비 고】 1. 도금의 3점 평균 최소 부착량(양면의 합계)은 시험재에서 채취한 3개의 시험편 측정값의 평균값에 대하여 적용한다.
2. 도금의 1점 최소 부착량(양면의 합계)은 시험재에서 채취한 3개의 시험편 측정값의 최소값에 대하여 적용한다.
3. 도금의 최대 부착량(양면의 합계)은 주문자와 제조자 사이에서 협의하여도 좋다.

【주】 1. ( ) 안은 주문자와 제조자 사이의 협의에 따라 적용하여도 좋다.

■ 화성 처리의 종류 및 기호

화성 처리의 종류	기호
크롬산 처리	C
무처리	M

【비 고】 1. 위 표 이외의 화성 처리의 종류에 대해서는 주문자와 제조자 사이에서 협의하여도 좋다

■ 도유의 종류 및 기호

도유의 종류	기호
도유	O
무도유	×

■ 적용하는 기계적 성질

종류의 기호	굽힘성	항복점 또는 항복강도, 인장강도 및 연신율
SGLHC	○	–
SGLH400	○	○
SGLH440	(1)	○
SGLH490	○	○
SGLH540	(1)	○
SGLCC	○	–
SGLCD	○	○
SGLCDD	○	○
SGLC400	○	○
SGLC440	○	○
SGLC490	○	○
SGLC570	–	○

【비 고】 1. SGLH440 및 SGLH540의 굽힘성에 대해서는 주문자와 제조자 사이의 협의에 따른다.

● 알루미늄합금

• 듀랄루민

알루미늄, 구리 및 소량의 마그네슘 및 망간을 첨가한 것으로 비중 2.8, 강도가 크고 부식에 대한 저항력이 크다. 인장강도는 30~45kg/mm², 신장률 1.~33%

• 마그날륨

알루미늄, 구리 및 소랴으이 마그네슘 및 망간을 첨가한 것으로, 비중 2.8, 강도가 크고 부식에 대한 저항력이 크다. 인장강도는 30~45kg/mm², 신장률 10~33%

• Y 합금

구리 3.5~4.5%, 니켈 1.8~2.3%, 마그네슘 1.2~1.8%, 알루미늄 92% 내외로서, 소량의 철, 몰리브덴, 텅스텐, 크롬, 와나딘을 함유할 때는 물러진다. 주조한 그 상태로는 인장강도 17.2kg/mm², 신장률 18% 정도이나 480℃에서 수중담금질을 하고 수일간 시효경화하면 인장공도 39kg/mm², 신장률 24%가 된다.

• 실루민

알루미늄과 규소의 합금으로 규소의 함유량은 최대 15%까지이며 보통 5~10% 정도이다. 염산에 대해서는 약하나 그 밖의 산에 대해서는 알루미늄합금 속의 다른 것에 비해 현저한 내식성을 갖는다.

• 알루미늄아연합금

일반적으로 쓰이고 있는 것은 아연 20%정도까지이고 주조용으로 쓰이는 것은 10%정도까지이다. 여기에 소량의 구리를 첨가한 아연 10%, 구리 2%인 것은 사형으로 주조하여 인장강도 12~16kg/mm², 신장률 15% 정도이나, 부식에 대해서는 약하고 온도의 상승과 더불어 급격히 강도가 저하하는 결점이 있다.

• 알루미늄구리합금

구리 6%를 함유한 합금은 소금물에 대한 부식성이 크다. 구리가 있음으로써 인장강도는 높아지지만 신장률은 현저하게 감소된다.

• 알루미늄. 마그네슘규소합금

구리를 함유하지 않는 고력합금으로서 비중이 작고 내식성에 풍부하며, 전기전도도가 비교적 양호하므로 송전선에 자주 쓰인다.

CHAPTER

11 철도용

11-1 경량 레일

Light rails

KS R 9101 : 2002(2012 확인)

■ 적용 범위

이 규격은 탄소강의 경량 레일에 대하여 규정한다.

■ 종류

종 류	기 호	비 고
		단위 질량 kg/m
6kg 레일	6	5.98
9kg 레일	9	8.94
10kg 레일	10	10.1
12kg 레일	12	12.2
15kg 레일	15	15.2
20kg 레일	20	19.8
22kg 레일	22	22.3

【참 고】 1. 10kg 레일은 될 수 있는 한 사용하지 않는다.

■ 화학 성분

종 류	화학 성분 %				
	C	Si	Mn	P	S
6kg, 9kg, 10kg, 12kg, 15kg, 및 20kg 레일	0.40~0.60	0.40 이하	0.50~0.90	0.45 이하	0.050 이하
22kg 레일	0.45~0.65				

■ 기계적 성질

종 류	인장 강도 N/mm^2	연 신 율 %
6kg, 9kg, 10kg, 12kg, 15kg, 및 20kg 레일	569 이상	12 이상
22kg 레일	637 이상	10 이상

■ 표준 길이

단위 : m

종류	표준 길이	비 고
		짧은 길이
6kg 레일	5.5	5
9kg 레일		4.5
10kg 레일		
12kg 레일	10.0	9
15kg 레일		8
20kg 레일		7
22kg 레일		6

■ 치수 허용차

단위 : mm

항 목 \ 종 류		6kg, 9kg, 10kg, 12kg, 15kg, 및 20kg 레일	22kg 레일
길이	5.5m 이하	±12	–
	6.0~10.0m	±18	±7.0
높 이		±1.5	+1.0 −0.5
머리부의 나비		±1.0	+1.0 −0.5
복부의 나비		–	+1.0 −0.5
밑부분의 나비		±2.0	±2.0
이음매 구멍의 지름		±1.0	±0.5
이음매 구멍의 위치		±1.0	±0.8

● 선철

선철은 자철석(Fe_3O_4), 적철석(Fe_2O_3), 갈철석($2Fe_2O_3 \cdot 3H_2O$) 등의 철광석에 목탄, 코크스 등을 첨가하고 용제로서 석회석을 재합하여 용광로에서 야금제조한 주괴이다. 탄소 3~4%를 함유하고, 물러서 단조할 수 없으며, 주철물 또는 강의 원료로서 쓰이는데, 여기에는 다음과 같은 2종류가 있다.

❶ 백선철

규소의 함유량이 0.8% 이하인 것은 그 파면이 백색이고, 함유탄소의 총량이 시멘타이트(Fe_3C) 모양으로 되어 있으며 결정은 치밀하고 경도가 현저하게 높다.

❷ 회선철

규소의 함유량이 1.0~3.5%인 것은 그 파면이 회색이고, 함유탄소의 대부분이 흑연으로 되어 존재하고 있으며 결정은 비교적 조대하고 연질이다.

● 연철

선철 속의 불순물을 산화제거하고 반용융 상태인 것에 단련을 가한 것이다. 각종 철 및 강 속에서 물순물은 가정 적고 탄소의 함유량은 0.3% 이하이다.

● 주철

선철에 대부분의 주철 부스러기 또는 강 부스러기를 첨가하고 용해주조한 것이다. 파면은 회색을 띠고 각종 철강 중에서 가장 많은 불순물을 함유하며, 성분은 탄소 2.5~3.6%, 규소 0.5~3.0%, 망간 0.~1.2%, 인 0.1~1.6%, 유황 0.05~0.10%로서 탄소의 일부분은 철과 화합하여 탄화철로 존재, 나머지는 철에서 분리하여 편상의 흑연으로 존재한다. 탄화철은 질이 단단하고 흑연은 연하며 흑연을 많이 함유하는 주철은 인장강도가 낮은데, 그 결정편이 조대할수록 강도가 감소한다.

11-2 보통 레일

Rails

KS R 9106 : 2006

■ 적용 범위

이 규격은 선로에서 사용하는 보통 레일에 대하여 규정한다.

■ 레일의 종류

레일의 종류	기 호	적 요	
		계산 무게 kg/m	이음매 구멍
30kg 레일	30A	30.1	있다
			없다
37kg 레일	37A	37.2	있다
			없다
40kgN 레일	40N	40.9	있다
			없다
50kg 레일	50PS	50.4	있다
			없다
50kgN 레일	50N	50.4	있다
			없다
60kg 레일	60	60.8	있다
			없다
60kgKR 레일	KR60	60.7	있다
			없다

【비 고】
1. 40kgN 레일 및 50kgN 레일을 총칭하여 'N레일'로 부른다.

■ 화학 성분

단위 : %

레일의 종류	화학 성분				
	C	Si	Mn	P	S
30kg 레일	0.50~0.70	0.10~0.35	0.60~0.95	0.045 이하	0.050 이하
37kg 레일	0.55~0.70				
50kg 레일	0.60~0.75				
40kgN 레일	0.63~0.75				
50kgN 레일	0.63~0.75	0.15~0.30	0.70~1.10	0.030 이하	0.025 이하
60kg 레일					
60kgKR 레일					

■ 기계적 성질

레일의 종류	인장 강도 N/mm^2	연신율 %	브리넬 경도
30kg 레일	690 이상	9 이상	–
37kg 레일			
50kg 레일	710 이상	8 이상	HB 235 이상
40kgN 레일	800 이상	10 이상	
50kgN 레일			
60kg 레일			
60kgKR 레일			

■ 표준 길이

레일의 종류	표준 길이
30kg 레일	10
37kg 레일	25
50kg 레일	
40kgN 레일	
50kgN 레일	25.50
60kg 레일	
60kgKR 레일	

■ 레일의 치수 허용차 및 기하 공차

단위 : mm

항목		레일의 종류			
		30kg 레일	37kg 레일 50kg 레일	40 kgN 레일 50 kgN 레일	60 kg 레일 60kgKR 레일
길 이	12.5m 이하의 레일	±7.0		–	–
	12.5m 초과 25m 미만의 레일	–	±10.0	–	–
	25m의 레일	–	±10.0	+10.0 − 5.0	+10.0 − 3.0
	50m의 레일	–		+25.0 0.0	+25.0 0.0
높 이		+1.0 −0.5			
머리부의 너비		+1.0 −0.5			+0.8 −0.5
복부의 너비		+1.0 −0.5			
밑바닥부의 전체 너비 및 밑바닥부의 각 다리의 너비		±1.0			±0.8
밑바닥부에 대한 수직 중심축의 머리 꼭지부의 흔들림		1.0			0.5
직각 절단차		1.0			0.5
이음매 구멍의 지름		±0.5			
이음매 구멍의 위치		±0.8		±0.5	
표준 이음 덮개판을 대었을 경우의 레일의 간격	바깥 방향[1]	2.0		1.5	
	안 방향[1]	1.0		0.5	
레일의 굽음 (10m당)	윗방향[2] 좌우	15.0	10.0		
	아랫방향[2]	–	10.0		
레일 끝부분의 굽음 (1.5m당)	좌우	1.0			0.5
	윗방향[2]	1.2		1.0	0.7
	아랫방향[2]	0.8		0.3	0.0
레일의 비틀림		–		2.0	1.0
상도 R19 곡면 내의 형판의 떨어짐		–			0.3
레일 밑바닥부의 평면도		–			0.4

[주] 1. 바깥 방향이란 정규 위치에서 바깥쪽으로 눌려서 나오는 상태를 말하고, 안 방향이란 안쪽으로 들어가는 상태를 말한다.
2. 윗방향이란 레일 머리부가 오목하게 굽어있는 상태를 말하고, 아랫방향이란 레일 머리부가 볼록하게 굽어 있는 상태를 말한다.

■ 표면 홈의 허용 기준

종 류	부 위	허용기준
선형 홈	머리부	$D < 0.4$ mm
	바닥면	
	기타	$D < 0.6$ mm
떨어짐 홈 압착 홈	머리부	$D < 0.4$ mm 다만, $0.4 \leqq D < 0.6$ mm일 때는 $S < 150$ mm²이면 가능
	기타	$D < 0.4$ mm 다만, $0.4 \leqq D < 0.6$ mm일 때는 $S < 200$ mm²이면 가능
접힘 홈 긁힘 홈	머리부	$D < 0.4$ mm
	바닥면	
	기타	$D < 0.6$ mm
캘리버 홈	머리부	$H < 0.4$ mm
	바닥면	
	상·하 머리부	$H < 0.6$ mm

[참 고] 1. 표 중의 기호 D는 깊이, S는 표면적, H는 맞물림 높이를 말한다.

11-3 열처리 레일

Head hardened rails

KS R 9110 : 2002(2012 확인)

■ 적용 범위

이 규격은 머리부의 전단면에 걸쳐 슬랙 퀜칭을 한 철도용 레일에 대하여 규정한다.

■ 종류 및 기호

종류		기 호	참 고
레일 종류에 따른 구분	경화층의 경도에 따른 구분		대응되는 보통 레일 KS R 9106
40kgN 열처리 레일	HH340	40N-HH340	40kgN 레일
50kg 열처리 레일	HH340	50-HH340	50kg 레일
	HH370	50-HH370	
50kgN 열처리 레일	HH340	50N-HH340	50kgN 레일
	HH370	50N-HH370	
60kg 열처리 레일	HH340	60-HH340	60kg 레일
	HH370	60-HH370	

■ 화학 성분

단위 : %

종류	화학 성분						
	C	Si	Mn	P	S	Cr	V
HH340	0.72~0.82	0.10~0.55	0.70~1.10	0.030 이하	0.020 이하	0.20 이하	*0.03 이하
HH370	0.72~0.82	0.10~0.65	0.80~1.20	0.030 이하	0.020 이하	0.25 이하	*0.03 이하

[참 고] 1. *는 필요에 따라 첨가한다.

■ 기계적 성질

종 류	인장 강도 N/mm²	연 신 율 %
HH340	1080 이상	8 이상
HH370	1130 이상	8 이상

■ 머리 부분 표면 경도

종 류	쇼어 경도 HSC
HH340	47~53
HH370	49~56

■ 단면 경화층의 경도

종 류	비커스 경도 HV	
	게이지 코너 A점	머리부의 중심선 B점
HH340	311 이상	311 이상
HH370	331 이상	331 이상

■ 치수 허용차 및 기하 공차

항 목			레일의 종류		
			50kg	40kgN 50kgN	60kg
길 이			+10.0mm	−7.0mm	+10.0mm −5.0mm
직각 절단자			1.5mm		
전길이 굽음			전 길이당 5mm 이하		
부분 굽음	중앙부의 굽음		2.0m 당 1.0mm 이하		
	끝부분의 굽음 (1.5m당 우측값 이하)	좌 우	1.0mm		0.5mm
		윗방향	1.0mm		0.7mm
		아랫방향	0.3mm		0.0mm
레일의 비틀림			−	2mm 이하	1mm 이하

■ 표면 흠의 허용 기준

종 류	부 위	허용 기준
선모양 흠	머리부 밑면	$D < 0.4\,\text{mm}$
	기 타	$D < 0.6\,\text{mm}$
스캐브 흠 압착 흠	머리부	$D < 0.4\,\text{mm}$ 다만, $0.4 \leqq D < 0.6\,\text{mm}$일 때는 $S < 150\,\text{mm}^2$이면 가능
	기 타	$D < 0.4\,\text{mm}$ 다만, $0.4 \leqq D < 0.6\,\text{mm}$일 때는 $S < 200\,\text{mm}^2$이면 가능
접은 자국 흠 긁힌 흠	머리부 밑면	$D < 0.4\,\text{mm}$
	기타	$D < 0.6\,\text{mm}$
캘리버 흠	머리부 밑면	$H < 0.4\,\text{mm}$
	상 · 하 목부	$H < 0.6\,\text{mm}$

【참 고】 1. 표의 기호 *D*는 깊이, *S*는 표면적, *H*는 물림 높이를 말한다.

11-4 철도 차량용 차축

Axles for railway rolling stock

KS R 9220 : 2009

■ 적용 범위

이 표준은 철도 차량(최고 속도 150km/h 이하)에 사용되는 탄소강 차축에 대하여 적용한다. 다만, 특수한 형상의 차축은 이를 적용하지 않는다.

■ 종류의 기호

종류의 기호	용도
RSA1	동축 및 종축(객화차 롤러 베어링축, 디젤 동차축, 디젤 기관차축 및 전기 동차축)
RSA2	

■ 차축의 열처리

종류의 기호	열처리
RSA1	노멀라이징 또는 노멀라이징-템퍼링
RSA2	퀜칭-템퍼링

■ 차축의 화학 성분

성분	C %	Si %	Mn %	P %	S %	H ppm	O ppm
함유량	0.35~0.48	0.15~0.40	0.40~0.85	0.035 이하	0.040 이하	2.5 이하	40 이하

■ 차축의 기계적 성질

종류의 기호	항복점 N/mm^2	인장 강도 N/mm^2	연신율 %	단면 수축률 %	굽힘 시험		충격 시험
					굽힘 각도	안쪽 반지름 mm	샤르피 흡수에너지 J
RSA1	300 이상	590 이상	20 이상	30 이상	180°	22	31 이상
RSA2	350 이상	640 이상	23 이상	45 이상	180°	16	39 이상

CHAPTER

12 구조용 강관

12-1 기계 구조용 탄소 강관

Carbon steel tubes for machine structural purposes KS D 3517 : 2008

■ 적용 범위

이 표준은 기계, 자동차, 자전거, 가구, 기구, 기타 기계 부품에 사용하는 탄소 강관에 대하여 규정한다.

■ 종류 및 기호

종류		기호
11종	A	STKM 11 A
12종	A	STKM 12 A
	B	STKM 12 B
	C	STKM 12 C
13종	A	STKM 13 A
	B	STKM 13 B
	C	STKM 13 C
14종	A	STKM 14 A
	B	STKM 14 B
	C	STKM 14 C
15종	A	STKM 15 A
	C	STKM 15 C
16종	A	STKM 16 A
	C	STKM 16 C
17종	A	STKM 17 A
	C	STKM 17 C
18종	A	STKM 18 A
	B	STKM 18 B
	C	STKM 18 C
19종	A	STKM 19 A
	C	STKM 19 C
20종	A	STKM 20 A

■ 화학 성분

종류		기호	화학 성분 %					
			C	Si	Mn	P	S	Nb 또는 V
11종	A	STKM 11 A	0.12 이하	0.35 이하	0.60 이하	0.040 이하	0.040 이하	–
12종	A	STKM 12 A	0.20 이하	0.35 이하	0.60 이하	0.040 이하	0.040 이하	–
	B	STKM 12 B						
	C	STKM 12 C						
13종	A	STKM 13 A	0.25 이하	0.35 이하	0.30~0.90	0.040 이하	0.040 이하	–
	B	STKM 13 B						
	C	STKM 13 C						
14종	A	STKM 14 A	0.30 이하	0.35 이하	0.30~1.00	0.040 이하	0.040 이하	–
	B	STKM 14 B						
	C	STKM 14 C						
15종	A	STKM 15 A	0.25~0.35	0.35 이하	0.30~1.00	0.040 이하	0.040 이하	–
	C	STKM 15 C						
16종	A	STKM 16 A	0.35~0.45	0.40 이하	0.40~1.00	0.040 이하	0.040 이하	–
	C	STKM 16 C						
17종	A	STKM 17 A	0.45~.055	0.40 이하	0.40~1.00	0.040 이하	0.040 이하	–
	C	STKM 17 C						
18종	A	STKM 18 A	0.18 이하	0.55 이하	1.50 이하	0.040 이하	0.040 이하	–
	B	STKM 18 B						
	C	STKM 18 C						
19종	A	STKM 19 A	0.25 이하	0.55 이하	1.50 이하	0.040 이하	0.040 이하	–
	C	STKM 19 C						
20종	A	STKM 20 A	0.25 이하	0.55 이하	1.60 이하	0.040 이하	0.040 이하	0.15 이하

【비 고】 1. 킬드강이고 또한 주문자가 제품 분석을 요구한 경우, 표기값에 대한 허용 변동값은 KS D 0228 중에서 이음매 없는 강관은 위 표에 따르고, 전기 저항 용접 강관 및 단접 강관은 종류 및 기호표에 따른다.
2. 15종의 관은 전기 저항 용접 강관의 경우 인수 · 인도 당사자 사이의 협의에 따라 C의 하한값을 변경할 수 있다.
3. 20종의 관은 Nb 및 V를 복합하여 첨가할 수 있다. 이 경우 Nb+V의 양은 0.15% 이하로 한다.

■ 기계적 성질

종류		기호	인장강도 N/mm²	항복점 또는 항복 강도 N/mm²	연신율 (%)		편평성	굽힘성	
					4호 시험편 11호 시험편 12호 시험편 세로 방향	4호 시험편 5호 시험편 가로 방향	평판 사이의 거리(H) D는 관의 지름	굽힘 각도	안쪽 반지름 (D는 관의 지름)
11종	A	STKM 11 A	290 이상	–	35 이상	30 이상	1/2 D	180°	4 D
12종	A	STKM 12 A	340 이상	175 이상	35 이상	30 이상	2/3 D	90°	6 D
	B	STKM 12 B	390 이상	275 이상	25 이상	20 이상	2/3 D	90°	6 D
	C	STKM 12 C	470 이상	355 이상	20 이상	15 이상	–	–	–
13종	A	STKM 13 A	370 이상	215 이상	30 이상	25 이상	2/3 D	90°	6 D
	B	STKM 13 B	440 이상	305 이상	20 이상	15 이상	3/4 D	90°	6 D
	C	STKM 13 C	510 이상	380 이상	15 이상	10 이상	–	–	–
14종	A	STKM 14 A	410 이상	245 이상	25 이상	20 이상	3/4 D	90°	6 D
	B	STKM 14 B	500 이상	355 이상	15 이상	10 이상	7/8 D	90°	8 D
	C	STKM 14 C	550 이상	410 이상	15 이상	10 이상	–	–	–
15종	A	STKM 15 A	470 이상	275 이상	22 이상	17 이상	3/4 D	90°	6 D
	C	STKM 15 C	580 이상	430 이상	12 이상	7 이상	–	–	–
16종	A	STKM 16 A	510 이상	325 이상	20 이상	15 이상	7/8 D	90°	8 D
	C	STKM 16 C	620 이상	460 이상	12 이상	7 이상	–	–	–
17종	A	STKM 17 A	550 이상	345 이상	20 이상	15 이상	7/8 D	90°	8 D
	C	STKM 17 C	650 이상	480 이상	10 이상	5 이상	–	–	–
18종	A	STKM 18 A	440 이상	275 이상	25 이상	20 이상	7/8 D	90°	6 D
	B	STKM 18 B	490 이상	315 이상	23 이상	18 이상	7/8 D	90°	8 D
	C	STKM 18 C	510 이상	380 이상	15 이상	10 이상	–	–	–
19종	A	STKM 19 A	490 이상	315 이상	23 이상	18 이상	7/8 D	90°	6 D
	C	STKM 19 C	550 이상	410 이상	15 이상	10 이상	–	–	–
20종	A	STKM 20 A	540 이상	390 이상	23 이상	18 이상	7/8 D	90°	6 D

12-2 기계 구조용 스테인리스강 강관

Stainless steel pipes
for machine and structural purposes

KS D 3536 : 2015

■ 적용 범위

이 규격은 기계, 자동차, 자전거, 가구, 기구(器具), 그 밖의 기계 부품 및 구조물에 사용하는 스테인리스 강관에 대하여 규정한다.

■ 종류 및 기호와 열처리

<table>
<tr><th>분 류</th><th>종류의 기호</th><th colspan="2">열처리 ℃</th></tr>
<tr><td rowspan="7">오스테나이트계</td><td>STS 304 TKA</td><td rowspan="5">고용화 열처리</td><td>1,010 이상, 급랭</td></tr>
<tr><td>STS 316 TKA</td><td>1,010 이상, 급랭</td></tr>
<tr><td>STS 321 TKA</td><td>920 이상, 급랭</td></tr>
<tr><td>STS 347 TKA</td><td>980 이상, 급랭</td></tr>
<tr><td>STS 350 TKA</td><td>1,150 이상, 급랭</td></tr>
<tr><td>STS 304 TKC</td><td rowspan="2" colspan="2">제조한 그대로</td></tr>
<tr><td>STS 316 TKC</td></tr>
<tr><td rowspan="2">오스테나이트
페라이트계</td><td>STS 329 FLD TKA</td><td>고용화 열처리</td><td>950 이상, 급랭</td></tr>
<tr><td>STS 329 FLD TKC</td><td colspan="2">제조한 그대로</td></tr>
<tr><td rowspan="3">페라이트계</td><td>STS 430 TKA</td><td>어닐링</td><td>700 이상, 공랭 또는 서랭</td></tr>
<tr><td>STS 430 TKC</td><td rowspan="2" colspan="2">제조한 그대로</td></tr>
<tr><td>STS 439 TKC</td></tr>
<tr><td rowspan="4">마텐자이트계</td><td>STS 410 TKA</td><td rowspan="3">어닐링</td><td>700 이상, 공랭 또는 서랭</td></tr>
<tr><td>STS 420 J1 TKA</td><td>700 이상, 공랭 또는 서랭</td></tr>
<tr><td>STS 420 J2 TKA</td><td>700 이상, 공랭 또는 서랭</td></tr>
<tr><td>STS 410 TKC</td><td colspan="2">제조한 그대로</td></tr>
</table>

[비 고] 1. 제조한 그대로의 것에 대하여 제조자는 필요에 따라 어닐링 또는 고용화 열처리를 하여도 좋다.

■ 화학 성분

<table>
<tr><th>종류의 기호</th><th>C</th><th>Si</th><th>Mn</th><th>P</th><th>S</th><th>Ni</th><th>Cr</th><th>Mo</th><th>Ti</th><th>Nb</th></tr>
<tr><td>STS 304 TKA</td><td rowspan="6">0.080이하</td><td rowspan="7">1.00 이하</td><td rowspan="6">2.00 이하</td><td rowspan="6">0.040 이하</td><td rowspan="6">0.030 이하</td><td rowspan="2">8.00~11.00</td><td rowspan="2">18.00~20.00</td><td rowspan="2">–</td><td rowspan="4">–</td><td rowspan="5">–</td></tr>
<tr><td>STS 304 TKC</td></tr>
<tr><td>STS 316 TKA</td><td rowspan="2">10.00~14.00</td><td rowspan="2">16.00~18.00</td><td rowspan="2">2.00~3.00</td></tr>
<tr><td>STS 316 TKC</td></tr>
<tr><td>STS 321 TKA</td><td rowspan="2">9.00~13.00</td><td rowspan="2">17.00~19.00</td><td rowspan="2">–</td><td>5×C%이상</td></tr>
<tr><td>STS 347 TKA</td><td>–</td><td>10×C%이상</td></tr>
<tr><td>STS 350 TKA</td><td>0.030이하</td><td>1.50 이하</td><td>0.035 이하</td><td>0.02 이하</td><td>20.0~23.0</td><td>22.0~24.0</td><td>6.0~6.8</td><td rowspan="2">–</td><td rowspan="2">–</td></tr>
<tr><td>STS 430 TKA</td><td rowspan="2">0.120이하</td><td rowspan="2">0.75 이하</td><td rowspan="7">1.00 이하</td><td rowspan="7">0.040 이하</td><td rowspan="7">0.030 이하</td><td rowspan="7">(1)</td><td>16.00~18.00</td><td rowspan="7">–</td></tr>
<tr><td>STS 430 TKC</td><td>17.00~20.00</td><td>(2)</td><td>(2)</td></tr>
<tr><td>STS 439 TKC</td><td>0.025이하</td><td rowspan="5">1.00 이하</td><td>11.50~13.50</td><td rowspan="5">–</td><td rowspan="5">–</td></tr>
<tr><td>STS 410 TKA</td><td rowspan="2">0.150이하</td><td rowspan="4">12.00~14.00</td></tr>
<tr><td>STS 410 TKC</td></tr>
<tr><td>STS 420 J1 TKA</td><td>0.16~0.25</td></tr>
<tr><td>STS 420 J2 TKA</td><td>0.26~0.40</td></tr>
</table>

[비 고] 주문자가 제품 분석을 요구한 경우, 표기의 값에 대한 허용 변동값은 KS D 0228의 표 바깥지름의 허용차에 따른다.

1. STS 430 TKA, STS 430 TKC, STS 439 TKC, STS 410 TKA, STS 410 TKC, STS 420 J1 TKA 및 STS 420 J2 TKA는 Ni 0.60% 이하를 함유해도 지장이 없다.
2. Ti, Nb 또는 그들의 조합 8×(C%+N%)~0.80

■ 기계적 성질

<table>
<tr><th rowspan="3">종류의 기호</th><th rowspan="3">인장 강도
N/mm^2</th><th rowspan="3">항복 강도
N/mm^2</th><th colspan="3">연신율
%</th><th>편평성</th></tr>
<tr><th rowspan="2">11호 시험편
12호 시험편</th><th colspan="2">4호 시험편</th><th rowspan="2">평판 사이 거리 H
(D는 관의 바깥지름)</th></tr>
<tr><th>수직 방향</th><th>수평 방향</th></tr>
<tr><td>STS 304 TKA</td><td rowspan="4">520 이상</td><td rowspan="4">205 이상</td><td rowspan="4">35 이상</td><td rowspan="4">30 이상</td><td rowspan="4">22 이상</td><td rowspan="5">1/3D</td></tr>
<tr><td>STS 316 TKA</td></tr>
<tr><td>STS 321 TKA</td></tr>
<tr><td>STS 347 TKA</td></tr>
<tr><td>STS 350 TKA</td><td>330 이상</td><td>674 이상</td><td>40 이상</td><td>35 이상</td><td>30 이상</td></tr>
<tr><td>STS 304 TKC</td><td rowspan="2">520 이상</td><td rowspan="2">205 이상</td><td rowspan="2">35 이상</td><td rowspan="2">30 이상</td><td rowspan="2">22 이상</td><td rowspan="2">2/3D</td></tr>
<tr><td>STS 316 TKC</td></tr>
<tr><td>STS 430 TKA</td><td rowspan="2">410 이상</td><td rowspan="2">245 이상</td><td rowspan="4">20 이상</td><td rowspan="7">–</td><td rowspan="7">–</td><td>2/3D</td></tr>
<tr><td>STS 430 TKC</td><td>3/4D</td></tr>
<tr><td>STS 439 TKC</td><td>410 이상</td><td>205 이상</td><td>3/4D</td></tr>
<tr><td>STS 410 TKA</td><td>410 이상</td><td>205 이상</td><td>2/3D</td></tr>
<tr><td>STS 420 J1 TKA</td><td>470 이상</td><td>215 이상</td><td>19 이상</td><td rowspan="3">3/4D</td></tr>
<tr><td>STS 420 J2 TKA</td><td>540 이상</td><td>225 이상</td><td>18 이상</td></tr>
<tr><td>STS 410 TKC</td><td>410 이상</td><td>205 이상</td><td>20 이상</td></tr>
</table>

【비 고】 1. STS 304 TKA, STS 316 TKA, STS 321 TKA, STS 347 TKA 및 STS 430 TKA는 필요한 경우, 주문자는 인장 강도의 상한을 지정할 수 있다. 이 경우, 인장 강도의 상한값은 위 표의 값에 200N/mm^{2}를 더한 값으로 한다.
2. 두께 8mm 미만인 관으로 12호 시험편을 사용하여 인장 시험을 하는 경우에는 연신율의 최소값은 두께가 1mm 감소할 때마다 위 표의 연신율 값에서 1.5%를 뺀 것을 KS A 3251-1에 따라 정수값으로 끝맺음한다.
3. 바깥지름 10mm 이하 및 두께 1mm 이하인 관에는 표기의 연신율은 적용하지 않는다. 다만, 기록하여 두어야 한다.
4. 전기 저항 용접 강관 및 자동 아크 용접 강관에서 인장 시험편을 채취하는 경우, 12호 시험편은 이음매를 포함하지 않는 부분에서 채취한다.

● 활자합금

응고시 및 상온까지 냉각할 때 수축률이 작은 것이 필요한데, 안티몬은 응고시 보통금속과 반대로 팽창이 되기 때문에 활자합금으로 쓰인다. 보통 사용되는 것의 성분은 납 74%, 안티몬 21%, 주석 5%, 융해점 311~240℃ 및 납 80%, 안티몬 17%, 주석 3%이다.

12-3 일반 구조용 탄소 강관

Carbon steel tubes for general structural purposes KS D 3566 : 2014

■ 적용 범위

이 표준은 토목, 건축, 철탑, 발판, 지주, 지면 미끄럼 방지 말뚝, 그 밖의 구조물에 사용하는 탄소강관에 대하여 규정한다.

【비 고】 1. 바깥지름 318.5mm 이상의 용접 강관의 기초 말뚝 및 지면 미끄럼 방지 말뚝에는 적용하지 않는다.

【참 고】 1. 구조물의 기초 말뚝 및 지면 미끄럼 방지 말뚝에는 KS F 4602가 있다.
2. 원심력 주강관의 지면 미끄럼 방지 말뚝에는 KS D 4108이 있다.

■ 화학 성분

단위 : %

종류의 기호	C	Si	Mn	P	S
STK290	–	–	–	0.050 이하	0.050 이하
STK400	0.25이하	–	–	0.040 이하	0.040 이하
STK490	0.18 이하	0.55 이하	1.50 이하	0.040 이하	0.040 이하
STK500	0.24 이하	0.35 이하	0.30~1.30	0.040 이하	0.040 이하
STK540	0.23 이하	0.40 이하	1.50 이하	0.040 이하	0.040 이하
STK590	0.30 이하	0.40 이하	2.00 이하	0.040 이하	0.040 이하

【비 고】 1. 필요에 따라 표에 기재한 것 이외의 합금 원소를 첨가할 수 있다.
2. STK540의 경우 두께 12.5mm, STK590의 경우 두께 22mm를 초과하는 관의 화학 성분은 주문자와 제조자 간의 협의에 따를 수 있다.
3. 킬드강으로서 주문자가 제품 분석을 요구한 경우, 표에 기재한 값에 대한 허용 변동값은 KS D 0228의 표 1(제품 분석의 허용 변동값)에 따른다.

■ 기계적 성질

기계적 성질	인장 강도 N/mm^2	항복점 또는 항복 강도 N/mm^2	연신율 %		굽힘성[1]		편평성	용접부 인장 강도 N/mm^2
			11호 시험편 12호 시험편	5호 시험편	굽힘 각도	안쪽 반지름 (D는 관의 바깥지름)	평판 사이의 거리 (H) (D는 관의 바깥지름)	
			세로 방향	가로 방향				
제조법 구분	이음매 없음, 단접, 전기저항 용접, 아크 용접				이음매 없음, 단접, 전기저항 용접		이음매 없음, 단접, 전기저항 용접	아크 용접
바깥지름 구분	전체 바깥지름	전체 바깥지름	40mm를 초과하는 것		50mm 이하		전체 바깥지름	350mm를 초과하는 것
STK290	290 이상	–	30 이상	25 이상	90°	6D	2/3D	290 이상
STK400	400 이상	235 이상	23 이상	18 이상	90°	6D	2/3D	400 이상
STK490	490 이상	315 이상	23 이상	18 이상	90°	6D	7/8D	490 이상
STK500	500 이상	355 이상	20 이상	16 이상	90°	6D	7/8D	500 이상
STK540	540 이상	390 이상	20 이상	16 이상	90°	6D	7/8D	540 이상
STK590	590 이상	440 이상	20 이상	16 이상	90°	6D	7/8D	590 이상

【비 고】 1. 두께 8mm 미만의 관에서 12호 시험편 또는 5호 시험편을 사용하여 인장 시험을 하는 경우, 연신 최소값은 두께 1mm를 줄일 때마다 위 표의 연신율 값에서 1.5%를 뺀 것을 KS Q 5002에 따라 정수값으로 끝맺음 한다. 계산 보기를 참고 표 : 화학성분에 나타낸다.
2. 바깥지름 40mm 이하의 관에 대하여 특별히 필요한 경우 연신율 값은 주문자 · 제조자 사이의 협의에 따른다.
1) 굽힘 시험은 주문자의 지정이 있는 경우에 한하고 바깥지름 50mm 이하의 관에 대하여 적용하며, 편평 시험 대신에 실시한다. 굽힘성은 주문자의 지정이 있는 경우에 한하여 적용하고 바깥지름 50mm 이하의 관의 편평성으로 대신하여도 좋다.

■ 일반 구조용 탄소 강관의 치수 및 무게

바깥지름 mm	두께 mm	단위 무게 kg/m	참 고			
			단면적 cm^2	단면 2차 모멘트 cm^4	단면 계수 cm^3	단면 2차 반지름 cm
21.7	2.0	0.972	1.238	0.607	0.560	0.700
27.2	2.0	1.24	1.583	1.26	0.930	0.890
	2.3	1.41	1.799	1.41	1.03	0.880
34.0	2.3	1.80	2.291	2.89	1.70	1.12
42.7	2.3	2.29	2.919	5.97	2.80	1.43
	2.5	2.48	3.157	6.40	3.00	1.42
48.6	2.3	2.63	3.345	8.99	3.70	1.64
	2.5	2.84	3.621	9.65	3.97	1.63
	2.8	3.16	4.029	10.6	4.36	1.62
	3.2	3.58	4.564	11.8	4.86	1.61
60.5	2.3	3.30	4.205	17.8	5.90	2.06
	3.2	4.52	5.760	23.7	7.84	2.03
	4.0	5.57	7.100	28.5	9.41	2.00
76.3	2.8	5.08	6.465	43.7	11.5	2.60
	3.2	5.77	7.349	49.2	12.9	2.59
	4.0	7.13	9.085	59.5	15.6	2.58
89.1	2.8	5.96	7.591	70.7	15.9	3.05
	3.2	6.78	8.636	79.8	17.9	3.04
101.6	3.2	7.76	9.892	120	23.6	3.48
	4.0	9.63	12.26	146	28.8	3.45
	5.0	11.9	15.17	177	34.9	3.42
114.3	3.2	8.77	11.17	172	30.2	3.93
	3.5	9.58	12.18	187	32.7	3.92
	4.5	12.2	15.52	234	41.0	3.89
139.8	3.6	12.1	15.40	357	51.1	4.82
	4.0	13.4	17.07	394	56.3	4.80
	4.5	15.0	19.13	438	62.7	4.79
	6.0	19.8	25.22	566	80.9	4.74
165.2	4.5	17.8	22.72	734	88.9	5.68
	5.0	19.8	25.16	808	97.8	5.67
	6.0	23.6	30.01	952	115	5.63
	7.1	27.7	35.26	110×10	134	5.60
190.7	4.5	20.7	26.32	114×10	120	6.59
	5.3	24.2	30.87	133×10	139	6.56
	6.0	27.3	34.82	149×10	156	6.53
	7.0	31.7	40.40	171×10	179	6.50
	8.2	36.9	47.01	196×10	206	6.46
216.3	4.5	23.5	29.94	168×10	155	7.49
	5.8	30.1	38.36	213×10	197	7.45
	6.0	31.1	39.64	219×10	203	7.44
	7.0	36.1	46.03	252×10	233	7.40
	8.0	41.1	52.35	284×10	263	7.37
	8.2	42.1	53.61	291×10	269	7.36

■ 일반 구조용 탄소 강관의 치수 및 무게(계속)

바깥지름 mm	두께 mm	단위 무게 kg/m	참 고			
			단면적 cm^2	단면 2차 모멘트 cm^4	단면 계수 cm^3	단면 2차 반지름 cm
267.4	6.0	38.7	49.27	421×10	315	9.24
	6.6	42.4	54.08	460×10	344	9.22
	7.0	45.0	57.26	486×10	363	9.21
	8.0	51.2	65.19	549×10	411	9.18
	9.0	57.3	73.06	611×10	457	9.14
	9.3	59.2	75.41	629×10	470	9.13
318.5	6.0	46.2	58.91	719×10	452	11.1
	6.9	53.0	67.55	820×10	515	11.0
	8.0	61.3	78.04	941×10	591	11.0
	9.0	68.7	87.51	105×10^2	659	10.9
	10.3	78.3	99.73	119×10^2	744	10.9
355.6	6.4	55.1	70.21	107×10^2	602	12.3
	7.9	67.7	86.29	130×10^2	734	12.3
	9.0	76.9	98.00	147×10^2	828	12.3
	9.5	81.1	103.3	155×10^2	871	12.2
	12.0	102	129.5	191×10^2	108×10	12.2
	12.7	107	136.8	201×10^2	113×10	12.1
406.4	7.9	77.6	98.90	196×10^2	967	14.1
	9.0	88.2	112.4	222×10^2	109×10	14.1
	9.5	93.0	118.5	233×10^2	115×10	14.0
	12.0	117	148.7	289×10^2	142×10	14.0
	12.7	123	157.1	305×10^2	150×10	13.9
	16.0	154	196.2	374×10^2	184×10	13.8
	19.0	182	231.2	435×10^2	214×10	13.7
457.2	9.0	99.5	126.7	318×10^2	140×10	15.8
	9.5	105	133.6	335×10^2	147×10	15.8
	12.0	132	167.8	416×10^2	182×10	15.7
	12.7	139	177.3	438×10^2	192×10	15.7
	16.0	174	221.8	540×10^2	236×10	15.6
	19.0	205	261.6	629×10^2	275×10	15.5
500	9.0	109	138.8	418×10^2	167×10	17.4
	12.0	144	184.0	548×10^2	219×10	17.3
	14.0	168	213.8	632×10^2	253×10	17.2
508.0	7.9	97.4	124.1	388×10^2	153×10	17.7
	9.0	111	141.1	439×10^2	173×10	17.6
	9.5	117	148.8	462×10^2	182×10	17.6
	12.0	147	187.0	575×10^2	227×10	17.5
	12.7	155	197.6	606×10^2	239×10	17.5
	14.0	171	217.3	663×10^2	261×10	17.5
	16.0	194	247.3	749×10^2	295×10	17.4
	19.0	229	291.9	874×10^2	344×10	17.3
	22.0	264	335.9	994×10^2	391×10	17.2

■ 일반 구조용 탄소 강관의 치수 및 무게(계속)

바깥지름 mm	두께 mm	단위 무게 kg/m	참 고			
			단면적 cm^2	단면 2차 모멘트 cm^4	단면 계수 cm^3	단면 2차 반지름 cm
558.8	9.0	122	155.5	588×10^2	210×10	19.4
	12.0	162	206.1	771×10^2	276×10	19.3
	16.0	214	272.8	101×10^3	360×10	19.2
	19.0	253	322.2	118×10^3	421×10	19.1
	22.0	291	371.0	134×10^3	479×10	19.0
600	9.0	131	167.1	730×10^2	243×10	20.9
	12.0	174	221.7	958×10^2	320×10	20.8
	14.0	202	257.7	111×10^3	369×10	20.7
	16.0	230	293.6	125×10^3	418×10	20.7
609.6	9.0	133	169.8	766×10^2	251×10	21.2
	9.5	141	179.1	806×10^2	265×10	21.2
	12.0	177	225.3	101×10^3	330×10	21.1
	12.7	187	238.2	106×10^3	348×10	21.1
	14.0	206	262.0	116×10^3	381×10	21.1
	16.0	234	298.4	132×10^3	431×10	21.0
	19.0	277	352.5	154×10^3	505×10	20.9
	22.0	319	406.1	176×10^3	576×10	20.8
700	9.0	153	195.4	117×10^3	333×10	24.4
	12.0	204	259.4	154×10^3	439×10	24.3
	14.0	237	301.7	178×10^3	507×10	24.3
	16.0	270	343.8	201×10^3	575×10	24.2
711.2	9.0	156	198.5	122×10^3	344×10	24.8
	12.0	207	263.6	161×10^3	453×10	24.7
	14.0	241	306.6	186×10^3	524×10	24.7
	16.0	274	349.4	211×10^3	594×10	24.6
	19.0	324	413.2	248×10^3	696×10	24.5
	22.0	374	476.3	283×10^3	796×10	24.4
812.8	9.0	178	227.3	184×10^3	452×10	28.4
	12.0	237	301.9	242×10^3	596×10	28.3
	14.0	276	351.3	280×10^3	690×10	28.2
	16.0	314	400.5	318×10^3	782×10	28.2
	19.0	372	473.8	373×10^3	919×10	28.1
	22.0	429	546.6	428×10^3	105×10^2	28.0
914.4	12.0	267	340.2	348×10^3	758×10	31.9
	14.0	311	396.0	401×10^3	878×10	31.8
	16.0	354	451.6	456×10^3	997×10	31.8
	19.0	420	534.5	536×10^3	117×10^2	31.7
	22.0	484	616.5	614×10^3	134×10^2	31.5
1016.0	12.0	297	378.5	477×10^3	939×10	35.5
	14.0	346	440.7	553×10^3	109×10^2	35.4
	16.0	395	502.7	628×10^3	124×10^2	35.4
	19.0	467	595.1	740×10^3	146×10^2	35.2
	22.0	539	687.0	849×10^3	167×10^2	35.2

12-4 일반 구조용 각형 강관

Carbon steel square pipes for general structural purposes KS D 3568 : 2009

■ 적용 범위

이 표준은 토목, 건축 및 기타 구조물에 사용하는 각형 강관에 대하여 규정한다.

■ 종류의 기호

종류의 기호
SPSR 400
SPSR 490
SPSR 540
SPSR 590

■ 화학 성분

종류의 기호	화학 성분 %				
	C	Si	Mn	P	S
SPSR 400	0.25 이하	–	–	0.040 이하	0.040 이하
SPSR 490	0.18 이하	0.55 이하	1.50 이하	0.040 이하	0.040 이하
SPSR 540	0.23 이하	0.40 이하	1.50 이하	0.040 이하	0.040 이하
SPSR 590	0.30 이하	0.40 이하	2.00 이하	0.040 이하	0.040 이하

【비 고】 1. 킬드강이며 또한 주문자가 제품 분석을 요구한 경우 표기의 값에 대한 허용 변동값은 KS D 0228의 표 1에 따른다.
2. SPSR 540인 경우 두께 12.5mm, SPSR 590인 경우 두께 22mm를 초과하는 관의 화학 성분은 주문자와 제조자 사이의 협정에 따를 수 있다.

■ 기계적 성질

종류의 기호	인장 시험		
	인장 강도 N/mm^2	항복점 또는 항복 강도 N/mm^2	연신율(5호 시험편) %
SPSR 400	400 이상	245 이상	23 이상
SPSR 490	490 이상	325 이상	23 이상
SPSR 540	540 이상	390 이상	20 이상
SPSR 590	590 이상	440 이상	20 이상

【비 고】 1. 두께 8mm 미만인 관의 연신율의 최소값은 두께 1mm 감소마다 위 표의 연신율값에서 1.5%를 뺀 것을 KS Q 5002에 따라 정수값으로 끝맺음한다.
2. 용접에 의해 제조한 관에서 인장 시험편을 채취하는 경우 이음매가 없는 부분에서 채취한다.

■ 일반 구조용 각형 강관의 치수 및 무게

❶ 정사각형

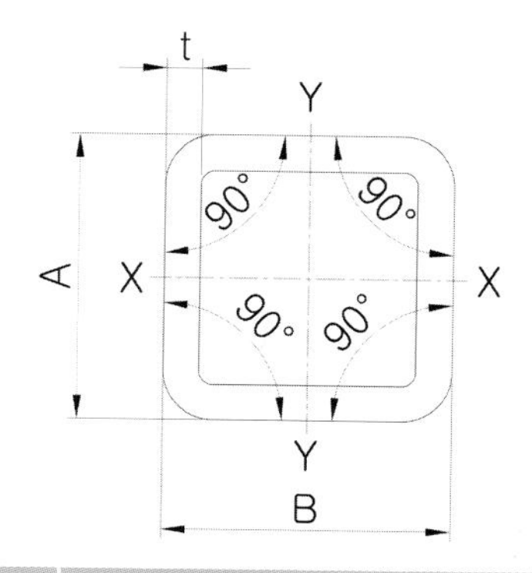

변의 길이 A×B mm	두께 t mm	무게 kg/m	참고			
			단면적 cm^2	단면의 2차 모멘트 I_x, I_y cm^4	단면 계수 Z_x, Z_y cm^3	단면의 2차 반지름 i_x, i_y cm
20×20 20×20	1.2 1.6	0.697 0.872	0.865 1.123	0.53 0.67	0.52 0.65	0.769 0.751
25×25 25×25	1.2 1.6	0.867 1.12	1.105 1.432	1.03 1.27	0.824 1.02	0.965 0.942
30×30 30×30	1.2 1.6	1.06 1.38	1.345 1.752	1.83 2.31	1.22 1.54	1.17 1.15
40×40 40×40	1.6 2.3	1.88 2.62	2.392 3.332	5.79 7.73	2.90 3.86	1.56 1.52
50×50 50×50 50×50	1.6 2.3 3.2	2.38 3.34 4.50	3.032 4.252 5.727	11.7 15.9 20.4	4.68 6.34 8.16	1.96 1.93 1.89
60×60 60×60 60×60	1.6 2.3 3.2	2.88 4.06 5.50	3.672 5.172 7.007	20.7 28.3 36.9	6.89 9.44 12.3	2.37 2.34 2.30
75×75 75×75 75×75 75×75	1.6 2.3 3.2 4.5	3.64 5.14 7.01 9.55	4.632 6.552 8.927 12.17	41.3 57.1 75.5 98.6	11.0 15.2 20.1 26.3	2.99 2.95 2.91 2.85
80×80 80×80 80×80	2.3 3.2 4.5	5.50 7.51 10.3	7.012 9.567 13.07	69.9 92.7 122	17.5 23.2 30.4	3.16 3.11 3.05
90×90 90×90	2.3 3.2	6.23 8.51	7.932 10.85	101 135	22.4 29.9	3.56 3.52

❶ 정사각형(계속)

변의 길이 A×B mm	두께 t mm	무게 kg/m	참고			
			단면적 cm^2	단면의 2차 모멘트 I_x, I_y cm^4	단면 계수 Z_x, Z_y cm^3	단면의 2차 반지름 i_x, i_y cm
100×100	2.3	6.95	8.852	140	27.9	3.97
100×100	3.2	9.52	12.13	187	37.5	3.93
100×100	4.0	11.7	14.95	226	45.3	3.89
100×100	4.5	13.1	16.67	249	49.9	3.87
100×100	6.0	17.0	21.63	311	62.3	3.79
100×100	9.0	24.1	30.67	408	81.6	3.65
100×100	12.0	30.2	38.53	471	94.3	3.50
125×125	3.2	12.0	15.33	376	60.1	4.95
125×125	4.5	16.6	21.17	506	80.9	4.89
125×125	5.0	18.3	23.36	553	88.4	4.86
125×125	6.0	21.7	27.63	641	103	4.82
125×125	9.0	31.1	39.67	865	138	4.67
125×125	12.0	39.7	50.53	103×10	165	4.52
150×150	4.5	20.1	25.67	896	120	5.91
150×150	5.0	22.3	28.36	982	131	5.89
150×150	6.0	26.4	33.63	115×10	153	5.84
150×150	9.0	38.2	48.67	158×10	210	5.69
175×175	4.5	23.7	30.17	145×10	166	6.93
175×175	5.0	26.2	33.36	159×10	182	6.91
175×175	6.0	31.1	39.63	186×10	213	6.86
200×200	4.5	27.2	34.67	219×10	219	7.95
200×200	5.0	35.8	45.63	283×10	283	7.88
200×200	6.0	46.9	59.79	362×10	362	7.78
200×200	9.0	52.3	66.67	399×10	399	7.73
200×200	12.0	67.9	86.53	498×10	498	7.59
250×250	5.0	38.0	48.36	481×10	384	9.97
250×250	6.0	45.2	57.63	567×10	454	9.92
250×250	8.0	59.5	75.79	732×10	585	9.82
250×250	9.0	66.5	84.67	809×10	647	9.78
250×250	12.0	86.8	110.5	103×10^2	820	9.63
300×300	4.5	41.3	52.67	763×10	508	12.0
300×300	6.0	54.7	69.63	996×10	664	12.0
300×300	9.0	80.6	102.7	143×10^2	956	11.8
300×300	12.0	106	134.5	183×10^2	122×10	11.7
350×350	9.0	94.7	120.7	232×10^2	132×10	13.9
350×350	12.5	124	158.5	298×10^2	170×10	13.7

【비 고】 무게의 수치는 $1cm^3$의 강을 7.85g으로 하고 다음 식에 따라 계산하여 KS Q 5002에 따라 유효 숫자 셋째 자리에서 끝맺음한 것이다.

W=0.0157t(A+B−3.287t)

여기에서 W : 관의 무게(kg/m)

t : 관의 두께(mm)

A, B : 관의 변의 길이(mm)

❷ 직사각형

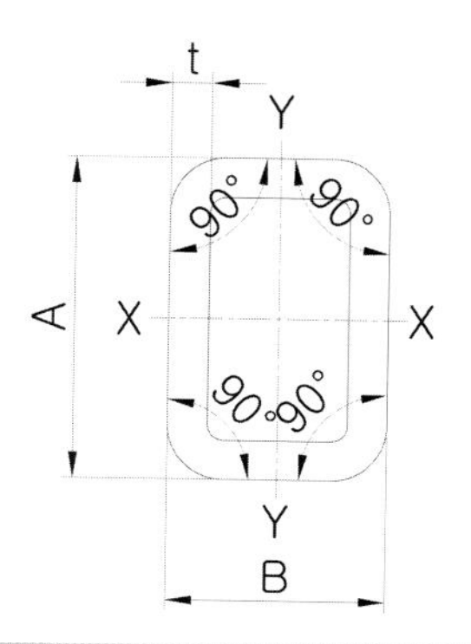

변의 길이 A×B mm	두께 t mm	무게 kg/m	참고						
			단면적 cm²	단면의 2차 모멘트		단면 계수		단면의 2차 반지름	
				l_x	l_y	Z_x	Z_y	i_x	l_y
				cm⁴		cm³		cm	
30×20	1.2	0.868	1.105	1.34	0.711	0.890	0.711	1.10	0.802
30×20	1.6	1.124	1.4317	1.66	0.879	1.11	0.879	1.80	0.784
40×20	1.2	1.053	1.3453	2.73	0.923	1.36	0.923	1.42	0.828
40×20	1.6	1.375	1.7517	3.43	1.15	1.72	1.15	1.40	0.810
50×20	1.6	1.63	2.072	6.08	1.42	2.43	1.42	1.71	0.829
50×20	2.3	2.25	2.872	8.00	1.83	3.20	1.83	1.67	0.798
50×30	1.6	1.88	2.392	7.96	3.60	3.18	2.40	1.82	1.23
50×30	2.3	2.62	3.332	10.6	4.76	4.25	3.17	1.79	1.20
60×30	1.6	2.13	2.712	2.5	4.25	4.16	2.83	2.15	1.25
60×30	2.3	2.98	3.792	16.8	5.65	5.61	3.76	2.11	1.22
60×30	3.2	3.99	5.087	21.4	7.08	7.15	4.72	2.05	1.18
75×20	1.6	2.25	2.872	17.6	2.10	4.69	2.10	2.47	0.855
75×20	2.3	3.16	4.022	23.7	2.73	6.31	2.73	2.43	0.824
75×45	1.6	2.88	3.672	28.4	12.9	7.56	5.75	2.78	1.88
75×45	2.3	4.06	5.172	38.9	17.6	10.4	7.82	2.74	1.84
75×45	3.2	5.50	7.007	50.8	22.8	13.5	10.1	2.69	1.80
80×40	1.6	2.88	3.672	30.7	10.5	7.68	5.26	2.89	1.69
80×40	2.3	4.06	5.172	42.1	14.3	10.5	7.14	2.85	1.66
80×40	3.2	5.50	7.007	54.9	18.4	13.7	9.21	2.80	1.62
90×45	2.3	4.60	5.862	61.0	20.8	13.6	9.22	3.23	1.88
90×45	3.2	6.25	7.967	80.2	27.0	17.8	12.0	3.17	1.84
100×20	1.6	2.88	3.672	38.1	2.78	7.61	2.78	3.22	0.870
100×20	2.3	4.06	5.172	51.9	3.64	10.4	3.64	3.17	0.839
100×40	1.6	3.38	4.312	53.5	12.9	10.7	6.44	3.52	1.73
100×40	2.3	4.78	6.092	73.9	17.5	14.8	8.77	3.48	1.70
100×40	4.2	8.32	10.60	120	27.6	24.0	10.6	3.36	1.61
100×50	1.6	3.64	4.632	61.3	21.1	12.3	8.43	3.64	2.13
100×50	2.3	5.14	6.552	84.8	29.0	17.0	11.6	3.60	2.10
100×50	3.2	7.01	8.927	112	38.0	22.5	15.2	3.55	2.06
100×50	4.5	9.55	12.17	147	48.9	29.3	19.5	3.47	2.00

❷ 직사각형(계속)

변의 길이 A×B mm	두께 t mm	무게 kg/m	참고							
			단면적 cm^2	단면의 2차 모멘트		단면 계수		단면의 2차 반지름	
				l_x	l_y	Z_x	Z_y	i_x	l_y
				cm^4		cm^3		cm	
125×40	1.6	4.01	5.112	94.4	15.8	15.1	7.91	4.30	1.76
125×40	2.3	5.69	7.242	131	21.6	20.9	10.8	4.25	1.73
125×75	2.3	6.95	8.852	192	87.5	30.6	23.3	4.65	3.14
125×75	3.2	9.52	12.13	257	117	41.1	31.1	4.60	3.10
125×75	4.0	11.7	14.95	311	141	49.7	37.5	4.56	3.07
125×75	4.5	13.1	16.67	342	155	54.8	41.2	4.53	3.04
125×75	6.0	17.0	21.63	428	192	68.5	51.1	4.45	2.98
150×75	3.2	10.8	13.73	402	137	53.6	36.6	5.41	3.16
150×80	4.5	15.2	19.37	563	211	75.0	52.9	5.39	3.30
150×80	5.0	16.8	21.36	614	230	81.9	57.5	5.36	3.28
150×80	6.0	19.8	25.23	710	264	94.7	66.1	5.31	3.24
150×100	3.2	12.0	15.33	488	262	65.1	52.5	5.64	4.14
150×100	4.5	16.6	21.17	658	352	87.7	70.4	5.58	4.08
150×100	6.0	21.7	27.63	835	444		88.8	5.50	4.01
150×100	9.0	31.1	39.67	113×10	595		119	5.33	3.87
200×100	4.5	20.1	25.67	133×10	455	133	90.9	7.20	4.21
200×100	6.0	26.4	33.63	170×10	577	170	115	7.12	4.14
200×100	9.0	38.2	48.67	235×10	782	235	156	6.94	4.01
200×150	4.5	23.7	30.17	176×10	113×10	176	151	7.64	6.13
200×150	6.0	31.1	39.63	227×10	146×10	227	194	7.56	6.06
200×150	9.0	45.3	57.67	317×10	202×10	317	270	7.41	5.93
250×150	6.0	35.8	45.63	389×10	177×10	311	236	9.23	6.23
250×150	9.0	52.3	66.67	548×10	247×10	438	330	9.06	6.09
250×150	12.0	67.9	86.53	685×10	307×10	548	409	8.90	5.95
300×200	6.0	45.2	57.63	737×10	396×10	491	396	11.3	8.29
300×200	9.0	66.5	84.67	105×10^2	563×10	702	563	11.2	8.16
300×200	12.0	86.8	110.5	134×10^2	711×10	890	711	11.0	8.02
350×150	6.0	45.2	57.63	891×10	239×10	509	319	12.4	6.44
350×150	9.0	66.5	84.67	127×10^2	337×10	726	449	12.3	6.31
350×150	12.0	86.8	110.5	161×10^2	421×10	921	562	12.1	6.17
400×200	6.0	54.7	69.63	148×10^2	509×10	739	509	14.6	8.55
400×200	9.0	80.6	102.7	213×10^2	727×10	107×10	727	14.4	8.42
400×200	12.0	106	134.5	273×10^2	923×10	136×10	923	14.2	8.23

[비 고] 무게의 수치는 $1cm^3$의 강을 7.85g으로 하고 다음 식에 따라 계산하여 KS Q 5002에 따라 유효 숫자 셋째 자리에서 끝맺음한 것이다.

W=0.0157t(A+B−3.287t)

여기에서 W : 관의 무게(kg/m)

t : 관의 두께(mm)

A, B : 관의 변의 길이(mm)

■ 열간 마무리 처리된 구조용 중공 형강

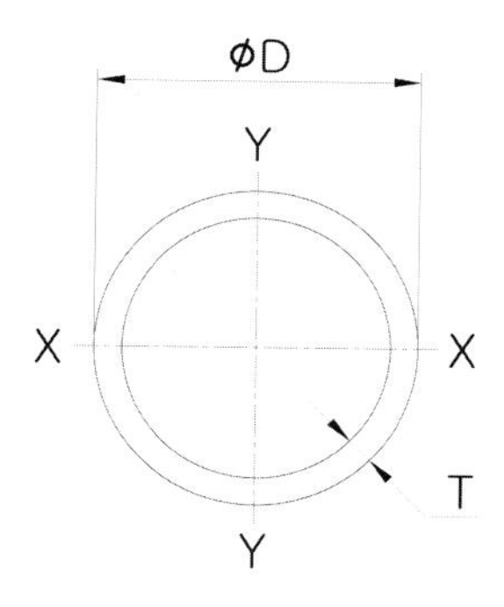

바깥지름	두께	단위 길이당 무게	단면적	단면의 2차 모멘트	회전 반지름	탄성 단면 정수	소성 단면 정수	비틀림 관성 정수	비틀림 계수 정수	단위 길이당 표면적	톤당 공칭 길이
D mm	T mm	M kg/m	A cm^2	I cm^4	i cm	W_{el} cm^3	W_{pl} cm^3	I_t cm^4	C_t cm^3	A_s m^2/m	m
21.3	2.3	1.08	1.37	0.629	0.677	0.590	0.834	1.26	1.18	0.0669	928
21.3	2.6	1.20	1.53	0.681	0.668	0.639	0.915	1.36	1.28	0.0669	834
21.3	3.2	1.43	1.82	0.768	0.650	0.722	1.06	1.54	1.44	0.0669	700
26.9	2.3	1.40	1.78	1.36	0.874	1.01	1.40	2.71	2.02	0.0845	717
26.9	2.6	1.56	1.98	1.48	0.864	1.10	1.54	2.96	2.20	0.0845	642
26.9	3.2	1.87	2.38	1.70	0.846	1.27	1.81	3.41	2.53	0.0845	535
33.7	2.6	1.99	2.54	3.09	1.10	1.84	2.52	6.19	3.67	0.106	501
33.7	3.2	2.41	3.07	3.60	1.08	2.14	2.99	7.21	4.28	0.106	415
33.7	4.0	2.93	3.73	4.19	1.06	2.49	3.55	8.38	4.97	0.106	341
42.4	2.6	2.55	3.25	6.46	1.41	3.05	4.12	12.9	6.10	0.133	392
42.4	3.2	3.09	3.94	7.62	1.39	3.59	4.93	15.2	7.19	0.133	323
42.4	4.0	3.79	4.83	8.99	1.36	4.24	5.92	18.0	8.48	0.133	264
48.3	2.6	2.93	3.73	9.78	1.62	4.05	5.44	19.6	8.10	0.152	341
48.3	3.2	3.56	4.53	11.6	1.60	4.80	6.52	23.2	9.59	0.152	281
48.3	4.0	4.37	5.57	13.8	1.57	5.70	7.87	27.5	11.4	0.152	229
48.3	5.0	5.34	6.80	16.2	1.54	6.69	9.42	32.3	13.4	0.152	187
60.3	2.6	3.70	4.71	19.7	2.04	6.52	8.66	39.3	13.0	0.189	270
60.3	3.2	4.51	5.74	23.5	2.02	7.78	10.4	46.9	15.6	0.189	222
60.3	4.0	5.55	7.07	28.2	2.00	9.34	12.7	56.3	18.7	0.189	180
60.3	5.0	6.82	8.69	33.5	1.96	11.1	15.3	67.0	22.2	0.189	147
76.1	2.6	4.71	6.00	40.6	2.60	10.7	14.1	81.2	21.3	0.239	212
76.1	3.2	5.75	7.33	48.8	2.58	12.8	17.0	97.6	25.6	0.239	174
76.1	4.0	7.11	9.06	59.1	2.55	15.5	20.8	118	31.0	0.239	141
76.1	5.0	8.77	11.2	70.9	2.52	18.6	25.3	142	37.3	0.239	114
88.9	3.2	6.76	8.62	79.2	3.03	17.8	23.5	158	35.6	0.279	148
88.9	4.0	8.38	10.7	96.3	3.00	21.7	28.9	193	43.3	0.279	119
88.9	5.0	10.3	13.2	116	2.97	26.2	35.2	233	52.4	0.279	96.7
88.9	6.0	12.3	15.6	135	2.94	30.4	41.3	270	60.7	0.279	81.5
88.9	6.3	12.8	16.3	140	2.93	31.5	43.1	280	63.1	0.279	77.9

■ 열간 마무리 처리된 구조용 중공 형강(계속)

바깥지름	두께	단위 길이당 무게	단면적	단면의 2차 모멘트	회전 반지름	탄성 단면 정수	소성 단면 정수	비틀림 관성 정수	비틀림 계수 정수	단위 길이당 표면적	톤당 공칭 길이
D mm	T mm	M kg/m	A cm^2	I cm^4	i cm	W_{el} cm^3	W_{pl} cm^3	I_t cm^4	C_t cm^3	A_s m^2/m	m
101.6	3.2	7.77	9.89	120	3.48	23.6	31.0	240	47.2	0.319	129
101.6	4.0	9.63	12.3	146	3.45	28.8	38.1	293	57.6	0.319	104
101.6	5.0	11.9	15.2	177	3.42	34.9	46.7	355	69.9	0.319	84.0
101.6	6.0	14.1	18.0	207	3.39	40.7	54.9	413	81.4	0.319	70.7
101.6	6.3	14.8	18.9	215	3.38	42.3	57.3	430	84.7	0.319	67.5
101.6	8.0	18.5	23.5	260	3.32	51.1	70.3	519	102	0.319	54.2
101.6	10.0	22.6	28.8	305	3.26	60.1	84.2	611	120	0.319	44.3
114.3	3.2	8.77	11.2	172	3.93	30.2	39.5	345	60.4	0.359	114
114.3	4.0	10.9	13.9	211	3.90	36.9	48.7	422	73.9	0.359	91.9
114.3	5.0	13.5	17.2	257	3.87	45.0	59.8	514	89.9	0.359	74.2
114.3	6.0	16.0	20.4	300	3.83	52.5	70.4	600	105	0.359	62.4
114.3	6.3	16.8	21.4	313	3.82	54.7	73.6	625	109	0.359	59.6
114.3	8.0	21.0	26.7	379	3.77	66.4	90.6	759	133	0.359	47.7
114.3	10.0	25.7	32.8	450	3.70	78.7	109	899	157	0.359	38.9
139.7	4.0	13.4	17.1	393	4.80	56.2	73.7	786	112	0.439	74.7
139.7	5.0	16.6	21.2	481	4.77	68.8	90.8	961	138	0.439	60.2
139.7	6.0	19.8	25.2	564	4.73	80.8	107	1129	162	0.439	50.5
139.7	6.3	20.7	26.4	589	4.72	84.3	112	1177	169	0.439	48.2
139.7	8.0	26.0	33.1	720	4.66	103	139	1441	206	0.439	38.5
139.7	10.0	32.0	40.7	862	4.60	123	169	1724	247	0.439	31.3
139.7	12.0	37.8	48.1	990	4.53	142	196	1980	283	0.439	26.5
139.7	12.5	39.2	50.0	1020	4.52	146	203	2040	292	0.439	25.5
168.3	4.0	16.2	20.6	697	5.81	82.8	108	1394	166	0.529	61.7
168.3	5.0	20.1	25.7	856	5.78	102	133	1712	203	0.529	49.7
168.3	6.0	24.0	30.6	1009	5.74	120	158	2017	240	0.529	41.6
168.3	6.3	25.2	32.1	1053	5.73	125	165	2107	250	0.529	39.7
168.3	8.0	31.6	40.3	1297	5.67	154	206	2595	308	0.529	31.6
168.3	10.0	39.0	49.7	1564	5.61	186	251	3128	372	0.529	25.6
168.3	12.0	46.3	58.9	1810	5.54	215	294	3620	430	0.529	21.6
168.3	12.5	48.0	61.2	1868	5.53	222	304	3737	444	0.529	20.8
177.8	5.0	21.3	27.1	1014	6.11	114	149	2028	228	0.559	46.9
177.8	6.0	25.4	32.4	1196	6.08	135	177	2392	269	0.559	39.3
177.8	6.3	26.6	33.9	1250	6.07	141	185	2499	281	0.559	37.5
177.8	8.0	33.5	42.7	1541	6.01	173	231	3083	347	0.559	29.9
177.8	10.0	41.4	52.7	1862	5.94	209	282	3724	419	0.559	24.2
177.8	12.0	49.1	62.5	2159	5.88	243	330	4318	486	0.559	20.4
177.8	12.5	51.0	64.9	2230	5.86	251	342	4460	502	0.559	19.6
193.7	5.0	23.3	29.6	1320	6.67	136	178	2640	273	0.609	43.0
193.7	6.0	27.8	35.4	1560	6.64	161	211	3119	322	0.609	36.0
193.7	6.3	29.1	37.1	1630	6.63	168	221	3260	337	0.609	34.3
193.7	8.0	36.6	46.7	2016	6.57	208	276	4031	416	0.609	27.3
193.7	10.0	45.3	57.7	2442	6.50	252	338	4883	504	0.609	22.1
193.7	12.0	53.8	68.5	2839	6.44	293	397	5678	586	0.609	18.6
193.7	12.5	55.9	71.2	2934	6.42	303	411	5869	606	0.609	17.9
193.7	16.0	70.1	89.3	3554	6.31	367	507	7109	734	0.609	14.3

■ 열간 마무리 처리된 구조용 중공 형강(계속)

바깥지름	두께	단위 길이당 무게	단면적	단면의 2차 모멘트	회전 반지름	탄성 단면 정수	소성 단면 정수	비틀림 관성 정수	비틀림 계수 정수	단위 길이당 표면적	톤당 공칭 길이
D mm	T mm	M kg/m	A cm^2	I cm^4	i cm	W_{el} cm^3	W_{pl} cm^3	I_t cm^4	C_t cm^3	A_s m^2/m	m
219.1	5.0	26.4	33.6	1928	7.57	176	229	3856	352	0.688	37.9
219.1	6.0	31.5	40.2	2282	7.54	208	273	4564	417	0.688	31.7
219.1	6.3	33.1	42.1	2386	7.53	218	285	4772	436	0.688	30.2
219.1	8.0	41.6	53.1	2960	7.47	270	357	5919	540	0.688	24.0
219.1	10.0	51.6	65.7	3598	7.40	328	438	7197	657	0.688	19.4
219.1	12.0	61.3	78.1	4200	7.33	383	515	8400	767	0.688	16.3
219.1	12.5	63.7	81.1	4345	7.32	397	534	8689	793	0.688	15.7
219.1	16.0	80.1	102	5297	7.20	483	661	10590	967	0.688	12.5
219.1	20.0	98.2	125	6261	7.07	572	795	12520	1143	0.688	10.2
244.5	5.0	29.5	37.6	2699	8.47	221	287	5397	441	0.768	33.9
244.5	6.0	35.3	45.0	3199	8.43	262	341	6397	523	0.768	28.3
244.5	6.3	37.0	47.1	3346	8.42	274	358	6692	547	0.768	27.0
244.5	8.0	46.7	59.4	4160	8.37	340	448	8321	681	0.768	21.4
244.5	10.0	57.8	73.7	5073	8.30	415	550	10146	830	0.768	17.3
244.5	12.0	68.8	87.7	5938	8.23	486	649	11877	972	0.768	14.5
244.5	12.5	71.5	91.1	6147	8.21	503	673	12295	1006	0.768	14.0
244.5	16.0	90.2	115	7533	8.10	616	837	15066	1232	0.768	11.1
244.5	20.0	111	141	8957	7.97	733	1011	17914	1465	0.768	9.03
244.5	25.0	135	172	10517	7.81	860	1210	21034	1721	0.768	7.39
273.0	5.0	33.0	42.1	3781	9.48	277	359	7562	554	0.858	30.3
273.0	6.0	39.5	50.3	4487	9.44	329	428	8974	657	0.858	25.3
273.0	6.3	41.4	52.8	4696	9.43	344	448	9392	688	0.858	24.1
273.0	8.0	52.3	66.6	5852	9.37	429	562	11703	857	0.858	19.1
273.0	10.0	64.9	82.6	7154	9.31	524	692	14308	1048	0.858	15.4
273.0	12.0	77.2	98.4	8396	9.24	615	818	16792	1230	0.858	12.9
273.0	12.5	80.3	102	8697	9.22	637	849	17395	1274	0.858	12.5
273.0	16.0	101	129	10707	9.10	784	1058	21414	1569	0.858	9.86
273.0	20.0	125	159	12798	8.97	938	1283	25597	1875	0.858	8.01
273.0	25.0	153	195	15217	8.81	1108	1543	30254	2216	0.858	6.54
323.9	5.0	39.3	50.1	6369	11.3	393	509	12739	787	1.02	25.4
323.9	6.0	47.0	59.9	7572	11.2	468	606	15145	935	1.02	21.3
323.9	6.3	49.3	62.9	7929	11.2	490	636	15858	979	1.02	20.3
323.9	8.0	62.3	79.4	9910	11.2	612	799	19820	1224	1.02	16.0
323.9	10.0	77.4	98.6	12158	11.1	751	986	24317	1501	1.02	12.9
323.9	12.0	92.3	118	14320	11.0	884	1168	28639	1768	1.02	10.8
323.9	12.5	96.0	122	14847	11.0	917	1213	29693	1833	1.02	10.4
323.9	16.0	121	155	18390	10.9	1136	1518	36780	2271	1.02	8.23
323.9	20.0	150	191	22139	10.8	1367	1850	44278	2734	1.02	6.67
323.9	25.0	184	235	26400	10.6	1630	2239	52800	3260	1.02	5.43
355.6	6.0	51.7	65.9	10071	12.4	566	733	20141	1133	1.12	19.3
355.6	6.3	54.3	69.1	10547	12.4	593	769	21094	1186	1.12	18.4
355.6	8.0	68.6	87.4	13201	12.3	742	967	26403	1485	1.12	14.6
355.6	10.0	85.2	109	16223	12.2	912	1195	32447	1825	1.12	11.7
355.6	12.0	102	130	19139	12.2	1076	1417	38279	2153	1.12	9.83
355.6	12.5	106	135	19852	12.1	1117	1472	39704	2233	1.12	9.45
355.6	16.0	134	171	24663	12.0	1387	1847	49326	2774	1.12	7.46
355.6	20.0	166	211	29792	11.9	1676	2255	59583	3351	1.12	6.04
355.6	25.0	204	260	35677	11.7	2007	2738	71353	4013	1.12	4.91

■ 열간 마무리 처리된 구조용 중공 형강(계속)

바깥지름	두께	단위 길이당 무게	단면적	단면의 2차 모멘트	회전 반지름	탄성 단면 정수	소성 단면 정수	비틀림 관성 정수	비틀림 계수 정수	단위 길이당 표면적	톤당 공칭 길이
D mm	T mm	M kg/m	A cm^2	I cm^4	i cm	W_{el} cm^3	W_{pl} cm^3	I_t cm^4	C_t cm^3	A_s m^2/m	m
610.0	6.0	89.4	114	51924	21.4	1702	2189	103847	3405	1.92	11.2
610.0	6.3	93.8	119	54439	21.3	1785	2296	108878	3570	1.92	10.7
610.0	8.0	119	151	68551	21.3	2248	2899	137103	4495	1.92	8.42
610.0	10.0	148	188	84847	21.2	2782	3600	169693	5564	1.92	6.76
610.0	12.0	177	225	100814	21.1	3305	4292	201627	6611	1.92	5.65
610.0	12.5	184	235	104755	21.1	3435	4463	209509	6869	1.92	5.43
610.0	16.0	234	299	131781	21.0	4321	5647	263563	8641	1.92	4.27
610.0	20.0	291	371	161490	20.9	5295	6965	322979	10589	1.92	3.44
610.0	25.0	361	459	196906	20.7	6456	8561	393813	12912	1.92	2.77
610.0	30.0	429	547	230476	20.5	7557	10101	460952	15113	1.92	2.33
610.0	40.0	562	716	292333	20.2	9585	13017	584666	19169	1.92	1.78
610.0	50.0	691	880	347570	19.9	11396	15722	695140	22791	1.92	1.45
711.0	6.0	104	133	82568	24.9	2323	165135	4645	4645	2.23	9.59
711.0	6.3	109	139	86586	24.9	2436	173172	4871	4871	2.23	9.13
711.0	8.0	139	177	109162	24.9	3071	218324	6141	6141	2.23	7.21
711.0	10.0	173	220	135301	24.8	3806	270603	7612	7612	2.23	5.78
711.0	12.0	207	264	160991	24.7	4529	321981	9057	9057	2.23	4.83
711.0	12.5	215	274	167343	24.7	4707	334686	9415	9415	2.23	4.64
711.0	16.0	274	349	211040	24.6	5936	422080	11873	11873	2.23	3.65
711.0	20.0	341	434	259351	24.4	7295	518702	14591	14591	2.23	2.93
711.0	25.0	423	539	317357	24.3	8927	634715	17854	17854	2.23	2.36
711.0	30.0	504	642	372790	24.1	10486	745580	20973	20973	2.23	1.98
711.0	40.0	662	843	476242	23.8	13396	952485	26793	26793	2.23	1.51
711.0	50.0	815	1038	570312	23.4	16043	1140623	32085	32085	2.23	1.23
711.0	60.0	963	1227	655583	23.1	18441	1311166	36882	36882	2.23	1.04
762.0	6.0	112	143	101813	26.7	2672	203626	5345	5345	2.39	8.94
762.0	6.3	117	150	106777	26.7	2803	213555	5605	5605	2.39	8.52
762.0	8.0	149	190	134683	26.7	3535	269366	7070	7070	2.39	6.72
762.0	10.0	185	236	167028	26.6	4384	334710	8768	8768	2.39	5.39
762.0	12.0	222	283	198855	26.5	5219	397710	10439	10439	2.39	4.51
762.0	12.5	231	294	206731	26.5	5426	413462	10852	10582	2.39	4.33
762.0	16.0	294	375	260973	26.4	6850	521947	13699	13699	2.39	3.40
762.0	20.0	366	466	321083	26.2	8427	642166	16855	16855	2.39	2.73
762.0	25.0	454	579	393461	26.1	10327	786922	20654	20654	2.39	2.20
762.0	30.0	542	690	462853	25.9	12148	925706	24297	24297	2.39	1.85
762.0	40.0	712	907	593011	25.6	15565	1186021	31129	31129	2.39	1.40
762.0	50.0	878	1118	712207	25.2	18693	142414	37386	37386	2.39	1.14
813.0	8.0	159	202	163901	28.5	4032	5184	327801	8064	2.55	6.30
813.0	10.0	198	252	203364	28.4	5003	6448	406728	10006	2.55	5.05
813.0	12.0	237	302	242235	28.3	5959	7700	484469	11918	2.55	4.22
813.0	12.5	247	314	251860	28.3	6196	8011	503721	12392	2.55	4.05
813.0	16.0	314	401	318222	28.2	7828	10165	636443	15657	2.55	3.18
813.0	20.0	391	498	391909	28.0	9641	12580	783819	19282	2.55	2.56
813.0	25.0	486	619	480856	27.9	11829	15529	961713	23658	2.55	2.06
813.0	30.0	579	738	566374	27.7	13933	18402	1132748	27866	2.55	1.73

■ 열간 마무리 처리된 구조용 중공 형강(계속)

바깥지름	두께	단위 길이당 무게	단면적	단면의 2차 모멘트	회전 반지름	탄성 단면 정수	소성 단면 정수	비틀림 관성 정수	비틀림 계수 정수	단위 길이당 표면적	톤당 공칭 길이
D mm	T mm	M kg/m	A cm^2	I cm^4	i cm	W_{el} cm^3	W_{pl} cm^3	I_t cm^4	C_t cm^3	A_s m^2/m	m
914.0	8.0	179	228	233651	32.0	5113	6567	467303	10225	2.87	5.59
914.0	10.0	223	284	290147	32.0	6349	8172	580294	12698	2.87	4.49
914.0	12.0	267	340	345890	31.9	7569	9764	691779	15137	2.87	3.75
914.0	12.5	278	354	359708	31.9	7871	10159	719417	15742	2.87	3.60
914.0	16.0	354	451	455142	31.8	9959	12904	910284	19919	2.87	2.82
914.0	20.0	441	562	561461	31.6	12286	15987	1122922	24572	2.87	2.27
914.0	25.0	548	698	690317	31.4	15105	19763	1380634	30211	2.87	1.82
914.0	30.0	654	833	814775	31.3	17829	23453	1629550	35658	2.87	1.53
1016.0	8.0	199	253	321780	35.6	6334	8129	643560	12668	3.19	5.03
1016.0	10.0	248	316	399850	35.6	7871	10121	799699	15742	3.19	4.03
1016.0	12.0	297	378	476985	35.5	9389	12097	953969	18779	3.19	3.37
1016.0	12.5	309	394	496123	35.5	9766	12588	992246	19532	3.19	3.23
1016.0	16.0	395	503	628479	35.4	12372	16001	1256959	24743	3.19	2.53
1016.0	20.0	491	626	776324	35.2	15282	19843	1552648	30564	3.19	2.04
1016.0	25.0	611	778	956086	35.0	18821	24557	1912173	37641	3.19	1.64
1016.0	30.0	729	929	1130352	34.9	22251	29175	2260704	44502	3.19	1.37
1067.0	10.0	261	332	463792	37.4	8693	11173	927585	17387	3.35	3.84
1067.0	12.0	312	398	553420	37.3	10373	13357	1106840	20747	3.35	3.20
1067.0	12.5	325	414	575666	37.3	10790	13900	1151332	21581	3.35	3.08
1067.0	16.0	415	528	729606	37.2	13676	17675	1459213	27352	3.35	2.41
1067.0	20.0	516	658	901755	37.0	16903	21927	1803509	33805	3.35	1.94
1067.0	25.0	642	818	1111355	36.9	20831	27149	2222711	41663	3.35	1.56
1067.0	30.0	767	977	1314864	36.7	24646	32270	2629727	49292	3.35	1.30
1168.0	10.0	286	364	609843	40.9	10443	13410	1219686	20885	3.67	3.50
1168.0	12.0	342	436	728050	40.9	12467	16037	1456101	24933	3.67	2.92
1168.0	12.5	356	454	757409	40.9	12969	16690	1514818	25939	3.67	2.81
1168.0	16.0	455	579	960774	40.7	16452	21235	1921547	32903	3.67	2.20
1168.0	20.0	566	721	1188632	40.6	20353	26361	2377264	40707	3.67	1.77
1168.0	25.0	705	898	1466717	40.4	25115	32666	2933434	50230	3.67	1.42
1219.0	10.0	298	380	694014	42.7	11387	14617	1388029	22773	3.83	3.35
1219.0	12.0	357	455	828716	42.7	13597	17483	1657433	27193	3.83	2.80
1219.0	12.5	372	474	862181	42.7	14146	18196	1724362	28291	3.83	2.69
1219.0	16.0	475	605	1094091	42.5	17951	23157	2188183	35901	3.83	2.11
1219.0	20.0	591	753	1354155	42.4	22217	28755	2708309	44435	3.83	1.69
1219.0	25.0	736	938	1671873	42.2	27430	35646	3343746	54860	3.83	1.36

■ 정사각형 중공 형강의 공칭 치수 및 단면 특성

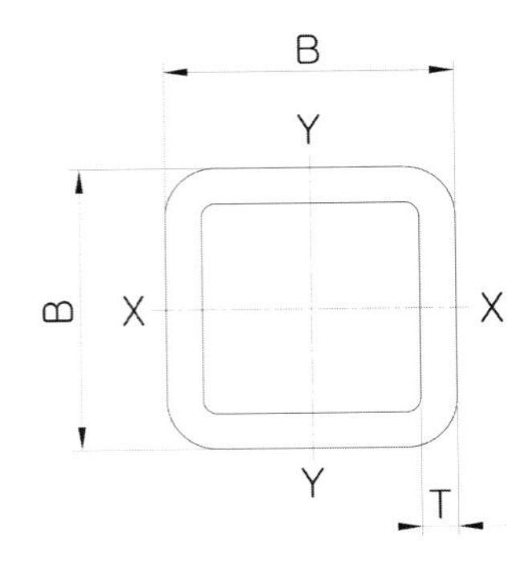

크기	두께	단위 길이당 무게	단면적	단면의 2차 모멘트	회전 반지름	탄성 단면 정수	소성 단면 정수	비틀림 관성 정수	비틀림 계수 정수	단위 길이당 표면적	톤당 공칭 길이
B mm	T mm	M kg/m	A cm^2	I cm^4	i cm	W_{el} cm^3	W_{pl} cm^3	I_t cm^4	C_t cm^3	A_s m^2/m	m
20	2.0	1.10	1.40	0.739	0.727	0.739	0.930	1.22	1.07	0.0748	912
20	2.5	1.32	1.68	0.835	0.705	0.835	1.08	1.41	1.20	0.0736	757
25	2.0	1.41	1.80	1.56	0.932	1.25	1.53	2.52	1.81	0.0948	709
25	2.5	1.71	2.18	1.81	0.909	1.44	1.82	2.97	2.08	0.0936	584
25	3.0	2.00	2.54	2.00	0.886	1.60	2.06	3.35	2.30	0.0923	501
30	2.0	1.72	2.20	2.84	1.14	1.89	2.29	4.53	2.75	0.115	580
30	2.5	2.11	2.68	3.33	1.11	2.22	2.74	5.40	3.22	0.114	475
30	3.0	2.47	3.14	3.74	1.09	2.50	3.14	6.16	3.60	0.112	405
40	2.5	2.89	3.68	8.54	1.52	4.27	5.14	13.6	6.22	0.154	346
40	3.0	3.41	4.34	9.78	1.50	4.89	5.97	15.7	7.10	0.152	293
40	4.0	4.39	5.59	11.8	1.45	5.91	7.44	19.5	8.54	0.150	228
40	5.0	5.28	6.73	13.4	1.41	6.68	8.66	22.5	9.60	0.147	189
50	2.5	3.68	4.68	17.5	1.93	6.99	8.29	27.5	10.2	0.194	272
50	3.0	4.35	5.54	20.2	1.91	8.08	9.70	32.1	11.8	0.192	230
50	4.0	5.64	7.19	25.0	1.86	9.99	12.3	40.4	14.5	0.190	177
50	5.0	6.85	8.73	28.9	1.82	11.6	14.5	47.6	16.7	0.187	146
50	6.0	7.99	10.2	32.0	1.77	12.8	16.5	53.6	18.4	0.185	125
50	6.3	8.31	10.6	32.8	1.76	13.1	17.0	55.2	18.8	0.184	120
60	2.5	4.46	5.68	31.1	2.34	10.4	12.2	48.5	15.2	0.234	224
60	3.0	5.29	6.74	36.2	2.32	12.1	14.3	56.9	17.7	0.232	189
60	4.0	6.90	8.79	45.4	2.27	15.1	18.3	72.5	22.0	0.230	145
60	5.0	8.42	10.7	53.3	2.23	17.8	21.9	86.4	25.7	0.227	119
60	6.0	9.87	12.6	59.9	2.18	20.0	25.1	98.6	28.8	0.225	101
60	6.3	10.3	13.1	61.6	2.17	20.5	26.0	102	29.6	0.224	97.2
60	8.0	12.5	16.0	69.7	2.09	23.2	30.4	118	33.4	0.219	79.9
70	3.0	6.24	7.94	59.0	2.73	16.9	19.9	92.2	24.8	0.272	160
70	4.0	8.15	10.4	74.7	2.68	21.3	25.5	118	31.2	0.270	123
70	5.0	9.99	12.7	88.5	2.64	25.3	30.8	142	36.8	0.267	100
70	6.0	11.8	15.0	101	2.59	28.7	35.5	163	41.6	0.265	85.1
70	6.3	12.3	15.6	104	2.58	29.7	36.9	169	42.9	0.264	81.5
70	8.0	15.0	19.2	120	2.50	34.2	43.8	200	49.2	0.259	66.5

■ 정사각형 중공 형강의 공칭 치수 및 단면 특성(계속)

크기	두께	단위 길이당 무게	단면적	단면의 2차 모멘트	회전 반지름	탄성 단면 정수	소성 단면 정수	비틀림 관성 정수	비틀림 계수 정수	단위 길이당 표면적	톤당 공칭 길이
B mm	T mm	M kg/m	A cm^2	I cm^4	i cm	W_{el} cm^3	W_{pl} cm^3	I_t cm^4	C_t cm^3	A_s m^2/m	m
80	3.0	7.18	9.14	89.8	3.13	22.5	26.3	140	33.0	0.312	139
80	4.0	9.41	12.0	114	3.09	28.6	34.0	180	41.9	0.310	106
80	5.0	11.6	14.7	137	3.05	34.2	41.1	217	49.8	0.307	86.5
80	6.0	13.6	17.4	156	3.00	39.1	47.8	252	56.8	0.305	73.3
80	6.3	14.2	18.1	162	2.99	40.5	49.7	262	58.7	0.304	70.2
80	8.0	17.5	22.4	189	2.91	47.3	59.5	312	68.3	0.299	57.0
90	4.0	10.7	13.6	166	3.50	37.0	43.6	260	54.2	0.350	93.7
90	5.0	13.1	16.7	200	3.45	44.4	53.0	316	64.8	0.347	76.1
90	6.0	15.5	19.8	230	3.41	51.1	61.8	367	74.3	0.345	64.4
90	6.3	16.2	20.7	238	3.40	53.0	64.3	382	77.0	0.344	61.6
90	8.0	20.1	25.6	281	3.32	62.6	77.6	459	90.5	0.339	49.9
100	4.0	11.9	15.2	232	3.91	46.4	54.4	361	68.2	0.390	83.9
100	5.0	14.7	18.7	279	3.86	55.9	66.4	439	81.8	0.387	68.0
100	6.0	17.4	22.2	323	3.82	64.6	77.6	513	94.3	0.385	57.5
100	6.3	18.2	23.2	336	3.80	67.1	80.9	534	97.8	0.384	54.9
100	8.0	22.6	28.8	400	3.73	79.9	98.2	646	116	0.379	44.3
100	10.0	27.4	34.9	462	3.64	92.4	116	761	133	0.374	36.5
120	5.0	17.8	22.7	498	4.68	83.0	97.6	777	122	0.467	56.0
120	6.0	21.2	27.0	579	4.63	96.6	115	911	141	0.465	47.2
120	6.3	22.2	28.2	603	4.62	100	120	950	147	0.464	45.1
120	8.0	27.6	35.2	726	4.55	121	146	1160	176	0.459	36.2
120	10.0	33.7	42.9	852	4.46	142	175	1382	206	0.454	29.7
120	12.0	39.5	50.3	958	4.36	160	201	1578	230	0.449	25.3
120	12.5	40.9	52.1	982	4.34	164	207	1623	236	0.448	24.5
140	5.0	21.0	26.7	807	5.50	115	135	1253	170	0.547	47.7
140	6.0	24.9	31.8	944	5.45	135	159	1475	198	0.545	40.1
140	6.3	26.1	33.3	984	5.44	141	166	1540	206	0.544	38.3
140	8.0	32.6	41.6	1195	5.36	171	204	1892	249	0.539	30.7
140	10.0	40.0	50.9	1416	5.27	202	246	2272	294	0.534	25.0
140	12.0	47.0	59.9	1609	5.18	230	284	2616	333	0.529	21.3
140	12.5	48.7	62.1	1653	5.16	236	293	2696	342	0.528	20.5
150	5.0	22.6	28.7	1002	5.90	134	156	1550	197	0.587	44.3
150	6.0	26.8	34.2	1174	5.86	156	184	1828	230	0.585	37.3
150	6.3	28.1	35.8	1223	5.85	163	192	1909	240	0.584	35.6
150	8.0	35.1	44.8	1491	5.77	199	237	2351	291	0.579	28.5
150	10.0	43.1	54.9	1773	5.68	236	286	2832	344	0.574	23.2
150	12.0	50.8	64.7	2023	5.59	270	331	3272	391	0.569	19.7
150	12.5	52.7	67.1	2080	5.57	277	342	3375	402	0.568	19.0
150	16.0	65.2	83.0	2430	5.41	324	411	4026	467	0.559	15.3
160	5.0	24.1	30.7	1225	6.31	153	178	1892	226	0.627	41.5
160	6.0	28.7	36.6	1437	6.27	180	210	2233	264	0.625	34.8
160	6.3	30.1	38.3	1499	6.26	187	220	2333	275	0.624	33.3
160	8.0	37.6	48.0	1831	6.18	229	272	2880	335	0.619	26.6
160	10.0	46.3	58.9	2186	6.09	273	329	3478	398	0.614	21.6
160	12.0	54.6	69.5	2502	6.00	313	382	4028	454	0.609	18.3
160	12.5	56.6	72.1	2576	5.98	322	395	4158	467	0.608	17.7
160	16.0	70.2	89.4	3028	5.82	379	476	4988	546	0.599	14.2
180	5.0	27.3	34.7	1765	7.13	196	227	2718	290	0.707	36.7
180	6.0	32.5	41.4	2077	7.09	231	269	3215	340	0.705	30.8
180	6.3	34.0	43.3	2168	7.07	241	281	3361	355	0.704	29.4
180	8.0	42.7	54.4	2661	7.00	296	349	4162	434	0.699	23.4
180	10.0	52.5	66.9	3193	6.91	355	424	5048	518	0.694	19.0
180	12.0	62.1	79.1	3677	6.82	409	494	5873	595	0.689	16.1
180	12.5	64.4	82.1	3790	6.80	421	511	6070	613	0.688	15.5
180	16.0	80.2	102	4504	6.64	500	621	7343	724	0.679	12.5

■ 정사각형 중공 형강의 공칭 치수 및 단면 특성(계속)

크기	두께	단위 길이당 무게	단면적	단면의 2차 모멘트	회전 반지름	탄성 단면 정수	소성 단면 정수	비틀림 관성 정수	비틀림 계수 정수	단위 길이당 표면적	톤당 공칭 길이
B mm	T mm	M kg/m	A cm^2	I cm^4	i cm	W_{el} cm^3	W_{pl} cm^3	I_t cm^4	C_t cm^3	A_s m^2/m	m
200	5.0	30.4	38.7	2445	7.95	245	283	3756	362	0.787	32.9
200	6.0	36.2	46.2	2883	7.90	·288	335	4449	426	0.785	27.6
200	6.3	38.0	48.4	3011	7.07	301	350	4653	444	0.784	26.3
200	8.0	47.7	60.8	3709	7.00	371	436	5778	545	0.779	21.0
200	10.0	58.8	74.9	4471	6.91	447	531	7031	655	0.744	17.0
200	12.0	69.6	88.7	5171	6.82	517	621	8208	754	0.769	14.4
200	12.5	72.3	92.1	5336	6.80	534	643	8491	778	0.768	13.8
200	16.0	90.3	115	6394	6.64	639	785	10340	927	0.759	11.1
220	6.0	40.0	51.0	3875	8.72	352	408	5963	521	0.865	25.0
220	6.3	41.9	53.4	4049	8.71	368	427	6240	544	0.864	23.8
220	8.0	52.7	67.2	5002	8.63	455	532	7765	669	0.859	19.0
220	10.0	65.1	82.9	6050	8.54	550	650	9473	807	0.854	15.4
220	12.0	77.2	98.3	7023	8.45	638	762	11091	933	0.849	13.0
220	12.5	80.1	102	7254	8.43	659	789	11481	963	0.848	12.5
220	16.0	100	128	8749	8.27	795	969	14054	1156	0.839	10.0
250	6.0	45.7	58.2	5752	9.94	460	531	8825	681	0.985	21.9
250	6.3	47.9	61.0	6014	9.93	481	556	9238	712	0.984	20.9
250	8.0	60.3	76.8	7455	9.86	596	694	11525	880	0.979	16.6
250	10.0	74.5	94.9	9055	9.77	724	851	14106	1065	0.974	13.4
250	12.0	88.5	113	10556	9.68	844	1000	16567	1237	0.969	11.3
250	12.5	91.9	117	10915	9.66	873	1037	17164	1279	0.968	10.9
250	16.0	115	147	13267	9.50	1061	1280	21138	1546	0.959	8.67
260	6.0	47.6	60.6	6491	10.4	499	576	9951	740	1.02	21.0
260	6.3	49.9	63.5	6788	10.3	522	603	10417	773	1.02	20.1
260	8.0	62.8	80.0	8423	10.3	648	753	13006	956	1.02	15.9
260	10.0	77.7	98.9	10242	10.2	788	924	15932	1159	1.01	12.9
260	12.0	92.2	117	11954	10.1	920	1087	18729	1348	1.01	10.8
260	12.5	95.8	122	12365	10.1	951	1127	19409	1394	1.01	10.4
260	16.0	120	153	15061	9.91	1159	1394	23942	1689	0.999	8.30
300	6.0	55.1	70.2	10080	12.0	672	772	15407	997	1.18	18.2
300	6.3	57.8	73.6	10547	12.0	703	809	16136	1043	1.18	17.3
300	8.0	72.8	92.8	13128	11.9	875	1013	20194	1294	1.18	13.7
300	10.0	90.2	115	16026	11.8	1068	1246	24807	1575	1.17	11.1
300	12.0	107	137	18777	11.7	1252	1470	29249	1840	1.17	9.32
300	12.5	112	142	19442	11.7	1296	1525	30333	1904	1.17	8.97
300	16.0	141	179	23850	11.5	1590	1895	37622	2325	1.16	7.12
350	8.0	85.4	109	21129	13.9	1207	1392	32384	1789	1.38	11.7
350	10.0	106	135	25884	13.9	1479	1715	39886	2185	1.37	9.44
350	12.0	126	161	30435	13.8	1739	2030	47154	2563	1.37	7.93
350	12.5	131	167	31541	13.7	1802	2107	48934	2654	1.37	7.62
350	16.0	166	211	38942	13.6	2225	2630	60990	3264	1.36	6.04
400	10.0	122	155	39128	15.9	1956	2260	60092	2895	1.57	8.22
400	12.0	145	185	46130	15.8	2306	2679	71181	3405	1.57	6.90
400	12.5	151	192	47839	15.8	2392	2782	73906	3530	1.57	6.63
400	16.0	191	243	59344	15.6	2967	3484	92442	4362	1.56	5.24
400	20.0	235	300	71535	15.4	3577	4247	112489	5237	1.55	4.25

■ 직사각형 중공 형강의 공칭 치수 및 단면 특성

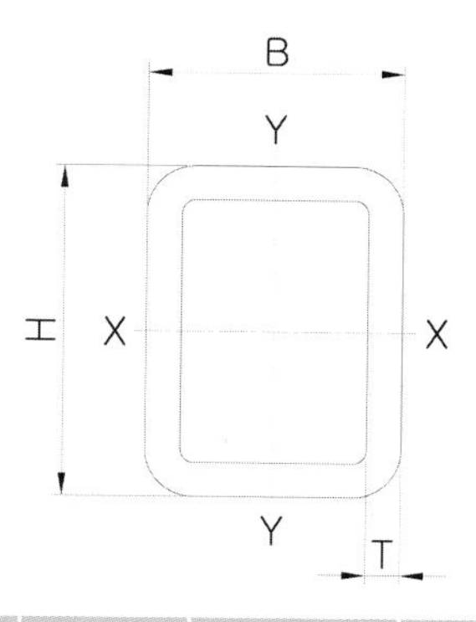

크기		두께	단위 길이당 무게	단면적	단면의 2차 모멘트		회전 반지름		탄성 단면 정수		소성 단면 정수		비틀림 관성 정수	비틀림 계수 정수	단위 길이당 표면적	톤당 공칭 길이
H×B mm		T mm	M kg/m	A cm^2	I_{XX} cm^4	I_{YY} cm^4	i_{XX} cm	i_{YY} cm	$W_{el,\,XX}$ cm^3	$W_{el,\,YY}$ cm^3	$W_{pl,\,XX}$ cm^3	$W_{pl,\,YY}$ cm^3	I_t cm^4	C_t cm^3	A_s m^2/m	m
50	25	2.5	2.69	3.43	10.4	3.39	1.74	0.994	4.16	2.71	5.33	3.22	8.42	4.61	0.144	371
50	25	3.0	3.17	4.04	11.9	3.83	1.72	0.973	4.76	3.06	6.18	3.71	9.64	5.20	0.142	315
50	30	2.5	2.89	3.68	11.8	5.22	1.79	1.19	4.73	3.48	5.92	4.11	11.7	5.73	0.154	346
50	30	3.0	3.41	4.34	13.6	5.94	1.77	1.17	5.43	3.96	6.88	4.76	13.5	6.51	0.152	293
50	30	4.0	4.39	5.59	16.5	7.08	1.72	1.13	6.60	4.72	8.59	5.88	16.6	7.77	0.150	228
50	30	5.0	5.28	6.73	18.7	7.89	1.67	1.08	7.49	5.26	10.0	6.80	19.0	8.67	0.147	189
60	40	2.5	3.68	4.68	22.8	12.1	2.21	1.60	7.61	6.03	9.32	7.02	25.1	9.73	0.194	272
60	40	3.0	4.35	5.54	26.5	13.9	2.18	1.58	8.82	6.95	10.9	8.19	29.2	11.2	0.192	230
60	40	4.0	5.64	7.19	32.8	17.0	2.14	1.54	10.9	8.52	13.8	10.3	36.7	13.7	0.190	177
60	40	5.0	6.85	8.73	38.1	19.5	2.09	1.50	12.7	9.77	16.4	12.2	43.0	15.7	0.187	146
60	40	6.0	7.99	10.2	42.3	21.4	2.04	1.45	14.1	10.7	18.6	13.7	48.2	17.3	0.185	125
60	40	6.3	8.31	10.6	43.4	21.9	2.02	1.44	14.5	11.0	19.2	14.2	49.5	17.6	0.184	120
80	40	3.0	5.29	6.74	54.2	18.0	2.84	1.63	13.6	9.00	17.1	10.4	43.8	15.3	0.232	189
80	40	4.0	6.90	8.79	68.2	22.2	2.79	1.59	17.1	11.1	21.8	13.2	55.2	18.9	0.230	145
80	40	5.0	8.42	10.7	80.3	25.7	2.74	1.55	20.1	12.9	26.1	15.7	65.1	21.9	0.227	119
80	40	6.0	9.87	12.6	90.5	28.5	2.68	1.50	22.6	14.2	30.0	17.8	73.4	24.2	0.225	101
80	40	6.3	10.3	13.1	93.3	29.2	2.67	1.49	23.3	14.6	31.1	18.4	75.6	24.8	0.224	97.2
80	40	8.0	12.5	16.0	106	32.1	2.58	1.42	26.5	16.1	36.5	21.2	85.8	27.4	0.219	79.9
90	50	3.0	6.24	7.94	84.4	33.5	3.26	2.05	18.8	13.4	23.2	15.3	76.5	22.4	0.272	160
90	50	4.0	8.15	10.4	107	41.9	3.21	2.01	23.8	16.8	29.8	19.6	97.5	28.0	0.270	123
90	50	5.0	9.99	12.7	127	49.2	3.16	1.97	28.3	19.7	36.0	23.5	116	32.9	0.267	100
90	50	6.0	11.8	15.0	145	55.4	3.11	1.92	32.2	22.1	41.6	27.0	133	37.0	0.265	85.1
90	50	6.3	12.3	15.6	150	57.0	3.10	1.91	33.3	22.8	43.2	28.0	138	38.1	0.264	81.5
90	50	8.0	15.0	19.2	174	64.6	3.01	1.84	38.6	25.8	51.4	32.9	160	43.2	0.259	66.5
100	50	3.0	6.71	8.54	110	36.8	3.58	2.08	21.9	14.7	27.3	16.8	88.4	25.0	0.292	149
100	50	4.0	8.78	11.2	140	46.2	3.53	2.03	27.9	18.5	35.2	21.5	113	31.4	0.290	114
100	50	5.0	10.8	13.7	167	54.3	3.48	1.99	33.3	21.7	42.6	25.8	135	36.9	0.287	92.8
100	50	6.0	12.7	16.2	190	61.2	3.43	1.95	38.1	24.5	49.4	29.7	154	41.6	0.285	78.8
100	50	6.3	13.3	16.9	197	63.0	3.42	1.93	39.4	25.2	51.3	30.8	160	42.9	0.284	75.4
100	50	8.0	16.3	20.8	230	71.7	3.33	1.86	46.0	28.7	61.4	36.3	186	48.9	0.279	61.4
100	60	3.0	7.18	9.14	124	55.7	3.68	2.47	24.7	18.6	30.2	21.2	121	30.7	0.312	139
100	60	4.0	9.41	12.0	158	70.5	3.63	2.43	31.6	23.5	39.1	27.3	156	38.7	0.310	106
100	60	5.0	11.6	14.7	189	83.6	3.58	2.38	37.8	27.9	47.4	32.9	188	45.9	0.307	86.5
100	60	6.0	13.6	17.4	217	95.0	3.53	2.34	43.4	31.7	55.1	38.1	216	52.1	0.305	73.3
100	60	6.3	14.2	18.1	225	98.1	3.52	2.33	45.0	32.7	57.3	39.5	224	53.8	0.304	70.2
100	60	8.0	17.5	22.4	264	113	3.44	2.25	52.8	37.8	68.7	47.1	265	62.2	0.299	57.0

■ 직사각형 중공 형강의 공칭 치수 및 단면 특성(계속)

크기		두께	단위 길이당 무게	단면적	단면의 2차 모멘트		회전 반지름		탄성 단면 정수		소성 단면 정수		비틀림 관성 정수	비틀림 계수 정수	단위 길이당 표면적	톤당 공칭 길이
H×B mm		T mm	M kg/m	A cm^2	I_{XX} cm^4	I_{YY} cm^4	i_{XX} cm	i_{YY} cm	$W_{el,\ XX}$ cm^3	$W_{el,\ YY}$ cm^3	$W_{pl,\ XX}$ cm^3	$W_{pl,\ YY}$ cm^3	I_t cm^4	C_t cm^3	A_s m^2/m	m
120	60	4.0	10.7	13.6	249	83.1	4.28	2.47	41.5	27.7	51.9	31.7	201	47.1	0.350	93.7
120	60	5.0	13.1	16.7	299	98.8	4.23	2.43	49.9	32.9	63.1	38.4	242	56.0	0.347	76.1
120	60	6.0	15.5	19.8	345	113	4.18	2.39	57.5	37.5	73.6	44.5	279	63.8	0.345	64.4
120	60	6.3	16.2	20.7	358	116	4.16	2.37	59.7	38.8	76.7	46.3	290	65.9	0.344	61.6
120	60	8.0	20.1	25.6	425	135	4.08	2.30	70.8	45.0	92.7	55.4	344	76.6	0.339	49.9
120	60	10.0	24.3	30.9	488	152	3.97	2.21	81.4	50.5	109	64.4	396	86.1	0.334	41.2
120	80	4.0	11.9	15.2	303	161	4.46	3.25	50.4	40.2	61.2	46.1	330	65.0	0.390	83.9
120	80	5.0	14.7	18.7	365	193	4.42	3.21	60.9	48.2	74.6	56.1	401	77.9	0.387	68.0
120	80	6.0	17.4	22.2	423	222	4.37	3.17	70.6	55.6	87.3	65.5	468	89.6	0.385	57.5
120	80	6.3	18.2	23.2	440	230	4.36	3.15	73.3	57.6	91.0	68.2	487	92.9	0.384	54.9
120	80	8.0	22.6	28.8	525	273	4.27	3.08	87.5	68.1	111	82.6	587	110	0.379	44.3
120	80	10.0	27.4	34.9	609	313	4.18	2.99	102	78.1	131	97.3	688	126	0.374	36.5
140	80	4.0	13.2	16.8	441	184	5.12	3.31	62.9	46.0	77.1	52.2	411	76.5	0.430	75.9
140	80	5.0	16.3	20.7	534	221	5.08	3.27	76.3	55.3	94.3	63.6	499	91.9	0.427	61.4
140	80	6.0	19.3	24.6	621	255	5.03	3.22	88.7	63.8	111	74.4	583	106	0.425	51.8
140	80	6.3	20.2	25.7	646	265	5.01	3.21	92.3	66.2	115	77.5	607	110	0.424	49.6
140	80	8.0	25.1	32.0	776	314	4.93	3.14	111	78.5	141	94.1	733	130	0.419	39.9
140	80	10.0	30.6	38.9	908	362	4.83	3.05	130	90.5	168	111	862	150	0.414	32.7
150	100	4.0	15.1	19.2	607	324	5.63	4.11	81.0	64.8	97.4	73.6	660	105	0.490	66.4
150	100	5.0	18.6	23.7	739	392	5.58	4.07	98.5	78.5	119	90.1	807	127	0.487	53.7
150	100	6.0	22.1	28.2	862	456	5.53	4.02	115	91.2	141	106	946	147	0.485	45.2
150	100	6.3	23.1	29.5	898	474	5.52	4.01	120	94.8	147	110	986	153	0.484	43.2
150	100	8.0	28.9	36.8	1087	569	5.44	3.94	145	114	180	135	1203	183	0.479	34.7
150	100	10.0	35.3	44.9	1282	665	5.34	3.85	171	133	216	161	1432	214	0.474	28.4
150	100	12.0	41.4	52.7	1450	745	5.25	3.76	193	149	249	185	1633	240	0.469	24.2
150	100	12.5	42.8	54.6	1488	763	5.22	3.74	198	153	256	190	1679	246	0.468	23.3
160	80	4.0	14.4	18.4	612	207	5.77	3.35	76.5	51.7	94.7	58.3	493	88.1	0.470	69.3
160	80	5.0	17.8	22.7	744	249	5.72	3.31	93.0	62.3	116	71.1	600	106	0.467	56.0
160	80	6.0	21.2	27.0	868	288	5.67	3.27	108	72.0	136	83.3	701	122	0.465	47.2
160	80	6.3	22.2	28.2	903	299	5.66	3.26	113	74.8	142	86.8	730	127	0.464	45.1
160	80	8.0	27.6	35.2	1091	356	5.57	3.18	136	89.0	175	106	883	151	0.459	36.2
160	80	10.0	33.7	42.9	1284	411	5.47	3.10	161	103	209	125	1041	175	0.454	29.7
160	80	12.0	39.5	50.3	1449	455	5.37	3.01	181	114	240	142	1175	194	0.499	25.3
160	80	12.5	40.9	52.1	1485	465	5.34	2.99	186	116	247	146	1204	198	0.448	24.5
180	100	4.0	16.9	21.6	945	379	6.61	4.19	105	75.9	128	85.2	852	127	0.550	59.0
180	100	5.0	21.0	26.7	1153	460	6.57	4.15	128	92.0	157	104	1042	154	0.547	47.7
180	100	6.0	24.9	31.8	1350	536	6.52	4.11	150	107	186	123	1224	179	0.545	40.1
180	100	6.3	26.1	33.3	1407	557	6.50	4.09	156	111	194	128	1277	186	0.544	38.3
180	100	8.0	32.6	41.6	1713	671	6.42	4.02	190	134	239	157	1560	224	0.539	30.7
180	100	10.0	40.0	50.9	2036	787	6.32	3.93	226	157	288	188	1862	263	0.534	25.0
180	100	12.0	47.0	59.9	2320	886	6.22	3.85	258	177	333	216	2130	296	0.529	21.3
180	100	12.5	48.7	62.1	2385	908	6.20	3.82	265	182	344	223	2191	303	0.528	20.5
200	100	4.0	18.2	23.2	1223	416	7.26	4.24	122	83.2	150	92.8	983	142	0.590	54.9
200	100	5.0	22.6	28.7	1495	505	7.21	4.19	149	101	185	114	1204	172	0.587	44.3
200	100	6.0	26.8	34.2	1754	589	7.16	4.15	175	118	218	134	1414	200	0.585	37.3
200	100	6.3	28.1	35.8	1829	613	7.15	4.14	183	123	228	140	1475	208	0.584	35.6
200	100	8.0	35.1	44.8	2234	739	7.06	4.06	223	148	282	172	1804	251	0.579	28.5
200	100	10.0	43.1	54.9	2664	869	6.96	3.98	266	174	341	206	2156	295	0.574	23.2
200	100	12.0	50.8	64.7	3047	979	6.86	3.89	305	196	395	237	2469	333	0.569	19.7
200	100	12.5	52.7	67.1	3136	1004	6.84	3.87	314	201	408	245	2541	341	0.568	19.0
200	100	16.0	65.2	83.0	3678	1147	6.66	3.72	368	229	491	290	2982	391	0.559	15.3
200	120	6.0	28.7	36.6	1980	892	7.36	4.94	198	149	242	169	1942	245	0.625	34.8
200	120	6.3	30.1	38.3	2065	929	7.34	4.92	207	155	253	177	2028	255	0.624	33.3
200	120	8.0	37.6	48.0	2529	1128	7.26	4.85	253	188	313	218	2495	310	0.619	26.6
200	120	10.0	46.3	58.9	3026	1337	7.17	4.76	303	223	379	263	3001	367	0.614	21.6
200	120	12.0	54.6	69.5	3472	1520	7.07	4.68	347	253	440	305	3461	417	0.609	18.3
200	120	12.5	56.6	72.1	3576	1562	7.04	4.66	358	260	455	314	3569	428	0.608	17.7

■ 직사각형 중공 형강의 공칭 치수 및 단면 특성(계속)

크기		두께	단위 길이당 무게	단면적	단면의 2차 모멘트		회전 반지름		탄성 단면 정수		소성 단면 정수		비틀림 관성 정수	비틀림 계수 정수	단위 길이당 표면적	톤당 공칭 길이
H×B mm		T mm	M kg/m	A cm^2	I_{XX} cm^4	I_{YY} cm^4	i_{XX} cm	i_{YY} cm	$W_{el,XX}$ cm^3	$W_{el,YY}$ cm^3	$W_{pl,XX}$ cm^3	$W_{pl,YY}$ cm^3	I_t cm^4	C_t cm^3	A_s m^2/m	m
250	150	6.0	36.2	46.2	3965	1796	9.27	6.24	317	239	385	270	3877	396	0.785	27.6
250	150	6.3	38.0	48.4	4143	1874	9.25	6.22	331	250	402	283	4054	413	0.784	26.3
250	150	8.0	47.7	60.8	5111	2298	9.17	6.15	409	306	501	350	5021	506	0.779	21.0
250	150	10.0	58.8	74.9	6174	2755	9.08	6.06	494	367	611	426	6090	605	0.774	17.0
250	150	12.0	69.6	88.7	7154	3168	8.98	5.98	572	422	715	497	7088	695	0.769	14.4
250	150	12.5	72.3	92.1	7387	3265	8.96	5.96	591	435	740	514	7326	717	0.768	13.8
250	150	16.0	90.3	115	8879	3873	8.79	5.80	710	516	906	625	8868	849	0.759	11.1
260	180	6.0	40.0	51.0	4942	2804	9.85	7.42	380	312	454	353	5554	502	0.865	25.0
260	180	6.3	41.9	53.4	5166	2929	9.83	7.40	397	325	475	369	5810	524	0.864	23.8
260	180	8.0	52.7	67.2	6390	3608	9.75	7.33	492	401	592	459	7221	644	0.859	19.0
260	180	10.0	65.1	82.9	7741	4351	9.66	7.24	595	483	724	560	8798	775	0.854	15.4
260	180	12.0	77.2	98.3	8999	5034	9.57	7.16	692	559	849	656	10285	895	0.849	13.0
260	180	12.5	80.1	102	9299	5196	9.54	7.13	715	577	879	679	10643	924	0.848	12.5
260	180	16.0	100	128	11245	6231	9.38	6.98	865	692	1081	831	12993	1106	0.839	10.0
300	200	6.0	45.7	58.2	7486	4013	11.3	8.31	499	401	596	451	8100	651	0.985	21.9
300	200	6.3	47.9	61.0	7829	4193	11.3	8.29	522	419	624	472	8476	681	0.984	20.9
300	200	8.0	60.3	76.8	9717	5184	11.3	8.22	648	518	779	589	10562	840	0.979	16.6
300	200	10.0	74.5	94.9	11819	6278	11.2	8.13	788	628	956	721	12908	1015	0.974	13.4
300	200	12.0	88.5	113	13797	7294	11.1	8.05	920	729	1124	847	15137	1178	0.969	11.3
300	200	12.5	91.9	117	14273	7537	11.0	8.02	952	754	1165	877	15677	1217	0.968	10.9
300	200	16.0	115	147	17390	9109	10.9	7.87	1159	911	1441	1080	19252	1468	0.959	8.67
350	250	6.0	55.1	70.2	12616	7538	13.4	10.4	721	603	852	677	14529	967	1.18	18.2
350	250	6.3	57.8	73.6	13203	7885	13.4	10.4	754	631	892	709	15215	1011	1.18	17.3
350	250	8.0	72.8	92.8	16449	9798	13.3	10.3	940	784	1118	888	19027	1254	1.18	13.7
350	250	10.0	90.2	115	20102	11937	13.2	10.2	1149	955	1375	1091	23354	1525	1.17	11.1
350	250	12.0	107	137	23577	13957	13.1	10.1	1347	1117	1624	1286	27513	1781	1.17	9.32
350	250	12.5	112	142	24419	14444	13.1	10.1	1395	1156	1685	1334	28526	1842	1.17	8.97
350	250	16.0	141	179	30011	17654	12.9	9.93	1715	1412	2095	1655	35325	2246	1.16	7.12
400	200	8.0	72.8	92.8	19562	6660	14.5	8.47	978	666	1203	743	15735	1135	1.18	13.7
400	200	10.0	90.2	115	23914	8084	14.4	8.39	1196	808	1480	911	19259	1376	1.17	11.1
400	200	12.0	107	137	28059	9418	14.3	8.30	1403	942	1748	1072	22622	1602	1.17	9.32
400	200	12.5	112	142	29063	9738	14.3	8.28	1453	974	1813	1111	23438	1656	1.17	8.97
400	200	16.0	141	179	35738	11824	14.1	8.13	1787	1182	2256	1374	28871	2010	1.16	7.12
450	250	8.0	85.4	109	30082	12142	16.6	10.6	1337	971	1622	1081	27083	1629	1.38	11.7
450	250	10.0	106	135	36895	14819	16.5	10.5	1640	1185	2000	1331	33284	1986	1.37	9.44
450	250	12.0	126	161	43434	17359	16.4	10.4	1930	1389	2367	1572	39260	2324	1.37	7.93
450	250	12.5	131	167	45026	17973	16.4	10.4	2001	1438	2458	1631	40719	2406	1.37	7.62
450	250	16.0	166	211	55705	22041	16.2	10.2	2476	1763	3070	2029	50545	2947	1.36	6.04
500	300	10.0	122	155	53762	24439	18.6	12.6	2150	1629	2595	1826	52450	2696	1.57	8.22
500	300	12.0	145	185	63446	28736	18.5	12.5	2538	1916	3077	2161	62039	3167	1.57	6.90
500	300	12.5	151	192	65813	29780	18.5	12.5	2633	1985	3196	2244	64389	3281	1.57	6.63
500	300	16.0	191	243	81783	36768	18.3	12.3	3271	2451	4005	2804	80329	4044	1.56	5.24
500	300	20.0	235	300	98777	44078	18.2	12.1	3951	2939	4885	3408	97447	4842	1.55	4.25

12-5 기계 구조용 합금강 강관 [폐지]

Alloy steel tubes for machine purposes

KS D 3574 : 2008

■ 적용 범위

이 표준은 기계, 자동차, 그 밖의 기계 부품에 사용하는 합금강 강관에 대하여 규정한다.

■ 종류의 기호

종류의 기호	참고	분류
	구 기호	
SCr 420 TK	–	크로뮴강
SCM 415 TK	–	크로뮴몰리브데넘강
SCM 418 TK	–	
SCM 420 TK	–	
SCM 430 TK	STKS 1 유사	
SCM 435 TK	STKS 3 유사	
SCM 440 TK	–	

■ 화학 성분

종류의 기호	화학 성분 %							
	구 기호 (참고)	C	Si	Mn	P	S	Cr	Mo
SCr 420 TK	–	0.18~0.23	0.15~0.35	0.60~0.85	0.030 이하	0.030 이하	0.90~1.20	–
SCM 415 TK	–	0.13~0.18	0.15~0.35	0.60~0.85	0.030 이하	0.030 이하	0.90~1.20	0.15~0.30
SCM 418 TK	–	0.16~0.21	0.15~0.35	0.60~0.85	0.030 이하	0.030 이하	0.90~1.20	0.15~0.30
SCM 420 TK	–	0.18~0.23	0.15~0.35	0.60~0.85	0.030 이하	0.030 이하	0.90~1.20	0.15~0.30
SCM 430 TK	STKS 1 유사	0.28~0.33	0.15~0.35	0.60~0.85	0.030 이하	0.030 이하	0.90~1.20	0.15~0.30
SCM 435 TK	STKS 3 유사	0.33~0.38	0.15~0.35	0.60~0.85	0.030 이하	0.030 이하	0.90~1.20	0.15~0.30
SCM 440 TK	–	0.38~0.43	0.15~0.35	0.60~0.85	0.030 이하	0.030 이하	0.90~1.20	0.15~0.30

[비 고] 1. 각종 모두 불순물로서 Ni 0.25%, Cu 0.30%를 초과해서는 안 된다.
2. 주문자가 제품 분석을 요구한 경우, 표기한 값에 대한 허용 변동치는 KS D 0228의 표 3에 따른다.

12-6 실린더 튜브용 탄소 강관 [폐지]

Carbon steel tubes for cylinder barrels

KS D 3618 : 1992(2007 확인)

■ 적용 범위

이 규격은 내면을 절삭 또는 호닝 가공을 하여 피스톤형 유압 실린더 및 공기압 실린더의 실린더 튜브를 제조하는데 사용하는 탄소강 강관에 대하여 규정한다.

■ 종류 및 기호

종류의 기호	(참고) 종래기호
STC370	STC 38
STC 440	STC 45
STC 510 A	STC 52 A
STC 510 B	STC 52 B
STC 540	STC 55
STC 590 A	STC 60 A
STC 590 B	STC 60 B

■ 화학 성분

단위 : %

종류의 기호	C	Si	Mn	P	S	Nb 또는 V
STC 370	0.25 이하	0.35 이하	0.30~0.90	0.040 이하	0.040 이하	–
STC 440	0.25 이하	0.35 이하	0.30~0.90	0.040 이하	0.040 이하	–
STC 510 A	0.25 이하	0.35 이하	0.30~0.90	0.040 이하	0.040 이하	–
STC 510 B	0.18 이하	0.55 이하	1.50 이하	0.040 이하	0.040 이하	–
STC 540	0.25 이하	0.55 이하	1.60 이하	0.040 이하	0.040 이하	0.15 이하
STC 590 A	0.25 이하	0.35 이하	0.30~0.90	0.040 이하	0.040 이하	–
STC 590 B	0.25 이하	0.55 이하	1.50 이하	0.040 이하	0.040 이하	–

【비 고】 1. 킬드강으로서 또한, 주문자가 제품 분석을 요구하였을 때, 표기치에 대한 허용 변동치는 KS D 0228(강재의 제품 분석 방법 및 그 허용 변동치) 중 이음매 없는 강관은 표 2에, 전기 저항 용접 강관은 표 1에 따른다.
2. STC540은 Nb 및 V를 복합하여 참가할 수가 있다. 이 때, Nb+V의 양은 0.15% 이하로 한다.

■ 기계적 성질

종류의 기호	인장강도 N/mm^2 {kgf/mm^2}	항복점 또는 내구력 N/mm^2 {kgf/mm^2}	연신율 % 11호 시험편, 12호 시험편 세로 방향
STC 370	370{38} 이상	215{22} 이상	30 이상
STC 440	440{45} 이상	305{31} 이상	10 이상
STC 510 A	510{52} 이상	380{39} 이상	10 이상
STC 510 B	510{52} 이상	380{39} 이상	15 이상
STC 540	540{55} 이상	390{40} 이상	20 이상
STC 590 A	590{60} 이상	490{50} 이상	10 이상
STC 590 B	590{60} 이상	490{50} 이상	15 이상

【비 고】 1. 두께 8mm 미만인 관에서 12호 시험편을 사용하여 인장 시험할 때에는 신장률의 최소치는 두께 1mm가 감소할 때마다 위 표의 연신율 값에서 1.5%를 뺀 것을 KS A 0021(수치의 맺음법)에 따라 정수치로 끝맺음한다. 그 계산 보기를 참고표에 나타낸다.
2. 전기 저항 용접 강관으로부터 12호 시험편을 채취할 때 시험편은 이음매가 없는 부분에서 채취한다.

12-7 기계구조용 합금강 강재

Low-alloyed steels for machine structural use

KS D 3867 : 2015

■ 적용 범위

이 규격은 열간압연, 열간단조 등 열간가공에 의해 만들어진 것으로, 보통 다시 단조, 절삭, 냉간 인발 등의 가공과 퀜칭 템퍼링, 노멀라이징, 침탄 퀜칭 등의 열처리를 하여 주로 기계구조용으로 사용되는 합금강 강재에 대하여 규정한다.

■ 종류의 기호

종류의 기호	분 류	종류의 기호	분 류
SMn 420	망가니즈강	SNC 236	니켈크로뮴강
SMn 433		SNC 415	
SMn 438		SNC 631	
SMn 443		SNC 815	
SMnC 420	망가니즈 크로뮴강	SNC 836	
SMnC 443		SNCM 220	니켈 몰리브데넘강
SCr 415	크로뮴강	SNCM 240	
SCr 420		SNCM 415	
SCr 430		SNCM 420	니켈크로뮴 몰리브데넘강
SCr 435		SNCM 431	
SCr 440		SNCM 439	
SCr 445		SNCM 447	
SCM 415	크로뮴 몰리브데넘강	SNCM 616	
SCM 418		SNCM 625	
SCM 420		SNCM 630	
SCM 421		SNCM 815	
SCM 425			
SCM 430			
SCM 432			
SCM 435			
SCM 440			
SCM 445			
SCM 822			

【비 고】 1. SMn 420, SMnC 420, SCr 415, SCr 420, SCM 415, SCM 418, SCM 420, SCM 421, SCM 822, SNC 415, SNC 815, SNCM 220, SNCM 415, SNCM 420, SNCM 616 및 SNCM 815 주로 표면 담금질용으로 사용한다.

■ 화학 성분

단위 : %

종류의 기호	C	Si	Mn	P	S	Ni	Cr	Mo
SMn 420	0.17~0.23	0.15~0.35	1.20~0.50	0.030 이하	0.030 이하	0.25 이하	0.35 이하	−
SMn 433	0.30~0.36	0.15~0.35	1.20~0.50	0.030 이하	0.030 이하	0.25 이하	0.35 이하	−
SMn 438	0.35~0.41	0.15~0.35	1.35~1.65	0.030 이하	0.030 이하	0.25 이하	0.35 이하	−
SMn 443	0.40~0.46	0.15~0.35	1.35~1.65	0.030 이하	0.030 이하	0.25 이하	0.35 이하	−
SMnC 420	0.17~0.23	0.15~0.35	1.20~1.50	0.030 이하	0.030 이하	0.25 이하	0.35~0.70	−
SMnC 443	0.40~0.46	0.15~0.35	1.35~1.65	0.030 이하	0.030 이하	0.25 이하	0.35~0.70	−
SCr 415	0.13~0.18	0.15~0.35	0.60~0.90	0.030 이하	0.030 이하	0.25 이하	0.90~1.20	−
SCr 420	0.18~0.23	0.15~0.35	0.60~0.90	0.030 이하	0.030 이하	0.25 이하	0.90~1.20	−
SCr 430	0.28~0.33	0.15~0.35	0.60~0.90	0.030 이하	0.030 이하	0.25 이하	0.90~1.20	−
SCr 435	0.33~0.38	0.15~0.35	0.60~0.90	0.030 이하	0.030 이하	0.25 이하	0.90~1.20	−
SCr 440	0.38~0.43	0.15~0.35	0.60~0.90	0.030 이하	0.030 이하	0.25 이하	0.90~1.20	−
SCr 445	0.43~0.48	0.15~0.35	0.60~0.90	0.030 이하	0.030 이하	0.25 이하	0.90~1.20	−
SCM 415	0.13~0.18	0.15~0.35	0.60~0.90	0.030 이하	0.030 이하	0.25 이하	0.90~1.20	0.15~0.25
SCM 418	0.16~0.21	0.15~0.35	0.60~0.90	0.030 이하	0.030 이하	0.25 이하	0.90~1.20	0.15~0.25
SCM 420	0.18~0.23	0.15~0.35	0.60~0.90	0.030 이하	0.030 이하	0.25 이하	0.90~1.20	0.15~0.25
SCM 421	0.17~0.23	0.15~0.35	0.70~1.00	0.030 이하	0.030 이하	0.25 이하	0.90~1.20	0.15~0.25
SCM 425	0.23~0.28	0.15~0.35	0.60~0.90	0.030 이하	0.030 이하	0.25 이하	0.90~1.20	0.15~0.30
SCM 430	0.28~0.33	0.15~0.35	0.60~0.90	0.030 이하	0.030 이하	0.25 이하	0.90~1.20	0.15~0.30
SCM 432	0.27~0.37	0.15~0.35	0.30~0.60	0.030 이하	0.030 이하	0.25 이하	1.00~1.50	0.15~0.30
SCM 435	0.33~0.38	0.15~0.35	0.60~0.90	0.030 이하	0.030 이하	0.25 이하	0.90~1.20	0.15~0.30
SCM 440	0.38~0.43	0.15~0.35	0.60~0.90	0.030 이하	0.030 이하	0.25 이하	0.90~1.20	0.15~0.30
SMC 445	0.43~0.48	0.15~0.35	0.60~0.90	0.030 이하	0.030 이하	0.25 이하	0.90~1.20	0.15~0.30
SCM 822	0.20~0.25	0.15~0.35	0.60~0.90	0.030 이하	0.030 이하	0.25 이하	0.90~1.20	0.15~0.45
SNC 236	0.32~0.40	0.15~0.35	0.50~0.80	0.030 이하	0.030 이하	1.00~1.50	0.50~0.90	−
SNC 415	0.12~0.18	0.15~0.35	0.35~0.65	0.030 이하	0.030 이하	2.00~2.50	0.20~0.50	−
SNC 631	0.27~0.35	0.15~0.35	0.35~0.65	0.030 이하	0.030 이하	2.50~3.00	0.60~1.00	−
SNC 815	0.12~0.18	0.15~0.35	0.35~0.65	0.030 이하	0.030 이하	3.00~3.50	0.60~1.00	−
SNC 836	0.32~0.40	0.15~0.35	0.35~0.65	0.030 이하	0.030 이하	3.00~3.50	0.60~1.00	−
SNCM 220	0.17~0.23	0.15~0.35	0.60~0.90	0.030 이하	0.030 이하	0.40~0.70	0.40~0.60	0.15~0.25
SNCM 240	0.38~0.43	0.15~0.35	0.70~1.00	0.030 이하	0.030 이하	0.40~0.70	0.40~0.60	0.15~0.30
SNCM 415	0.12~0.18	0.15~0.35	0.40~0.70	0.030 이하	0.030 이하	1.60~2.00	0.40~0.60	0.15~0.30
SNCM 420	0.17~0.23	0.15~0.35	0.40~0.70	0.030 이하	0.030 이하	1.60~2.00	0.40~0.60	0.15~0.30
SNCM 431	0.27~0.35	0.15~0.35	0.60~0.90	0.030 이하	0.030 이하	1.60~2.00	0.60~1.00	0.15~0.30
SNCM 439	0.36~0.43	0.15~0.35	0.60~0.90	0.030 이하	0.030 이하	1.60~2.00	0.60~1.00	0.15~0.30
SNCM 447	0.44~0.50	0.15~0.35	0.60~0.90	0.030 이하	0.030 이하	1.60~2.00	0.60~1.00	0.15~0.30
SNCM 616	0.13~0.20	0.15~0.35	0.80~1.20	0.030 이하	0.030 이하	2.80~3.20	1.40~1.80	0.40~0.60
SNCM 625	0.20~0.30	0.15~0.35	0.35~0.60	0.030 이하	0.030 이하	3.00~3.50	1.00~1.50	0.15~0.30
SNCM 630	0.25~0.35	0.15~0.35	0.35~0.60	0.030 이하	0.030 이하	2.50~3.50	2.50~3.50	0.30~0.70
SNCM 815	0.12~0.18	0.15~0.35	0.30~0.60	0.030 이하	0.030 이하	4.00~4.50	0.70~1.00	0.15~0.30

[비 고] 1. 위 표의 모든 강재는 불순물로서 Cu가 0.30%를 넘어서는 안 된다.
2. 주문자 · 제조자 사이의 협정에 따라 강재의 제품 분석을 하는 경우의 레이들분석 규제값에 대한 허용변동값은 KS D 0228에 따른다.

CHAPTER

13 배관용 강관

13-1 배관용 탄소 강관

Carbon steel pipes for ordinary piping

KS D 3507 : 2015

■ 적용 범위

이 표준은 사용 압력이 비교적 낮은 증기, 물(상수도용은 제외), 기름, 가스, 공기 등의 배관에 사용하는 탄소 강관에 대하여 규정한다.

■ 종류 및 기호

종류의 기호	구 분	비 고
SPP	흑관	아연 도금을 하지 않은 관
	백관	흑관에 아연 도금을 한 관

[비 고] 1. 도면, 대장 · 전표 등에 기호로 백관을 구분할 필요가 있을 경우에는 종류의 기호 끝에 -ZN을 부기한다. 다만, 제품의 표시에는 적용하지 않는다.

■ 화학 성분

종류의 기호	화학 성분 %	
	P	S
SPP	0.040 이하	0.040 이하

■ 기계적 성질

종류의 기호	인장 시험		
	인장 강도	연신율 %	
		11호 시험편 12호 시험편	5호 시험편
		세로방향	가로방향
SPP	294 이상	30 이상	25이상

[비 고] 1. 두께 8mm 미만의 관은 12호 시험편 또는 5호 시험편을 사용하여, 인장 시험을 할 때에 연신율의 최소값은 두께 1mm 감소함에 대하여 위 표의 연신율의 값에서 1.5%를 뺀 것으로 하고, KS A 3251-1에 따라 정수값으로 끝맺음한다.
2. 위 표의 연신율의 값은, 호칭 32A 이하의 관에 대하여는 적용하지 않는다. 다만, 기록하여 두어야 한다.
3. 인장 시험편을 채취할 때, 12호 시험편 또는 5호 시험편은 이음매를 포함하지 않은 부분에서 채취하여야 한다.

13-2 압력 배관용 탄소 강관

Carbon steel pipes for pressure service

KS D 3562 : 2009

■ 적용 범위

이 표준은 350℃ 정도 이하에서 사용하는 압력 배관에 쓰이는 탄소 강관에 대하여 규정한다. 다만, 고압용의 배관에 대하여는 KS D 3564에 따른다.

■ 종류의 기호

종류의 기호
SPPS 380
SPPS 420

■ 화학 성분

종류의 기호	화학 성분(%)				
	C	Si	Mn	P	S
SPPS 380	0.25 이하	0.35 이하	0.30~0.90	0.040 이하	0.040 이하
SPPS 420	0.30 이하	0.35 이하	0.30~1.00	0.040 이하	0.040 이하

■ 기계적 성질

종류의 기호	인장강도 N/mm^2	항복점 또는 항복강도 N/mm^2	연신율 %			
			11호 시험편 12호 시험편	5호 시험편	4호 시험편	4호 시험편
			세로 방향	가로 방향	가로 방향	세로 방향
SPPS 380	380 이상	220 이상	30 이상	25 이상	23 이상	28 이상
SPPS 420	420 이상	250 이상	25 이상	20 이상	19 이상	24 이상

● MC 나일론

MC 나일론은 주원료인 나일론 모노머를 대기압하에서 중합 및 성형하여 나일론의 특성을 더욱 향상시켜, 사출 성형이나 압출 성형품에는 없는 뛰어난 특징을 향상시킨 나일론이다. 색깔별로 여러 그레이드가 있는데 기계장치 등에서 흔히 볼 수 있는 청색 계열은 MC901로 MC의 기본 그레이드이다. 주요 용도로 기어, 스프로킷, 롤러, 베어링, 라이너, 슬라이드 플레이트, 가이드, 파레트, 절연재 등에 널리 사용되고 있다.

13-3 고압 배관용 탄소 강관

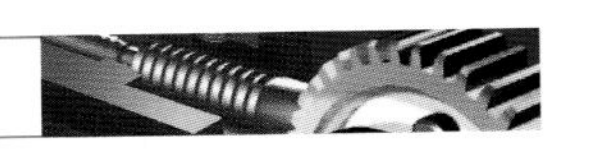

Carbon steel pipes for high pressure service

KS D 3564 : 2009

■ 적용 범위

이 표준은 350℃ 정도 이하에서 사용 압력이 높은 배관에 사용하는 탄소 강관에 대하여 규정하다.

■ 종류의 기호

종류의 기호
SPPH 380
SPPH 420
SPPH 490

■ 화학 성분

종류의 기호	화학 성분%				
	C	Si	Mn	P	S
SPPH 380	0.25 이하	0.10~0.35	0.30~1.10	0.035 이하	0.035 이하
SPPH 420	0.30 이하	0.10~0.35	0.30~1.40	0.035 이하	0.035 이하
SPPH 490	0.33 이하	0.10~0.35	0.30~1.50	0.035 이하	0.035 이하

■ 기계적 성질

종류의 기호	인장강도 N/mm^2	항복점 또는 항복강도 N/mm^2	연신율 %			
			11호 시험편 12호 시험편	5호 시험편	4호 시험편	
			세로 방향	가로 방향	세로 방향	가로 방향
SPPH 380	380 이상	220 이상	30 이상	25 이상	28 이상	23 이상
SPPH 420	420 이상	250 이상	25 이상	20 이상	24 이상	19 이상
SPPH 490	490 이상	280 이상	25 이상	20 이상	22 이상	17 이상

【비 고】 1. 두께 8mm 미만의 관을 12호 시험편 또는 5호 시험편을 사용하여 인장 시험을 할 때에는, 연신율의 최소치는 두께 1mm 감소할 때마다 표4의 연신율의 값에서 1.5% 뺀 것을 KS Q 5002에 따라 정수치로 끝맺음한다.

2. 바깥지름 40mm 미만의 관에 대하여는 위 표의 연신율의 값은 적용하지 않는다. 다만, 기록은 해두어야 한다.

13-4 저온 배관용 탄소 강관

Carbon steel pipes for low temperature service

KS D 3569 : 2008

■ 적용 범위

이 표준은 빙점 이하의 특히 낮은 온도에서 배관에 사용되는 강관에 대하여 규정한다.

■ 종류의 기호

종류의 기호
SPLT 390
SPLT 460
SPLT 700

■ 화학 성분

종류의 기호	화학 성분 %					
	C	Si	Mn	P	S	Ni
SPLT 390	0.25 이하	0.35 이하	1.35 이하	0.035 이하	0.035 이하	
SPLT 460	0.18 이하	0.10~0.35	0.30~0.60	0.030 이하	0.030 이하	3.20~3.80
SPLT 700	0.13 이하	0.10~0.35	0.90 이하	0.030 이하	0.030 이하	8.50~9.50

【비 고】 1. 관의 치수에 따라 관의 충격 시험을 실시할 수 없는 경우에는 SPLT 390은 0.010% 이상의 산가용성 알루미늄을 함유하여야 한다. 산가용성 알루미늄 대신에 전 알루미늄을 분석하여도 좋으며, 이때의 함유량은 0.015% 이상으로 한다.

2. 주문자가 제품 분석을 요구할 경우에는 표기의 값에 대한 허용 변동치는 KS D 0228에서 SPLT 390의 이음매 없는 강관은 표2에 따르고, 전기 저항 용접 강관은 표1에 따른다. 또한 SPLT 460 및 SPLT 700의 관은 표3에 따른다.

■ 기계적 성질

종류의 기호	인장 시험					
	인장 강도 N/mm²	항복점 N/mm²	연신율			
			11호 시험편 12호 시험편	5호 시험편	4호 시험편	
			세로 방향	가로 방향	세로 방향	가로 방향
SPLT 390	390 이상	210 이상	35 이상	25 이상	30 이상	22 이상
SPLT 460	460 이상	250 이상	30 이상	20 이상	24 이상	16 이상
SPLT 700	700 이상	530 이상	21 이상	15 이상	16 이상	10 이상

【비 고】 1. 두께 8mm 미만의 관으로 12호 시험편 또는 5호 시험편을 사용하여 인장 시험을 실시하는 경우, 연신율의 최소값은 두께가 1mm 감소할 때마다 위 표의 연신율 값에서 1.5%뺀 것을 KS Q 5002에 따라 정수값으로 끝맺음한다.

2. 바깥지름 20mm 미만의 관에 대하여는 위 표의 연신율 값을 적용하지 않는다. 다만, 이를 기록하여 두어야 한다.

3. 전기 저항 용접 강관에서 인장 시험편을 샘플링할 경우, 12호 시험편 또는 5호 시험편은 이음매를 포함하지 않은 부분에서 채취한다.

13-5 고온 배관용 탄소 강관 [폐지]

Carbon steel pipes for high temperature service

KS D 3570 : 2008

■ 적용 범위

이 표준은 주로 350℃를 초과하는 온도에서 배관에 사용하는 탄소 강관에 대하여 규정한다.

■ 종류의 기호

종류의 기호
SPHT 380
SPHT 420
SPHT 490

■ 화학 성분

종류의 기호	화학 성분 %				
	C	Si	Mn	P	S
SPHT 380	0.25 이하	0.10~0.35	0.30~0.90	0.35 이하	0.35 이하
SPHT 420	0.30 이하	0.10~0.35	0.30~1.00	0.35 이하	0.35 이하
SPHT 490	0.33 이하	0.10~0.35	0.30~1.00	0.35 이하	0.35 이하

【비 고】 1. 주문자가 제품 분석을 요구할 경우, 표기의 값에 대한 허용 변동치는 KS D 0228 중 이음매 없는 강관은 표2에 따르며, 전기 저항 용접 강관은 표1에 따른다.

■ 기계적 성질

종류의 기호	인장 강도 N/mm^2	항복점 또는 항복 강도 N/mm^2	연신율 %			
			11호 시험편 12호 시험편	5호 시험편	4호 시험편	4호 시험편
			세로 방향	가로 방향	가로 방향	세로 방향
SPHT 380	380 이상	220 이상	30 이상	25 이상	28 이상	23 이상
SPHT 420	420 이상	250 이상	25 이상	20 이상	24 이상	19 이상
SPHT 490	490 이상	280 이상	25 이상	20 이상	22 이상	17 이상

【비 고】 1. 두께 8mm 미만의 관을 12호 시험편 또는 5호 시험편을 사용하여 인장 시험하는 경우, 연신율의 최소값은 두께가 1mm 감소할 때마다 위 표의 연신율 값에서 1.5%의 비율로 뺀 것을 KS Q 5002에 따라 정수값으로 끝맺음한다.
2. 바깥지름 40mm 미만인 관에 대하여는 위 표의 연신율 값을 적용하지 않는다. 다만, 이를 기록하여 두어야 한다.
3. 전기 저항 용접 강관에서 인장 시험편을 채취할 경우, 12호 시험편 또는 5호 시험편은 이음매를 포함하지 않은 부분에서 채취한다.

13-6 배관용 합금강 강관 [폐지]

Alloy steel pipes

KS D 3573 : 2009

■ 적용 범위

이 표준은 주로 고온도의 배관에 사용하는 합금강 강관에 대하여 규정한다.

■ 종류의 기호

종류의 기호	
몰리브데넘강 강관	SPA 12
크로뮴·몰리브데넘강 강관	SPA 20
	SPA 22
	SPA 23
	SPA 24
	SPA 25
	SPA 26

■ 화학 성분

종류의 기호	화학 성분 %						
	C	Si	Mn	P	S	Cr	Mo
SPA 12	0.10~0.20	0.10~0.50	0.30~0.80	0.035 이하	0.035 이하	–	0.45~0.65
SPA 20	0.10~0.20	0.10~0.50	0.30~0.60	0.035 이하	0.035 이하	0.50~0.80	0.40~0.65
SPA 22	0.15 이하	0.50 이하	0.30~0.60	0.035 이하	0.035 이하	0.80~1.25	0.45~0.65
SPA 23	0.15 이하	0.50~1.00	0.30~0.60	0.030 이하	0.030 이하	1.00~1.50	0.45~0.65
SPA 24	0.15 이하	0.50 이하	0.30~0.60	0.030 이하	0.030 이하	1.90~2.60	0.87~1.13
SPA 25	0.15 이하	0.50 이하	0.30~0.60	0.030 이하	0.030 이하	4.00~6.00	0.45~0.65
SPA 26	0.15 이하	0.25~1.00	0.30~0.60	0.030 이하	0.030 이하	8.00~10.00	0.90~1.10

【비 고】 1. 주문자가 제품 분석을 요구할 경우에도 위의 화학 성분을 적용한다.

■ 기계적 성질

종류의 기호	인장강도 N/mm^2	항복점 또는 항복강도 N/mm^2	연신율 %			
			11호 시험편 12호 시험편	5호 시험편	4호 시험편	4호 시험편
			세로 방향	가로 방향	가로 방향	세로 방향
SPA 12	390 이상	210 이상	30 이상	25 이상	24 이상	19 이상
SPA 20	420 이상	210 이상	30 이상	25 이상	24 이상	19 이상
SPA 22	420 이상	210 이상	30 이상	25 이상	24 이상	19 이상
SPA 23	420 이상	210 이상	30 이상	25 이상	24 이상	19 이상
SPA 24	420 이상	210 이상	30 이상	25 이상	24 이상	19 이상
SPA 25	420 이상	210 이상	30 이상	25 이상	24 이상	19 이상
SPA 26	420 이상	210 이상	30 이상	25 이상	24 이상	19 이상

【비 고】 1. 두께 8mm 미만의 관으로, 12호 시험편 또는 5호 시험편을 사용하여 인장 시험을 할 때는, 연신율의 최소치는 두께 1mm 감소할 때마다 위 표의 연신율의 값에서 1.5%의 비율로 뺀 것으로 하고 KS Q 5002에 따라 정수치로 끝맺음 한다.
2. 바깥지름 40mm 미만의 관에 대하여는 위 표의 연신율 값을 적용하지 않는다. 다만, 기록하여 두어야 한다.

13-7 배관용 스테인리스 강관

Stainless steel pipes

KS D 3576 : 2011

■ 적용 범위

이 표준은 내식용, 저온용, 고온용, 수도용 등의 배관에 사용하는 스테인리스 강관에 대하여 규정한다. 단, 수도용으로 사용할 경우에는 용출 성능을 만족해야 한다.

■ 종류의 기호 및 열처리

분 류	종류의 기호	고용화 열처리 ℃
오스테나이트계	STS304TP	1010 이상, 급랭
	STS304HTP	1040 이상, 급랭
	STS304LTP	1010 이상, 급랭
	STS309TP	1030 이상, 급랭
	STS309STP	1030 이상, 급랭
	STS310TP	1030 이상, 급랭
	STS310STP	1030 이상, 급랭
	STS316TP	1010 이상, 급랭
	STS316HTP	1040 이상, 급랭
	STS316LTP	1010 이상, 급랭
	STS316TiTP	920 이상, 급랭
	STS317TP	1010 이상, 급랭
	STS317LTP	1010 이상, 급랭
	STS836LTP	1030 이상, 급랭
	STS890LTP	1030 이상, 급랭
	STS321TP	920 이상, 급랭
오스테나이트계	STS321HTP	냉간 가공 1095 이상, 급랭
		열간 가공 1050 이상, 급랭
	STS347TP	980 이상, 급랭
	STS347HTP	냉간 가공 1095 이상, 급랭
		열간 가공 1050 이상, 급랭
	STS350TP	1150 이상, 급랭
오스테나이트·페라이트계	STS329J1TP	950 이상, 급랭
	STS329J3LTP	950 이상, 급랭
	STS329J4LTP	950 이상, 급랭
	STS329LDTP	950 이상, 급랭
페라이트계	STS405TP	어닐링 700 이상, 공랭 또는 서랭
	STS409LTP	어닐링 700 이상, 공랭 또는 서랭
	STS430TP	어닐링 700 이상, 공랭 또는 서랭
	STS430LXTP	어닐링 700 이상, 공랭 또는 서랭
	STS430J1LTP	어닐링 720 이상, 공랭 또는 서랭
	STS436LTP	어닐링 720 이상, 공랭 또는 서랭
	STS444TP	어닐링 700 이상, 공랭 또는 서랭

[비 고] 1. STS321TP, STS316TiTP 및 STS347TP에 대해서는 안정화 열처리를 지정할 수 있다. 이 경우의 열처리 온도는 850~930℃로 한다.

■ 화학 성분

단위 : %

종류의 기호	C	Si	Mn	P	S	Ni	Cr	Mo	기 타
STS304TP	0.08 이하	1.00 이하	2.00 이하	0.040 이하	0.030 이하	8.00~11.00	18.00~20.00	–	–
STS304HTP	0.04~0.10	0.75 이하	2.00 이하	0.040 이하	0.030 이하	8.00~11.00	18.00~20.00	–	–
STS304LTP	0.030 이하	1.00 이하	2.00 이하	0.040 이하	0.030 이하	9.00~13.00	18.00~20.00	–	–
STS309TP	0.15 이하	1.00 이하	2.00 이하	0.040 이하	0.030 이하	12.00~15.00	22.00~24.00	–	–
STS309STP	0.08 이하	1.00 이하	2.00 이하	0.040 이하	0.030 이하	12.00~15.00	22.00~24.00	–	–
STS310TP	0.15 이하	1.50 이하	2.00 이하	0.040 이하	0.030 이하	19.00~22.00	24.00~26.00	–	–
STS310STP	0.08 이하	1.50 이하	2.00 이하	0.040 이하	0.030 이하	19.00~22.00	24.00~26.00	–	–
STS316TP	0.08 이하	1.00 이하	2.00 이하	0.040 이하	0.030 이하	10.00~14.00	16.00~18.00	2.00~3.00	–
STS316HTP	0.04~0.10	0.75 이하	2.00 이하	0.030 이하	0.030 이하	11.00~14.00	16.00~18.00	2.00~3.00	–
STS316LTP	0.030 이하	1.00 이하	2.00 이하	0.040 이하	0.030 이하	12.00~16.00	16.00~18.00	2.00~3.00	–
STS316TiTP	0.08 이하	1.00 이하	2.00 이하	0.040 이하	0.030 이하	10.00~14.00	16.00~18.00	2.00~3.00	Ti5×C% 이상
STS317TP	0.08 이하	1.00 이하	2.00 이하	0.040 이하	0.030 이하	11.00~15.00	18.00~20.00	3.00~4.00	–
STS317LTP	0.030 이하	1.00 이하	2.00 이하	0.040 이하	0.030 이하	11.00~15.00	18.00~20.00	3.00~4.00	–
STS836LTP	0.030 이하	1.00 이하	2.00 이하	0.040 이하	0.030 이하	24.00~26.00	19.00~24.00	5.00~7.00	N 0.25 이하
STS890LTP	0.020 이하	1.00 이하	2.00 이하	0.040 이하	0.030 이하	23.00~28.00	19.00~23.00	4.00~5.00	Cu 1.00~2.00
STS321TP	0.08 이하	1.00 이하	2.00 이하	0.040 이하	0.030 이하	9.00~13.00	17.00~19.00	–	Ti5×C% 이상
STS321HTP	0.04~0.10	0.75 이하	2.00 이하	0.030 이하	0.030 이하	9.00~13.00	17.00~20.00	–	Ti4×C% 이상~0.60 이하
STS347TP	0.08 이하	1.00 이하	2.00 이하	0.040 이하	0.030 이하	9.00~13.00	17.00~19.00	–	Nb10×C% 이상
STS347HTP	0.04~0.10	1.00 이하	2.00 이하	0.030 이하	0.030 이하	9.00~13.00	17.00~20.00	–	Nb8×C% ~1.00
STS350TP	0.03 이하	1.00 이하	1.50 이하	0.035 이하	0.020 이하	20.0~23.0	22.00~24.00	6.0~6.8	N 0.21~0.32
STS329J1TP	0.08 이하	1.00 이하	1.50 이하	0.040 이하	0.030 이하	3.00~6.00	23.00~28.00	1.00~3.00	–
STS329J3LTP	0.030 이하	1.00 이하	1.50 이하	0.040 이하	0.030 이하	4.50~6.50	21.00~24.00	2.50~3.50	N 0.08~0.20
STS329J4LTP	0.030 이하	1.00 이하	1.50 이하	0.040 이하	0.030 이하	5.50~7.50	24.00~26.00	2.50~3.50	N 0.08~0.20
STS329LDTP	0.030 이하	1.00 이하	1.50 이하	0.040 이하	0.030 이하	2.00~4.00	19.00~22.00	1.00~2.00	N 0.14~0.20
STS405TP	0.08 이하	1.00 이하	1.00 이하	0.040 이하	0.030 이하	–	11.50~14.50	–	Al 0.10~0.30
STS409LTP	0.030 이하	1.00 이하	1.00 이하	0.040 이하	0.030 이하	–	10.50~11.75	–	Ti 6×C%~0.75
STS430TP	0.12 이하	0.75 이하	1.00 이하	0.040 이하	0.030 이하	–	16.00~18.00	–	–
STS430LXTP	0.030 이하	0.75 이하	1.00 이하	0.040 이하	0.030 이하	–	16.00~19.00	–	Ti또는 Nb0.10~1.00
STS430J1LTP	0.025 이하	1.00 이하	1.00 이하	0.040 이하	0.030 이하	–	16.00~20.00	–	N 0.025 이하 / Nb / 8×(C%+N%)~0.08 Cu 0.30~0.80
STS436LTP	0.025 이하	1.00 이하	1.00 이하	0.040 이하	0.030 이하	–	16.00~19.00	0.75~1.25	N 0.025 이하, Ti, Nb, Zr 또는 그것들의 조합 8×(C%+N%)~0.80
STS444TP	0.025 이하	1.00 이하	1.00 이하	0.040 이하	0.030 이하	–	17.00~20.00	1.75~2.50	N 0.025 이하, Ti, Nb, Zr 또는 그것들의 조합 8×(C%+N%)~0.80

【비 고】 1. 주문자가 제품 분석을 요구한 경우에도 위 표의 화학 성분을 적용한다. 다만, STS304LTP, STS316LTP, STS317LTP, STS836LTP, STS329J3LTP, STS329J4LTP, STS409LTP 및 STS430LXTP의 C 함유량은 0.035% 이하, STS430J1TP, STS436LTP 및 STS444TP의 C 함유량은 0.030% 이하, STS890LTP의 C 함유량은 0.025% 이하로 한다.

2. STS329J1TP, STS329J3LTP, STS329J4LTP 및 STS430J1LTP에 대해서는 필요에 따라서 위 표 이외의 합금 원소를 첨가할 수 있다.

3. STS405TP, STS430TP, STS430LXTP, STS430J1LTP, STS436LTP 및 STS444TP에 대해서는 Ni 0.60% 이하를 함유하여도 좋다.

■ 기계적 성질

종류의 기호	인장 강도 N/mm²	항복 강도 N/mm²	연신율 %			
			11호 시험편 12호 시험편	5호 시험편	4호 시험편	
			세로 방향	가로 방향	세로 방향	가로 방향
STS304TP	520 이상	205 이상	35 이상	25 이상	30 이상	22 이상
STS304HTP	520 이상	205 이상	35 이상	25 이상	30 이상	22 이상
STS304LTP	480 이상	175 이상	35 이상	25 이상	30 이상	22 이상
STS309TP	520 이상	205 이상	35 이상	25 이상	30 이상	22 이상
STS309STP	520 이상	205 이상	35 이상	25 이상	30 이상	22 이상
STS310TP	520 이상	205 이상	35 이상	25 이상	30 이상	22 이상
STS310STP	520 이상	205 이상	35 이상	25 이상	30 이상	22 이상
STS316TP	520 이상	205 이상	35 이상	25 이상	30 이상	22 이상
STS316HTP	520 이상	205 이상	35 이상	25 이상	30 이상	22 이상
STS316LTP	480 이상	175 이상	35 이상	25 이상	30 이상	22 이상
STS316TiTB	520 이상	205 이상	35 이상	25 이상	30 이상	22 이상
STS317TP	520 이상	205 이상	35 이상	25 이상	30 이상	22 이상
STS317LTP	480 이상	175 이상	35 이상	25 이상	30 이상	22 이상
STS836LTP	520 이상	205 이상	35 이상	25 이상	30 이상	22 이상
STS890LTP	490 이상	215 이상	35 이상	25 이상	30 이상	22 이상
STS321TP	520 이상	205 이상	35 이상	25 이상	30 이상	22 이상
STS321HTP	520 이상	205 이상	35 이상	25 이상	30 이상	22 이상
STS347TP	520 이상	205 이상	35 이상	25 이상	30 이상	22 이상
STS347HTP	520 이상	205 이상	35 이상	25 이상	30 이상	22 이상
STS350TP	674 이상	330 이상	40 이상	35 이상	35 이상	30 이상
STS329J1TP	590 이상	390 이상	18 이상	13 이상	14 이상	10 이상
STS329J3LTP	620 이상	450 이상	18 이상	13 이상	14 이상	10 이상
STS329J4LTP	620 이상	450 이상	18 이상	13 이상	14 이상	10 이상
STS329LDTP	620 이상	450 이상	25 이상	–	–	–
STS405TP	410 이상	205 이상	20 이상	14 이상	16 이상	11 이상
STS409LTP	360 이상	175 이상	20 이상	14 이상	16 이상	11 이상
STS430TP	410 이상	245 이상	20 이상	14 이상	16 이상	11 이상
STS430LXTP	360 이상	175 이상	20 이상	14 이상	16 이상	11 이상
STS430J1LTP	390 이상	205 이상	20 이상	14 이상	16 이상	11 이상
STS436LTP	410 이상	245 이상	20 이상	14 이상	16 이상	11 이상
STS444TP	410 이상	245 이상	20 이상	14 이상	16 이상	11 이상

【비 고】 1. 두께 8mm 미만의 관에서 12호 시험편 또는 5호 시험편을 사용하여 인장 시험을 하는 경우 연신율의 최소값은 두께 1mm를 줄일 때마다 위 표의 연신율의 값에서 1.5% 감한 것을 KS Q 5002에 따라 정수값으로 끝맺는다.
2. 바깥지름 40mm 미만의 관에 대해서는 위 표의 연신율의 값은 적용하지 않는다. 다만, 기록해 두어야 한다.
3. 자동 아크 용접 강관, 레이저 용접 강관 및 전기 저항 용접 강관에서 인장 시험편을 채취하는 경우, 12호 시험편 또는 5호 시험편은 이음매를 포함하지 않는 부분에서 채취한다.

13-8 일반 배관용 스테인리스 강관

Light gauge stainless steel pipes for ordinary piping

KS D 3595 : 2016

■ 적용 범위

이 표준은 급수, 급탕, 배수, 냉온수의 배관 및 그 밖의 배관에 사용하는 스테인리스 강관(직관 및 코일권 관)에 대하여 규정한다.

■ 종류의 기호

종류의 기호	용도(참고)
STS 304 TPD	통상의 급수, 급탕, 배수, 냉온수 등의 배관용
STS 316 TPD	수질, 환경 등에서 STS 304보다 높은 내식성이 요구되는 경우
STS 329 TPD	옥내의 급수, 급탕, 냉온수 등의 배관용

■ 인장 강도 및 연신율

종류의 기호	인장 강도 N/mm^2	연신율 %	
		11호 시험편 12호 시험편	5호 시험편
		세로 방향	가로 방향
STS 304 TPD	520 이상	35 이상	25 이상
STS 316 TPD			
STS 329 FLD TPD	620 이상	30 이상	25 이상

● PTFE

PTFE는 불소 수지(테프론)의 전체 수요 가운데 약 60% 정도를 차지하는 가장 대표적인 불소 수지(PTFE, PCTTE, PFA, PVDF)로서, 내열성, 내한성, 내약품성, 저마찰 특성, 비점착성, 전기적성질이 뛰어나 그 특성은 상당히 독특하다. 반도체 제조 관련 설비의 밸브 벨로우즈, 가스켓, 튜브, 라이닝재, 필터 등에 사용되며 일반 기계류나 자동차 부품 등에도 사용된다. 또한 전기절연재로 테이프, 필름, 커넥터, 터미널, 전선 피목등에도 사용된다.

CHAPTER

14 열전달용 강관

14-1 보일러 및 열 교환기용 탄소 강관

Carbon steel tubes for Boiler and Hear Exchanger KS D 3563 : 1991 (2011 확인)

■ 적용 범위

이 규격은 관의 내외에서 열을 주고받을 경우에 사용하는 탄소 강관, 보기를 들면 보일러의 수관, 연관, 과열기관, 공기 예열관 등, 화학 공업, 석유 공업의 열 교환기관, 콘덴서관, 촉매관 등에 대하여 규정한다. 다만, 가열로용 강관 및 저온 열 교환기용 강관은 별도로 규정한다.

■ 종류의 기호

종류의 기호	종래 기호(참고)
STBH 340	STBH 35
STBH 410	STBH 42
STBH 510	STBH 52

■ 화학 성분

종류의 기호	화학 성분(%)				
	C	Si	Mn	P	S
STBH 340	0.18 이하	0.35 이하	0.30~0.60	0.35 이하	0.35 이하
STBH 410	0.32 이하	0.35 이하	0.30~0.80	0.35 이하	0.35 이하
STBH 510	0.25 이하	0.35 이하	1.00~1.50	0.35 이하	0.35 이하

■ 기계적 성질

종류의 기호	인장강도 N/mm^2 {kgf/mm^2}	항복점 또는 내구력 N/mm^2 {kgf/mm^2}	신 장 률 %		
			바깥지름 20mm 이상	바깥지름 20mm 미만 10mm 이상	바깥지름 10mm 미만
			11호 시험편 12호 시험편	11호 시험편	11호 시험편
STBH 340	340{35} 이상	175{18} 이상	35 이상	30 이상	27 이상
STBH 410	410{42} 이상	255{26} 이상	25 이상	20 이상	17 이상
STBH 510	510{52} 이상	295{30} 이상	25 이상	20 이상	17 이상

14-2 보일러, 열 교환기용 스테인리스 강관

Stainless steel for boiler and heat exchanger tubes

KS D 3577 : 2007

■ 적용 범위

이 규격은 관의 내외에서 열의 교환용으로 사용되는 스테인리스 강관, 예를 들면 보일러의 과열기관, 화학 공업, 석유 공업의 열 교환기관, 콘덴서관, 촉매관 등에 대하여 규정한다. 다만, 가열로용 강관은 별도로 규정한다.

■ 종류의 기호

분 류	종류의 기호	분 류	종류의 기호
오스테나이트계 강관	STS 304 TB	오스테나이트계 강관	STS 347 HTB
	STS 304 HTB		STS XM 15 J 1 TB
	STS 304 LTB		STS 350 TB
	STS 309 TB	오스테나이트·페라이트계 강관	STS 329 J 1 TB
	STS 309 STB		STS 329 J 2 LTB
	STS 310 TB		STS 329 LD TB
	STS 310 STB	페라이트계 강관	STS 405 TB
	STS 316 TB		STS 409 TB
	STS 316 HTB		STS 410 TB
	STS 316 LTB		STS 410 TiTB
	STS 317 TB		STS 430 TB
	STS 317 LTB		STS 444 TB
	STS 321 TB		STS XM 8 TB
	STS 321 HTB		STS XM 27 TB
	STS 347 TB		

■ 화학 성분

종류의 기호	화학 성분 %							
	C	Si	Mn	P	S	Ni	Cr	Mo	기타
STS 304 TB	0.08 이하	1.00 이하	2.00 이하	0.040 이하	0.030 이하	8.00~11.00	18.00~20.00	–	–
STS 304 HTB	0.04~0.10	0.75 이하	2.00 이하	0.040 이하	0.030 이하	8.00~11.00	18.00~20.00	–	–
STS 304 LTB	0.030 이하	1.00 이하	2.00 이하	0.040 이하	0.030 이하	9.00~13.00	18.00~20.00	–	–
STS 309 TB	0.15 이하	1.00 이하	2.00 이하	0.040 이하	0.030 이하	12.00~15.00	22.00~24.00	–	–
STS 309 STB	0.08 이하	1.00 이하	2.00 이하	0.040 이하	0.030 이하	12.00~15.00	22.00~24.00	–	–
STS 310TB	0.15 이하	1.50 이하	2.00 이하	0.040 이하	0.030 이하	19.00~22.00	24.00~26.00	–	–
STS 310 STB	0.08 이하	1.50 이하	2.00 이하	0.040 이하	0.030 이하	19.00~22.00	24.00~26.00	–	–
STS 316 TB	0.08 이하	1.00 이하	2.00 이하	0.040 이하	0.030 이하	10.00~14.00	16.00~18.00	2.00~3.00	–
STS 316 HTB	0.04~0.10	0.75 이하	2.00 이하	0.030 이하	0.030 이하	11.00~14.00	16.00~18.00	2.00~3.00	–
STS 316 LTB	0.030 이하	1.00 이하	2.00 이하	0.040 이하	0.030 이하	12.00~16.00	16.00~18.00	2.00~3.00	–
STS 317 TB	0.08 이하	1.00 이하	2.00 이하	0.040 이하	0.030 이하	11.00~15.00	18.00~20.00	3.00~4.00	–
STS 317 LTB	0.030 이하	1.00 이하	2.00 이하	0.040 이하	0.030 이하	11.00~15.00	18.00~20.00	3.00~4.00	–
STS 321 TB	0.08 이하	1.00 이하	2.00 이하	0.040 이하	0.030 이하	9.00~13.00	17.00~19.00	–	–

CHAPTER 14

■ 화학 성분(계속)

종류의 기호	화학 성분 %								
	C	Si	Mn	P	S	Ni	Cr	Mo	기타
STS 321 HTB	0.04~0.10	0.75 이하	2.00 이하	0.030 이하	0.030 이하	9.00~13.00	17.00~20.00	–	Ti5×C% 이상
STS 347 TB	0.08 이하	1.00 이하	2.00 이하	0.040 이하	0.030 이하	9.00~13.00	17.00~20.00	–	
STS 347 HTB	0.04~0.10	1.00 이하	2.00 이하	0.030 이하	0.030 이하	9.00~13.00	17.00~20.00	–	
STS XM 15 J1 TB	0.08 이하	3.00~5.00	2.00 이하	0.045 이하	0.030 이하	11.50~15.00	15.00~20.00	–	
STS 350 TB	0.03 이하	1.00 이하	1.50 이하	0.035 이하	0.020 이하	20.0~23.00	22.00~24.00	6.0~6.8	
STS 329 J1 TB	0.08 이하	1.00 이하	1.50 이하	0.040 이하	0.030 이하	3.00~6.00	23.00~28.00	1.00~3.00	
STS 329 J2 LTB	0.030 이하	1.00 이하	1.50 이하	0.040 이하	0.030 이하	4.50~7.50	21.00~26.00	2.50~4.00	
STS 329 LD TB	0.030 이하	1.00 이하	1.50 이하	0.040 이하	0.030 이하	2.00~4.00	19.00~22.00	1.00~2.00	
STS 405 TB	0.08 이하	1.00 이하	1.00 이하	0.040 이하	0.030 이하	–	1150~14.50	–	
STS 409 TB	0.08 이하	1.00 이하	1.00 이하	0.040 이하	0.030 이하	–	10.50~11.75	–	
STS 410 TB	0.15 이하	1.00 이하	1.00 이하	0.040 이하	0.030 이하	–	11.50~13.50	–	–
STS 410 TiTB	0.08 이하	1.00 이하	1.00 이하	0.040 이하	0.030 이하	–	11.50~13.50	–	
STS 430 TB	0.12 이하	0.75 이하	1.00 이하	0.040 이하	0.030 이하	–	16.00~18.00	–	–
STS 444 TB	0.025 이하	1.00 이하	1.00 이하	0.040 이하	0.030 이하	–	17.00~20.00	1.75~2.50	
STS XM 8 TB	0.08 이하	1.00 이하	1.00 이하	0.040 이하	0.030 이하	–	17.00~19.00	–	
STS XM 27 TB	0.010 이하	0.40 이하	0.40 이하	0.030 이하	0.020 이하	–	25.00~57.50	0.75~1.50	

[비 고] 1. 주문자가 제품 분석을 요구한 경우에도 표기의 화학 성분을 적용한다. 다만, STS 304 LTB, STS 316 LTB, STS 317 LTB 및 STS 329 J 2LTB의 C 함유량은 0.035%, 또 STS 444 TB 및 STSXM 27 TB의 C 함유량은 각각 0.030% 이하 및 0.015% 이하로 한다.

2. STS XM 15 J 1 TB, STS 329 J 1 TB 및 STS 329 J 2 LTB에 대하여는 필요에 따라서 위 표 이외의 합금 원소를 첨가할 수 있다.

3. STS 430 TB, STS 410 TB, STS 405 TB, STS 409 TB, STS 410 TiTB 및 STS 444 TB, STS XM 8 TB의 Ni은 0.60% 이하를 함유하여도 지장이 없다.

4. STS XM 27 TB는 Ni 0.50% 이하, Cu 0.20% 이하 및 Ni+Cu 0.50% 이하를 함유하여도 지장이 없다. 또한 필요에 따라서 표기 이외의 합금 원소를 첨가할 수 있다.

■ 기계적 성질

종류의 기호	인장 시험				
	인장 강도 N/mm^2	항복 강도 N/mm^2	연신율 %		
			바깥지름 20mm 이상	바깥지름 20mm 미만 10mm 이상	바깥지름 10mm 미만
			11호 시험편 12호 시험편	11호 시험편	11호 시험편
STS 304 TB	520 이상	206 이상	35 이상	30 이상	27 이상
STS 304 HTB	520 이상	206 이상	35 이상	30 이상	27 이상
STS 304 LTB	481 이상	177 이상	35 이상	30 이상	27 이상
STS 309 TB	520 이상	206 이상	35 이상	30 이상	27 이상
STS 309 STB	520 이상	206 이상	35 이상	30 이상	27 이상
STS 310TB	520 이상	206 이상	35 이상	30 이상	27 이상
STS 310 STB	520 이상	206 이상	35 이상	30 이상	27 이상
STS 316 TB	520 이상	206 이상	35 이상	30 이상	27 이상
STS 316 HTB	520 이상	206 이상	35 이상	30 이상	27 이상
STS 316 LTB	481 이상	177 이상	35 이상	30 이상	27 이상

■ 기계적 성질(계속)

종류의 기호	인장 시험				
	인장 강도 N/mm^2	항복 강도 N/mm^2	연신율 %		
			바깥지름 20mm 이상	바깥지름 20mm 미만 10mm 이상	바깥지름 10mm 미만
			11호 시험편 12호 시험편	11호 시험편	11호 시험편
STS 317 TB	520 이상	206 이상	35 이상	30 이상	27 이상
STS 317 LTB	481 이상	177 이상	35 이상	30 이상	27 이상
STS 321 TB	520 이상	206 이상	35 이상	30 이상	27 이상
STS 321 HTB	520 이상	206 이상	35 이상	30 이상	27 이상
STS 347 TB	520 이상	206 이상	35 이상	30 이상	27 이상
STS 347 HTB	520 이상	206 이상	35 이상	30 이상	27 이상
STS XM 15 J 1 TB	520 이상	206 이상	35 이상	30 이상	27 이상
STS 350 TB	674 이상	330 이상	40 이상	35 이상	30 이상
STS 329 J 1 TB	588 이상	392 이상	18 이상	13 이상	10 이상
STS 329 J 2 LTB	618 이상	441 이상	18 이상	13 이상	10 이상
STS 329 LD TB	620 이상	450 이상	25 이상	–	–
STS 405 TB	412 이상	206 이상	20 이상	15 이상	12 이상
STS 409 TB	412 이상	206 이상	20 이상	15 이상	12 이상
STS 410 TB	412 이상	206 이상	20 이상	15 이상	12 이상
STS 410 TiTB	412 이상	206 이상	20 이상	15 이상	12 이상
STS 430 TB	412 이상	245 이상	20 이상	15 이상	12 이상
STS 444 TB	412 이상	245 이상	20 이상	15 이상	12 이상
STS XM 8 TB	412 이상	206 이상	20 이상	15 이상	12 이상
STS XM 27 TB	412 이상	245 이상	20 이상	15 이상	12 이상

【비 고】 1. 열 교환기에 한하여 필요할 때 주문자는 인장 강도의 상한을 지정할 수 있다. 이때, 인장 강도의 상한값은 위 표의 값에 196N/mm²를 더한 값으로 한다.
2. 두께가 8mm 미만의 관은 12호 시험편을 사용하여 인장 시험을 할 때에는 연신율의 최소값은 두께가 1mm 감소할 때마다 위 표의 연신율의 값에서 1.5%의 비율로 뺀 것으로 하고, KS A 3251-1에 따라 정수값으로 끝맺음한다.
3. 자동 아크 용접 강관 및 전기 저항 용접 강관에서 인장 시험편을 채취할 때, 12호 시험편은 이음매를 포함하지 않는 부분에서 채취한다.

CHAPTER

15 선재 및 선재 2차 제품

15-1 피아노 선재

Piano wire rods

KS D 3509 : 2007

■ 적용 범위

이 규격은 피아노선, 오일템퍼선, PC강선, PC강연선, 와이어로프 등의 제조에 이용하는 피아노 선재에 대하여 규정한다.

■ 화학 성분

단위 : %

종류의 기호	C	Si	Mn	P	S	Cu
SWRS 62A	0.60~0.65	0.12~0.32	0.30~0.60	0.025 이하	0.025 이하	0.20 이하
SWRS 62B	0.60~0.65	0.12~0.32	0.60~0.90	0.025 이하	0.025 이하	0.20 이하
SWRS 67A	0.65~0.70	0.12~0.32	0.30~0.60	0.025 이하	0.025 이하	0.20 이하
SWRS 67B	0.65~0.70	0.12~0.32	0.60~0.90	0.025 이하	0.025 이하	0.20 이하
SWRS 72A	0.70~0.75	0.12~0.32	0.30~0.60	0.025 이하	0.025 이하	0.20 이하
SWRS 72B	0.70~0.75	0.12~0.32	0.60~0.90	0.025 이하	0.025 이하	0.20 이하
SWRS 75A	0.73~0.78	0.12~0.32	0.30~0.60	0.025 이하	0.025 이하	0.20 이하
SWRS 75B	0.73~0.78	0.12~0.32	0.60~0.90	0.025 이하	0.025 이하	0.20 이하
SWRS 77A	0.75~0.80	0.12~0.32	0.30~0.60	0.025 이하	0.025 이하	0.20 이하
SWRS 77B	0.75~0.80	0.12~0.32	0.60~0.90	0.025 이하	0.025 이하	0.20 이하
SWRS 80A	0.78~0.83	0.12~0.32	0.30~0.60	0.025 이하	0.025 이하	0.20 이하
SWRS 80B	0.78~0.83	0.12~0.32	0.60~0.90	0.025 이하	0.025 이하	0.20 이하
SWRS 82A	0.80~0.85	0.12~0.32	0.30~0.60	0.025 이하	0.025 이하	0.20 이하
SWRS 82B	0.80~0.85	0.12~0.32	0.60~0.90	0.025 이하	0.025 이하	0.20 이하
SWRS 87A	0.85~0.90	0.12~0.32	0.30~0.60	0.025 이하	0.025 이하	0.20 이하
SWRS 87B	0.85~0.90	0.12~0.32	0.60~0.90	0.025 이하	0.025 이하	0.20 이하
SWRS 92A	0.90~0.95	0.12~0.32	0.30~0.60	0.025 이하	0.025 이하	0.20 이하
SWRS 92B	0.90~0.95	0.12~0.32	0.60~0.90	0.025 이하	0.025 이하	0.20 이하

15-2 경강선

Hard drawn steel wires

KS D 3510 : 2002(2012 확인)

■ 적용 범위

이 규격은 경강선에 대하여 규정한다.

■ 종류, 기호 및 적용 선지름

종 류	기 호	적용 선지름	적 요
경강선 A종	SW-A	0.08mm 이상 10.0mm 이하	-
경강선 B종	SW-B	0.08mm 이상 13.0mm 이하	주로 정하중을 받는 스프링용
경강선 C종	SW-C		

■ 인장강도

표준 지름 mm	인장 강도 N/mm²		
	SW-A	SW-B	SW-C
0.08	2110~2450	2450~2790	2790~3140
0.09	2060~2400	2400~2750	2750~3090
0.10	2010~2350	2350~2700	2700~3040
0.12	1960~2300	2300~2650	2650~2990
0.14	1960~2260	2260~2600	2600~2940
0.16	1910~2210	2210~2550	2550~2890
0.18	1910~2210	2210~2500	2500~2840
0.20	1910~2210	2210~2500	2500~2790
0.23	1860~2160	2160~2450	2450~2750
0.26	1810~2110	2110~2400	2400~2700
0.29	1770~2060	2060~2350	2350~2650
0.32	1720~2010	2010~2300	2300~2600
0.35	1720~2010	2010~2300	2300~2600
0.40	1670~1960	1960~2260	2260~2550
0.45	1620~1910	1910~2210	2210~2500
0.50	1620~1910	1910~2210	2210~2500
0.55	1570~1860	1860~2160	2160~2450
0.60	1570~1810	1810~2110	2110~2400
0.65	1570~1810	1810~2110	2110~2400
0.70	1520~1770	1770~2060	2060~2350
0.80	1520~1770	1770~2010	2010~2300
0.90	1520~1770	1770~2010	2010~2260
1.00	1470~1720	1720~1960	1960~2210
1.20	1420~1670	1670~1910	1910~2160
1.40	1370~1620	1620~1860	1860~2110
1.60	1320~1570	1570~1810	1810~2060
1.80	1270~1520	1520~1770	1770~2010
2.00	1270~1470	1470~1720	1720~1960
2.30	1230~1420	1420~1670	1670~1910
2.60	1230~1420	1420~1670	1670~1910
2.90	1180~1370	1370~1620	1620~1860
3.20	1180~1370	1370~1570	1570~1810
3.50	1180~1370	1370~1570	1570~1770
4.00	1180~1370	1370~1570	1570~1770
4.50	1130~1320	1320~1520	1520~1720
5.00	1130~1320	1320~1520	1520~1720
5.50	1080~1270	1270~1470	1470~1670
6.00	1030~1230	1230~1420	1420~1620
6.50	1030~1230	1230~1420	1420~1620
7.00	980~1180	1180~1370	1370~1570
8.00	980~1180	1180~1370	1370~1570
9.00	930~1130	1130~1320	1320~1520
10.0	930~1130	1130~1320	1320~1520
11.0	-	1080~1270	1270~1470
12.0	-	1080~1270	1270~1470
13.0	-	1030~1230	1230~1420

【비 고】 1. 중간에 있는 선지름에 대하여는 그것보다 큰 표준 선지름의 값을 사용한다.

CHAPTER 15

15-3 연강 선재

Low carbon steel wire rods

KS D 3554 : 2002(2012 확인)

■ 적용 범위

이 규격은 철선, 아연 도금 철선 등의 제조에 이용되는 연강 선재에 대하여 규정한다. 다만 용접봉 심선용 선재는 제외한다.

■ 화학 성분

단위 : %

종류의 기호	C	Mn	P	S
SWRM 6	0.08 이하	0.60 이하	0.040 이하	0.040 이하
SWRM 8	0.10 이하	0.60 이하	0.040 이하	0.040 이하
SWRM 10	0.08~0.13	0.08~0.60	0.040 이하	0.040 이하
SWRM 12	0.10~0.15	0.30~0.60	0.040 이하	0.040 이하
SWRM 15	0.13~0.18	0.30~0.60	0.040 이하	0.040 이하
SWRM 17	0.15~0.20	0.30~0.60	0.040 이하	0.040 이하
SWRM 20	0.18~0.23	0.30~0.60	0.040 이하	0.040 이하
SWRM 22	0.20~0.25	0.30~0.60	0.040 이하	0.040 이하

● 마그네슘 합금

마그네슘 합금은 공업용 실용합금 중에서 가장 가벼운 것으로 비중 1.8~1.83, 합금원소로서는 비중이 작은 알루미늄이 주로서 내식성을 주기 위해 망간이 첨가된다. 3% 이하의 아연이 강도를 높이기 위해 첨가되는 경우도 있다. 독일에서는 일렉트론, 미국에서는 다우메탈이라고 부르고 있다.

❶ 주조용 마그네슘 합금

주조용 마그네슘 합금의 기계적 성질은 대부분 보통의 알루미늄합금에 필적하는 정도이며 비중도 그 2/3 정도이다. 인장강도는 10~25kg/mm², 브리넬경도는 40~85 정도이다.

❷ 단조용 마그네슘 합금

가공성이 떨어지고 특히 알루미늄의 함유 %가 큰 것일수록 현저하게 떨어진다. 압연용으로서는 알루미늄 7% 이하이고 이것이 10~12%가 되면 압출성형을 해야 한다. 인장강도는 19~38kg/mm², 신장률은 5~20%, 브리넬경도는 35~90 정도이다. 또 주조용, 단조용 모두 바닷물이나 그 밖에 대한 내식성이 현저하게 떨어지기 때문에 화학처리에 의해 방식피막을 만들거나 표면에 도금 또는 도장을 하여 쓰여지고 있다.

15-4 피아노 선

Piano wires

KS D 3556 : 2002(2012 확인)

■ 적용 범위

이 규격은 피아노 선에 대하여 규정한다.

■ 종류, 기호 및 적용 선지름

종 류	기 호	적용 선지름	비 고
피아노선 1종	PW-1	0.08mm 이상 10.0mm 이하	주로 동하중을 받는 스프링용
피아노선 2종	PW-2	0.08mm 이상 7.00mm 이하	
피아노선 3종	PW-3	1.00mm 이상 6.00mm 이하	밸브 스프링 또는 이에 준하는 스프링용

■ 기계적 성질

표준 선지름 mm	인장 강도 N/mm^2		
	PW-1	PW-2	PW-3
0.08	2890~3190	3190~3480	–
0.09	2840~3140	3140~3430	–
0.10	2790~3090	3090~3380	–
0.12	2750~3040	3040~3330	–
0.14	2700~2990	2990~3290	–
0.16	2650~2940	2940~3240	–
0.18	2600~2890	2890~3190	–
0.20	2600~2840	2840~3090	–
0.23	2550~2790	2790~3040	–
0.26	2500~2750	2750~2990	–
0.29	2450~2700	2700~2940	–
0.32	2400~2650	2650~2890	–
0.35	2400~2650	2650~2890	–
0.40	2350~2600	2600~2840	–
0.45	2300~2550	2550~2790	–
0.50	2300~2550	2550~2790	–
0.55	2260~2500	2500~2750	–
0.60	2210~2450	2450~2700	–
0.65	2210~2450	2450~2700	–
0.70	2160~2400	2400~2650	–
0.80	2110~2350	2350~2600	–
0.90	2110~2300	2300~2500	–
1.00	2060~2260	2260~2450	2010~2210
1.20	2010~2210	2210~2400	1960~2160
1.40	1960~2160	2160~2350	1910~2110
1.60	1910~2110	2110~2300	1860~2060
1.80	1860~2060	2060~2260	1810~2010
2.00	1810~2010	2010~2210	1770~1910
2.30	1770~1960	1960~2160	1720~1860
2.60	1770~1960	1960~2160	1720~1860
2.90	1720~1910	1910~2110	1720~1860
3.20	1670~1860	1860~2060	1670~1810
3.50	1670~1810	1810~1960	1670~1810
4.00	1670~1810	1810~1960	1670~1810
4.50	1620~1770	1770~1910	1620~1770
5.00	1620~1770	1770~1910	1620~1770
5.50	1570~1710	1710~1860	1570~1720
6.00	1520~1670	1670~1810	1520~1670
6.50	1520~1670	1670~1810	–
7.00	1470~1620	1620~1770	–
8.00	1470~1620	–	–
9.00	1420~1570	–	–
10.0	1420~1570	–	–

CHAPTER 15

15-5 경강 선재

High carbon steel wire rods

KS D 3559 : 2007

■ 적용 범위

이 규격은 경강선, 오일 템퍼선, PC 경강선, 아연도 강연선, 와이어 로프 등의 제조에 사용하는 경강 선재에 대하여 규정한다. 다만, 피아노 선재는 제외한다.

■ 화학 성분

단위 : %

종류의 기호	화학 성분 %				
	C	Si	Mn	P	S
HSWR 27	0.24~0.31	0.15~0.35	0.30~0.60	0.030 이하	0.030 이하
HSWR 32	0.29~0.36	0.15~0.35	0.30~0.60	0.030 이하	0.030 이하
HSWR 37	0.34~0.41	0.15~0.35	0.30~0.60	0.030 이하	0.030 이하
HSWR 42A	0.39~0.46	0.15~0.35	0.30~0.60	0.030 이하	0.030 이하
HSWR 42B	0.39~0.46	0.15~0.35	0.60~0.90	0.030 이하	0.030 이하
HSWR 47A	0.44~0.51	0.15~0.35	0.30~0.60	0.030 이하	0.030 이하
HSWR 47B	0.44~0.51	0.15~0.35	0.60~0.90	0.030 이하	0.030 이하
HSWR 52A	0.49~0.56	0.15~0.35	0.30~0.60	0.030 이하	0.030 이하
HSWR 52B	0.49~0.56	0.15~0.35	0.60~0.90	0.030 이하	0.030 이하
HSWR 57A	0.54~0.61	0.15~0.35	0.30~0.60	0.030 이하	0.030 이하
HSWR 57B	0.54~0.61	0.15~0.35	0.60~0.90	0.030 이하	0.030 이하
HSWR 62A	0.59~0.66	0.15~0.35	0.30~0.60	0.030 이하	0.030 이하
HSWR 62B	0.59~0.66	0.15~0.35	0.60~0.90	0.030 이하	0.030 이하
HSWR 67A	0.64~0.71	0.15~0.35	0.30~0.60	0.030 이하	0.030 이하
HSWR 67B	0.64~0.71	0.15~0.35	0.60~0.90	0.030 이하	0.030 이하
HSWR 72A	0.69~0.76	0.15~0.35	0.30~0.60	0.030 이하	0.030 이하
HSWR 72B	0.69~0.76	0.15~0.35	0.60~0.90	0.030 이하	0.030 이하
HSWR 77A	0.74~0.81	0.15~0.35	0.30~0.60	0.030 이하	0.030 이하
HSWR 77B	0.74~0.81	0.15~0.35	0.60~0.90	0.030 이하	0.030 이하
HSWR 82A	0.79~0.86	0.15~0.35	0.30~0.60	0.030 이하	0.030 이하
HSWR 82B	0.79~0.86	0.15~0.35	0.60~0.90	0.030 이하	0.030 이하

【비 고】 1. C의 함유량은 주문자와 제조자 사이의 협의에 따라 위 표의 상한과 하한 각각 0.01% 이내의 범위에서 지정할 수 있다.

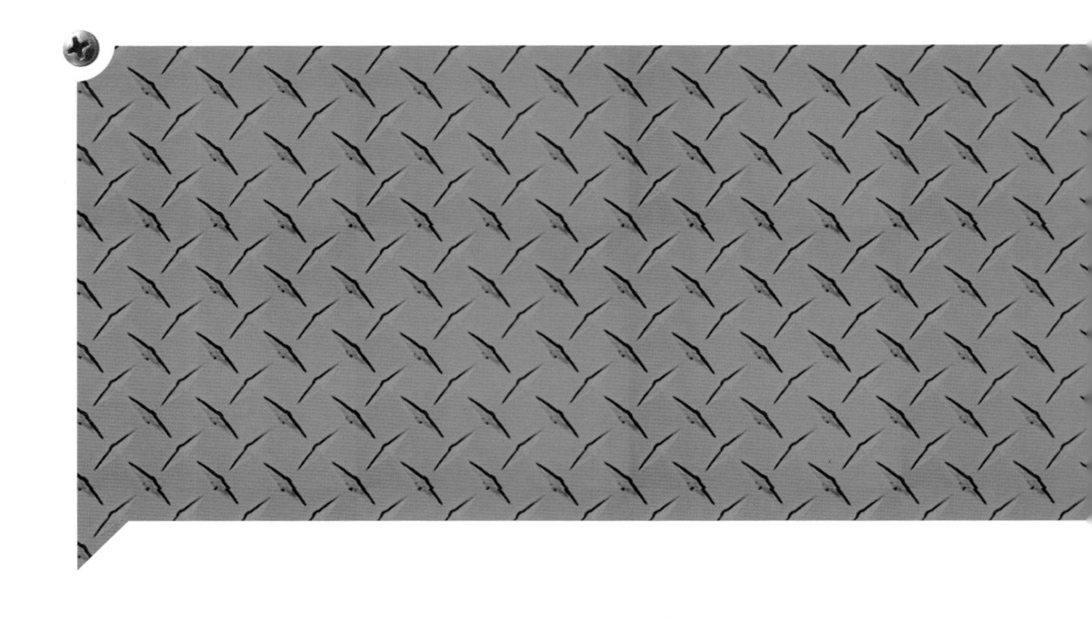

PART 02 비철금속재료

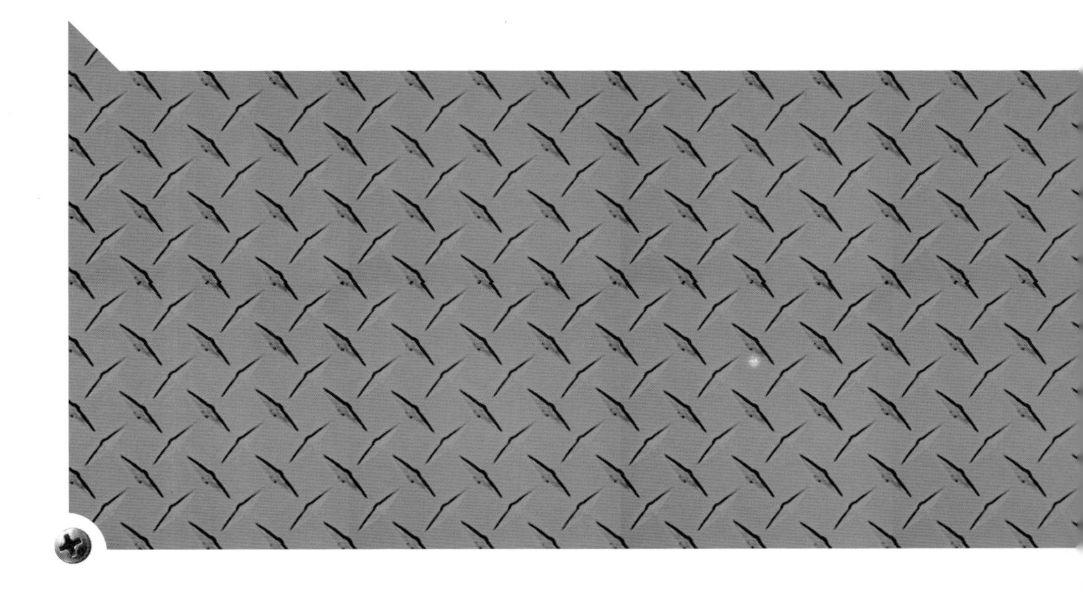

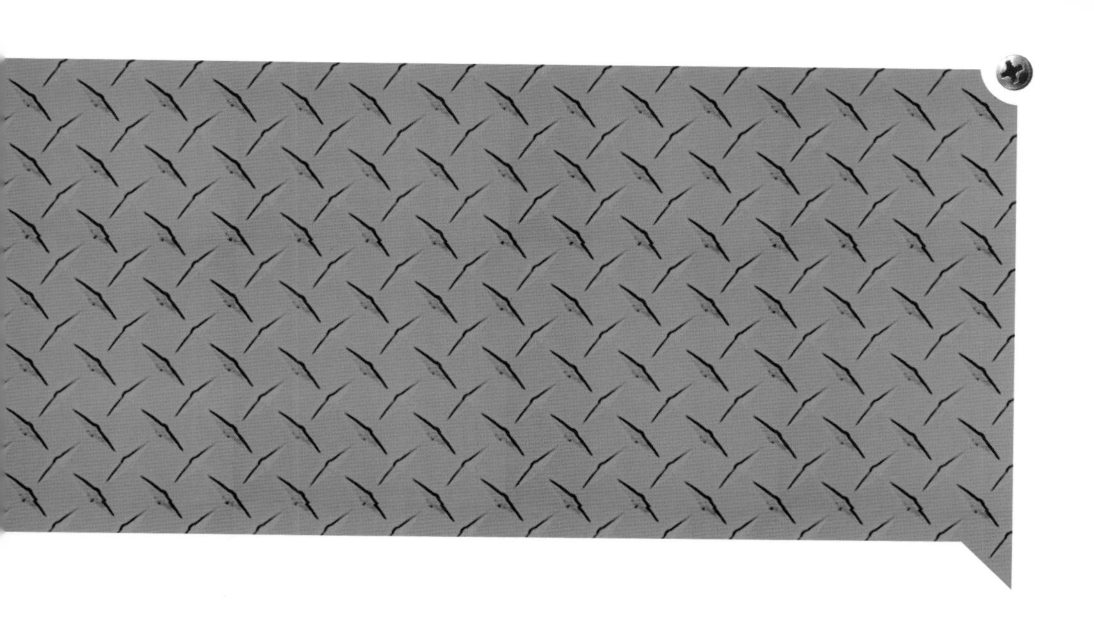

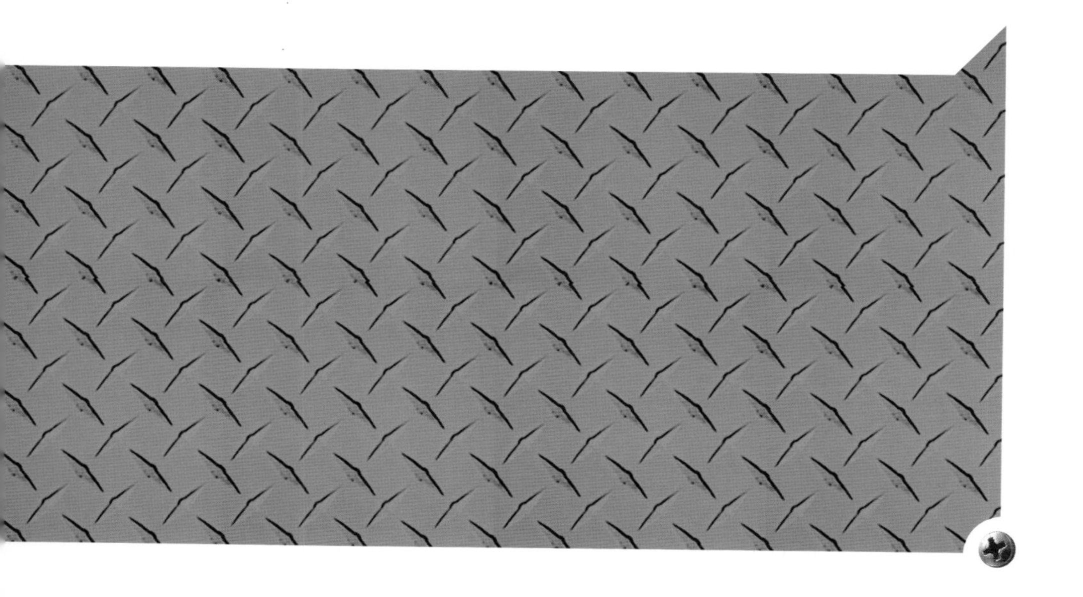

CHAPTER

01 신동품

1-1 구리 및 구리합금 봉

Copper and copper alloy rods and bars

KS D 5101 : 2015

■ 적용 범위

이 표준은 전신 가공한 단면이 원형, 정육각형, 정사각형, 직사각형 구리 및 구리합금 봉에 대하여 규정한다.

■ 종류 및 기호

종류		기호	참고	
합금 번호	제조 방법		명칭	특색 및 용도 보기
C 1020	압출	C 1020 BE[(1)]	무산소동	전기 · 열의 전도성, 전연성이 우수하고, 용접성 · 내식성 · 내후성이 좋다. 환원성 분위기 속에서 고온으로 가열하여도 수소 취화를 일으킬 염려가 없다. 전기용, 화학 공업용 등
	인발	C 1020 BD[(1)]		
	단조	C 1020 BF[(1)]		
C 1100	압출	C 1100 BE[(1)]	타프피치동	전기 · 열의 전도성이 우수하고, 전연성 · 내식성 · 내후성이 좋다. 전기 부품, 화학 공업용 등
	인발	C 1100 BD[(1)]		
	단조	C 1100 BF[(1)]		
C 1201	압출	C 1201 BE	인탈산동	전연성 · 용접성 · 내식성 · 내후성 및 열의 전도성이 좋다. C 1220은 환원성 분위기 속에서 고온으로 가열하여도 수소 취화를 일으킬 염려가 없다. C1201은 C 1220보다 전기의 전도성이 좋다. 용접용, 화학 공업용 등
	인발	C 1201 BD		
C 1220	압출	C 1220 BE		
	인발	C 1220 BD		
C 2600	압출	C 2600 BE[(1)]	황동	냉간 단조성 · 전조성이 좋다. 기계 부품, 전기 부품 등
	인발	C 2600 BD[(1)]		
C 2700	압출	C 2700 BE[(1)]		
	인발	C 2700 BD[(1)]		
C 2745	압출	C 2745 BE[(1)]		열간 가공성이 좋다. 기계 부품, 전기 부품 등
	인발	C 2745 BD[(1)]		
C 2800	압출	C 2800 BE[(1)]		
	인발	C 2800 BD[(1)]		
C 3533	압출	C 3533 BE[(1)]	내식 황동	네이벌 황동보다 내식성이 우수하다. 수도꼭지, 밸브 등
	인발	C 3533 BD[(1)]		
C 3601	인발	C 3601 BD[(2)]	쾌삭 황동	절삭성이 우수하다. C 3601, C 3602는 전연성도 좋다. 볼트, 너트, 작은 나사, 스핀들, 기어, 밸브, 라이터 · 시계 · 카메라 부품 등
C 3602	압출	C 3602 BE		
	인발	C 3602 BD[(2)]		
	단조	C 3602 BF		
C 3603	인발	C 3603 BD[(2)]		
C 3604	압출	C 3604 BE		
	인발	C 3604 BD[(2),(3)]		
	단조	C 3604 BF[(3)]		
C 3605	압출	C 3605 BE		
	인발	C 3605 BD[(2)]		

■ 종류 및 기호(계속)

종류		기호	참고	
합금 번호	제조 방법		명칭	특색 및 용도 보기
C 3712	압출	C 3712 BE	단조 황동	열간 단조성이 좋고, 정밀 단조에 적합하다. 기계 부품 등
	인발	C 3712 BD		
	단조	C 3712 BF		
C 3771	압출	C 3771 BE		열간 단조성과 피절삭성이 좋다. 밸브, 기계 부품 등
	인발	C 3771 BD(3)		
	단조	C 3771 BF(3)		
C 4622	압출	C 4622 BE	네이벌 황동	내식성, 특히 내해수성이 좋다. 선박용 부품, 샤프트 등
	인발	C 4622 BD		
	단조	C 4622 BF		
C 4641	압출	C 4641 BE		
	인발	C 4641 BD		
	단조	C 4641 BF		
C 4860	압출	C 4860 BE	내식 황동	네이벌 황동보다 내식성이 우수한 환경 소재이다. 수도꼭지, 밸브, 선박용 부품 등
	인발	C 4860 BD		
C 4926	압출	C 4926 BE	무연 황동	납이 없는 쾌삭 황동으로 환경 소재이다. 전기전자 부품, 자동차 부품, 정밀가공용
	인발	C 4926 BD		
C 4934	압출	C 4934 BE	무연내식 황동	납이 없고, 내식성이 우수한 쾌삭 황동으로 환경 소재이다. 수도꼭지, 밸브 등
	인발	C 4934 BD		
C 6161	압출	C 6161 BE	알루미늄 청동	강도가 높고, 내마모성, 내식성이 좋다. 차량 기계용, 화학 공업용, 선박용의 기어 피니언 · 샤프트 · 부시 등
	인발	C 6161 BD		
C 6191	압출	C 6191 BE		
	인발	C 6191 BD		
C 6241	압출	C 6241 BE		
	인발	C 6241 BD		
C 6782	압출	C 6782 BE	고강도 황동	강도가 높고, 열간 단조성, 내식성이 좋다. 선박용 프로펠러 축, 펌프 축 등
	인발	C 6782 BD		
	단조	C 6782 BF		
C 6783	압출	C 6783 BE		
	인발	C 6783 BD		

【비 고】 1. 도전용인 것은 위 표의 기호 뒤에 C를 붙인다.
2. 자동기용인 것은 인발의 D의 기호 뒤에 S를 붙인다.
3. 플레어 너트용은 인발봉의 D의 기호 뒤에 N을 붙인다. 플레어 너트용은 KS B 6733에 규정한 제1종 및 제2종의 플레어 너트에 적용한 정육각형의 C 3604 BD 및 인발 후 응력 제거(stress release) 처리를 한 것을 말한다.

■ 봉의 화학 성분

합금 번호	화학 성분 (질량 %)														
	Cu	Pb	Fe	Sn	Zn	Al	Mn	Ni	P	Bi	As	Si	Cd	Cu+Al +Fe+ Mn+Ni	Fe+ Sn
C 1020	99.96 이상	–	–	–	–	–	–	–	–	–	–	–	–	–	–
C 1100	99.90 이상	–	–	–	–	–	–	–	–	–	–	–	–	–	–
C 1201	99.90 이상	–	–	–	–	–	–	–	0.004 이상 0.015 미만	–	–	–	–	–	–
C 1220	99.90 이상	–	–	–	–	–	–	–	0.015 ~ 0.040	–	–	–	–	–	–
C 2600	68.5~ 71.5	0.05 이하	0.05 이하	–	나머지	–	–	–	–	–	–	–	–	–	–
C 2700	63.0~ 67.0	0.05 이하	0.05 이하	–	나머지	–	–	–	–	–	–	–	–	–	–
C 2745	60.0~ 65.0	0.25 이하	0.35 이하	–	나머지	–	–	–	–	–	–	–	–	–	–
C 2800	59.0~ 63.0	0.10 이하	0.07 이하	–	나머지	–	–	–	–	–	–	–	–	–	–
C 3533	59.5~ 64.0	1.5~ 3.5	–	–	나머지	–	–	–	–	–	0.02~ 0.25	–	–	–	–
C 3601	59.0~ 63.0	1.8~ 3.7	0.30 이하	–	나머지	–	–	–	–	–	–	–	–	–	0.50 이하
C 3602	59.0~ 63.0	1.8~ 3.7	0.50 이하	–	나머지	–	–	–	–	–	–	–	–	–	1.0 이하
C 3603	57.0~ 61.0	1.8~ 3.7	0.35 이하	–	나머지	–	–	–	–	–	–	–	–	–	0.6 이하
C 3604	57.0~ 61.0	1.8~ 3.7	0.50 이하	–	나머지	–	–	–	–	–	–	–	–	–	1.0 이하
C 3605	56.0~ 60.0	3.5~ 4.5	0.50 이하	–	나머지	–	–	–	–	–	–	–	–	–	1.0 이하
C 3712	58.0~ 62.0	0.25~ 1.2	–	–	나머지	–	–	–	–	–	–	–	–	–	0.8 이하
C 3771	57.0~ 61.0	1.0~ 2.5	–	–	나머지	–	–	–	–	–	–	–	–	–	1.0 이하
C 4622	61.0~ 64.0	0.30 이하	0.20 이하	0.7~ 1.5	나머지	–	–	–	–	–	–	–	–	–	–
C 4641	59.0~ 62.0	0.50 이하	0.20 이하	0.50~ 1.0	나머지	–	–	–	–	–	–	–	–	–	–
C 4860	59.0~ 62.0	1.0~ 2.5	–	0.30~ 1.5	나머지	–	–	–	–	–	0.02~ 0.25	–	–	–	–
C 4926	58.0~ 63.0	0.09 이하	0.50 이하	0.50 이하	나머지	–	–	–	0.05~ 0.15	0.5~ 1.8	–	0.10	0.001	–	–
C 4934	60.0~ 63.0	0.09 이하	–	0.50~ 1.5	나머지	–	–	–	0.05~ 0.15	0.5~ 2.0	–	0.10	0.001	–	–
C 6161	83.0~ 90.0	0.02 이하	2.0~ 4.0	–	–	7.0~ 10.0	0.50~ 2.0	0.50~ 2.0	–	–	–	–	–	99.5 이상	–
C 6191	81.0~ 88.0	–	3.0~ 5.0	–	–	8.5~ 11.0	0.50~ 2.0	0.50~ 2.0	–	–	–	–	–	99.5 이상	–
C 6241	80.0~ 87.0	–	3.0~ 5.0	–	–	9.0~ 12.0	0.50~ 2.0	0.50~ 2.0	–	–	–	–	–	99.5 이상	–
C 6782	56.0~ 60.5	0.50 이하	0.10~ 1.0	–	나머지	0.20~ 2.0	0.50~ 2.5	–	–	–	–	–	–	–	–
C 6783	55.0~ 59.0	0.50 이하	0.20~ 1.5	–	나머지	0.20~ 2.0	1.0~ 3.0	–	–	–	–	–	–	–	–

■ 봉의 기계적 성질(플레어 너트용은 제외)

합금 번호	질별	기호	지름, 변 또는 맞변거리 mm	인장 시험		경도 시험	
				인장 강도 N/mm²	연신율 %	비커스 HV	브리넬 HBW (10/3 000)
C 1020 C 1100 C 1201 C 1220	F	C 1020 BE-F	6 이상	195 이상	25 이상	–	–
		C 1100 BE-F					
		C 1201 BE-F					
		C 1220 BE-F					
		C 1020 BF-F	100 이상				
		C 1100 BF-F					
C 1020 C 1100 C 1201 C 1220	O	C 1020 BD-O	6 이상 110 이하	195 이상	30 이상	–	–
		C 1100 BD-O					
		C 1201 BD-O					
		C 1220 BD-O					
	$\frac{1}{2}$ H	C 1020 BD-$\frac{1}{2}$ H	6 이상 25 이하	245 이상	15 이상	–	–
		C 1100 BD-$\frac{1}{2}$ H	25 초과 50 이하	225 이상	20 이상	–	–
		C 1201 BD-$\frac{1}{2}$ H	50 초과 75 이하	215 이상	25 이상	–	–
		C 1220 BD-$\frac{1}{2}$ H	75 초과 110 이하	205 이상	30 이상	–	–
	H	C 1020 BD-H	6 이상 25 이하	275 이상	–	–	–
		C 1100 BD-H	25 초과 50 이하	245 이상	–	–	–
		C 1201 BD-H	50 초과 75 이하	225 이상	–	–	–
		C 1220 BD-H	75 초과 110 이하	215 이상	–	–	–
C 2600	F	C 2600 BE-F	6 이상	275 이상	35 이상	–	–
	O	C 2600 BD-O	6 이상 75 이하	275 이상	45 이상	–	–
	$\frac{1}{2}$H	C 2600 BD-$\frac{1}{2}$H	6 이상 50 이하	355 이상	20 이상	–	–
	H	C 2600 BD-H	6 이상 20 이하	410 이상	–	–	–
C 2700	F	C 2700 BE-F	6 이상	295 이상	30 이상	–	–
	O	C 2700 BD-O	6 이상 75 이하	295 이상	40 이상	–	–
	$\frac{1}{2}$H	C 2700 BD-$\frac{1}{2}$H	6 이상 50 이하	355 이상	20 이상	–	–
	H	C 2700 BD-H	6 이상 20 이하	410 이상	–	–	–
C 2745	F	C 2745 BE-F	6 이상	295 이상	30 이상	–	–
	O	C 2745 BD-O	6 이상 75 이하	295 이상	40 이상	–	–
	$\frac{1}{2}$H	C 2745 BD-$\frac{1}{2}$H	6 이상 50 이하	355 이상	20 이상	–	–
	H	C 2745 BD-H	6 이상 20 이하	410 이상	–	–	–
C 2800	F	C 2800 BE-F	6 이상	315 이상	25 이상	–	–
	O	C 2800 BD-O	6 이상 75 이하	315 이상	35 이상	–	–
	$\frac{1}{2}$H	C 2800 BD-$\frac{1}{2}$H	6 이상 50 이하	375 이상	15 이상	–	–
	H	C 2800 BD-H	6 이상 20 이하	450 이상	–	–	–
C 3533	F	C 3533 BE-F	6 이상 50 이하	315 이상	15 이상	–	–
		C 3533 BD-F	6 이상 110 이하				
C 3601	O	C 3601 BD-O	1 이상 6 미만	295 이상	15 이상	–	–
			6 이상 75 이하	295 이상	25 이상	–	–
	$\frac{1}{2}$H	C 3601 BD-$\frac{1}{2}$H	1 이상 50 이하	345 이상	–	95 이상	–
	H	C 3601 BD-H	1 이상 20 이하	450 이상	–	130 이상	–
C 3602	F	C 3602 BE-F	6 이상 75 이하	315 이상	–	75 이상	–
		C 3602 BD-F	1 이상 110 이하				
		C 3602 BF-F	100 이상				
C 3603	O	C 3603 BD-O	1 이상 6 미만	315 이상	15 이상	–	–
			6 이상 75 이하	315 이상	20 이상	–	–
	$\frac{1}{2}$H	C 3603 BD-$\frac{1}{2}$H	1 이상 50 이하	365 이상	–	100 이상	–
	H	C 3603 BD-H	1 이상 20 이하	450 이상	–	130 이상	–
C 3604	F	C 3604 BE-F	6 이상 75 이하	355 이상	–	80 이상	–
		C 3604 BD-F	1 이상 110 이하				
		C 3604 BF-F	100 이상				
C 3605	F	C 3605 BE-F	6 이상 75 이하	355 이상	–	80 이상	–
		C 3605 BD-F	1 이상 110 이하				

■ 봉의 기계적 성질(플레어 너트용은 제외) (계속)

합금 번호	질별	기호	지름, 변 또는 맞변거리 mm	인장 시험		경도 시험	
				인장 강도 N/mm^2	연신율 %	비커스 HV	브리넬 HBW (10/3 000)
C 3712 C 3771	F	C 3712 BE-F	6 이상	315 이상	15 이상	–	–
		C 3712 BD-F					
		C 3771 BE-F					
		C 3771 BD-F					
		C 3712 BF-F	100 이상				
		C 3771 BF-F					
C 4622	F	C 4622 BE-F	6 이상 50 이하	345 이상	20 이상	–	–
		C 4622 BD-F	6 이상 110 이하	365 이상	20 이상	–	–
		C 4622 BF-F	100 이상	345 이상	20 이상	–	–
C 4641	F	C 4641 BE-F	6 이상 50 이하	345 이상	20 이상	–	–
		C 4641 BD-F	6 이상 110 이하	375 이상	20 이상	–	–
		C 4641 BF-F	100 이상	345 이상	20 이상	–	–
C 4860	F	C 4860 BE-F	6 이상 50 이하	315 이상	15 이상	–	–
		C 4860 BD-F	6 이상 110 이하	335 이상	15 이상	–	–
C 4926	F	C 4926 BE-F	6 이상 50 이하	335 이상	–	80 이상	–
		C 4926 BD-F	1 이상 110 이하				
C 4934	F	C 4934 BE-F	6 이상 50 이하	335 이상	–	80 이상	–
		C 4934 BD-F	1 이상 110 이하				
C 6161	F	C 6161 BE-F	6 이상 50 이하	590 이상	25 이상	–	130 이상
		C 6161 BD-F					
		C 6161 BF-F					
C 6191	F	C 6191 BE-F	6 이상 50 이하	685 이상	15 이상	–	170 이상
		C 6191 BD-F					
		C 6191 BF-F					
C 6241	F	C 6241 BE-F	6 이상 50 이하	685 이상	10 이상	–	210 이상
		C 6241 BD-F					
		C 6241 BF-F					
C 6782	F	C 6782 BE-F	6 이상 50 이하	460 이상	20 이상	–	–
		C 6782 BD-F	6 이상 110 이하	490 이상	15 이상	–	–
		C 6782 BF-F	100 이상	460 이상	20 이상	–	–
C 6783	F	C 6783 BE-F	6 이상 50 이하	510 이상	15 이상	–	–
	F	C 6783 BD-F	6 이상 50 이하	540 이상	12 이상	–	–

【비 고】 1. 합금 번호 C 3601, C 3602, C 3603, C 3605 및 플레어 너트용 이외의 C 3604의 봉에서 경도를 적용한 경우에는, 인장 강도 및 연신율은 적용하지 않아도 좋다.

【참 고】 1. $1N/mm^2=1MPa$

■ 플레어 너트용 인발봉의 기계적 성질

합금 번호	질별	기호	맞변거리 mm	인장 시험		경도 시험	
				인장 강도 N/mm^2	연신율 %	비커스 HV	브리넬 HBW (10/3 000)
C 3604	SR	C 3604 BDN	17, 22, 24, 26, 27, 29, 36	355 이상	15 이상	70 이상 120 이하	–
C 3771	SR	C 3771 BDN	17, 22, 24, 26, 27, 29, 36	315 이상	15 이상	70 이상 120 이하	–

【비 고】 1. $1N/mm^2=1MPa$

1-2 베릴륨동, 인청동 및 양백의 봉 및 선

Copper beryllium alloy,
phosphor bronze and nickel silver rods, bars and wires

KS D 5102 : 2009

■ 적용 범위

이 표준은 압연 또는 전신 가공한 베릴륨동, 인청동 및 양백의 단면이 원형, 정육각형인 봉 및 단면이 원형, 정육각형, 정사각형, 직사각형인 선에 대하여 규정한다.

■ 종류 및 기호

종류		기호	참고	
합금 번호	모양		명칭	특색 및 용도 보기
C 1720	봉	C 1720 B	베릴륨동	내식성이 좋고 시효경화 처리 전은 전연성이 풍부하며 시효경화 처리 후는 내피로성, 도전성이 증가한다. 시효경화 처리는 성형 가공 후에 한다. 봉은 항공기 엔진 부품, 프로펠러, 볼트, 캠, 기어, 베어링, 점용 접용 전극 등, 선은 코일 스프링, 스파이럴 스프링, 브러시 등
	선	C 1720 W		
C 5111	봉	C 5111 B	인청동	내피로성 · 내식성 · 내마모성이 좋다. 봉은 기어, 캠, 이음쇠, 축, 베어링, 작은 나사, 볼트, 너트, 섭동 부품, 커넥터, 트롤리선용 행어 등 선은 코일 스프링, 스파이럴 스프링, 스냅 버튼, 전기 바인드용 선, 헤더재, 와셔 등
	선	C 5111 W		
C 5102	봉	C 5102 B		
	선	C 5102 W		
C 5191	봉	C 5191 B		
	선	C 5191 W		
C 5212	봉	C 5212 B		
	선	C 5212 W		
C 5341	봉	C 5341 B	쾌삭 인청동	절삭성이 좋다. 작은 나사, 부싱, 베어링, 볼트, 너트, 볼펜 부품 등
C 5441	봉	C 5441 B		
C 7451	선	C 7451 W	양백	광택이 아름답고, 내피로성 · 내식성이 좋다. 봉은 작은 나사, 볼트, 너트, 전기 기기 부품, 악기, 의료기기, 시계 부품 등, 선은 특수 스프링 재료에 적당하다. 직선 스프링 · 코일 스프링으로서 계전기, 계측기, 의료 기기, 장식품, 안경 부품, 연질재는 헤더재 등
C 7521	봉	C 7521 B		
	선	C 7521 W		
C 7541	봉	C 7541 B		
	선	C 7541 W		
C 7701	봉	C 7701 B		
	선	C 7701 W		
C 7941	봉	C 7941 B	쾌삭 양백	절삭성이 좋다. 작은 나사, 베어링, 볼펜 부품, 안경 부품 등

■ 봉 및 선의 화학 성분

합금 번호	화학 성분(질량 %)												
	Cu	Pb	Fe	Sn	Zn	Be	Mn	Ni	Ni+Co	Ni+Co+Fe	P	Cu+Sn+P	Cu+Be+Ni+Co+Fe
C 1720	–	–	–	–	–	1.8~2.00	–	–	0.20 이상	0.6 이하	–	–	99.5 이상
C 5111	–	0.02 이하	0.10 이하	3.5~4.5	0.20 이하	–	–	–	–	–	0.03~0.35	99.5 이상	–
C 5102	–	0.02 이하	0.10 이하	4.5~5.5	0.20 이하	–	–	–	–	–	0.03~0.35	99.5 이상	–
C 5191	–	0.02 이하	0.10 이하	5.5~7.0	0.20 이하	–	–	–	–	–	0.03~0.35	99.5 이상	–
C 5212	–	0.02 이하	0.10 이하	7.0~9.0	0.20 이하	–	–	–	–	–	0.03~0.35	99.5 이상	–
C 5341	–	0.8~1.5	–	3.5~5.8	–	–	–	–	–	–	0.03~0.35	99.5(1) 이상	–
C 5441	–	3.5~4.5	–	3.0~4.5	1.5~4.5	–	–	–	–	–	0.01~0.50	99.5(2) 이상	–
C 7451	63.0~67.0	0.03 이하	0.25 이하	–	나머지	–	0.50 이하	8.5~11.0	–	–	–	–	–
C 7521	62.0~66.0	0.03 이하	0.25 이하	–	나머지	–	0.50 이하	16.5~19.5	–	–	–	–	–
C 7541	60.0~64.0	0.03 이하	0.25 이하	–	나머지	–	0.50 이하	12.5~15.5	–	–	–	–	–
C 7701	54.0~58.0	0.03 이하	0.25 이하	–	나머지	–	0.50 이하	16.5~19.5	–	–	–	–	–
C 7941	60.0~64.0	0.8~1.8	0.25 이하	–	나머지	–	0.50 이하	16.5~19.5	–	–	–	–	–

【비 고】 1. Cu+Sn+Pb+P의 합계이다.
2. Cu+Sn+Pb+Zn+P의 합계이다.

■ 봉 및 선의 기계적 성질 및 그 밖의 특성 항목

합금 번호	봉				선			
	지름 또는 맞변 거리 mm	인장강도	연신율	경도	지름 또는 맞변 거리 mm	인장강도	연신율	감김성
C 1720	25이하	○	–	△	0.4 이상	○	–	–
C 5111	50 이하	○	○	△	0.4 이상	○	–	△
	50 초과 100 이하	–	–	○				
C 5102	50 이하	○	○	△	0.4 이상	○	–	△
	50 초과 100 이하	–	–	○				
C 5191	50 이하	○	○	△	0.4 이상	○	–	△
C 5212	50 초과 100 이하	–	–	○				
C 5341	50 이하	○	○	△	–	–	–	–
C 5441	50 초과 100 이하	△	△	○				
C 7451	–	–	–	–	0.4 이상	○	–	–
C 7521	50 이하	○	–	△	0.4 이상	○	–	–
C 7541								
C 7701								
C 7941	50 이하	○	–	△	–	–	–	–

【비 고】 1. ○ 표시는 필수 항목, △ 표시는 주문자의 요구가 있을 경우의 시험 항목을 나타낸다.

■ 봉의 기계적 성질

합금 번호	질별	기호	지름 또는 맞변 거리 mm	인장 시험		경도 시험		
				인장 강도 N/mm^2	연신율 %	비커스 경도 HV	로크웰경도	
							HRB	HRC
C 1720	O	C 1720 B-O	3.0 이상 6 이하	410~590	–	90~190	–	–
			6 초과 25 이하	410~590	–	90~190	45~85	–
	H	C 1720 B-H	3.0 이상 6 이하	645~900	–	180~300	–	–
			6 초과 25 이하	590~900	–	175~330	88~103	–
C 5111	H	C 511 B-H	3.0 이상 6 이하	490 이상	–	140 이상	–	–
			6 초과 13 이하	450 이상	10 이상	125 이상	–	–
			13 초과 25 이하	410 이상	13 이상	115 이상	–	–
			25 초과 50 이하	380 이상	15 이상	105 이상	–	–
			50 초과 100 이하	–		–	60~80	–
C 5102	H	C 5102 B-H	3.0 이상 6 이하	540 이상	–	150 이상	–	–
			6 초과 13 이하	500 이상	10 이상	135 이상	–	–
			13 초과 25 이하	460 이상	13 이상	125 이상	–	–
			25 초과 50 이하	430 이상	15 이상	115 이상	–	–
			50초과 100 이하	–	–	–	65~85	–
C 5191	½H	C 5191 B-½H	3.0 이상 6 이하	510 이상	–	150 이상	–	–
			6 초과 13 이하	460 이상	13 이상	135 이상	–	–
			13 초과 25 이하	430 이상	15 이상	125 이상	–	–
			25 초과 50 이하	410 이상	18 이상	120 이상	–	–
			50초과 100 이하	–	–	–	70~85	–
	H	C 5191 B-H	3.0 이상 6 이하	635 이상	–	180 이상	–	–
			6 초과 13 이하	590 이상	10 이상	165 이상	–	–
			13 초과 25 이하	540 이상	13 이상	150 이상	–	–
			25 초과 50 이하	490 이상	15 이상	140 이상	–	–
			50초과 100 이하	–	–	–	75~90	–
C 5212	½H	C 5212 B-½H	3.0 이상 6 이하	540 이상	–	155 이상	–	–
			6 초과 13 이하	490 이상	13 이상	140 이상	–	–
			13 초과 25 이하	440 이상	15 이상	130 이상	–	–
			25 초과 50 이하	420 이상	18 이상	125 이상	–	–
			50초과 100 이하	–	–	–	72~87	–
	H	C 5212 B-H	3.0 이상 6 이하	735 이상	–	–	–	–
			6 초과 13 이하	685 이상	10 이상	195 이상	–	–
			13 초과 25 이하	635 이상	13 이상	180 이상	–	–
			25 초과 50 이하	560 이상	15 이상	170 이상	–	–
			50초과 100 이하	–	–	–	80~95	–
C 5341 C 5441	H	C 5341 B-H C 5441 B-H	0.5 이상 3 이하	470 이상	–	125 이상	–	–
			3.0 이상 6 이하	440 이상	–	125 이상	–	–
			6 초과 13 이하	410 이상	10 이상	115 이상	–	–
			13 초과 25 이하	375 이상	12 이상	110 이상	–	–
			25 초과 50 이하	345 이상	15 이상	100 이상	–	–
			50초과 100 이하	320 이상	15 이상	–	60~90	–
C 7521	½H	C 7521 B-½H	3.0 이상 6 이하	490~635	–	145 이상	–	–
			6 초과 13 이하	440~590	–	130 이상	–	–
	H	C 7521 B-H	3.0 이상 6 이하	550~685	–	145 이상	–	–
			6 초과 13 이하	480~620	–	125 이상	–	–
			13 초과 25 이하	440~580	–	115 이상	–	–
			25 초과 50 이하	410~550	–	110 이상	–	–
C 7541	½H	C 7541 B-½H	3.0 이상 6 이하	440~590	–	135 이상	–	–
			6 초과 13 이하	390~540	–	120 이상	–	–
	H	C 7541 B-H	3.0 이상 6 이하	570~705	–	150 이상	–	–
			6 초과 13 이하	520~645	–	135 이상	–	–
			13 초과 25 이하	450~590	–	115 이상	–	–
			25 초과 50 이하	390~540	–	100 이상	–	–
C 7701	½H	C 7701 B-½H	3.0 이상 6 이하	520~665	–	150 이상	–	–
			6 초과 13 이하	470~620	–	130 이상	–	–
	H	C 7701 B-H	3.0 이상 6 이하	620~755	–	160 이상	–	–
			6 초과 13 이하	550~685	–	140 이상	–	–
			13 초과 25 이하	510~645	–	140 이상	–	–
			25 초과 50 이하	480~620	–	130 이상	–	–
C 7941	H	C 7941 B-H	3.0 이상 6 이하	550~685	–	150 이상	–	–
			6 초과 13 이하	480~620	–	130 이상	–	–
			13 초과 20 이하	460~600	–	120 이상	–	–
			20 초과 25 이하	440~580	–	120 이상	–	–
			25 초과 50 이하	410~550	–	110 이상	–	–

■ 합금번호 C 1720 봉의 시효 경화 처리 후의 기계적 성질(1)

합금 번호	질별	기호	지름 또는 맞변 거리 mm	인장 시험		경도 시험		
				인장 강도 N/mm²	연신율 %	비커스 경도 HV	로크웰경도	
							HRB	HRC
C 1720	O	–	3.0 이상 6 이하	1 100~1 370	–	300~400	–	–
			6 초과 13 이하	1 100~1 370	–	300~400	–	34~40
	H	–	3.0 이상 6 이하	1 270~1 520	–	340~440	–	–
			6 초과 13 이하	1 210~1 470	–	330~430	–	37~45

[비 고] 1N/mm²=1MPa

1. 주문자가 표 4의 합금 번호 C 1720 봉을 6.5의 시효 경화 처리를 한 경우에 얻는 기계적 성질이다. 이 성질은 제조자가 성능을 확인하기 위하여 시험편을 시효 경화 처리한 경우에도 적용한다.

■ 선의 기계적 성질

합금 번호	질별	기호	지름 또는 맞변 거리 mm	인장 시험	
				인장 강도 N/mm²	연신율 %
C 1720	O	C 1720 W-O	0.40 이상	390~540	–
	¼ H	C 1720 W-¼ H	0.40 이상 5.0 이하	620~805	–
	¾ H	C 1720 W-¾ H	0.40 이상 5.0 이하	835~1 070	–
C 5111	O	C 5111 W-O	0.40 이상	295~410	–
	H	C 5111 W-H	0.40 이상 5.0 이하	490 이상	–
C 5102	O	C 5102 W-O	0.40 이상	305~420	–
	H	C 5102 W-H	0.40 이상 5.0 이하	635 이상	–
	SH	C 5102 W-SH	0.40 이상 5.0 이하	862 이상	–
C 5191	O	C 5191 W-O	0.40 이상	315~460	–
	⅛ H	C 5191 W-⅛ H	0.40 이상 5.0 이하	435~585	
	¼ H	C 5191 W-¼ H	0.40 이상 5.0 이하	535~685	–
	½ H	C 5191 W-½ H	0.40 이상 5.0 이하	635~785	–
	¾ H	C 5191 W-¾ H	0.40 이상 5.0 이하	735~885	–
	H	C 5191 W-H	0.40 이상 5.0 이하	835 이상	–
C 5212	O	C 5212 W-O	0.40 이상	345~490	–
	½ H	C 5212 W-½ H	0.40 이상 5.0 이하	685~835	–
	H	C 5212 W- H	0.40 이상 5.0 이하	930 이상	–
C 7451	O	C 7451 W-O	0.40 이상	345~490	–
	¼ H	C 7451 W-¼ H	0.40 이상 5.0 이하	400~550	–
	½ H	C 7451 W-½ H	0.40 이상 5.0 이하	490~635	–
	H	C 7451 W-H	0.40 이상 5.0 이하	635 이상	–
C 7521	O	C 7521 W-O	0.40 이상	375~520	–
	¼ H	C 7521 W-¼ H	0.40 이상 5.0 이하	450~600	–
	½ H	C 7521 W-½ H	0.40 이상 5.0 이하	520~685	–
	H	C 7521 W-H	0.40 이상 5.0 이하	664 이상	–
C 7541	O	C 7541 W-O	0.40 이상	365~510	–
	½ H	C 7541 W-½ H	0.40 이상 5.0 이하	510~665	–
	H	C 7541 W-H	0.40 이상 5.0 이하	635 이상	–
C 7701	O	C 7701 W-O	0.40 이상	440~635	–
	¼ H	C 7701 W-¼ H	0.40 이상 5.0 이하	500~650	–
	½ H	C 7701 W-½ H	0.40 이상 5.0 이하	635~785	–
	H	C 7701 W-H	0.40 이상 5.0 이하	765 이상	–

[비 고] 1. 1N/mm²=1MPa

■ 합금번호 C 1720 선의 시효 경화 처리 후의 기계적 성질(1)

합금 번호	질별	기호	인장 시험	
			지름 또는 맞변 거리 mm	인장 강도 N/mm^2
C 1720	O	–	0.40 이상	1 100~1 320
	$\frac{1}{4}$ H	–	0.40 이상 5 이하	1 210~1 420
	$\frac{3}{4}$ H	–	0.40 이상 5 이하	1 300~1 590

【비 고】 1. 주문자가 앞 장의 표 : 선의 기계적 성질의 합금 번호 C 1720의 선을 6.5의 시효 경화 처리를 한 경우에 얻어지는 성질이다. 이 성질은 제조자가 성능을 확인하기 위해 시험편을 시효 경화 처리한 경우에도 적용한다.

● 백합금

백합금은 주석, 아연, 납 및 안티몬 등을 함유한 합금으로서 주로 베어링합금, 다이캐스트용 합금으로 쓰인다.

❶ 주석대 백합금

주석을 주성분으로 하는 것으로 구리 3~10%, 안티몬 3~15%인 합금이다. 보통 베어링용으로서는 주석 85%, 안티몬 10%, 구리 5%의 합금으로서, 경도가 비교적 높고 큰 하중에 견디며 충격하중에도 견딘다.

❷ 납대백합금

납을 주성분으로 하고 주석 5~20%, 안티몬 10~20%의 합금이며, 베어링합금으로는 마찰저항이 적으나 주석대인 것에 비해 경도가 적고 인성과 점성도 비교적 작기 때문에 충격이나 진동이 있는 부분에는 적합하지 않다. 일반적으로 쓰이는 것의 성분으로는 납 80%, 주석5%, 안티몬 15% 및 납 75%, 주석 10%, 안티몬 15%이다.

❸ 아연대백합금

아연을 주성분으로 한 것으로 처음 아연에 주석을 첨가하고 여기에 경도를 높게 하기 위해 안티몬, 구리, 납 등을 적당히 첨가하는데 너무 첨가량이 많아지게 되면 물러진다. 이 합금은 단단하고 저항력이 크므로 하중이 많이 걸리는데 쓰인다는 특징이 있다.

1-3 구리 및 구리합금 선

Copper and copper alloy wires

KS D 5103 : 2009

■ 적용 범위

이 표준은 전신 가공한 단면이 원형, 정육각형, 정사각형, 직사각형인 구리 및 구리합금의 선에 대하여 규정한다.

■ 종류 및 기호

종류		기호	참고	
합금 번호	모양		명칭	특색 및 용도 보기
C 1020	선	C 1020 W	무산소동	전기 · 열전도성 · 전연성이 우수하고, 용접성 · 내식성 · 내환경성이 좋다. 환원성 분위기에서 고온으로 가열하여도 수소취화를 일으킬 염려가 없다(전기 제품, 화학 공업용 등).
C 1100	선	C 1100 W	타프피치동	전기 · 열전도성이 우수하고, 전연성 · 내식성 · 내환경성이 좋다(전기용, 화학 공업용, 작은 나사, 못, 철망 등).
C 1201	선	C 1201 W	인탈산동	전연성 · 용접성 · 내식성 · 내환경성이 좋다. C 1220은 환원성 분위기에서 고온으로 가열하여도 수소취화를 일으킬 염려가 없다. C 1201은 C 1220보다 전기 전도성은 좋다(작은 나사, 못, 철망 등).
C 1220	선	C 1220 W		
C 2100	선	C 2100 W	단동	색과 광택이 아름답고, 전연성 · 내식성이 좋다. 장식품, 장신구, 패스너, 철망 등
C 2200	선	C 2200 W		
C 2300	선	C 2300 W		
C 2400	선	C 2400 W		
C 2600	선	C 2600 W	황동	전연성 · 냉간 단조성 · 전조성이 좋다 리벳, 작은 나사, 핀, 코바늘, 스프링, 철망 등
C 2700	선	C 2700 W		
C 2720	선	C 2720 W		
C 2800	선	C 2800 W		합금번호 C 2600, C2700, C2720에 비해 강도가 높고 전연성도 있다. 용접봉, 리벳 등
C 3501	선	C 3501 W	니플용 황동	피삭성 · 냉간 단조성이 좋다. 자동차의 니플 등
C 3601	선	C 3601 W	쾌삭 황동	피삭성이 우수하다. 합금 번호 C 3601, C 3602는 전연성도 있다. 볼트, 너트, 작은 나사, 전자 부품, 카메라 부품 등
C 3602	선	C 3602 W		
C 3603	선	C 3603 W		
C 3604	선	C 3604 W		

■ 화학 성분

합금번호	화학 성분(질량 %)					
	Cu	Pb	Fe	Zn	P	Fe+Sn
C 1020	99.96 이상	–	–	–	–	–
C 1100	99.90 이상	–	–	–	–	–
C 1201	99.90 이상	–	–	–	0.004 이상 0.015 미만	–
C 1220	99.90 이상	–	–	–	0.015~0.040	–
C 2100	94.0~96.0	0.03 이하	0.05 이하	나머지	–	–
C 2200	89.0~91.0	0.05 이하	0.05 이하	나머지	–	–
C 2300	84.0~86.9	0.05 이하	0.05 이하	나머지	–	–
C 2400	78.5~81.5	0.05 이하	0.05 이하	나머지	–	–
C 2600	68.5~71.5	0.05 이하	0.05 이하	나머지	–	–
C 2700	63.0~67.0	0.05 이하	0.05 이하	나머지	–	–
C 2720	62.0~64.0	0.07 이하	0.07 이하	나머지	–	–
C 2800	59.0~63.0	0.10 이하	0.07 이하	나머지	–	–
C 3501	60.0~64.0	0.7~1.7	0.20 이하	나머지	–	0.40 이하
C 3601	59.0~63.0	1.8~3.7	0.30 이하	나머지	–	0.50 이하
C 3602	59.0~63.0	1.8~3.7	0.50 이하	나머지	–	1.0 이하
C 3603	57.0~61.0	1.8~3.7	0.35 이하	나머지	–	0.6 이하
C 3604	57.0~61.0	1.8~3.7	0.50 이하	나머지	–	1.0 이하

■ 기계적 성질

합금 번호	질별	기호	인장 시험		
			지름, 변 또는 맞변거리 mm	인장강도 N/mm^2	연신율 %
C 1020 C 1100 C 1201 C 1220	O	C 1020 W-O	0.5 이상 2 이하	195 이상	15 이상
		C 1100 W-O	2를 넘는 것.	195 이상	25 이상
		C 1201 W-O			
		C 1220 W-O			
	$\frac{1}{2}$H	C 1020 W-$\frac{1}{2}$H	0.5 이상 12 이하	255~365	–
		C 1100 W-$\frac{1}{2}$H	12 초과 20 이하	245~365	
		C 1201 W-$\frac{1}{2}$H			
		C 1220 W-$\frac{1}{2}$H			
	H	C 1020 W-H	0.5 이상 10 이하	345 이상	–
		C 1100 W-H	10 초과 20 이하	275 이상	
		C 1201 W-H			
		C 1220 W-H			
C 2100	O	C 2100 W-O	0.5 이상	205 이상	20 이상
	$\frac{1}{2}$H	C 2100 W-$\frac{1}{2}$H	0.5 이상 12 이하	325~430	–
	H	C 2100 W-H	0.5 이상 10 이하	410 이상	–
C 2200	O	C 2200-O	0.5 이상	225 이상	20 이상
	$\frac{1}{2}$H	C 2200-$\frac{1}{2}$H	0.5 이상 12 이하	345~490	–
	H	C 2200-H	0.5 이상 10 이하	470 이상	–
C 2300	O	C 2300-O	0.5 이상	245 이상	20 이상
	$\frac{1}{2}$H	C 2300-$\frac{1}{2}$H	0.5 이상 12 이하	375~540	–
	H	C 2300-H	0.5 이상 10 이하	520 이상	–
C 2400	O	C 2400-O	0.5 이상	255 이상	20 이상
	$\frac{1}{2}$H	C 2400-$\frac{1}{2}$H	0.5 이상 12 이하	375~610	–
	H	C 2400-H	0.5 이상 10 이하	590 이상	–
C 2600	O	C 2600 W-O	0.5 이상	275 이상	20 이상
	$\frac{1}{8}$H	C 2600 W-$\frac{1}{8}$H	0.5 이상 12 이하	345~440	10 이상
	$\frac{1}{4}$H	C 2600 W-$\frac{1}{4}$H	0.5 이상 12 이하	390~510	5 이상
	$\frac{1}{2}$H	C 2600 W-$\frac{1}{2}$H	0.5 이상 12 이하	490~610	–
	$\frac{3}{4}$H	C 2600 W-$\frac{3}{4}$H	0.5 이상 10 이하	590~705	–
	H	C 2600 W-H	0.5 이상 10 이하	685~805	–
	EH	C 2600 W-EH	0.5 이상 10 이하	785 이상	–
C 2700	O	C 2700 W-O	0.5 이상	295 이상	20 이상
	$\frac{1}{8}$H	C 2700 W-$\frac{1}{8}$H	0.5 이상 12 이하	345~440	10 이상
	$\frac{1}{4}$H	C 2700 W-$\frac{1}{4}$H	0.5 이상 12 이하	390~510	5 이상
	$\frac{1}{2}$H	C 2700 W-$\frac{1}{2}$H	0.5 이상 12 이하	490~610	–
	$\frac{3}{4}$H	C 2700 W-$\frac{3}{4}$H	0.5 이상 10 이하	590~705	–
	H	C 2700 W-H	0.5 이상 10 이하	685~805	–
	EH	C 2700 W-EH	0.5 이상 10 이하	785 이상	–
C 2720	O	C 2720 W-O	0.5 이상	295이상	20 이상
	$\frac{1}{8}$H	C 2720 W-$\frac{1}{8}$H	0.5 이상 12 이하	345~440	10 이상
	$\frac{1}{4}$H	C 2720 W-$\frac{1}{4}$H	0.5 이상 12 이하	390~510	5 이상
	$\frac{1}{2}$H	C 2720 W-$\frac{1}{2}$H	0.5 이상 12 이하	490~610	–
	$\frac{3}{4}$H	C 2720 W-$\frac{3}{4}$H	0.5 이상 10 이하	590~705	–
	H	C 2720 W-H	0.5 이상 10 이하	685~805	–
	EH	C 2720 W-EH	0.5 이상 10 이하	785 이상	–
C 2800	O	C 2800 W-O	0.5 이상	315 이상	20 이상
	$\frac{1}{4}$H	C 2800 W-$\frac{1}{4}$H	0.5 이상 12 이하	345~460	5 이상
	$\frac{1}{2}$H	C 2800 W-$\frac{1}{2}$H	0.5 이상 12 이하	440~590	–
	$\frac{3}{4}$H	C 2800 W-$\frac{3}{4}$H	0.5 이상 10 이하	540~705	–
	H	C 2800 W-H	0.5 이상 10 이하	685 이상	–
C 3501	O	C 3501 W-O	0.5 이상	295 이상	20 이상
	$\frac{1}{2}$H	C 3501 W-$\frac{1}{2}$H	0.5 이상 15 이하	345~440	10 이상
	H	C 3501 W-H	0.5 이상 10 이하	420 이상	–
C 3601	O	C 3601 W-O	1 이상	295 이상	15 이상
	$\frac{1}{2}$H	C 3601 W-$\frac{1}{2}$H	1 이상 10 이하	345 이상	–
	H	C 3601 W-H	1 이상 10 이하	450 이상	–
C 3602	F	C 3602 W-F	1 이상	315 이상	–
C 3603	O	C 3603 W-O	1 이상	315 이상	15 이상
	$\frac{1}{2}$H	C 3603 W-$\frac{1}{2}$H	1 이상 10 이하	365 이상	–
	H	C 3603 W-H	1 이상 10 이하	450 이상	–
C 3604	F	C 3604 W-F	1 이상	335 이상	–

1-4 구리 및 구리합금 판 및 띠

Copper and copper alloy sheets, plates and strips

KS D 5201 : 2009

■ 적용 범위

이 표준은 압연한 구리 및 구리합금의 판 및 띠에 대하여 규정한다.

■ 종류, 등급 및 기호

종류		등급	기호	참고	
합금 번호	모양			명칭	특색 및 용도 보기
C 1020	판	보통급	C 1020 P[1]	무산소동	도전성, 열전도성, 전연성 · 드로잉 가공성이 우수하고, 용접성 · 내식성 · 내후성이 좋다. 환원성 분위기 중에서 고온으로 가열하여도 수소 취화가 일어나지 않는다. 전기용, 화학공업용 등
		특수급	C 1020 PS[1]		
	띠	보통급	C 1020 R[1]		
		특수급	C 1020 RS[1]		
C 1100	판	보통급	C 1100 P[1]	타프피치동	도전성, 열전도성이 우수하고 전연성 · 드로잉 가공성 · 내식성 · 내후성이 좋다. 전기용, 증류솥, 건축용, 화학공업용, 개스킷, 기물 등
		특수급	C 1100 PS[1]		
	띠	보통급	C 1100 R[1]		
		특수급	C 1100 RS[1]		
	인쇄용판	보통급	C 1100 PP	인쇄용 동	특히, 표면이 매끄럽다. 그라비어(Gravure) 판용
C 1201	판	보통급	C 1201 P	인탈산 동	전연성 · 드로잉 가공성 · 용접성 · 내식성 · 내후성 · 열의 전도성이 좋다. 합금번호 C 1220은 환원성 분위기 중에서 고온으로 가열하여도 수소 취화가 일어나지 않는다. 합금번호 C 1201은C 1220 및 C 1221보다 도전성이 좋다. 목욕솥, 탕비기, 개스킷, 건축용, 화학공업용 등
		특수급	C 1201 PS		
	띠	보통급	C 1201 R		
		특수급	C 1201 RS		
C 1220	판	보통급	C 1220 P		
		특수급	C 1220 PS		
	띠	보통급	C 1220 R		
		특수급	C 1220 RS		
C 1221	판	보통급	C 1221 P		
		특수급	C 1221 PS		
	띠	보통급	C 1221 R		
		특수급	C 1221 RS		
	인쇄용판	보통급	C 1221 PP	인쇄용 동	특히, 표면이 매끄럽다. 그라비아 판용
C 1401	인쇄용판	보통급	C 1401 PP		특히, 표면이 매끄럽고 내열성이 있다. 사진용 용철판용
C 1441	판	특수급	C 1441 PS[1]	주석함유 동	도전성, 열전도성, 내열성, 전연성이 우수하다. 반도체용 리드프레임, 배선기기, 그 외에 전기전자 부품, 탕비기 등
	띠	특수급	C 1441 RS[1]		
C 1510	판	특수급	C 1510 PS[1]	지르코늄 함유 동	도전성, 열전도성, 내열성, 전연성이 우수하다. 반도체용 리드프레임 등
	띠	특수급	C 1510 RS[1]		
C 1921	판	특수급	C 1921 PS[1]	철함유 동	도전성, 열전도성, 강도, 내열성이 우수하고, 가공성이 좋다. 반도체용 리드프레임, 단자 커넥터 등의 전자부품 등
	띠	특수급	C 1921 RS[1]		
C 1940	판	특수급	C 1940 PS[1]		
	띠	특수급	C 1940 RS[1]		
C 2051	띠	보통급	C 2051 R	뇌관용 동	특히, 표면이 매끄럽다. 뇌관용
C 2100	판	보통급	C 2100 P	단동	색과 광택이 미려하고, 전연성 · 드로잉 가공성 · 내후성이 좋다. 건축용, 장신구, 화장품 케이스 등
	띠	보통급	C 2100 R		
		특수급	C 2100 RS		
C 2200	판	보통급	C 2200 P		
	띠	보통급	C 2200 R		
		특수급	C 2200 RS		

■ 종류, 등급 및 기호(계속)

종 류		등 급	기 호	참 고	
합금 번호	모 양			명 칭	특색 및 용도 보기
C 2300	판	보통급	C 2300 P	단동	색과 광택이 미려하고, 전연성 · 드로잉 가공성 · 내후성이 좋다. 건축용, 장신구, 화장품 케이스 등
	띠	보통급	C 2300 R		
		특수급	C 2300 RS		
C 2400	판	보통급	C 2400 P		
	띠	보통급	C 2400 R		
		특수급	C 2400 RS		
C 2600	판	보통급	C 2600 P(1)	황동	전연성 · 드로잉 가공성이 우수하고, 도금성이 좋다. 단자 커넥터 등
	띠	보통급	C 2600 R(1)		
		특수급	C 2600 RS(1)		
C 2680	판	보통급	C 2680 P(1)		전연성 · 드로잉 가공성 · 도금성이 좋다. 스냅버튼, 카메라, 보온병 등의 딥드로잉용, 단자 커넥터, 방열기, 배선 기구 등
	띠	보통급	C 2680 R(1)		
		특수급	C 2680 RS(1)		
C 2720	판	보통급	C 2720 P		전연성 · 드로잉 가공성이 좋다. 드로잉용 등
	띠	보통급	C 2720 R		
		특수급	C 2720 RS		
C 2801	판	보통급	C 2801 P(1)		강도가 높고 전연성이 있다. 프레스한 상태 또는 구부려 사용하는 배선기구 부품, 명판,기계판 등
	띠	보통급	C 2801 R(1)		
		특수급	C 2801 RS(1)		
C 3560	판	보통급	C 3560 P	쾌삭 황동	특히 피삭성이 우수하고 프레스성도 좋다. 시계 부품, 기어 등
	띠	보통급	C 3560 R		
C 3561	판	보통급	C 3561 P		
	띠	보통급	C 3561 R		
C 3710	판	보통급	C 3710 P		특히 프레스성이 우수하고 피삭성도 좋다. 시계 부품, 기어 등
	띠	보통급	C 3710 R		
C 3713	판	보통급	C 3713 P		
	띠	보통급	C 3713 R		
C 4250	판	보통급	C 4250 P	주석 함유 황동	내응력 균열성, 내부식 균열성, 내마모성, 스프링성이 좋다. 스위치, 계전기, 커넥터, 각종 스프링 부품 등
	띠	보통급	C 4250 R		
		특수급	C 4250 RS		
C 4430	판	보통급	C 4430 P	애드미럴티 황동	내식성, 특히 내해수성이 좋다. 두꺼운 것은 열교환기용 관판, 얇은 것은 열교환기, 가스 배관용 용접관 등
	띠	보통급	C 4430 R		
C 4621	판	보통급	C 4621 P	네이벌 황동	내식성, 특히 내해수성이 좋다. 두꺼운 것은 열교환기용 관판, 얇은 것은 선박 해수 취입구용 등(C 4621은 로이드선급용, NK선급용, C 4640은 AB선급용)
C 4640	판	보통급	C 4640 P		
C 6140	판	보통급	C 6140 P	알루미늄 청동	강도가 높고 내식성, 특히 내해수성, 내마모성이 좋다. 기계 부품, 화학공업용, 선박용 등
C 6161	판	보통급	C 6161 P		
C 6280	판	보통급	C 6280 P		
C 6301	판	보통급	C 6301 P		
C 6711	판	보통급	C 6711 P	악기 리드용 황동	프레스성, 내피로성이 좋다. 하모니카, 오르간, 아코디언의 리드 등
C 6712	판	보통급	C 6712 P		
C 7060	판	보통급	C 7060 P	백동	내식성, 특히 내해수성이 좋고, 비교적 고온에서 사용하기에 적합하다. 열교환기용, 관판, 용접판 등
C 7150	판	보통급	C 7150 P		

[비 고] 1. 도전용인 것은 위 표의 기호 뒤에 C를 붙인다.

■ 화학 성분

합금 번호	화학 성분 (질량 %)									
	Cu	Pb	Fe	Sn	Zn	Al	Mn	Ni	P	기타
C 1020	99.96이상	–	–	–	–	–	–	–	–	–
C 1100	99.90이상	–	–	–	–	–	–	–	–	–
C 1201	99.90이상	–	–	–	–	–	–	–	0.004 이상 0.015 미만	–
C 1220	99.90이상	–	–	–	–	–	–	–	0.015~ 0.040	–
C 1221	99.75이상	–	–	–	–	–	–	–	0.004~ 0.040	–
C 1401	99.30이상	–	–	–	–	–	–	0.10~ 0.20	–	–
C 1441	나머지	0.03이하	0.02이하	0.10~0.20	0.10이하	–	–	–	0.001~ 0.020	–
C 1510	나머지	–	–	–	–	–	–	–	–	Zr0.05~0.15
C 1921	나머지	–	0.05~0.15	–	–	–	–	–	0.015~ 0.050	–
C 1940	나머지	0.03이하	2.1~2.6	–	0.05~0.20	–	–	–	0.015~ 0.150	기타 불순물 0.2 이하
C 2051	98.0~99.0	0.05이하	0.05이하	–	나머지	–	–	–	–	–
C 2100	94.0~96.0	0.05이하	0.03이하	–	나머지	–	–	–	–	–
C 2200	89.0~91.0	0.05이하	0.05이하	–	나머지	–	–	–	–	–
C 2300	84.0~86.0	0.05이하	0.05이하	–	나머지	–	–	–	–	–
C 2400	78.5~81.5	0.05이하	0.05이하	–	나머지	–	–	–	–	–
C 2600	68.5~71.5	0.05이하	0.05이하	–	나머지	–	–	–	–	
C 2680	64.0~68.0	0.05이하	0.05이하	–	나머지	–	–	–	–	–
C 2720	62.0~64.0	0.07이하	0.07이하	–	나머지	–	–	–	–	–
C 2801	59.0~62.0	0.10이하	0.07이하	–	나머지	–	–	–	–	–
C 3560	61.0~64.0	2.0~3.0	0.10이하	–	나머지	–	–	–	–	–
C 3561	57.0~61.0	2.0~3.0	0.10이하	–	나머지	–	–	–	–	–
C 3710	58.0~62.0	0.6~1.2	0.10이하	–	나머지	–	–	–	–	–
C 3713	58.0~62.0	1.0~2.0	0.10이하	–	나머지	–	–	–	–	–
C 4250	87.0~90.0	0.05이하	0.05이하	1.5~3.0	나머지	–	–	–	0.35 이하	–
C 4430	70.0~73.0	0.05이하	0.05이하	0.9~1.2	나머지	–	–	–	–	As 0.02~0.06
C 4621	61.0~64.0	0.20이하	0.10이하	0.7~1.5	나머지	–	–	–	–	–
C 4640	59.0~62.0	0.20이하	0.10이하	0.50~1.0	나머지	–	–	–	–	–
C 6140	88.0~92.5	0.01이하	1.5~3.5	–	0.20이하	6.0~8.0	1.00이하	–	0.015 이하	Cu+Pb+Fe+Zn+ Mn+Al+P 99.5 이상
C 6161	83.0~90.0	0.02이하	2.0~4.0	–	–	7.0~10.0	0.50~ 2.0	0.50~ 2.0	–	Cu+Al+Fe+Ni+Mn 99.5 이상
C 6280	78.0~85.0	0.02이하	1.5~3.5	–	–	8.0~11.0	0.50~ 2.0	4.0~ 7.0	–	Cu+Al+Fe+Ni+Mn 99.5 이상
C 6301	77.0~84.0	0.02이하	3.5~6.0	–	–	8.5~10.5	0.50~ 2.0	4.0~ 6.0	–	Cu+Al+Fe+Ni+Mn 99.5 이상
C 6711	61.0~65.0	0.10~1.0	–	0.7~1.5	나머지	–	0.05~ 1.0	–	–	Fe+Al+Si 1.0 이하
C 6712	58.0~62.0	0.10~1.0	–	–	나머지	–	0.05~ 1.0	–	–	Fe+Al+Si 1.0 이하
C 7060	–	0.02이하	1.0~1.8	–	0.50이하	–	0.20~ 1.0	9.0~ 11.0	–	Cu+Ni+Fe+Mn 99.5 이상
C 7150	–	0.02이하	0.40~1.0	–	0.50이하	–	0.20~ 1.0	29.0~ 33.0	–	Cu+Ni+Fe+Mn 99.5 이상

■ 기계적 성질 및 그 밖의 특성 항목

합금 번호	기계적 성질 및 그 밖의 특성을 표시하는 항목								
	인장 강도	항복 강도(1)	연신율	굽힘성	경도	결정 입도(2)	도전율 · 부피저항률	수소 취하	딥드로잉
C 1020	○	–	○	△	□	△	△	○	–
C 1100(3)	○	(*)	○	△	□	–	△	–	–
C 1201	○	–	○	△	□	△	–	△	–
C 1220	○	(*)	○	△	□	△	–	–	–
C 1221(3)	○	–	○	△	□	△	–	△	–
C 1401	–	–	–	–	○	–	–	–	–
C 1441	○	–	○	△	□	–	△	–	–
C 1510	○	–	○	–	□	–	△	–	–
C 1921	○	–	○	△	□	–	△	–	–
C 1940	○	–	○	–	□	–	△	–	–
C 2051	○	–	○	–	–	–	–	–	○
C 2100	○	–	○	△	–	△	–	–	–
C 2200	○	–	○	△	–	△	–	–	–
C 2300	○	–	○	△	–	△	–	–	–
C 2400	○	–	○	△	–	△	–	–	–
C 2600	○	–	○	△	□	△	△	–	–
C 2680	○	–	○	△	□	△	△	–	–
C 2720	○	–	○	△	□	–	–	–	–
C 2801	○	–	○	△	□	–	△	–	–
C 3560	○	–	○	–	–	–	–	–	–
C 3561	○	–	○	–	–	–	–	–	–
C 3710	○	–	○	–	–	–	–	–	–
C 3713	○	–	○	–	–	–	–	–	–
C 4250	○	–	○	△	□	–	–	–	–
C 4430	○	–	○	–	–	–	–	–	–
C 4621	○	–	○	–	–	–	–	–	–
C 4640	○	(*)	○	–	–	–	–	–	–
C 6140	○	(*)	○	–	–	–	–	–	–
C 6161	○	–	○	△	–	–	–	–	–
C 6280	○	–	○	–	–	–	–	–	–
C 6301	○	–	○	–	–	–	–	–	–
C 6711	–	–	–	–	○	–	–	–	–
C 6712	–	–	–	–	○	–	–	–	–
C 7060	○	(*)	○	–	–	–	–	–	–
C 7150	○	(*)	○	–	–	–	–	–	–

[비 고] 1. 항복 강도는 (*) 표시한 재료에 대해서 주문자의 요구가 있는 경우에 한하여 KS B 6750 및 KS B 6733을 적용한다.
2. 결정 입도를 적용한 경우는 기계적 성질은 적용하지 않아도 좋다.
3. 인쇄용 판의 경우는 경도만을 필수로 한다.

■ 판 및 띠의 기계적 성질

합금 번호	질별	기호	인장 시험			굽힘 시험[1]			경도 시험	
			두께 mm	인장 강도 N/mm^2	연신율 %	두께 mm	굽힘 각도	안쪽 반지름	두께 mm	비커스경도[2] HV
C 1020	O	C 1020 P-O C 1020 PS-O	0.10 이상 0.15 미만	195 이상	20 이상	2.0 이하	180°	밀착	–	–
			0.15 이상 0.30 미만		30 이상					
			0.3 이상 30 이하		35 이상					
		C 1020 R-O C 1020 RS-O	0.10 이상 0.15 미만		20 이상					
			0.15 이상 0.30 미만		30 이상					
			0.3 이상 3 이하		35 이상					
	$\frac{1}{4}$H	C 1020 P-$\frac{1}{4}$H C 1020 PS-$\frac{1}{4}$H	0.10 이상 0.15 미만	215 이상 285 이하	15 이상	2.0 이하	180°	두께의 0.5배	0.30 이상	55~100[3,4]
			0.15 이상 0.30 미만		20 이상					
			0.3 이상 30 이하	215 이상 275 이하	25 이상					
		C 1020 R-$\frac{1}{4}$H C 1020 RS-$\frac{1}{4}$H	0.10 이상 0.15 미만	215 이상 285 이하	15 이상					
			0.15 이상 0.30 미만		20 이상					
			0.3 이상 3 이하	215 이상 275 이하	25 이상					
	$\frac{1}{2}$H	C 1020 P-$\frac{1}{2}$H C 1020 PS-$\frac{1}{2}$H	0.10 이상 0.15 미만	235 이상 315 이하	–	2.0 이하	180°	두께의 1배	0.20 이상	75~120[3,4]
			0.15 이상 0.30 미만		10 이상					
			0.3 이상 20 이하	245 이상 315 이하	15 이상					
		C 1020 R-$\frac{1}{2}$H C 1020 RS-$\frac{1}{2}$H	0.10 이상 0.15 미만	235 이상 315 이하	–					
			0.15 이상 0.30 미만		10 이상					
			0.3 이상 3 이하	245 이상 315 이하	15 이상					
	H	C 1020 P-H C 1020 PS-H	0.10 이상 0.15 미만	275 이상	–	2.0 이하	180°	두께의 1.5배	0.20 이상	80 이상[3,4]
			0.15 이상 0.30 미만							
			0.3 이상 10 이하							
		C 1020 R-H C 1020 RS-H	0.10 이상 0.15 미만							
			0.15 이상 0.30 미만							
			0.3 이상 3 이하							

■ 판 및 띠의 기계적 성질(계속)

합금 번호	질별	기호	인장 시험			굽힘 시험[1]			경도 시험	
			두께 mm	인장 강도 N/mm²	연신율 %	두께 mm	굽힘 각도	안쪽 반지름	두께 mm	비커스경도[2] HV
C 1100	O	C 1100 P-O C 1100 PS-O	0.10 이상 0.15 미만	195 이상	20 이상	2.0 이하	180°	밀착	–	–
			0.15 이상 0.50 미만		30 이상					
			0.3 이상 30 이하		35 이상					
		C 1100 R-O C 1100 RS-O	0.10 이상 0.15 미만		20 이상					
			0.15 이상 0.50 미만		30 이상					
			0.3 이상 3 이하		35 이상					
	$\frac{1}{4}$H	C 1100 P-$\frac{1}{4}$H C 1100 PS-$\frac{1}{4}$H	0.10 이상 0.15 미만	215 이상 285 이하	15 이상	2.0 이하	180°	두께의 0.5배	0.30 이상	55~100[3],[4]
			0.15 이상 0.50 미만		20 이상					
			0.5 이상 30 이하	215 이상 275 이하	25 이상					
		C 1100 R-$\frac{1}{4}$H C 1100 RS-$\frac{1}{4}$H	0.10 이상 0.15 미만	215 이상 285 이하	15 이상					
			0.15 이상 0.50 미만		20 이상					
			0.5 이상 3 이하	215 이상 275 이하	25 이상					
	$\frac{1}{2}$H	C 1100 P-$\frac{1}{2}$H C 1100 PS-$\frac{1}{2}$H	0.10 이상 0.15 미만	235 이상 315 이하	–	2.0 이하	180°	두께의 1배	0.20 이상	75~120[3],[4]
			0.15 이상 0.50 미만		10 이상					
			0.5 이상 20 이하	245 이상 315 이하	15 이상					
		C 1100 R-$\frac{1}{2}$H C 1100 RS-$\frac{1}{2}$H	0.10 이상 0.15 미만	235 이상 315 이하	–					
			0.15 이상 0.50 미만		10 이상					
			0.5 이상 3 이하	245 이상 315 이하	15 이상					
	H	C 1100 P-H C 1100 PS-H	0.10 이상 0.15 미만	275 이상	–	2.0 이하	180°	두께의 1.5배	0.20 이상	80 이상[3],[4]
			0.15 이상 0.50 미만							
			0.5 이상 10 이하							
		C 1100 R-H C 1100 RS-H	0.10 이상 0.15 미만							
			0.15 이상 0.50 미만							
			0.5 이상 3 이하							
		C 1100 PP -H	–	–		–	–	–	0.50 이상	90 이상[3]

■ 판 및 띠의 기계적 성질(계속)

합금 번호	질별	기호	인장 시험			굽힘 시험[1]			경도 시험	
			두께 mm	인장 강도 N/mm²	연신율 %	두께 mm	굽힘 각도	안쪽 반지름	두께 mm	비커스경도[2] HV
C 1201 C 1220 C 1221	O	C 1201 P-O C 1201 PS-O C 1220 P-O C 1220 PS-O C 1221 P-O C 1221 PS-O	0.10 이상 0.15 미만	195 이상	20 이상	2.0 이하	180°	밀착	–	–
			0.15 이상 0.30 미만		30 이상					
			0.3 이상 30 이하		35 이상					
		C 1201 R-O C 1201 RS-O C 1220 R-O C 1220 RS-O C 1221 R-O C 1221 RS-O	0.10 이상 0.15 미만		20 이상					
			0.15 이상 0.30 미만		30 이상					
			0.3 이상 3 이하		35 이상					
	$\frac{1}{4}$H	C 1201 P-$\frac{1}{4}$H C 1201 PS-$\frac{1}{4}$H C 1220 P-$\frac{1}{4}$H C 1220 PS-$\frac{1}{4}$H C 1221 P-$\frac{1}{4}$H C 1221 PS-$\frac{1}{4}$H	0.10 이상 0.15 미만	215 이상 285 이하	15 이상	2.0 이하	180°	두께의 0.5배	0.30 이상	55~100[3),(4]
			0.15 이상 0.30 미만		20 이상					
			0.3 이상 30 이하	215 이상 275 이하	25 이상					
		C 1201 R-$\frac{1}{4}$H C 1201 RS-$\frac{1}{4}$H C 1220 R-$\frac{1}{4}$H C 1220 RS-$\frac{1}{4}$H C 1221 R-$\frac{1}{4}$H C 1221 RS-$\frac{1}{4}$H	0.10 이상 0.15 미만	215 이상 285 이하	15 이상					
			0.15 이상 0.30 미만		20 이상					
			0.3 이상 3 이하	215 이상 275 이하	25 이상					
	$\frac{1}{2}$H	C 1201 P-$\frac{1}{2}$H C 1201 PS-$\frac{1}{2}$H C 1220 P-$\frac{1}{2}$H C 1220 PS-$\frac{1}{2}$H C 1221 P-$\frac{1}{2}$H C 1221 PS-$\frac{1}{2}$H	0.10 이상 0.15 미만	235 이상 315 이하	–	2.0 이하	180°	두께의 1배	0.20 이상	75~120[3),(4]
			0.15 이상 0.30 미만		10 이상					
			0.3 이상 20 이하	245 이상 315 이하	15 이상					
		C 1201 R-$\frac{1}{2}$H C 1201 RS-$\frac{1}{2}$H C 1220 R-$\frac{1}{2}$H C 1220 RS-$\frac{1}{2}$H C 1221 R-$\frac{1}{2}$H C 1221 RS-$\frac{1}{2}$H	0.10 이상 0.15 미만	235 이상 315 이하	–					
			0.15 이상 0.30 미만		10 이상					
			0.3 이상 20 이하	245 이상 315 이하	15 이상					
	H	C 1201 P-H C 1201 PS-H C 1220 P-H C 1220 PS-H C 1221 P-H C 1221 PS-H	0.10 이상 0.15 미만	275 이상	–	2.0 이하	180°	두께의 1.5배	0.20 이상	80 이상[3),(4]
			0.15 이상 0.30 미만							
			0.3 이상 10 이하							
		C 1201 R-H C 1201 RS-H C 1220 R-H C 1220 RS-H C 1221 R-H C 1221 RS-H	0.10 이상 0.15 미만							
			0.15 이상 0.30 미만							
			0.3 이상 3 이하							
		C 1221 PP -H	–	–	–	–	–	–	0.50 이상	90 이상

■ 판 및 띠의 기계적 성질(계속)

합금 번호	질별	기호	인장 시험			굽힘 시험[(1)]			경도 시험	
			두께 mm	인장 강도 N/mm²	연신율 %	두께 mm	굽힘 각도	안쪽 반지름	두께 mm	비커스경도[(2)] HV
C 1401	H	C 1401 PP-H	–	–	–	–	–	–	0.50 이상	90 이상
C 1441	O	C 1441 PS-O	0.10 이상 0.15 미만	195 이상	20 이상	2.0 이하	180°	밀착	–	–
			0.15 이상 3 이하		30 이상					
		C 1441 RS-O	0.10 이상 0.15 미만		20 이상					
			0.15 이상 3 이하		30 이상					
	$\frac{1}{4}$H	C 1441 PS-$\frac{1}{4}$H	0.10 이상 0.15 이하	215 이상 305 이하	15 이상	2.0 이하	180°	두께의 0.5배	0.30 이상	45 이상 105 이하[(3),(4)]
			0.15 이상 3 미만		20 이상					
		C 1441 RS-$\frac{1}{4}$H	0.10 이상 0.15 미만		15 이상					
			0.15 이상 3 이하		20 이상					
	$\frac{1}{2}$H	C 1441 PS-$\frac{1}{2}$H C 1441 RS-$\frac{1}{2}$H	0.10 이상 3 이하	245 이상 345 이하	10 이상	2.0 이하	180°	두께의 1배	0.20 이상	60 이상 120 이하[(3),(4)]
	H	C 1441 PS-H	0.10 이상 0.15 미만	275 이상 400 이하	–	2.0 이하	180°	두께의 1.5배	0.10 이상	90 이상 125 이하[(3),(4)]
			0.15 이상 3 이하		2 이상					
		C 1441 RS-H	0.10 이상 0.15 미만		–					
			0.15 이상 3 이하		2 이상					
	EH	C 1441 PS-EH C 1441 RS-EH	0.10 이상 3 이하	345 이상 440 이하	–	2.0 이하	W	두께의 1배	0.10 이상	100 이상 135 이하[(3),(4)]
	SH	C 1441 PS-SH C 1441 RS-SH	0.10 이상 3 이하	380 이상	–	2.0 이하	W	두께의 1.5배	0.10 이상	115 이상[(3),(4)]
C 1510	$\frac{1}{4}$H	C 1510 PS-$\frac{1}{4}$H C 1510 RS-$\frac{1}{4}$H	0.10 이상 3 이하	275 이상 310 이하	13 이상	–	–	–	0.20 이상	70 이상 100 이하[(3),(4)]
	$\frac{1}{2}$H	C 1510 PS-$\frac{1}{2}$H C 1510 RS-$\frac{1}{2}$H	0.10 이상 3 이하	295 이상 355 이하	6 이상	–	–	–	0.20 이상	80 이상 110 이하[(3),(4)]
	$\frac{3}{4}$H	C 1510 PS-$\frac{3}{4}$H C 1510 RS-$\frac{3}{4}$H	0.10 이상 3 이하	325 이상 385 이하	3 이상	–	–	–	0.10 이상	100 이상 125 이하[(3),(4)]
	H	C 1510 PS-H C 1510 RS-H	0.10 이상 3 이하	365 이상 430 이하	2 이상	–	–	–	0.10 이상	100 이상 135 이하[(3),(4)]
	EH	C 1510 PS-EH C 1510 RS-EH	0.10 이상 3 이하	400 이상 450 이하	2 이상	–	–	–	0.10 이상	120 이상 140 이하[(3),(4)]
	SH	C 1510 PS-SH C 1510 RS-SH	0.10 이상 3이하	400 이상	2 이상	–	–	–	0.10 이상	125 이상[(3),(4)]

■ 판 및 띠의 기계적 성질(계속)

합금 번호	질별	기호	인장 시험			굽힘 시험[1]			경도 시험	
			두께 mm	인장 강도 N/mm^2	연신율 %	두께 mm	굽힘 각도	안쪽 반지름	두께 mm	비커스경도[2] HV
C 1921	O	C 1921 PS-O C 1921 RS-O	0.10 이상 3 이하	255 이상 345 이하	30 이상	1.6 이하	180°	밀착	0.20 이상	100 이하[3,4]
	$\frac{1}{4}$H	C 1921 PS-$\frac{1}{4}$H C 1921 RS-$\frac{1}{4}$H	0.10 이상 3 이하	275 이상 375 이하	15 이상	1.6 이하	180° 또는 W	두께의 0.5배	0.10 이상	90 이상 120 이하[3,4]
	$\frac{1}{2}$H	C 1921 PS-$\frac{1}{2}$H C 1921 RS-$\frac{1}{2}$H	0.10 이상 3 이하	295 이상 430 이하	4 이상	1.6 이하		두께의 1배	0.10 이상	100 이상 130 이하[3,4]
	H	C 1921 PS-H C 1921 RS-H	0.10 이상 3 이하	335 이상 470 이하	4 이상	1.6 이하		두께의 1.5배	0.10 이상	110 이상 150 이하[3,4]
C 1940	O3	C 1940 PS-O3 C 1940 RS-O3	0.10 이상 3이하	275 이상 345 이하	30 이상	–	–	–	0.20 이상	70 이상 95 이하[3,4]
	O2	C 1940 PS-O2 C 1940 RS-O2	0.10 이상 3 이하	310 이상 380 이하	25 이상	–	–	–	0.20 이상	80 이상 105 이하[3,4]
	O1	C 1940 PS-O1 C 1940 RS-O1	0.10 이상 3 이하	345 이상 415 이하	15 이상	–	–	–	0.10 이상	100 이상 125 이하[3,4]
	$\frac{1}{2}$H	C 1940 PS-$\frac{1}{2}$H C 1940 RS-$\frac{1}{2}$H	0.10 이상 3 이하	365 이상 435 이하	5 이상	–	–	–	0.10 이상	115 이상 137 이하[3,4]
	H	C 1940 PS-H C 1940 RS-H	0.10 이상 3 이하	415 이상 485 이하	2 이상	–	–	–	0.10 이상	125 이상 145 이하[3,4]
	EH	C 1940 PS-EH C 1940 RS-EH	0.10 이상 3 이하	460 이상 505 이하	–	–	–	–	0.10 이상	135 이상 150 이하[3,4]
	SH	C 1940 PS-SH C 1940 RS-SH	0.10 이상 3 이하	480 이상 525 이하	–	–	–	–	0.10 이상	140 이상 155 이하[3,4]
	ESH	C 1940 PS-ESH C 1940 RS-ESH	0.10 이상 3 이하	505 이상 590 이하	–	–	–	–	0.10 이상	145 이상 170 이하[3,4]
	SSH	C 1940 PS-SSH C 1940 RS-SSH	0.10 이상 3 이하	550 이상	–	–	–	–	0.10 이상	140 이상[3,4]
C 2051	O	C 2051 R-O	0.20 이상 0.35 이하	215 이상 255 이하	38 이상	–	–	–	–	–
			0.35 초과 0.60 이하		43 이상					
C 2100	O	C 2100 P-O	0.3 이상 30 이하	205 이상	33 이상	2.0 이하	180°	밀착	–	–
		C 2100 R-O C 2100 RS-O	0.3 이상 3 이하							
	$\frac{1}{4}$H	C 2100 P-$\frac{1}{4}$H	0.3 이상 30 이하	225~305	23 이상	2.0 이하	180°	두께의 0.5배	–	–
		C 2100 R-$\frac{1}{4}$H C 2100 RS-$\frac{1}{4}$H	0.3 이상 3 이하							
	$\frac{1}{2}$H	C 2100 P-$\frac{1}{2}$H	0.3 이상 30 이하	265~345	18 이상	2.0 이하	180°	두께의 1배	–	–
		C 2100 R-$\frac{1}{2}$H C 2100 RS-$\frac{1}{2}$H	0.3 이상 3 이하							
	H	C 2100 P-H	0.3 이상 30 이하	305 이상	–	2.0 이하	180°	두께의 1.5배	–	–
		C 2100 R-H C 2100 RS-H	0.3 이상 3 이하							

■ 판 및 띠의 기계적 성질(계속)

합금 번호	질별	기호	인장 시험			굽힘 시험(1)			경도 시험	
			두께 mm	인장 강도 N/mm^2	연신율 %	두께 mm	굽힘 각도	안쪽 반지름	두께 mm	비커스경도(2) HV
C 2200	O	C 2200 P-O	0.3 이상 30 이하	225 이상	35 이상	2.0 이하	180°	밀착	–	–
		C 2200 R-O C 2200 RS-O	0.3 이상 3 이하							
	$\frac{1}{4}$H	C 2200 P-$\frac{1}{4}$H	0.3 이상 30 이하	255~335	25 이상	2.0 이하	180°	두께의 0.5배	–	–
		C 2200 R-$\frac{1}{4}$H C 2200 RS-$\frac{1}{4}$H	0.3 이상 3 이하							
	$\frac{1}{2}$H	C 2200 P-$\frac{1}{2}$H	0.3 이상 20 이하	285~365	20 이상	2.0 이하	180°	두께의 1배	–	–
		C 2200 R-$\frac{1}{2}$H C 2200 RS-$\frac{1}{2}$H	0.3 이상 3 이하							
	H	C 2200 P-H	0.3 이상 10 이하	550 이상	–	–	–	–	0.10 이상	140 이상(3),(4)
		C 2200 R-H C 2200 RS-H	0.3 이상 3 이하							
C 2300	O	C 2300 P-O	0.3 이상 30 이하	245 이상	40 이상	2.0 이하	180°	밀착	–	–
		C 2300 R-O C 2300 RS-O	0.3 이상 3 이하							
	$\frac{1}{4}$H	C 2300 P-$\frac{1}{4}$H	0.3 이상 30 이하	275~355	28 이상	2.0 이하	180°	두께의 0.5배	–	–
		C 2300 R-$\frac{1}{4}$H C 2300 RS-$\frac{1}{4}$H	0.3 이상 3 이하							
	$\frac{1}{2}$H	C 2300 P-$\frac{1}{2}$H	0.3 이상 20 이하	305~380	23 이상	2.0 이하	180°	두께의 1배	–	–
		C 2300 R-$\frac{1}{2}$H C 2300 RS-$\frac{1}{2}$H	0.3 이상 3 이하							
	H	C 2300 P-H	0.3 이상 10 이하	355 이상	–	2.0 이하	180°	두께의 1.5배	–	–
		C 2300 R-H C 2300 RS-H	0.3 이상 3 이하							
C 2400	O	C 2400 P-O	0.3 이상 30 이하	255 이상	44 이상	2.0 이하	180°	밀착	–	–
		C 2400 R-O C 2400 RS-O	0.3 이상 3 이하							
	$\frac{1}{4}$H	C 2400 P-$\frac{1}{4}$H	0.3 이상 30 이하	295~375	30 이상	2.0 이하	180°	두께의 0.5배	–	–
		C 2400 R-$\frac{1}{4}$H C 2400 RS-$\frac{1}{4}$H	0.3 이상 3 이하							
	$\frac{1}{2}$H	C 2400 P-$\frac{1}{2}$H	0.3 이상 20 이하	325~400	25 이상	2.0 이하	180°	두께의 1배	–	–
		C 2400 R-$\frac{1}{2}$H C 2400 RS-$\frac{1}{2}$H	0.3 이상 3 이하							
	H	C 2400 P-H	0.3 이상 10 이하	375 이상	–	2.0 이하	180°	두께의 1.5배	–	–
		C 2400 R-H C 2400 RS-H	0.3 이상 3 이하							

■ 판 및 띠의 기계적 성질(계속)

합금 번호	질별	기호	인장 시험			굽힘 시험[1]			경도 시험	
			두께 mm	인장 강도 N/mm²	연신율 %	두께 mm	굽힘 각도	안쪽 반지름	두께 mm	비커스경도[2] HV
C 2600	O	C 2600 P-O	0.10 이상 0.30 미만	275 이상	35 이상	2.0 이하	180°	밀착	–	–
			0.3 이상 30 이하	275 이상	40 이상					
		C 2600 R-O C 2600 RS-O	0.10 이상 0.30 미만	275 이상	35 이상					
			0.30 이상 3 이하	275 이상	40 이상					
	$\frac{1}{4}$H	C 2600 P-$\frac{1}{4}$H	0.10 이상 0.30 미만	325~420	30 이상	2.0 이하	180°	두께의 0.5배	0.20 이상	75~125[3],[4]
			0.3 이상 30 이하	325~410	35 이상					
		C 2600 R-$\frac{1}{4}$H C 2600 RS-$\frac{1}{4}$H	0.10 이상 0.30 미만	325~420	30 이상					
			0.3 이상 3 이하	325~410	35 이상					
	$\frac{1}{2}$H	C 2600 P-$\frac{1}{2}$H	0.10 이상 0.30 미만	355 이상 450 이하	23 이상	2.0 이하	180° 또는 W	두께의 1배	0.20 이상	85~145[3],[4]
			0.3 이상 20 이하	355 이상 440 이하	28 이상					
		C 2600 R-$\frac{1}{2}$H C 2600 RS-$\frac{1}{2}$H	0.10 이상 0.30 이하	355 이상 450 이하	23 이상					
			0.3 이상 3 이하	355 이상 440 이하	28 이상					
	$\frac{3}{4}$H	C 2600 P-$\frac{3}{4}$H	0.10 이상 0.30 미만	375 이상 490 이하	10 이상	2.0 이하	180° 또는 W	두께의 1.5배	0.20 이상	95~160[3],[4]
			0.3 이상 20 이하		20 이상					
		C 2600 R-$\frac{3}{4}$H C 2600 RS-$\frac{3}{4}$H	0.10 이상 0.30 미만		10 이상					
			0.3 이상 3 이하		20 이상					
	H	C 2600 P-H	0.10 이상 10 이하	410~540	–	2.0 이하	180° 또는 W	두께의 1.5배	0.20 이상	105~175[3],[4]
		C 2600 R-H C 2600 RS-H	0.10 이상 3 이하							
	EH	C 2600 P-EH	0.10 이상 10 이하	520~620	–	–	–	–	0.10 이상	145~195[3],[4]
		C 2600 R-EH C 2600 RS-EH	0.10 이상 3 이하							
	SH	C 2600 P-SH	0.10 이상 10 이하	570 이상 670 이하	–	–	–	–	0.10 이상	165~215[3],[4]
		C 2600 R-SH C 2600 RS-SH	0.10 이상 3 이하							
	ESH	C 2600 P-ESH	0.10 이상 10 이하	620 이상	–	–	–	–	0.10 이상	180 이상[3],[4]
		C 2600 R-ESH C 2600 RS-ESH	0.10 이상 3 이하							

■ 판 및 띠의 기계적 성질(계속)

합금 번호	질별	기호	인장 시험			굽힘 시험[1]			경도 시험	
			두께 mm	인장 강도 N/mm^2	연신율 %	두께 mm	굽힘 각도	안쪽 반지름	두께 mm	비커스경도[2] HV
C 2680	O	C 2680 P-O	0.10 이상 0.30 미만	275 이상	35 이상	2.0 이하	180°	밀착	–	–
			0.3 이상 30 이하		40 이상					
		C 2680 R-O C 2680 RS-O	0.10 이상 0.3 미만		35 이상					
			0.3 이상 3 이하		40 이상					
	$\frac{1}{4}$H	C 2680 P-$\frac{1}{4}$H	0.10 이상 0.3 미만	325 이상 420 이하	30 이상	2.0 이하	180°	두께의 0.5배	0.20 이상	75~125[3),(4]
			0.3 이상 30 이하	325 이상 410 이하	35 이상					
		C 2680 R-$\frac{1}{4}$H C 2680 RS-$\frac{1}{4}$H	0.10 이상 0.3 미만	325 이상 420 이하	30 이상					
			0.3 이상 3 이하	325 이상 410 이하	35 이상					
	$\frac{1}{2}$H	C 2680 P-$\frac{1}{2}$H	0.10 이상 0.30 미만	355~450	23 이상	2.0 이하	180° 또는 W	두께의 1배	0.20 이상	85~145[3),(4]
			0.3 이상 20 이하	355~450	28 이상					
		C 2680 R-$\frac{1}{2}$H C 2680 RS-$\frac{1}{2}$H	0.10 이상 0.3 미만	355~450	23 이상					
			0.3 이상 3 이하	355~450	28 이상					
	$\frac{3}{4}$H	C 2680 R-$\frac{3}{4}$H	0.10 이상 0.30 미만	375 이상 490 이하	10 이상	2.0 이하	180° 또는 W	두께의 1.5배	0.20 이상	95~165[3),(4]
			0.3 이상 20 이하		20 이상					
		C 2680 R-$\frac{3}{4}$H C 2680 RS-$\frac{3}{4}$H	0.10 이상 0.3 미만		10 이상					
			0.3 이상 3 이하		20 이상					
	H	C 2680 P-H	0.10 이상 10 이하	410~540	–	2.0 이하	180° 또는 W	두께의 1.5배	0.20 이상	105~175[3),(4]
		C 2680 R-H C 2680 RS-H	0.10이상 3 이하							
	EH	C 2680 P-EH	0.10 이상 10 이하	520 이상 620 이하	–	–	–	–	0.1 이상	145~195[3),(4]
		C 2680 R-EH C 2680 RS-EH	0.10 이상 3 이하							
	SH	C 2680 P-SH	0.10 이상 10 이하	570 이상 670 이하	–	–	–	–	0.10 이상	165 이상 215 이하[3),(4]
		C 2680 R-SH C 2680 RS-SH	0.10 이상 3 이하							
	ESH	C 2680 P-ESH	0.10 이상 10 이하	620 이상	–	–	–	–	0.10 이상	180 이상[3),(4]
		C 2680 R-ESH C 2680 RS-ESH	0.10 이상 3 이하							

■ 판 및 띠의 기계적 성질(계속)

합금 번호	질별	기호	인장 시험			굽힘 시험(1)			경도 시험	
			두께 mm	인장 강도 N/mm^2	연신율 %	두께 mm	굽힘 각도	안쪽 반지름	두께 mm	비커스경도(2) HV
C 2720	O	C 2720 P-O	0.3 이상 1 이하	275 이상	40 이상	2.0 이하	180°	밀착	–	–
			1 초과 30 이하		50 이상					
		C 2720 R-O C 2720 RS-O	0.3 이상 1 이하	275 이상	40 이상	2.0 이하	180°	밀착	–	–
			1 초과 3 이하	275 이상	50 이상					
	$\frac{1}{4}$H	C 2720 P-$\frac{1}{4}$H	0.3 이하 30 이하	325~410	35 이상	2.0 이하	180°	두께의 0.5배	0.30 이상	75~125(3)
		C 2720 R-$\frac{1}{4}$H C 2720 RS-$\frac{1}{4}$H	0.3 이상 3 이하							
	$\frac{1}{2}$H	C 2720 P-$\frac{1}{2}$H	0.3 이상 20 이하	355~440	28 이상	2.0 이하	180°	두께의 1배	0.30 이상	85~145(3)
		C 2720 R-$\frac{1}{2}$H C 2720 RS-$\frac{1}{2}$H	0.3 이상 3 이하							
	H	C 2720 P-H	0.3 이상 10 이하	410 이상	–	2.0 이하	180°	두께의 1.5배	0.30 이상	105 이상(3)
		C 2720 R-H C 2720 RS-H	0.3 이상 3 이하							
C 2801	O	C 2801 P-O	0.3 이상 1 이하	325 이상	35 이상	2.0 이하	180°	두께의 1배	–	–
			1 초과 30 이하		40 이상					
		C 2801 R-O C 2801 RS-O	0.3 이상 1 이하		35 이상				–	–
			1 초과 3 이하		40 이상					
	$\frac{1}{4}$H	C 2801 P-$\frac{1}{4}$H	0.3 이상 30 이하	355~440	25 이상	2.0 이하	180°	두께의 1.5배	0.30 이상	85~145(3)
		C 2801 R-$\frac{1}{4}$H C 2801 RS-$\frac{1}{4}$H	0.3이상 3 이하							
	$\frac{1}{2}$H	C 2801 P-$\frac{1}{2}$H	0.3 이상 20 이하	410~490	15 이상	2.0 이하	180°	두께의 1.5배	0.30 이상	105~160(3)
		C 2801 R-$\frac{1}{2}$H C 2801 RS-$\frac{1}{2}$H	0.3 이상 3 이하							
	H	C 2801 P-H	0.3 이상 10 이하	470 이상	–	2.0 이하	90°	두께의 1배	0.30 이상	130 이상(3)
		C 2801 R-H C 2801 RS-H	0.3 이상 3 이하							
C 3560	$\frac{1}{4}$H	C 3560 P-$\frac{1}{4}$H	0.3 이상 10 이하	345~430	18 이상	–	–	–	–	–
		C 3560 R-$\frac{1}{4}$H	0.3 이상 2 이하							
	$\frac{1}{2}$H	C 3560 P-$\frac{1}{2}$H	0.3 이상 10 이하	375~460	10 이상	–	–	–	–	–
		C 3560 R-$\frac{1}{2}$H	0.3 이상 2 이하							
	H	C 3560 P-H	0.3 이상 10 이하	420 이상	–	–	–	–	–	–
		C 3560 R-H	0.3 이상 2 이하							

■ 판 및 띠의 기계적 성질(계속)

합금 번호	질별	기호	인장 시험			굽힘 시험[1]			경도 시험	
			두께 mm	인장 강도 N/mm^2	연신율 %	두께 mm	굽힘 각도	안쪽 반지름	두께 mm	비커스경도[2] HV
C 3561	$\frac{1}{4}$H	C 3561 P-$\frac{1}{4}$H	0.3 이하 10 이하	375~460	15 이상	–	–	–	–	–
		C 3561 R-$\frac{1}{4}$H	0.3 이상 2 이하							
	$\frac{1}{2}$H	C 3561 P-$\frac{1}{2}$H	0.3 이상 10 이하	420~510	8 이상	–	–	–	–	–
		C 3561 R-$\frac{1}{2}$H	0.3 이상 3 이하							
	H	C 3561 P-H	0.3 이상 10 이하	470 이상	–	–	–	–	–	–
		C 3561 R-H	0.3 이상 2 이하							
C 3710	$\frac{1}{4}$H	C 3710 P-$\frac{1}{4}$H	0.3 이상 10 이하	375~460	20 이상	–	–	–	–	–
		C 3710 R-$\frac{1}{4}$H	0.3 이상 2 이하							
	$\frac{1}{2}$H	C 3710 P-$\frac{1}{2}$H	0.3 이상 10 이하	420~510	18 이상	–	–	–	–	–
		C 3710 R-$\frac{1}{2}$H	0.3 이상 2 이하							
	H	C 3710 P-H	0.3 이상 10 이하	470 이상	–	–	–	–	–	–
		C 3710 R-H	0.3 이상 2 이하							
C 3713	$\frac{1}{4}$H	C 3713 P-$\frac{1}{4}$H	0.3 이상 10 이하	375~460	18 이상	–	–	–	–	–
		C 3713 R-$\frac{1}{4}$H	0.3 이상 2 이하							
	$\frac{1}{2}$H	C 3713 P-$\frac{1}{2}$H	0.3 이상 10 이하	420~510	10 이상	–	–	–	–	–
		C 3713 R-$\frac{1}{2}$H	0.3 이상 2 이하							
	H	C 3713 P-H	0.3 이상 10 이하	470 이상	–	–	–	–	–	–
		C 3713 R-H	0.3 이상 2 이하							
C 4250	O	C 4250 P-O	0.3 이상 30 이하	295 이상	35 이상	1.6 이하	180°	두께의 1배	–	–
		C 4250 R-O C 4250 RS-O	0.3 이상 3 이하							
	$\frac{1}{4}$H	C 4250 P-$\frac{1}{4}$H	0.3 이상 30 이하	335~420	25 이상	1.6 이하	180°	두께의 1.5배	0.30 이상	80~140[3]
		C 4250 R-$\frac{1}{4}$H C 4250 RS-$\frac{1}{4}$H	0.3 이상 2 이하							
	$\frac{1}{2}$H	C 4250 P-$\frac{1}{2}$H	0.3 이상 20 이하	390~480	15 이상	1.6 이하	180°	두께의 2배	0.30 이상	110~170[3]
		C 4250 R-$\frac{1}{2}$H C 4250 RS-$\frac{1}{2}$H	0.3 이상 3 이하							

■ 판 및 띠의 기계적 성질(계속)

합금 번호	질별	기호	인장 시험			굽힘 시험[1]			경도 시험	
			두께 mm	인장 강도 N/mm^2	연신율 %	두께 mm	굽힘 각도	안쪽 반지름	두께 mm	비커스경도[2] HV
C 4250	$\frac{3}{4}$H	C 4250 P-$\frac{3}{4}$H	0.3 이상 20 이하	420~510	5 이상	1.6 이하	180°	두께의 2.5배	0.30 이상	140~180[3]
		C 4250 R-$\frac{3}{4}$H C 4250 RS-$\frac{3}{4}$H	0.3 이상 3 이하							
	H	C 4250 P-H	0.3 이상 10 이하	480~570	–	1.6 이하	180°	두께의 3배	0.30 이상	140~200[3]
		C 4250 R-H C 4250 RS-H	0.3 이상 3 이하							
	EH	C 4250 P-EH	0.3 이상 10 이하	520 이상	–	–	–	–	0.30 이상	150 이상[3]
		C 4250 R-EH C 4250 RS-EH	0.3 이상 3 이하							
C 4430	F	C 4430 P-F	0.3 이상 30 이하	315 이상	35 이상	–	–	–	–	–
	O	C 4430 R-O	0.3 이상 3 이하							
C 4621	F	C 4621 P-F	0.8 이상 20 이하	375 이상	20 이상				–	–
			20 초과 40 이하	345 이상						
			40 초과 125 이하	315 이상						
C 4640	F	C 4640 P-F	0.8 이상 20 이하	375 이상	25 이상	–	–	–	–	–
			20 초과 40 이하	345 이상						
			40 초과 125 이하	315 이상						
C 6140	F	C 6140 P-F	4 이상 50 이하	480 이상	35 이상	–	–	–	–	–
			50 초과 125 이하	450 이상						
	O	C 6140 P-O	4 이상 50 이하	480 이상	35 이상	–	–	–	–	–
			50 초과 125 이하	450 이상						
	H	C 6140 P-H	4 이상 12 이하	550 이상	25 이상	–	–	–	–	–
			12 초과 25 이하	480 이상	30 이상					
C 6161	F	C 6161 P-F	0.8 이상 50 이하	490 이상	30 이상	–	–	–	–	–
			50 초과 125 이하	450 이상	35 이상					
	O	C 6161 P-O	0.8 이상 50 이하	490 이상	35 이상	2.0 이하	180°	두께의 1배	–	–
			50 초과 125 이하	450 이상	35 이상	–	–	–		

■ 판 및 띠의 기계적 성질(계속)

합금 번호	질별	기호	인장 시험			굽힘 시험[1]			경도 시험	
			두께 mm	인장 강도 N/mm^2	연신율 %	두께 mm	굽힘 각도	안쪽 반지름	두께 mm	비커스경도[2] HV
C 6161	$\frac{1}{2}$H	C 6161 P-$\frac{1}{2}$H	0.8 이상 50 이하	635 이상	25 이상	2.0 이하	180°	두께의 2배	–	–
			50 초과 125 이하	590 이상	20 이상	–	–	–	–	–
	H	C 6161 P-H	0.8 이상 50 이하	685 이상	10 이상	2.0 이하	180°	두께의 3배	–	–
C 6280	F	C 6280 P-F	0.8 이상 50 이하	620 이상	10 이상	–	–	–	–	–
			50 초과 90 이하	590 이상						
			90 초과 125 이하	550 이상						
C 6301	F	C 6301 P-F	0.8 이상 50 이하	635 이상	15 이상	–	–	–	–	–
			50 초과 125 이하	590 이상	12 이상					
C 6711	H	C 6711 P-H	–	–	–	–	–	–	0.25 이상 1.5 이하	190 이상
C 6712	H	C 6712 P-H	–	–	–	–	–	–	0.25 이상 1.5 이하	160 이상
C 7060	F	C 7060 P-F	0.5 이상 50 이하	275 이상	30 이상	–	–	–	–	–
C 7150	F	C 7150 P-F	0.5 이상 50 이하	345 이상	35 이상	–	–	–	–	–

【비 고】 1N/mm^2=1MPa

1. 굽힘 시험 조건을 나타낸다. W는 W 굽힘 시험(6.3 참조)을 표시한다. 굽힘 시험은 주문자의 요구가 있는 경우에 한하고, 굽힘 부분의 바깥 측에 균열이 생겨서는 안 된다. 다만, 끝부분의 균열은 판정의 대상으로 하지 않는다.
2. 최소 시험 하중은 4.903 N으로 한다.
3. 참고값을 표시한다.
4. 2의 규정에 관계 없이 시험 하중은 1.961 N으로 한다.

1-5 이음매 없는 구리 및 구리합금 관

Copper and copper alloy seamless pipes and tubes　KS D 5301 : 2009

■ 적용 범위

이 표준은 전신 가공한 단면이 둥근형인 이음매 없는 구리 및 구리합금 관에 대하여 규정한다.

■ 종류, 등급 및 기호

종류		등급	기호	참고	
합금 번호	모양			명칭	특색 및 용도 보기
C 1020	관	보통급	C 1020 T[1]	무산소동	전기 · 열전도성, 전연성 · 드로잉성이 우수하고, 용접성 · 내식성 · 내후성이 좋다. 고온의 환원성 분위기에서 가열하여도 수소 취화를 일으키지 않는다. 열교환기용, 전기용, 화학 공업용, 급수 · 급탕용 등
		특수급	C 1020 TS[1]		
C 1100	관	보통급	C 1100 T[1]	타프피치동	전기 · 열전도성이 우수하고, 드로잉성 · 내식성 · 내후성이 좋다. 전기 부품 등
		특수급	C 1100 TS[1]		
C 1201	관	보통급	C 1201 T	인탈산동	압광성 · 굽힘성 · 드로잉성 · 용접성 · 내식성 · 열전도성이 좋다. C 1220은 고온의 환원성 분위기에서 가열하여도 수소 취화를 일으키지 않는다. 수도용 및 급탕용에 사용 가능. C 1201은 C 1220보다 전기 전도성이 좋다. 열교환기용, 화학 공업용, 급수 · 급탕용, 가스관 등
		특수급	C 1201 TS		
C 1220	관	보통급	C 1220 T		
		특수급	C 1220 TS		
C 2200	관	보통급	C 2200 T	단동	색깔과 광택이 아름답고, 압광성 · 굽힘성 · 드로잉성 · 내식성이 좋다. 화장품 케이스, 급배수관, 이음쇠 등
		특수급	C 2200 TS		
C 2300	관	보통급	C 2300 T		
		특수급	C 2300 TS		
C 2600	관	보통급	C 2600 T	황동	압광성 · 굽힘성 · 드로잉성 · 도금성이 좋다. 열교환기, 커튼봉, 위생관, 모든 기기 부품, 안테나 로드 등 C 2800은 강도가 높다. 정당용, 선박용 모든 기기 부품 등
		특수급	C 2600 TS		
C 2700	관	보통급	C 2700 T		
		특수급	C 2700 TS		
C 2800	관	보통급	C 2800 T		
		특수급	C 2800 TS		
C 4430	관	보통급	C 4430 T	복수기용 황동	내식성이 좋고, 특히 C 6870 · C 6871 · C 6872는 내해수성이 좋다. 화력 · 원자력 발전용 복수기, 선박용 복수기, 급수 가열기, 증류기, 유냉각기, 조수장치 등의 열교환기용
		특수급	C 4430 TS		
C 6870	관	보통급	C 6870 T		
		특수급	C 6870 TS		
C 6871	관	보통급	C 6871 T		
		특수급	C 6871 TS		
C 6872	관	보통급	C 6872 T		
		특수급	C 6872 TS		
C 7060	관	보통급	C 7060 T	복수기용 백동	내식성, 특히 내해수성이 좋고, 비교적 고온의 사용에 적합하며 선박용 복수기, 급수 가열기, 화학 공업용, 조수 장치용 등
		특수급	C 7060 TS		
C 7100	관	보통급	C 7100 T		
		특수급	C 7100 TS		
C 7150	관	보통급	C 7150 T		
		특수급	C 7150 TS		
C 7164	관	보통급	C 7164 T		
		특수급	C 7164 TS		

【비 고】 1. 도전용 관은 위 기호 뒤에 C를 붙인다.

■ 관의 화학 성분

합금 번호	화학 성분 (질량%)											
	Cu	Pb	Fe	Sn	Zn	Al	As	Mn	Ni	P	Si	Cu+Fe+Mn+Ni
C 1020	99.96 이상	–	–	–	–	–	–	–	–	–	–	–
C 1100	99.90 이상	–	–	–	–	–	–	–	–	–	–	–
C 1201	99.90 이상	–	–	–	–	–	–	–	–	0.004 이상 0.015 미만	–	–
C 1220	99.90 이상	–	–	–	–	–	–	–	–	0.015~0.040	–	–
C 2200	89.0~91.0	0.05 이하	0.05 이하	–	나머지	–	–	–	–	–	–	–
C 2300	84.0~86.0	0.05 이하	0.05 이하	–	나머지	–	–	–	–	–	–	–
C 2600	68.5~71.5	0.05 이하	0.05 이하	–	나머지	–	–	–	–	–	–	–
C 2700	63.0~67.0	0.05 이하	0.05 이하	–	나머지	–	–	–	–	–	–	–
C 2800	59.0~63.0	0.10 이하	0.07 이하	–	나머지	–	–	–	–	–	–	–
C 4430	70.0~73.0	0.05 이하	0.05 이하	0.9~1.2	나머지	–	0.02~0.06	–	–	–	–	–
C 6870	76.0~79.0	0.05 이하	0.05 이하	–	나머지	1.8~2.5	0.02~0.06	–	–	–	–	–
C 6871	76.0~79.0	0.05 이하	0.05 이하	–	나머지	1.8~2.5	0.02~0.06	–	–	–	0.20~0.50	–
C 6872	76.0~79.0	0.05 이하	0.05 이하	–	나머지	1.8~2.5	0.02~0.06	–	0.20~1.0	–	–	–
C 7060	–	0.05 이하	1.0~1.8	–	0.05 이하	–	–	0.20~1.0	9.0~11.0	–	–	99.5 이상
C 7100	–	0.05 이하	0.50~1.0	–	0.05 이하	–	–	0.20~1.0	19.0~23.0	–	–	99.5 이상
C 7150	–	0.05 이하	0.40~1.0	–	0.05 이하	–	–	0.20~1.0	29.0~33.0	–	–	99.5 이상
C 7164	–	0.05 이하	1.7~2.3	–	0.05 이하	–	–	1.5~2.5	29.0~32.0	–	–	99.5 이상

■ 관의 기계적 성질 및 물리적 성질의 시험항목(압력 용기용은 제외)

합금 번호	질별	기호	바깥지름 mm	기계적 성질 및 물리적 성질을 표시하는 시험항목										
				인장 강도	연신 율	경도	결정 입도	압광	편평	비파괴 검사[1]	도전 율	수소 취화[2]	경시 균열	용출 성능[3]
C 1020	O	C 1020 T-O	50 이하	○	○	△	△	○	–	△	△	○	–	–
		C 1020 TS-O	50 초과 100 이하	○	○	△	△	○	–	–	△	○	–	–
	OL	C 1020 T-OL	50 이하	○	○	△	△	○	–	△	△	○	–	–
		C 1020 TS-OL	50 초과 100 이하	○	○	△	△	○	–	–	△	○	–	–
	½H	C 1020 T-½H	50 이하	○	–	△	–	–	–	△	△	○	–	–
		C 1020 TS-½H	50 초과 100 이하	○	–	△	–	–	–	–	△	○	–	–
	H	C 1020 T-H C 1020 TS-H	50 이하	○	–	△	–	–	–	△	△	○	–	–
			50 초과 100 이하	○	–	△	–	–	–	–	△	○	–	–
C 1100	O	C 1100 T-O C 1100 TS-O	50 이하	○	○	△	–	○	–	△	△	–	–	–
			50 초과 100 이하	○	○	△	–	○	–	–	△	–	–	–
			100 초과	○	○	△	–	–	○	–	△	–	–	–
	½H	C 1100 T-½H C 1100 TS-½H	50 이하	○	–	△	–	–	–	△	△	–	–	–
			50 초과 100 이하	○	–	△	–	–	–	–	△	–	–	–
	H	C 1100 T-H C 1100 TS-H	50 이하	○	–	△	–	–	–	△	△	–	–	–
			50 초과 100 이하	○	–	△	–	–	–	–	△	–	–	–
C 1201 C 1220[3]	O	C 1201 T-O	50 이하	○	○	△	△	○	–	△[1]	–	△[2]	–	△[3]
		C 1201 TS-O C 1220 T-O	50 초과 100 이하	○	○	△	△	○	–	△[1]	–	△[2]	–	△[3]
		C 1220 TS-O	100 초과	○	○	△	△	–	○	△[1]	–	△[2]	–	△[3]
	OL	C 1201 T-OL	50 이하	○	○	△	△	○	–	△[1]	–	△[2]	–	△[3]
		C 1201 TS-OL C 1220 T-O	50 초과 100 이하	○	○	△	△	○	–	△[1]	–	△[2]	–	△[3]
		C 1220 T-OL	100 초과	○	○	△	△	–	○	△[1]	–	△[2]	–	△[3]
	½H	C 1201 T-½H	50 이하	○	–	△	–	–	–	△[1]	–	△[2]	–	△[3]
		C 1201 TS-½H C 1220 T-½H	50 초과 100 이하	○	–	△	–	–	–	△[1]	–	△[2]	–	△[3]
		C 1220 TS-½H	100 초과	○	–	△	–	–	–	△[1]	–	△[2]	–	△[3]
	H	C 1201 T-H	50 이하	○	–	△	–	–	–	△[1]	–	△[2]	–	△[3]
		C 1201 TS-H C 1220 T-H	50 초과 100 이하	○	–	△	–	–	–	△[1]	–	△[2]	–	△[3]
		C 1220 TS-H	100 초과	○	–	△	–	–	–	△[1]	–	△[2]	–	△[3]
C 2200 C 2300	O	C 2200 T-O	50 이하	○	○	△	△	○	–	△	–	–	–	–
		C 2200 TS-O C 2300 T-O	50 초과 100 이하	○	○	△	△	○	–	–	–	–	–	–
		C 2300 TS-O	100 초과	○	○	△	△	–	○	–	–	–	–	–
	OL	C 2200 T-OL	50 이하	○	○	△	△	○	–	△	–	–	–	–
		C 2200 TS-OL C 2300 T-OL	50 초과 100 이하	○	○	△	△	○	–	–	–	–	–	–
		C 2300 TS-OL	100 초과	○	○	△	△	–	○	–	–	–	–	–

■ 관의 기계적 성질 및 물리적 성질의 시험항목(압력 용기용은 제외)(계속)

합금 번호	질별	기호	바깥지름 mm	기계적 성질 및 물리적 성질을 표시하는 시험항목										
				인장 강도	연신율	경도	결정 입도	압광	편평	비파괴 검사[1]	도전율	수소 취화[2]	경시 균열	용출 성능[3]
C 2200 C 2300	$\frac{1}{2}$H	C 2200 T-$\frac{1}{2}$H C 2200 TS-$\frac{1}{2}$H	50 이하	○	○	△	–	–	–	△	–	–	–	–
		C 2300 T-$\frac{1}{2}$H C 2300 TS-$\frac{1}{2}$H	50 초과	○	○	△	–	–	–	–	–	–	–	–
	H	C 2200 T-H C 2200 TS-H	50 이하	○	–	△	–	–	–	△	–	–	–	–
		C 2300 T-H C 2300 TS-H	50 초과	○	–	△	–	–	–	–	–	–	–	–
C 2600 C 2700	O	C 2600 T-O	50 이하	○	○	△	△	○	–	△	–	–	□	–
		C 2600 TS-O C 2700 T-O	50 초과 100 이하	○	○	△	△	○	–	–	–	–	□	–
		C 2700 TS-O	100 초과	○	○	△	△	–	○	–	–	–	□	–
	OL	C 2600 T-OL	50 이하	○	○	△	△	○	–	△	–	–	□	–
		C 2600 TS-OL C 2700 T-OL	50 초과 100 이하	○	○	△	△	○	–	–	–	–	□	–
		C 2700 TS-OL	100 초과	○	○	△	△	–	○	–	–	–	□	–
	$\frac{1}{2}$H	C 2600 T-$\frac{1}{2}$H C 2600 TS-$\frac{1}{2}$H	50 이하	○	○	△	–	–	–	△	–	–	□	–
		C 2700 T-$\frac{1}{2}$H C 2700 TS-$\frac{1}{2}$H	50 초과	○	○	△	–	–	–	–	–	–	□	–
	H	C 2600 T-H C 2600 TS-H	50 이하	○	–	△	–	–	–	△	–	–	□	–
		C 2700 T-H C 2700 TS-H	50 초과	○	–	△	–	–	–	–	–	–	□	–
C 2800	O	C 2800 T-O C 2800 TS-O	50 이하	○	○	–	–	○	–	△	–	–	□	–
			50 초과 100 이하	○	○	–	–	○	–	–	–	–	□	–
			100 초과	○	○	–	–	–	○	–	–	–	□	–
	OL	C 2800 T-OL C 2800 TS-OL	50 이하	○	○	△	–	○	–	△	–		□	–
			50 초과 100 이하	○	○	△	–	○	–	–	–	–	□	–
			100 초과	○	○	△	–	–	○	–	–	–	□	–
	$\frac{1}{2}$H	C 2800 T-$\frac{1}{2}$H	50 이하	○	○	△	–	–	–	△	–	–	□	–
		C 2800 TS-$\frac{1}{2}$H	50 초과	○	○	△	–	–	–	–	–	–	□	–
	H	C 2800 T-H	50 이하	○	–	–	–	–	–	△	–	–	□	–
		C 2800 TS-H	50 초과	○	–	–	–	–	–	–	–	–	□	–
C 4430 C 6870 C 6871 C 6872	O	C 4430 T-O C 4430 TS-O	50 이하	○	○	–	△	○	○	○	–	–	□	–
		C 6870 T-O C 6870 TS-O C 6871 T-O	50 초과 100 이하	○	○	–	△	○	○	–	–	–	□	–
		C 6871 TS-O C 6872 T-O C 6872 TS-O	100 초과	○	○	–	△	–	○	–	–	–	□	–

■ 관의 기계적 성질 및 물리적 성질의 시험항목(압력 용기용은 제외)(계속)

합금 번호	질별	기호	바깥지름 mm	기계적 성질 및 물리적 성질을 표시하는 시험항목										
				인장 강도	연신 율	경도	결정 입도	압광	편평	비파괴 검사[1]	도전 율	수소 취화[2]	경시 균열	용출 성능[3]
C 7060 C 7100 C 7150 C 7164	O	C 7060 T-O C 7060 TS-O C 7100 T-O	50 이하	○	○	–	△	○	○	○	–	–	–	–
		C 7100 TS-O C 7150 T-O C 7150 TS-O	50 초과 100 이하	○	○	–	△	○	○	–	–	–	–	–
		C 7164 T-O C 7164 TS-O	100 초과	○	○	–	△	–	○	–	–	–	–	–

【비 고】 ○ : 필수, △ : 주문자의 요구가 있는 경우의 시험항목을 표시한다. □:표준 시험항목을 나타내며, 주문자와 제조 당사자 사이의 협의에 의해 적용하지 않아도 좋다.
1. 와류 탐상 시험, 수압 시험 또는 공압 시험의 어느 한 가지를 시험한다.
2. C 1220에는 적용하지 않는다.
3. 합금 번호 C 1220의 판을 수도용으로 이용하는 경우에는, 6.13의 용출 성능 시험을 실시하여야 한다.

■ 압력 용기용 구리합금 관의 기계적 성질 및 물리적 성질의 시험항목

합금 번호	질별	기호	바깥지름 mm	기계적 성질 및 물리적 성질을 표시하는 시험항목							
				인장 강도	내력[1]	연신율	결정 입도	압광	편평	비파괴 검사	경시 균열
C 2800	O	C 2800 T-O C 2800 TS-O	50 이하	○	○	○	–	○	–	○	□
			50 초과 100 이하	○	○	○	–	○	–	–	□
			100 초과	○	○	○	–	–	○	–	□
C 4430	O	C 4430 T-O C 4430 TS-O	50 이하	○	○	○	△	○	○	○	□
			50 초과 100 이하	○	○	○	△	○	○	–	□
			100 초과	○	○	○	△	–	○	–	□
C 7060	O	C 7060 T-O C 7060 TS-O	50 이하	○	○	○	△	○	○	○	–
			50 초과 100 이하	○	○	○	△	○	○	–	–
			100 초과	○	○	○	△	–	○	–	–
C 7150	O	C 7150 T-O C 7150 TS-O	50 이하	○	○	○	△	○	○	○	–
			50 초과 100 이하	○	○	○	△	○	○	–	–
			100 초과	○	○	○	△	–	○	–	–

【비 고】 ○ : 필수, △ : 주문자의 요구가 있는 경우의 시험항목을 표시한다. □:표준 시험항목을 나타내며, 주문자와 제조 당사자 사이의 협의에 의해 적용하지 않아도 좋다.
1. 내력은 KS B 6733 및 KS B 6750을 적용하는 경우에 한정한다.

CHAPTER

02 알루미늄 및 알루미늄합금의 전신재

2-1 알루미늄 및 알루미늄 합금의 판 및 띠

Aluminum and aluminum alloy sheets and plates, strips and coiled sheets

KS D 6701 : 2012

■ 적용 범위

이 규격은 압연한 알루미늄 및 알루미늄 판, 접합판, 조 및 원판에 대해서 규정한다.

■ 종류, 등급 및 기호

종 류	등 급	기 호	참고
합금번호			특성 및 용도 보기
1085	–	A1085P	순알루미늄이므로 강도는 낮지만 성형성, 용접성, 내식성이 좋다. 반사판, 조명, 기구, 장식품, 화학 공업용 탱크, 도전재 등
1080	–	A1080P	
1070	–	A1070P	
1050	–	A1050P	
1100	–	A1100P	강도는 비교적 낮지만, 성형성, 용접성, 내식성이 좋다. 일반 기물, 건축 용재, 전기 기구, 각종 용기, 인쇄판 등
1200	–	A1200P	
1N00	–	A1N00P	1100보다 약간 강도가 높고, 성형성도 우수하다. 일용품 등
1N30	–	A1N30P	전연성, 내식성이 좋다. 알루미늄 박지 등
2014	–	A2014P	강도가 높은 열처리 합금이다. 접합판은 표면에 6003을 접합하여 내식성을 개선한 것이다. 항공기 용재, 각종 구조재 등
	–	A2014PC	
2017	–	A2017P	열철 합금으로 강도가 높고, 절삭 가공성도 좋다. 항공기 용재, 각종 구조재 등
2219	–	A2219P	강도가 높고, 내열성, 용접성도 좋다. 항공 우주 기기 등
2024	–	A2024P	2017보다 강도가 높고, 절삭 가공성도 좋다. 접합판은 표면에 1230을 접합하여 내식성을 개선한 것이다. 항공기 용재, 각종 구조재 등
	–	A2024PC	
3003	–	A3003P	1100보다 약간 강도가 높고, 성형성, 용접성, 내식성이 좋다. 일반용 기물, 건축 용재, 선박 용재, 핀재, 각종 용기 등
3203	–	A3203P	
3004	–	A3004P	3003보다 강도가 높고, 성형성이 우수하며 내식성도 좋다. 음료 캔, 지붕판, 도어 패널재, 컬러 알루미늄, 전구 베이스 등
3104	–	A3104P	
3005	–	A3005P	3003보다 강도가 높고, 내식성도 좋다. 건축 용재, 컬러 알루미늄 등
3105	–	A3105P	3003보다 약간 강도가 높고, 성형성, 내식성이 좋다. 건축 용재, 컬러 알루미늄, 캡 등
5005	–	A5005P	3003과 같은 정도의 강도가 있고, 내식성, 용접성, 가공성이 좋다. 건축 내외장재, 차량 내장재 등
5052	–	A5052P	중간 정도의 강도를 가진 대표적인 합금으로, 내식성, 성형성, 용접성이 좋다. 선박 · 차량 · 건축 용재, 음료 캔 등
5652	–	A5652P	5052의 불순물 원소를 규제하여 과산화수소의 분해를 억제한 합금으로서, 기타 특성은 5052와 같은 정도이다. 과산화수소 용기 등
5154	–	A5154P	5052와 5083의 중간 정도의 강도를 가진 합금으로서, 내식성, 성형성, 용접성이 좋다. 선박 · 차량 용재, 압력 용기 등
5254	–	A5254P	5154의 불순물 원소를 규제하여 과산화수소의 분해를 억제한 합금으로서, 기타 특성은 5154와 같은 정도이다. 과산화수소 용기 등

■ 종류, 등급 및 기호(계속)

종 류 합금번호	등 급	기 호	참고 특성 및 용도 보기
5454	–	A5454P	5052보다 강도가 높고, 내식성, 성형성, 용접성이 좋다. 자동차용 휠 등
5082	–	A5082P	5083과 거의 같은 정도의 강도가 있고, 성형성, 내식성이 좋다. 음료 캔 등
5182	–	A5182P	
5083	보통급	A5083P	비열처리 합금 중에 최고의 강도이고, 내식성, 용접성이 좋다. 선박 · 차량 용재, 저온용 탱크, 압력 용기 등
	특수급	A5083PS	
5086	–	A5086P	5154보다 강도가 높고 내식성이 우수한 용접 구조용 합금이다. 선박 용재, 압력 용기, 자기 디스크 등
5N01	–	A5N01P	3003과 거의 같은 정도의 강도이고 화학 또는 전해 연마 등의 광휘 처리 후의 양극 산화 처리로 높은 광휘성이 얻어진다. 성형성, 내식성도 좋다. 장식품, 부엌 용품, 명판 등
6061	–	A6061P	내식성이 양호하고, 주로 볼트 · 리벳 접합의 구조 용재로서 사용된다. 선박 · 차량 · 육상 구조물 등
7075	–	A7075P	알루미늄 합금 중 최고의 강도를 갖는 합금의 한 가지지만, 접합판은 표면에 7072를 접합하여 내식성을 개선한 것이다. 항공기 용재, 스키 등
		A7075PC	
7N01	–	A7N01P	강도가 높고, 내식성도 양호한 용접 구조물 합금이다. 차량, 기타 육상 구조물 등
8021	–	A8021P	1N30보다 강도가 높고 전연성, 내식성이 좋다. 알루미늄 박지 등, 장식용, 전기 통신용, 포장용 등
8079	–	A8079P	

【비 고】 1. 질별을 표시하는 기호는 표의 기호 뒤에 붙인다.
2. A2014PC, A2024PC 및 A7075PC는 접합판에 사용하는 경우에 한한다.
3. A5083PS는 액화 천연가스 저장조의 옆판, 애뉼러 플레이트 및 너클 플레이트에 사용하는 경우에 한한다.

● 공구강

공구강의 종류로 탄소공구강, 크롬공구강, 텅스텐공구강, 텅스텐 · 크롬공구강, 고속도공구강 등으로 분류된다. 특히 코발트(Co)를 함유한 고속도공구강은 우수한 성질을 지니고 코발트 함유량은 보통공구강에서 0.1%, 고급고속도공구강에서 5%, 초고급공구강에서는 10% 이상이다.

2-2 알루미늄 및 알루미늄 합금 박

Aluminium and aluminium alloy foils

KS D 6705 : 2002(2012 확인)

■ 적용 범위

이 규격은 압연한 알루미늄 및 알루미늄합금 박에 대하여 규정한다.

■ 종류 및 기호

종류		기 호	용도 보기 (참고)
합금 번호	질별[1]		
1085	O	A1085H-O	전기 통신용, 전해 커패시터용, 냉난방용
	H18	A1085H-H18	
1070	O	A1070H-O	
	H18	A1070H-H18	
1050	O	A1050H-O	
	H18	A1050H-H18	
1N30	O	A1N30H-O	장식용, 전기 통신용, 건재용, 포장용, 냉난방용
	H18	A1N30H-H18	
1100	O	A1100H-O	
	H18	A1100H-H18	
3003	O	A3003H-O	용기용, 냉난방용
	H18	A3003H-H18	
3004	O	A3004H-O	
	H18	A3004H-H18	
8021	O	A8021H-O	장식용, 전기 통신용, 건재용, 포장용, 냉난방용
	H18	A8021H-H18	
8079	O	A8079H-O	
	H18	A8079H-H18	

【주】 1. 질별은 KS D 0004에 따른다.

【비 고】 박에는 모양에 따라 두루말이품과 평판품이 있다.

■ 화학 성분

종 류 (합금 번호)	화학 성분 %									
	Si	Fe	Cu	Mn	Mg	Zn	Ti	기 타[2]		Al
								각각	합계	
1085	0.10이하	0.12이하	0.03이하	0.02이하	0.02이하	0.03이하	0.02이하	0.01이하	–	99.85이상
1070	0.20이하	0.25이하	0.04이하	0.03이하	0.03이하	0.04이하	0.03이하	0.03이하	–	99.70이상
1050	0.25이하	0.40이하	0.05이하	0.05이하	0.05이하	0.05이하	0.03이하	0.03이하	–	99.50이상
1N30	Si+Fe 0.7 이하		0.10이하	0.05이하	0.05이하	0.05이하	–	0.03이하	–	99.30이상
1100	Si+Fe 1.0 이하		0.05~0.20	0.05이하	–	0.10이하	–	0.05이하	0.15이하	99.00이상
3003	0.6이하	0.7이하	0.05~0.20	1.0~1.5	–	0.10이하	–	0.05이하	0.15이하	나머지부
3004	0.30이하	0.7이하	0.25이하	1.0~1.5	0.8~1.3	0.25이하	–	0.05이하	0.15이하	나머지부
8021	0.15이하	1.2~1.7	0.05이하	–	–	–	–	0.05이하	0.15이하	나머지부
8079	0.05~0.30	0.7~1.3	0.05이하	–	–	0.10이하	–	0.05이하	0.15이하	나머지부

【주】 2. 기타의 원소는 존재가 예상되는 경우 또는 통상적인 분석과정에서 규정범위를 초과할 징후가 보이는 경우에 한하여 분석을 한다.

2-3 고순도 알루미늄 박

High purity and aluminium foils

KS D 6706 : 1992(2012 확인)

■ 적용 범위

이 규격은 압연한 고순도 알루미늄 박에 대하여 규정한다.

■ 종류 및 기호

종 류		기호	참 고
합금 번호	질별(1)		용도 보기
1N99	O	A1N99H-O	전해 커패시터용 리드선용
	H18	A1N99H-H18	
1N90	O	A1N90H-O	
	H18	A1N90H-H18	

[주] 1. 질별은 KS D 0004(알루미늄 및 알루미늄 합금의 질별 기호)에 따른다.

[비 고] 박은 감긴 제품으로 한다.

■ 화학 성분

합금 번호	화학 성분 %			
	Si	Fe	Cu	Al
1N 99	0.006이하	0.004이하	0.008이하	99.99이상
1N 90	0.050이하	0.030이하	0.050이하	99.90이상

■ 박의 표준 치수

단위 : mm

두 께	0.04 0.05 0.06 0.07 0.08 0.09 0.1 0.15 0.2
나 비	125 250 500 1020

■ 권심 안지름의 표준 치수

단위 : mm

권심 안지름
40, 75

■ 두께의 허용차

두께 mm	허용차 %
0.2 이하	±8

■ 나비의 허용차

단위 : mm

나비	허용차
1000 미만	±0.5
1000 이상	±1

2-4 알루미늄 및 알루미늄 합금 용접관

Aluminium and aluminium alloy welded pipes and tubes

KS D 6713 : 2010

■ 적용 범위

이 규격은 알루미늄 및 알루미늄 합금 띠(Strip)와 알루미늄 합금 브레이징 시트를 고주파 유도 가열용접한 알루미늄 및 알루미늄 합금의 용접관 및 알루미늄 및 알루미늄 합금 판을 불활성가스 아크용접 또는 이와 동등한 용접방법으로 용접한 알루미늄 및 알루미늄 합금의 용접관에 대하여 규정한다.

■ 종류 및 기호

종 류		기 호	
		등 급	
합금 번호	제조방법에 따른 구분	보 통 급	특 수 급
1050	용접관	A 1050 TW	A 1050 TWS
1100		A 1100 TW	A 1100 TWS
1200		A 1200 TW	A 1200 TWS
3003		A 3003 TW	A 3003 TWS
3203		A 3203 TW	A 3203 TWS
BA11		BA 11 TW	BA 11 TWS
BA12		BA 12 TW	BA 12 TWS
5052		A 5052 TW	A 5052 TWS
5154		A 5154 TW	A 5154 TWS
1070	아크 용접관	A 1070 TWA	
1050		A 1050 TWA	
1100		A 1100 TWA	
1200		A 1200 TWA	
3003		A 3003 TWA	
3203		A 3203 TWA	
5052		A 5052 TWA	
5154		A 5154 TWA	
5083		A 5083 TWA	

【주】 1. 질별은 KS D 0004(알루미늄 및 알루미늄 합금의 질별 기호)에 따른다.

■ 용접관의 기계적 성질

기 호	질별[1]	인장 시험			
		두 께 mm	인장 강도 N/mm^2	항 복 점 N/mm^2	연 신 율 %
A 1050 TW A 1050 TWS	0	0.3 이상 0.5 이하	60 이상 100 이하	–	15 이상
		0.5 초과 0.8 이하		–	20 이상
		0.8 초과 1.3 이하		20 이상	25 이상
		1.3 초과 3 이하		20 이상	30 이상
	H 14 H 24[2]	0.3 이상 0.5 이하	95 이상 125 이하	–	2 이상
		0.5 초과 0.8 이하		–	3 이상
		0.8 초과 1.3 이하		70 이상	4 이상
		1.3 초과 3 이하		70 이상	5 이상
	H 18	0.3 이상 0.5 이하	125 이상	–	1 이상
		0.5 초과 0.8 이하		–	2 이상
		0.8 초과 1.3 이하		–	3 이상
		1.3 초과 3 이하		–	4 이상
A 1100 TW A 1200 TW A 1100 TWS A 1200 TWS	0	0.3 이상 0.5 이하	75 이상 110 이하	–	15 이상
		0.5 초과 0.8 이하		–	20 이상
		0.8 초과 1.3 이하		25이상	25 이상
		1.3 초과 3 이하		25이상	30 이상
	H 14 H 24[2]	0.3 이상 0.5 이하	120 이상 145 이하	–	2 이상
		0.5 초과 0.8 이하		–	3 이상
		0.8 초과 1.3 이하		95이상	4 이상
		1.3 초과 3 이하		95이상	5 이상
	H 18	0.3 이상 0.5 이하	155 이상	–	1 이상
		0.5 초과 0.8 이하		–	2 이상
		0.8 초과 1.3 이하		–	3 이상
		1.3 초과 3 이하		–	4 이상
A 3003 TW A 3203 TW A 3003 TWS A 3203 TWS	0	0.3 이상 0.8 이하	95 이상 125 이하	–	20 이상
		0.8 초과 1.3 이하		35 이상	23 이상
		1.3 초과 3 이하		35 이상	25 이상
	H 14 H 24[2]	0.3 이상 0.5 이하	135 이상 175 이하	–	2 이상
		0.5 초과 0.8 이하		–	3 이상
		0.8 초과 1.3 이하		120 이상	4 이상
		1.3 초과 3 이하		120 이상	5 이상
	H 18	0.3 이상 0.5 이하	185 이상	–	1 이상
		0.5 초과 0.8 이하		–	2 이상
		0.8 초과 1.3 이하		–	3 이상
		1.3 초과 3 이하		–	4 이상
BA 11 TW BA 12 TW BA 11 TWS BA 12 TWS	0	0.3 이상 0.8 이하	135 이상	–	18 이상
		0.8 초과 1.3 이하		–	20 이상
		1.3 초과 3 이하		–	23 이상
	H 14	0.3 이상 0.8 이하	135 이상 175 이하	–	2 이상
		0.8 초과 1.3 이하		–	3 이상
		1.3 초과 3 이하		–	5 이상
A 5052 TW A 5052 TWS	0	0.3 이상 0.5 이하	175 이상 215 이하	–	15 이상
		0.5 초과 0.8 이하		–	16 이상
		0.8 초과 1.3 이하		65 이상	18 이상
		1.3 초과 3 이하		65 이상	19 이상
	H 14 H 24[2] H 34	0.3 이상 0.5 이하	235 이상 285 이하	–	3 이상
		0.5 초과 0.8 이하		–	4 이상
		0.8 초과 1.3 이하		175 이상	4 이상
		1.3 초과 3 이하		175 이상	5 이상
	H 18 H 38	0.3 이상 0.8 이하	275 이상	–	3 이상
		0.8 초과 1.3 이하		225 이상	4 이상
		1.3 초과 3 이하		225 이상	4 이상
A 5154 TW A 5154 TWS	0	0.5 초과 0.8 이하	205 이상 285 이하	–	12 이상
		0.8 초과 1.3 이하		75 이상	14 이상
		1.3 초과 3 이하		75 이상	16 이상
	H 14 H 24[2] H 34	0.5 초과 0.8 이하	275 이상 315 이하	–	4 이상
		0.8 초과 1.3 이하		205 이상	4 이상
		1.3 초과 3 이하		205 이상	6 이상
	H 18 H 38	0.5 초과 0.8 이하	315 이상	245 이상	3 이상
		0.8 초과 1.3 이하		245 이상	4 이상
		1.3 초과 3 이하		245 이상	4 이상

[주] 1. 질별은 KS D 0004에 따른다.
2. 질별 H 24는 용접한 그대로 관에 적용한다. 다만 인장강도의 상한 및 항복점은 적용하지 않는다.

■ 용접관의 표준치수

바깥지름	두께										
	0.5	0.6	0.7	0.8	1	1.2	1.4	1.6	1.8	2	2.5
6	○	○	○	○	—	—	—	—	—	—	—
8	○	○	○	○	○	○	—	—	—	—	—
9.52	○	○	○	○	○	○	—	—	—	—	—
10	○	○	○	○	○	○	○	○	—	—	—
12	○	○	○	○	○	○	○	○	—	—	—
12.7	○	○	○	○	○	○	○	○	—	—	—
14	—	○	○	○	○	○	○	○	—	—	—
15.88	—	○	○	○	○	○	○	○	○	○	—
16	—	○	○	○	○	○	○	○	○	○	—
19.05	—	○	○	○	○	○	○	○	○	○	—
20	—	○	○	○	○	○	○	○	○	○	—
22.22	—	—	○	○	○	○	○	○	○	○	—
25	—	—	○	○	○	○	○	○	○	○	○
25.4	—	—	○	○	○	○	○	○	○	○	○
30	—	—	○	○	○	○	○	○	○	○	○
31.75	—	—	○	○	○	○	○	○	○	○	○
35	—	—	—	—	○	○	○	○	○	○	○
38.1	—	—	—	—	○	○	○	○	○	○	○
40	—	—	—	—	○	○	○	○	○	○	○
45	—	—	—	—	○	○	○	○	○	○	○
50	—	—	—	—	○	○	○	○	○	○	○
50.8	—	—	—	—	○	○	○	○	○	○	○
60	—	—	—	—	—	—	○	○	○	○	○
70	—	—	—	—	—	—	○	○	○	○	○
76.2	—	—	—	—	—	—	○	○	○	○	○
80	—	—	—	—	—	—	○	○	○	○	○
90	—	—	—	—	—	—	○	○	○	○	○
101.6	—	—	—	—	—	—	○	○	○	○	○

2-5 알루미늄 및 알루미늄 합금 압출 형재

Aluminium and aluminium alloy extruded shapes

KS D 6759 : 2011

■ 적용 범위

이 규격은 알루미늄 및 알루미늄 합금 압출 형재에 대하여 규정한다.

■ 종류, 등급 및 기호

종류 합금 번호 \ 등급	기 호		참 고
	보 통 급	특 수 급	특성 및 용도 보기
1100	A 1100 S	A 1100 SS	강도는 비교적 낮으나 압출 가공성, 용접성, 내식성이 양호하다. 전기 기기 부품, 열교환기용재 등
1200	A 1200 S	A 1200 SS	
2014	A 2014 S	A 2014 SS	열처리합금으로 강도는 높다. 항공기용재, 스포츠용품 등
2017	A 2017 S	A 2017 SS	
2024	A 2024 S	A 2024 SS	
3003	A 3003 S	A 3003 SS	1100보다 약간 강도가 높고, 압출 가공성, 내식성이 양호하다. 열교환기용재, 일반 기계 부품 등
3203	A 3203 S	A 3203 SS	
5052	A 5052 S	A 5052 SS	중정도의 강도를 가진 합금으로 내식성, 용접성이 양호하다. 차량용재, 선박용재 등
5454	A 5454 S	A 5454 SS	5052보다 강도가 높고, 내식성, 용접성이 양호하다. 용접 구조용재 등
5083	A 5083 S	A 5083 SS	비열처리형 합금 중에서 가장 강도가 높고, 내식성, 용접성이 양호하다. 선박용재 등
5086	A 5086 S	A 5086 SS	내식성이 양호한 용접 구조용 합금이다. 선박용재 등
6061	A 6061 S	A 6061 SS	열처리형 합금으로 내식성도 양호하다. 토목용재, 스포츠용품 등
6N01	A 6N01 S	A 6N01 SS	6061보다 강도는 약간 낮으나 복잡한 단면 모양의 두께가 얇은 대형 중공 형재가 얻어지고 내식성, 용접성도 양호하다. 차량용재 등
6063	A 6063 S	A 6063 SS	대표적인 압출용 합금. 6061보다 강도는 낮으나 압출성이 우수하고, 복잡한 단면 모양의 형재가 얻어지고 내식성, 표면 처리성도 양호하다. 새시 등의 건축용재, 토목용재, 가구, 가전제품 등
6066	A 6066 S	A 6066 SS	열처리형 합금으로 내식성이 양호하다.
7003	A 7003 S	A 7003 SS	7N01보다 강도는 약간 낮으나, 압출성이 양호하고 두께가 얇은 대형 형재가 얻어진다. 기타 특성은 7N01과 거의 동일하다. 차량용재, 용접 구조용재 등
7N01	A 7N01 S	A 7N01 SS	강도가 높고 더욱이 용접부의 강도가 상온 방치에 의해 모재 강도와 가까운 곳까지 회복된다. 내식성도 양호하다. 차량, 기타 육상 구조물, 용접 구조용재 등
7075	A 7075 S	A 7075 SS	알루미늄합금 중 가장 강도가 높은 합금의 하나이다. 항공기용재 등
7178	A 7178 S	A 7178 SS	고강도 알루미늄합금으로 구조용 재료 등에 활용된다.

[비 고] 1. 질별을 표시하는 기호는 표의 기호 뒤에 붙인다.

■ 화학 성분

합금 번호	화학 성분 %											
	Si	Fe	Cu	Mn	Mg	Cr	Zn	Zr, Zr+Ti, V	Ti	기타[1]		Al
										각각	합계	
1100	Si+Fe 0.95 이하		0.05~0.20	0.05 이하	–	–	0.10 이하	–	–	0.05 이하	0.15 이하	99.00 이상
1200	Si+Fe 1.00 이하		0.05 이하	0.05 이하	–	–	0.10 이하	–	0.05 이하	0.05 이하	0.15 이하	99.00 이상
2014	0.50~1.2	0.7 이하	3.9~5.0	0.40~1.2	0.20~0.8	0.10 이하	0.25 이하	–	0.15 이하	0.05 이하	0.15 이하	나머지
2017	0.20~0.8	0.7 이하	3.5~4.5	0.40~1.0	0.40~0.8	0.10 이하	0.25 이하	–	0.15 이하	0.05 이하	0.15 이하	나머지
2024	0.50 이하	0.50 이하	3.8~4.9	0.30~0.9	1.2~1.8	0.10 이하	0.25 이하	–	0.15 이하	0.05 이하	0.15 이하	나머지
3003	0.6 이하	0.7 이하	0.05~0.20	1.0~1.5	–	–	0.10 이하	–	–	0.05 이하	0.15 이하	나머지
3203	0.6 이하	0.7 이하	0.05 이하	1.0~1.5	–	–	0.10 이하	–	–	0.05 이하	0.15 이하	나머지
5052	0.25 이하	0.40 이하	0.10 이하	0.10 이하	2.2~2.8	0.15~0.35	0.10 이하	–	–	0.05 이하	0.15 이하	나머지
5454	0.25 이하	0.40 이하	0.10 이하	0.50~1.0	2.4~3.0	0.05~0.20	0.25 이하	–	0.20 이하	0.05 이하	0.15 이하	나머지
5083	0.40 이하	0.40 이하	0.10 이하	0.40~1.0	4.0~4.9	0.05~0.25	0.25 이하	–	0.15 이하	0.05 이하	0.15 이하	나머지
5086	0.40 이하	0.50 이하	0.10 이하	0.20~0.7	3.5~4.5	0.05~0.25	0.25 이하	–	0.15 이하	0.05 이하	0.15 이하	나머지
6061	0.40~0.8	0.7 이하	0.15~0.40	0.15 이하	0.8~1.2	0.04~0.35	0.25 이하	–	0.15 이하	0.05 이하	0.15 이하	나머지
6N01	0.40~0.9	0.35 이하	0.35 이하	0.50 이하[2]	0.40~0.8	0.30 이하[2]	0.25 이하	–	0.10 이하	0.05 이하	0.15 이하	나머지
6063	0.20~0.6	0.35 이하	0.10 이하	0.10 이하	0.45~0.9	0.10 이하	0.10 이하	–	0.10 이하	0.05 이하	0.15 이하	나머지
6066	0.9~1.8	0.50 이하	0.7~1.2	0.6~1.1	0.8~1.4	0.40	0.25 이하	–	0.20 이하	0.05 이하	0.15 이하	나머지
7003	0.30 이하	0.35 이하	0.20 이하	0.30 이하	0.50~1.0	0.20 이하	5.0~6.5	Zr 0.05~0.25	0.20 이하	0.05 이하	0.15 이하	나머지
7N01	0.30 이하	0.35 이하	0.20 이하	0.20~0.7	1.0~2.0	0.30 이하	4.0~5.0	V 0.10 이하, Zr 0.25이하	0.20 이하	0.05 이하	0.15 이하	나머지
7075	0.40 이하	0.50 이하	1.2~2.0	0.30 이하	2.1~2.9	0.18~0.28	5.1~6.1	–	0.20 이하	0.05 이하	0.15 이하	나머지
7178	0.40 이하	0.50 이하	1.6~2.4	0.30 이하	2.4~3.1	0.18~0.28	6.3~7.3	–	0.20 이하	0.05 이하	0.15 이하	나머지

【주】 1. 기타 원소는 존재를 미리 알 수 있는 경우 또는 통상의 분석 과정에서 규정을 초과할 징후가 있는 경우에 한하여 분석한다.
2. Mn+Cr은 0.50 이하로 한다.

■ 기계적 성질

기 호	질 별[3]	인장 시험				연신율[4]
		시험 위치의 두께 mm	단면적 cm^2	인장 강도 N/mm^2	항복 강도 N/mm^2	%
A 1100 S A 1200 S	H112	–	–	74 이상	20 이상	–
A 2014 S	O[5]	–	–	245 이하	127 이하	12 이상
	T4	–	–	343 이상	245 이상	12 이상
	T42[6]	–	–	343 이상	206 이상	12 이상
	T6	12 이하	–	412 이상	363 이상	7 이상
		12초과 19 이하	–	441 이상	402 이상	7 이상
		19를 초과하는 것	160 이하	471 이상	412 이상	7 이상
			160 초과 200 이하	471 이상	402 이상	6 이상
			200 초과 250 이하	451 이상	382 이상	6 이상
			250 초과 300 이하	431 이상	363 이상	6 이상
	T62[7]	19 이하	–	412 이상	363 이상	7 이상
		19를 초과하는 것	160 이하	412 이상	363 이상	7 이상
			160 초과 200 이하	412 이상	363 이상	6 이상
A 2017 S	O[5]	–	–	245 이하	127 이하	16 이상
	T4 T42[6]	–	700 이하	343 이상	216 이상	12 이상
			700 초과 1000 이하	333 이상	196 이상	12 이상
A 2024 S	O[5]	–	–	245 이하	127 이하	12 이상
	T4	6 이하	–	392 이상	294 이상	12 이상
		6 초과 19 이하	–	412 이상	304 이상	12 이상
		19 초과 38 이하	–	451 이상	314 이상	10 이상
		38을 초과하는 것	160 이하	481 이상	363 이상	10 이상
			160 초과 200 이하	471 이상	333 이상	8 이상
			200 초과 300 이하	461 이상	314 이상	8 이상
	T42[6]	19 이하	–	392 이상	265 이상	12 이상
		19 초과 38 이하	–	392 이상	265 이상	10 이상
		38을 초과하는 것	160 이하	392 이상	265 이상	10 이상
			160 초과 200 이하	392 이상	265 이상	8 이상
A 3003 S A 3203 S	H112	–	–	94 이상	34 이상	–
A 5052 S	H112	–	–	177 이상	69 이상	–
	O	–	–	177 이상 245 이하	69 이상	20 이상
A 5454 S	H112	130 이하	200 이하	216 이상	84 이상	12 이상
	O	130 이하	200 이하	216 이상 284 이하	84 이상	14 이상
A 5083 S	H112	130 이하	200 이하	275 이상	108 이상	12 이상
	O	38 이하	200 이하	275 이상 353 이하	118 이상	14 이상
		38 초과 130 이하	200 이하	275 이상 353 이하	108 이상	14 이상
A 5086 S	H111	130 이하	200 이하	248 이상	114 이상	12 이상
	H112	130 이하	200 이하	240 이상	93 이상	12 이상
	O	130 이하	200 이하	240 이상 314 이하	93 이상	14 이상

■ 기계적 성질(계속)

기 호	질 별[3]	인장 시험				연신율[4]
		시험 위치의 두께 mm	단면적 cm^2	인장 강도 N/mm^2	항복 강도 N/mm^2	%
A 6061 S	O[5]	–	–	147 이하	108 이하	16 이상
	T4	–	–	177 이상	108 이상	16 이상
	T42[6]	–	–	177 이상	83 이상	16 이상
	T6 T62[7]	6 이하	–	265 이상	245 이상	8 이상
		6을 초과하는 것	–	265 이상	245 이상	10 이상
A 6N01 S	T5	6 이하	–	245 이상	206 이상	8 이상
		6 초과 12 이하	–	226 이상	177 이상	8 이상
	T6	6 이하	–	265 이상	235 이상	8 이상
A 6066 S	O	–	–	200 이하	124 이하	16 이상
	T4 T4510 T4511	–	–	276 이상	172 이상	14 이상
	T42	–	–	276 이상	165 이상	14 이상
	T6 T6510 T6511	–	–	345 이상	310 이상	8 이상
	T62	–	–	345 이상	289 이상	8 이상
A 7003 S	T5	12 이하	–	284 이상	245 이상	10 이상
		12 초과 25 이차	–	275 이상	235 이상	10 이상
A 7N01 S	O	–	200 이하	245 이상	147 이하	12 이상
	T4[8]	–	200 이하	314 이상	196 이상	11 이상
	T5	–	200 이하	324 이상	245 이상	10 이상
	T6	–	200 이하	333 이상	275 이상	10 이상
A 7075 S	O[5]	–	–	275 이하	167 이하	10 이상
	T6 T62[7]	6 이하	–	539 이상	481 이상	7 이상
		6 초과 75 이하	–	559 이상	500 이상	7 이상
		75 초과 110 이하	130 이하	559 이상	490 이상	7 이상
			130 초과 200 이하	539 이상	481 이상	6 이상
		110 초과 130 이하	200 이하	539 이상	471 이상	6 이상
A 7178 S	O	–	200 이하	118 이하	59 이하	10 이상
	T6 T6510 T6511	1.6 이하	130 이하	565 이상	524 이상	5 이상
		1.6 초과 6 이하	130 이하	579 이상	524 이상	5 이상
		6 초과 38 이하	160 이하	599 이상	537 이상	5 이상
		38 초과 63 이하	160 이하	593 이상	531 이상	5 이상
			160 초과 200 이하	579 이상	517 이상	5 이상
		63 초과 75 이하	200 이하	565 이상	489 이상	5 이상
	T62	1.6 이하	130 이하	544 이상	503 이상	5 이상
		1.6 초과 6 이하	130 이하	565 이상	510 이상	5 이상
		6 초과 38 이하	160 이하	593 이상	531 이상	5 이상
		38 초과 63 이하	160 이하	593 이상	531 이상	5 이상
			160 초과 200 이하	579 이상	517 이상	5 이상
		63 초과 75 이하	200 이하	565 이상	489 이상	5 이상

【주】 3. 질별은 KS D 0004에 따른다.
4. 형재의 두께가 1.6mm 미만인 것은 연신율을 적용하지 않는다.
5. 질별 O인 재료는 질별 T42 또는 T62의 성능을 보증하여야 한다.
6. 질별 T42의 기계적 성질은 주문자가 질별 O를 용체화 처리 후, 자연 시효한 경우에 얻어지는 것이다. 다만, 주문자가 용체화 처리 전에 어떠한 냉간 가공 또는 열간 가공을 한 경우에는 규격값보다 낮아질 수가 있다. 이 기계적 성질은 제조자가 성능을 확인하기 위해 시험편을 소정의 용체화 처리 후 자연 시효한 경우에도 적용한다.

7. 질별 T62의 기계적 성질은 주문자가 질별 O를 용체화 처리 후, 인공 시효 경화 처리한 경우에 얻어지는 것이다. 다만 주문자가 용체화 처리 전에 어떠한 냉간 가공 또는 열간 가공을 한 경우에는 규격값보다 낮아질 수가 있고 이 기계적 성질은 제조자가 성능을 확인하기 위해 시험편을 소정의 용체화 처리 후 인공 시효 경화 처리한 경우에도 적용한다.
8. 질별 T4의 기계적 성질은 1개월 자연 시효(약 20℃) 후의 참고값이다. 또한, 1개월 자연 시효 전에 인장 시험을 하는 경우에는 용체화 처리 후 인공 시효 경화 처리를 하여 질별 T6의 성능 보증을 취하여 T4에 합격한 것으로 한다.

【비 고】 1. 규정 시험 위치에 두께 및 단면적 범위 외의 치수인 것의 허용차는 인수 · 인도 당사자 사이의 협정에 따른다.

기 호	질 별	경도 시험(9)		인장 시험			
		시험 위치의 두께 mm	HV 5	시험 위치의 두께 mm	인장 강도 N/mm²	항복 강도 N/mm²	연신율(4) %
A6063S	T1	–	–	12 이하	118 이상	59 이상	12 이상
				12 초과 25 이하	108 이상	54 이상	12 이상
	T5	0.8 이상	58 이상	12 이하	157 이상	108 이상	8 이상
				12 초과 25 이하	147 이상	108 이상	8 이상
	T6	–	–	3 이하	206 이상	177 이상	8 이상
				3 초과 25 이하	206 이상	177 이상	10 이상
	O	–	–	–	131 이하	–	18 이상
	T4	–	–	12 이하	131 이상	69 이상	14 이상
				12 초과 25 이하	124 이상	62 이상	14 이상
	T52	–	–	25 이하	152 이상	110 이상	8 이상

【주】 9. 질별 T5에 대해서는 인장 시험 또는 경도 시험 어느 것에 따른다.

【비 고】 1. 규정 범위 외의 치수인 것의 허용차는 인수 · 인도 당사자 사이의 협정에 따른다.

● 망간강

❶ 저망간강

탄소 0.425%, 망간 1.5%로서 신장률 및 충격값이 크다.

❷ 고망간강

탄소 0.9~1.3%, 망간 1.0~14%로서 오스테나이트 조직의 상태로 사용된다. 담금질한 완전 오스테나이트강은 브리넬경도 200~400에서 내마모성, 내충격성이 함께 증대하며 또한 비자성을 갖는다. 인장강도는 60~100kg/mm², 신장률은 12~40%이다.

2-6 알루미늄 및 알루미늄 합금의 판 및 관의 도체 [폐지]

Aluminium and aluminium alloy bus conductors KS D 6762 : 1992 (2007 확인)

■ 적용 범위

이 규격은 알루미늄 및 알루미늄 합금의 판 및 관의 도체에 대하여 규정한다.

■ 종류 및 기호

종 류		등 급	가장자리의 모 양	기 호
합금 번호	제조방법에 따른 구분			
1060	압연판 도체	–	모난 가장자리	A 1060 PB
	압출판 도체	보통급	모난 가장자리	A 1060 SB
			둥근 가장자리	A 1060 SBC
		특수급	모난 가장자리	A 1060 SBS
			둥근 가장자리	A 1060 SBSC
6101	압연판 도체	–	모난 가장자리	A 6101 PB
	압출판 도체	보통급	모난 가장자리	A 6101 SB
			둥근 가장자리	A 6101 SBC
		특수급	모난 가장자리	A 6101 SBS
			둥근 가장자리	A 6101 SBSC
	관 도체	보통급	–	A 6101 TB
		특수급	–	A 6101 TBS
6061	관 도체	보통급	–	A 6061 TB
		특수급	–	A 6061 TBS
6063	관 도체	보통급	–	A 6063 TB
		특수급	–	A 6063 TBS

【주】 1. 질별이란 KS D 0004에 따른다.

【비 고】 1. 질별(1)을 표시하는 기호는 위 기호의 뒤에 붙인다.

■ 화학 성분

합금 번호	화 학 성 분 %											
	Si	Fe	Cu	Mn	Mg	Cr	Zn	Ti	B	기 타(2) 개 별	기 타(2) 합 계	Al
1060	0.25 이하	0.35 이하	0.05 이하	0.03 이하	0.03 이하	–	0.05 이하	0.03 이하	–	0.03 이하	–	99.60 이상
6101	0.30~0.7	0.50 이하	0.10 이하	0.03 이하	0.35~0.8	0.03 이하	0.10 이하	–	0.06 이하	0.03 이하	0.10 이하	나머지
6061	0.40~0.8	0.7 이하	0.15~0.40	0.15 이하	0.8~1.2	0.04~0.35	0.25 이하	0.15 이하	–	0.05 이하	0.15 이하	나머지
6063	0.20~0.6	0.35 이하	0.10 이하	0.10 이하	0.45~0.9	0.10 이하	0.10 이하	0.10 이하	–	0.05 이하	0.15 이하	나머지

【주】 2. 기타의 원소는 존재가 예상되는 경우 또는 통상의 분석 과정에서 규정 범위를 초과하는 징후가 보이는 경우에 한하여 분석을 한다.

■ 기계적 성질

기 호	질별	인장 시험				굽힘 시험	
		두 께 mm	인장강도 N/mm² {kgf/mm²}	내 구 력 N/mm² {kgf/mm²}	연신률 %	두 께 mm	안쪽반지름
A 1060 PB	H14 H24	0.8 이상 1.3 이하	85{8.5} 이상	65{6.5} 이상	4이상	0.8이상 12이하	두께의 1배
		1.3 초과 2.9 이하	85{8.5} 이상	65{6.5} 이상	5이상		
		2.9 초과 12 이하	85{8.5} 이상	65{6.5} 이상	6이상		
A 1060 PB	H112	4이상 6.5이하	75{7.5} 이상	35{3.5} 이상	10이상	6이상 16이하	두께의 1배
		6.5초과 13이하	70{7.0} 이상	35{3.5} 이상	10이상		
		13초과 25이하	60{6.0} 이상	25{2.5} 이상	16이상		
		25초과 50이하	55{5.5} 이상	20{2.0} 이상	22이상		
A 1060 SB A 1060 SBC A 1060 SBS A 1060 SBSC	H112	3이상 300이하	60{6.0} 이상	30{3.0} 이상	25이상	3이상 16이하	두께의 1배
A 6101 PB A 6101 SB A 6101 SBC A 6101 SBS A 6101 SBSC	T6	3이상 7이하	195{19.5}이상	165{16.5}이상	10이상	3이상 9이하 9초과 16이하	두께의 2배 두께의 2.5배
		7초과 17이하	195{19.5}이상	165{16.5}이상	12이상		
		17초과 30이하	175{17.5}이상	145{14.5}이상	14이상		
A 6101 SB A 6101 SBC A 6101 SBS A 6101 SBSC	T7	3이상 7이하	135{13.5}이상	110{11.0}이상	10이상	3이상 13이하 13초과 17이하	두께의 1배 두께의 2배
A 6101 TB A 6101 TBS	T6	3이상 12이하	195{19.5}이상	165{16.5}이상	10이상	–	–
		12초과 16이하	175{17.5}이상	145{14.5}이상	14이상		
A 6061 TB A 6061 TBS	T6	3이상 6이하	265{26.5}이상	245{24.5}이상	8이상		
		6초과 16이하	265{26.5}이상	245{24.5}이상	10이상		
A 6063 TB A 6063 TBS	T6	3이상 16이하	205{20.5}이상	175{17.5}이상	8이상		

【비 고】 1. 규정 두께 범위 이외의 치수인 것의 기계적 성질은 인수 · 인도 당사자 사이의 협정에 따른다.

■ 도전율

기 호	질 별	도전율 %	기 호	질 별	도전율 %
A 1060 PB	H12, H14	61.0 이상	A 6101 SB	T7	57.0 이상
	H112		A 6101 SBC		
A 1060 SB	H112		A 6101 SBS		
A 1060 SBC			A 6101 SBSC		
A 1060 SBS			A 6101 TB	T6	55.0 이상
A 1060 SBSC			A 6101 TBS		
A 6101 PB	T6	55.0 이상	A 6061 TB	T6	39.0 이상
A 6101 SB			A 6061 TBS		
A 6101 SBC			A 6063 TB	T6	51.0 이상
A 6101 SBS			A 6063 TBS		
A 6101 SBSC					

2-7 알루미늄 및 알루미늄 합금 봉 및 선

Aluminium and aluminium alloy rods, bars and wires KS D 6763 : 2012

■ 적용 범위

이 규격은 전신 가공한 단면이 원형, 직사각형, 정사각형, 정육각형, 정팔각형인 알루미늄 및 알루미늄 합금 봉 및 선에 대하여 규정한다.

■ 종류, 등급 및 기호

종류		기호		참고
		등급		
합금번호	모양	보통급	특수급	특성 및 용도 보기
1070	압출봉	A 1070 BE	A 1070 BES	순 알루미늄으로 강도는 낮으나 열이나 전기의 전도성은 높고, 용접성, 내식성이 양호하다. 용접선 등
	인발봉	A 1070 BD	A 1070 BDS	
	인발선	A 1070 W	A 1070 WS	
1050	압출봉	A 1050 BE	A 1050 BES	
	인발봉	A 1050 BD	A 1050 BDS	
	인발선	A 1050 W	A 1050 WS	
1100	압출봉	A 1100 BE	A 1100 BES	강도는 비교적 낮으나 용접성, 내식성이 양호하다. 열교환기 부품 등
	인발봉	A 1100 BD	A 1100 BDS	
	인발선	A 1100 W	A 1100 WS	
1200	압출봉	A 1200 BE	A 1200 BES	
	인발봉	A 1200 BD	A 1200 BDS	
	인발선	A 1200 W	A 1200 WS	
2011	인발봉	A 2011 BD	A 2011 BDS	절삭 가공성이 우수한 쾌삭합금으로 강도가 높다. 볼륨축, 광학부품, 나사류 등
	인발선	A 2011 W	A 2011 WS	
2014	압출봉	A 2014 BE	A 2014 BES	열처리 합금으로 강도가 높고 단조품에도 적용된다. 항공기, 유압부품 등
	인발봉	A 2014 BD	A 2014 BDS	
2017	압출봉	A 2017 BE	A 2017 BES	내식성, 용접성은 나쁘지만 강도가 높고 절삭 가공성도 양호하다. 스핀들, 항공기용재, 자동차용 부재 등
	인발봉	A 2017 BD	A 2017 BDS	
	인발선	A 2017 W	A 2017 WS	
2117	인발선	A 2117 W	A 2117 WS	용체화 처리 후 코킹하는 리벳용재로 상온 시효속도를 느리게 한 합금이다. 리벳용재 등
2024	압출봉	A 2024 BE	A 2024 BES	2017보다 강도가 높고 절삭 가공성이 양호하다. 스핀들, 항공기용재, 볼트재 등
	인발봉	A 2024 BD	A 2024 BDS	
	인발선	A 2024 W	A 2024 WS	
3003	압출봉	A 3003 BE	A 3003 BES	1100보다 약간 강도가 높고, 용접성, 내식성이 양호하다. 열교환기 부품 등
	인발봉	A 3003 BD	A 3003 BDS	
	인발선	A 3003 W	A 3003 WS	
5052	압출봉	A 5052 BE	A 5052 BES	중간 정도의 강도가 있고, 내식성, 용접성이 양호하다. 리벳용재, 일반기계부품 등
	인발봉	A 5052 BD	A 5052 BDS	
	인발선	A 5052 W	A 5052 WS	
5N02	인발봉	A 5N02 BD	A 5N02 BDS	리벳용 합금으로 내식성이 양호하다. 리벳용재 등
	인발선	A 5N02 W	A 5N02 WS	
5056	압출봉	A 5056 BE	A 5056 BES	내식성, 절삭 가공성, 양극 산화처리성이 양호하다. 광학기기, 통신기기 부품, 파스너 등
	인발봉	A 5056 BD	A 5056 BDS	
	인발선	A 5056 W	A 5056 WS	
5083	압출봉	A 5083 BE	A 5083 BES	비열처리 합금 중에서 가장 강도가 크고, 내식성, 용접성이 양호하다. 일반기계 부품 등
	인발봉	A 5083 BD	A 5083 BDS	
	인발선	A 5083 W	A 5083 WS	
6061	압출봉	A 6061 BE	A 6061 BES	열처리형 내식성 합금이다. 리벳용재, 자동차용 부품 등
	인발봉	A 6061 BD	A 6061 BDS	
	인발선	A 6061 W	A 6061 WS	
6063	압출봉	A 6063 BE	A 6063 BES	6061보다 강도는 낮으나, 내식성, 표면처리성이 양호하다. 열교환기 부품 등
6066	압출봉	A 6066 BE	A 6066 BES	열처리형 합금으로 내식성이 양호하다.
6262	인발봉	A 6062 BD	A 6262 BDS	열처리형 합금으로 내식성이 양호하다.
	인발선	A 6062 W	A 6262 WS	
7003	압출봉	A 7003 BE	A 7003 BES	7N01보다 강도는 약간 낮으나, 압출성이 양호하다. 용접구조용 재료 등
7N01	압출봉	A 7N01 BE	A 7N01 BES	강도가 높고, 내식성도 양호한 용접구조용 합금이다. 일반기계용 부품 등
7075	압출봉	A 7075 BE	A 7075 BES	알루미늄합금 중 가장 강도가 큰 합금의 하나이다. 항공기 부품 등
	인발봉	A 7075 BD	A 7075 BDS	
7178	압출봉	A 7178 BE	A 7178 BES	고강도 알루미늄합금으로 구조용 재료 등에 활용된다.

[비 고] 1. 질별을 표시하는 기호는 표의 기호 뒤에 붙인다.

■ 화학 성분

합금번호	화학 성분 %											
	Si	Fe	Cu	Mn	Mg	Cr	Zn	Bi, Pb, Zr, Zr+Ti, V	Ti	기타[1]		Al
										각각	합계	
1070	0.20 이하	0.25 이하	0.04 이하	0.03 이하	0.03 이하	–	0.04 이하	–	0.03 이하	0.03 이하	–	99.70 이상
1050	0.25 이하	0.40 이하	0.05 이하	0.05 이하	0.05 이하	–	0.05 이하	–	0.03 이하	0.03 이하	–	99.00 이상
1100	Si+Fe 0.95 이하		0.05~0.20	0.05 이하	–	–	0.10 이하	–	–	0.05 이하	0.15 이하	99.00 이상
1200	Si+Fe 1.0 이하		0.05 이하	0.05 이하	–	–	0.10 이하	–	0.05 이하	0.05 이하	0.15 이하	99.00 이상
2011	0.40 이하	0.7 이하	5.0~6.0	–	–	–	0.30 이하	Bi 0.20~0.6 Pb 0.20~0.6	–	0.05 이하	0.15 이하	나머지
2014	0.50~1.2	0.7 이하	3.9~5.0	0.40~1.2	0.20~0.8	0.10 이하	0.25 이하	Zr+Ti 0.20 이하	0.15 이하	0.05 이하	0.15 이하	나머지
2017	0.20~0.8	0.7 이하	3.5~4.5	0.40~1.0	0.40~0.8	0.10 이하	0.25 이하	Zr+Ti 0.20 이하	0.15 이하	0.05 이하	0.15 이하	나머지
2117	0.8 이하	0.7 이하	2.2~3.0	0.20 이하	0.20~0.50	0.10 이하	0.25 이하	–	–	0.05 이하	0.15 이하	나머지
2024	0.50 이하	0.50 이하	3.8~4.9	0.30~0.9	1.2~1.8	0.10 이하	0.25 이하	Zr+Ti 0.20 이하	0.15 이하	0.05 이하	0.15 이하	나머지
3003	0.6 이하	0.7 이하	0.05~0.20	1.0~1.5	–	–	0.10 이하	–	–	0.05 이하	0.15 이하	나머지
5052	0.25 이하	0.40 이하	0.10 이하	0.10 이하	2.2~2.8	0.15~0.35	0.10 이하	–	–	0.05 이하	0.15 이하	나머지
5N02	0.40 이하	0.40 이하	0.10 이하	0.30~1.0	3.0~4.0	0.50 이하	0.10 이하	–	0.20 이하	0.05 이하	0.15 이하	나머지
5056	0.30 이하	0.40 이하	0.10 이하	0.05~0.20	4.5~5.6	0.05~0.20	0.10 이하	–	–	0.05 이하	0.15 이하	나머지
5083	0.40 이하	0.40 이하	0.10 이하	0.40~1.0	4.0~4.9	0.05~0.25	0.25 이하	–	0.15 이하	0.05 이하	0.15 이하	나머지
6061	0.40~0.8	0.7 이하	0.15~0.40	0.15 이하	0.8~1.2	0.04~0.35	0.25 이하	–	0.15 이하	0.05 이하	0.15 이하	나머지
6063	0.20~0.6	0.35 이하	0.10 이하	0.10 이하	0.45~0.9	0.10 이하	0.10 이하	–	0.10 이하	0.05 이하	0.15 이하	나머지
6066	0.9~1.8	0.50 이하	0.7~1.2	0.6~1.1	0.8~1.4	0.40	0.25 이하	–	0.20 이하	0.05 이하	0.15 이하	나머지
6262	0.40~0.8	0.7 이하	0.15~0.40	0.15 이하	0.8~1.2	0.04~0.15	0.25 이하	–	0.15 이하	0.05 이하	0.15 이하	나머지
7003	0.30 이하	0.35 이하	0.20 이하	0.30 이하	0.50~1.0	0.20 이하	5.0~6.5	Zr 0.05~0.25	0.20 이하	0.05 이하	0.15 이하	나머지
7N01	0.30 이하	0.35 이하	0.20 이하	0.20~0.7	1.0~2.0	0.30 이하	4.0~5.0	V 0.10 이하, Zr 0.25 이하	0.20 이하	0.05 이하	0.15 이하	나머지
7075	0.40 이하	0.50 이하	1.2~2.0	0.30 이하	2.1~2.9	0.18~0.28	5.1~6.1	Zr+Ti 0.25 이하	0.20 이하	0.05 이하	0.15 이하	나머지
7178	0.40 이하	0.50 이하	1.6~2.4	0.30 이하	2.4~3.1	0.18~0.28	6.3~7.3	–	0.20 이하	0.05 이하	0.15 이하	나머지

【비 고】 1. 기타 원소는 존재를 미리 알 수 있는 경우 또는 통상의 분석 과정에서 규정을 초과할 징후가 있는 경우에 한하여 분석한다.

2-8 알루미늄 및 알루미늄 합금 단조품 [폐지]

Aluminium and aluminium alloy forgings KS D 6770 : 1993 (2008 확인)

■ 적용 범위

이 규격은 형단조 또는 자유 단조한 알루미늄 및 알루미늄 합금의 단조품에 대하여 규정한다.

■ 종류 및 기호

종 류		기 호	참 고
합금번호	제조방법에 따른 구분		특성 및 용도 보기
1100	형(틀) 단조품	A 1100 FD	내식성, 열간 · 냉간 가공성이 좋다. 전산기용 메모리 드럼 등.
1200	형(틀) 단조품	A 1200 FD	
2014	형(틀) 단조품	A 2014 FD	강도가 높고, 단조성, 연성이 뛰어나다. 항공기용 부품, 차량, 자동차용 부품, 일반 구조부품 등.
	자유 단조품	A 2014 FH	
2017	형(틀) 단조품	A 2017 FD	강도가 높다. 항공기용 부품, 잠수용 수중 고압용기, 자전거용 허브재 등.
2018	형(틀) 단조품	A 2018 FD	단조성이 뛰어나고, 고온온도가 높으므로 내열성이 요구되는 단조품에 사용된다. 실린더 헤드, 피스톤, VTR실린더 등.
2218	형(틀) 단조품	A 2218 FD	
2219	형(틀) 단조품	A 2219 FD	고온강도, 내 크리프성이 뛰어나고 용접성이 좋다. 로켓 등의 항공기용 부품 등.
	자유 단조품	A 2219 FH	
2025	형(틀) 단조품	A 2025 FD	단조성이 좋고 강도가 높다. 프로펠러, 자기드럼 등.
	자유 단조품	A 2025 FH	
2618	형(틀) 단조품	A 2618 FD	고온강도가 뛰어나다. 피스톤, 고무성형용 금형, 일반 내열용도 부품 등.
	자유 단조품	A 2618 FH	
2N01	형(틀) 단조품	A 2N01 FD	내열성이 있고, 강도도 높다. 유압부품 등.
	자유 단조품	A 2N01 FH	
4032	형(틀) 단조품	A 4032 FD	중온(약 200℃)에서 강도가 높고, 열팽창계수가 작고, 내마모성이 뛰어나다. 피스톤 등.
5052	자유 단조품	A 5052 FH	중강도 합금으로 내식성, 가공성이 좋다. 항공기용 부품 등.
5056	형(틀) 단조품	A 5056 FD	내식성, 절삭 가공성, 양극산화 처리성이 좋다. 광학기기 · 통신기기 부품, 지퍼 등.
5083	형(틀) 단조품	A 5083 FD	내식성, 용접성 및 저온에서 기계적 성질이 우수하다. LNG용 플랜지 등.
	자유 단조품	A 5083 FH	
6151	형(틀) 단조품	A 6151 FD	6061보다 강도가 약간 높고, 연성, 인성, 내식성도 좋고, 복잡한 모양의 단조품에 적당하다. 과급기의 팬, 자동차 휠 등.
	자유 단조품	A 6151 FH	
6061	형(틀) 단조품	A 6061 FD	연성, 인성, 내식성이 좋다. 이화학용 로터, 자동차용 휠, 리시버 탱크 등
	자유 단조품	A 6061 FH	
7050	형(틀) 단조품	A 7050 FD	단조합금 중 최고의 강도를 가진다. 항공기용 부품, 선박용 부품, 자동차용 부품 등.
	자유 단조품	A 7050 FH	
7N01	형(틀) 단조품	A 7N01 FD	강도가 높고, 내식성도 좋은 용접구조용 합금이다. 항공기용 부품 등.
	자유 단조품	A 7N01 FH	

【비 고】 1. 질별을 나타내는 기호는 표 기호의 뒤에 붙인다.

2-9 주조 알루미늄 합금 명칭의 비교(부속서 B)

KS D ISO 17615

■ 적용 범위

이 규격은 전신 가공한 단면이 원형, 직사각형, 정사각형, 정육각형, 정팔각형인 알루미늄 및 알루미늄 합금 봉 및 선에 대하여 규정한다.

■ ISO, AA, EN, JIS 명칭

ISO 합금 명칭	AA 합금 명칭	EN 합금 명칭	JIS 합금 명칭
Al Cu4Ti	–	EN AC–21100	AL–Cu4Ti
Al Cu4MgTi	204.0	EN AC–21000	AC1B
Al Cu5MgAg	A201.0	–	–
Al Si9	–	EN AC–44400	–
Al Si11	–	EN AC–44000	–
Al Si12(a)	–	EN AC–44200	–
Al Si12(b)	B413.0	EN AC–44100	AC3A, Al–Si12
Al Si12(Fe)	A413.0	EN AC–44300	ADC1
Al Si2MgTi	–	EN AC–41000	–
Al Si7Mg		EN AC–42000	AC4C
Al Si7Mg0.3	–	EN AC–42100	AC4CH
Al Si7Mg0.6	357.0	EN AC–42200	–
Al Si9Mg	–	EN AC–43300	–
Al Si10Mg	–	EN AC–43100	AC4A, Al–Si10Mg
Al Si10Mg(Fe)	–	EN AC–43400	ADC3
Al Si10Mg(Cu)	–	EN AC–43200	–
Al Si5Cu1Mg	355.0	EN AC–45300	AC4D
Al Si5Cu3	–	EN AC–45400	Al–Si5Cu3
Al Si5Cu3Mg		EN AC–45100	–
Al Si5Cu3Mn	–	EN AC–45200	AC2A, AC2B
Al Si6Cu4	–	EN AC–45000	Al–Si6Cu4
Al Si7Cu2	–	EN AC–46600	–
Al Si7Cu3Mg	320.0	EN AC–46300	–
Al Si8Cu3	–	EN AC–46200	AC4B
Al Si9Cu1Mg	–	EN AC–46400	–
Al Si9Cu3(Fe)	–	EN AC–46000	ADC10
Al Si9Cu3(Fe)(Zn)	–	EN AC–46500	ADC10Z
Al Si11Cu2(Fe)	–	EN AC–46100	ADC12Z
Al Si11Cu3(Fe)	–	–	ADC12
Al Si12(Cu)	–	EN AC–47000	Al–Si12Cu
Al Si12Cu1(Fe)	–	EN AC–47100	–
Al Si12CuMgNi	–	EN AC–48000	AC8A
Al Si17Cu4Mg	B390.0	–	ADC14
Al Mg3	–	EN AC–51000	ADC6, Al–Mg3
Al Mg5	–	EN AC–51300	ADC5, AC7A, Al–Mg6
Al Mg5(Si)	–	EN AC–51400	Al=Mg5Si1
Al Mg9	–	EN AC–51200	Al–Mg10
Al Zn5Mg	712.0	EN AC–71000	Al–Zn5Mg
Al Zn10Si8Mg	–	–	–

[비 고] 1. 제시한 합금 명칭은 비슷하거나 거의 비슷하더라도 동일하지는 않다. 그러므로 합금 명칭을 교체할 때는 주의해야 한다.

2-10 알루미늄 마그네슘 및 그 합금 - 질별 기호

Aluminium, magnesium and their alloys
-Temper designation

KS D 0004 : 2014

■ 적용 범위

이 규격은 알루미늄, 마그네슘 및 그 합금의 전신재 및 주물의 질별[1] 기호에 대하여 규정한다.

■ 기본기호, 정의 및 의미

기본 기호	정 의	의 미
F[2]	제조한 그대로의 것.	가공 경화 또는 열처리에 대하여 특별한 조정을 하지 않는 제조 공정에서 얻어진 그대로의 것.
O	어닐링한 것.	전신재에 대해서는 가장 부드러운 상태를 얻도록 어닐링한 것. 주물에 대해서는 연신의 증가 또는 치수 안정화를 위하여 어닐링한 것.
H[3]	가공 경화한 것.	적절하게 부드럽게 하기 위한 추가 열처리의 유무에 관계없이 가공 경화에 의해 강도를 증가한 것.
W	용체화 처리한 것.	용체화 열처리 후 상온에서 자연 시효하는 합금에만 적용하는 불안정한 질별
T	열처리에 의해 F · O · H 이외의 안정한 질별로 한 것.	안정한 질별로 하기 위하여 추가 가공 경화의 유무에 관계없이 열처리한 것.

【주】 1. 질별이란 제조 과정에서의 가공 · 열처리 조건의 차에 의해 얻어진 기계적 성질의 구분을 말한다.
2. 전신재에 대해서는 기계적 성질을 규정하지 않는다.
3. 전신재에만 적용한다.

■ HX의 세분 기호 및 그 의미

기 호	의 미
H1	가공 경화만 한 것. 소정의 기계적 성질을 얻기 위하여 추가 열처리를 하지 않고 가공 경화만 한 것.
H2	가공 경화 후 적절하게 연화 열처리한 것. 소정의 값 이상으로 가공 경화한 후에 적절한 열처리에 의해 소정의 강도까지 저하한 것. 상온에서 시효 연화하는 합금에 대해서는 이 질별은 H3 질별과 거의 동등한 강도를 가진 것. 그 밖의 합금에 대해서는 이 질별은 H1 질별과 거의 동등한 강도를 갖지만 연신은 어느 정도 높은 값을 나타내는 것.
H3	가공 경화 후 안정화 처리한 것. 가공 경화한 제품을 저온 가열에 의해 안정화 처리한 것. 또한 그 결과, 강도는 어느 정도 저하하고 연신은 증가하는 것. 이 안정화 처리는 상온에서 서서히 시효 연화하는 마그네슘을 포함하는 알루미늄 합금에만 적용한다.
H4	가공 경화 후 도장한 것. 가공 경화한 제품이 도장의 가열에 의해 부분 어닐링된 것.

■ HXY의 세분 기호 및 그 의미

기 호	의 미	참 고
HX1	인장 강도가 O와 HX2의 중간인 것.	1/8 경질
HX2 (HXB)	인장강도가 O와 HX4의 중간인 것.	1/4 경질
HX3	인장 강도가 HX2와 HX4의 중간인 것.	3/8 경질
HX4 (HXD)	인장 강도가 O와 HX8의 중간인 것.	1/2 경질
HX5	인장 강도가 HX4와 HX6의 중간인 것.	5/8 경질
HX6 (HXF)	인장 강도가 HX4와 HX8의 중간인 것.	3/4 경질
HX7	인장 강도가 HX6와 HX8의 중간인 것.	7/8 경질
HX8 (HXH)	일반적인 가공에서 얻어지는 최대 인장 강도의 것. 인장 강도의 최소 규격값은 원칙적으로 그 합금의 어닐링 질별의 인장 강도의 최소 규격값을 기준으로 표 4에 따라 결정된다.	경 질
HX9 (HXJ)	인장 강도의 최소 규격값이 HX8보다 10 N/mm^2 이상 넣는 것.	특 경 질

【비 고】 1. ( ) 안은 대응 ISO의 기호로서 이것을 사용하여도 좋다.

■ HX8의 인장 강도의 최소 규격값을 결정하는 기준

어닐링 질별의 인장 강도의 최소 규격값	HX8의 인장 강도의 최소 규격값 결정을 위한 추가 보정값
40 이하	55
45 이상 60 이하	65
65 이상 80 이하	75
85 이상 100 이하	85
105 이상 120 이하	90
125 이상 160 이하	95
165 이상 200 이하	100
205 이상 240 이하	105
245 이상 280 이하	110
285 이상 320 이하	115
325 이상	120

■ TX의 세분 기호 및 그 의미

기 호	의 미
T1 (TA)	고온 가공에서 냉각 후 자연 시효시킨 것. 압출재와 같이 고온의 제조 공정에서 냉각 후 적극적으로 냉간 가공을 하지 않고 충분히 안정된 상태까지 자연 시효시킨 것. 따라서 교정하여도 그 냉간 가공의 효과가 작은 것.
T2 (TC)	고온 가공에서 냉각 후 냉간 가공을 하고, 다시 자연 시효시킨 것. 압출재와 같이 고온의 제조 공정에서 냉각 후 강도를 증가시키기 위하여 냉간 가공을 하고, 다시 충분히 안정된 상태까지 자연 시효시킨 것.
T3 (TD)	용체화 처리 후 냉간 가공을 하고, 다시 자연 시효시킨 것. 용체화 처리 후 강도를 증가시키기 위하여 냉간 가공을 하고, 다시 충분히 안정된 상태까지 자연 시효시킨 것.
T4 (TB)	용체화 처리 후 자연 시효시킨 것. 용체화 처리후 냉간 가공을 하지 않고 충분히 안정된 상태까지 자연 시효시킨 것. 따라서 교정 하여도 그 냉간 가공의 효과가 작은 것.
T5 (TE)	고온 가공에서 냉각 후 인공 시효 경화 처리한 것. 주물 또는 압출재와 같이 고온의 제조 공정에서 냉각 후 적극적으로 냉간 가공을 하지 않고 인공 시효 경화 처리한 것. 따라서 교정을 하여도 그 냉간 가공의 효과가 작은 것.
T6 (TF)	용체화 처리 후 인공 시효 경화 처리한 것. 용체화 처리 후 적극적으로 냉간 가공을 하지 않고 인공 시효 경화 처리한 것. 따라서 교정하여도 그 냉간 가공의 효과가 작은 것.
T7 (TM)	용체화 처리 후 안정화 처리한 것. 용체화 처리 후 특별한 성질로 조정하기 위하여 최대 강도를 얻는 인공 시효 경화 처리 조건을 넘어서 과 시효 처리한 것.
T8 (TH)	용체화 처리 후 냉간 가공을 하고, 다시 인공 시효 경화 처리한 것. 용체화 처리 후 강도를 증가시키기 위하여 냉간 가공을 하고, 강도를 증가시키기 위하여 다시 냉간 가공한 것.
T9 (TL)	용체화 처리 후 인공 시효 경화 처리를 하고, 다시 냉간 가공한 것. 용체화 처리 후 인공 시효 경화 처리를 하고, 강도를 증가시키기 위하여 다시 냉간 가공한 것.
T10 (TG)	고온 가공에서 냉각 후 냉간 가공을 하고, 다시 인공 시효 경화 처리한 것. 압출재와 같이 고온의 제조 공정에서 냉각 후 강도를 증가시키기 위하여 냉간 가공을 하고, 다시 인공 시효 경화 처리한 것.

■ TXY의 구체적인 보기와 그 의미

기 호	의 미
T31 (TD1)	T3의 단면 감소율을 거의 1%로 한 것. 용체화 처리 후 강도를 증가시키기 위하여 단면 감소율을 거의 1%의 냉간 가공을 하고, 다시 자연 시효시킨 것.
T351 (TD51)	용체화 처리 후 냉간 가공을 하고, 잔류 응력을 제거하고 다시 자연 시효시킨 것. 용체화 처리 후 강도를 증가시키기 위하여 냉간 가공을 하고, TX51의 영구 변형을 주는 인장 가공에 의해 잔류 응력을 제거한 후, 다시 자연 시효시킨 것.
T3510 (TD510)	용체화 처리 후 냉간 가공을 하고, 잔류 응력을 제거하고 다시 자연 시효시킨 것. 용체화 처리 후 강도를 증가시키기 위하여 냉간 가공을 하고, TX510의 영구 변형을 주는 인장 가공에 의해 잔류 응력을 제거한 후, 다시 자연 시효 시킨 것.
T3511 (TD511)	용체화 처리 후 냉간 가공을 하고, 잔류 응력을 제거하고 다시 자연 시효시킨 것. 용체화 처리 후 강도를 증가시키기 위하여 냉간 가공을 하고, TX511의 영구 변형을 주는 인장 가공에 의해 잔류 응력을 제거한 후, 다시 자연 시효 시킨 것.
T352 (TD52)	용체화 처리 후 냉간 가공을 하고, 잔류 응력을 제거하고 다시 자연 시효시킨 것. 용체화 처리 후 강도를 증가시키기 위하여 냉간 가공을 하고, TX52의 영구 변형을 주는 인장 가공에 의해 잔류 응력을 제거한 후, 다시 자연 시효시킨 것.
T354 (YD54)	용체화 처리 후 냉간 가공을 하고, 잔류 응력을 제거하고 다시 자연 시효시킨 것. 용체화 처리 후 강도를 증가시키기 위하여 냉간 가공을 하고 TX54의 영구 변형을 주는 인장 및 압축의 복합 교정에 의해 영구 변형을 주고 잔류 응력을 제거한 후, 다시 자연 시효시킨 것. 최종 틀에 의한 냉간 재가공을 한 형단조품에 적용한다.
T36 (TD6) T361 (TD61)	T3의 단면 감소율을 거의 6%로 한 것. 용체화 처리 후 강도를 증가시키기 위하여 단면 감소율을 거의 6%의 냉간 가공을 하고, 다시 자연 시효시킨 것.
T37 (TD7)	T3의 단면 감소율을 거의7%로 한 것. 용체화 처리 후 강도를 증가시키기 위하여 단면 감소율을 거의 7%의 냉간 가공을 하고, 다시 자연 시효시킨 것.
T39 (TD9)	T3의 냉간 가공을 규정된 기계적 성질이 얻어질 때까지 실시한 것. 용체화 처리 후 자연 시효 전이나 후에 규정된 기계적 성질이 얻어질 때까지 냉간 가공을 한 것.
T42 (TB2)	T4의 처리를 사용자가 실시한 것. 사용자가 용체화 처리 후 충분한 안정 상태까지 자연 시효시킨 것.
T451 (TB51)	용체화 처리 후 잔류 응력을 제거하고, 다시 자연 시효시킨 것. 용체화 처리 후 TX51의 영구 변형을 주는 인장 가공에 의해 잔류 응력을 제거하고, 다시 자연 시효시킨 것.
T4510 (TB510)	용체화 처리 후 잔류 응력을 제거하고, 다시 자연 시효시킨 것. 용체화 처리 후 TX510의 영구 변형을 주는 인장 가공에 의해 잔류 응력을 제거하고, 다시 자연 시효시킨 것.
T4511 (TB511)	용체화 처리 후 잔류 응력을 제거하고, 다시 자연 시효시킨 것. 용체화 처리 후 TX511의 영구 변형을 주는 인장 가공에 의해 잔류 응력을 제거하고, 다시 자연 시효시킨 것. 다만 이 인장 가공 후 약간의 가공은 허용된다.
T452 (TB52)	용체화 처리 후 잔류 응력을 제거하고, 다시 자연 시효시킨 것. 용체화 처리 후 TX52의 영구 변형을 주는 압축 가공에 의해 잔류 응력을 제거하고, 다시 자연 시효시킨 것.
T454 (TB54)	용체화 처리 후 잔류 응력을 제거하고, 다시 자연 시효시킨 것. 용체화 처리 후 TX54의 영구 변형을 주는 인장과 압축 가공에 의해 잔류 응력을 제거하고, 다시 자연 시효시킨 것.
T51 (TE1)	고온 가공에서 냉각 후 인공 시효 경화 처리한 것. 고온 가공에서 냉각 후 성형성을 향상시키기 위하여 인공 시효 경화 처리 조건을 조정한 것.
T56 (TE6)	고온 가공에서 냉각 후 인공 시효 경화 처리한 것. 고온 가공에서 냉각 후 T5 처리에 의한 것보다 높은 강도를 얻기 위하여 6000계 합금의 인공 시효 경화 처리 조건을 조정한 것.
T61 (TF1)	전신재의 경우, 온수 퀜칭에 의한 용체화 처리 후 인공 시효 경화 처리한 것. 퀜칭에 의한 변형의 발생을 방지하기 위하여 온수에 퀜칭하고, 음으로 인공 시효 경화 처리한 것. 주물의 경우, 용체화 처리 후 인공 시효 경화 처리한 것. T6 처리에 의한 것보다 높은 강도를 얻기 위하여 인공 시효 경화 처리 조건을 조정한 것.
T6151 (TF151)	용체화 처리 후 잔류 응력을 제거하고, 다시 인공 시효 경화 처리한 것. 용체화 처리 후 TX51의 영구 변형을 주는 인장 가공에 의해 잔류 응력을 제거하고, 다시 성형성을 향상시키기 위하여 인공 시효 경화 처리 조건을 조정한 것.

■ TXY의 구체적인 보기와 그 의미(계속)

기 호	의 미
T62 (TF2)	T6의 처리를 사용자가 한 것. 사용자가 용체화 처리 후 인공 시효 경화 처리한 것.
T64 (TF4)	용체화 처리 후 인공 시효 경화 처리한 것. 용체화 처리 후 성형성을 향상시키기 위하여 인공 시효 경화 처리 조건을 T6과 T61의 중간으로 조정한 것.
T651 (TF51)	용체화 처리 후 잔류 응력을 제거하고, 다시 인공 시효 경화 처리한 것. 용체화 처리 후 TX51의 영구 변형을 주는 인장 가공에 의해 잔류 응력을 제거하고, 다시 인공 시효 경화 처리한 것.
T6510 (TF510)	용체화 처리 후 잔류 응력을 제거하고, 다시 인공 시효 경화 처리한 것. 용체화 처리 후 TX510의 영구 변형을 주는 인장 가공에 의해 잔류 응력을 제거하고, 다시 인공 시효경화 처리한 것.
T6511 (TF511)	용체화 처리 후 잔류 응력을 제거하고, 다시 인공 시효 경화 처리한 것. 용체화 처리 후 TX511의 영구 변형을 주는 인장 가공에 의해 잔류 응력을 제거하고, 다시 인공 시효 경화 처리한 것. 다만 이 인장 가공 후 약간의 가공은 허용된다.
T652 (TF52)	용체화 처리 후 잔류 응력을 제거하고, 다시 인공 시효 경화 처리한 것. 용체화 처리 후 TX52의 영구 변형을 주는 압축 가공에 의해 잔류 응력을 제거하고, 다시 인공 시효경화 처리한 것.
T654 (TF54)	용체화 처리 후 잔류 응력을 제거하고, 다시 인공 시효 경화 처리한 것. 용체화 처리 후 TX54의 영구 변형을 주는 인장과 압축의 복합 교정에 의해 잔류 응력을 제거하고, 다시 인공 시효 경화 처리한 것.
T66 (TF6)	용체화 처리 후 인공 시효 경화 처리한 것. T6 처리에 의한 것보다 높은 강도를 얻기 위하여 6000계 합금의 인공 시효 경화 처리 조건을 조정한 것.
T73 (TM3)	용체화 처리 후 인공 시효 경화 처리한 것. 용체화 처리 후 내응력 부식 균열성을 최대로 하기 위하여 과시효 처리한 것.
T732 (TM32)	T73의 처리를 사용자가 한 것. 사용자가 용체화 처리 후 내응력 부식 균열성을 최대로 하기 위하여 과시효 처리한 것.
T7351 (TM351)	용체화 처리 후 잔류 응력을 제거하고, 다시 과시효 처리한 것. 용체화 처리 후 TX51의 영구 변형을 주는 인장 가공에 의해 잔류 응력을 제거하고, 다시 T73의 조건에서 과시효 처리한 것.
T73510 (TM3510)	용체화 처리 후 잔류 응력을 제거하고, 다시 과시효 처리한 것. 용체화 처리 후 TX510의 영구 변형을 주는 인장 가공에 의해 잔류 응력을 제거하고, 다시 T73의 조건에서 과시효 처리한 것.
T73511 (TM3511)	용체화 처리 후 잔류 응력을 제거하고, 다시 과시효 처리한 것. 용체화 처리 후 TX511의 영구 변형을 주는 인장 가공에 의해 잔류 응력을 제거하고, 다시 T73의 조건에서 과시효 처리한 것. 다만 이 인장 가공 후 약간의 가공은 허용된다.
T7352 (TM352)	용체화 처리 후 잔류 응력을 제거하고, 다시 과시효 처리한 것. 용체화 처리 후 TX52의 영구 변형을 주는 압축 가공에 의해 잔류 응력을 제거하고, 다시 T73의 조건에서 과시효 처리한 것.
T7354 (TM354)	용체화 처리 후 잔류 응력을 제거하고, 다시 과시효 처리한 것. 용체화 처리 후 TX54의 영구 변형을 주는 인장과 압축의 복합 교정에 의해 잔류 응력을 제거하고, 다시 T73의 조건에서 과시효 처리한 것.
T74 (TM4)	용체화 처리 후 과시효 처리한 것. 용체화 처리 후 내응력 부식 균열성을 조정하기 위하여 T73과 T76의 중간의 과시효 처리한 것.
T7451 (TM451)	용체화 처리 후 잔류 응력을 제거하고, 다시 과시효 처리한 것. 용체화 처리 후 TX51의 영구 변형을 주는 인장 가공에 의해 잔류 응력을 제거하고, 다시 T74의 조건에서 과시효 처리한 것.
T74510 (TM4510)	용체화 처리 후 잔류 응력을 제거하고, 다시 과시효 처리한 것. 용체화 처리 후 TX510의 영구 변형을 주는 인장 가공에 의해 잔류 응력을 제거하고, 다시 T74의 조건에서 과시효 처리한 것.
T74511 (TM4511)	용체화 처리 후 잔류 응력을 제거하고, 다시 과시효 처리한 것. 용체화 처리 후 TX511의 영구 변형을 주는 인장 가공에 의해 잔류 응력을 제거하고, 다시 T74의 조건에서 과시효 처리한 것. 다만 이 인장 가공 후 약간의 가공은 허용된다.
T7452 (TM452)	용체화 처리 후 잔류 응력을 제거하고, 다시 과시효 처리한 것. 용체화 처리 후 TX52의 영구 변형을 주는 압축 가공에 의해 잔류 응력을 제거하고, 다시 T74의 조건에서 과시효 처리한 것.
T7454 (TM454)	용체화 처리 후 잔류 응력을 제거하고, 다시 과시효 처리한 것. 용체화 처리 후 TX54의 영구 변형을 주는 인장과 압축의 복합 교정에 의해 잔류 응력을 제거하고, 다시 T74의 조건에서 과시효 처리한 것.

■ TXY의 구체적인 보기와 그 의미(계속)

기 호	의 미
T76 (TM6)	용체화 처리 후 과시효 처리한 것. 용체화 처리 후 내박리 부식성을 좋게 하기 위하여 과시효 처리한 것.
T761 (TM61)	용체화 처리 후 과시효 처리한 것. 용체화 처리 후 내박리 부식성을 좋게 하기 위하여 과시효 처리한 것. 7475 합금의 박판 및 조에 적용한다.
T762 (TM62)	T76의 처리를 사용자가 한 것. 사용자가 용체화 처리 후 내박리 부식성을 좋게 하기 위하여 과시효 처리한 것.
T7651 (TM6510)	용체화 처리 후 잔류 응력을 제거하고, 다시 과시효 처리한 것. 용체화 처리 후 TX51의 영구 변형을 주는 인장 가공에 의해 잔류 응력을 제거하고, 다시 T76의 조건에서 과시효 처리한 것.
T76510 (TM6510)	용체화 처리 후 잔류 응력을 제거하고, 다시 과시효 처리한 것. 용체화 처리 후 TX510의 영구 변형을 주는 인장 가공에 의해 잔류 응력을 제거하고, 다시 T76의 조건에서 과시효 처리한 것.
T76511 (TM6511)	용체화 처리 후 잔류 응력을 제거하고, 다시 과시효 처리한 것. 용체화 처리 후 TX511의 영구 변형을 주는 인장 가공에 의해 잔류 응력을 제거하고, 다시 T76의 조건에서 과시효 처리한 것.
T7652 (TM652)	용체화 처리 후 잔류 응력을 제거하고, 다시 과시효 처리한 것. 용체화 처리 후 TX52의 영구 변형을 주는 압축 가공에 의해 잔류 응력을 제거하고, 다시 T76의 조건에서 과시효 처리한 것.
T7654 (TM654)	용체화 처리 후 잔류 응력을 제거하고, 다시 과시효 처리한 것. 용체화 처리 후 TX54의 영구 변형을 주는 인장과 압축의 복합 교정에 의해 잔류 응력을 제거하고, 다시 T76의 조건에서 과시효 처리한 것.
T79 (TM9)	용체화 처리 후 과시효 처리한 것. 용체화 처리 후 아주 약간 과시효 처리한 것.
T79510 (TM9510)	용체화 처리 후 잔류 응력을 제거하고, 다시 과시효 처리한 것. 용체화 처리 후 TX510의 영구 변형을 주는 인장 가공에 의해 잔류 응력을 제거하고, 다시 T79의 조건에서 과시효 처리한 것.
T79511 (TM9511)	용체화 처리 후 잔류 응력을 제거하고, 다시 과시효 처리한 것. 용체화 처리 후 TX511의 영구 변형을 주는 인장 가공에 의해 잔류 응력을 제거하고, 다시 T79의 조건에서 과시효 처리한 것. 다만 이 인장 가공 후 약간의 가공은 허용된다.
T81 (TH1)	T8의 단면 감소율을 거의 1%로 한 것. 용체화 처리 후 강도를 증가시키기 위하여 단면 감소율을 거의 1%의 냉간 가공을 하고, 다시 인공 시효 경화 처리한 것.
T82 (TH2)	T8의 처리를 사용자가 하고 단면 감소율을 거의 2%로 한 것. 사용자가 용체화 처리 후 2%의 영구 변형을 주는 인장 가공을 하고, 다시 인공 시효 경화 처리한 것.
T83 (TH3)	T8의 단면 감소율을 거의 3%로 한 것. 용체화 처리 후 강도를 증가시키기 위하여 단면 감소율을 거의 3%의 냉간 가공을 하고, 다시 인공 시효 경화 처리한 것.
T832 (TH32)	T8의 냉간 가공 조건을 조정한 것. 용체화 처리 후 강도를 증가시키기 위하여 냉간 가공 조건을 조정하고, 다시 인공 시효 경화 처리한 것.
T841 (TH41)	T8의 인공 시효 경화 처리 조건을 조정한 것. 용체화 처리 후 강도를 증가시키기 위하여 냉간 가공을 하고, 다시 인공 시효 경화 처리한 것.
T84151 (TH4151)	용체화 처리 후 잔류 응력을 제거하고, 다시 인공 시효 경화 처리 조건을 조정한 것. 용체화 처리 후 TX51의 영구 변형을 주는 인장 가공에 의해 잔류 응력을 제거하고, 다시 인공 시효 경화 처리한 것.
T851 (TH51)	용체화 처리 후 냉간 가공을 하고, 잔류 응력을 제거하고, 다시 인공 시효 경화 처리한 것. 용체화 처리 후 TX51의 영구 변형을 주는 인장 가공에 의해 잔류 응력을 제거하고, 다시 인공 시효 경화 처리한 것.
T8510 (TH510)	용체화 처리 후 냉간 가공을 하고, 잔류 응력을 제거하고 다시 인공 시효 경화 처리한 것. 용체화 처리 후 강도를 증가시키기 위하여 냉간 가공을 하고, TX510의 영구 변형을 주는 인장 가공에 의해 잔류 응력을 제거하고, 다시 인공 시효 경화 처리한 것.
T8511 (TH511)	용체화 처리후 냉간 가공을 하고, 잔류 응력을 제거하고 다시 인공 시효 경화 처리한 것. 용체화 처리 후 강도를 증가시키기 위하여 냉간 가공을 하고, TX511의 영구 변형을 주는 인장 가공에 의해 잔류 응력을 제거하고, 다시 인공 시효 경화 처리한 것. 다만 이 인장 가공 후 약간의 가공은 허용된다.
T852 (TH52)	용체화 처리 후 냉간 가공을 하고, 잔류 응력을 제거하고 다시 인공 시효 경화 처리한 것. 용체화 처리 후 강도를 증가시키기 위하여 냉간 가공을 하고, TX52의 영구 변형을 주는 압축 가공에 의해 잔류 응력을 제거하고, 다시 인공 시효 경화 처리한 것.

■ TXY의 구체적인 보기와 그 의미(계속)

기 호	의 미
T854 (TH54)	용체화 처리 후 냉간 가공을 하고 잔류 응력을 제거하고 다시 인공 시효 경화 처리한 것. 용체화 처리 후 강도를 증가시키기 위하여 냉간 가공을 하고, TX54의 영구 변형을 주는 인장 및 압축의 복합 교정에 의해 잔류 응력을 제거하고, 다시 인공 시효 경화 처리한 것.
T86 (TH6) T861 (TH61)	T36을 인공 시효 경화 처리한 것. 용체화 처리 후 강도를 증가시키기 위하여 단면 감소율을 거의 6%의 냉간 가공을 하고, 다시 인공 시효 경화 처리한 것.
T87 (TH7)	T37을 인공 시효 경화 처리한 것. 용체화 처리 후 강도를 증가시키기 위하여 단면 감소율을 거의 7%의 냉간 가공을 하고, 다시 인공 시효 경화 처리한 것.
T89 (TH9)	T39를 인공 시효 경화 처리한 것. 용체화 처리 후 규정된 기계적 성질이 얻어질 때까지 냉간 가공을 하고, 다시 인공 시효 경화 처리한 것.

【비 고】 1. ( )는 대응 ISO 기호이며 이것을 사용하여도 좋다.

● 니켈강

5% 이하의 니켈을 함유한 것이 많고 보통 니켈의 함유량이 1.5%, 3%, 5%의 3종류로서 그 중 탄소량이 0.2% 이하인 것은 침탄강으로 사용되고 0.2~0.5% 인 것은 열처리를 하여 사용된다. 인장강도 및 경도가 높고 인성이 보통 탄소강의 수배에 이르며 내식성이 있다. 니켈 20% 이상을 함유한 것은 연성이 있으며 큰 충격에 견딘다. 니켈 25~35%인 것은 내식성으로 비자성을 지닌다.

● 크롬강

크롬은 복탄화물을 만들어 강의 경도를 증가시키며, 자경성을 갖고 있으나 그 밖의 기계적 성질은 니켈강에 비해 열악하다.

● 니켈크롬강

탄소의 함유량을 적게 하고 침탄된 것은 매마모성 또는 인성을 필요로 하는 곳에 적합하다. 탄소함유량은 0.3% 내외이며 니켈 1.3~4.4, 크롬 0.6~1.3% 이다.

CHAPTER

03 마그네슘 합금의 전신재

3-1 이음매 없는 마그네슘 합금 관

Magnesium alloy seamless pipes and tubes

KS D 5573 : 2006

■ 적용 범위

이 규격은 압출에 의하여 제조한 단면이 둥근 모양인 이음매 없는 마그네슘 합금 관에 대하여 규정한다.

■ 종류 및 기호

종 류	기 호	대응 ISO 기호	상당 합금(참고)			
			ASTM	BS	DIN	NF
1종B	MT1B	ISO-MgAl3Zn1(A)	AZ31B	MAG110	3.5312	G-A3Z1
1종C	MT1C	ISO-MgAl3Zn1(B)	–	–	–	–
2종	MT2	ISO-MgAl6Zn1	AZ61A	MAG121	3.5612	G-A6Z1
5종	MT5	ISO-MgZn3Zr	–	MAG151	–	–
6종	MT6	ISO-MgZn6Zr	ZK60A	–	–	–
8종	MT8	ISO-MgMn2	–	–	–	–
9종	MT9	ISO-MgZn2Mn1	–	MAG131	–	–

【비 고】 1. 위 기호 뒤에는 [표 : 기계적 성질]에서와 같은 질별을 나타내는 기호를 붙인다.

■ 화학 성분

단위 : %(질량분율)

종 류	기 호	화학 성분											
		Mg	Al	Zn	Mn	Zr	Fe	Si	Cu	Ni	Ca	기타[(1)]	기타 합계[(1)]
1종B	MT1B	나머지	2.4~3.6	0.50~1.5	0.15~1.0	–	0.005이하	0.10이하	0.05이하	0.005 이하	0.04 이하	0.05 이하	0.30 이하
1종C	MT1C	나머지	2.4~3.6	0.5~1.5	0.05~0.4	–	0.05이하	0.1이하	0.05이하	0.005 이하	–	0.05 이하	0.30 이하
2종	MT2	나머지	5.5~6.5	0.50 · 1.5	0.15~0.40	–	0.005이하	0.10이하	0.05이하	0.005 이하	–	0.05 이하	0.30 이하
5종	MT5	나머지	–	2.5~4.0	–	0.45~0.8	–	–	–	–	–	0.05 이하	0.30 이하
6종	MT6	나머지	–	4.8~6.2	–	0.45~0.8	–	–	–	–	–	0.05 이하	0.30 이하
8종	MT8	나머지	–	–	1.2~2.0	–	–	0.10이하	0.05이하	0.01 이하	–	0.05 이하	0.30 이하
9종	MT9	나머지	0.1 이하	1.75~2.3	0.6~1.3	–	0.06이하	0.10이하	0.1이하	0.005 이하	–	0.05 이하	0.30 이하

【주】 1. 기타 원소는 이의 존재가 예측되는 경우나 통상적인 분석과정 중 규격을 초과할 가능성이 있는 경우에만 분석한다.을 한다.

■ 기계적 성질(2)

종류	질별[3]	대응 ISO 질별	기호 및 질별	두께 mm	인장 시험		
					인장 강도 N/mm^2	항복 강도 N/mm^2	연신율 %
1종B	F	F	MT1B-F	1 이상 10 이하	220 이상	140 이상	10 이상
1종C			MT1C-F				
2종	F	F	MT2-F	10이상 10 이하	260 이상	150 이상	10 이상
5종	T5	T5	MT5-T5	전 단면 치수	275 이상	255 이상	4 이상
6종	F	F	MT6-F	전 단면 치수	275 이상	195 이상	5 이상
	T5	T5	MT6-T5	전 단면 치수	315 이상	260 이상	4 이상
8종	F	F	MT8-F	2 이하	225 이상	165 이상	2 이상
				2 초과	200 이상	145 이상	15 이상
9종	F	F	MT9-F	10 이하	230 이상	150 이상	8 이상
				10 초과 75 이하	245 이상	160 이상	10 이상

[주] 2. 기계적 성질은 KS D 0004에 규정된 기호, 정의 및 의미에 따른다.
3. 질별 기호 F의 기계적 성질은 참고값이다.

■ 관의 바깥지름의 허용차

단위 : mm

지 름	허용차 규정 바깥지름에 대한 차이	
	평균 바깥지름	규정 바깥지름
10 이상 30 미만	±0.25	±0.50
30 이상 50 미만	±0.35	±0.60
50 이상 80 미만	±0.45	±0.80
80 이상 120 미만	±0.65	±1.20

■ 관 두께의 허용차

지 름 mm	허용차 규정 바깥지름에 대한 차이 %	
	평균 바깥지름	규정 바깥지름
1 이상 2 미만	±10	±13
2 이상 3 미만	±8	±11
3 이상	±7	±10

3-2 마그네슘 합금 판, 대 및 코일판

Magnesium alloy sheets, plates, strips and coiled sheets KS D 6710 : 2006

■ 적용 범위

이 규격은 압연된 마그네슘 합금의 판, 대 및 코일판에 대해서 규정한다.

■ 종류 및 기호

종류	기호	대응 ISO 기호	상당 합금(참고)				적용 용도 (참고)
			ASTM	BS	DIN	NF	
1종B	MP1B	ISO-MgAl3Zn1(A)	AZ31B	MAG110	3.5312	G-A3Z1	성형용, 전극판 등
1종C	MP1C	ISO-MgAl3Zn1(B)	–	–	–	–	에칭판, 인쇄판 등
7종	MP7	–	–	–	–	–	성형용, 에칭판, 인쇄판 등
9종	MP9	ISO-MgMn2Mn1	–	MAG131	–	–	성형용 등

【비 고】 1. 위 기호 뒤에는 [표 : 기계적 성질]에서와 같은 질별을 나타내는 기호를 붙인다.

【보 기】 1. MP1B-O

■ 화학 성분

단위 : %(질량분율)

종류	기호	화학 성분										
		Mg	Al	Zn	Mn	Fe	Si	Cu	Ni	Ca	기타(1)	기타 합계(1)
1종B	MP1B	나머지	2.4~3.6	0.50~1.5	0.15~1.0	0.005이하	0.10이하	0.05이하	0.005이하	0.04이하	0.05이하	0.30이하
1종C	MP1C	나머지	2.4~3.6	0.5~1.5	0.05~0.4	0.05이하	0.10이하	0.05이하	0.005이하	–	0.05이하	0.30이하
7종	MP7	나머지	1.5~2.4	0.50~1.5	0.05~0.6	0.010이하	0.10이하	0.10이하	0.005이하	–	0.05이하	0.30이하
9종	MP9	나머지	0.1이하	1.75~2.3	0.6~1.3	0.06이하	0.10이하	0.10이하	0.005이하	–	0.05이하	0.30이하

■ 기계적 성질

종 류	질별기호(2)	대응 ISO 질별	기호 및 질별기호	두께 mm	인장 시험		
					인장 강도 N/mm^2	항복 강도 N/mm^2	연신율 %
1종B 1종C	O	O	MP1B-O MP1C-O	0.5 이상 6 이하 6 초과 25 이하	220 이상 210 이상	105 이상 105 이상	11 이상 9 이상
	F	–	MP1B-F MP1C-F	–	–	–	–
	H12 H22	H×2	MP1B-H12 -H22 MP1C-H12 -H22	0.5 이상 6 이하 6 초과 25 이하	250 이상 220 이상	160 이상 120 이상	5 이상 8 이상
	H14 H24	H×4	MP1B-H14 -H24 MP1C-H14 -H24	0.5 이상 6 이하 6 초과 25 이하	260 이상 250 이상	200 이상 160 이상	4 이상 6 이상
7종	O	–	MP7-O	0.5 이상 6 이하	190 이상	90 이상	13 이상
	F	–	MP7-F	–	–	–	–
9종	O	O	MP9-O	6 이상 25 이하	220 이상	120 이상	8 이상
	H14 H24	H×4	MP9-H14 -H24	6 이상 25 이하	250 이상	165 이상	5 이상

【주】 1. 기타 원소는 이의 존재가 예측되는 경우나 통상적인 분석과정 중 규격을 초과할 가능성이 있는 경우에만 분석한다.
2. 기계적 성질은 KS D 0004에 규정된 기호, 정의 및 의미에 따른다.

■ 두께, 나비 및 길이의 허용차

단위 : mm

두 께	허용차		
	두 께	나 비	길 이
0.5 이상 0.75 이하	±0.05	±3	±8
0.75 초과 1.0 이하	±0.06	±3	±8
1.0 초과 2.5 이하	±0.08	±3	±8
2.5 초과 3.5 이하	±0.11	±5	±8
3.5 초과 4.5 이하	±0.15	±5	±8
4.5 초과 5.0 이하	±0.18	±5	±8
5.0 초과 6.0 이하	±0.23	±5	±8

[비 고] 1. 허용차는 '+' 또는 '-'만으로 지정하는 경우는 상기 수치의 2배로 한다.
2. 규정 범위 외의 치수의 두께, 나비 및 길이의 허용차는 인수 · 인도 당사자 사이의 협의에 따른다.

■ 대의 나비 허용차

단위 : mm

두께	허용차			
	나비			
	150 이하	150 초과 300 이하	300 초과 600 이하	600 초과 1200 이하
0.4 초과 3.1 이하	±0.5	±0.8	±1.0	±1.5
3.1 초과 4.5 이하	±0.8	±1.0	±1.5	±2.0

[비 고] 1. 허용차는 '+' 또는 '-'만으로 지정하는 경우는 상기 수치의 2배로 한다.
2. 규정 범위 외의 치수의 두께, 나비 및 길이의 허용차는 인수 · 인도 당사자 사이의 협의에 따른다.

■ 대의 변형량 최대치(3)

단위 : mm

두께	허용차(길이 2000mm당)			
	나비			
	15 초과 25 이하	25 초과 50 이하	50 초과 100 이하	100 초과 300 이하
0.4 초과 1.6 이하	20	15	10	7
1.6 초과 3.1 이하	-	-	10	7

[주] 3. 변형량은 규정된 길이(2000 mm)당 곡률의 깊이를 말한다.

[비 고] 1. 규정 범위 이외의 변형량의 최대치는 인수 · 인도 당사자 사이의 협의에 따른다.

3-3 마그네슘 합금 압출 형재

Magnesium alloy extruded shapes

KS D 6723 : 2006

■ 적용 범위

이 규격은 마그네슘 합금 압출 형재에 대하여 규정한다.

■ 종류 및 기호

종류	기호	대응 ISO 기호	상당 합금(참고)			
			ASTM	BS	DIN	NF
1종B	MS1B	ISO-MgAl3Zn1(A)	AZ31B	MAG110	3.5312	G-A3Z1
1종C	MS1C	ISO-MgAl3Zn1(B)	–	–	–	–
2종	MS2	ISO-MgAl6Zn1	AZ61A	MAG121	3.5612	G-A6Z1
3종	MS3	ISO-MgAl8Zn	AZ80A	–	3.5812	–
5종	MS5	ISO-MgZn3Zr	–	MAG151	–	–
6종	MS6	ISO-MgZn6Zr	AK60A	–	–	–
8종	MS8	ISO-MgMn2	–	–	–	–
9종	MS9	ISO-MgMn2Mn1	–	MAG131	–	–
10종	MS10	ISO-MgMn7Cul	ZC71A	–	–	–
11종	MS11	ISO-MgY5RE4Zr	WE54A	–	–	–
12종	MS12	ISO-MgY4RE3Zr	WE43A	–	–	–

【비 고】 1. [표 : 형재의 기계적 성질], [표 : 중공 형재의 기계적 성질]의 질별을 나타내는 기호는 위 기호의 뒤에 붙인다.

【보 기】 1. MS1B-F

■ 화학 성분

단위 : %(질량분율)

종류	기호	화학 성분														
		Mg	Al	Zn	Mn	RE(1)	Zr	Y	Li	Fe	Si	Cu	Ni	Ca	기타(2)	기타 합계(2)
1종B	MS1B	나머지	2.4~3.6	0.50~1.5	0.15~1.0	–	–	–	–	0.005 이하	0.10 이하	0.05 이하	0.005 이하	0.04 이하	0.05 이하	0.30 이하
1종C	MS1C	나머지	2.4~3.6	0.5~1.5	0.05~0.4	–	–	–	–	0.05 이하	0.10 이하	0.05 이하	0.005 이하	–	0.05 이하	0.30 이하
2종	MS2	나머지	5.5~6.5	0.5~1.5	0.15~0.40	–	–	–	–	0.005 이하	0.10 이하	0.05 이하	0.005 이하	–	0.05 이하	0.30 이하
3종	MS3	나머지	7.8~9.2	0.20~0.8	0.12~0.40	–	–	–	–	0.005 이하	0.10 이하	0.05 이하	0.005 이하	–	0.05 이하	0.30 이하
5종	MS5	나머지	–	2.5~4.0	–	–	0.45~0.8	–	–	–	–	–	–	–	0.05 이하	0.30 이하
6종	MS6	나머지	–	4.8~6.2	–	–	0.45~0.8	–	–	–	–	–	–	–	0.05 이하	0.30 이하
8종	MS8	나머지	–	–	1.2~2.0	–	–	–	–	–	0.10 이하	0.05 이하	0.001 이하	–	0.05 이하	0.30 이하
9종	MS9	나머지	0.1 이하	1.75~2.3	0.6~1.3	–	–	–	–	0.06 이하	0.10 이하	0.1 이하	0.005 이하	–	0.05 이하	0.30 이하
10종	MS10	나머지	0.2 이하	6.0~7.0	0.5~1.0	–	–	–	–	0.05 이하	0.10 이하	1.0~1.5	0.001 이하	–	0.05 이하	0.30 이하
11종	MS11	나머지	–	0.20 이하	0.03 이하	1.5~4.0	0.4~1.0	4.75~5.5	0.2 이하	0.010 이하	0.01 이하	0.02 이하	0.005 이하	–	0.01 이하	0.30 이하
12종	MS12	나머지	–	0.20 이하	0.03 이하	2.4~4.4	0.4~1.0	3.7~4.3	0.2 이하	0.010 이하	0.01 이하	0.02 이하	0.005 이하	–	0.01 이하	0.30 이하

【주】 1. RE는 니오븀(Nd)과 기타의 희토류 원소를 의미한다.

2. 기타 원소는 이의 존재가 예측되는 경우나 통상적인 분석과정 중 규격을 초과할 가능성이 있는 경우에만 분석한다.

■ 형재의 기계적 성질(3)

종류	질별기호[4]	대응 ISO 질별	기호 및 질별기호	두께 mm	인장 시험		
					인장 강도 N/mm^2	항복 강도 N/mm^2	연신율 %
1종B	F	F	MS1B−F	1 이상 10 이하	220 이상	140 이상	10 이상
1종C			MS1C−F	10 초과 65 이하	240 이상	150 이상	10 이상
2종	F	F	MS2−F	1 이상 10 이하	260 이상	160 이상	6 이상
				10 초과 40 이하	270 이상	180 이상	10 이상
				40 초과 65 이하	260 이상	160 이상	10 이상
3종	F	F	MS3−F	40 이하	295 이상	195 이상	10 이상
				40 초과 60 이하	295 이상	195 이상	8 이상
				60 초과 130 이하	290 이상	185 이상	8 이상
	T5	T5	MS3−T5	6 이하	325 이상	205 이상	4 이상
				6 초과 60 이하	330 이상	230 이상	4 이상
				60 초과 130 이하	310 이상	205 이상	2 이상
5종	F	F	MS5−F	10 이하	280 이상	200 이상	8 이상
				10초과 100 이하	300 이상	255 이상	8 이상
	T5	T5	MS5−T5	단면의 모든 치수	275 이상	255 이상	4 이상
6종	F	F	MS6−F	50 이하	300 이상	210 이상	5 이상
	T5	T5	MS6−T5	50 이하	310 이상	230 이상	5 이상
8종	F	F	MS8−F	10 이하	230 이상	120 이상	3 이상
				10 초과 50 이하	230 이상	120 이상	3 이상
				50 초과 100 이하	200 이상	120 이상	3 이상
9종	F	F	MS9−F	10 이하	230 이상	150 이상	8 이상
				10 초과 75 이하	245 이상	160 이상	10 이상
10종	F	F	MS10−F	10 초과 130 이하	250 이상	160 이상	7 이상
	T6	T6	MS10−T6	10 초과 130 이하	325 이상	300 이상	3 이상
11종	T5	T5	MS11−T5	10 이상 50 이하	250 이상	170 이상	8 이상
				50 초과 100 이하	250 이상	160 이상	6 이상
	T6	T6	MS11−T6	10 이상 50 이하	250 이상	160 이상	8 이상
				50 초과 100 이하	250 이상	160 이상	6 이상
12종	T5	T5	MS12−T5	10 이상 50 이하	230 이상	140 이상	5 이상
				50 초과 100 이하	220 이상	130 이상	5 이상
	T6	T6	MS12−T6	10 이상 50 이하	220 이상	130 이상	8 이상
				50 초과 100 이하	220 이상	130 이상	6 이상

[주] 3. 기계적 성질은 KS D 0004에 규정된 기호, 정의 및 의미를 따라야 한다.
4. 질별 기호 F는 참고값이다.

■ 중공 형재의 기계적 성질

종류	질별(4)	대응 ISO 질별	기호 및 질별	두께 mm	인장 시험		
					인장강도 N/mm²	항복강도 N/mm²	연신율 %
1종B	F	F	MS1B−F	1 이상 10 이하	220 이상	140 이상	10 이상
1종C			MS1C−F				
2종	F	F	MS2−F	1 이상 10 이하	260 이상	150 이상	10 이상
3종	F	F	MS3−F	10 이하	295 이상	195 이상	7 이상
5종	T5	T5	MS5−T5	단면의 모든 치수	275 이상	225 이상	4 이상
6종	F	F	MS6−F	단면의 모든 치수	275 이상	195 이상	5 이상
	T5	T5	MS6−T5	단면의 모든 치수	315 이상	260 이상	4 이상
8종	F	F	MS8−F	2 이하	225 이상	165 이상	2 이상
				2 초과	200 이상	145 이상	1.5 이상
9종	F	F	MS9−F	10 이하	230 이상	150 이상	8 이상
				10 초과 75 이하	245 이상	160 이상	10 이상

【비 고】 1. 규정 두께 이외의 치수를 갖는 형재의 기계적 성질은 인수 · 인도 당사자 사이의 협의에 따른다.

● 텅스텐강

보통 탄소 0.5~1.5%, 크롬 0.5~3.0%, 텅스텐 0.5~1.0% 로서 담금질과 뜨임을 하면 강도가 높아지고 내마모성이 좋으며 높은 온도에도 견딘다.

● 몰리브덴강

몰리브덴은 탈탄작용을 하며 고온 가공시 산화물을 박리하여 표면을 곱게 하고 단접을 쉽게 한다. 고온, 고압에 사용하는 재료로서 특히 중요시되고 있다.

● 규소강

규소를 0.5~4.2% 함유시키고 탄소 그 외의 불순물을 가능한 적게 하면 자기감응도가 크고 더욱이 잔류자기가 적은 것이 얻어진다. 또 탄소 0.4~0.6%에 규소 1~2%를 첨가한 것은 탄성한도가 높다.

3-4 마그네슘 합금 봉

Magnesium alloy bars

KS D 6724 : 2006

■ 적용 범위

이 규격은 압출에 의하여 제조한 단면이 원형, 직사각형, 정사각형, 정육각형 또는 정팔각형의 마그네슘 합금 봉에 대하여 규정한다.

■ 종류 및 기호

종류	기호	대응 ISO 기호	상당 합금			
			ASTM	BS	DIN	NF
1B종	MB1B	ISO-MgAl3Zn1(A)	AZ31B	MAG110	3.5312	G-A3Z1
1C종	MB1C	ISO-MgAl3Zn1(B)	–	–	–	–
2종	MB2	ISO-MgAl6Zn1	AZ61A	MAG121	3.5612	G-A6Z1
3종	MB3	ISO-MgAl8Zn	AZ80A	–	3.5812	–
5종	MB5	ISO-MgZn3Zr	–	MAG151	–	–
6종	MB6	ISO-MgZn6Zr	ZK60A	–	–	–
8종	MB8	ISO-MgMn2	–	–	–	–
9종	MB9	ISO-MgZn2Mn1	–	MAG131	–	–
10종	MB10	ISO-MgZn7Cul	ZC71A	–	–	–
11종	MB11	ISO-MgY5RE4Zr	WE54A	–	–	–
12종	MB12	ISO-MgY4RE3Zr	WE43A	–	–	–

【비 고】 1. [표 : 기계적 성질]의 질별을 나타내는 기호는 위 기호의 뒤에 붙인다.

■ 화학 성분

단위 : %

종류	기호	화학 성분														
		Mg	Al	Zn	Mn	RE(1)	Zr	Y	Li	Fe	Si	Cu	Ni	Ca	기타(2)	기타 합계(2)
1B종	MB1B	나머지	2.4~3.6	0.50~1.5	0.15~1.0	–	–	–	–	0.005 이하	0.10 이하	0.05 이하	0.005 이하	0.04 이하	0.05 이하	0.30 이하
1C종	MB1C	나머지	2.4~3.6	0.5~1.5	0.05~0.4	–	–	–	–	0.05 이하	0.10 이하	0.05 이하	0.005 이하	–	0.05 이하	0.30 이하
2종	MB2	나머지	5.5~6.5	0.50~1.5	0.15~0.40	0.50~1.5	–	–	–	0.005 이하	0.10 이하	0.05 이하	0.005 이하	–	0.05 이하	0.30 이하
3종	MB3	나머지	7.8~9.2	0.20~0.8	0.12~0.40	–	–	–	–	0.005 이하	0.10 이하	0.05 이하	0.005 이하	–	0.05 이하	0.30 이하
5종	MB5	나머지	–	2.5~4.0	–	–	0.45~0.8	–	–	–	–	–	–	–	0.05 이하	0.30 이하
6종	MB6	나머지	–	4.8~6.2	–	–	0.45~0.8	–	–	–	–	–	–	–	0.05 이하	0.30 이하
8종	MB8	나머지	–	–	1.2~2.0	–	–	–	–	–	0.10 이하	0.05 이하	0.10 이하	–	0.05 이하	0.30 이하
9종	MB9	나머지	0.1 이하	1.75~2.3	0.6~1.3	–	–	–	–	0.06 이하	0.10 이하	0.1 이하	0.005 이하	–	0.05 이하	0.30 이하
10종	MB10	나머지	0.2 이하	6.0~7.0	0.5~1.0	–	–	–	–	0.05 이하	0.10 이하	1.0~1.5	0.01 이하	–	0.05 이하	0.30 이하
11종	MB11	나머지	–	0.20 이하	0.03 이하	1.5~4.0	0.4~1.0	4.75~5.5	0.2 이하	0.010 이하	0.01 이하	0.02 이하	0.005 이하	–	0.01 이하	0.30 이하
12종	MB12	나머지	–	0.20 이하	0.03 이하	2.4~4.4	0.4~1.0	3.7~4.3	0.2 이하	0.010 이하	0.01 이하	0.02 이하	0.005 이하	–	0.01 이하	0.30 이하

【주】 1. RE는 니오븀(Nd)과 기타의 희토류 원소를 의미한다.
2. 기타 원소는 이의 존재가 예측되는 경우나 통상적인 분석과정 중 규격을 초과할 가능성이 있는 경우에만 분석한다.

■ 기계적 성질(3)

종류	질별[(4)]	대응 ISO 질별	기호 및 질별	지름 mm	인장 시험		
					인장 강도 N/mm^2	항복 강도 N/mm^2	연신율 %
1B종	F	F	MB1B–F	1 이상 10 이하	220 이상	140 이상	10 이상
1C종			MB1C–F	10 초과 65 이하	240 이상	150 이상	10 이상
2종	F	F	MB2–F	1 이상 10 이하	260 이상	160 이상	6 이상
				10 초과 40 이하	270 이상	180 이상	10 이상
				40 초과 65 이하	260 이상	160 이상	10 이상
3종	F	F	MB3–F	40 이하	295 이상	195 이상	10 이상
				40 초과 60 이하	295 이상	195 이상	8 이상
				60 초과 130 이하	290 이상	185 이상	8 이상
	T5	T5	MB3–T5	6 이하	325 이상	205 이상	4 이상
				6 초과 60 이하	330 이상	230 이상	4 이상
				60 초과 130 이하	310 이상	205 이상	2 이상
5종	F	F	MB5–F	10 이하	280 이상	200 이상	8 이상
				10초과 100 이하	300 이상	225 이상	8 이상
	T5	T5	MB5–T5	전단면 치수	275 이상	255 이상	4 이상
6종	F	F	MB6–F	50 이하	300 이상	210 이상	5 이상
	T5	T5	MB6–T5	50 이하	310 이상	230 이상	5 이상
8종	F	F	MB8–F	10 이하	230 이상	120 이상	3 이상
				10 초과 50 이하	230 이상	120 이상	3 이상
				50 초과 100 이하	200 이상	120 이상	3 이상
9종	F	F	MB9–F	10 이하	230 이상	150 이상	8 이상
				10 초과 75 이하	245 이상	160 이상	10 이상
10종	F	F	MB10–F	10 이상 130 이하	250 이상	160 이상	7 이상
	T6	T6	MB10–T6	10 이상 130 이하	325 이상	300 이상	3 이상
11종	T5	T5	MB11–T5	10 이상 50 이하	250 이상	170 이상	8 이상
				50 초과 100 이하	250 이상	160 이상	6 이상
	T6	T6	MB11–T6	10 이상 50 이하	250 이상	160 이상	8 이상
				50 초과 100 이하	250 이상	160 이상	6 이상
12종	T5	T5	MB12–T5	10 이상 50 이하	230 이상	140 이상	5 이상
				50 초과 100 이하	220 이상	130 이상	5 이상
	T6	T6	MB12–T6	10 이상 50 이하	220 이상	130 이상	8 이상
				50 초과 100 이하	220 이상	130 이상	6 이상

【주】 3. 기계적 성질은 KS D 0004에 규정된 기호, 정의 및 의미를 따라야 한다.
4. 질별 기호 F는 참고값이다.

납 및 납합금의 전신재

4-1 납 및 납합금 판

Lead and lead alloy sheets and plates

KS D 5512 : 1995 (2005 확인)

■ 적용 범위

이 규격은 압연한 일반 공업용으로 사용하는 납판, 얇은 납판, 텔루르 납판 및 경 납판에 대하여 규정한다.

■ 판의 종류 및 기호

종 류	기 호	참 고
		특색 및 용도
납판	PbP-1	두께 1.0mm 이상 6.0mm 이하의 순납판으로 가공성이 풍부하고 내식성이 우수하며 건축, 화학, 원자력 공업용 등 광범위의 사용에 적합하고, 인장강도 10.5N/mm^2, 연신율 60% 정도이다.
얇은 납판	PbP-2	두께 0.3mm 이상 1.0mm 미만의 순납판으로 유연성이 우수하고 주로 건축용(지붕, 벽)에 적합하며, 인장강도 10.5N/mm^2, 연신율 60% 정도이다.
텔루르 납판	TPbP	텔루르를 미량 첨가한 입자분산강화 합금 납판으로 내크리프성이 우수하고 고온(100~150℃)에서의 사용이 가능하고, 화학공업용에 적합하며, 인장강도 20.5N/mm^2, 연신율 50% 정도이다.
경납판 4종	HPbP4	안티몬을 4% 첨가한 합금 납판으로 상온에서 120℃의 사용영역에서는 납합금으로서 고강도·고경도를 나타내며, 화학공업용 장치류 및 일반용의 경도를 필요로 하는 분야에 대한 적용이 가능하며, 인장강도 25.5N/mm^2, 연신율 50% 정도이다.
경납판 6종	HPbP6	안티몬을 6% 첨가한 합금 납판으로 상온에서 120℃의 사용영역에서는 납합금으로서 고강도·고경도를 나타내며, 화학공업용 장치류 및 일반용의 경도를 필요로 하는 분야에 대한 적용이 가능하며, 인장강도 28.5N/mm^2, 연신율 50% 정도이다.

■ 납판, 얇은 납판 및 텔루르 납판의 화학성분

종류	기호	화학 성분 %									
		Pb	Te	Sb	Sn	Cu	Ag(1)	As(1)	Zn(1)	Fe(1)	Bi(1)
납판	PbP-1	나머지	0.0005 이하(1)	합계 0.10 이하							
얇은 납판	PbP-2										
텔루르 납판	TPbP		0.015~0.025	합계 0.02 이하							

[주] 1. 이들 원소의 분석은 특별히 지정하지 않는 한 하지 않는다.

■ 경납판 4종 및 6종의 화학성분

단위 : %

종류	기호	화학 성분 %		
		Pb	Sb	Sn, Cu, 그 밖의 불순물(2)
경납판 4종	HPbP4	나머지	3.50~4.50	합계 0.40 이하
경납판 6종	HPbP6		5.50~6.50	

[주] 2. 이들 원소의 분석은 특별히 지정하지 않는 한 하지 않는다.

4-2 일반 공업용 납 및 납합금 관

Lead and lead alloy tubes for common industries

KS D 6702 : 2011

■ 적용 범위

이 규격은 압출 제조한 일반 공업용에 사용하는 납 및 납합금 관에 대하여 규정한다.

■ 관의 종류 및 기호

종류	기호	참고
		특색 및 용도
공업용 납관 1종	PbT-1	납이 99.9%이상인 납관으로 살두께가 두껍고, 화학 공업용에 적합하고 인장 강도 10.5N/mm^2, 연신율 60% 정도이다.
공업용 납관 2종	PbT-2	납이 99.60%이상인 납관으로 내식성이 좋고, 가공성이 우수하고 살두께가 얇고 일반 배수용에 적합하며 인장 강도 11.7N/mm^2, 연신율 55% 정도이다.
텔루륨 납관	TPbT	텔루륨을 미량 첨가한 입자 분산 강화 합금 납관으로 살두께는 공업용 납관 1종과 같은 납관. 내크리프성이 우수하고 고온(100~150℃)에서의 사용이 가능하고, 화학공업용에 적합하며, 인장강도 20.5N/mm^2, 연신율 50% 정도이다.
경연관 4종	HPbT4	안티모니를 4% 첨가한 합금 납관으로 상온에서 120℃의 사용영역에서는 납합금으로서 고강도·고경도를 나타내며, 화학공업용 장치류 및 일반용의 경도를 필요로 하는 분야로의 적용이 가능하고, 인장강도 25.5N/mm^2, 연신율 50% 정도이다.
경연관 6종	HPbT6	안티모니를 6% 첨가한 합금 납관으로 상온에서 120℃의 사용영역에서는 납합금으로서 고강도·고경도를 나타내며, 화학공업용 장치류 및 일반용의 경도를 필요로 하는 분야로의 적용이 가능하고, 인장강도 28.5N/mm^2, 연신율 50% 정도이다.

■ 공업용 납관 1종, 2종 및 텔루르 납관의 화학성분

종류	기호	화학 성분 %									
		Pb	Te	Sb	Sn	Cu	Ag(1)	As(1)	Zn(1)	Fe(1)	Bi(1)
공업용 납관 1종	PbT-1	나머지	0.0005 이하(1)	합계 0.10 이하							
공업용 납관 2종	PbT-2			합계 0.40 이하							
텔루륨 납관	TPbT		0.015~0.025	합계 0.02 이하							

【주】 1. 이들 원소의 분석은 특별히 지정하지 않는 한 하지 않는다.

■ 경연관 4종 및 6종의 화학성분

단위 : %

종류	기호	화학 성분 %		
		Pb	Sb	Sn, Cu, 그 밖의 불순물(2)
경연관 4종	HPbT4	나머지	3.50~4.50	합계 0.40 이하
경연관 6종	HPbT6		5.50~6.50	

【주】 2. 이들 원소의 분석은 특별히 지정하지 않는 한 하지 않는다.

CHAPTER

05 니켈 및 니켈합금의 전신재

5-1 이음매 없는 니켈 동합금 관

Nickel – copper alloy seamless pipes and tubes KS D 5539 : 2002(2012 확인)

■ 적용 범위

이 규격은 전신 가공한 단면이 둥근 형의 이음매 없는 니켈 동합금관에 대하여 규정한다.

■ 관의 종류 및 기호

종류 및 기호		참 고		
합금 번호	합금 기호	종류 및 용도		용도 보기
		종 류	용 도	
NW4400	NiCu30	니켈 동합금 관	NCuP	내식성, 내산성이 좋다. 강도가 높고 고온의 사용에 적합하다. 급수 가열기, 화학 공업용 등
NW4402	NiCu30 · LC			

■ 화학성분

종류 및 기호		화학 성분 %							밀도 g/m³
합금 번호	합금 기호	C	Cu	Fe	Mn	Ni	S	Si	
NW4400	NiCu30	0.30	28.0 34.0	2.5	2.0	63.0	0.025	0.5	8.8
NW4402	NiCu30 · LC	0.04	28.0 34.0	2.5	2.0	63.0	0.025	0.5	8.8

[비 고] 1. 화학 성분의 수치가 단일 표시인 경우는 최대값이다. 다만, 니켈의 경우는 최소값이다.
2. 1.5%까지의 Co는 Ni로 취급한다. 이 경우 Co 함유율 표시는 불필요하다.

■ 기계적 성질

종류 및 기호		질 별	바깥지름 mm	인장강도 N/mm²	항복강도 N/mm²	연신율 %	허용 응력 (Rf) N/mm²
합금 번호	합금 기호						
NW4400	NiCu30	냉간 가공 후 소둔	125 이하	480 이상	190 이상	35 이상	120
			125 초과	480 이상	170 이상	35 이상	113
		냉간 가공 후 응력 제거 소둔	전 부	590 이상	380 이상	15 이상	148
		열간 가공 후 소둔	전 부	450 이상	155 이상	30 이상	103
NW4402	NiCu30 · LC	냉간 가공 후 소둔	전 부	430 이상	160 이상	35 이상	107

[비 고] 1. 규정 범위외 치수의 기계적 성질은 인수 · 인도 당사자 사이의 협정에 따른다.

5-2 니켈 및 니켈합금 판 및 조

Nickel and nickel alloy plate, sheet and strip　KS D 5546 : 2002(2012 확인)

■ 적용 범위

이 규격은 압연한 니켈 및 니켈합금의 후판, 박판 또는 조에 대해 규정한다.

■ 종류 및 기호

종류 및 기호		참고		
합금 번호	합금 기호	종류 및 기호		사용예
		종류	기호	
NW2200	Ni99.0	탄소 니켈 판	NNCP	수산화나트륨 제조 장치, 전기 전자 부품 등
NW2201	Ni99.0·LC	저탄소 니켈 판	NLCP	
NW4400	NiCu30	니켈-동합금 판 니켈-동합금 조	NCuP NCuR	해수 담수화 장치, 제염 장치, 원유 증류탑 등
NW4402	NiCu30·LC	–	–	
NW5500	NiCu30A13Ti	니켈-동-알루미늄-티탄합금 판	NCuATP	해수 담수화 장치, 제염 장치, 원유 증류탑 등에서 고강도를 필요로 하는 기기재 등
NW0001	NiMo30Fe5	니켈-몰리브덴합금 1종 판	NM1P	염산 제조 장치, 요소 제조 장치, 에틸렌글리콜이나 크로로프렌 단량체 제조 장치 등
NW0665	NiMo28	니켈-몰리브덴합금 2종 판	NM2P	
NW0276	NiMo16Cr15Fe6W4	니켈-몰리브덴- 크롬합금 판	NMCrP	산세척 장치, 공해방지 장치, 석유화학산업 장치, 합성섬유 산업 장치 등
NW6455	NiCr16Mo16Ti	–	–	
NW6022	NiCr21Mo13Fe4W3	–	–	
NW6007	NiCr22Fe20Mo6Cu2Nb	니켈-크롬-철-몰리브덴-동합금 1종 판	NCrFMCu1P	인산 제조 장치, 플루오르산 제조 장치, 공해 방지 장치 등
NW6985	NiCr22Fe20Mo7Cu2	니켈-크롬-철-몰리브덴-동합금 2종 판	NCrFMCu2P	
NW6002	NiCr21Fe18Mo9	니켈-크롬-몰리브덴-철합금 판	NCrMFP	공업용로, 가스터빈 등

5-3 듀멧선 [폐지]

Dumet wires

KS D 5603 : 2003(2008 확인)

■ 적용 범위

이 규격은 전자관, 전구, 방전 램프 및 다이오드, 서미스터 등의 반도체 장비의 연질 유리 봉입부에 사용하는 듀멧선(1)에 대하여 규정한다.

【주】 1. 선은 철 니켈 합금을 심재로 하여 그것에 구리를 피복한 복합선으로, 다시 표면을 옥시다이즈 가공 또는 보레이트 가공한 것을 말한다.

■ 종류 및 기호

종류	기호	참고
		용도의 예
선1종 1	DW1-1	전자관, 전구, 방전, 램프 등의 관구류
선1종 2	DW1-2	
선2종	DW2	다이오드, 서미스터 등의 반도체 장비류

■ 심재의 화학 성분

종류	기호	심재의 화학 성분 %(m/m)						
		Ni[2]	C	Mn	Si	S	P	Fe
선1종 1	DW1-1	41.0~43.0	0.10 이하	0.75~1.25	0.30 이하	0.02 이하	0.02 이하	나머지
선1종 2	DW1-2							
선2종	DW2	46.0~48.0	0.10 이하	0.20~1.25	0.30 이하	0.02 이하	0.02 이하	나머지

【주】 2. Ni중의 Co는 Ni 성분으로 취급한다.

【참 고】 1. 심재의 평균 선팽창 계수는 선1종이 45×10^{-7}~60×10^{-7}/℃(30~300℃), 2종이 72×10^{-7}~82×10^{-7}/℃(30~300℃)이다.

■ 구리 함유율

종류	기호	구리 함유율 %(m/m)	참고	
			평균 선팽창 계수(x10^{-7}/℃)	
			축방향	반지름 방향
선1종 1	DW1-1	20~25	55~65	79~86
선1종 2	DW1-2	23~28	55~65	83~89
선2종	DW2	13~20	80~95	90~97

【비 고】 1. 참고의 평균 선팽창 계수는 30~380˚C의 온도 범위에서의 값을 나타낸다.

■ 기계적 성질

종류	질별	기호	인장강도 N/mm²	연신율 %
선1종 1	O1	DW1-1-O1	640 이상	15 이상
	O2	DW1-1-O2		20 이상
선1종 2	O1	DW1-2-O1		15 이상
	O2	DW1-2-O2		20 이상
선2종	O1	DW2-O1		15 이상
	O2	DW2-O2		20 이상

【비 고】 1. 질별은 가열 조건에 따른다.

■ 선지름의 허용차

단위 : mm

선지름	허용차
0.40 이하	±0.010
0.40 초과 0.06 이하	±0.020
0.60 초과	±0.025

■ 다듬질

명칭	기호	내용
보레이트 다듬질	P	아산화구리층과 붕사층을 형성한다.
옥시다이즈 다듬질	Q	아산화구리층만을 형성한다.

5-4 니켈 및 니켈합금 주물

Nickel and nickel alloy castings

KS D 6023 : 2012

■ 적용 범위

이 규격은 니켈 및 니켈합금 주물(원심 주조품을 포함한다)에 대하여 규정한다.

■ 종류 및 기호

종류	기호	참고 용도 보기
니켈 주물	NC	수산화나트륨, 탄산나트륨 및 염화암모늄을 취급하는 제조장치의 밸브·펌프 등
니켈-구리합금 주물	NCuC	해수 및 염수, 중성염, 알칼리염 및 플루오르산을 취급하는 화학 제조 장치의 밸브·펌프 등
니켈-몰리브덴합금 주물	NMC	염소, 황산 인산, 아세트산 및 염화수소가스를 취급하는 제조 장치의 밸브·펌프 등
니켈-몰리브덴-크롬합금 주물	NMCrC	산화성산, 플루오르산, 포름산 무수아세트산, 해수 및 염수를 취급하는 제조 장치의 밸브 등
니켈-크롬-철합금 주물	NCrFC	질산, 지방산, 암모늄수 및 염화성 약품을 취급하는 화학 및 식품 제조 장치의 밸브 등

■ 화학 성분

종류	Ni[(1)]	Cu	Fe	Mn	C	Si	S	Cr	P	Mo	V	W
니켈 주물	95.0 이상	1.25 이하	3.00 이하	1.50 이하	1.00 이하	2.00 이하	0.030 이하	–	0.030 이하	–	–	–
니켈-구리 합금 주물	나머지	26.0~33.0	3.50 이하	1.50 이하	0.35 이하	1.25 이하	0.030 이하	–	0.030 이하	–	–	–
니켈-몰리브덴 합금 주물	나머지	–	4.0~6.0	1.00 이하	0.12 이하	1.00 이하	0.030 이하	1.00 이하	0.040 이하	26.0~30.0	0.20~0.60	–
니켈-몰리브덴-크롬 합금 주물	나머지	–	4.5~7.5	1.00 이하	0.12 이하	1.00 이하	0.030 이하	15.5~17.5	0.040 이하	16.0~18.0	0.20~0.40	3.75~5.25
니켈-크롬-철 합금 주물	나머지	–	11.0 이하	1.50 이하	0.40 이하	3.00 이하	0.030 이하	14.0~17.0	0.030 이하	–	–	–

[주] 1. Ni 함유율이 규정되어 있는 것에 대하여는 각 규정 원소의 백분율을 각각 구한 후, 그 총계를 100에서 빼서 소수 제2자리 이하를 잘라버린 값을 채용한다.

[비 고] 1. Co는 Ni 성분으로 취급한다.

■ 기계적 성질

종류	질별	종류 및 질별의 기호	인장강도 N/mm²	0.2% 항복강도 N/mm²	연신율 %
니켈 주물	주조한 그대로	NC-F	345 이상	125 이상	10 이상
니켈-구리 합금 주물	주조한 그대로	NCuC-F	450 이상	170 이상	25 이상
니켈-몰리브덴 합금 주물	용체화 처리[(2)] (1095℃ 이상에서 급랭)	NMC-S	525 이상	275 이상	6 이상
니켈-몰리브덴-크롬 합금 주물	용체화 처리[(2)] (1175℃ 이상에서 급랭)	NMCrC-S	495 이상	275 이상	4 이상
니켈-크롬-철 합금 주물	주조한 그대로	NCrFC-F	485 이상	195 이상	10 이상

[주] 2. 급랭이란, 강제 공랭 또는 수랭을 말한다.

티탄 및 티탄합금 기타의 전신재

6-1 스프링용 오일 템퍼선

Oil tempered wire for mechanical springs KS D 3579 : 1996

■ 적용 범위

이 규격은 일반 스프링에 사용되는 오일 템퍼선에 대하여 규정한다.

■ 종류, 기호 및 적용 선 지름

종류	기호	적용 선 지름	적요
스프링용 탄소강 오일 템퍼선 A종	SWO-A	2.00mm 이상 12.0mm 이하	주로 정하중을 받는 스프링용
스프링용 탄소강 오일 템퍼선 B종	SWO-B		주로 동하중을 받는 스프링용
스프링용 실리콘 크롬강 오일 템퍼선	SWOSC-B	1.00mm 이상 15.0mm 이하	
스프링용 실리콘 망간강 오일 템퍼선 A종	SWOSM-A	4.00mm 이상 14.0mm 이하	
스프링용 실리콘 망간강 오일 템퍼선 B종	SWOSM-B		
스프링용 실리콘 망간강 오일 템퍼선 C종	SWOSM-C	4.00mm 이상 12.0mm 이하	

■ 화학 성분

단위 : %

기호	C	Si	Mn	P	S	Cr	Cu
SWO-A	0.53~0.88	0.10~0.35	0.30~1.20	0.040 이하	0.040 이하	–	–
SWO-B	0.53~0.88	0.10~0.35	0.30~1.20	0.030 이하	0.030 이하	–	–
SWOSC-B	0.51~0.59	1.20~1.60	0.50~0.90	0.035 이하	0.035 이하	0.55~0.90	–
SWOSM	0.56~0.64	1.50~1.80	0.70~1.00	0.035 이하	0.035 이하	–	0.30 이하

■ 인장 강도

단위 : N/mm²

표준 선지름[1] mm	SWO-A	SWO-B	SWOSC-B	SWOSM-A	SWOSM-B	SWOSM-C
1.00	–	–	1960~2110	–	–	–
1.20	–	–	1960~2110	–	–	–
1.40	–	–	1960~2110	–	–	–
1.60	–	–	1960~2110	–	–	–
1.80	–	–	1960~2110	–	–	–
2.00	1570~1720	1720~1860	1910~2060	–	–	–
2.30	1570~1720	1720~1860	1910~2060	–	–	–
2.60	1570~1720	1720~1860	1910~2060	–	–	–
2.90	1520~1670	1670~1810	1910~2060	–	–	–
3.00	1470~1620	1620~1770	1860~2010	–	–	–
3.20	1470~1620	1620~1770	1860~2010	–	–	–
3.50	1470~1620	1620~1770	1860~2010	–	–	–
4.00	1420~1570	1570~1720	1810~1960	1470~1620	1570~1720	1670~1810
4.50	1370~1520	1520~1670	1810~1960	1470~1620	1570~1720	1670~1810
5.00	1370~1520	1520~1670	1760~1910	1470~1620	1570~1720	1670~1810
5.50	1320~1470	1470~1620	1760~1910	1470~1620	1570~1720	1670~1810
5.60	1320~1470	1470~1620	1710~1860	1470~1620	1570~1720	1670~1810
6.00	1320~1470	1470~1620	1710~1860	1470~1620	1570~1720	1670~1810
6.50	1320~1470	1470~1620	1710~1860	1470~1620	1570~1720	1670~1810
7.00	1230~1370	1370~1520	1660~1810	1420~1570	1520~1670	1620~1770
7.50	1230~1370	1370~1520	1660~1810	1420~1570	1520~1670	1620~1770
8.00	1230~1370	1370~1520	1660~1810	1420~1570	1520~1670	1620~1770
8.50	1230~1370	1370~1520	1660~1810	1420~1570	1520~1670	1620~1770
9.00	1230~1370	1370~1520	1660~1810	1420~1570	1520~1670	1620~1770
9.50	1180~1320	1320~1470	1660~1810	1370~1520	1470~1620	1570~1720
10.0	1180~1320	1320~1470	1660~1810	1370~1520	1470~1620	1570~1720
10.5	1180~1320	1320~1470	1660~1810	1370~1520	1470~1620	1570~1720
11.0	1180~1320	1320~1470	1660~1810	1370~1520	1470~1620	1570~1720
11.5	1180~1320	1320~1470	1660~1810	1370~1520	1470~1620	1570~1720
12.0	1180~1320	1320~1470	1610~1760	1370~1520	1470~1620	1570~1720
13.0	–	–	1610~1760	1370~1520	1470~1620	–
14.0	–	–	1610~1760	1370~1520	1470~1620	–
15.0	–	–	1610~1760	–	–	–

【주】 1. 표준 선 지름은 5.1에 따른다.

【비 고】 1. 중간에 있는 선 지름의 인장 강도는 그것보다 큰 표준 선 지름의 값을 사용한다.

6-2 밸브 스프링용 오일 템퍼선

Oil tempered wire for valve springs

KS D 3580 : 1996 (2011 확인)

■ 적용 범위

이 규격은 내연 기관의 밸브 스프링 또는 이에 준하는 스프링에 사용되는 오일 템퍼선에 대하여 규정한다.

■ 종류, 기호 및 적용 선 지름

종류	기호	적용 선 지름
밸브 스프링용 탄소강 오일 템퍼선	SWO-V	2.00mm 이상 6.00mm 이하
밸프 스프링용 크롬바나듐강 오일 템퍼선	SWOCV-V	2.00mm 이상 10.0mm 이하
밸브 스프링용 실리콘크롬강 오일 템퍼선	SWOSC-V	0.50mm 이상 8.00mm 이하

■ 화학 성분

단위 : %

기호	C	Si	Mn	P	S	Cr	Cu	V
SWO-V	0.60~0.75	0.12~0.32	0.60~0.90	0.025 이하	0.025 이하	–	0.20 이하	–
SWOCV-V	0.45~0.55	0.15~0.35	0.65~0.95	0.025 이하	0.025 이하	0.80~1.10	0.20 이하	0.15~0.25
SWOSC-V	0.51~0.59	1.20~1.60	0.50~0.80	0.025 이하	0.025 이하	0.50~0.80	0.20 이하	–

■ 인장 강도

단위 : N/mm²

표준 선지름[(1)] mm	SWO-V	SWOCV-V	SWOSC-V
0.50	–	–	2010~2160
0.60	–	–	2010~2160
0.70	–	–	2010~2160
0.80	–	–	2010~2160
0.90	–	–	2010~2160
1.00	–	–	2010~2160
1.20	–	–	2010~2160
1.40	–	–	1960~2110
1.60	–	–	1960~2110
1.80	–	–	1960~2110
2.00	1620~1770	1570~1720	1910~2060
2.30	1620~1770	1570~1720	1910~2060
2.60	1620~1770	1570~1720	1910~2060
2.90	1620~1770	1570~1720	1910~2060
3.00	1570~1720	1570~1720	1860~2010
3.20	1570~1720	1570~1720	1860~2010
3.50	1570~1720	1570~1720	1860~2010
4.00	1570~1720	1520~1670	1810~1960
4.50	1520~1670	1520~1670	1810~1960
5.00	1520~1670	1470~1620	1760~1910
5.50	1470~1620	1470~1620	1760~1910
5.60	1470~1620	1470~1620	1710~1860
6.00	1470~1620	1470~1620	1710~1860
6.50	–	1420~1570	1710~1860
7.00	–	1420~1570	1660~1810
7.50	–	1370~1520	1660~1810
8.00	–	1370~1520	1660~1810
8.50	–	1370~1520	–
9.00	–	1370~1520	–
9.50	–	1370~1520	–
10.0	–	1370~1520	–

【주】 1. 표준 선 지름은 5.1에 따른다.

【비 고】 1. 중간에 있는 선 지름의 인장 강도는 그것보다 큰 표준 선 지름의 값을 사용한다.

6-3 스프링용 실리콘 망간강 오일 템퍼선

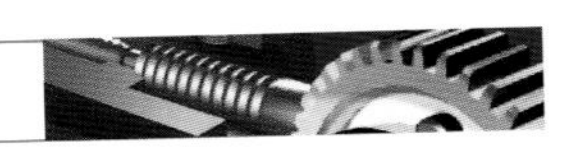

Oil tempered silicon manganese alloy steel spring wires

KS D 3591 : 2002(2012 확인)

■ 적용 범위

이 규격은 스프링용 실리콘 망간강 오일 템퍼선에 대하여 규정한다.

■ 종류, 기호 및 적용 선 지름

종류	기호	적용 선 지름	비고
스프링용 실리콘 망간강 오일 템퍼선 A종	SWOSM-A	4.00mm 이상 14.0mm 이하	일반 스프링용
스프링용 실리콘 망간강 오일 템퍼선 B종	SWOSM-B		일반 스프링용 및 자동차 현가 코일 스프링
스프링용 실리콘 망간강 오일 템퍼선 C종	SWOSM-C	4.00mm 이상 12.0mm 이하	주로 자동차용 현가 코일 스프링

■ 인장 강도

표준 선지름[(1)] mm	인장강도 N/mm^2		
	SWOSM-A	SWOSM-B	SWOSM-C
4.00	1470~1620	1570~1720	1670~1810
4.50	1470~1620	1570~1720	1670~1810
5.00	1470~1620	1570~1720	1670~1810
5.50	1470~1620	1570~1720	1670~1810
6.00	1470~1620	1570~1720	1670~1810
6.50	1470~1620	1570~1720	1670~1810
7.00	1420~1570	1520~1670	1620~1770
7.50	1420~1570	1520~1670	1620~1770
8.00	1420~1570	1520~1670	1620~1770
8.50	1420~1570	1520~1670	1620~1770
9.00	1420~1570	1520~1670	1620~1770
9.50	1370~1520	1470~1620	1570~1720
10.0	1370~1520	1470~1620	1570~1720
10.5	1370~1520	1470~1620	1570~1720
11.0	1370~1520	1470~1620	1570~1720
11.5	1370~1520	1470~1620	1570~1720
12.0	1370~1520	1470~1620	1570~1720
13.0	1370~1520	1470~1620	–
14.0	1370~1520	1470~1620	–

【주】 1. 표준선 지름은 5.1에 따른다.

【비 고】 1. 중간에 있는 선 지름의 인장 강도는 그것보다 큰 표준 선 지름의 값을 사용한다.

6-4 타이타늄 팔라듐 합금 선

Titanium – Palladium alloy wires

KS D 3851 : 1993 (2013 확인)

■ 적용 범위

이 규격은 단면이 원형인 내식용 타이타늄 팔라듐 합금 선에 대하여 규정한다.

■ 종류 및 기호

종류	기호	참고
		특색 및 용도보기
11종	TW 270 Pd	내식성, 특히 틈새 내식성이 좋다. 화학장치, 석유정제 장치, 펄프제지 공업장치 등.
12종	TW 340 Pd	
13종	TW 480 Pd	

■ 화학 성분

종류	화학성분 %					
	H	O	N	Fe	Pd	Ti
11종	0.015 이하	0.15 이하	0.05 이하	0.20 이하	0.12~0.25	나머지
12종	0.015 이하	0.20 이하	0.05 이하	0.25 이하	0.12~0.25	나머지
13종	0.015 이하	0.30 이하	0.07 이하	0.30 이하	0.12~0.25	나머지

■ 기계적 성질

종류	지름 mm	인장 시험	
		인장강도 N/mm^2	연신율 %
11종	1 이상 8 미만	270~410	15 이상
12종		340~510	13 이상
13종		480~620	11 이상

[비 고] 1. 규정 범위 외의 지름인 선의 기계적 성질은 인수 · 인도 당사자 간의 협정에 따른다.

CHAPTER 06

6-5 타이타늄 및 타이타늄 합금 - 이음매 없는 관

Titanium and titanium alloys - Seamless pipes

KS D 5574 : 2010

■ 적용 범위

이 규격은 열교환기 이외의 배관에 사용하는 단면이 원형인 내식용 타이타늄관에 대하여 규정한다.

■ 종류 및 기호

종류	다듬질 방법	기호	참고 (특징 및 용도 예)
1종	열간 압연	TTP 270 H	공업용 순수 타이타늄 : 내식성, 특히 내해수성이 좋다. 화학 장치, 석유 정제 장치, 펄프 제지 공업 장치 등에 이용
	냉간 압연	TTP 270 C	
2종	열간 압연	TTP 340 H	
	냉간 압연	TTP 340 C	
3종	열간 압연	TTP 480 H	
	냉간 압연	TTP 480 C	
4종	열간 압연	TTP 550 H	
	냉간 압연	TTP 550 C	
11종	열간 압연	TTP 270 Pd H	내식 타이타늄 합금 : 내식성, 특히 내마모 부식성이 좋음. 화학 장치, 석유 정제 장치, 펄프 제지 공업 장치 등에 이용
	냉간 압연	TTP 270 Pd C	
12종	열간 압연	TTP 340 Pd H	
	냉간 압연	TTP 340 Pd C	
13종	열간 압연	TTP 480 Pd H	
	냉간 압연	TTP 480 Pd C	
14종	열간 압연	TTP 345 NPRC H	
	냉간 압연	TTP 345 NPRC C	
15종	열간 압연	TTP 450 NPRC H	
	냉간 압연	TTP 450 NPRC C	
16종	열간 압연	TTP 343 Ta H	
	냉간 압연	TTP 343 Ta C	
17종	열간 압연	TTP 240 Pd H	
	냉간 압연	TTP 240 Pd C	
18종	열간 압연	TTP 345 Pd H	
	냉간 압연	TTP 345 Pd C	
19종	열간 압연	TTP 345 PCo H	
	냉간 압연	TTP 345 PCo C	
20종	열간 압연	TTP 450 PCo H	
	냉간 압연	TTP 450 PCo C	
21종	열간 압연	TTP 275 RN H	
	냉간 압연	TTP 275 RN C	
22종	열간 압연	TTP 410 RN H	
	냉간 압연	TTP 410 RN C	
23종	열간 압연	TTP 483 RN H	
	냉간 압연	TTP 483 RN C	
50종	열간 압연	TATP 1500 H	α 합금(Ti-1.5Al)[(3)] : 내식성, 특히 내해수성이 우수하고, 내수소 흡수성 및 내열성이 좋음. 이륜차, 머플러 등에 이용
	냉간 압연	TATP 1500 C	
61종	열간 압연	TAT 3250 L	$\alpha-\beta$ 합금(Ti-3Al-2.5V) : 가공성이 좋아 자전거 부품, 내압 배관 등에 이용
		TAT 3250 F	
	냉간 압연	TAT 3250 CL	
		TAT 3250 CF	

[주] 1. 저온 소둔시킴. 저온 소둔이란 강도 및 연성의 감소 없이 잔류응력을 제거하기 위해서, 완전 소둔보다 낮은 온도 에서 시행하는 열처리를 의미한다.
2. 완전 소둔시킴. 완전 소둔이란 결정 조직을 조정하여, 연화 및 잔류응력을 완전히 제거하기 위한 것으로, 적절한 고온에 가열한 후 보통의 경우 서냉하는 방식의 열처리를 의미한다.
3. 참고란에 기재하고 있는 합금 원소기호의 앞의 숫자는, 각각의 합금 원소의 성분 비율[%(질량분율)]을 나타냄.

6-6 열 교환기용 타이타늄 및 타이타늄 합금 관

Titanium and titanium alloy tubes for heat exchangers KS D 5575 : 2009

■ 적용 범위

이 표준은 관 내외에서 열을 주고받는 것을 목적으로 사용하는 단면이 원형인 내식용 타이타늄 및 타이타늄 합금 관에 대하여 규정한다.

■ 종류, 제조 방법, 마무리 방법 및 기호

종류	제조 방법	마무리 방법	기호	참고 특징 및 용도 예
1종	이음매 없는 관	냉간 가공	TTH 270 C	내식성, 특히 내해수성이 좋다. 화학 장치, 석유 정제 장치, 펄프 제지 공업 장치, 발전설비, 해수 담수화 장치 등
	용접관	용접한 그대로	TTH 270 W	
		냉간 가공	TTH 270 WC	
2종	이음매 없는 관	냉간 가공	TTH 340 C	
	용접관	용접한 그대로	TTH 340 W	
		냉간 가공	TTH 340 WC	
3종	이음매 없는 관	냉간 가공	TTH 480 C	
	용접관	용접한 그대로	TTH 480 W	
		냉간 가공	TTH 480 WC	
11종	이음매 없는 관	냉간 가공	TTH 270 Pd C	
	용접관	용접한 그대로	TTH 270 Pd W	
		냉간 가공	TTH 270 Pd WC	
12종	이음매 없는 관	냉간 가공	TTH 340 Pd C	내식성, 특히 틈새 부식성이 좋다. 화학 장치, 석유 정제 장치, 펄프 제지 공업 장치, 발전 설비 해수 담수화 장치 등.
	용접관	용접한 그대로	TTH 340 Pd W	
		냉간 가공	TTH 340 Pd WC	
13종	이음매 없는 관	냉간 가공	TTH 480 Pd C	
	용접관	용접한 그대로	TTH 480 Pd W	
		냉간 가공	TTH 480 Pd WC	
14종	이음매 없는 관	냉간 가공	TTH 345 NPRC C	
	용접관	용접한 그대로	TTH 345 NPRC W	
		냉간 가공	TTH 345 NPRC WC	
15종	이음매 없는 관	냉간 가공	TTH 450 NPRC C	
	용접관	용접한 그대로	TTH 450 NPRC W	
		냉간 가공	TTH 450 NPRC WC	
16종	이음매 없는 관	냉간 가공	TTH 343 Ta C	
	용접관	용접한 그대로	TTH 343 Ta W	
		냉간 가공	TTH 343 Ta WC	
17종	이음매 없는 관	냉간 가공	TTH 240 Pd C	
	용접관	용접한 그대로	TTH 240 Pd W	
		냉간 가공	TTH 240 Pd WC	
18종	이음매 없는 관	냉간 가공	TTH 345 Pd C	
	용접관	용접한 그대로	TTH 345 Pd W	
		냉간 가공	TTH 345 Pd WC	
19종	이음매 없는 관	냉간 가공	TTH 345 PCo C	
	용접관	용접한 그대로	TTH 345 PCo W	
		냉간 가공	TTH 345 PCo WC	
20종	이음매 없는 관	냉간 가공	TTH 450 PCo C	
	용접관	용접한 그대로	TTH 450 PCo W	
		냉간 가공	TTH 450 PCo WC	
21종	이음매 없는 관	냉간 가공	TTH 275 RN C	
	용접관	용접한 그대로	TTH 275 RN W	
		냉간 가공	TTH 275 RN WC	
22종	이음매 없는 관	냉간 가공	TTH 410 RN C	
	용접관	용접한 그대로	TTH 410 RN W	
		냉간 가공	TTH 410 RN WC	
23종	이음매 없는 관	냉간 가공	TTH 483 RN C	
	용접관	용접한 그대로	TTH 483 RN W	
		냉간 가공	TTH 483 RN WC	
50종	이음매 없는 관	냉간 가공	TATH 1500 Al C	내식성, 특히 내해수성이 좋다. 내수소흡수성, 내열성이 좋다.
	용접관	용접한 그대로	TATH 1500 Al W	
		냉간 가공	TATH 1500 Al WC	

CHAPTER 06

6-7 타이타늄 및 타이타늄 합금 - 선

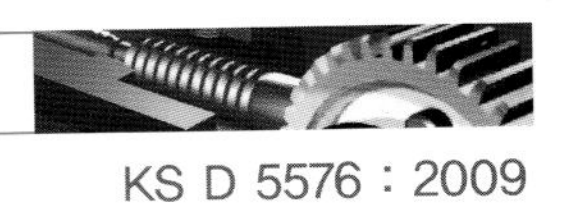

Titanium and titanium alloys – Wires

KS D 5576 : 2009

■ 적용 범위

이 표준은 단면의 모양이 원형이며 또한 지름이 8mm 미만이고, 압연한 그대로 또는 압연 후 어닐링한 타이타늄 및 타이타늄 합금의 선에 대하여 규정한다. 다만, 80종에 대하여는 고용화 열처리를 한 선에 대해서만 적용한다.

■ 종류 및 기호

종류	기호	참고
		특징 및 용도 보기
1종	TW 270	공업용 순 타이타늄 내식성, 특히 내해수성이 좋다. 화학 장치, 석유 정제 장치, 펄프 제지 공업 장치 등
2종	TW 340	
3종	TW 480	
11종	TW 270 Pd	내식 타이타늄합금 내식성, 특히 내틈새부식성이 좋다. 화학 장치, 석유 정제 장치, 펄프 제지 공업 장치 등
12종	TW 340 Pd	
13종	TW 480 Pd	
14종	TW 345 NPRC	
15종	TW 450 NPRC	
16종	TW 343 Ta	
17종	TW 240 Pd	
18종	TW 345 Pd	
19종	TW 345 PCo	
20V	TW 450 PCo	
21종	TW 275 RN	
22종	TW 410 RN	
23종	TW 483 RN	
50종	TAW 1500	α 합금(Ti–1.5Al) 내식성, 특히 내해수성이 우수하다. 내수소흡수성 및 내열성이 좋다. 이륜차의 머플러 등
61종	TAW 3250	$\alpha-\beta$ 합금(Ti–3Al–2.5V) 중강도로 내식성, 열간 가공성이 우수하고, 절삭성이 좋다. 자동차 부품, 의료 재료, 레저 용품 등, 안경 프레임용 등
61F종	TAW 3250F	$\alpha-\beta$ 합금(절삭성이 좋은 Ti–3Al–2.5V) 중강도로 내식성, 열간 가공성이 우수하고, 절삭성이 좋다. 자동차 부품, 의료 재료, 레저 용품 등
80종	TAW 4220	β 합금(Ti–4Al–22V) 고강도로 내식성이 우수하고 냉간 가공성이 좋다. 자동차 부품, 레저 용품 등

[비 고] 1. 특징 및 용도 보기난에 기재하고 있는 합금의 종류로 원소 전의 숫자는 각각 합금 원소의 구성비율[질량%]을 나타낸다.

6-8 타이타늄 및 타이타늄 합금 - 단조품

Titanium and titanium alloys-Forgings KS D 5591 : 2009

■ 적용 범위

이 표준은 어닐링한 타이타늄 및 타이타늄 합금의 단조품에 대하여 규정한다. 다만, 80종에 대해서는 고용화 열처리한 단조품만을 적용한다.

■ 종류 및 기호

종류	기호	참고
		특징 및 용도 보기
1종	TF 270	공업용 순수 타이타늄 내식성, 특히 내해수성이 좋다. 화학 장치, 석유 정제 장치, 펄프 제지 공업 장치 등
2종	TF 340	
3종	TF 480	
4종	TF 550	
11종	TF 270 Pd	내식 타이타늄 합금 내식성, 특히 내틈새부식성이 좋다. 화학 장치, 석유 정제 장치, 펄프 제지 공업 장치 등
12종	TF 340 Pd	
13종	TF 480 Pd	
14종	TF 345 NPRC	
15종	TF 450 NPRC	
16종	TF 343 Ta	
17종	TF 240 Pd	
18종	TF 345 Pd	
19종	TF 345 PCo	
20종	TF 450 PCo	
21종	TF 275 RN	
22종	TF 410 RN	
23종	TF 483 RN	
50종	TAF 1500	α 합금(Ti-1.5Al) 내식성이 우수하고 특히 내해수성이 우수하다. 내수소 흡수성 및 내열성이 좋다. 예를 들면, 이륜차 머플러 등
60종	TAF 6400	α-β 합금(Ti-6Al-4V) 고강도로 내식성이 좋다. 화학 공업, 기계 공업, 수송 기기 등의 구조재. 예를 들면, 대형 증기 터빈 날개, 선박용 스크루, 자동차용 부품, 의료 재료 등
60E종	TAF 6400E	α-β 합금[Ti-6Al-4V ELI(1)] 고강도로 내식성이 우수하고 극저온까지 인성을 유지한다. 저온, 극저온에서도 사용할 수 있는 구조재. 예를 들면, 유인 심해 조사선의 내압 용기, 의료 재료 등
61종	TAF 3250	α-β 합금(Ti-3Al-2.5V) 중강도로 내식성, 용접성, 성형성이 좋다. 냉간 가공이 우수하다. 예를 들면, 의료 재료, 레저용품 등
61F종	TAF 3250F	α-β 합금(절삭성이 좋다. Ti-3Al-2.5V) 중강도로 내식성, 절삭 가공성이 좋다. 자동차 부품, 레저 용품 등. 예를 들면, 자동차 엔진, 콘로드, 너트 등
80종	TAF 8000	β 합금(Ti-4Al-22V) 고강도로 내식성이 우수하고 냉간 가공성이 좋다. 자동차 부품, 레저 용품 등. 예를 들면, 자동차 엔진용 리테너, 스프링, 볼트, 너트, 골프 클럽의 헤드 등

【비 고】 1. 특징 및 용도 보기난에 기재하고 있는 합금의 종류로 원소기호 전의 숫자는 각각 합금 원소의 구성비율(질량분율)을 나타낸다.
1) ELI는 Extra Low Interstitial Elements(산소, 질소, 수소 및 철의 함유량을 특별히 낮게 억제한다)의 약자.

6-9 타이타늄 및 타이타늄 합금 - 봉

Titanium and titanium alloys - Rods and bars

KS D 5604 : 2009

■ 적용 범위

이 표준은 어닐링한 타이타늄 및 타이타늄 합금의 봉에 대하여 규정한다. 다만, 단면의 모양이 원형, 또한 지름이 8mm 미만의 것에는 사용하지 않는다. 80종에 대하여는 고용화 열처리한 봉에 대하여 적용한다. 봉의 단면 모양은 원형뿐 아니라 각형, 편평상 등도 있다.

■ 종류, 가공 방법 및 기호

종류	기호	참고
		특징 및 용도 보기
1종	TB 270 H TB 270 C	공업용 타이타늄 내식성, 특히 내해수성이 좋다. 화학 장치, 석유 정제 장치, 펄프 제지 공업 장치 등
2종	TB 340 H TB 340 C	
3종	TB 480 H TB 480 C	
4종	TB 550 H TB 550 C	
11종	TB 270 Pd H TB 270 Pd C	내식 타이타늄 내식성, 특히 내틈새부식성이 좋다. 화학 장치, 석유 정제 장치, 펄프 제지 공업 장치 등
12종	TB 340 Pd H TB 340 Pd C	
13종	TB 480 Pd H TB 480 Pd C	
14종	TB 345 NPRC H TB 345 NPRC C	
15종	TB 450 NPRC H TB 450 NPRC C	
16종	TB 343 Ta H TB 343 Ta C	
17종	TB 240 Pd H TB 240 Pd C	
18종	TB 345 Pd H TB 345 Pd C	
19종	TB 345 PCo H TB 345 PCo C	
20종	TB 450 PCo H TB 450 PCo C	
21종	TB 275 RN H TB 275 RN C	
22종	TB 410 RN H TB 410 RN C	
23종	TB 483 RN H TB 483 RN C	
50종	TAB 1500 H TAB 1500 C	α 합금(Ti-1.5Al) 내식성이 우수하고 특히 내해수성이 우수하다. 내수소 흡수성 및 내열성이 좋다. 이륜차 머플러 등
60종	TAB 6400 H	α-β 합금(Ti-6Al-4V) 고강도로 내식성이 좋다. 화학 공업, 기계 공업, 수송기기 등의 구조재. 대형 증기 터빈 날개, 선박용 스크루, 자동차용 부품, 의료 재료 등
60E종	TAB 6400E H	α-β 합금[Ti-6Al-4V ELI(1)] 고강도로 내식성이 우수하고 극저온까지 인성을 유지한다. 저온, 극저온에서도 사용할 수 있는 구조재. 유인 심해 조사선의 내압 용기, 의료 재료 등
61종	TAB 3250 H	α-β 합금(Ti-3Al-2.5V) 중강도로 내식성, 용접성, 성형성이 좋다. 냉간 가공이 우수하다. 의료 재료, 레저용품 등
61F종	TAB 3250F H	α-β 합금(절삭성이 좋다. Ti-3Al-2.5V) 중강도로 내식성, 열간가공성이 좋고 저삭성이 우수하다. 자동차 엔진용 콘로드, 시프트 노브, 너트 등
80종	TAB 4220 H	β 합금(Ti-4Al-22V) 고강도로 내식성이 우수하고 상온에서 프레스 가공성이 좋다. 자동차 엔진용 리테너, 볼트, 골프 클럽의 헤드 등

[비 고] 1. 특징 및 용도 보기난에 기재하고 있는 합금의 종류로 원소기호 전의 숫자는 각각 합금의 성분비율[질량%]을 나타낸다.
1) ELI는 Extra Low Interstitial Elements(산소, 질소, 수소 및 철의 함유율은 특별히 낮게 억제한다)의 약자.

6-10 타이타늄 합금 관 [폐지]

Titanium alloy pipes and tubes

KS D 5605 : 2003

■ 적용 범위

이 규격은 단면이 원형인 타이타늄 합금 관에 대하여 규정한다.

■ 종류, 제조 방법, 다듬질 방법, 열처리 및 기호

종 류	제조 방법	다듬질 방법	열 처리	기 호	특색 및 용도 보기(참고)
61종	이음매없는 관	열간 가공	저온 어닐링(1)	TAT 3250 L	타이타늄 합금 관 중에서는 가공성이 좋다. 자동차, 내압 배관 등
			완전 어닐링(2)	TAT 3250 F	
		냉간 가공	저온 어닐링(1)	TAT 3250 CL	
			완전 어닐링(2)	TAT 3250 CF	
	용접관	용접 그대로	없음	TAT 3250 W	
			저온 어닐링(1)	TAT 3250 WL	
			완전 어닐링(2)	TAT 3250 WF	
		냉간 가공	저온 어닐링(1)	TAT 3250 WCL	
			완전 어닐링(2)	TAT 3250 WCF	

【주】 1. 저온 어닐링이란 강도를 확보하기 위하여 또는 잔류 응력 제거를 위하여 완전 어닐링의 경우보다 낮은 온도에서 실시하는 열처리를 말한다.
2. 완전 어닐링이란 결정 조직을 조절하고 연화시키기 위하여 실시하는 열처리를 말한다.

■ 화학 성분

종류	화학 성분(%)									
	Al	V	Fe	O	C	N	H	Ti	기타(3)	
									개개	합계
61종	2.50~3.50	2.50~3.00	0.25 이하	0.15 이하	0.10 이하	0.02 이하	0.015 이하	나머지	0.10 이하	0.40 이하

【주】 3. 기타 성분은 인수 · 인도 당사자 사이의 협정에 따른다.

■ 기계적 성질

종류	바깥지름 mm	두께 mm	다듬질 방법 및 열처리	인장 시험		
				인장 강도 N/mm^2	항복 강도 N/mm^2	연신율(4) %
61종	3 이상 60 이하	0.5 이상 10 이하	냉간 가공 또한 저온 어닐링	860 이상	725 이상	10 이상
			상기 이외의 가공, 열처리	620 이상	485 이상	15 이상

【주】 4. KS B 0801의 12호 시험편을 사용하여 인장 시험을 하는 경우의 연신율은 인수 · 인도 당사자 사이의 협정에 따른다.

6-11 타이타늄 및 타이타늄 합금의 판 및 띠

Titanium and titanium alloys - Sheets, plates and strips KS D 6000 : 2009

■ 적용 범위

이 표준은 압연 후 어닐링을 한 타이타늄 및 타이타늄 합금 판 및 띠에 대하여 규정한다. 다만 80종에 대해서는 고용화 열처리된 판 및 띠에 대하여 규정한다.

■ 종류, 가공 방법 및 기호

종류	가공 방법	기호		참고
		판	띠	특징 및 용도 예
1종	열간 가공	TP 270 H	TR 270 H	공업용 순수 타이타늄 내식성, 특히 내해수성이 좋다. 화학 장치, 석유 정제 장치, 펄프제지 공업 장치 등
	냉간 가공	TP 270 C	TR 270 C	
2종	열간 가공	TP 340 H	TR 340 H	
	냉간 가공	TP 340 C	TR 340 C	
3종	열간 가공	TP 480 H	TR 480 H	
	냉간 가공	TP 480 C	TR 480 C	
4종	열간 가공	TP 550 H	TR 550 H	
	냉간 가공	TP 550 C	TR 550 C	
11종	열간 가공	TP 270 Pd H	TR 270 Pd H	내식타이타늄합금 내식성, 특히 틈새 부식성이 좋다. 화학 장치, 석유 정제 장치, 펄프 제지 공업 장치 등
	냉간 가공	TP 270 Pd C	TR 270 Pd C	
12종	열간 가공	TP 340 Pd H	TR 340 Pd H	
	냉간 가공	TP 340 Pd C	TR 340 Pd C	
13종	열간 가공	TP 480 Pd H	TR 480 Pd H	
	냉간 가공	TP 480 Pd C	TR 480 Pd C	
14종	열간 가공	TP 345 NPRC H	TR 345 NPRC H	
	냉간 가공	TP 345 NPRC C	TR 345 NPRC C	
15종	열간 가공	TP 450 NPRC H	TR 450 NPRC H	
	냉간 가공	TP 450 NPRC C	TR 450 NPRC C	
16종	열간 가공	TP 343 Ta H	TR 343 Ta H	
	냉간 가공	TP 343 Ta C	TR 343 Ta C	
17종	열간 가공	TP 240 Pd H	TR 240 Pd H	
	냉간 가공	TP 240 Pd C	TR 240 Pd C	
18종	열간 가공	TP 345 Pd H	TR 345 Pd H	
	냉간 가공	TP 345 Pd C	TR 345 Pd C	
19종	열간 가공	TP 345 PCo H	TR 345 PCo H	
	냉간 가공	TP 345 PCo C	TR 345 PCo C	
20종	열간 가공	TP 450 PCo H	TR 450 PCo H	
	냉간 가공	TP 450 PCo C	TR 450 PCo C	
21종	열간 가공	TP 275 RN H	TR 275 RN H	
	냉간 가공	TP 275 RN C	TR 275 RN C	
22종	열간 가공	TP 410 RN H	TR 410 RN H	
	냉간 가공	TP 410 RN C	TR 410 RN C	
23종	열간 가공	TP 483 RN H	TR 483 RN H	
	냉간 가공	TP 483 RN C	TR 483 RN C	
50종	열간 가공	TAP 1500 H	TAR 1500 H	α 합금(Ti-1.5Al) 내식성이 우수하고 특히 내해수성이 우수하다. 내수소흡수성 및 내열성이 좋다. 예를 들면, 이륜차 머플러 등에 사용한다.
	냉간 가공	TAP 1500 C	TAR 1500 C	
60종	열간 가공	TAP 6400 H	-	α-β 합금(Ti-6Al-4V) 고강도로 내식성이 좋다. 화학 공업, 기계 공업, 수송기기 등의 구조재. 예를 들면, 고압 반응조재, 고압 수송 파이프재, 레저용품, 의료 재료 등
60E종	열간 가공	TAP 6400E H	-	α-β 합금(Ti-6Al-4V ELI[1]) 고강도로 내식성이 우수하고, 극저온까지 인성을 유지한다. 저온, 극저온에서도 사용할 수 있는 구조재. 예를 들면, 유인 심해 조사선의 내압 용기, 의료 재료 등
61종	열간 가공	TAP 3250 H	TAR 3250 H	α-β 합금(Ti-3Al-2.5V) 중강도로 내식성, 용접성, 성형성이 좋다. 냉간 가공성이 우수하다. 예를 들면, 박, 의료 재료, 레저용품 등
	냉간 가공	TAP 3250 C	TAR 3250 C	
61F종	열간 가공	TAP 3250F H	-	α-β 합금(절삭성이 좋다. Ti-3Al-2.5V) 중강도로 내식성, 열간 가공성이 좋다. 절삭성이 우수하다. 예를 들면, 자동차용 엔진 콘로드, 시프트노브, 너트 등
80종	열간 가공	TAP 4220 H	TAR 4220 H	β 합금(Ti-4Al-22V) 고강도로 내식성이 우수하고, 냉간 가공성이 좋다. 예를 들면, 자동차 엔진용 리테너, 골프 클럽의 헤드 등
	냉간 가공	TAP 4220 C	TAR 4220 C	

【비 고】 1. 특징 및 용도 예에 기재하고 있는 합금의 종류로 원소기호 이전의 숫자는 각각 합금 원소의 구성비율을 나타낸다(질량%).
1) ELI는 Extra Low Interstitial Elements(산소, 질소, 수소 및 철의 함유량을 특별히 낮게 억제한다)의 약자.

6-12 타이타늄 및 타이타늄 합금 주물 [폐지]

Titanium and titanium alloys castings

KS D 6026 : 2003 (2008 확인)

■ 적용 범위

이 규격은 타이타늄 및 타이타늄 합금 주물에 대하여 규정한다.

■ 종류 및 기호

종류	기호	특색 및 용도 예(참고)
2종	TC340	내식성, 특히 내해수성이 좋다. 화학 장치, 석유 정제 장치, 펄프 제지 공업 장치 등
3종	TC480	
12종	TC340Pd	내식성, 특히 내틈새 부식성이 좋다. 화학 장치, 석유 정제 장치, 펄프 제지 공업 장치 등
13종	TC480Pd	
60종	TAC6400	고강도로 내식성이 좋다. 화학 공업, 기계 공업, 수송기기 등의 구조재. 예를 들면 고압 반응조 장치, 고압 수송 장치, 레저용품 등

■ 화학 성분

종류	화학 성분 (%)										
	H	O	N	Fe	C	Pd	Al	V	Ti	기타[1] 개개	기타[1] 합계
2종	0.015 이하	0.30 이하	0.05 이하	0.25 이하	0.10 이하	–	–	–	나머지	0.1 이하	0.4 이하
3종		0.40 이하	0.07 이하	0.30 이하		–	–	–			
12종		0.30 이하	0.05 이하	0.25 이하		0.12~0.25	–	–			
13종		0.40 이하	0.07 이하	0.30 이하		0.12~0.25	–	–			
60종		0.25 이하	0.05 이하	0.40 이하		–	5.50~6.75	3.50~4.50			

[주] 1. 기타의 성분은 인수 · 인도 당사자 사이의 협정에 따른다.

■ 기계적 성질

종류	인장 시험			경도 시험[3]
	인장 강도 N/mm^2	항복 강도[2] N/mm^2	연신율 %	HBW 10/3000 또는 HV 30
2종	340 이상	215 이상	15 이상	110~210
3종	480 이상	345 이상	12 이상	150~235
12종	340 이상	215 이상	15 이상	110~210
13종	480 이상	345 이상	12 이상	150~235
60종	895 이상	825 이상	6 이상	365 이하

[주] 2. 항복 강도는 특히 주문자의 요구가 있는 것에 한하여 적용한다.
3. 경도 시험은 브리넬 경도 또는 비커스 경도 중 어느 한쪽으로 측정한다.

CHAPTER

07 분말야금

7-1 분말 야금 용어

Powder metallurgy - Vocabulary

KS D 0056 : 2002(2012 확인)

■ 적용 범위

이 규격은 분말 야금에 관련된 용어의 정의를 규정한다. 분말 야금은 야금법의 한 종류로서 금속 분말의 제조 및 금속 분말(비금속 분말이 첨가된 경우도 포함)의 성형과 소결에 의한 제품의 제조에 대한 기술이다.

■ 분말

번호	용어	의미	대응 영어(참고)
1001	분말	1mm 이하 크기의 분리된 입자 집합체	powder
1002	입자	통상의 분리 조작으로 더 이상 세분할 수 없는 분말의 기본 단위	particle
1003	응집	복수 입자가 서로 붙어 있는 상태	agglomerate
1004	슬러리	액체 내 유동성의 점성을 갖는 분말의 분산	slurry
1005	케이크	성형하지 않은 분말들의 집합체	cake
1006	피드스톡	사출 성형 또는 분말 압출에 원료로 사용하는 가소성 분말	feedstock

■ 분말 종류

번호	용어	의미	대응 영어(참고)
1101	분무 분말	금속 및 합금 용액을 액적 형태로 분리한 후 각각을 입자로 고화하여 생산한 분말	atomized powder
1102	카보닐 분말	금속 카보닐의 열분해로 제조한 분말	carbonyl powder
1103	분쇄 분말	고상 금속의 기계적 분리에 의하여 제조한 분말	comminuted powder
1104	전해 분말	전해 석출하여 제조한 분말	electrolytic powder
1105	석출 분말	용액에서 화학적 석출하여 제조한 분말	precipitated powder
1106	환원 분말	액상 온도 이하에서 금속 화합물의 화학적 환원에 의하여 제조한 분말	reduced powder
1107	해면상 분말	자체의 높은 기공도를 갖는 금속 해면상의 분쇄로 제조한 다공성 환원 분말	sponge powder
1108	합금 분말	최소 2개의 성분들이 부분적으로 또는 완전히 상호간에 합금화된 금속 분말	alloyed powder
1109	완전 합금화 분말	각 분말 입자가 그 분말 전체와 동일한 화학 성분으로 되어 있는 합금 분말	completely alloyed powder
1110	프리 얼로이 분말	통상적으로 액체 분무법에 의하여 제조된 완전 합금 분말	pre-alloyed powder
1111	부분 합금화 분말	완전 합금 상태의 입자로 되어 있지 않은 합금 분말	partially alloyed powder
1112	확산 합금화 분말	열공정법으로 제조한 부분 합금화 분말	diffusion-alloyed powder
1113	기계적 합금화 분말	일반적으로 지지상에 대하여 용해도가 없는 제2상을 변형성이 있는 기지 금속 입자에 첨가하여 기계적 방법으로 제조한 복합 분말	mechanically alloyed powder
1114	모합금 분말	비합금 상태에서는 첨가가 어려운 1개 이상의 성분을 비교적 다량으로 함유하고 있는 합금 분말 [비고] 요구되는 최종 조성을 갖는 합금 분말을 제조하기 위하여 모합금 분말을 다른 분말들과 혼합한다.	master alloy powder
1115	복합 분말	2개 이상의 다른 성분을 갖는 각 입자로 이루어진 분말	composite powder
1116	피복 분말	다른 조성의 표면층을 갖는 입자로 이루어진 분말	coated powder
1117	탈수소화 분말	금속 수소화물의 수소 제거에 의해 제조한 분말	dehydrided powder
1118	급랭 응고 분말	용융 금속을 높은 냉각 속도로 응고하여 직·간접적으로 제조한 분말. 입자들은 개질 또는 준안정상 미세 구조를 갖는다.	rapidly solidified powder
1119	찹 분말	판재, 리본, 선, 파이버 형태의 재료로부터 절단하여 제조한 분말	chopped powder
1120	초음파 기체 분무 분말	기체 제트에 초음파 진동을 적용한 상태에서 분무법으로 제조한 분말	ultrasonically gas-atomized powder
1121	혼합 분말(동종)	동일 공칭 조성을 갖는 분말들을 혼합하여 제조한 분말	blended powder
1122	혼합 분말(이종)	조성이 다른 성분 분말들을 혼합하여 제조한 분말	mixed powder
1123	프리믹스 분말	직접 성형이 가능한 혼합체를 위하여 다른 첨가제들을 미리 혼합하여 제조한 분말	press-ready mix(pre-mix)

■ 분말 첨가제

번호	용어	의미	대응 영어(참고)
1201	**결합제**	분말의 분리나 가루화를 억제하고, 또한 분말에 소성을 주어 성형체 강도를 증가시키기 위하여 사용하는 물질. 소결 전후에 이 물질은 제거된다.	binder
1202	**도프제**	소결 중 또는 소결 제품을 사용할 때 재결정이나 입자 성장을 억제하기 위하여 금속 분말에 미량 첨가하는 물질 [비고] 이 용어는 텅스텐의 분말 야금 공정에 특별히 사용	dopant
1203	**윤활제**	분말 입자 또는 성형 다이 표면과 성형체 사이의 마찰을 감소시키기 위하여 사용하는 물질	lubricant
1204	**소성제**	분말의 성형성 개선을 위하여 결합제로 사용하는 열가소성 재료	plasticizer

■ 분말 전처리

번호	용어	의미	대응 영어(참고)
1301	**동종 혼합**	동일 공칭 조성을 갖는 분말들의 완전 혼합	blending
1302	**이종 혼합**	2개 이상의 다른 재료로 이루어진 분말들의 완전 혼합	mixing
1303	**밀링**	분말의 기계적 처리에 대한 일반적 용어이며 다음의 결과를 수반 a) 입자 크기 및 형태 제어(분쇄, 응집 등) b) 정확한 혼합 c) 일성분 입자에 다른 성분을 피복	milling
1304	**조립**	성형 유동성 개선을 위하여 미세 입자들을 조대 분말로 응집화	granulation
1305	**용사 건조**	슬러리 액적으로부터 액체의 급속한 증발에 의한 분말화 과정	spray drying
1306	**초음파 기체 분무**	기체 제트에 초음파 진동을 적용한 상태에서의 분무 고정	ultrasonic gas-atomizing
1307	**칠블록 냉각**	고체 기면에 용융 금속을 박막 형태로 냉각하여 급냉 응고된 분말을 제조하는 공정	chill-block cooling
1308	**반응 밀링**	금속 분말, 첨가제 및 분위기 사이의 반응이 발생하는 기계적 합금화 공정	reaction milling
1309	**기계적 합금화**	고에너지 마찰기 또는 볼 밀링에 의한 고상 상태의 합금화 공정	mechanical alloying

7-2 기계 구조 부품용 소결 재료

Sintered Materials for Structural Parts

■ 적용 범위

이 규격은 기계 구조 부품용 소결 금속 재료에 대하여 규정한다.

■ 분말

종류		기호	참고		
			합금계	특징	용도 보기
SMF1종	1호 2호 3호	SMF 1010 SMF 1015 SMF 1020	순철계	작고 높은 정밀도 부품에 적당하다. 자화철심으로서 사용 가능.	스페이서, 폴 피스
SMF2종	1호 2호 3호	SMF 2015 SMF 2025 SMF 2030	철–구리계	일반구조용 부품에 적당하다. 침탄 퀜칭해서 내마모성을 향상.	래칫, 키, 캠
SMF3종	1호 2호 3호 4호	SMF 3010 SMF 3020 SMF 3030 SMF 3035	철–탄소계	일반구조용 부품에 적당하다. 퀜칭 템퍼링에 의하여 강도 향상.	스러스트 플레이트, 피니언, 충격흡수 피스톤
SMF4종	1호 2호 3호 4호	SMF 4020 SMF 4030 SMF 4040 SMF 4050	철–탄소–구리계	일반구조용 부품에 적당하다. 내마모성 있음. 퀜칭 템퍼링에 의하여 강도 향상.	기어, 오일 펌프로터, 볼 시트
SMF5종	1호 2호	SMF 5030 SMF 5040	철–탄소–구리–니켈계	고강도 구조 부품에 적당하다. 퀜칭 템퍼링처리 가능	기어, 싱크로나이저 허브, 스프로킷
SMF6종	1호 2호 3호	SMF 6040 SMF 6055 SMF 6065	철–탄소(구리용침)계	고강도, 내마모성, 열전도성이 뛰어나다. 기밀성 있음. 퀜칭 템퍼링처리 가능	밸브 플레이트, 펌프, 기어
SMF7종	1호 2호	SMF 7020 SMF 7025	철–니켈계	인성 있음. 침탄 퀜칭에 의하여 내마모성 향상.	래칫폴, 캠, 솔레노이드 폴, 미캐니컬 실
SMF8종	1호 2호	SMF 8035 SMF 8040	철–탄소–니켈계	퀜칭 템퍼링에 의하여 고강도 구조부품에 적당하다. 인성 있음.	기어, 롤러, 스프로킷
SMS1종	1호 2호	SMS 1025 SMS 1035	오스테나이트계 스테인리스강	특히 내식성 및 내열성 있음. 약자성 있음.	너트, 미캐니컬 실, 밸브, 콕, 노즐
SMS2종	1호 2호	SMS 2025 SMS 2035	마텐자이트계 스테인리스강	내식성 및 내열성 있음.	
SMK1종	1호 2호	SMK 1010 SMK 1015	청동계	연하고 융합이 쉽다. 내식성 있음.	링암 웜휠

CHAPTER

08 주물

8-1 주철품의 보통 치수 공차

KS B 0250 : 2000(2015확인) 부속서 1

■ 적용 범위

모래형(정밀 주형 및 여기에 준한 것 제외)에 따른 회 주철품 및 구상 흑연 주철품의 길이 및 살두께의 주조한 대로의 치수의 보통 공차에 대하여 규정한다.

■ 길이의 허용차

단위 : mm

치수의 구분	회 주철품		구상 흑연 주철품	
	정밀급	보통급	정밀급	보통급
120 이하	±1	±1.5	±1.5	±2
120 초과 250 이하	±1.5	±2	±2	±2.5
250 초과 400 이하	±2	±3	±2.5	±3.5
400 초과 800 이하	±3	±4	±4	±5
800 초과 1600 이하	±4	±6	±5	±7
1600 초과 3150 이하	-	±10	-	±10

■ 살두께의 허용차

단위 : mm

치수의 구분	회 주철품		구상 흑연 주철품	
	정밀급	보통급	정밀급	보통급
10 이하	±1	±1.5	±1.2	±2
10 초과 18 이하	±1.5	±2	±1.5	±2.5
18 초과 30 이하	±2	±3	±2	±3
30 초과 50 이하	±2	±3.5	±2.5	±4

8-2 주강품의 보통 치수 공차

KS B 0250 : 2000(2015확인) 부속서 2

■ 적용 범위

모래형에 따른 주강품의 길이와, 살두께가 주조한 대로의 치수의 보통 공차에 대하여 규정한다.

■ 길이의 허용차

단위 : mm

치수의 구분	등급		
	정밀급	중급	보통급
120 이하	±1.8	±2.8	±4.5
120 초과 315 이하	±2.5	±4	±6
315 초과 630 이하	±3.5	±5.5	±9
630 초과 1250 이하	±5	±8	±12
1250 초과 2500 이하	±9	±14	±22
2500 초과 5000 이하	–	±20	±35
5000 초과 10000 이하	–	–	±63

■ 살두께의 허용차

단위 : mm

치수의 구분	등급		
	정밀급	중급	보통급
18 이하	±1.4	±2.2	±3.5
18 초과 50 이하	±2	±3	±5
50 초과 120 이하	–	±4.5	±7
120 초과 250 이하	–	±5.5	±9
250 초과 400 이하	–	±7	±11
400 초과 630 이하	–	±9	±14
630 초과 1000 이하	–	–	±18

8-3 알루미늄 합금 주물의 보통 치수 공차

KS B 0250 : 2000(2015확인) 부속서 3

■ 적용 범위

모래형(셸형 주물을 포함한다) 및 금형(저압 주조를 포함한다)에 따른 알루미늄합금 주물의 길이 및 살두께의 치수 보통 공차에 대하여 규정한다. 다만 로스트 왁스법 등의 정밀 주형에 따른 주물에는 적용하지 않는다.

■ 길이의 허용차

단위 : mm

종류	호칭 치수의 구분	50이하		50 초과 120 이하		120 초과 250 이하		250 초과 400 이하		400 초과 800 이하		800 초과 1600 이하		1600 초과 3150 이하		(참고) 해당공차 등급	
		정밀급	보통급	정밀급	보통급	정밀급	보통급	정밀급	보통급	정밀급	보통급	정밀급	보통급	정밀급	보통급	정밀급	보통급
모래형 주물	틀 분할면을 포함하지 않은 부분	±0.5	±1.1	±0.7	±1.2	±0.9	±1.4	±1.1	±1.8	±1.6	±2.5	–	±4	–	±7	15	16
	틀 분할면을 포함하는 부분	±0.8	±1.5	±1.1	±1.8	±1.4	±2.2	±1.8	±2.8	±2.5	±4.0	–	±6	–	–	16	17
금형 주물	틀 분할면을 포함하지 않은 부분	±0.3	±0.5	±0.45	±0.7	±0.55	±0.9	±0.7	±1.1	±1.0	±1.6	–	–	–	–	14	15
	틀 분할면을 포함하는 부분	±0.5	±0.6	±0.7	±0.8	±0.9	±1.0	±1.1	±1.2	±1.6	±1.8	–	–	–	–	15	15

■ 살두께의 허용차

단위 : mm

종류	주물의 최대 길이	호칭 치수의 구분									
		6이하		6 초과 10 이하		10 초과 18 이하		18 초과 30 이하		30 초과 50 이하	
		정밀급	보통급	정밀급	보통급	정밀급	보통급	정밀급	보통급	정밀급	보통급
모래형 주물	120 이하	±0.6	±1.2	±0.7	±1.4	±0.8	±1.6	±0.9	±1.8	–	–
	120 초과 250 이하	±0.7	±1.3	±0.8	±1.5	±0.9	±1.7	±1.0	±1.9	±1.2	±2.3
	250 초과 400 이하	±0.8	±1.4	±0.9	±1.6	±1.0	±1.8	±1.1	±2.0	±1.3	±2.4
	400 초과 800 이하	±1.0	±1.6	±1.1	±1.8	±1.2	±2.0	±1.3	±2.2	±1.5	±2.6
금형 주물	120 이하	±0.3	±0.7	±0.4	±0.9	±0.5	±1.1	±0.6	±1.3	–	–
	12 0초과 250 이하	±0.4	±0.8	±0.5	±1.0	±0.6	±1.2	±0.7	±1.4	±0.9	±1.8
	250 초과 400 이하	±0.5	±0.9	±0.6	±1.1	±0.7	±1.3	±0.8	±1.5	±1.0	±1.9

8-4 다이캐스팅의 보통 치수 공차

KS B 0250 : 2000(2015확인) 부속서 4

■ 적용 범위

아연합금 다이캐스팅, 알루미늄합금 다이캐스팅 등의 주조한 대로의 치수의 보통 공차에 대하여 규정한다.

■ 치수의 허용차

단위 : mm

치수의 구분	고정형 및 가동형으로 만드는 부분			가동 내부로 만드는 부분 ℓ 3	
	틀 분할면과 평행 방향 ℓ 1	틀 분할면과 직각 방향[1] ℓ 2			
		틀 분할면과 직각 방향의 주물 투영 면적[2] cm^2		가동 내부의 이동 방향과 직각인 주물 부분의 투영 면적 cm^2	
		600 이하	600 초과 2400 이하	150 이하	150 초과 600 이하
30 이하	±0.25	±0.5	±0.6	±0.5	±0.6
30 초과 50 이하	±0.3	±0.5	±0.6	±0.5	±0.6
50 초과 80 이하	±0.35	±0.6	±0.6	±0.6	±0.6
80 초과 120 이하	±0.45	±0.7	±0.7	±0.7	±0.7
120 초과 180 이하	±0.5	±0.8	±0.8	±0.8	±0.8
180 초과 250 이하	±0.55	±0.9	±0.9	±0.9	±0.9
250 초과 315 이하	±0.6	±1	±1	±1	±1
315 초과 400 이하	±0.7	–	–	–	–
400 초과 500 이하	±0.8	–	–	–	–
500 초과 630 이하	±0.9	–	–	–	–
630 초과 800 이하	±1	–	–	–	–
800 초과 1000 이하	±1.1	–	–	–	–

[주] 1. 틀 분할면이 길이에 영향을 주지 않는 치수 부분에는 ℓ_1의 치수 공차를 적용한다. 이 경우의 ℓ_1 등의 기호는 그림 1에 따른다.

2. 주물의 투영 면적이란 주조한 대로의 주조품의 바깥 둘레내 투영 면적을 나타낸다.

8-5 다이캐스팅용 알루미늄합금

Aluminium alloy die castings

KS D 6006 : 2009

■ 적용 범위

이 표준은 알루미늄합금을 사용한 다이캐스팅에 대하여 규정한다.

■ 종류 및 기호

종류	기호	참고	
		합금계	합금의 특색
다이캐스팅용 알루미늄합금 1종	ALDC 1	Al-Si계	내식성, 주조성은 좋다. 항복 강도는 어느 정도 낮다.
다이캐스팅용 알루미늄합금 3종	ALDC 3	Al-Si-Mg계	충격값과 항복 강도가 좋고 내식성도 1종과 거의 동등하지만, 주조성은 좋지 않다.
다이캐스팅용 알루미늄합금 5종	ALDC 5	Al-Mg계	내식성이 가장 양호하고 연신율, 충격값이 높지만 주조성은 좋지 않다
다이캐스팅용 알루미늄합금 6종	ALDC 6	Al-Mg-Mn계	내식성은 5종 다음으로 좋고, 주조성은 5종보다 약간 좋다.
다이캐스팅용 알루미늄합금 10종	ALDC 10	Al-Si-Cu계	기계적 성질, 피삭성 및 주조성이 좋다.
다이캐스팅용 알루미늄합금 10종 Z	ALDC 10 Z	Al-Si-Cu계	10종보다 주조 갈라짐성과 내식성은 약간 좋지 않다.
다이캐스팅용 알루미늄합금 12종	ALDC 12	Al-Si-Cu계	기계적 성질, 피삭성, 주조성이 좋다.
다이캐스팅용 알루미늄합금 12종 Z	ALDC 12 Z	Al-Si-Cu계	12종보다 주조 갈라짐성 및 내식성이 떨어진다.
다이캐스팅용 알루미늄합금 14종	ALDC 14	Al-Si-Cu-Mg계	내마모성, 유동성은 우수하고 항복 강도는 높으나, 연신율이 떨어진다.
다이캐스팅용 알루미늄합금 Si9종	Al Si9	Al-Si계	내식성이 좋고, 연신율, 충격치도 어느 정도 좋지만, 항복 강도가 어느 정도 낮고 유동성이 좋지 않다.
다이캐스팅용 알루미늄합금 Si12Fe종	Al Si12(Fe)	Al-Si계	내식성, 주조성이 좋고, 항복 강도가 어느 정도 낮다.
다이캐스팅용 알루미늄합금 Si10MgFe종	Al Si10Mg(Fe)	Al-Si-Mg계	충격치와 항복 강도가 높고, 내식성도 1종과 거의 동등하며, 주조성은 1종보다 약간 좋지 않다.
다이캐스팅용 알루미늄합금 Si8Cu3종	Al Si8Cu3	Al-Si-Cu계	10종보다 주조 갈라짐 및 내식성이 나쁘다.
다이캐스팅용 알루미늄합금 Si9Cu3Fe종	Al Si9Cu3(Fe)	Al-Si-Cu계	10종보다 주조 갈라짐 및 내식성이 나쁘다.
다이캐스팅용 알루미늄합금 Si9Cu3FeZn종	Al Si9Cu3(Fe)(Zn)	Al-Si-Cu계	10종보다 주조 갈라짐 및 내식성이 나쁘다.
다이캐스팅용 알루미늄합금 Si11Cu2Fe종	Al Si11Cu2(Fe)	Al-Si-Cu계	기계적 성질, 피삭성, 주조성이 좋다.
다이캐스팅용 알루미늄합금 Si11Cu3Fe종	Al Si11Cu3(Fe)	Al-Si-Cu계	기계적 성질, 피삭성, 주조성이 좋다.
다이캐스팅용 알루미늄합금 Si12Cu1Fe	Al Si12Cu1(Fe)	Al-Si-Cu계	12종보다 연신율이 어느 정도 높지만, 항복 강도는 다소 낮다.
다이캐스팅용 알루미늄합금 Si17Cu4Mg종	Al Si17Cu4Mg	Al-Si-Cu-Mg계	내마모성, 유동성이 좋고, 항복 강도가 높지만, 연신율은 낮다.
다이캐스팅용 알루미늄합금 Mg9종	Al Mg9	Al-Mg계	5종과 같이 내식성이 좋지만, 주조성이 나쁘고, 응력부식균열 및 경시변화에 주의가 필요하다.

■ 화학 성분

단위 : 질량 %

KS		화학 성분											
종류	기호	Cu	Si	Mg	Zn	Fe	Mn	Cr	Ni	Sn	Pb	Ti	Al
1종	ALDC 1	1.0 이하	11.0~13.0	0.3 이하	0.5 이하	1.3 이하	0.3 이하	–	0.5 이하	0.1 이하	0.20 이하	0.30 이하	나머지
3종	ALDC 3	0.6 이하	9.0~11.0	0.4~0.6	0.5 이하	1.3 이하	0.3 이하	–	0.5 이하	0.1 이하	0.15 이하	0.30 이하	나머지
5종	ALDC 5	0.2 이하	0.3 이하	4.0~8.5	0.1 이하	1.8 이하	0.3 이하	–	0.1 이하	0.1 이하	0.10 이하	0.20 이하	나머지
6종	ALDC 6	0.1 이하	1.0 이하	2.5~4.0	0.4 이하	0.8 이하	0.4~0.6	–	0.1 이하	0.1 이하	0.10 이하	0.20 이하	나머지
10종	ALDC 10	2.0~4.0	7.5~9.5	0.3 이하	1.0 이하	1.3 이하	0.5 이하	–	0.5 이하	0.2 이하	0.2 이하	0.30 이하	나머지
10종Z	ALDC 10 Z	2.0~4.0	7.5~9.5	0.3 이하	3.0 이하	1.3 이하	0.5 이하	–	0.5 이하	0.2 이하	0.2 이하	0.30 이하	나머지
12종	ALDC 12	1.5~3.5	9.6~12.0	0.3 이하	1.0 이하	1.3 이하	0.5 이하	–	0.5 이하	0.2 이하	0.2 이하	0.30 이하	나머지
12종Z	ALDC 12 Z	1.5~3.5	9.6~12.0	0.3 이하	3.0 이하	1.3 이하	0.5 이하	–	0.5 이하	0.2 이하	0.2 이하	0.30 이하	나머지
14종	ALDC 14	4.0~5.0	16.0~18.0	0.45~0.65	1.5 이하	1.3 이하	0.5 이하	–	0.3 이하	0.3 이하	0.2 이하	0.30 이하	나머지
Si9종	Al Si9(1)	0.10 이하	8.0~11.0	0.10 이하	0.15 이하	0.65 이하	0.50 이하	–	0.05 이하	0.05 이하	0.05 이하	0.15 이하	나머지
Si12Fe종	AL Si12(Fe)(2)	0.10 이하	10.5~13.5	–	0.15 이하	1.0 이하	0.55 이하	–	–	–	–	0.15 이하	나머지
Si10MgFe종	Al Si10Mg (Fe)(1)	0.10 이하	9.0~11.0	0.20~0.50	0.15 이하	1.0 이하	0.55 이하	–	0.15 이하	0.05 이하	0.15 이하	0.20 이하	나머지
Si8Cu3종	Al Si8Cu3(2)	2.0~3.5	7.5~9.5	0.05~0.55	1.2 이하	0.8 이하	0.15~0.65	–	0.35 이하	0.15 이하	0.25 이하	0.25 이하	나머지
Si9Cu3Fe종	Al Si9Cu3 (Fe)(2)	2.0~4.0	8.0~11.0	0.05~0.55	1.2 이하	1.3 이하	0.20~0.55	0.15 이하	0.5 이하	0.25 이하	0.35 이하	0.25 이하	나머지
Si9Cu3FeZn종	Al Si9Cu3 (Fe)(Zn)(2)	2.0~4.0	8.0~11.0	0.05~0.55	3.0 이하	1.3 이하	0.55 이하	0.15 이하	0.55 이하	0.25 이하	0.35 이하	0.25 이하	나머지
Si11Cu2Fe종	Al Si11Cu2 (Fe)(2)	1.5~2.5	10.0~12.0	0.30 이하	1.7 이하	1.1 이하	0.55 이하	0.15 이하	0.45 이하	0.25 이하	0.25 이하	0.25 이하	나머지
Si11Cu3Fe종	Al Si11Cu3 (Fe)	1.5~3.5	9.6~12.0	0.35 이하	1.7 이하	1.3 이하	0.60 이하	–	0.45 이하	0.25 이하	0.25 이하	0.25 이하	나머지
Si12Cu1Fe종	Al Si12Cu1 (Fe)(2)	0.7~1.2	10.5~13.5	0.35 이하	0.55 이하	1.3 이하	0.55 이하	0.10 이하	0.30 이하	0.10 이하	0.20 이하	0.20 이하	나머지
Si17Cu4Mg종	Al Si17Cu4Mg	4.0~5.0	16.0~18.0	0.45~0.65	1.5 이하	1.3 이하	0.50 이하	–	0.3 이하	0.3 이하	–	–	나머지
Mg9종	Al Mg9(1)	0.10 이하	2.5 이하	8.0~10.5	0.25 이하	1.0 이하	0.55 이하	–	0.10 이하	0.10 이하	0.10 이하	0.20 이하	나머지

[비 고] 1. 그 외의 화학 성분은 표2의 '–' 로 표기된 성분치를 규정하지 않은 화학 성분을 포함하고, 각각의 성분이 0.05% 이하이며, 합계로는 0.15% 이하로 한다.

2. 그 외의 화학 성분은 표2의 '–' 로 표기된 성분치를 규정하지 않은 화학 성분을 포함하고, 각각의 성분이 0.05% 이하이며, 합계로는 0.25% 이하로 한다.

8-6 알루미늄 합금 주물

Aluminium alloy castings

KS D 6008 : 2002

■ 적용 범위

이 규격은 금형 주물, 사형 주물 등의 알루미늄 합금 주물에 대하여 규정한다.

■ 종류 및 기호

종 류	기 호	합금계	주형의 구분	참고		
				상당 합금명	합금의 특색	용도 보기
주물 1종A	AC1A	Al-Cu계	금형, 사형	ASTM:295.0	기계적 성질이 우수하고, 절삭성도 좋으나, 주조성이 좋지 않다.	가선용 부품, 자전거 부품, 항공기용 유압 부품, 전송품 등
주물 1종B	AC1B	Al-Cu-Mg계	금형, 사형	ISO:AlCu4MgTi NF:AU5GT	기계적 성질이 우수하고, 절삭성이 좋으나, 주조성이 좋지 않으므로 주물의 모양에 따라 용해, 주조방안에 주의를 요한다.	가선용 부품, 중전기 부품, 자전거 부품, 항공기 부품 등
주물 2종A	AC2A	Al-Cu-Si계	금형, 사형		주조성이 좋고, 인장 강도는 높으나 연신율이 적다. 일반용으로 우수하다.	매니폴드, 디프캐리어, 펌프 보디, 실린더 헤드, 자동차용 하체 부품 등
주물 2종B	AC2B	Al-Cu-Si계	금형, 사형		주조성이 좋고, 일반용으로 널리 사용되고 있다.	실린더 헤드, 밸브 보디, 크랭크 케이스, 클러치 하우징 등
주물 3종A	AC3A	Al-Si계	금형, 사형		유동성이 우수하고 내식성도 좋으나 내력이 낮다.	케이스류, 커버류, 하우징류의 얇은 것, 복잡한 모양의 것, 장막벽 등
주물 4종A	AC4A	Al-Si-Mg계	금형, 사형		주조성이 좋고 인성이 우수하며 강도가 요구되는 대형 주물에 사용된다.	매니폴드, 브레이크 드럼, 미션 케이스, 크랭크 케이스, 기어 박스, 선박용·차량용 엔진 부품 등
주물 4종B	AC4B	Al-Si-Cu계	금형, 사형	ASTM:333.0	주조성이 좋고, 인장 강도는 높으나 연신율은 적다. 일반용으로 널리 사용된다.	크랭크 케이스, 실린더 매니폴드, 항공기용 전장품 등
주물 4종C	AC4C	Al-Si-Mg계	금형, 사형	ISO:AlSi7Mg(Fe)	주조성이 우수하고, 내압성, 내식성도 좋다.	유압 부품, 미션 케이스, 플라이 휠 하우징, 항공기 부품, 소형용 엔진 부품, 전장품 등
주물 4종CH	AC4CH	Al-Si-Mg계	금형, 사형	ISO:AlSi7Mg ASTM:A356.0	주조성이 우수하고, 기계적 성질도 우수하다. 고급 주물에 사용된다.	자동차용 바퀴, 가선용 쇠붙이, 항공기용 엔진 부품, 전장품 등
주물 4종D	AC4D	Al-Si-Cu-Mg계	금형, 사형	ISO:AlSi5Cu1Mg ASTM:355.0	주조성이 우수하고, 기계적 성질도 좋다. 내압성이 요구되는 것에 사용된다.	수랭 실린더 헤드, 크랭크 케이스, 실린더 블록, 연료 펌프보디, 블로어 하우징, 항공기용 유압 부품 및 전장품 등
주물 5종A	AC5A	Al-Cu-Ni-Mg계	금형, 사형	ISO:AlCu4Ni2Mg2 ASTM:242.0	고온에서 인장 강도가 높다. 주조성은 좋지 않다.	공랭 실린더 헤드 디젤 기관용 피스톤, 항공기용 엔진 부품 등
주물 7종A	AC7A	Al-Mg계	금형, 사형	ASTM:514.0	내식성이 우수하고 인성과 양극 산화성이 좋다. 주조성은 좋지 않다	가선용 쇠붙이, 선박용 부품, 조각 소재 건축용 쇠붙이, 사무기기, 의자, 항공기용 전장품 등
주물 8종A	AC8A	Al-Si-Cu-Ni-Mg계	금형		내열성이 우수하고 내마모성도 좋으며 열팽창계수가 작다. 인장 강도도 높다.	자동차·디젤 기관용 피스톤, 선방용 피스톤, 도르래, 베어링 등

■ 종류 및 기호(계속)

종 류	기 호	합금계	주형의 구분	참고		
				상당 합금명	합금의 특색	용도 보기
주물 8종B	AC8B	Al–Si–Cu –Ni–Mg계	금형		내열성이 우수하고 내마모성도 좋으며 열팽창 계수가 작다. 안장 강도도 높다.	자동차용 피스톤, 도르래, 베어링 등
주물 8종C	AC8C	Al–Si–Cu –Mg계	금형	ASTM:332.0	내열성이 우수하고 내마모성도 좋으며 열팽창 계수가 작다. 안장 강도도 높다	자동차용 피스톤, 도르래, 베어링 등
주물 9종A	AC9A	Al–Si–Cu –Ni–Mg계	금형		내열성이 우수하고 열팽창 계수가 작다. 내마모성은 좋으나 주조성이나 절삭성은 좋지 않다.	피스톤(공랭 2사이클용) 등
주물 9종B	AC9B	Al–Si–Cu –Ni–Mg계	금형		내열성이 우수하고 열팽창 계수가 작다. 내마모성은 좋으나 주조성이나 절삭성은 좋지 않다.	피스톤(디젤 기관용, 수랭 2사이클용), 공랭 실린더 등

■ 화학 성분

기 호	화학성분											
	Cu	Si	Mg	Zn	Fe	Mn	Ni	Ti	Pb	Sn	Cr	Al
AC1A	4.0~5.0	1.2이하	0.20이하	0.30이하	0.50이하	0.30이하	0.05이하	0.25이하	0.05이하	0.05이하	0.05이하	나머지
AC1B	4.2~5.0	0.20이하	0.15~0.35	0.10이하	0.35이하	0.10이하	0.05이하	0.05~0.30	0.05이하	0.05이하	0.05이하	나머지
AC2A	3.0~4.5	4.0~6.0	0.25이하	0.55이하	0.8이하	0.55이하	0.30이하	0.20이하	0.15이하	0.05이하	0.15이하	나머지
AC2B	2.0~4.0	5.0~7.0	0.50이하	1.0이하	1.0이하	0.50이하	0.35이하	0.20이하	0.20이하	0.10이하	0.20이하	나머지
AC3A	0.25이하	10.0~13.0	0.15이하	0.30이하	0.8이하	0.35이하	0.10이하	0.20이하	0.10이하	0.10이하	0.15이하	나머지
AC4A	0.25이하	8.0~10.0	0.30~0.6	0.25이하	0.55이하	0.30~0.6	0.10이하	0.20이하	0.10이하	0.05이하	0.15이하	나머지
AC4B	2.0~4.0	7.0~10.0	0.50이하	1.0이하	1.0이하	0.50이하	0.35이하	0.20이하	0.20이하	0.10이하	0.20이하	나머지
AC4C	0.25이하	6.5~7.5	0.20~0.45	0.35이하	0.55이하	0.35이하	0.10이하	0.20이하	0.10이하	0.05이하	0.10이하	나머지
AC4CH	0.20이하	6.5~7.5	0.25~0.45	0.10이하	0.20이하	0.10이하	0.05이하	0.20이하	0.05이하	0.05이하	0.05이하	나머지
AC4D	1.0~1.5	4.5~5.5	0.40~0.6	0.30이하	0.6이하	0.50이하	0.20이하	0.20이하	0.10이하	0.05이하	0.15이하	나머지
AC5A	3.5~4.5	0.6이하	1.2~1.8	0.15이하	0.8이하	0.35이하	1.7~2.3	0.20이하	0.05이하	0.05이하	0.15이하	나머지
AC7A	0.10이하	0.20이하	3.5~5.5	0.15이하	0.30이하	0.6이하	0.05이하	0.20이하	0.05이하	0.05이하	0.15이하	나머지
AC8A	0.8~1.3	11.0~13.0	0.7~1.3	0.15이하	0.8이하	0.15이하	0.8~1.5	0.20이하	0.50이하	0.05이하	0.10이하	나머지
AC8B	2.0~4.0	8.5~10.5	0.50~1.5	0.50이하	1.0이하	0.50이하	0.10~1.0	0.20이하	0.10이하	0.10이하	0.10이하	나머지
AC8C	2.0~4.0	8.5~10.5	0.50~1.5	0.50이하	1.0이하	0.50이하	0.50이하	0.20이하	0.10이하	0.10이하	0.10이하	나머지
AC9A	0.50~1.5	22~24	0.50~1.5	0.20이하	0.8이하	0.50이하	0.50~1.5	0.20이하	0.10이하	0.10이하	0.10이하	나머지
AC9B	0.50~1.5	18~20	0.50~1.5	0.20이하	0.8이하	0.50이하	0.50~1.5	0.20이하	0.10이하	0.10이하	0.10이하	나머지

[비 고] 1. V 및 Bi는 0.05% 이하로 한다. 다만, V, Bi 및 표2에 없는 원소는 주문자의 요구가 있을 때에 한하여 분석을 한다.

■ 금형 시험편의 기계적 성질

종 류	질 별	기 호	인장 시험			참 고					
			인장강도 N/mm^2	연신율 %	브리넬 경도 HB(10/500)	열처리					
						어닐링		용체화 처리		시효경화 처리	
						온도℃	시간h	온도℃	시간h	온도℃	시간h
주물 1종 A	주조한 그대로	AC1A–F	150 이상	5 이상	약 55	–	–	–	–	–	–
	용체화 처리	AC1A–T4	230 이상	5 이상	약 70	–	–	약 515	약 10	–	–
	용체화 처리 후 시효경화 처리	AC1A–T6	250 이상	2 이상	약 85	–	–	약 515	약 10	약 160	약 6
주물 1종 B	주조한 그대로	AC1B–F	170 이상	2 이상	약 60	–	–	–	–	–	–
	용체화 처리	AC1B–T4	290 이상	5 이상	약 80	–	–	약 515	약 10	–	–
	용체화 처리 후 시효경화 처리	AC1B–T6	300 이상	3 이상	약 90	–	–	약 515	약 10	약 160	약 4
주물 2종 A	주조한 그대로	AC2A–F	180 이상	2 이상	약 75	–	–	–	–	–	–
	용체화 처리 후 시효경화 처리	AC2A–T6	270 이상	1 이상	약 90	–	–	약 510	약 8	약 160	약 9
주물 2종 B	주조한 그대로	AC2B–F	150 이상	1 이상	약 70	–	–	–	–	–	–
	용체화 처리 후 시효경화 처리	AC2B–T6	240 이상	1 이상	약 90	–	–	약 500	약 10	약 160	약 5
주물 3종 A	주조한 그대로	AC3A–F	170 이상	5 이상	약 50	–	–	–	–	–	–
주물 4종 A	주조한 그대로	AC4A–F	170 이상	3 이상	약 60	–	–	–	–	–	–
	용체화 처리 후 시효경화 처리	AC4A–T6	240 이상	2 이상	약 90	–	–	약 525	약 10	약 160	약 9
주물 4종 B	주조한 그대로	AC4B–F	170 이상	–	약 80	–	–	–	–	–	–
	용체화 처리 후 시효경화 처리	AC4B–T6	240 이상	–	약 100	–	–	약 500	약 10	약 160	약 7
주물 4종 C	주조한 그대로	AC4C–F	150 이상	3 이상	약 55	–	–	–	–	–	–
	시효경화 처리	AC4C–T5	170 이상	3 이상	약 65	–	–	–	–	약 225	약 5
	용체화 처리 후 시효경화 처리	AC4C–T6	220 이상	3 이상	약 85	–	–	약 525	약 8	약 160	약 6
	용체화 처리 후 시효경화 처리	AC4C–T61	240 이상	1 이상	약 90	–	–	약 525	약 8	약 170	약 7
주물 4종 CH	주조한 그대로	AC4CH–F	160 이상	3 이상	약 55	–	–	–	–	–	–
	시효경화 처리	AC4CH–T5	180 이상	3 이상	약 65	–	–	–	–	약 225	약 5
	용체화 처리 후 시효경화 처리	AC4CH–T6	240 이상	5 이상	약 85	–	–	약 535	약 8	약155	약 6
	용체화 처리 후 시효경화 처리	AC4CH–T61	260 이상	3 이상	약 90	–	–	약 535	약 8	약 170	약 7

■ 금형 시험편의 기계적 성질(계속)

종 류	질 별	기 호	인장 시험			참 고					
			인장강도 N/mm^2	연신율 %	브리넬 경도 HB(10/500)	열처리					
						어닐링		용체화 처리		시효경화 처리	
						온도℃	시간h	온도℃	시간h	온도℃	시간h
주물 4종 D	주조한 그대로	AC4D–F	170 이상	2 이상	약 70	–	–	–	–	–	–
	시효경화 처리	AC4D–T5	190 이상	1 이상	약 75	–	–	–	–	약 225	약 5
	용체화 처리 후 시효경화 처리	AC4D–T6	270 이상	1 이상	약 90	–	–	약 525	약 10	약 160	약 10
주물 5종 A	어닐링	AC5A–O	180 이상	–	약 65	약 350	약 2	–	–	–	–
	용체화 처리 후 시효경화 처리	AC5A–T6	290 이상	–	약 110	–	–	약 520	약 7	약 200	약 5
주물 7종 A	주조한 그대로	AC7A–F	210 이상	12 이상	약 60	–	–	–	–	–	–
주물 8종 A	주조한 그대로	AC8A–F	170 이상	–	약 85	–	–	–	–	–	–
	시효경화 처리	AC8A–T5	190 이상	–	약 90	–	–	–	–	약 200	약 4
	용체화 처리 후 시효경화 처리	AC8A–T6	270 이상	–	약 110	–	–	약 510	약 4	약 170	약 10
주물 8종 B	주조한 그대로	AC8B–F	170 이상	–	약 85	–	–	–	–	–	–
	시효경화 처리	AC8B–T5	180 이상	–	약 90	–	–	–	–	약 200	약 4
	용체화 처리 후 시효경화 처리	AC8B–T6	270 이상	–	약 110	–	–	약 510	약 4	약 170	약 10
주물 8종 C	주조한 그대로	AC8C–F	170 이상	–	약 85	–	–	–	–	–	–
	시효경화 처리	AC8C–T5	180 이상	–	약 90	–	–	–	–	약 200	약 4
	용체화 처리 후 시효경화 처리	AC8C–T6	270 이상	–	약 110	–	–	약 510	약 4	약 170	약 10
주물 9종 A	시효경화 처리	AC9A–T5	150 이상	–	약 90	–	–	–	–	약 250	약 4
	용체화 처리 후 시효경화 처리	AC9A–T6	190 이상	–	약 125	–	–	약 500	약 4	약 200	약 4
	용체화 처리 후 시효경화 처리	AC9A–T7	170 이상	–	약 95	–	–	약 500	약 4	약 250	약 4
주물 9종 B	시효경화 처리	AC9B–T5	170 이상	–	약 85	–	–	–	–	약 250	약 4
	용체화 처리 후 시효경화 처리	AC9B–T6	270 이상	–	약 120	–	–	약 500	약 4	약 200	약 4
	용체화 처리 후 시효경화 처리	AC9B–T7	200 이상	–	약 90	–	–	약 500	약 4	약 250	약 4

■ 사형 시험편의 기계적 성질

종 류	질 별	기 호	인장 시험			참 고					
			인장강도 N/mm²	연신율 %	브리넬 경도 HB(10/500)	열처리					
						어닐링		용체화 처리		시효경화 처리	
						온도℃	시간h	온도℃	시간h	온도℃	시간h
주물 1종 A	주조한 그대로	AC1A–F	130 이상	–	약 50	–	–	–	–	–	–
	용체화 처리	AC1A–T4	180 이상	3 이상	약 70	–	–	약 515	약 10	–	–
	용체화 처리 후 시효 경화 처리	AC1A–T6	210 이상	2 이상	약 80	–	–	약 515	약 10	약 160	약 6
주물 1종 B	주조한 그대로	AC1B–F	150 이상	1 이상	약 75	–	–	–	–	–	–
	용체화 처리	AC1B–T4	250 이상	4 이상	약 85	–	–	약 515	약 10	–	–
	용체화 처리 후 시효 경화 처리	AC1B–T6	270	3 이상	약 90	–	–	약 515	약 10	약 160	약 4
주물 2종 A	주조한 그대로	AC2A–F	이상150 이상	–	약 70	–	–	–	–	–	–
	용체화 처리 후 시효 경화 처리	AC2A–T6	230 이상	–	약 90	–	–	약 510	약 8	약 160	약 10
주물 2종 B	주조한 그대로	AC2B–F	130 이상	–	약 60	–	–	–	–	–	–
	용체화 처리 후 시효 경화 처리	AC2B–T6	190 이상	–	약 80	–	–	약 500	약 10	약 160	약 5
주물 3종 A	주조한 그대로	AC3A–F	140 이상	2 이상	약 45	–	–	–	–	–	–
주물 4종 A	주조한 그대로	AC4A–F	130 이상	–	약 45	–	–	–	–	–	–
	용체화 처리 후 시효 경화 처리	AC4A–T6	220 이상	–	약 80	–	–	약 525	약 10	약 160	약 9
주물 4종 B	주조한 그대로	AC4B–F	140 이상	–	약 80	–	–	–	–	–	–
	용체화 처리 후 시효 경화 처리	AC4B–T6	210 이상	–	약 100	–	–	약 500	약 10	약 160	약 7
주물 4종 C	주조한 그대로	AC4C–F	130 이상	–	약 50	–	–	–	–	–	–
	시효 경화 처리	AC4C–T5	140 이상	–	약 60	–	–	–	–	약 225	약 5
	용체화 처리 후 시효 경화 처리	AC4C–T6	200 이상	2 이상	약 75	–	–	약 525	약 8	약 160	약 6
	용체화 처리 후 시효 경화 처리	AC4C–T61	220 이상	1 이상	약 80	–	–	약 525	약 8	약 170	약 7
주물 4종 CH	주조한 그대로	AC4CH–F	140 이상	2 이상	약 50	–	–	–	–	–	–
	시효 경화 처리	AC4CH–T5	150 이상	2 이상	약 60	–	–	–	–	약 225	약 5
	용체화 처리 후 시효 경화 처리	AC4CH–T6	220 이상	3 이상	약 75	–	–	약 535	약 8	약 155	약 6
	용체화 처리 후 시효 경화 처리	AC4CH–T61	240 이상	1 이상	약 80	–	–	약 535	약 8	약 170	약 7
주물 4종 D	주조한 그대로	AC4D–F	130 이상	–	약 60	–	–	–	–	–	–
	시효 경화 처리	AC4D–T5	170 이상	–	약 65	–	–	–	–	약 225	약 5
	용체화 처리 후 시효 경화 처리	AC4D–T6	230 이상	1 이상	약 80	–	–	약 525	약 10	약 160	약 10
주물 5종 A	어닐링	AC5A–O	130 이상	–	약 65	약 350	약 2	–	–	–	–
	용체화 처리 후 시효 경화 처리	AC5A–T6	210 이상	–	약 90	–	–	약 520	약 7	약 200	약 5
주물 7종 A	주조한 그대로	AC7A–F	140 이상	6 이상	약 50	–	–	–	–	–	–

8-7 마그네슘 합금 주물

Magnesium alloy castings

KS D 6016 : 2015

■ 적용 범위

이 규격은 사형 및 금형에 의한 마그네슘 합금 주물에 대하여 규정한다.

■ 종류 및 기호

종 류	기호	주형 구분	참 고		
			합금의 특색	용도 보기	유사 합금명
마그네슘합금 주물 1종	MgC1	사형 금형	강도와 인성이 있으나, 주조성은 약간 떨어진다. 비교적 단순한 모양의 주물에 적합하다.	일반용 주물, 3륜차용 하부 휨, 텔레비전 카메라용 부품, 쌍안경 몸체, 직기용 부품 등	AZ63A
마그네슘합금 주물 2종	MgC2	사형 금형	인성이 있고 주조성이 좋으며, 내압 주물에 적합하다.	일반용 주물, 크랭크 케이스, 트랜스미션, 기어박스, 텔레비전 카메라용 부품, 레이더용 부품, 공구용 지그 등	AZ91C
마그네슘합금 주물 3종	MgC3	사형 금형	강도는 있으나 인성이 약간 떨어진다. 주조성은 좋다.	일반용 주물, 엔진용 부품, 인쇄용 섀들 등	AZ92A
마그네슘합금 주물 5종	MgC5	금형	강도 및 인성이 있으며, 내압 주물에 적합하다.	일반용 주물, 엔진용 부품 등	AM100A
마그네슘합금 주물 6종	MgC6	사형	강도와 인성이 요구되는 경우에 사용한다. T5 처리시 인성이 좋아진다.	고력 주물, 경기용 차륜 산소통 브래킷 등	ZK51A
마그네슘합금 주물 7종	MgC7	사형	강도와 인성이 요구되는 경우에 사용한다. T5 및 T6 처리시 인성이 증가한다.	고력 주물, 인렛 하우징 등	ZK61A
마그네슘합금 주물 8종	MgC8	사형	주조성, 용접성 및 내압성이 있다. 상온 강도는 낮지만 고온에서의 강도의 저하는 적다.	내열용 주물, 엔진용 부품 기어 케이스, 컴프레서 케이스 등	EZ33A

■ 화학 성분

종 류	기 호	화학 성분 %								
		Al	ZN	Mn	RE(1)	Zr	Si	Cu	Ni	Mg
마그네슘합금 주물 1종	MgC1	5.3~6.7	2.5~3.5	0.15~0.6	–	–	0.30 이하	0.10 이하	0.01 이하	나머지
마그네슘합금 주물 2종	MgC2	8.1~9.3	0.40~1.0	0.13~0.5	–	–	0.30 이하	0.10 이하	0.01 이하	나머지
마그네슘합금 주물 3종	MgC3	8.3~9.7	1.6~2.4	0.10~0.5	–	–	0.30 이하	0.10 이하	0.01 이하	나머지
마그네슘합금 주물 5종	MgC5	9.3~10.7	0.30 이하	0.10~0.5	–	–	0.30 이하	0.10 이하	0.01 이하	나머지
마그네슘합금 주물 6종	MgC6	–	3.6~5.5	–	–	0.50~1.0	–	0.10 이하	0.01 이하	나머지
마그네슘합금 주물 7종	MgC7	–	5.5~6.5	–	–	0.60~1.0	–	0.10 이하	0.01 이하	나머지
마그네슘합금 주물 8종	MgC8	–	2.0~3.1	–	2.5~4.0	0.50~1.0	–	0.10 이하	0.01 이하	나머지

■ 기계적 성질

종 류	질 별	기 호	인장 시험			참 고			
			인장강도 N/mm^2	항복 강도 N/mm^2	연신율 %	용체화 처리		인공시효	
						온도 ℃	시간 h	온도 ℃	인공 시효
마그네슘합금 주물 1종	주조한 그대로	MgC1–F	177 이상	69 이상	4 이상	–	–	–	–
	용체화 처리	MgC1–T4	235 이상	69 이상	7 이상	380~390	10~14	–	–
	인공 시효	MgC1–T5	177 이상	78 이상	2 이상	–	–	260	4
								230	5
	용체화 처리 후 인공 시효	MgC1–T6	235 이상	108 이상	3 이상	380~390	10~14	220	5
								230	5
마그네슘합금 주물 2종	주조한 그대로	MgC2–F	157 이상	69 이상	–	–	–	–	–
	용체화 처리	MgC2–T4	235 이상	69 이상	7 이상	410~420	16~24	–	–
	인공 시효	MgC2–T5	157 이상	78 이상	2 이상	–	–	170	16
								215	4
	용체화 처리 후 인공 시효	MgC2–T6	235 이상	108 이상	3 이상	410~420	16~24	170	16
								215	4
마그네슘합금 주물 3종	주조한 그대로	MgC3–F	157 이상	69 이상	–	–	–	–	–
	용체화 처리	MgC3–T4	235 이상	69 이상	6 이상	405~410	16~24	–	–
	인공 시효	MgC3–T5	157 이상	78 이상	–	–	–	230	5
	용체화 처리 후 인공 시효	MgC3–T6	235 이상	127 이상	–	405~410	16~24	260	4
마그네슘합금 주물 5종	주조한 그대로	MgC5–F	137 이상	69 이상	–	–	–	220	5
	용체화 처리	MgC5–T4	235 이상	69 이상	6 이상	420~425	16~24	–	–
	용체화 처리 후 인공 시효	MgC5–T6	235 이상	108 이상	2 이상	420~425	16~24	–	–
								230	5
마그네슘합금 주물 6종	인공 시효	MgC6–T5	235 이상	137 이상	5 이상	–	–	205	24
								220	8
								175	12
마그네슘합금 주물 7종	인공 시효	MgC7–T5	265 이상	177 이상	5 이상	–	–	150	48
	용체화 처리 후 인공시효	MgC7–T6	265 이상	177 이상	5 이상	495~500	2	130	48
						480~485	10		
마그네슘합금 주물 8종	인공 시효	MgC8–T5	137 이상	98 이상	2 이상	–	–	215	5

CHAPTER 08

8-8 마그네슘 합금 다이캐스팅

Magnesium alloy die castings

KS D 6071 : 2009

■ 적용 범위

이 표준은 마그네슘 합금 다이캐스팅 제품에 대하여 규정한다.

■ 종류 및 기호

종류	기호	참고			
		ISO 상당 합금	ASTM 상당 합금	합금의 특색	사용 부품 보기
마그네슘합금 다이캐스팅 1종B	MDC1B	MgAl9Zn1(B)	AZ91B	내식성은 1종 D보다 약간 떨어진다. 강도 및 주조성은 우수하나 연신율은 다소 떨어진다.	전동공구 케이스, 비디오, 카메라, 노트북 케이스, 휴대폰의 EMI실드 및 케이스류, 자동차 부품류
마그네슘합금 다이캐스팅 1종D	MDC1D	MgAl9Zn1(A)	AZ91D	내식성이 우수하다. 그 외는 1종B와 동등	
마그네슘합금 다이캐스팅 2종B	MDC2B	MgAl6Mn	AM60B	강도와 주조성은 1종에 비해 다소 떨어지나 연신율과 인성이 우수하다.	자동차 부품(에어백 하우징 등), 레저 및 스포츠 용품
마그네슘합금 다이캐스팅 3종B	MDC3B	MgAl4Si	AS41B	고온 강도가 좋다. 주조성이 약간 떨어진다.	자동차 내열용 부품
마그네슘합금 다이캐스팅 4종	MDC4	MgAl5Mn	AM50A	강도와 주조성은 1종에 비해 다소 떨어지나 연신율과 인성이 우수하다.	자동차 부품(시트 프레임, 스티어링 컬럼부품, 스티어링 휠코어 등), 레저 및 스포츠 용품
마그네슘합금 다이캐스팅 5종	MDC5	MgAl2Mn	AM20A	강도와 주조성은 떨어지나 연신율과 인성이 우수하다.	자동차 부품
마그네슘합금 다이캐스팅 6종	MDC6	MgAl2Si	AS21A	고온 강도가 좋다. 주조성이 떨어진다.	자동차 내열용 부품

■ 화학 성분

종류	기호	화학 성분 (질량 %)								
		Al	Zn	Mn	Si	Cu	Ni	Fe	기타 각 불순물	Mg
1종B	MDC1B	8.3~9.7	0.35~1.0	0.13~0.50	0.50 이하	0.35 이하	0.03 이하	0.03 이하	0.05 이하	나머지
1종D	MDC1D	8.3~9.7	0.35~1.0	0.15~0.50	0.10 이하	0.030 이하	0.002 이하	0.005 이하	0.01 이하	나머지
2종B	MDC2B	5.5~6.5	0.30 이하	0.24~0.6	0.10 이하	0.010 이하	0.002 이하	0.005 이하	0.01 이하	나머지
3종B	MDC3B	3.5~5.0	0.20 이하	0.35~0.7	0.50~1.5	0.02 이하	0.002 이하	0.0035 이하	0.01 이하	나머지
4종	MDC4	4.4~5.3	0.30 이하	0.26~0.6	0.10 이하	0.010 이하	0.002 이하	0.004 이하	0.01 이하	나머지
5종	MDC5	1.6~2.5	0.20 이하	0.33~0.70	0.08 이하	0.008 이하	0.001 이하	0.004 이하	0.01 이하	나머지
6종	MDC6	1.8~2.5	0.20 이하	0.18~0.70	0.7~1.2	0.008 이하	0.001 이하	0.004 이하	0.01 이하	나머지

8-9 구리 및 구리합금 주물

Copper and copper alloy castings

KS D 6024 : 2009

■ 적용 범위

이 표준은 사형 주조, 금형 주조, 원심 주조, 정밀 주조 등(연속 주조는 제외한다)에 의해 제조된 구리 및 구리합금 주물에 대하여 규정한다.

■ 종류 및 기호

종류	기호 (구기호/ UNS No.)	합금계	주조법의 구분	참고	
				합금의 특징	용도 보기
구리 주물 1종	CAC101 (CuC1)	Cu계	사형 주조 금형 주조 원심 주조 정밀 주조	주조성이 좋다. 도전성, 열전도성 및 기계적 성질이 좋다.	송풍구, 대송풍구, 냉각판, 열풍 밸브, 전극 홀더, 일반 기계 부품 등
구리 주물 2종	CAC102 (CuC2)	Cu계		CAC101보다 도전성 및 열전도성이 좋다.	송풍구, 전기용 터미널, 분기 슬리브, 콘택트, 도체, 일반 전기 부품 등
구리 주물 3종	CAC103 (CuC3)	Cu계		구리 주물 중에서는 도전성 및 열전도성이 가장 좋다.	전로용 랜스 노즐, 전기용 터미널, 분기 슬리브, 통전 서포트, 도체, 일반 전기 부품 등
황동 주물 1종	CAC201 (YBsC1)	Cu-Zn계		납땜하기 쉽다.	플랜지류, 전기 부품, 장식용품 등
황동 주물 2종	CAC202 (YBsC2)	Cu-Zn계		황동 주물 중에서 비교적 주조가 용이하다.	전기 부품, 제기 부품, 일반 기계 부품 등
황동 주물 3종	CAC203 (YBsC3)	Cu-Zn계		CAC202보다도 기계적 성질이 좋다.	급배수 쇠붙이, 전기 부품, 건축용 쇠붙이, 일반 기계 부품, 일용품, 잡화품 등
황동 주물 4종	CAC204 (C85200)	Cu-Zn계	사형 주조 금형 주조	기계적 성질이 좋다.	일반 기계 부품, 일용품, 잡화품 등
고력 황동 주물 1종	CAC301 (HBsC1)	Cu-Zn-Mn -Fe-Al계	사형 주조 금형 주조 원심 주조 정밀 주조	강도, 경도가 높고 내식성, 인성이 좋다.	선박용 프로펠러, 프로펠러 보닛, 베어링, 밸브 시트, 밸브봉, 베어링 유지기, 레버 암, 기어, 선박용 의장품 등
고력 황동 주물 2종	CAC302 (HBsC2)	Cu-Zn-Mn -Fe-Al계		강도가 높고 내마모성이 좋다. 경도는 CAC301보다 높고 강성이 있다.	선박용 프로펠러, 베어링, 베어링 유지기, 슬리퍼, 엔드 플레이트, 밸브 시트, 밸브봉, 특수 실린더, 일반 기계 부품 등
고력 황동 주물 3종	CAC303 (HBsC3)	Cu-Zn-Al- Mn-Fe계		특히 강도, 경도가 높고 고하중의 경우에도 내마모성이 좋다.	저속 고하중의 미끄럼 부품, 대형 밸브, 스템, 부시, 웜 기어, 슬리퍼, 캠, 수압 실린더 부품 등
고력 황동 주물 4종	CAC304 (HBsC4)	Cu-Zn-Al -Mn-Fe계	사형 주조 금형 주조 원심 주조 정밀 주조	고력 황동 주물 중에서 특히 강도, 경도가 높고 고하중의 경우에도 내마모성이 좋다.	저속 고하중의 미끄럼 부품, 교량용 지지판, 베어링, 부시, 너트, 웜 기어, 내마모판 등
청동 주물 1종	CAC401 (BC1)	Cu-Zn- Pb-Sn계	사형 주조 금형 주조 원심 주조 정밀 주조	용탕 흐름, 피삭성이 좋다.	베어링, 명판, 일반 기계 부품 등
청동 주물 2종	CAC402 (BC2)	Cu-Zn- Sn계		내압성, 내마모성, 내식성이 좋고 기계적 성질도 좋다.	베어링, 슬리브, 부시, 펌프 몸체, 임펠러, 밸브, 기어, 선박용 둥근 창, 전동기기 부품 등
청동 주물 3종	CAC403 (BC3)	Cu-Zn- Sn계	사형 주조 금형 주조 원심 주조 정밀 주조	내압성, 내마모성, 기계적 성질이 좋고 내식성이 CAC402보다도 좋다.	베어링, 슬리브, 부싱, 펌프, 몸체 임펠러, 밸브, 기어, 선박용 둥근 창, 전동기기 부품, 일반 기계 부품 등
청동 주물 6종	CAC406 (BC6)	Cu-Sn- Zn-Pb계		내압성, 내마모성, 피삭성, 주조성이 좋다.	밸브, 펌프 몸체, 임펠러, 급수 밸브, 베어링, 슬리브, 부싱, 일반 기계 부품, 경관 주물, 미술 주물 등
청동 주물 7종	CAC407 (BC7)	Cu-Sn- Zn-Pb계		기계적 성질이 CAC406보다 좋다.	베어링, 소형 펌프 부품, 밸브, 연료 펌프, 일반 기계 부품 등
청동 주물 8종(함연 단동)	CAC408 (C83800)	Cu-Sn- Pb-Zn계	사형 주조 금형 주조 원심 주조	내마모성, 피삭성이 좋다 (일반용 쾌삭 청동).	저압 밸브, 파이프 연결구, 일반 기계 부품 등
청동 주물 9종	CAC409 (C92300)	Cu-Sn- Zn계	사형 주조 금형 주조 원심 주조	기계적 성질이 좋고, 가공성 및 완전성이 좋다.	포금용, 베어링 등

CHAPTER 08

■ 종류 및 기호(계속)

종류	기호 (구기호/UNS No.)	합금계	주조법의 구분	참고	
				합금의 특징	용도 보기
인청동 주물 2종 A	CAC502A (PBC2)	Cu–Sn–P계	사형 주조 원심 주조 정밀 주조	내식성, 내마모성이 좋다.	기어, 웜 기어, 베어링, 부싱, 슬리브, 임펠러, 일반 기계 부품 등
인청동 주물 2종 B	CAC502B (PBC2B)	Cu–Sn–P계	금형 주조 원심 주조[1]		
인청동 주물 3종 A	CAC503A	Cu–Sn–P계	사형 주조 원심 주조 정밀 주조	경도가 높고 내마모성이 좋다.	미끄럼 부품, 유압 실린더, 슬리브, 기어, 제지용 각종 롤러 등
인청동 주물 3종 B	CAC503B (PBC3B)	Cu–Sn–P계	금형 주조 원심 주조[1]	경도가 높고 내마모성이 좋다.	미끄럼 부품, 유압 실린더, 슬리브, 기어, 제지용 각종 롤러 등
납청동 주물 2종	CAC602 (LBC2)	Cu–Sn–Pb계	사형 주조 금형 주조 원심 주조 정밀 주조	내압성, 내마모성이 좋다.	중고속 · 고하중용 베어링, 실린더, 밸브 등
납청동 주물 3종	CAC603 (LBC3)	Cu–Sn–Pb계	사형 주조 금형 주조 원심 주조 정밀 주조	면압이 높은 베어링에 적합하고 친밀성이 좋다.	중고속 · 고하중용 베어링, 대형 엔진용 베어링
납청동 주물 4종	CAC604 (LBC4)	Cu–Sn–Pb계		CAC603보다 친밀성이 좋다.	중고속 · 중하중용 베어링, 차량용 베어링, 화이트 메탈의 뒤판 등
납청동 주물 5종	CAC605 (LBC5)	Cu–Sn–Pb계		납청동 주물 중에서 친밀성, 내소부성이 특히 좋다.	중고속 · 저하중용 베어링, 엔진용 베어링 등
납청동 주물 6종	CAC606 (C94300)	Cu–Sn–Pb계	사형 주조 금형 주조 원심 주조	불규칙한 운동 또는 불완전한 끼움으로 인하여 베어링 메탈이 다소 변형되지 않으면 안 될 곳에 사용되는 베어링 라이너용.	경하중 고속용 부싱, 베어링, 철도용 차량, 파쇄기, 콘베어링 등
납청동 주물 7종	CAC607 (C93200)	Cu–Sn–Pb–Zn계	사형 주조 금형 주조 원심 주조	강도, 경도 및 내충격성이 좋다.	일반 베어링, 병기용 부싱 및 연결구, 중하중용 정밀 베어링, 조립식 베어링 등
납청동 주물 8종	CAC608 (C93500)	Cu–Sn–Pb계		경하중 고속용	경하중 고속용 베어링, 일반 기계 부품 등
알루미늄 청동 주물 1종	CAC701 (AlBC1)	Cu–Al–Fe–Ni–Mn계	사형 주조 금형 주조 원심 주조 정밀 주조	강도, 인성이 높고 굽힘에도 강하다. 내식성, 내열성, 내마모성, 저온 특성이 좋다.	내산 펌프, 베어링, 부싱, 기어, 밸브 시트, 플런저, 제지용 롤러 등
알루미늄 청동 주물 2종	CAC702 (AlBC2)	Cu–Al–Fe–Ni–Mn계		강도가 높고 내식성, 내마모성이 좋다.	선박용 소형 프로펠러, 베어링, 기어, 부싱, 밸브 시트, 임펠러, 볼트 너트, 안전 공구, 스테인리스강용 베어링 등
알루미늄 청동 주물 3종	CAC703 (AlBC3)	Cu–Al–Fe–Ni–Mn계		대형 주물에 적합하고 강도가 특히 높고 내식성, 내마모성이 좋다.	선박용 프로펠러, 임펠러, 밸브, 기어, 펌프 부품, 화학공업용 기기 부품, 스테인리스강용 베어링, 식품가공용 기계 부품 등
알루미늄 청동 주물 4종	CAC704 (AlBC4)	Cu–Al–Fe–Ni–Mn계		단순 모양의 대형 주물에 적합하고 강도가 특히 높고 내식성, 내마모성이 좋다.	선박용 프로펠러, 슬리브, 기어, 화학용 기기 부품 등
알루미늄 청동 주물 5종	CAC705 (C95500)	Cu–Al–Fe–Ni계	사형 주조 금형 주조 원심 주조	신뢰도가 높고 강도가 크며 경도는 망간 청동과 같으며, 내식성 및 내피로도가 우수하다. 고온에서도 내마모성이 좋다. 용접성이 좋지 않다.	중하중을 받는 총포 슬라이드 및 지지부, 기어, 부싱, 베어링, 프로펠러 날개 및 허브, 라이너 베어링 플레이트용 등
알루미늄 청동 주물 6종	CAC706 (C95300)	Cu–Al–Fe계	사형 주조 금형 주조 원심 주조	신뢰도가 높고 강도가 크며 경도는 망간 청동과 같으며, 내식성 및 내피로도가 우수하다. 고온에서도 내마모성이 좋다. 용접성이 좋지 않다.	중하중을 받는 총포 슬라이드 및 지지부. 기어, 부싱, 베어링, 프로펠러 날개 및 허브, 라이너 베어링 플레이트용 등

■ 종류 및 기호(계속)

종류	기호 (구기호/ UNS No.)	합금계	주조법의 구분	참고	
				합금의 특징	용도 보기
실리콘 청동 주물 1종	CAC801 (SzBC1)	Cu-Si-Zn계	사형 주조 금형 주조 원심 주조 정밀 주조	용탕 흐름이 좋다. 강도가 높고 내식성이 좋다.	선박용 의장품, 베어링, 기어 등
실리콘 청동 주물 2종	CAC802 (SzBC2)	Cu-Si-Zn계		CAC801보다 강도가 높다.	선박용 의장품, 베어링, 기어, 보트용 프로펠러 등
실리콘 청동 주물 3종	CAC803 (SzBC3)	Cu-Si-Zn계		용탕 흐름이 좋다. 어닐링 취성이 적다. 강도가 높고 내식성이 좋다.	선박용 의장품, 베어링, 기어 등
실리콘 청동 주물 4종	CAC804 (C87610)	Cu-Si-Zn계	사형 주조 금형 주조	강도와 인성이 크고 내식성이 좋으며, 완전하고 균질한 주물이 필요한 곳에 사용	선박용 의장품, 베어링, 기어 등
실리콘 청동 주물 5종	CAC805	Cu-Si-Zn계	사형 주조 금형 주조 원심 주조 정밀 주조	납 용출량은 거의 없다. 유동성이 좋다. 강도, 연신율이 높고 내식성도 양호하다. 피삭성은 CAC406보다 낮다.	급수장치 기구류(수도미터, 밸브류, 이음류, 수전 밸브 등)
니켈 주석 청동 주물 1종	CAC901 (C94700)	Cu-Sn-Ni계 (88-5-0 -2-5)	사형 주조 금형 주조	강도가 크고 내염수성이 좋다.	팽창부 연결품, 관 이음쇠, 기어 볼트, 너트, 펌프 피스톤, 부싱, 베어링 등
니켈 주석 청동 주물 2종	CAC902 (C94800)	Cu-Sn-Ni계		CAC901보다 강도는 낮고 절삭성은 더 좋다.	팽창부 연결품, 관 이음쇠, 기어 볼트, 너트, 펌프 피스톤, 부싱, 베어링 등
베릴륨 동 주물 3종	CAC903 (C82000)	Cu-Be계	사형 주조 금형 주조	전기 전도도가 좋고 적당한 강도 및 경도가 좋다.	스위치 및 스위치 기어, 단로기, 전도 장치 등
베릴륨 청동 주물 4종	CAC904 (C82500)	Cu-Be계		높은 강도와 함께 우수한 내식성 및 내마모성이 좋다.	부싱, 캠, 베어링, 기어, 안전 공구 등
베릴륨 청동 주물 5종	CAC905 (C82600)	Cu-Be계		높은 경도와 최대의 강도	높은 경도와 최대의 강도가 요구되는 부품 등
베릴륨 청동 주물 6종	CAC906 (C82800)	Cu-Be계		높은 인장 강도 및 내력과 함께 최대의 경도	높은 인장 강도 및 내력과 함께 최대의 경도가 요구되는 부품 등

[비 고] 1. 원심 주조법에는 사형을 이용한 원심 주조와 금형을 이용한 원심 주조가 있다. CAC502B, CAC503B, CAC913의 원심 주조는 금형을 이용한 원심 주조다.

■ 화학 성분

단위 : 질량 %

구분	주요 성분										잔여 성분[1]									
기호 (구기호)	Cu	Sn	PB	Zn	Fe	NI	P	Al	Mn	Si	Sn	Pb	Zn	Fe	Sb	NI	P	Al	Mn	Si
CAC101 (CuC1)	99.5 이상	–	–	–	–	–	–	–	–	–	0.4	–	–	–	–	–	0.07	–	–	–
CAC102 (CuC1)	99.7 이상	–	–	–	–	–	–	–	–	–	0.2	–	–	–	–	–	0.07	–	–	–
CAC103 (CuC1)	99.9 이상	–	–	–	–	–	–	–	–	–	–	–	–	–	–	–	0.04	–	–	–

■ 화학 성분(계속)

단위 : 질량 %

구분	주요 성분										잔여 성분[1]											
기호 (구기호)	Cu	Sn	Pb	Zn	Fe	Ni	P	Al	Mn	Si	Sn	Pb	Zn	Fe	Sb	Ni	P	Al	Se	Mn	Si	Bi
CAC201 (YBsC1)	83.0~88.0	–	–	11.0~17.0	–	–	–	–	–	–	0.1	0.5[2]	–	0.2	–	0.2	–	0.2	–	–	–	–
CAC202 (YBsC2)	65.0~70.0	–	0.5~3.0	24.0~34.0	–	–	–	–	–	–	1.0	–	–	0.8	–	1.0	–	0.5	–	–	–	–
CAC203 (YBsC3)	58.0~64.0	–	0.5~3.0	30.0~41.0	–	–	–	–	–	–	1.0	–	–	0.8	–	1.0	–	0.5	–	–	–	–
CAC204 (C85200)	70.0~74.0	0.7~2.0	1.5~3.8	20.0~27.0	–	–	–	–	–	–	–	–	–	0.6	0.20	1.0	0.02	0.005	–	–	0.05	–
CAC301 (HBsC1)	55.0~60.0	–	–	33.0~42.0	0.5~1.5	–	–	0.5~1.5	0.1~1.5	–	1.0	0.4	–	–	–	1.0	–	–	–	–	0.1	–
CAC302 (HBsC2)	55.0~60.0	–	–	30.0~42.0	0.5~2.0	–	–	0.5~2.0	0.1~3.5	–	1.0	0.4	–	–	–	1.0	–	–	–	–	0.1	–
CAC303 (HBsC3)	60.0~65.0	–	–	22.0~28.0	2.0~4.0	–	–	3.0~5.0	2.5~5.0	–	0.5	0.2	–	–	–	0.5	–	–	–	–	0.1	–
CAC304 (HBsC4)	60.0~65.0	–	–	22.0~28.0	2.0~4.0	–	–	5.0~7.5	2.5~5.0	–	0.2	0.2	–	–	–	0.5	–	–	–	–	0.1	–
CAC401 (BC1)	79.0~83.0	2.0~4.0	3.0~7.0	8.0~12.0	–	–	–	–	–	–	–	–	–	0.35	0.2	1.0	0.05[3]	0.01	–	–	0.01	–
CAC402 (BC2)	86.0~90.0	7.0~9.0	–	3.0~5.0	–	–	–	–	–	–	–	1.0[2]	–	0.2	0.2	1.0	0.05[3]	0.01	–	–	0.01	–
CAC403 (BC3)	86.5~89.5	9.0~11.0	–	1.0~3.0	–	–	–	–	–	–	–	1.0[2]	–	0.2	0.2	1.0	0.05[3]	0.01	–	–	0.01	–
CAC406 (BC6)	83.0~87.0	4.0~6.0	4.0~6.0	4.0~6.0	–	–	–	–	–	–	–	–	–	0.3	0.2	1.0	0.05[3]	0.01	–	–	0.01	–
CAC407 (BC7)	86.0~90.0	5.0~7.0	1.0~3.0	3.0~5.0	–	–	–	–	–	–	–	–	–	0.2	0.2	1.0	0.05[3]	0.01	–	–	0.01	–
CAC408 (C83800)	82.0~83.8	3.3~4.2	5.0~7.0	5.0~8.0	–	1.0	–	–	–	–	–	–	–	0.3	0.25	–	0.03	0.005	–	–	0.005	–
CAC409 (C92300)	85.0~89.0	7.5~9.0	0.30~1.0	2.5~5.0	–	1.0	–	–	–	–	–	–	–	0.25	0.25	–	0.05	0.005	–	–	0.005	–
CAC502A (PBC2)	87.0~91.0	9.0~12.0	–	–	–	–	0.05~0.20	–	–	–	–	0.3	0.3	0.2	0.05	1.0	–	0.01	–	–	0.01	–
CAC502B (PBC2B)	87.0~91.0	9.0~12.0	–	–	–	–	0.15~0.50	–	–	–	–	0.3	0.3	0.2	0.05	1.0	–	0.01	–	–	0.01	–
CAC503B (PBC3B)	84.0~88.0	12.0~15.0	–	–	–	–	0.15~0.50	–	–	–	–	0.3	0.3	0.2	0.05	1.0	–	0.01	–	–	0.01	–
CAC602 (LBC2)	82.0~86.0	9.0~11.0	4.0~6.0	–	–	–	–	–	–	–	–	–	1.0	0.3	0.3	1.0	0.1[3]	0.01	–	–	0.01	–
CAC603 (LBC3)	77.0~81.0	9.0~11.0	9.0~11.0	–	–	–	–	–	–	–	–	–	1.0	0.3	0.5	1.0	0.1[3]	0.01	–	–	0.01	–
CAC604 (LBC4)	74.0~78.0	7.0~9.0	14.0~16.0	–	–	–	–	–	–	–	–	–	1.0	0.3	0.5	1.0	0.1[3]	0.01	–	–	0.01	–
CAC605 (LBC5)	70.0~76.0	6.0~8.0	16.0~22.0	–	–	–	–	–	–	–	–	–	1.0	0.3	0.5	1.0	0.1[3]	0.01	–	–	0.01	–
CAC606 (C94300)	67.0~72.0	4.5~6.0	23.0~27.0	0.8	–	1.0	–	–	–	–	–	–	–	0.15	0.8	–	0.05	0.005	–	–	0.005	–
CAC607 (C93200)	81.0~85.0	6.3~7.5	6.0~8.0	2.0~4.0	–	1.0	–	–	–	–	–	–	–	0.2	0.35	–	0.15	0.005	–	–	0.005	–

■ 화학 성분(계속)

단위 : 질량 %

구분	주요 성분										잔여 성분[1]											
기호 (구기호)	Cu	Sn	Pb	Zn	Fe	Ni	P	Al	Mn	Si	Sn	Pb	Zn	Fe	Sb	Ni	P	Al	Se	Mn	Si	Bi
CAC608 (C93500)	83.0~86.0	4.3~6.0	8.0~10.0	2.0	–	1.0	–	–	–	–	–	–	–	0.2	0.3	–	–	–	–	–	–	–
CAC701 (AlBC1)	85.0~90.0	–	–	–	1.0~3.0	0.1~1.0	–	8.0~10.0	0.1~1.0	–	0.1	0.1	0.5	–	–	–	–	–	–	–	–	–
CAC702 (AlBC2)	80.0~88.0	–	–	–	2.5~5.0	1.0~3.0	–	8.0~10.5	0.1~1.5	–	0.1	0.1	0.5	–	–	–	–	–	–	–	–	–
CAC703 (A1BC3)	78.0~85.0	–	–	–	3.0~6.0	3.0~6.0	–	8.5~10.5	0.1~1.5	–	0.1	0.1	0.5	–	–	–	–	–	–	–	–	–
CAC704 (A1BC4)	71.0~84.0	–	–	–	2.0~5.0	1.0~4.0	–	6.0~9.0	7.0~15.0	–	0.1	0.1	0.5	–	–	–	–	–	–	–	–	–
CAC705 (C95500)	78.0 이상	–	–	–	3.0~5.0	3.0~5.5	–	10.0~11.5	–	–	–	–	–	–	–	–	–	–	–	3.5 이하	–	–
CAC706 (C95300)	86.0 이상	–	–	–	0.8~1.5	–	–	9.0~11.0	–	–	–	–	–	–	–	–	–	–	–	–	–	–
CAC801 (SzBC1)	84.0~88.0	–	–	9.0~11.0	–	–	–	–	–	3.5~4.5	–	0.1	–	–	–	–	–	0.5	–	–	–	–
CAC802 (SzBC2)	78.5~82.5	–	–	14.0~16.0	–	–	–	–	–	4.0~5.0	–	0.3	–	–	–	–	–	0.3	–	–	–	–
CAC803 (SzBC3)	80.0~84.0	–	–	13.0~15.0	–	–	–	–	–	3.2~4.2	–	0.2	–	0.3	–	–	–	0.3	–	0.2	–	–
CAC804 (C87610)	90.0 이상	–	0.20	3.0~5.0	–	–	–	–	–	3.0~5.0	–	–	–	0.2	–	–	–	–	–	0.25	–	–
CAC805	74.0~78.0	–	–	18.0~22.5	–	–	–	0.05~0.2	–	2.7~3.4	0.6	0.25[2]	–	0.2	0.1	0.2	–	–	0.1	0.1	–	0.2
CAC901 (C94700)	85.0~90.0	4.5~6.0	0.1	1.0~2.5	–	4.5~6.0	–	–	–	–	–	–	–	0.25	0.15	–	0.05	0.005	–	0.2	0.005	–
CAC902 (C94800)	84.0~89.0	4.5~6.0	0.3~1.0	1.0~2.5	–	4.5~6.0	–	–	–	–	–	–	–	0.25	0.15	–	0.05	0.005	–	0.2	0.005	–

■ 화학 성분(계속)

단위 : 질량 %

구분	주요 성분									잔여 성분[1]											
기호 (구기호)	Cu	Sn	Zn	Be	Co	Si	Ni	Bi	Se	Pb	Fe	Si	Zn	Cr	Pb	Al	Sn	Se	Sb	Ni	P
CAC903 (C82000)	나머지	–	–	0.45~0.80	2.40~2.70	–	0.20	–	–	–	0.10	0.15	0.10	0.10	0.02	0.10	0.10	–	–	–	–
CAC904 (C82500)	나머지	–	–	1.90~2.25	0.35~0.70	0.20~0.35	0.20	–	–	–	0.25	–	0.10	0.10	0.02	0.10	0.10	–	–	–	–
CAC905 (C82600)	나머지	–	–	2.25~2.55	0.35~0.65	0.20~0.35	0.20	–	–	–	0.25	–	0.10	0.10	0.02	0.10	0.10	–	–	–	–
CAC906 (C82800)	나머지	–	–	2.50~2.85	0.35~0.70	0.20~0.35	0.20	–	–	–	0.25	–	0.10	0.10	0.02	0.10	0.10	–	–	–	–

【비 고】 1. 허용한도(허용최대치)를 표시
2. 분석대상원소. 기타 잔여성분의 분석은 주문자와 제조자 사이의 협의에 따른다.
3. 금형주조 및 금형을 이용한 원심 주조의 경우는 0.5% 이하로 한다.

■ 기계적 성질 · 전기적 성질

기호(구기호)	도전율 시험	인장 시험		경도 시험	참고	
					인장 시험	경도 시험
	도전율 % IACS	인장 강도 N/mm^2	연신율 %	브리넬 경도 HBW	0.2% 항복 강도 N/mm^2	브리넬 경도 HBW
CAC101(CuC1)	50이상	175 이상	35 이상	35 이상(10/500)	–	–
CAC102(CuC2)	60이상	155 이상	35 이상	33 이상(10/500)	–	–
CAC103(CuC3)	80이상	135 이상	40 이상	30 이상(10/500)	–	–
CAC201(YBsC1)	–	145 이상	25 이상	–	–	–
CAC202(YBsC2)	–	195 이상	20 이상	–	–	–
CAC203(YBsC3)	–	245 이상	20 이상	–	–	–
CAC204(C85200)	–	241 이상	25 이상	–	83 이상	–
CAC301(HBsC1)	–	430 이상	20 이상	–	140 이상	90 이상 (10/1 000)
CAC302(HBsC2)	–	490 이상	18 이상	–	175 이상	100 이상 (10/1 000)
CAC303(HBsC3)	–	635 이상	15 이상	165 이상(10/3 000)	305 이상	–
CAC304(HBsC4)	–	755 이상	12 이상	200 이상(10/3 000)	410 이상	–
CAC401(BC1)	–	165 이상	15 이상	–	–	–
CAC402(BC2)	–	245 이상	20 이상	–	–	–
CAC403(BC3)	–	245 이상	15 이상	–	–	–
CAC406(BC6)	–	195 이상	15 이상	–	–	–
CAC407(BC7)	–	215 이상	18 이상	–	–	–
CAC408(C83800)	–	207 이상	20 이상	–	90 이상	–
CAC409(C92300)	–	248 이상	18 이상	–	110 이상	–
CAC502A(PBC2)	–	195 이상	5 이상	60 이상(10/1 000)	120 이상	–
CAC502B(PBC2B)	–	295 이상	5 이상	80 이상(10/1 000)	145 이상	–
CAC503A	–	195 이상	1 이상	80 이상(10/1 000)	135 이상	–
CAC503B(PBC3B)	–	265 이상	3 이상	90 이상(10/1 000)	145 이상	–
CAC602(LBC2)	–	195 이상	10 이상	65 이상(10/500)	100 이상	–
CAC603(LBC3)	–	175 이상	7 이상	60 이상(10/500)	80 이상	–
CAC604(LBC4)	–	165 이상	5 이상	55 이상(10/500)	80 이상	–
CAC605(LBC5)	–	145 이상	5 이상	45 이상(10/500)	60 이상	–
CAC606(C94300)	–	165 이상	10 이상	–	–	38 이상 (10/500)
CAC607(C93200)	–	207 이상	15 이상	–	97 이상	–
CAC608(C93500)	–	193 이상	15 이상	–	83 이상	–
CAC701(AlBC1)	–	440 이상	25 이상	80 이상(10/1 000)	–	–
CAC702(AlBC2)	–	490 이상	20 이상	120 이상(10/1 000)	–	–
CAC703(AlBC3)	–	590 이상	15 이상	150 이상(10/3 000)	245 이상	–
CAC704(AlBC4)	–	590 이상	15 이상	160 이상(10/3 000)	270 이상	–
CAC705(C95500)	–	620 이상	6 이상	–	275 이상	190 이상 (10/3 000)
CAC705HT(C95500)	–	760 이상	5 이상	–	415 이상	200 이상 (10/3 000)
CAC706(C95300)	–	450 이상	20 이상	–	170 이상	110 이상 (10/3 000)
CAC706HT(C95300)	–	550 이상	12 이상	–	275 이상	160 이상 (10/3 000)
CAC801(SzBC1)	–	345 이상	25 이상	–	–	–
CAC802(SzBC2)	–	440 이상	12 이상	–	–	–
CAC803(SzBC3)	–	390 이상	20 이상	–	–	–
CAC804(C87610)	–	310 이상	20 이상	–	124 이상	–
CAC805	–	300 이상	15 이상	–	–	–

■ 기계적 성질 · 전기적 성질(계속)

기호(구기호)	도전율 시험	인장 시험		경도 시험	참고	
					인장 시험	경도 시험
	도전율 % IACS	인장 강도 N/mm^2	연신율 %	브리넬 경도 HBW	0.2% 항복 강도 N/mm^2	브리넬 경도 HBW
CAC901(C94700)	–	310 이상	25 이상	–	138 이상	–
CAC901HT(C94700)	–	517 이상	5 이상	–	345 이상	–
CAC902(C94800)	–	276 이상	20 이상	–	138 이상	–
CAC903(C82000)	–	311 이상	15 이상	–	104 이상	–
CAC903HT(C82000)	–	621 이상	3 이상	–	483 이상	–
CAC904(C82500)	–	518 이상	15 이상	–	276 이상	–
CAC904HT(C82500)	–	1 035 이상	1 이상	–	828 이상	–
CAC905(C82600)	–	552 이상	10 이상	–	311 이상	–
CAC905HT(C82600)	–	1 139 이상	1 이상	–	1 070 이상	–
CAC906HT(C82800)	–	1 139 이상	1/2 이상	–	1 070 이상	–

【비 고】 1. 브리넬 경도 란의 괄호내 숫자는 시험조건을 표시한다. 예를 들면, (10/500)은 누르개 지름 10mm 시험력 4.903kN을 나타낸다.
2. 1N/mm^2=1MPa

● 플라스틱

열가소성수지와 열경화성수지의 2종류가 있는데, 열가소성수지는 열에 의해 연화하여 소성가공이 용이하지만, 열경화성수지는 열에 의해 경화하여 다시 연화시킬 수 없다.

❶ 열가소성수지

- 염화비닐 : 강도, 전기절연성, 내약품성이 좋고 가소제에 의해 유연한 고무모양이 된다.
- 염화비닐리덴 : 염화비닐보다 내약품성이 좋다.
- 아세트산비닐 : 무색 투명하고 접착력이 크지만 내열성에는 약하다.
- 폴리비닐알코올 : 온수에 녹는다.
- 비닐아세탈수지 : 무색 투명하고 밀착성이 좋다.
- 아크릴수지 : 무색 투명, 강인, 내약품성이 상당히 좋다.
- 스티롤수지 : 무색 투명, 내수성, 내약품성, 전기절연성이 좋다.
- 나일론 : 강인하며 매끄럽고 내마모성 및 내한성, 내약품성이 크다.
- 폴리에틸렌 : 물보다 가볍다. 유연, 내약품성, 전기절연성이 우수하지만 내열성은 매우 나쁘다.
- 플루오르수지 : 저온 및 고온인 범위에서 전기절연성, 내약품성, 강도가 특히 크다.
- 아세트산섬유소 : 투명, 가소성, 가공성이 좋고 난연성셀룰로이드로 쓰인다.
- 폴리프로필렌 : 폴리에틸렌보다 내열성이 좋다.
- 아세탈수지 : 강인하고 내구력이 크다. 내열성, 내약품성, 나일론과 비슷하다.
- 폴리카보네이트 : 강인하고 열, 빛에 안정적이며 전기적 성질도 좋고 산에 강하지만 알칼리에는 약하다.

❷ 열경화성수지

- 페놀수지 : 베크라이트로 알려져 있다. 강도, 전기적 성질, 내산성, 내열성, 내수성이 좋다.
- 유리아수지 : 무색, 착색 자유, 페놀수지의 성질과 비슷하지만 내수성이 조금 나쁘다.
- 멜라민수지 : 유리아수지와 아주 흡사하지만 경화가 좋고 내수성도 좋다.
- 알키드수지 : 접착성, 내후성도 좋다.
- 폴리에스테르수지 : 전기절연성, 내열, 내약품성이 좋으며 유리섬유로 보강한 것은 강인하다.
- 실리콘수지 : 고저온에 견디고 전기절연성, 발수성이 좋다.
- 에폭시수지 : 금속에의 접착성이 크고, 내약품성도 좋다.
- 크실렌수지 : 전기절연성, 내수성이 좋고 페놀수지보다 우수하다.

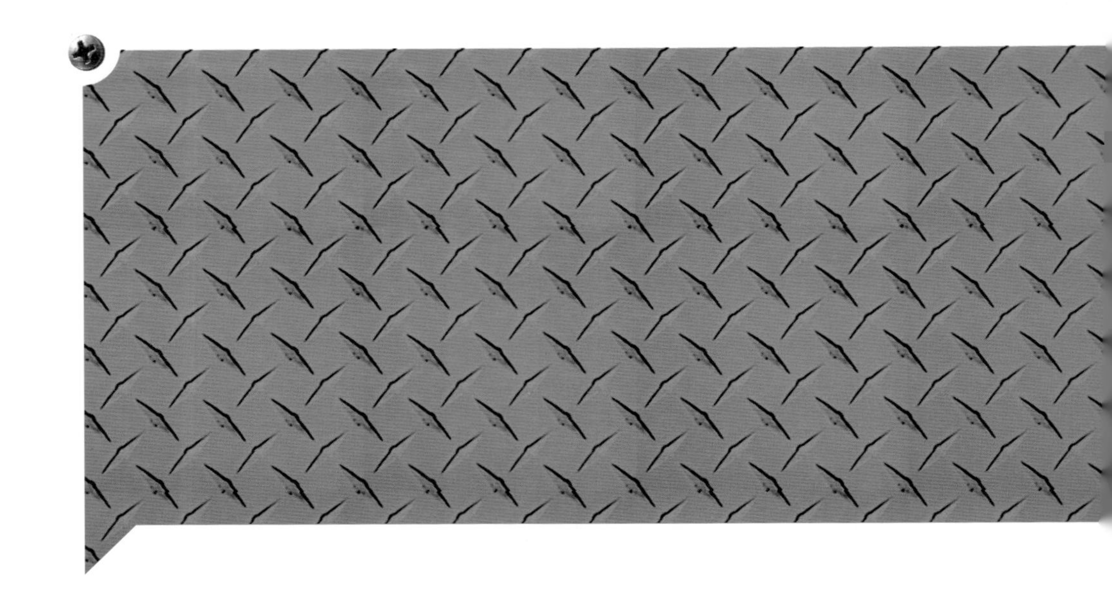

PART 03 금속재료 데이터

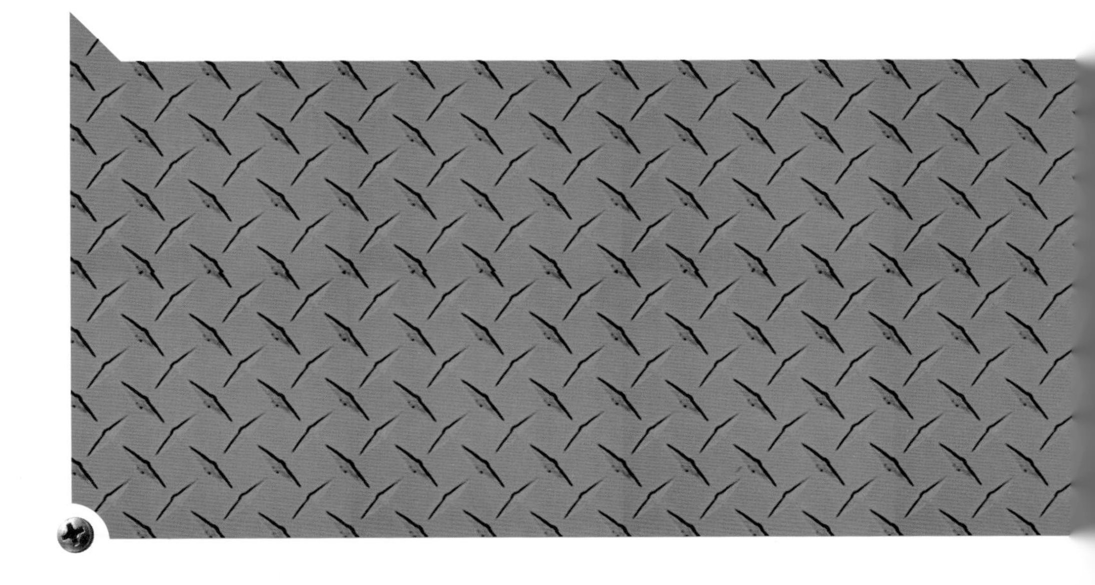

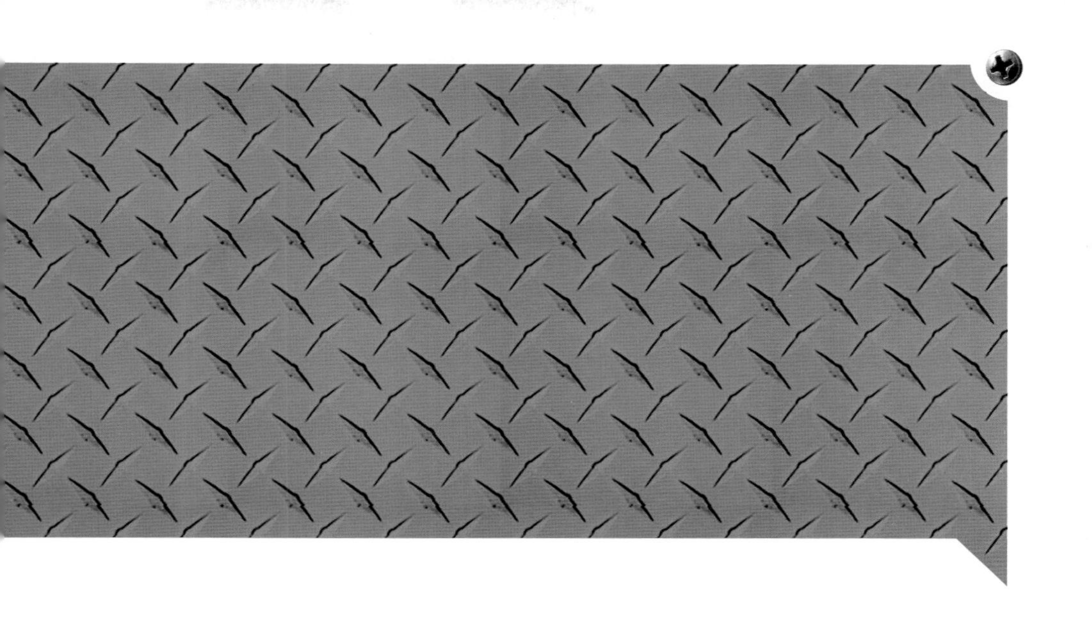

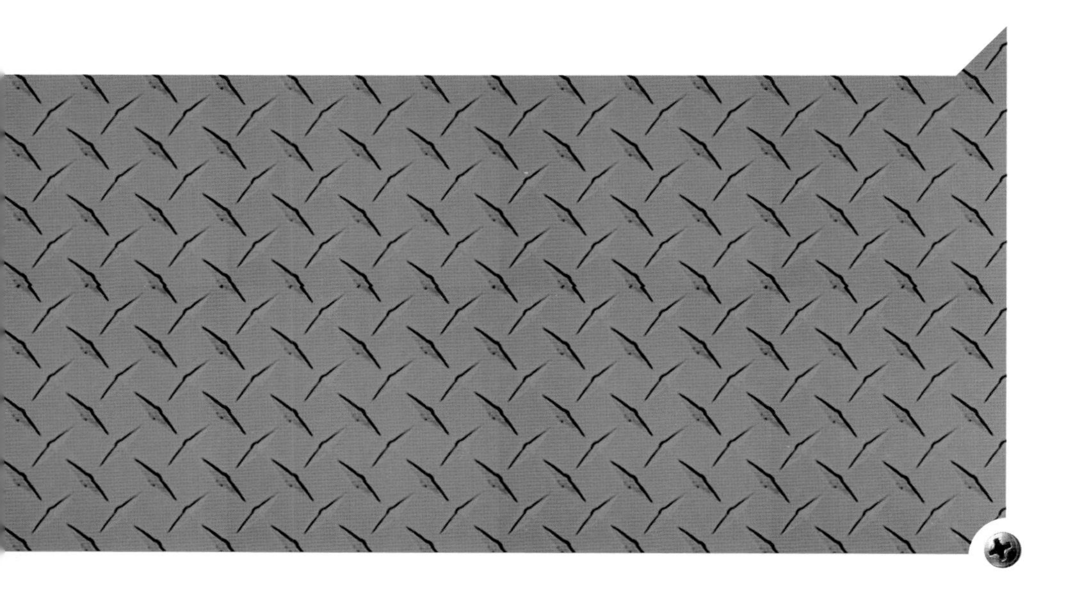

1-1 기계 금속 재료 기호 일람표

1) 봉강. 형강. 강판. 강대

KS 규격	명칭	분류 및 종별		기호	인장강도 N/mm²	주요 용도 및 특징
KS D 3503 (2008)	일반 구조용 압연 강재	1종		SS330	330 ~ 430	강판, 강대, 평강 및 봉강
		2종		SS400	400 ~ 510	강판, 강대, 평강, 형강 및 봉강
		3종		SS490	490 ~ 610	
		4종		SS540	540 이상	두께 40mm 이하의 강판, 강대, 형강, 평강 및 지름, 변 또는 맞변거리 40mm 이하의 봉강
		5종		SS590	590 이상	
KS D 3515 (2008)	용접 구조용 압연 강재	1종	A	SM400A	400 ~ 510	강판, 강대, 형강 및 평강 200mm 이하
			B	SM400B		
			C	SM400C		강판, 강대, 형강 및 평강 100mm 이하
		2종	A	SM490A	490 ~ 610	강판, 강대, 형강 및 평강 200mm 이하
			B	SM490B		
			C	SM490C		강판, 강대, 형강 및 평강 100mm 이하
		3종	YA	SM490YA		
			YB	SM490YB		
		4종	B	SM520B	520 ~ 640	
			C	SM520C		
		5종	–	SM570	570 ~ 720	
KS D 3526 (2007)	마봉강용 일반 강재	A종		SGD A	290 ~ 390	기계적 성질 보증
		B종		SGD B	400 ~ 510	
		1종		SGD 1	–	화학성분 보증 킬드강 지정시 각 기호의 뒤에 K를 붙임
		2종		SGD 2	–	
		3종		SGD 3	–	
		4종		SGD 4	–	
KS D 3530 (2007)	일반 구조용 경량 형강	경 ㄷ 형강 경 Z 형강 경 ㄱ 형강 리프 ㄷ 형강 리프 Z 형강 모자 형강		SSC 400	400 ~ 540	건축 및 기타 구조물에 사용하는 냉간 성형 경량 형강
KS D 3546 (2007)	체인용 원형강	1, 2종 삭제 기호 규정		SBC 300	300 이상	체인에 사용하는 열간압연 원형강
				SBC 490	490 이상	
				SBC 690	690 이상	
KS D 3557 (2007)	리벳용 원형강	–		SV 330	330 ~ 400	리벳의 제조에 사용하는 열간 압연 원형강
		–		SV 400	400 ~ 490	
KS D 3558 (2007)	일반 구조용 용접 경량 H형강	–		SWH 400	400 ~ 540	종래 단위 SWH 41
		–		SWH 400 L		종래 단위 SWH 41 L
KS D 3561 (2007)	마봉강 (탄소강, 합금강)	SGDA		SGD 290-D	340 ~ 740	원형(연삭, 인발, 절삭), 6각강, 각강, 평형강
		SGDB		SGD 400-D	450 ~ 850	
KS D 3593 (2007)	조립용 형강	1종(강)		SSA	370 이상	Steel slotted angle
		2종(알)		ASA		Aluminium slotted angle
KS D 3611 (2002)	용접 구조용 고항복점 강판	1종		SHY 685	780 ~ 930 760 ~ 910	적용 두께 6이상 100이하 압력용기, 고압설비, 기타 구조물에 사용하는 강판
		2종		SHY 685 N		
		3종		SHY 685 NS		
KS D 3781 (2007)	철탑용 고장력강 강재	강판		SH 590 P	590 ~ 740	송전 철탑용
		ㄱ 형강		SH 590 S	590 이상	

2) 압력 용기용

KS 규격	명칭	분류 및 종별	기호	인장강도 N/mm²	주요 용도 및 특징
KS D 3521 (2008)	압력 용기용 강판	1종	SPPV 235	400 ~ 510	압력용기 및 고압설비 등 (고온 및 저온 사용 제외) 용접성이 좋은 열간 압연 강판
		2종	SPPV 315	490 ~ 610	
		3종	SPPV 355	520 ~ 640	
		4종	SPPV 410	550 ~ 670	
		5종	SPPV 450	570 ~ 700	
		6종	SPPV 490	610 ~ 740	
KS D 3533 (2008)	고압 가스 용기용 강판 및 강대	1종	SG 255	400 이상	LP 가스, 아세틸렌, 각종 프레온 가스 등 고압 가스 충전용 500L 이하의 용접 용기
		2종	SG 295	440 이상	
		3종	SG 325	490 이상	
		4종	SG 365	540 이상	
KS D 3538 (2007)	보일러 및 압력용기용 망가니즈 몰리브데넘강 및 망가니즈 몰리브데넘 니켈강 강판	1종	SBV1A	520 ~ 660	보일러 및 압력용기 (저온 사용 제외)
		2종	SBV1B	550 ~ 690	
		3종	SBV2		
		4종	SBV3		
KS D 3539 (2007)	압력용기용 조질형 망가니즈 몰리브데넘강 및 망가니즈 몰리브데넘 니켈강 강판	1종	SQV1A	550 ~ 690	원자로 및 기타 압력용기
		2종	SQV1B	620 ~ 790	
		3종	SQV2A	550 ~ 690	
		4종	SQV2B	620 ~ 790	
		5종	SQV3A	550 ~ 690	
		6종	SQV3B	620 ~ 790	
KS D 3540 (2002)	중.상온 압력 용기용 탄소 강판	1종	SGV 410	410 ~ 490	종래 기호 : SGV 42
		2종	SGV 450	450 ~ 540	종래 기호 : SGV 46
		3종	SGV 480	480 ~ 590	종래 기호 : SGV 49
KS D 3541 (2008)	저온 압력 용기용 탄소강 강판	Al 처리 세립 킬드강	SLAI 235 A	400 ~ 510	종래 기호 : SLAI 24 A
			SLAI 235 B		종래 기호 : SLAI 24 B
			SLAI 325 A	440 ~ 560	종래 기호 : SLAI 33 A
			SLAI 325 B		종래 기호 : SLAI 33 B
			SLAI 360	490 ~ 610	종래 기호 : SLAI 37
KS D 3543 (2009	보일러 및 압력 용기용 크로뮴 몰리브데넘강 강판	1종	SCMV 1	380 ~ 550	보일러 및 압력용기 강도구분 1 : 인장강도가 낮은 것 강도구분 2 : 인장강도가 높은 것
		2종	SCMV 2		
		3종	SCMV 3	410 ~ 590	
		4종	SCMV 4		
		5종	SCMV 5		
		6종	SCMV 6		
KS D 3560 (2007)	보일러 및 압력 용기용 탄소강 및 몰리브데넘강 강판	1종	SB 410	410 ~ 550	보일러 및 압력용기 (상온 및 저온 사용 제외)
		2종	SB 450	450 ~ 590	
		3종	SB 480	480 ~ 620	
		4종	SB 450 M	450 ~ 590	
		5종	SB 480 M	480 ~ 620	
KS D 3586 (2007)	저온 압력용 니켈 강판	1종	SL2N255	450 ~ 590	저온 사용 압력 용기 및 설비에 사용하는 열간 압연 니켈 강판
		2종	SL3N255		
		3종	SL3N275	480 ~ 620	
		4종	SL3N440	540 ~ 690	
		5종	SL5N590	690 ~ 830	
		6종	SL9N520		
		7종	SL9N590		
KS D 3610 (1991)	중. 상온 압력 용기용 고강도 강판	종래기호 SEV 25	SEV 245	370 이상	보일러 및 압력 용기에 사용하는 강판 (인장강도는 강판 두께 50mm 이하)
		종래기호 SEV 30	SEV 295	420 이상	
		종래기호 SEV 35	SEV 345	430 이상	
KS D 3630 (1995)	고온 압력 용기용 고강도 크롬-몰리브덴 강판	1종	SCMQ42	580 ~ 760	고온 사용 압력 용기용
		2종	SCMQ4V		
		3종	SCMQ5V		
KS D 3853 (1997)	압력 용기용 강판	1종	SPV 315	490 ~ 610	압력 용기 및 고압 설비 (고온 및 저온 사용 제외)
		2종	SPV 355	520 ~ 640	
		3종	SPV 410	550 ~ 670	
		4종	SPV 450	570 ~ 700	
		5종	SPV 490	610 ~ 740	

3) 일반 가공용

KS 규격	명칭	분류 및 종별	기호	인장강도 N/mm^2	주요 용도 및 특징
KS D 3501 (2008)	열간 압연 연강판 및 강대	1종	SPHC	270 이상	일반용 및 드로잉용
		2종	SPHD		
		3종	SPHE		
KS D 3506 (2007)	용융 아연 도금 강판 및 강대	열연 원판	SGHC	–	일반용
			SGH 340	340 이상	구조용
			SGH 400	400 이상	
			SGH 440	440 이상	
			SGH 490	490 이상	
			SGH 540	540 이상	
		냉연 원판	SGCC	–	일반용
			SGCH	–	일반 경질용
			SGCD1	270 이상	가공용 1종
			SGCD2		가공용 2종
			SGCD3		가공용 3종
			SGC 340	340 이상	구조용
			SGC 400	400 이상	
			SGC 440	440 이상	
			SGC 490	490 이상	
			SGC 570	540 이상	
KS D 3512 (2007)	냉간 압연 강판 및 강대	1종	SPCC	–	일반용
		2종	SPCD	270 이상	드로잉용
		3종	SPCE		딥드로잉용
		4종	SPCF		비시효성 딥드로잉
		5종	SPCG		비시효성 초(超) 딥드로잉
KS D 3516 (2007)	냉간 압연 전기 주석 도금 강판 및 원판	원판	SPB		
		강판	ET		
KS D 3519 (2008)	자동차 구조용 열간 압연 강판 및 강대	1종	SAPH 310	310 이상	자동차 프레임, 바퀴 등에 사용하는 프레스 가공성을 갖는 구조용 열간 압연 강판 및 강대
		2종	SAPH 370	370 이상	
		3종	SAPH 400	400 이상	
		4종	SAPH 440	440 이상	
KS D 3520 (2008)	도장 용융 아연 도금 강판 및 강대	판 및 코일의 종류 8종	CGCC		일반용
			CGCH		일반 경질용
			CGCD		조임용
			CGC340		구조용
			CGC400		
			CGC440		
			CGC490		
			CGC570		
KS D 3544 (2002)	용융 알루미늄 도금 강판 및 강대	1종	SA1C		내열용(일반용)
		2종	SA1D		내열용(드로잉용)
		3종	SA1E		내열용(딥드로잉용)
		4종	SA2C		내후용(일반용)
KS D 3555 (2008)	강관용 열간 압연 탄소 강대	1종	HRS 1	270 이상	용접 강관
		2종	HRS 2	340 이상	
		3종	HRS 3	410 이상	
		4종	HRS 4	490 이상	
KS D 3616 (2002)	자동차 가공성 열간 압연 고장력 강판 및 강대	1종	SPFH 490	490 이상	종래단위 : SPFH 50
		2종	SPFH 540	540 이상	종래단위 : SPFH 55
		3종	SPFH 590	590 이상	종래단위 : SPFH 60
		4종	SPFH 540 Y	540 이상	종래단위 : SPFH 55 Y
		5종	SPFH 590 Y	590 이상	종래단위 : SPFH 60 Y

[계속]

KS 규격	명칭	분류 및 종별	기호	인장강도 N/mm²	주요 용도 및 특징
KS D 3617 (2002)	자동차용 냉간 압연 고장력 강판 및 강대	1종	SPFC 340	343 이상	드로잉용
		2종	SPFC 370	373 이상	
		3종	SPFC 390	392 이상	가공용
		4종	SPFC 440	441 이상	
		5종	SPFC 490	490 이상	
		6종	SPFC 540	539 이상	
		7종	SPFC 590	588 이상	
		8종	SPFC 490 Y	490 이상	저항복 비형
		9종	SPFC 540 Y	539 이상	
		10종	SPFC 590 Y	588 이상	
		11종	SPFC 780 Y	785 이상	
		12종	SPFC 980 Y	981 이상	
		13종	SPFC 340 H	343 이상	베이커 경화형
KS D 3770 (2007)	용융 55% 알루미늄 아연 합금 도금 강판 및 강대	열연 원판	SGLHC	270 이상	일반용
			SGLH400	400 이상	구조용
			SGLH440	440 이상	
			SGLH490	490 이상	
			SGLH540	540 이상	
		냉연 원판	SGLCC	270 이상	일반용
			SGLCD		조임용
			SGLCDD		심조임용 1종
			SGLC400	400 이상	구조용
			SGLC440	440 이상	
			SGLC490	490 이상	
			SGLC570	570 이상	
KS D 3771 (2007)	용융 아연-5% 알루미늄 합금 도금 강판 및 강대	열연 원판	SZAHC	270 이상	일반용
			SZAH340	340 이상	구조용
			SZAH400	400 이상	
			SZAH440	440 이상	
			SZAH490	490 이상	
			SZAH540	540 이상	
		냉연 원판	SZACC	270 이상	일반용
			SZACH	–	일반 경질용
			SZACD1	270 이상	조임용 1종
			SZACD2		조임용 2종
			SZACD3		조임용 3종
			SZAC340	340 이상	구조용
			SZAC400	400 이상	
			SZAC440	440 이상	
			SZAC490	490 이상	
			SZAC570	540 이상	
KS D 3772 (2008)	도장 용융 아연-5% 알루미늄 합금 도금 강판 및 강대	1종	CZACC		일반용
		2종	CZACH		일반 경질용
		3종	CZACD		조임용
		4종	CZAC340		구조용
		5종	CZAC400		
		6종	CZAC440		
		7종	CZAC490		
		8종	CZAC570		
KS D 3862 (2008)	도장 용융 알루미늄-55% 아연 합금 도금 강판 및 강대	1종	CGLCC		일반용
		2종	CGLCD		가공용
		3종	CGLC400		구조용
		4종	CGLC440		
		5종	CGLC490		
		6종	CGLC570		

4) 철도용

KS 규격	명칭	분류 및 종별	기호	인장강도 N/mm^2	주요 용도 및 특징
KS R 9101 (2002)	경량 레일	6kg 레일	6	569 이상	탄소강의 경량 레일
		9kg 레일	9		
		10kg 레일	10		
		12kg 레일	12		
		15kg 레일	15		
		20kg 레일	20		
		22kg 레일	22	637 이상	
KS R 9106 (2006)	보통 레일	30kg 레일	30A	690 이상	선로에 사용하는 보통 레일
		37kg 레일	37A		
		40kgN 레일	40N	710 이상	
		50kg 레일	50PS	800 이상	
		50kgN 레일	50N		
		60kg 레일	60		
		60kgN 레일	KR60		
KS R 9110 (2002)	열처리 레일	40kgN 열처리 레일	40N-HH340	1080 이상	
		50kgN 열처리 레일	50-HH340	1080 이상	
			50-HH370	1130 이상	
		60kgN 열처리 레일	60-HH340	1080 이상	
			60-HH370	1130 이상	
KS R 9220 (2009)	철도 차량용 차축	-	RSA1	590 이상	동축 및 종축(객화차 롤러 베어링축, 디젤 동차축, 디젤 기관차축 및 전기 동차축)
		-	RSA2	640 이상	

5) 구조용 강관

KS 규격	명칭	분류 및 종별		기호	인장강도 N/mm^2	주요 용도 및 특징
KS D 3517 (2008)	기계 구조용 탄소 강관	11종	A	STKM 11A	290 이상	기계, 자동차, 자전거, 가구, 기구, 기타 기계 부품에 사용하는 탄소 강관
		12종	A	STKM 12A	340 이상	
			B	STKM 12B	390 이상	
			C	STKM 12C	470 이상	
		13종	A	STKM 13A	370 이상	
			B	STKM 13B	440 이상	
			C	STKM 13C	510 이상	
		14종	A	STKM 14A	410 이상	
			B	STKM 14B	500 이상	
			C	STKM 14C	550 이상	
		15종	A	STKM 15A	470 이상	
			C	STKM 15C	580 이상	
		16종	A	STKM 16A	510 이상	
			C	STKM 16C	620 이상	
		17종	A	STKM 17A	550 이상	
			C	STKM 17C	650 이상	
		18종	A	STKM 18A	440 이상	
			B	STKM 18B	490 이상	
			C	STKM 18C	510 이상	
		19종	A	STKM 19A	490 이상	
			C	STKM 19C	550 이상	
		20종	A	STKM 20A	540 이상	
KS D 3536 (2008)	기계 구조용 스테인리스 강관	오스테나이트계		STS 304 TKA	520 이상	기계, 자동차, 자전거, 가구, 기구, 기타 기계 부품 및 구조물에 사용하는 스테인리스 강관
				STS 316 TKA		
				STS 321 TKA		
				STS 347 TKA		
				STS 350 TKA	330 이상	
				STS 304 TKC	520 이상	
				STS 316 TKC		
		페라이트계		STS 430 TKA	410 이상	
				STS 430 TKC		
				STS 439 TKC		
		마텐자이트계		STS 410 TKA		
				STS 420 J1 TKA	470 이상	
				STS 420 J2 TKA	540 이상	
				STS 410 TKC	410 이상	
KS D 3566 (2009)	일반 구조용 탄소 강관	1종		STK 290	290 이상	토목, 건축, 철탑, 발판, 지주, 지면 미끄럼 방지 말뚝 및 기타 구조물
		2종		STK 400	400 이상	
		3종		STK 490	490 이상	
		4종		STK 500	500 이상	
		5종		STK 540	540 이상	
		6종		STK 590	590 이상	
KS D 3568 (2009)	일반 구조용 각형 강관	1종		SPSR 400	400 이상	토목, 건축 및 기타 구조물
		2종		SPSR 490	490 이상	
		3종		SPSR 540	540 이상	
		4종		SPSR 590	590 이상	
KS D 3574 (2008)	기계 구조용 합금강 강관	크로뮴강		SCr 420 TK	–	기계, 자동차, 기타 기계 부품
		크로뮴 몰리브덴강		SCM 415 TK	–	
				SCM 418 TK	–	
				SCM 420 TK	–	
				SCM 430 TK	–	
				SCM 435 TK	–	
				SCM 440 TK	–	

[계속]

KS 규격	명칭	분류 및 종별	기호	인장강도 N/mm^2	주요 용도 및 특징
KS D 3618 (1992)	실린더 튜브용 탄소 강관	1종	STC 370	370 이상	내면 절삭 또는 호닝 가공을 하여 피스톤형 유압 실린더 및 공기압 실린더의 실린더 튜브 제조
		2종	STC 440	440 이상	
		3종	STC 510 A	510 이상	
		4종	STC 510 B		
		5종	STC 540	540 이상	
		6종	STC 590 A	590 이상	
		7종	STC 590 B		
KS D 3632 (1998)	건축 구조용 탄소 강관	1종	STKN400W	400 이상 540 이하	주로 건축 구조물에 사용
		2종	STKN400B		
		3종	STKN490B	490 이상 640 이하	
KS D 3780 (2006)	철탑용 고장력강 강관	1종	STKT 540	540 이상	종래 기호 : STKT 55
		2종	STKT 590	590~740	종래 기호 : STKT 60
KS D 3867 (2007)	기계 구조용 합금강 강재	망간강	SMn 420	–	주로 표면 담금질용
			SMn 433	–	
			SMn 438	–	
			SMn 443	–	
		망간 크롬강	SMnC 420	–	주로 표면 담금질용
			SMnC 443	–	
		크롬강	SCr 415	–	주로 표면 담금질용
			SCr 420	–	
			SCr 430	–	
			SCr 435	–	
			SCr 440	–	
			SCr 445	–	
		크롬 몰리브덴강	SCM 415	–	주로 표면 담금질용
			SCM 418	–	
			SCM 420	–	
			SCM 421	–	
			SCM 425	–	
			SCM 430	–	
			SCM 432	–	
			SCM 435	–	
			SCM 440	–	
			SCM 445	–	
			SCM 822	–	주로 표면 담금질용
		니켈 크롬강	SNC 236	–	
			SNC 415	–	주로 표면 담금질용
			SNC 631	–	
			SNC 815	–	주로 표면 담금질용
			SNC 836	–	
		니켈 크롬 몰리브덴강	SNCM 220	–	주로 표면 담금질용
			SNCM 240	–	
			SNCM 415	–	주로 표면 담금질용
			SNCM 420	–	
			SNCM 431	–	
			SNCM 439	–	
			SNCM 447	–	
			SNCM 616	–	주로 표면 담금질용
			SNCM 625	–	
			SNCM 630	–	
			SNCM 815	–	주로 표면 담금질용

6) 배관용 강관

KS 규격	명칭	분류 및 종별	기호	인장강도 N/mm²	주요 용도 및 특징
KS D 3507 (2008)	배관용 탄소 강관	흑관	SPP	–	흑관 : 아연 도금을 하지 않은 관 백관 : 흑관에 아연 도금을 한 관
		백관			
KS D 3562 (2009)	압력 배관용 탄소 강관	1종	SPPS 380	380 이상	350°C 이하에서 사용하는 압력 배관용
		2종	SPPS 420	420 이상	
KS D 3564 (2009)	고압 배관용 탄소 강관	1종	SPPH 380	380 이상	350°C 정도 이하에서 사용 압력이 높은 배관용
		2종	SPPH 420	420 이상	
		3종	SPPH 490	490 이상	
KS D 3565 (2009)	상수도용 도복장 강관	1종	STWW 290	294 이상	상수도용
		2종	STWW 370	373 이상	
		3종	STWW 400	402 이상	
KS D 3659 (2008)	저온 배관용 탄소 강관	1종	SPLT 390	390 이상	빙점 이하의 특히 낮은 온도에서 사용하는 배관용
		2종	SPLT 460	460 이상	
		3종	SPLT 700	700 이상	
KS D 3570 (2008)	고온 배관용 탄소 강관	1종	SPHT 380	380 이상	주로 350°C를 초과하는 온도에서 사용하는 배관용
		2종	SPHT 420	420 이상	
		3종	SPHT 490	490 이상	
KS D 3573 (2009)	배관용 합금강 강관	몰리브덴강 강관	SPA 12	390 이상	주로 고온도에서 사용하는 배관용
		크롬 몰리브덴강 강관	SPA 20	420 이상	
			SPA 22		
			SPA 23		
			SPA 24		
			SPA 25		
			SPA 26		
KS D 3576 (2009)	배관용 스테인레스 강관	오스테나이트계	STS 304 TP	520 이상	
			STS 304 HTP		
			STS 304 LTP	480 이상	
			STS 309 TP	520 이상	
			STS 309 STP		
			STS 310 TP		
			STS 310 STP		
			STS 316 TP		
			STS 316 HTP		
			STS 316 LTP	480 이상	
			STS 316 TiTP	520 이상	
			STS 317 TP		
			STS 317 LTP	480 이상	
			STS 836 LTP	520 이상	
			STS 890 LTP	490 이상	
			STS 321 TP	520 이상	
			STS 321 HTP		
			STS 347 TP		
			STS 347 HTP		
			STS 350 TP	674 이상	
		오스테나이트. 페라이트계	STS 329 J1 TP	590 이상	
			STS 329 J3 LTP	620 이상	
			STS 329 J4 LTP		
			STS 329 LDTP		
		페라이트계	STS 405 TP	410 이상	
			STS 409 LTP	360 이상	
			STS 430 TP	390 이상	
			STS 430 LXTP	410 이상	
			STS 430 J1 LTP		
			STS 436 LTP		
			STS 444 TP		

금속재료 데이터

[계속]

KS 규격	명칭	분류 및 종별	기호	인장강도 N/mm^2	주요 용도 및 특징
KS D 3583 (2008)	배관용 아크 용접 탄소강 강관	–	SPW 400	400 이상	사용 압력이 비교적 낮은 증기, 물, 가스, 공기 등의 배관용
KS D 3589 (2009)	압출식 폴리에틸렌 피복 강관	1종	P1H	–	곧은 관
		2종	P1F	–	이형관
		3종	P2S	–	곧은 관
		4종	3LC	–	
KS D 3595 (2009)	일반 배관용 스테인레스 강관	1종	STS 304 TPD	520 이상	통상의 급수, 급탕, 배수, 냉온수 등의 배관용
		2종	STS 316 TPD		수질, 환경 등에서 STS 304보다 높은 내식성이 요구되는 경우
KS D 3760 (2009)	비닐하우스용 도금 강관	일반 농업용	SPVH	270 이상	아연도강관
			SPVH–AZ	400 이상	55% 알루미늄–아연합금 도금 강관
		구조용	SPVHS	275 이상	아연도강관
			SPVHS–AZ	400 이상	55% 알루미늄–아연합금 도금 강관
KS R 2028 (2004)	자동차 배관용 금속관	2중권 강관	TDW	30 이상	자동차용 브레이크, 연료 및 윤활 계통에 사용하는 배관용 금속관
		1중권 강관	TSW		
		기계 구조용 탄소강관	STKM11A		
		이음매 없는 구리 및 구리 합금	C1201T	21 이상	

7) 열 전달용 강관

KS 규격	명칭	분류 및 종별	기호	인장강도 N/mm²	주요 용도 및 특징
KS D 3563 (1991)	보일러 및 열 교환기용 탄소 강관	1종	STBH 340	340 이상	보일러 수관, 연관, 과열기관, 공기 예열관 등
		2종	STBH 410	410 이상	
		3종	STBH 510	510 이상	
KS D 3571 (2008)	저온 열교환기용 강관	탄소강 강관	STLT 390	390 이상	열 교환기관, 콘덴서관 등
		니켈 강관	STLT 460	460 이상	
			STLT 700	700 이상	
KS D 3572 (2008)	보일러, 열 교환기용 합금강 강관	몰리브덴강 강관	STHA 12	390 이상	보일러 수관, 연관, 과열관, 공기 예열관, 열 교환기관, 콘덴서관, 촉매관 등
			STHA 13	420 이상	
		크롬 몰리브덴강 강관	STHA 20		
			STHA 22		
			STHA 23		
			STHA 24		
			STHA 25		
			STHA 26		
KS D 3577 (2007)	보일러, 열 교환기용 스테인레스 강관	오스테나이트계 강관	STS 304 TB	520 이상	열의 교환용으로 사용되는 스테인레스 강관 보일러의 과열기관, 화학, 공업, 석유 공업의 열 교환기관, 콘덴서관, 촉매관 등
			STS 304 HTB		
			STS 304 LTB	481 이상	
			STS 309 TB	520 이상	
			STS 309 STB		
			STS 310 TB		
			STS 310 STB		
			STS 316 TB		
			STS 316 HTB		
			STS 316 LTB	481 이상	
			STS 317 TB	520 이상	
			STS 317 LTB	481 이상	
			STS 321 TB	520 이상	
			STS 321 HTB		
			STS 347 TB		
			STS 347 HTB		
			STS XM 15 J1 TB		
			STS 350 TB	674 이상	
		오스테나이트. 페라이트계 강관	STS 329 J1 TB	588 이상	
			STS 329 J2 LTB	618 이상	
			STS 329 LD TB	620 이상	
		페라이트계 강관	STS 405 TB	412 이상	
			STS 409 TB		
			STS 410 TB		
			STS 410 TiTB		
			STS 430 TB		
			STS 444 TB		
			STS XM 8 TB		
			STS XM 27 TB		

[계속]

<table>
<tr><th>KS 규격</th><th>명칭</th><th colspan="2">분류 및 종별</th><th>기호</th><th>인장강도 N/mm²</th><th>주요 용도 및 특징</th></tr>
<tr><td rowspan="20">KS D 3587 (1991)</td><td rowspan="20">가열로용 강관</td><td colspan="2">탄소강 강관</td><td>STF 410</td><td>410 이상</td><td rowspan="20">주로 석유정제 공업, 석유화학 공업 등의 가열로에서 프로세스 유체 가열을 위해 사용</td></tr>
<tr><td colspan="2">몰리브덴강 강관</td><td>STFA 12</td><td>380 이상</td></tr>
<tr><td colspan="2" rowspan="5">크롬-몰리브덴강 강관</td><td>STFA 22</td><td rowspan="5">410 이상</td></tr>
<tr><td>STFA 23</td></tr>
<tr><td>STFA 24</td></tr>
<tr><td>STFA 25</td></tr>
<tr><td>STFA 26</td></tr>
<tr><td colspan="2" rowspan="10">오스테나이트계 스테인레스강 강관</td><td>STS 304 TF</td><td rowspan="10">520 이상</td></tr>
<tr><td>STS 304 HTF</td></tr>
<tr><td>STS 309 TF</td></tr>
<tr><td>STS 310 TF</td></tr>
<tr><td>STS 316 TF</td></tr>
<tr><td>STS 316 HTF</td></tr>
<tr><td>STS 321 TF</td></tr>
<tr><td>STS 321 HTF</td></tr>
<tr><td>STS 347 TF</td></tr>
<tr><td>STS 347 HTF</td></tr>
<tr><td colspan="2" rowspan="3">니켈-크롬-철 합금관</td><td rowspan="2">NCF 800 TF</td><td>520 이상</td></tr>
<tr><td>450 이상</td></tr>
<tr><td>NCF 800 HTF</td><td>450 이상</td></tr>
<tr><td rowspan="12">KS D 3759 (2008)</td><td rowspan="12">배관용 및 열 교환기용 티타늄, 팔라듐 합금관</td><td rowspan="4">1종</td><td>열간압출</td><td>TTP 28 Pd E</td><td rowspan="4">280 ~ 420</td><td rowspan="12">TTP : 배관용
TTH : 열 교환기용
일반 배관 및 열 교환기에 사용</td></tr>
<tr><td>냉간인발</td><td>TTP 28 Pd D
(TTH 28 Pd D)</td></tr>
<tr><td>용접한 대로</td><td>TTP 28 Pd W
(TTH 28 Pd W)</td></tr>
<tr><td>냉간 인발</td><td>TTP 28 Pd WD
(TTH 28 Pd WD)</td></tr>
<tr><td rowspan="4">2종</td><td>열간압출</td><td>TTP 35 Pd E</td><td rowspan="4">350 ~ 520</td></tr>
<tr><td>냉간인발</td><td>TTP 35 Pd D
(TTH 35 Pd D)</td></tr>
<tr><td>용접한 대로</td><td>TTP 35 Pd W
(TTH 35 Pd W)</td></tr>
<tr><td>냉간 인발</td><td>TTP 35 Pd WD
(TTH 35 Pd WD)</td></tr>
<tr><td rowspan="4">3종</td><td>열간압출</td><td>TTP 49 Pd E</td><td rowspan="4">490 ~ 620</td></tr>
<tr><td>냉간 인발</td><td>TTP 49 Pd D
(TTH 49 Pd D)</td></tr>
<tr><td>용접한 대로</td><td>TTP 49 Pd W
(TTH 49 Pd W)</td></tr>
<tr><td>냉간 인발</td><td>TTP 49 Pd WD
(TTH 49 Pd WD)</td></tr>
</table>

8) 특수 용도 강관 및 합금관

KS 규격	명칭	분류 및 종별	기호	인장강도 N/mm^2	주요 용도 및 특징
KS D 3575 (2003)	고압 가스 용기용 이음매 없는 강관	망간강 강관	STHG 11	–	
			STHG 12	–	
		크롬몰리브덴강 강관	STHG 21	–	
			STHG 22	–	
		니켈크롬몰리브덴강 강관	STHG 31	–	
KS D 3757 (2003)	열 교환기용 이음매 없는 니켈-크롬-철합금 관	1종	NCF 600 TB	550 이상	화학 공업, 석유 공업의 열 교환기 관, 콘덴서 관, 원자력용의 증기 발생기 관 등
		2종	NCF 625 TB	820 이상 690 이상	
		3종	NCF 690 TB	590 이상	
		4종	NCF 800 TB	520 이상	
		5종	NCF 800 HTB	450 이상	
		6종	NCF 825 TB	580 이상	
KS D 3758 (2003)	배관용 이음매 없는 니켈-크롬-철합금 관	1종	NCF 600 TP	549 이상	
		2종	NCF 625 TP	820 이상 690 이상	
		3종	NCF 690 TP	590 이상	
		4종	NCF 800 TP	451 이상 520 이상	
		5종	NCF 800 HTP	451 이상	
		6종	NCF 825 TP	520 이상 579 이상	
KS E 3114 (2006)	시추용 이음매 없는 강관	1종	STM-C 540	540 이상	
		2종	STM-C 640	640 이상	
		3종	STM-R 590	590 이상	
		4종	STM-R 690	690 이상	
		5종	STM-R 780	780 이상	
		6종	STM-R 830	830 이상	

9) 선재 · 선재 2차 제품

KS 규격	명칭	분류 및 종별	기호	인장강도 N/mm^2	주요 용도 및 특징
KS D 3509 (2007)	피아노 선재	1종	SWRS 62A	–	피아노 선, 오일템퍼선, PC강선, PC강연선, 와이어 로프 등
		2종	SWRS 62B	–	
		3종	SWRS 67A	–	
		4종	SWRS 67B	–	
		5종	SWRS 72A	–	
		6종	SWRS 72B	–	
		7종	SWRS 75A	–	
		8종	SWRS 75B	–	
		9종	SWRS 77A	–	
		10종	SWRS 77B	–	
		11종	SWRS 80A	–	
		12종	SWRS 80B	–	
		13종	SWRS 82A	–	
		14종	SWRS 82B	–	
		15종	SWRS 87A	–	
		16종	SWRS 87B	–	
		17종	SWRS 92A	–	
		18종	SWRS 92B	–	
KS D 3510 (2002)	경강선	경강선 A종	SW–A		적용 선 지름 : 0.08mm 이상 10.0mm 이하
		경강선 B종	SW–B		주로 정하중을 받는 스프링용 적용 선 지름 : 0.08mm 이상 13.0mm 이하
		경강선 C종	SW–C		
KS D 3550 (1981)	피복 아크 용접봉 심선	피복 아크 용접봉 심선 1종	SWW 11	–	주로 연강의 아크 용접에 사용
		피복 아크 용접봉 심선 2종	SWW 21	–	
KS D 3552 (2008)	철선	보통 철선 / 원형	SWM–B	–	일반용, 철망용
		원형	SWM–F	–	후 도금용, 용접용
		못용 철선 / 원형	SWM–N	–	못용
		어닐링 철선 / 원형	SWM–A	–	일반용, 철망용
		용접 철망용 철선 / 원형	SWM–P	–	용접 철망용, 콘크리트 보강용
		용접 철망용 철선 / 이형	SWM–R	–	
		용접 철망용 철선 / 이형	SWM–I	–	
KS D 3554 (2002)	연강 선재	1종	SWRM 6	–	철선, 아연 도금 철선 등
		2종	SWRM 8	–	
		3종	SWRM 10	–	
		4종	SWRM 12	–	
		5종	SWRM 15	–	
		6종	SWRM 17	–	
		7종	SWRM 20	–	
		8종	SWRM 22	–	
KS D 3556 (2002)	피아노 선	1종	PW–1	–	주로 동하중을 받는 스프링용
		2종	PW–2	–	
		3종	PW–3	–	밸브 스프링 또는 이에 준하는 스프링용

[계속]

KS 규격	명칭	분류 및 종별	기호	인장강도 N/mm²	주요 용도 및 특징
KS D 3559 (2007)	경강 선재	1종	HSWR 27	–	경강선, 오일 템퍼선, PC 경강선, 아연도 강연선, 와이어 로프 등
		2종	HSWR 32	–	
		3종	HSWR 37	–	
		4종	HSWR 42A	–	
		5종	HSWR 42B	–	
		6종	HSWR 47A	–	
		7종	HSWR 47B	–	
		8종	HSWR 52A	–	
		9종	HSWR 52B	–	
		10종	HSWR 57A	–	
		11종	HSWR 57B	–	
		12종	HSWR 62A	–	
		13종	HSWR 62B	–	
		14종	HSWR 67A	–	
		15종	HSWR 67B	–	
		16종	HSWR 72A	–	
		17종	HSWR 72B	–	
		18종	HSWR 77A	–	
		19종	HSWR 77B	–	
		20종	HSWR 82A	–	
		21종	HSWR 82B	–	
KS D 3592 (2008)	냉간 압조용 탄소강 : 선재	림드강	SWRCH6R	–	냉간 압조용 탄소 강선
			SWRCH8R	–	
			SWRCH10R	–	
			SWRCH12R	–	
			SWRCH15R	–	
			SWRCH17R	–	
		알루미늄킬드강	SWRCH6A	–	
			SWRCH8A	–	
			SWRCH10A	–	
			SWRCH12A	–	
			SWRCH15A	–	
			SWRCH16A	–	
			SWRCH18A	–	
			SWRCH19A	–	
			SWRCH20A	–	
			SWRCH22A	–	
			SWRCH25A	–	
		킬드강	SWRCH10K	–	
			SWRCH12K	–	
			SWRCH15K	–	
			SWRCH16K	–	
			SWRCH17K	–	
			SWRCH18K	–	
			SWRCH20K	–	
			SWRCH22K	–	
			SWRCH24K	–	
			SWRCH25K	–	
			SWRCH27K	–	
			SWRCH30K	–	
			SWRCH33K	–	
			SWRCH35K	–	
			SWRCH38K	–	
			SWRCH40K	–	
			SWRCH41K	–	
			SWRCH43K	–	
			SWRCH45K	–	
			SWRCH48K	–	
			SWRCH50K	–	

[계속]

KS 규격	명칭	분류 및 종별	기호	인장강도 N/mm^2	주요 용도 및 특징
KS D 7009 (1997)	PC 경강선	1종	SWCR	–	원형선
		2종	SWCD	–	이형선
KS D 7011 (2002)	아연 도금 철선	1종	SWMGS-1	–	0.10mm 이상 8.00mm 이하
		2종	SWMGS-2	–	
		3종	SWMGS-3	–	0.90mm 이상 8.00mm 이하
		4종	SWMGS-4	–	
		5종	SWMGS-5	–	1.60mm 이상 8.00mm 이하
		6종	SWMGS-6	–	2.60mm 이상 6.00mm 이하
		7종	SWMGS-7	–	
		1종	SWMGH-1	–	0.10mm 이상 6.00mm 이하
		2종	SWMGH-2	–	
		3종	SWMGH-3	–	0.90mm 이상 8.00mm 이하
		4종	SWMGH-4	–	
KS D 7063 (2007)	아연 도금 강선	1종	SWGF-1	–	아연 도금 강선(F) 0.80mm 이상 6.00mm 이하
		2종	SWGF-2	–	
		3종	SWGF-3	–	
		4종	SWGF-4	–	
		5종	SWGF-5	–	
		6종	SWGF-6	–	
		1종	SWGD-1	–	아연 도금 강선(D) 0.29mm 이상 6.00mm 이하
		2종	SWGD-2	–	
		3종	SWGD-3	–	

10) 기계 구조용 탄소강 · 합금강(기계 금속 재료 기호 일람표)

KS 규격	명칭	분류 및 종별	기호	인장강도 N/mm²		주요 용도 및 특징
KS D 3752 (2007)	기계 구조용 탄소 강재	1종	SM 10C	314 이상	N	열처리 구분 N : 노멀라이징 H : 퀜칭, 템퍼링 A : 어닐링
		2종	SM 12C	373 이상	N	
		3종	SM 15C			
		4종	SM 17C	402 이상	N	
		5종	SM 20C			
		6종	SM 22C	441 이상	N	
		7종	SM 25C			
		8종	SM 28C	471 이상	N	
		9종	SM 30C	539 이상	H	
		10종	SM 33C	510 이상	N	
		11종	SM 35C	569 이상	H	
		12종	SM 38C	539 이상	N	
		13종	SM 40C	608 이상	H	
		14종	SM 43C	569 이상	N	
		15종	SM 45C	686 이상	H	
		16종	SM 48C	608 이상	N	
		17종	SM 50C	735 이상	H	
		18종	SM 53C	647 이상	N	
		19종	SM 55C			
		20종	SM 58C	785 이상	H	
		21종	SM 9CK	392 이상	H	침탄용
		22종	SM 15CK	490 이상	H	
		23종	SM 20CK	539 이상	H	
KS D 3755 (2008)	고온용 합금강 볼트재	1종	SNB 5	690 이상		압력용기, 밸브, 플랜지 및 이음쇠에 사용
		2종	SNB 7	690 ~860 이상		
		3종	SNB 16	690 ~860 이상		
KS D 3756 (1980)	알루미늄 크롬 몰리브덴 강재	1종	SAlCrMo1	–		표면 질화용, 기계 구조용
KS D 3867 (2007)	기계 구조용 합금강 강재	망간강	SMn 420	–		표면 담금질용
			SMn 433	–		
			SMn 438	–		
			SMn 443	–		
		망간크롬강	SMnC 420	–		표면 담금질용
			SMnC 443	–		
		크롬강	SCr 415	–		표면 담금질용
			SCr 420	–		
			SCr 430	–		
			SCr 435	–		
			SCr 440	–		
			SCr 445	–		
		크롬 몰리브덴강	SCM 415	–		표면 담금질용
			SCM 418	–		
			SCM 420	–		
			SCM 421	–		
			SCM 425	–		
			SCM 430	–		
			SCM 432	–		
			SCM 435	–		
			SCM 440	–		
			SCM 445	–		
			SCM 822	–		표면 담금질용
		니켈크롬강	SNC 236	–		
			SNC 415	–		표면 담금질용
			SNC 631	–		
			SNC 815	–		표면 담금질용
			SNC 836	–		
		니켈크롬 몰리브덴강	SNCM 220	–		표면 담금질용
			SNCM 240	–		
			SNCM 415	–		표면 담금질용
			SNCM 420	–		
			SNCM 431	–		
			SNCM 439	–		
			SNCM 447	–		
			SNCM 616	–		표면 담금질용
			SNCM 625	–		
			SNCM 630	–		
			SNCM 815	–		표면 담금질용

11) 특수 용도강 공구강 · 중공강 · 베어링강

KS 규격	명칭	분류 및 종별	기호	인장강도 N/mm²	주요 용도 및 특징
KS D 3522 (2008)	고속도 공구강 강재	텅스텐계	SKH 2	HRC 63 이상	일반 절삭용 기타 각종 공구
			SKH 3	HRC 64 이상	고속 중절삭용 기타 각종 공구
			SKH 4		난삭재 절삭용 기타 각종 공구
			SKH 10		고난삭재 절삭용 기타 각종 공구
		분말야금 제조 몰리브덴계	SKH 40	HRC 65 이상	경도, 인성, 내마모성을 필요로 하는 일반절삭용, 기타 각종 공구
		몰리브덴계	SKH 50	HRC 63 이상	연성을 필요로 하는 일반 절삭용, 기타 각종 공구
			SKH 51	HRC 64 이상	
			SKH 52		비교적 인성을 필요로 하는 고경도재 절삭용, 기타 각종 공구
			SKH 53		
			SKH 54		고난삭재 절삭용 기타 각종 공구
			SKH 55		비교적 인성을 필요로 하는 고속 중절삭용 기타 각종 공구
			SKH 56		
			SKH 57		고난삭재 절삭용 기타 각종 공구
			SKH 58		인성을 필요로 하는 일반 절삭용, 기타 각종 공구
			SKH 59	HRC 66 이상	비교적 인성을 필요로 하는 고속 중절삭용 기타 각종 공구
KS D 3523 (2007)	중공강 강재	3종	SKC 3	HB 229 ~ 302	로드용
		11종	SKC 11	HB 285 ~ 375	로드 또는 인서트 비트 등
		24종	SKC 24	HB 269 ~ 352	
		31종	SKC 31	–	
KS D 3751 (2008)	탄소 공구강 강재	1종	STC 140	HRC 63 이상	칼줄, 벌줄
		2종	STC 120	HRC 62 이상	드릴, 철공용 줄, 소형 펀치, 면도날, 태엽, 쇠톱
		3종	STC 105	HRC 61 이상	나사 가공 다이스, 쇠톱, 프레스 형틀, 게이지, 태엽, 끌, 치공구
		4종	STC 95	HRC 61 이상	태엽, 목공용 드릴, 도끼, 끌, ,셔츠 바늘, 면도칼, 목공용 띠톱, 펜촉, 프레스 형틀, 게이지
		5종	STC 90	HRC 60 이상	프레스 형틀, 태엽, 게이지, 침
		6종	STC 85	HRC 59 이상	각인, 프레스 형틀, 태엽, 띠톱, 치공구, 원형톱, 펜촉, 등사판 줄, 게이지 등
		7종	STC 80	HRC 58 이상	각인, 프레스 형틀, 태엽
		8종	STC 75	HRC 57 이상	각인, 스냅, 원형톱, 태엽, 프레스 형틀, 등사판 줄 등
		9종	STC 70	HRC 57 이상	각인, 스냅, 프레스 형틀, 태엽
		10종	STC 65	HRC 56 이상	각인, 스냅, 프레스 형틀, 나이프 등
		11종	STC 60	HRC 55 이상	각인, 스냅, 프레스 형틀

[계속]

KS 규격	명칭	분류 및 종별	기호	인장강도 N/mm²	주요 용도 및 특징
KS D 3753 (2008)	합금 공구강 강재	1종	STS 11	HRC 62 이상	주로 절삭 공구강용 HRC 경도는 시험편의 퀜칭, 템퍼링 경도
		2종	STS 2	HRC 61 이상	
		3종	STS 21	HRC 61 이상	
		4종	STS 5	HRC 45 이상	
		5종	STS 51	HRC 45 이상	
		6종	STS 7	HRC 62 이상	
		7종	STS 81	HRC 63 이상	
		8종	STS 8	HRC 63 이상	
		1종	STS 4	HRC 56 이상	주로 내충격 공구강용 HRC 경도는 시험편의 퀜칭, 템퍼링 경도
		2종	STS 41	HRC 53 이상	
		3종	STS 43	HRC 63 이상	
		4종	STS 44	HRC 60 이상	
		1종	STS 3	HRC 60 이상	주로 냉간 금형용 HRC 경도는 시험편의 퀜칭, 템퍼링 경도
		2종	STS 31	HRC 61 이상	
		3종	STS 93	HRC 63 이상	
		4종	STS 94	HRC 61 이상	
		5종	STS 95	HRC 59 이상	
		6종	STD 1	HRC 62 이상	
		7종	STD 2	HRC 62 이상	
		8종	STD 10	HRC 61 이상	
		9종	STD 11	HRC 58 이상	
		10종	STD 12	HRC 60 이상	
		1종	STD 4	HRC 42 이상	주로 열간 금형용 HRC 경도는 시험편의 퀜칭, 템퍼링 경도
		2종	STD 5	HRC 48 이상	
		3종	STD 6	HRC 48 이상	
		4종	STD 61	HRC 50 이상	
		5종	STD 62	HRC 48 이상	
		6종	STD 7	HRC 46 이상	
		7종	STD 8	HRC 48 이상	
		8종	STF 3	HRC 42 이상	
		9종	STF 4	HRC 42 이상	
		10종	STF 6	HRC 52 이상	
KS D 3525 (2002)	고탄소 크롬 베어링강 강재	1종	STB 1	–	주로 구름베어링에 사용 (열간 압연 원형강 표준지름은 15~130mm)
		2종	STB 2	–	
		3종	STB 3	–	
		4종	STB 4	–	
		5종	STB 5	–	

12) 스테인리스강 · 내열강 · 초합금

KS 규격	명칭	분류 및 종별	기호	인장강도 N/mm^2	주요 용도 및 특징
KS D 3531 (2007)	내식 내열 초합금 봉	1종	NCF 600	세부 규격 참조	
		2종	NCF 601		
		3종	NCF 625		
		4종	NCF 690		
		5종	NCF 718		
		6종	NCF 750		
		7종	NCF 751		
		8종	NCF 800		
		9종	NCF 800H		
		10종	NCF 825		
		11종	NCF 80A		
KS D 3534 (2002)	스프링용 스테인리스 강대	오스테나이트계	STS 301-CSP	세부 규격 참조	주로 박판 스프링, 태엽 스프링용
			STS 304-CSP		
		마르텐사이트계	STS 420J2-CSP		
		석출 경화계	STS 631-CSP		
KS D 3535 (2002)	스프링용 스테인리스 강선	오스테나이트계	STS 302	–	A종 – WPA, B종 – WPB
			STS 304	–	A종 – WPA, B종 – WPB, – WPBS
			STS 304N1	–	A종 – WPA, B종 – WPB
			STS 316	–	A종 – WPA
		석출 경화계	STS 631J1	–	C종 – WPC
KS D 3696 (1996)	용접용 스테인리스강 선재	오스테나이트계	STSY 308	–	용접용 봉, 와이어 및 피복 아크 용접봉용 심선
			STSY 308L	–	
			STSY 309	–	
			STSY 309Mo	–	
			STSY 310	–	
			STSY 310S	–	
			STSY 312	–	
			STSY 16-8-2	–	
			STSY 316	–	
			STSY 316L	–	
			STSY 316J1L	–	
			STSY 317	–	
			STSY 317L	–	
			STSY 321	–	
			STSY 347	–	
			STSY 347L	–	
		페라이트계	STSY 430	–	
		마텐자이트계	STSY 410	–	
KS D 3702 (2008)	스테인리스 강선재	오스테나이트계	STS 201	–	
			STS 302	–	
			STS 303	–	
			STS 303Se	–	
			STS 303Cu	–	
			STS 304	–	
			STS 304L	–	
			STS 304N1	–	
			STS 304J3	–	
			STS 305	–	
			STS 305J1	–	
			STS 309S	–	
			STS 310S	–	
			STS 316	–	
			STS 316L	–	
			STS 316F	–	
			STS 317	–	
			STS 317L	–	
			STS 321	–	
			STS 347	–	
			STS 384	–	
			STS XM7	–	

[계속]

KS 규격	명칭	분류 및 종별	기호	인장강도 N/mm^2	주요 용도 및 특징
KS D 3702 (2008)	스테인레스 강선재	페라이트계	STS 430	–	
			STS 430F	–	
			STS 434	–	
		마텐자이트계	STS 403	–	
			STS 410	–	
			STS 410F2	–	
			STS 416	–	
			STS 420J1	–	
			STS 420J2	–	
			STS 420F	–	
			STS 420F2	–	
			STS 431	–	
			STS 440C	–	
		석출 경화계	STS 631J1	–	
KS D 3731 (2002)	내열 강봉	오스테나이트계	STR 31	세부 규격 참조	
			STR 35		
			STR 36		
			STR 37		
			STR 38		
			STR 309		
			STR 310		
			STR 330		
			STR 660		
			STR 661		
		마텐자이트계	STR 1		
			STR 3		
			STR 4		
			STR 11		
			STR 600		
			STR 610		
		오스테나이트계	STS 304		
			STS 309S		
			STS 310S		
			STS 316		
			STS 316 Ti		
			STS 317		
			STS 321		
			STS 347		
			STS XM 15 J1		
		페라이트계	STS 405		
			STS 410 L		
			STS 430		
		마텐자이트계	STS 403		
			STS 410		
			STS 410 J1		
			STS 431		
		석출 경화계	STS 630		
			STS 631		

13) 단강품

KS 규격	명칭	분류 및 종별		기호	인장강도 N/mm²	주요 용도 및 특징
KS D 3710 (2001)	탄소강 단강품	1종		SF 340 A	340 ~ 440	일반 기계 구조물용 열처리 기호 의미 A : 어닐링, 노멀라이징 또는 노멀라이징 템퍼링 B : 퀜칭 템퍼링
		2종		SF 390 A	390 ~ 490	
		3종		SF 440 A	440 ~ 540	
		4종		SF 490 A	490 ~ 590	
		5종		SF 540 A	540 ~ 640	
		6종		SF 590 A	590 ~ 690	
		7종		SF 540 B	540 ~ 690	
		8종		SF 590 B	590 ~ 740	
		9종		SF 640 B	640 ~ 780	
KS D 4114 (1990)	크롬 몰리브덴 단강품	축상 단강품	1종	SFCM 590 S	590 ~ 740	봉, 축, 크랭크, 피니언, 기어, 플랜지, 링, 휠, 디스크 등
			2종	SFCM 640 S	640 ~ 780	
			3종	SFCM 690 S	690 ~ 830	
			4종	SFCM 740 S	740 ~ 880	
			5종	SFCM 780 S	780 ~ 930	
			6종	SFCM 830 S	830 ~ 980	
			7종	SFCM 880 S	880 ~ 1030	
			8종	SFCM 930 S	930 ~ 1080	
			9종	SFCM 980 S	980 ~ 1130	
KS D 4116 (1990)	탄소강 단강품용 강편	1종		SFB 1	–	탄소강 단강품의 제조에 사용
		2종		SFB 2	–	
		3종		SFB 3	–	
		4종		SFB 4	–	
		5종		SFB 5	–	
		6종		SFB 6	–	
		7종		SFB 7	–	
KS D 4122 (1993)	압력 용기용 탄소강 단강품	1종		SFVC 1	410 ~ 560	주로 중온 내지 상온에서 사용하는 압력 용기 및 그 부품
		2종		SFVC 2A	490 ~ 640	
		3종		SFVC 2B		
KS D 4123 (2008)	압력 용기용 합금강 단강품	고온용		SFVA F1	480 ~ 660	주로 고온에서 사용하는 압력 용기 및 그 부품
				SFVA F2		
				SFVA F12		
				SFVA F11A		
				SFVA F11B	520 ~ 690	
				SFVA F22A	410 ~ 590	
				SFVA F22B	520 ~ 690	
				SFVA F21A	410 ~ 590	
				SFVA F21B	520 ~ 590	
				SFVA F5A	410 ~ 590	
				SFVA F5B	480 ~ 660	
				SFVA F5C	550 ~ 730	
				SFVA F5D	620 ~ 780	
				SFVA F9	590 ~ 760	
		조질형		SFVQ 1A	550 ~ 730	
				SFVQ 1B	620 ~ 790	
				SFVQ 2A	550 ~ 730	
				SFVQ 2B	620 ~ 790	
				SFVQ 3		
KS D 4125 (2007)	저온 압력 용기용 단강품	1종		SFL 1	440 ~ 590	주로 저온에서 사용하는 압력 용기 및 그 부품
		2종		SFL 2	490 ~ 640	
		3종		SFL 3		

14) 주강품

KS 규격	명칭	분류 및 종별	기호	인장강도 N/mm^2	주요 용도 및 특징
KS D 4101 (2001)	탄소강 주강품	1종	SC 360	360 이상	일반 구조용, 전동기 부품용
		2종	SC 410	410 이상	일반 구조용
		3종	SC 450	450 이상	
		4종	SC 480	480 이상	
KS D 4104 (1995)	고망간강 주강품	1종	SCMnH 1	–	일반용(보통품)
		2종	SCMnH 2	740 이상	일반용(고급품, 비자성품)
		3종	SCMnH 3		주로 레일 크로싱용
		4종	SCMnH 11		고내력, 고마모용(해머, 조 플레이트 등)
		5종	SCMnH 21		주로 무한궤도용
KS D 4106 (2007)	용접 구조용 주강품	1종	SCW 410	410 이상	압연강재, 주강품 또는 다른 주강품의 용접 구조에 사용
		2종	SCW 450	450 이상	
		3종	SCW 480	480 이상	
		4종	SCW 550	550 이상	
		5종	SCW 620	620 이상	
KS D 4107 (2007)	고온 고압용 주강품	탄소강	SCPH 1	410 이상	고온에서 사용하는 밸브, 플랜지, 케이싱 및 기타 고압 부품용
			SCPH 2	480 이상	
		0.5% 몰리브덴강	SCPH 11	450 이상	
		1% 크롬-0.5% 몰리브덴강	SCPH 21	480 이상	
		1% 크롬-1% 몰리브덴강	SCPH 22	550 이상	
		1% 크롬-1% 몰리브덴강 -0.2% 바나듐강	SCPH 23		
		2.5% 크롬-1% 몰리브덴강	SCPH 32	480 이상	
		5% 크롬-0.5% 몰리브덴강	SCPH 61	620 이상	
KS D 4108 (1992)	용접 구조용 원심력 주강관	1종	SCW 410-CF	410 이상	압연강재, 단강품 도는 다른 주강품과의 용접 구조에 사용하는 특히 용접성이 우수한 관 두께 8mm 이상 150mm 이하의 용접 구조용 원심력 주강관
		2종	SCW 480-CF	480 이상	
		3종	SCW 490-CF	490 이상	
		4종	SCW 520-CF	520 이상	
		5종	SCW 570-CF	570 이상	
KS D 4111 (1995)	저온 고압용 주강품	탄소강(보통품)	SCPL 1	450 이상	저온에서 사용되는 밸브, 플랜지, 실린더, 그 밖의 고압 부품용
		0.5% 몰리브덴강	SCPL 11		
		2.5% 니켈강	SCPL 21	480 이상	
		3.5% 니켈강	SCPL 31		
KS D 4112 (1995)	고온 고압용 원심력 주강관	탄소강	SCPH 1-CF	410 이상	주로 고온에서 사용하는 원심력 주강관
			SCPH 2-CF	480 이상	
		0.5% 몰리브덴강	SCPH 11-CF	380 이상	
		1% 크롬-0.5% 몰리브덴강	SCPH 21-CF	410 이상	
		2.5% 크롬-1% 몰리브덴강	SCPH 32-CF		

15) 주철품

KS 규격	명칭	분류 및 종별		기호	인장강도 N/mm^2	주요 용도 및 특징
KS D 4301 (2006)	회 주철품	1종		GC 100	100 이상	편상 흑연을 함유한 주철품 (주철품의 두께에 따라 인장강도 다름)
		2종		GC 150	150 이상	
		3종		GC 200	200 이상	
		4종		GC 250	250 이상	
		5종		GC 300	300 이상	
		6종		GC 350	350 이상	
KS D 4302 (2006)	구상 흑연 주철품	별도 주입 공시재	1종	GCD 350-22	350 이상	구상 흑연 주철품 기호 L : 저온 충격값이 규정된 것
			2종	GCD 350-22L		
			3종	GCD 400-18	400 이상	
			4종	GCD 400-18L		
			5종	GCD 400-15		
			6종	GCD 450-10	450 이상	
			7종	GCD 500-7	500 이상	
			8종	GCD 600-3	600 이상	
			9종	GCD 700-2	700 이상	
			10종	GCD 800-2	800 이상	
		본체 부착 공시재	1종	GCD 400-18A	세부 규격 참조	
			2종	GCD 400-18AL		
			3종	GCD 400-15A		
			4종	GCD 500-7A		
			5종	GCD 600-3A		
KS D 4318 (2006)	오스템퍼 구상 흑연 주철품	1종		GCAD 900-4	900 이상	
		2종		GCAD 900-8		
		3종		GCAD 1000-5	1000 이상	
		4종		GCAD 1200-2	1200 이상	
		5종		GCAD 1400-1	1400 이상	
KS D 4319 (2006확인)	오스테나이트 주철품	편상 흑연계		GCA-NiMn 13 7	140 이상	비자성 주물로 터빈, 발전기용 압력 커버, 차단기 상자, 절연 플랜지, 터미널, 덕트
				GCA-NiCuCr 15 6 2	170 이상	펌프, 밸브, 노부품, 부싱, 경합금 피스톤용 내마모관, 탁수용 펌프, 펌프용 케이싱 비자성 주물
				GCA-NiCuCr 15 6 3	190 이상	펌프, 밸브, 노부품, 부싱, 경합금 피스톤용 내마모관
				GCA-NiCr 20 2	170 이상	GCA-NiCuCr 15 6 2와 동등. 다만, 알카리 처리 펌프, 수산화나트륨 보일러에 적당. 비누, 식품 제조, 인견 및 플라스틱 공업에 사용되며, 일반적으로 구리를 함유하지 않는 재료가 요구되는 곳에 사용
				GCA-NiCr 20 3	190 이상	GCA-NiCr 20 2와 동등. 다만, 고압에서 사용하는 경우에 좋다.
				GCA-NiSiCr 20 5 3		펌프 부품, 공업로용 밸브 주물
				GCA-NiCr 30 3		펌프, 압력 용기 밸브, 필터 부품, 이그조스트 매니폴드, 터보 차저 하우징
				GCA-NiSiCr 30 5 5	170 이상	펌프 부품, 공업로용 밸브 주물
				GCA-Ni 35	120 이상	열적인 치수 변동을 기피하는 부품 (예 : 공작기계, 이과학기기, 유리용 금형 등)

[계속]

KS 규격	명칭	분류 및 종별	기호	인장강도 N/mm²	주요 용도 및 특징
KS D 4319 (2006확인)	오스테나이트 주철품	구상 흑연계	GCDA-NiMn 13 17	390 이상	비자성 주물 보기 : 터빈 발동기용 압력 커버, 차단기 상자, 절연 플랜지, 터미널, 덕트
			GCDA-NiCr 20 2	370 이상	펌프, 밸브, 컴프레서, 부싱, 터보차저 하우징, 이그조스트 매니폴드, 캐빙 머신용 로터리 테이블, 엔진용 터빈 하우징, 밸브용 요크슬리브, 비자성 주물
			GCDA-NiCrNb 20 2		GCDA-NiCr 20 2와 동등
			GCDA-NiCr 20 3	390 이상	펌프, 펌프용 케이싱, 밸브, 컴프레서, 부싱, 터보 차저 하우징, 이그조스트 매니폴드
			GCDA-NiSiCr 20 5 2	370 이상	펌프 부품, 밸브, 높은 기계적 응력을 받는 공업로용 주물
			GCDA-Ni 22		펌프, 밸브, 컴프레서, 부싱, 터보 차저 하우징, 이그조스트 매니폴드, 비자성 주물
			GCDA-NiMn 23 4	440 이상	−196°C까지 사용되는 경우의 냉동기 기류 주물
			GCDA-NiCr 30 1	370 이상	펌프, 보일러 필터 부품, 이그조스트 매니폴드, 밸브, 터보 차저 하우징
			GCDA-NiCr 30 3		펌프, 보일러, 밸브, 필터 부품, 이그조스트 매니폴드, 터보 차저 하우징
			GCDA-NiSiCr 30 5 2	380 이상	펌프 부품, 이그조스트 매니폴드, 터보 차저 하우징, 공업로용 주물
			GCDA-NiSiCr 30 5 5	390 이상	펌프 부품, 밸브, 공업로용 주물 중 높은 기계적 응력을 받는 부품
			GCDA-Ni 35	370 이상	온도에 따른 치수변화를 기피하는 부품 적용(예 : 공작기계, 이과학기기, 유리용 금형)
			GCDA-NiCr 35 3		가스 터빈 하우징 부품, 유리용 금형, 엔진용 터보 차저 하우징
			GCDA-NiSiCr 35 5 2		가스 터빈 하우징 부품, 이그조스트 매니폴드, 터보 차저 하우징
KS D ISO 5922 (2008)	가단 주철품	백심 가단주철	GCMW 35-04	세부 규격 참조	
			GCMW 38-12		
			GCMW 40-05		
			GCMW 45-07		
		A	GCMB 30-06	300 이상	GCMW : 백심 가단 주철 GCMB : 흑심 가단 주철 GCMP : 펄라이트 가단 주철
			GCMB 35-10	350 이상	
			GCMB 45-06	450 이상	
			GCMB 55-04	550 이상	
			GCMB 65-02	650 이상	
			GCMB 70-02	700 이상	
		B	GCMB 32-12	320 이상	
			GCMP 50-05	500 이상	
			GCMB 60-03	600 이상	
			GCMB 80-01	800 이상	

16) 신동품

KS 규격	명칭	분류 및 종별	기호	인장강도 N/mm^2	주요 용도 및 특징
KS D 5101 (2009)	구리 및 구리합금 봉	무산소동 C1020	C 1020 BE	–	전기 및 열 전도성 우수 용접성, 내식성, 내후성 양호
			C 1020 BD	–	
			C 1020 BF	–	
		타프피치동 C1100	C 1100 BE	–	전기 및 열 전도성 우수 전연성, 내식성, 내후성 양호
			C 1100 BD	–	
			C 1100 BF	–	
		인탈산동 C1201	C 1201 BE	–	전연성, 용접성, 내식성, 내후성 및 열 전도성 양호
			C 1201 BD	–	
		인탈산동 C1220	C 1220 BE	–	
			C 1220 BD	–	
		황동 C2620	C 2600 BE	–	냉간 단조성, 전조성 양호 기계 및 전기 부품
			C 2600 BD	–	
		황동 C2700	C 2700 BE	–	
			C 2700 BD	–	
		황동 C2745	C 2745 BE	–	열간 가공성 양호 기계 및 전기 부품
			C 2745 BD	–	
		황동 C2800	C 2800 BE	–	
			C 2800 BD	–	
		내식 황동 C3533	C 3533 BE	–	수도꼭지, 밸브 등
			C 3533 BD	–	
		쾌삭 황동 C3601	C 3601 BD	–	절삭성 우수, 전연성 양호 볼트, 너트, 작은 나사, 스핀들, 기어, 밸브, 라이터, 시계, 카메라 부품 등
		쾌삭 황동 C3602	C 3602 BE	–	
			C 3602 BD	–	
			C 3602 BF	–	
		쾌삭황동 C3604	C 3604 BE	–	
			C 3604 BD	–	
			C 3604 BF	–	
		쾌삭 황동 C3605	C 3605 BE	–	
			C 3605 BD	–	
		단조 황동 C3712	C 3712 BE	–	열간 단조성 양호, 정밀 단조 적합 기계 부품 등
			C 3712 BD	–	
			C 3712 BF	–	
		단조 황동 C3771	C 3771 BE	–	열간 단조성 및 피절삭성 양호 밸 및 기계 부품 등
			C 3771 BD	–	
			C 3771 BF	–	
		네이벌 황동 C4622	C 4622 BE	–	내식성 및 내해수성 양호 선박용 부품, 샤프트 등
			C 4622 BD	–	
			C 4622 BF	–	
		네이벌 황동 C4641	C 4641 BE	–	
			C 4641 BD	–	
			C 4641 BF	–	
		내식 황동 C4860	C 4860 BE	–	수도꼭지, 밸브, 선박용 부품 등
			C 4860 BD	–	
		무연 황동 C4926	C 4926 BE	–	내식성 우수, 환경 소재(납 없음) 전기전자, 자동차 부품 및 정밀 가공용
			C 4926 BD	–	
		무연 내식 황동 C4934	C 4934 BE	–	내식성 우수, 환경 소재(납 없음) 수도꼭지, 밸브 등
			C 4934 BD	–	
		알루미늄 청동 C6161	C 6161 BE	–	강도 높고, 내마모성, 내식성 양호 차량 기계용, 화학 공업용, 선박용 피니언 기어, 샤프트, 부시 등
			C 6161 BD	–	
		알루미늄 청동 C6191	C 6191 BE	–	
			C 6191 BD	–	
		알루미늄 청동 C6241	C 6241 BE	–	
			C 6241 BD	–	
		고강도 황동 C6782	C 6782 BE	–	강도 높고 열간 단조성, 내식성 양호 선박용 프로펠러 축, 펌프 축 등
			C 6782 BD	–	
			C 6782 BF	–	
		고강도 황동 C6783	C 6783 BE	–	
			C 6783 BD	–	

[계속]

KS 규격	명칭	분류 및 종별		기호	인장강도 N/mm^2	주요 용도 및 특징
KS D 5102 (2009)	베릴륨 동, 인청동 및 양백의 봉 및 선	베릴륨 동	봉	C 1720 B	–	항공기 엔진 부품, 프로펠러, 볼트, 캠, 기어, 베어링, 점용접용 전극 등
			선	C 1720 W	–	코일 스프링, 스파이럴 스프링, 브러쉬 등
		인청동	봉	C 5111 B	–	내피로성, 내식성, 내마모성 양호 봉 : 기어, 캠, 이음쇠, 축, 베어링, 작은 나사, 볼트, 너트, 섭동 부품, 커넥터, 트롤리선용 행어 등 선: 코일 스프링, 스파이럴 스프링, 스냅 버튼, 전기 바인드용 선, 철망, 헤더재, 와셔 등
			선	C 5111 W	–	
			봉	C 5102 B	–	
			선	C 5102 W	–	
			봉	C 5191 B	–	
			선	C 5191 W	–	
			봉	C 5212 B	–	
			선	C 5212 W	–	
		쾌삭 인청동	봉	C 5341 B	–	절삭성 양호 작은 나사, 부싱, 베어링, 볼트, 너트, 볼펜 부품 등
			선	C 5441 B	–	
		양백	선	C 7451 W	–	광택 미려, 내피로성, 내식성 양호 봉 : 작은 나사, 볼트, 너트, 전기기기 부품, 악기, 의료기기, 시계부품 등 선 : 특수 스프링 재료 적합
			봉	C 7521 B	–	
			선	C 7521 W	–	
			봉	C 7541 B	–	
			선	C 7541 W	–	
			봉	C 7701 B	–	
			선	C 7701 W	–	
		쾌삭 양백	봉	C 7941 B	–	절삭성 양호 작은 나사, 베어링, 볼펜 부품, 안경 부품 등
KS D 5103 (2009)	구리 및 구리합금 선	무산소동	선	C 1020 W	세부 규격 참조	전기. 열전도성. 전연성 우수 용접성. 내식성. 내환경성 양호
		타프피치동		C 1100 W		전기. 열전도성 우수 전연성. 내식성. 내환경성 양호 (전기용, 화학공업용, 작은 나사, 못, 철망 등)
		인탈산동		C 1201 W		전연성. 용접성. 내식성. 내환경성 양호
				C 1220 W		
		단동		C 2100 W		색과 광택이 아름답고, 전연성. 내식성 양호(장식품, 장신구, 패스너, 철망 등)
				C 2200 W		
				C 2300 W		
				C 2400 W		
		황동		C 2600 W		전연성. 냉간 단조성. 전조성 양호 리벳, 작은 나사, 핀, 코바늘, 스프링, 철망 등
				C 2700 W		
				C 2720 W		
				C 2800 W		용접봉, 리벳 등
		니플용 황동		C 3501 W		피삭성, 냉간 단조성 양호 자동차의 니플 등
		쾌삭황동		C 3601 W		피삭성 우수 볼트, 너트, 작은 나사, 전자 부품, 카메라 부품 등
				C 3602 W		
				C 3603 W		
				C 3604 W		
KS D 5401 (2009)	전자 부품용 무산소 동의 판, 띠, 이음매 없는 관, 봉 및 선	판	–	C 1011 P	세부 규격 참조	전신가공한 전자 부품용 무산소 동의 판, 띠, 이음매 없는 관, 봉, 선
		띠	–	C 1011 R		
		관	보통급	C 1011 T		
			특수급	C 1011 TS		
		봉	압출	C 1011 BE		
			인발	C 1011 BD		
		선	–	C 1011 W		

금속재료 데이터

[계속]

KS 규격	명칭	분류 및 종별		기호	인장강도 N/mm²	주요 용도 및 특징
KS D 5506 (2009)	인청동 및 양백의 판 및 띠	판	인청동	C 5111 P	세부 규격 참조	전연성. 내피로성. 내식성 양호 전자, 전기 기기용 스프링, 스위치, 리드 프레임, 커넥터, 다이어프램, 베로, 퓨즈 클립, 섭동편, 볼베어링, 부시, 타악기 등
		띠		C 5111 R		
		판		C 5102 P		
		띠		C 5102 R		
		판		C 5191 P		
		띠		C 5191 R		
		판		C 5212 P		
		띠	양백	C 5212 R		광택이 아름답고, 전연성. 내피로성. 내식성 양호 수정 발진자 케이스, 트랜지스터캡, 볼륨용 섭동편, 시계 문자판, 장식품, 양식기, 의료기기, 건축용, 관악기 등
		판		C 7351 P		
		띠		C 7351 R		
		판		C 7451 P		
		띠		C 7451 R		
		판		C 7521 P		
		띠		C 7521 R		
		판		C 7541 P		
		띠		C 7541 R		
KS D 5530 (2009)	구리 버스 바	C 1020		C 1020 BB	Cu 99.96% 이상	전기 전도성 우수 각종 도체, 스위치, 바 등
		C 1100		C 1100 BB	Cu 99.90% 이상	
KS D 5545 (2009)	구리 및 구리 합금 용접관	용접관	보통급	C 1220 TW	인탈산동	압광성. 굽힘성. 수축성. 용접성. 내식성. 열전도성 양호 열교환기용, 화학 공업용, 급수.급탕용, 가스관용 등
			특수급	C 1220 TWS		
			보통급	C 2600 TW	황동	압광성. 굽힘성. 수축성. 도금성 양호 열교환기, 커튼레일, 위생관, 모든 기기 부품용, 안테나용 등
			특수급	C 2600 TWS		
			보통급	C 2680 TW		
			특수급	C 2680 TWS		
			보통급	C 4430 TW	어드미럴티 황동	내식성 양호 가스관용, 열교환기용 등
			특수급	C 4430 TWS		
			보통급	C 4450 TW	인 첨가 어드미럴티 황동	내식성 양호 가스관용 등
			특수급	C 4450 TWS		
			보통급	C 7060 TW	백동	내식성, 특히 내해수성 양호 비교적 고온 사용 적합 악기용, 건재용, 장식용, 열교환기용 등
			특수급	C 7060 TWS		
			보통급	C 7150 TW		
			특수급	C 7150 TWS		

17) 알루미늄 및 알루미늄 합금의 전신재

KS 규격	명칭	분류 및 종별		기호	인장강도 N/mm^2	주요 용도 및 특징
KS D 6706 (2007 확인)	고순도 알루미늄 박	1N99	O	A1N99H-O	-	전해 커패시터용 리드선용
			H18	A1N99H-H18	-	
		1N90	O	A1N90H-O	-	
			H18	A1N90H-H18	-	
KS D 7028 (2007 확인)	알루미늄 및 알루미늄 합금 용접봉과 와이어	BY : 봉 WY : 와이어		A1070-BY	54	알루미늄 및 알루미늄 합금의 수동 티그 용접 또는 산소 아세틸렌 가스에 사용하는 용접봉 인장강도는 용접 이음의 인장강도임
				A1070-WY		
				A1100-BY	74	
				A1100-WY		
				A1200-BY		
				A1200-WY		
				A2319-BY	245	
				A2319-WY		
				A4043-BY	167	
				A4043-WY		
				A4047-BY		
				A4047-WY		
				A5554-BY	216	
				A5554-WY		
				A5564-BY	206	
				A5564-WY		
				A5356-BY	265	
				A5356-WY		
				A5556-BY	275	
				A5556-WY		
				A5183-BY		
				A5183-WY		

18) 마그네슘 합금과 납 및 납 합금의 전신재

KS 규격	명칭	분류 및 종별	기호	인장강도 N/mm²	주요 용도 및 특징
KS D 5573 (2006)	이음매 없는 마그네슘 합금 관	1종B	MT1B	세부 규격 참조	ISO-MgA13Zn1(A)
		1종C	MT1C		ISO-MgA13Zn1(B)
		2종	MT2		ISO-MgA16Zn1
		5종	MT5		ISO-MgZn3Zr
		6종	MT6		ISO-MgZn6Zr
		8종	MT8		ISO-MgMn2
		9종	MT9		ISO-MgZnMn1
KS D 6710 (2006)	마그네슘 합금 판, 대 및 코일판	1종B	MP1B	세부 규격 참조	ISO-MgA13Zn1(A)
		1종C	MP1C		ISO-MgA13Zn1(B)
		7종	MP7		–
		9종	MP9		ISO-MgMn2Mn1
KS D 6723 (2006)	마그네슘 합금 압출 형재	1종B	MS1B	세부 규격 참조	ISO-MgA13Zn1(A)
		1종C	MS1C		ISO-MgA13Zn1(B)
		2종	MS2		ISO-MgA16Zn1
		3종	MS3		ISO-MgA18Zn
		5종	MS5		ISO-MgZn3Zr
		6종	MS6		ISO-MgZn6Zr
		8종	MS8		ISO-MgMn2
		9종	MS9		ISO-MgMn2Mn1
		10종	MS10		ISO-MgMn7Cul
		11종	MS11		ISO-MgY5RE4Zr
		12종	MS12		ISO-MgY4RE3Zr
KS D 6724 (2006)	마그네슘 합금 봉	1B종	MB1B	세부 규격 참조	ISO-MgA13Zn1(A)
		1C종	MB1C		ISO-MgA13Zn1(B)
		2종	MB2		ISO-MgA16Zn1
		3종	MB3		ISO-MgA18Zn
		5종	MB5		ISO-MgZn3Zr
		6종	MB6		ISO-MgZn6Zr
		8종	MB8		ISO-MgMn2
		9종	MB9		ISO-MgZn2Mn1
		10종	MB10		ISO-MgZn7Cul
		11종	MB11		ISO-MgY5RE4Zr
		12종	MB12		ISO-MgY4RE3Zr
KS D 5512 (2005확인)	납 및 납 합금 판	납판	PbP-1	–	두께 1.0mm 이상 6.0mm 이하의 순납판으로 가공성이 풍부하고 내식성이 우수하며 건축, 화학, 원자력 공업용 등 광범위의 사용에 적합하고, 인장강도 10.5N/mm², 연신율 60% 정도이다.
		얇은 납판	PbP-2	–	두께 0.3mm 이상 1.0mm 미만의 순납판으로 유연성이 우수하고 주로 건축용(지붕, 벽)에 적합하며, 인장강도 10.5N/mm², 연신율 60% 정도이다.
		텔루르 납판	PPbP	–	텔루르를 미량 첨가한 입자분산강화 합금 납판으로 내크리프성이 우수하고 고온(100~150 ° C)에서의 사용이 가능하고, 화학공업용에 적합하며, 인장강도 20.5N/mm², 연신율 50% 정도이다.
		경납판 4종	HPbP4	–	안티몬을 4% 첨가한 합금 납판으로 상온에서 120 ° C의 사용영역에서는 납합금으로서 고강도·고경도를 나타내며, 화학공업용 장치류 및 일반용의 경도를 필요로 하는 분야에 대한 적용이 가능하며, 인장강도 25.5N/mm², 연신율 50% 정도이다.
		경납판 6종	HPbP6	–	안티몬을 6% 첨가한 합금 납판으로 상온에서 120 ° C의 사용영역에서는 납합금으로서 고강도·고경도를 나타내며, 화학공업용 장치류 및 일반용의 경도를 필요로 하는 분야에 대한 적용이 가능하며, 인장강도 28.5N/mm², 연신율 50% 정도이다.

[계속]

KS 규격	명칭	분류 및 종별	기호	인장강도 N/mm^2	주요 용도 및 특징
KS D 6702 (1996)	일반 공업용 납 및 납 합금 관	공업용 납관 1종	PbT-1	-	납이 99.9%이상인 납관으로 살두께가 두껍고, 화학 공업용에 적합하고 인장 강도 $10.5N/mm^2$, 연신율 60% 정도이다.
		공업용 납관 2종	PbT-2	-	납이 99.60%이상인 납관으로 내식성이 좋고, 가공성이 우수하고 살두께가 얇고 일반 배수용에 적합하며 인장 강도 $11.7N/mm^2$, 연신율 55% 정도이다.
		텔루르 납관	TPbT	-	텔루르를 미량 첨가한 입자 분산 강화 합금 납관으로 살두께는 공업용 납관 1종과 같은 납관. 내크리프성이 우수하고 고온(100~150 ℃)에서의 사용이 가능하고, 화학공업용에 적합하며, 인장강도 $20.5N/mm^2$, 연신율 50% 정도이다.
		경연관 4종	HPbT4	-	안티몬을 4% 첨가한 합금 납관으로 상온에서 120°C의 사용영역에서는 납합금으로서 고강도·고경도를 나타내며, 화학공업용 장치류 및 일반용의 경도를 필요로 하는 분야로의 적용이 가능하고, 인장강도 $25.5N/mm^2$, 연신율 50% 정도이다.
		경연관 6종	HPbT6	-	안티몬을 6% 첨가한 합금 납관으로 상온에서 120°C의 사용영역에서는 납합금으로서 고강도·고경도를 나타내며, 화학공업용 장치류 및 일반용의 경도를 필요로 하는 분야로의 적용이 가능하고, 인장강도 $28.5N/mm^2$, 연신율 50% 정도이다.

19) 니켈 및 니켈 합금의 전신재

KS 규격	명칭	분류 및 종별	기호	인장강도 N/mm^2	주요 용도 및 특징
KS D 5539 (2007 확인)	이음매 없는 니켈 동합금 관	NW4400	NiCu30	세부 규격 참조	내식성, 내산성 양호, 강도 높고 고온 사용 적합, 급수 가열기, 화학 공업용 등
		NW4402	NiCu30.LC		
KS D 5546 (2007 확인)	니켈 및 니켈 합금 판 및 조	탄소 니켈 관	NNCP	세부 규격 참조	수산화나트륨 제조 장치, 전기 전자 부품 등
		저탄소 니켈 관	NLCP		
		니켈-동합금 판	NCuP		해수 담수화 장치, 제염 장치, 원유 증류탑 등
		니켈-동합금 조	NCuR		
		니켈-동-알루미늄 -티탄합금 판	NCuATP		해수 담수화 장치, 제염 장치, 원유 증류탑 등에서 고강도를 필요로 하는 기기재 등
		니켈-몰리브덴합금 1종 관	NM1P		염산 제조 장치, 요소 제조 장치, 에틸렌 글리콜이나 크로로프렌 단량체 제조 장치 등
		니켈-몰리브덴합금 2종 관	NM2P		
		니켈-몰리브덴-크롬합금 판	NMCrP		산 세척 장치, 공해 방지 장치, 석유화학 산업 장치, 합성 섬유 산업 장치 등
		니켈-크롬-철-몰리브덴-동합금 1종 판	NCrFMCu1P		인산 제조 장치, 플루오르산 제조 장치, 공해 방지 장치 등
		니켈-크롬-철-몰리브덴-동합금 2종 판	NCrFMCu2P		
		니켈-크롬-몰리브덴 -철합금 판	NCrMFP		공업용로, 가스터빈 등
KS D 5603 (2008 확인)	듀멧선	선1종 1	DW1-1	640 이상	전자관, 전구, 방전 램프 등의 관구류
		선1종 2	DW1-2		
		선2종	DW2		다이오드, 서미스터 등의 반도체 장비류
KS D 6023 (2007 확인)	니켈 및 니켈 합금 주물	니켈 주물	NC	345 이상	수산화나트륨, 탄산나트륨 및 염화암모늄을 취급하는 제조장치의 밸브·펌프 등
		니켈-구리합금 주물	NCuC	450 이상	해수 및 염수, 중성염, 알칼리염 및 플루오르산을 취급하는 화학 제조 장치의 밸브·펌프 등
		니켈-몰리브덴합금 주물	NMC	525 이상	염소, 황산 인산, 아세트산 및 염화수소 가스를 취급하는 제조 장치의 밸브·펌프 등
		니켈-몰리브덴-크롬합금 주물	NMCrC	495 이상	산화성산, 플루오르산, 포름산 무수아세트산, 해수 및 염수를 취급하는 제조 장치의 밸브 등
		니켈-크롬-철합금 주물	NCrFC	485 이상	질산, 지방산, 암모늄수 및 염화성 약품을 취급하는 화학 및 식품 제조 장치의 밸브 등
KS D 6719 (2005 확인)	이음매 없는 니켈 및 니켈 합금 관	상탄소 니켈관	NNCT	세부 규격 참조	수산화나트륨 제조 장치, 식품, 약품 제조 장치, 전기, 전자 부품 등
		저탄소 니켈관	NLCT		
		니켈-동합금 관	NCuT		급수 가열기, 해수 담수화 장치, 제염 장치, 원유 증류탑 등
		니켈-몰리브덴-크롬합금 관	NMCrT		산세척 장치, 공해방지 장치, 석유화학, 합성 섬유산업 장치 등
		니켈-크롬-몰리브덴 -철합금 관	NCrMFT		공업용 노, 가스 터빈 등

20) 티탄 및 티탄 합금, 기타의 전신재

KS 규격	명칭	분류 및 종별	기호	인장강도 N/mm²	주요 용도 및 특징
KS D 3579 (1996)	스프링용 오일 템퍼선	스프링용 탄소강 오일 템퍼선 A종	SWO-A	세부 규격 참조	주로 정하중을 받는 스프링용
		스프링용 탄소강 오일 템퍼선 B종	SWO-B		주로 동하중을 받는 스프링용
		스프링용 실리콘 크롬강 오일 템퍼선	SWOSC-B		
		스프링용 실리콘 망간강 오일 템퍼선 A종	SWOSM-A		
		스프링용 실리콘 망간강 오일 템퍼선 B종	SWOSM-B		
		스프링용 실리콘 망간강 오일 템퍼선 C종	SWOSM-C		
KS D 3580 (2006 확인)	밸브 스프링용 오일 템퍼선	밸브 스프링용 탄소강 오일 템퍼선	SWO-V	세부 규격 참조	내연 기관의 밸브 스프링 또는 이에 준하는 스프링
		밸브 스프링용 크롬바나듐강 오일 템퍼선	SWOCV-V		
		밸브 스프링용 실리콘크롬강 오일 템퍼선	SWOSC-V		
KS D 3585 (2008)	스테인레스강 위생관	1종	STS304TBS	520 이상	낙농, 식품 공업 등에 사용
		2종	STS304LTBS	480 이상	
		3종	STS316TBS	520 이상	
		4종	STS316LTBS	480 이상	
KS D 3591 (2007 확인)	스프링용 실리콘 망간강 오일 템퍼선	스프링용 실리콘 망간강 오일 템퍼선 A종	SWOSM-A	세부 규격 참조	일반 스프링용
		스프링용 실리콘 망간강 오일 템퍼선 B종	SWOSM-B		일반 스프링용 및 자동차 현가 코일 스프링
		스프링용 실리콘 망간강 오일 템퍼선 C종	SWOSM-C		주로 자동차 현가 코일 스프링
KS D 3624 (2008)	냉간 압조용 붕소강-선재	1종	SWRCHB 223	–	냉간 압조용 붕소강선의 제조에 사용
		2종	SWRCHB 237	–	
		3종	SWRCHB 320	–	
		4종	SWRCHB 323	–	
		5종	SWRCHB 331	–	
		6종	SWRCHB 334	–	
		7종	SWRCHB 420	–	
		8종	SWRCHB 526	–	
		9종	SWRCHB 620	–	
		10종	SWRCHB 623	–	
		11종	SWRCHB 726	–	
		12종	SWRCHB 734	–	
KS D 3624 (2003 확인)	티탄 팔라듐 합금 선	11종	TW 270 Pd	270 ~ 410	내식성, 특히 틈새 내식성 양호 화학장치, 석유정제 장치, 펄프제지 공업장치 등
		12종	TW 340 Pd	340 ~ 510	
		13종	TW 480 Pd	480 ~ 620	
KS D 5577 (2009)	탄탈럼 전신재	판	TaP	세부 규격 참조	탄탈럼으로 된 판, 띠, 박, 봉 및 선
		띠	TaR		
		박	TaH		
		봉	TaB		
		선	TaW		

[계속]

KS 규격	명칭	분류 및 종별		기호	인장강도 N/mm²	주요 용도 및 특징
KS D 6026 (2008 확인)	티타늄 및 티타늄 합금 주물	2종		TC340	340 이상	내식성, 특히 내해수성 양호 화학 장치, 석유 정제 장치, 펄프 제지 공업 장치 등
		3종		TC480	480 이상	
		12종		TC340Pd	340 이상	내식성, 특히 내틈새 부식성 양호, 화학 장치, 석유 정제 장치, 펄프 제지 공업 장치 등
		13종		TC480Pd	480 이상	
		60종		TAC6400	895 이상	고강도로 내식성 양호 화학 공업, 기계 공업, 수송 기기 등의 구조재. 예를 들면 고압 반응조 장치, 고압 수송 장치, 레저용품 등
KS D 6726 (2005 확인)	배관용 티탄 팔라듐 합금 관	1종	이음매 없는 관	TTP 28 Pd E	275 ~ 412	내식성, 특히 틈새 내식성 양호 화학장치, 석유정제장치, 펄프제지 공업장치 등
				TTP 28 Pd D		
			용접관	TTP 28 Pd W		
				TTP 28 Pd WD		
		2종	이음매 없는 관	TTP 35 Pd E	343 ~ 510	
				TTP 35 Pd D		
			용접관	TTP 35 Pd W		
				TTP 35 Pd WD		
		3종	이음매 없는 관	TTP 49 Pd E	481 ~ 618	
				TTP 49 Pd D		
			용접관	TTP 49 Pd W		
				TTP 49 Pd WD		
KS D 7203 92008)	냉간 압조용 붕소강-선	1종		SWCHB 223	610 이하	볼트, 너트, 리벳, 작은 나사, 태핑 나사 등의 나사류 및 각종 부품(인장도는 DA 공정에 의한 선의 기계적 성질)
		2종		SWCHB 237	670 이하	
		3종		SWCHB 320	600 이하	
		4종		SWCHB 323	610 이하	
		5종		SWCHB 331	630 이하	
		6종		SWCHB 334	650 이하	
		7종		SWCHB 420	600 이하	
		8종		SWCHB 526	650 이하	
		9종		SWCHB 620	630 이하	
		10종		SWCHB 623	640 이하	
		11종		SWCHB 726	650 이하	
		12종		SWCHB 734	680 이하	

21) 주물

KS 규격	명칭	분류 및 종별	기호	인장강도 N/mm²	주요 용도 및 특징
KS D 6003 (2007 확인)	화이트 메탈	1종	WM1	세부 규격 참조	각종 베어링 활동부 또는 패킹 등에 사용(주괴)
		2종	WM2		
		2종B	WM2B		
		3종	WM3		
		4종	WM4		
		5종	WM5		
		6종	WM6		
		7종	WM7		
		8종	WM8		
		9종	WM9		
		10종	WM10		
		11종	WM11(L13910)		
		12종	WM2(SnSb8Cu4)		
		13종	WM13(SnSb12CuPb)		
		14종	WM14(PbSb15Sn10)		
KS D 6005 (1996 확인)	아연 합금 다이캐스팅	1종	ZDC1	325	자동차 브레이크 피스톤, 시트 벨브 감김쇠, 캔버스 플라이어
		2종	ZDC2	285	자동차 라디에이터 그릴, 몰, 카뷰레터, VTR 드럼 베이스, 테이프 헤드, CP 커넥터
KS D 6006 (2009)	다이캐스팅용 알루미늄 합금	1종	ALDC 1	–	내식성, 주조성은 좋다. 항복 강도는 어느 정도 낮다.
		3종	ALDC 3	–	충격값과 항복 강도가 좋고 내식성도 1종과 거의 동등하지만, 주조성은 좋지않다.
		5종	ALDC 5	–	내식성이 가장 양호하고 연신율, 충격값이 높지만 주조성은 좋지 않다
		6종	ALDC 6	–	내식성은 5종 다음으로 좋고, 주조성은 5종보다 약간 좋다.
		10종	ALDC 10	–	기계적 성질, 피삭성 및 주조성이 좋다.
		10종 Z	ALDC 10 Z	–	10종보다 주조 갈라짐성과 내식성은 약간 좋지 않다.
		12종	ALDC 12	–	기계적 성질, 피삭성, 주조성이 좋다.
		12종 Z	ALDC 12 Z	–	12종보다 주조 갈라짐성 및 내식성이 떨어진다.
		14종	ALDC 14	–	내마모성, 유동성은 우수하고 항복 강도는 높으나, 연신율이 떨어진다.
		Si9종	Al Si9	–	내식성이 좋고, 연신율, 충격치도 어느정도 좋지만, 항복 강도가 어느 정도 낮고 유동성이 좋지 않다.
		Si12Fe종	Al Si12(Fe)	–	내식성, 주조성이 좋고, 항복 강도가 어느 정도 낮다.
		Si10MgFe종	Al Si10Mg(Fe)	–	충격치와 항복 강도가 높고, 내식성도 1종과 거의 동등하며, 주조성은 1종보다 약간 좋지 않다.
		Si8Cu3종	Al Si8Cu3	–	10종보다 주조 갈라짐 및 내식성이 나쁘다.
		Si9Cu3Fe종	Al Si9Cu3(Fe)	–	
		Si9Cu3FeZn종	Al Si9Cu3(Fe)(Zn)	–	
		Si11Cu2Fe종	Al Si11Cu2(Fe)	–	기계적 성질, 피삭성, 주조성이 좋다.
		Si11Cu3Fe종	Al Si11Cu3(Fe)	–	
		Si11Cu1Fe종	Al Si12Cu1(Fe)	–	12종보다 연신율이 어느 정도 높지만, 항복 강도는 다소 낮다.
		Si117Cu4Mg종	Al Si17Cu4Mg	–	내마모성, 유동성이 좋고, 항복 강도가 높지만, 연신율은 낮다.
		Mg9종	Al Mg9	–	5종과 같이 내식성이 좋지만, 주조성이 나쁘고, 응력부식균열 및 경시변화에 주의가 필요하다.

[계속]

KS 규격	명칭	분류 및 종별	기호	인장강도 N/mm^2	주요 용도 및 특징
KS D 6008 (2002)	알루미늄 합금 주물	주물 1종A	AC1A	세부 규격 참조	가선용 부품, 자전거 부품, 항공기용 유압 부품, 전송품 등
		주물 1종B	AC1B		가선용 부품, 중전기 부품, 자전거 부품, 항공기 부품 등
		주물 2종A	AC2A		매니폴드, 디프캐리어, 펌프 보디, 실린더 헤드, 자동차용 하체 부품 등
		주물 2종B	AC2B		실린더 헤드, 밸브 보디, 크랭크 케이스, 클러치 하우징 등
		주물 3종A	AC3A		케이스류, 커버류, 하우징류의 얇은 것, 복잡한 모양의 것, 장막벽 등
		주물 4종A	AC4A		매니폴드, 브레이크 드럼, 미션 케이스, 크랭크 케이스, 기어 박스, 선박용 · 차량용 엔진 부품 등
		주물 4종B	AC4B		크랭크 케이스, 실린더 매니폴드, 항공기용 전장품 등
		주물 4종C	AC4C		유압 부품, 미션 케이스, 플라이 휠 하우징, 항공기 부품, 소형용 엔진 부품, 전장품 등
		주물 4종CH	AC4CH		자동차용 바퀴, 가선용 쇠붙이, 항공기용 엔진 부품, 전장품 등
		주물 4종D	AC4D		수랭 실린더 헤드, 크랭크 케이스, 실린더 블록, 연료 펌프보디, 블로어 하우징, 항공기용 유압 부품 및 전장품 등
		주물 5종A	AC5A		공랭 실린더 헤드 디젤 기관용 피스톤, 항공기용 엔진 부품 등
		주물 7종A	AC7A		가선용 쇠붙이, 선박용 부품, 조각 소재 건축용 쇠붙이, 사무기기, 의자, 항공기용 전장품 등
		주물 8종A	AC8A		자동차 · 디젤 기관용 피스톤, 선방용 피스톤, 도르래, 베어링 등
		주물 8종B	AC8B		자동차용 피스톤, 도르래, 베어링 등
		주물 8종C	AC8C		자동차용 피스톤, 도르래, 베어링 등
		주물 9종A	AC9A		피스톤(공랭 2 사이클용)등
		주물 9종B	AC9B		피스톤(디젤 기관용, 수랭 2사이클용), 공랭 실린더 등
KS D 6016 (2007 확인)	마그네슘합금 주물	1종	MgC1	세부 규격 참조	일반용 주물, 3륜차용 하부 휨, 텔레비전 카메라용 부품 등
		2종	MgC2		일반용 주물, 크랭크 케이스, 트랜스미션, 기어박스, 텔레비전 카메라용 부품, 레이더용 부품, 공구용 지그 등
		3종	MgC3		일반용 주물, 엔진용 부품, 인쇄용 섀들 등
		5종	MgC5		일반용 주물, 엔진용 부품 등
		6종	MgC6		고력 주물, 경기용 차륜 산소통 브래킷 등
		7종	MgC7		고력 주물, 인렛 하우징 등
		8종	MgC8		내열용 주물, 엔진용 부품 기어 케이스, 컴프레서 케이스 등

[계속]

KS 규격	명칭	분류 및 종별	기호	인장강도 N/mm^2	주요 용도 및 특징
KS D 6018 (2007 확인)	경연 주물	8종	HPbC 8	49 이상	주로 화학 공업에 사용
		10종	HPbC 10	50 이상	
KS D 6024 (2009)	구리 주물	1종	CAC101 (CuC1)	175 이상	송풍구, 대송풍구, 냉각판, 열풍 밸브, 전극 홀더, 일반 기계 부품 등
		2종	CAC102 (CuC2)	155 이상	송풍구, 전기용 터미널,분기 슬리브, 콘택트, 도체, 일반 전기 부품 등
		3종	CAC103 (CuC3)	135 이상	전로용 랜스 노즐, 전기용 터미널, 분기 슬리브,통전 서포트, 도체, 일반전기 부품 등
	황동 주물	1종	CAC201 (YBsC1)	145 이상	플랜지류, 전기 부품, 장식용품 등
		2종	CAC202 (YBsC2)	195 이상	전기 부품, 제기 부품,일반 기계 부품 등
		3종	CAC203 (YBsC3)	245 이상	급배수 쇠붙이, 전기 부품, 건축용 쇠붙이, 일반기계 부품, 일용품, 잡화품 등
		4종	CAC204 (C85200)	241 이상	일반 기계 부품, 일용품, 잡화품 등
	고력 황동 주물	1종	CAC301 (HBsC1)	430 이상	선박용 프로펠러, 프로펠러 보닛, 배어링, 밸브 시트, 밸브봉, 베어링 유지기, 레버 암, 기어, 선박용 의장품 등
		2종	CAC302 (HBsC2)	490 이상	선박용 프로펠러, 베어링, 베어링 유지기, 슬리퍼, 엔드 플레이트, 밸브 시트, 밸브봉, 특수 실린더, 일반 기계 부품 등
		3종	CAC303 (HBsC3)	635 이상	저속 고하중의 미끄럼 부품, 대형 밸브. 스템, 부시, 웜 기어, 슬리퍼,캠, 수압 실린더 부품 등
		4종	CAC304 (HBsC4)	735 이상	저속 고하중의 미끄럼 부품, 교량용 지지판, 베어링, 부시, 너트, 웜 기어, 내마모판 등
	청동 주물	1종	CAC401 (BC1)	165 이상	베어링, 명판, 일반 기계 부품 등
		2종	CAC402 (BC2)	245 이상	베어링, 슬리브, 부시, 펌프 몸체, 임펠러, 밸브, 기어, 선박용 둥근 창, 전동 기기 부품 등
		3종	CAC403 (BC3)	245 이상	베어링, 슬리브, 부싱, 펌프, 몸체 임펠러, 밸브, 기어, 성박용 둥근 창, 전동 기기 부품, 일반 기계 부품 등
		6종	CAC406 (BC6)	195 이상	밸브, 펌프 몸체, 임펠러, 급수 밸브, 베어링, 슬리브, 부싱, 일반 기계 부품, 경관 주물, 미술 주물 등
		7종	CAC407 (BC7)	215 이상	베어링, 소형 펌프 부품,밸브, 연료 펌프, 일반 기계 부품 등
		8종 (함연 단동)	CAC408 (C83800)	207 이상	저압 밸브, 파이프 연결구, 일반 기계 부품 등
		9종	CAC409 (C92300)	248 이상	포금용, 베어링 등
	인청동 주물	2종A	CAC502A (PBC2)	195 이상	기어, 웜 기어, 베어링, 부싱, 슬리브, 임펠러, 일반 기계 부품 등
		2종B	CAC502B (PBC2B)	295 이상	
		3종A	CAC503A	195 이상	미끄럼 부품, 유압 실린더, 슬리브, 기어, 제지용 각종 롤러 등
		3종B	CAC503B (PBC3B)	265 이상	미끄럼 부품, 유압 실린더, 슬리브, 기어, 제지용 각종 롤러 등

[계속]

KS 규격	명칭	분류 및 종별	기호	인장강도 N/mm^2	주요 용도 및 특징
KS D 6024 (2009)	인청동 주물	2종A	CAC502A (PBC2)	195 이상	기어, 웜 기어, 베어링, 부싱, 슬리브, 임펠러, 일반 기계 부품 등
		2종B	CAC502B (PBC2B)	295 이상	
		3종A	CAC503A	195 이상	미끄럼 부품, 유압 실린더, 슬리브, 기어, 제지용 각종 롤러 등
		3종B	CAC503B (PBC3B)	265 이상	미끄럼 부품, 유압 실린더, 슬리브, 기어, 제지용 각종 롤러 등
KS D 6024 (2009)	납청동 주물	2종	CAC602 (LBC2)	195 이상	중고속 · 고하중용 베어링, 실린더, 밸브 등
		3종	CAC603 (LBC3)	175 이상	중고속 · 고하중용 베어링, 대형 엔진용 베어링
		4종	CAC604 (LBC4)	165 이상	중고속 · 중하중용 베어링, 차량용 베어링, 화이트 메탈의 뒤판 등
		5종	CAC605 (LBC5)	145 이상	중고속 · 저하중용 베어링, 엔진용 베어링 등
		6종	CAC606 (LBC6)	165 이상	경하중 고속용 부싱, 베어링, 철도용 차량, 파쇄기, 콘베어링 등
		7종	CAC607 (C94300)	207 이상	일반 베어링, 병기용 부싱 및 연결구, 중하중용 정밀 베어링, 조립식 베어링 등
		8종	CAC608 (C93200)	193 이상	경하중 고속용 베어링, 일반 기계 부품 등
	알루미늄 청동	1종	CAC701 (AlBC1)	440 이상	내산 펌프, 베어링, 부싱, 기어, 밸브 시트, 플런저, 제지용 롤러 등
		2종	CAC702 (AlBC2)	490 이상	선박용 소형 프로펠러, 베어링, 기어, 부싱, 밸브시트, 임펠러, 볼트 너트, 안전 공구, 스테인리스강용 베어링 등
		3종	CAC703 (AlBC3)	590 이상	선박용 프로펠러, 임펠러, 밸브, 기어, 펌프 부품, 화학 공업용 기기 부품, 스테인리스강용 베어링, 식품 가공용 기계 부품 등
		4종	CAC704 (AlBC4)	590 이상	선박용 프로펠러, 슬리브, 기어, 화학용 기기 부품 등
		5종	CAC705 (C95500)	620 이상	중하중을 받는 총포 슬라이드 및 지지부, 기어,부싱, 베어링, 프로펠러 날개 및 허브, 라이너 베어링 플레이트용 등
		–	CAC705HT (C95500)	760 이상	
		6종	CAC706 (C95300)	450 이상	중하중을 받는 총포 슬라이드 및 지지부. 기어, 부싱, 베어링, 프로펠러 날개 및 허브, 라이너 베어링 플레이트용 등
		–	CAC706HT (C95300)	550 이상	
	실리콘 청동	1종	CAC801 (SzBC1)	345 이상	선박용 의장품, 베어링, 기어 등
		2종	CAC802 (SzBC2)	440 이상	선박용 의장품, 베어링, 기어, 보트용 프로펠러 등
		3종	CAC803 (SzBS3)	390 이상	선박용 의장품, 베어링, 기어 등
		4종	CAC804 (C87610)	310 이상	선박용 의장품, 베어링, 기어 등
		5종	CAC805	300 이상	급수장치 기구류(수도미터, 밸브류, 이음류, 수전 밸브 등)

[계속]

KS 규격	명칭	분류 및 종별	기호	인장강도 N/mm²	주요 용도 및 특징
KS D 6024 (2009)	니켈 주석 청동 주물	1종	CAC901 (C94700)	310 이상	팽창부 연결품, 관 이음쇠, 기어볼트, 너트, 펌프 피스톤, 부싱, 베어링 등
		–	CAC901HT (C94700)	517 이상	
		2종	CAC902 (C94800)	276 이상	팽창부 연결품, 관 이음쇠, 기어볼트, 너트, 펌프 피스톤, 부싱, 베어링 등
	베릴륨 동 주물	3종	CAC903 (C82000)	311 이상	스위치 및 스위치 기어, 단로기, 전도 장치 등
		–	CAC903HT (C82000)	621 이상	
		4종	CAC904 (C82500)	518 이상	부싱, 캠, 베어링, 기어, 안전 공구 등
		–	CAC904HT (C82500)	1035 이상	
		5종	CAC905 (C82600)	552 이상	높은 경도와 최대의 강도가 요구되는 부품 등
		–	CAC905HT (C82600)	1139 이상	
		6종	CAC906	1139 이상	높은 인장 강도 및 내력과 함께 최대의 경도가 요구되는 부품 등
		–	CAC906HT (C82800)		

금속재료 데이터

1-2 강의 열처리 경도 및 용도 범례

구 분	탄소 함유량	담금질	용 도	경 도
		기계 구조용 탄소강		
SM 20CK	0.18 ~ 0.23	화염고주파	강도와 경도가 크게 요구되지 않는 기계부품	$H_{R}C$ 40
SM 35C	0.32 ~ 0.38	화염고주파	크랭크축, 스플라인축, 커넥팅 로드	$H_{R}C$ 30
SM 45C	0.42 ~ 0.48	화염고주파	톱, 스프링, 레버, 로드	$H_{R}C$ 40
SM 55C	0.52 ~ 0.58	화염고주파	강도와 경도가 크게 요구되지 않는 기계부품	$H_{R}C$ 50
SM 9CK	0.07 ~ 0.12	침 탄	강도와 경도가 크게 요구되지 않는 기계부품	$H_{R}C$ 30
SM 15CK	0.13 ~ 0.18	침 탄	강도와 경도가 크게 요구되지 않는 기계부품	$H_{R}C$ 35
		크 롬 강		
SCr 430	0.28 ~ 0.33	화염고주파	롤러, 줄, 볼트, 캠축, 액슬축, 스터드	$H_{R}C$ 36
SCr 440	0.38 ~ 0.43	화염고주파	강력볼트, 너트, 암, 축류, 키, 노크 핀	$H_{R}C$ 50
SCr 420	0.18 ~ 0.23	침 탄	강력볼트, 너트, 암, 축류, 키, 노크 핀	$H_{R}C$ 45
		크롬 몰리브덴강		
SCM 430	0.28 ~ 0.33	화염고주파	롤러, 줄, 볼트, 너트, 자동차 공업에서 연결봉	$H_{R}C$ 50
SCM 440	0.38 ~ 0.43	화염고주파	암, 축류, 기어, 볼트, 너트, 자동차 공업에서 연결봉	$H_{R}C$ 55
		니켈크롬강		
SNC 236	0.32 ~ 0.40	화염고주파	강력볼트, 너트, 크랭크축, 축류, 기어, 스플라인축, 건설기계부품	$H_{R}C$ 55
SNC 631	0.27 ~ 0.35	화염고주파	강력볼트, 너트, 크랭크축, 축류, 기어, 스플라인축, 건설기계부품	$H_{R}C$ 50
SNC 236	0.32 ~ 0.40	화염고주파	강력볼트, 너트, 크랭크축, 축류, 기어, 스플라인축, 건설기계부품	$H_{R}C$ 55
SNC 415	0.12 ~ 0.18	침 탄	기어, 피스톤 핀, 캠축	$H_{R}C$ 55
		니켈 크롬 몰리브덴강		
SNCM 240	0.38 ~ 0.43	화염고주파	크랭크축, 축류, 연결봉, 기어, 강력볼트, 너트	$H_{R}C$ 56
SNCM 439	0.36 ~ 0.43	화염고주파	크랭크축, 축류, 연결봉, 기어, 강력볼트, 너트	$H_{R}C$ 55
SNCM 420	0.17 ~ 0.23	침 탄	기어, 축류, 롤러, 베어링	$H_{R}C$ 45
		탄 소 공 구 강		
STC 105	1.00 ~ 1.10	화염고주파	드릴, 끌, 해머, 펀치, 칼, 탭, 블랭킹다이	$H_{R}C$ 62
		합 금 공 구 강		
STS 3	0.9 ~ 1.00	화염고주파	냉간성형 다이스, 브로치, 블랭킹 다이	$H_{R}C$ 65

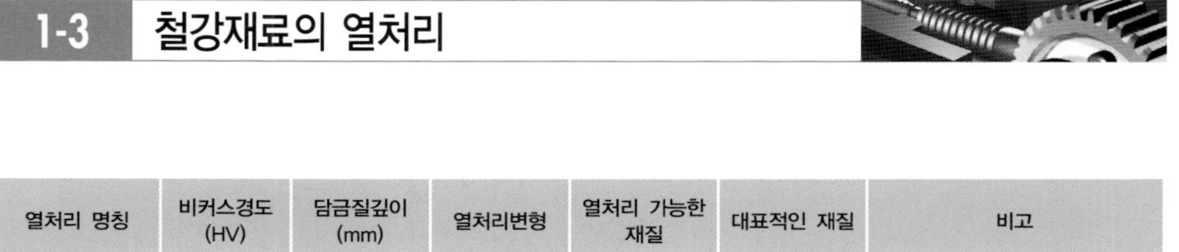

1-3 철강재료의 열처리

열처리 명칭	비커스경도 (HV)	담금질깊이 (mm)	열처리변형	열처리 가능한 재질	대표적인 재질	비고
전체 열처리	750 이하	전체	재료에 따라 다르다	고탄소강 C〉0.45%	SKS3 SKS21 STB2 SKH51 SKS93 SK4 SM45C	강재를 경화하거나 강도 증가를 위해 변태점 이상 적당한 온도로 가열 후 급속 냉각하는 조작 스핀들이나 정밀기계부품은 사용하지 않는 것이 좋다.
침탄 열처리	750 이하	표준0.5 최대2	중간	저탄소강 C〉0.3%	SCM415 SNCM220	부분열처리 가능, 열처리 깊이 도면에 지시할 것 정밀부품에 적합
고주파 열처리	500 이하	1~2	크다.	중탄소강 C0.3~0.5%	SM45C	고주파 유도 전류로 강재 표면을 급열시킨 후 급냉하여 경화시키는 방법, 부분 열처리 가능, 소량의 경우 비용, 내피로성이 우수
질화 열처리	900~1000	0.1~0.2	적다.	질화강	SACM645	강재 표면에 단단한 질화화합물 경화층 형성시키는 표면 경화법 열처리 강도가 높다 정밀 기계 부품과 미끄럼 베어링용 스핀들에 적합
연질화처리 (터프트라이드)	탄소강 500 스테인레스 1000	0.01~0.02	적다.	철강재료	SM45C SCM415 SK3 스테인레스	내피로성, 내마모성 우수 내식성은 아연 도금과 같은 정도 열처리 후 연마가 불가능하므로 정밀 부품에는 부적합 무급유 윤활에 적합

1-4 각종 부품의 침탄깊이의 예

침탄깊이(mm)	필요 성능	대표적인 부품 예
0.5 이하	내마모성만을 필요로 하고 강도는 별로 중요시되지 않는 부품	로드볼, 쉬프트 포크, 속도계 기어, 펌프 축 등
0.5~1.0	내마모성과 동시에 높은 하중에 대한 강도를 필요로 하는 부품	변속기기어, 스티어링 암, 볼 스터드, 밸브 로커암 축
1.0~1.5	슬라이딩 및 회전 등의 마모에 대한 고압하중, 반복굴곡 하중에 견딜 수 있는 강도를 요하는 부품	링기어, 드라이브 피니언, 슬라이드 피니언, 피스톤 핀, 캠 샤프트, 롤러베어링, 기어축, 너클핀 등
1.5 이상	고도의 충격적 마모, 비교적 고도의 반복하중에 충분히 견딜 수 있는 부품	연결축, 캠 등

● 심냉처리

심냉처리(Sub Zero-Treatment)는 계단식 열처리의 한 응용법으로서 -80~-120℃의 저온에서 실시하는 열처리를 말한다. 물 담금질 직후에 액체공기(액체질소, 액체산소) 중에 담그는 조작을 말하며 0℃ 이하이므로 서브제로(심냉처리)라는 명칭이 붙은 것이다. 심냉처리를 하는 주요 목적은 잔류 오스테나이트를 마르텐사이트로 변화시키는 것이다. 담금질 직후에 서브제로 처리를 하고 뜨임을 실시한다. 치수의 변화가 있으면 안되는 정밀한 게이지, 금형공구, 합금강 등은 뜨임보다 서브제로 처리가 좋다.

1-5 기어의 재료와 열처리

재료명칭	KS 재료기호	JIS 재료기호	인장강도 N/mm²	신장 % 이상	압축 % 이상	경도 HB	특징과 열처리 및 용도 예
기계구조용 탄소강	SM15CK	S15CK	490 이상	20	50	143~235	저탄소강, 침탄 열처리로 고강도
	SM45C	S45C	690 이상	17	45	201~269	가장 일반적인 중탄소강 조질 및 고주파 열처리
기계구조용 합금강	SCM435	SCM435	930 이상	15	50	269~331	중탄소 합금강(C함유량 0.3~0.7%) 조질 및 고주파 열처리 고강도(굽힘강도/치면강도)
		SCM440	980 이상	12	45	285~352	
		SNCM439	980 이상	16	45	293~352	
		SCr415	780 이상	15	40	217~302	저탄소 합금강(C함유량 0.3% 이하) 표면경화처리(침탄, 질화, 침탄질화 등) 고강도(굽힘강도/치면강도가 큼) 웜휠 이외의 각종 기어에 사용
		SCM415	830 이상	16	40	235~321	
		SNC815	980 이상	12	45	285~388	
		SNCM220	830 이상	17	40	248~341	
		SNCM420	980 이상	15	40	293~375	
일반구조용 압연강재		SS400	400 이상	–	–	–	저강도/저가
회주철		FC200	200 이상	–	–	223 이하	강에 비해 저강도이며 대량 생산용 기어
구상흑연주철		FCD500-7	500 이상	7	–	150~230	고정밀도인 덕타일 주철, 대형 주조 기어
스테인레스강		SUS303	520 이상	40	50	187 이하	SUS304보다 피삭성(쾌삭)양호 늘어붙지 않는 성질 향상
		SUS304	520 이상	40	60	187 이하	가장 넓게 사용되는 스테인레스강, 식품기구 등
		SUS316	520 이상	40	60	187 이하	해수 등에 대하여 SUS304보다 우수한 내식성
		SUS420J2	540 이상	12	40	217 이상	열처리 가능한 마르텐사이트계
		SUS440C	–	–	–	HRC58 이상	열처리하여 최고 경도를 실현, 치면강도가 큼
비철금속		C3604	335	–	–	HV80 이상	쾌삭 황강, 각종 소형 기어
		CAC502	295	10	–	80 이상	인청동 주물, 웜휠에 최적
		CAC702	540	15	–	120 이상	알루미늄 청동주물, 웜휠 등
엔지니어링 플라스틱		MC901	96	–	–	HRR 120	기계 가공 기어 경량화 및 녹슬지 않음
		MC602ST	96	–	–	HRR 120	
		M90	62	–	–	HRR 80	사출성형기어, 저가로 대량 생산 적합 가벼운 부하가 걸리는 곳에 적용

1-6 순금속 및 합금의 비중

■ 순금속의 비중

순금속재료		비중
기호	명칭	
Mg	마그네슘	1.74
Al	알루미늄	2.7
V	바나듐	5.6
Sb	안티몬	6.67
Cr	크롬	7.19
Zn	아연	7.13
Sn	주석	7.28
Mn	망간	7.3
Fe	철	7.86
Cd	카드뮴	8.64
Ni	니켈	8.8
Co	코발트	8.8
Cu	구리	8.9
Bi	비스무트	9.8
Mo	몰리브덴	10.2
Ag	은	10.5
Pb	납	11.34
Hg	수은	13.5
W	텅스텐	19.1
Au	금	19.3
Pt	백금	21.4

■ 합금의 비중

합금재료		비중
기호	명칭	
Mg합금	엘렉트론	1.79~1.83
Al합금	두랄루민	2.6~2.8
	선철회선	6.7~7.9
	백선	7.0~7.8
	보통주철	7.1~7.3
Zn	가단주철	7.2~7.6
Sn	알루미늄청동	7.6~7.7
Mn	탄소강	7.7~7.87
Fe	양백	8.4~8.7
Cd	황동	8.35~8.8
Ni	고속도공구강	8.7
Co	청동(Sn 6~20%)	8.7~8.9
Cu	인청동	8.7~8.9

1-7 경도환산표

비커스 경 도	브리넬 경도 (10mm구, 300kg)			로크웰 경도				표면-로크웰 경도			쇼-어 경 도	인장 강도 (kg/mm²)
	표준구	Hultgren 구	텅스텐 카바이드 구	A 60kg, 다이아몬드 각추	B 100kg, 1/16 in 강구	C 150kg, 다이아몬드 각추	D 100kg, 다이아몬드 각추	15-N 15kg	30-N 30kg	45-N 45kg		
940	–	–	–	85.6	–	68.0	76.9	93.2	84.4	75.4	97	–
920	–	–	–	85.3	–	67.5	76.5	93.0	84.0	74.8	96	–
900	–	–	–	85.0	–	67.0	76.1	92.9	83.6	74.2	95	–
880	–	–	767	84.7	–	66.4	75.7	92.7	83.1	73.6	93	–
860	–	–	757	84.4	–	65.9	75.3	92.5	82.7	73.1	92	–
840	–	–	745	84.1	–	65.3	74.8	92.3	82.2	72.2	91	–
820	–	–	733	83.8	–	64.7	74.3	92.1	81.7	71.8	90	–
800	–	–	722	83.4	–	64.0	73.8	91.8	81.1	71.0	88	–
780	–	–	710	83.0	–	63.3	73.3	91.5	80.4	70.2	87	–
760	–	–	698	82.6	–	62.5	72.6	91.2	79.7	69.4	86	–
740	–	–	684	82.2	–	61.8	72.1	91.0	79.1	68.6	84	–
720	–	–	670	81.8	–	61.0	71.5	90.7	78.4	67.7	83	–
700	–	615	656	81.3	–	60.1	70.8	90.3	77.6	66.7	81	–
690	–	610	647	81.1	–	59.7	70.5	90.1	77.2	66.2	–	–
680	–	603	638	80.8	–	59.2	70.1	89.8	76.8	65.7	80	231
670	–	597	630	80.6	–	58.8	69.8	89.7	76.4	65.3	–	228
660	–	590	620	80.3	–	58.3	69.4	89.5	75.9	64.7	79	224
650	–	585	611	80.0	–	57.8	69.0	89.2	75.5	64.1	–	221
640	–	578	601	79.8	–	57.3	68.7	89.0	75.1	63.5	77	217
630	–	571	591	79.5	–	56.8	68.3	88.8	74.6	63.0	–	214
620	–	564	582	79.2	–	56.3	67.9	88.5	74.2	62.4	75	210
610	–	557	573	78.9	–	55.7	67.5	88.2	73.6	61.7	–	207
600	–	550	564	78.6	–	55.2	67.0	88.0	73.2	61.2	74	203
590	–	542	554	78.4	–	54.7	66.7	87.8	72.7	60.5	–	200
580	–	535	545	78.0	–	54.1	66.2	87.5	72.1	59.9	72	196
570	–	527	535	77.8	–	53.6	65.8	87.2	71.7	59.3	–	193
560	–	519	525	77.4	–	53.0	65.4	86.9	71.2	58.6	71	189
550	505	512	517	77.0	–	52.3	64.8	86.6	70.5	57.8	–	186
540	496	503	507	76.7	–	51.7	64.4	86.3	70.0	57.0	69	183
530	488	495	497	76.4	–	51.1	63.9	86.0	69.5	56.2	–	179
520	480	487	488	76.1	–	50.5	63.5	85.7	69.0	55.6	67	176
510	473	479	479	75.7	–	49.8	62.9	85.4	68.3	54.7	–	172
500	465	471	471	75.3	–	49.1	62.2	85.0	67.7	53.9	66	169
490	456	460	460	74.9	–	48.4	61.6	84.7	67.1	53.1	–	165
480	148	452	452	74.5	–	47.7	61.3	84.3	66.4	52.2	64	162
470	441	442	442	74.1	–	46.9	60.7	83.9	65.7	51.3	–	157
460	433	433	433	73.6	–	46.1	60.1	83.6	64.9	50.4	62	155
450	425	425	425	73.3	–	45.3	59.4	83.2	64.3	49.4	–	150
440	415	415	415	72.8	–	44.5	58.8	82.8	63.5	48.4	59	148
430	505	405	405	72.3	–	43.6	58.2	82.3	62.7	47.4	–	143
420	397	397	397	71.8	–	42.7	57.5	81.3	61.9	46.4	57	141

[계속]

비커스 경 도	브리넬 경도 (10mm구, 300kg)			로크웰 경도				표면-로크웰 경도			쇼-어 경 도	인장 강도 (kg/mm^2)
	표준구	Hultgren 구	텅스텐 카바이드 구	A 60kg, 다이아몬드 각추	B 100kg, 1/16 in 강구	C 150kg, 다이아몬드 각추	D 100kg, 다이아몬드 각추	15-N 15kg	30- 30kg	45-N 45kg		
410	388	388	388	71.4	–	41.8	56.8	81.4	61.1	45.3	–	137
400	379	379	379	70.8	–	40.8	56.0	81.0	60.2	44.1	55	134
390	369	369	369	70.3	–	39.8	55.2	80.3	59.3	42.9	–	130
380	360	360	360	69.8	(110.0)	38.8	54.4	79.8	58.4	41.7	52	127
370	350	350	350	69.2	–	37.7	53.6	79.2	57.4	40.4	–	123
360	341	341	341	68.7	(109.0)	36.6	52.8	78.6	56.4	39.1	50	120
350	331	331	331	68.1	–	35.5	51.9	78.0	55.4	37.8	–	117
340	322	322	322	67.6	(108.0)	34.4	51.1	77.4	54.4	36.5	47	113
330	313	313	313	67.0	–	33.3	50.2	76.8	53.6	35.2	–	110
320	303	303	303	66.4	(107.0)	32.2	49.4	76.2	52.3	33.9	45	106
310	294	294	294	65.8	–	31.0	48.4	75.6	51.3	32.5	–	103
300	284	284	284	65.2	(105.5)	29.8	47.5	74.9	50.2	31.1	42	99
295	280	280	280	64.8	–	29.2	47.1	74.6	49.7	30.4	–	98
290	275	275	275	64.5	(104.5)	28.5	46.5	74.2	49.0	29.5	41	96
285	270	270	270	64.2	–	27.8	46.0	73.8	48.4	28.7	–	94
280	265	265	265	63.5	(103.5)	27.1	45.3	73.4	47.8	27.9	40	92
275	261	261	261	63.3	–	26.4	44.9	73.0	47.2	27.1	–	91
270	256	256	256	63.1	(102.0)	25.6	44.3	72.6	46.4	26.2	38	89
265	252	252	252	62.7	–	24.8	43.7	72.1	45.7	25.2	–	87
260	247	247	247	62.4	(101.0)	24.0	43.1	71.6	45.0	24.3	37	85
255	243	243	243	62.0	–	23.1	42.2	71.1	44.2	23.2	–	84
250	238	238	238	61.6	99.5	22.2	41.7	70.6	43.4	22.2	36	82
245	233	233	233	61.2	–	21.3	41.1	70.1	42.5	21.1	–	80
240	228	228	228	60.7	98.1	20.3	40.3	69.6	41.7	19.9	34	78
230	219	219	219	–	96.7	(18.0)	–	–	–	–	33	75
220	209	209	209	–	95.0	(15.7)	–	–	–	–	32	71
210	200	200	200	–	93.4	(13.4)	–	–	–	–	30	68
200	190	190	190	–	91.5	(11.0)	–	–	–	–	29	65
190	181	181	181	–	89.5	(8.5)	–	–	–	–	28	62
180	171	171	171	–	87.1	(6.0)	–	–	–	–	26	59
170	162	162	162	–	85.0	(3.0)	–	–	–	–	25	56
160	152	152	152	–	81.7	(0.0)	–	–	–	–	24	53
150	143	143	143	–	78.7	–	–	–	–	–	22	50
140	133	133	133	–	75.0	–	–	–	–	–	21	46
130	124	124	124	–	71.2	–	–	–	–	–	20	44
120	114	114	114	–	66.7	–	–	–	–	–	–	40
110	105	105	105	–	62.3	–	–	–	–	–	–	–
100	95	95	95	–	56.2	–	–	–	–	–	–	–
950	90	90	90	–	52.0	–	–	–	–	–	–	–
90	86	86	86	–	48.0	–	–	–	–	–	–	–
85	81	81	81	–	41.0	–	–	–	–	–	–	–

1-8 원소의 밀도표

원소명	원소기호	밀도(20℃)	
		g/cm^3	kg/cm^3
아연	Zn	7.133(25℃)	0.007133
알루미늄	Al	2.699	0.002699
안티몬	Sb	6.62	0.00662
유황	S	2.07	0.00207
이테류븀	Yb	6.96	0.00696
이트륨	Y	4.47	0.00447
이리듐	Ir	22.5	0.0225
인듐	In	7.31	0.00731
우란	U	19.07	0.01907
염소	Cl	3.214 X 10^{-3}	0.000003214
카드뮴	Cd	8.65	0.00865
칼륨	K	0.86	0.00086
칼슘	Ca	1.55	0.00155
금	Au	19.32	0.01932
은	Ag	1049	1.049
크롬	Cr	7.19	0.00719
규소	Si	2.33(25℃)	0.00000233
게르마늄	Ge	5.323(25℃)	0.000005323
코발트	Co	8.85	0.00885
산소	O	1.429 X 10^{-3}	0.000001429
취소	Br	3.12	0.00312
질코늄	Zr	6.489	0.006489
수은	Hg	13.546	0.013546
수소	H	0.0899 X 10^{-3}	0.000000089
주석	Sn	7.2984	0.0072984
스트론튬	Sr	2.6	0.0026
세슘	Cs	1.903(0℃)	0.000001903
셀륨	Ce	6.77	0.00677
셀렌	Se	4.79	0.00479
비스무드	Bi	9.8	0.0098
텅스텐	W	19.3	0.0193
탄소	C	2.25	0.00225
탈탄	Ta	16.6	0.0166
티탄	Ti	4.507	0.004507
질소	N	1.250 X 10^{-3}	0.00000125
철	Fe	7.87	0.00787
텔루루	Te	6.24	0.00624
구리	Cu	8.96	0.00896
토륨	Th	11.66	0.01166
나트륨	Na	0.9712	0.0009712
납	Pb	11.36	0.01136
니오브	Bb	8.57	0.00857
니켈	Ni	8.902(25℃)	0.000008902
백금	Pt	21.45	0.02145
바나듐	V	6.1	0.0061
파라듐	Pd	12.02	0.01202
바륨	Ba	3.5	0.0035
비소	As	5.72	0.00572
불소	F	1.696 X 10^{-3}	0.00000169
플루토늄	Pu	19.00 ~ 19.72	0.019~0.01972
헬륨	Be	1.848	0.001848
붕소	B	2.34	0.00234
마그네슘	Mg	1.74	0.00174
망간	Mn	7.43	0.00743
몰리브덴	Mo	10.22	0.01022
요드	I	4.94	0.00494
라듐	Ra	5	0.005
리튬	Li	0.534	0.000534
인	P	1.83	0.00183
타륨	T	11.85	0.01185

1-9 탄소량 구분에 따른 표준 기계적 성질과 질량 효과

■ 기계 구조용 탄소강 강재[JIS]

구분	기호	주요 화학성분 %		변태온도 ℃		열처리 ℃			
		C	Mn	Ac	Ar	노멀라이징 (N)	어닐링 (A)	퀜칭 (H)	템퍼링 (H)
0.05C ~ 0.15C	S10C	0.08~0.13	0.30~0.60	720~880	850~780	900~950 공냉	약 900 로냉	–	–
	S09C K	0.07~0.12	0.30~0.60	720~880	850~780	900~950 공냉	약 900 로냉	1차 880~920 유(수)냉 2차 750~880 수냉	150~200 공냉
0.10C ~ 0.20C	S12C S15C	0.10~0.15 0.13~0.18	0.30~0.60 0.30~0.60	720~880	845~770	880~930 공냉	약 880 로냉	–	–
	S15CK	0.13~0.18	0.30~0.60	720~880	845~770	880~930 공냉	약 880 로냉	1차 870~920 유(수)냉 2차 750~880 수냉	150~200 공냉
0.15C ~ 0.25C	S17C S20C	0.15~0.20 0.18~0.23	0.30~0.60 0.30~0.60	720~845	815~730	870~920 공냉	약 860 로냉	–	–
	S20CK	0.18~0.23	0.30~0.60	720~845	815~730	870~920 공냉	약 860 로냉	1차 870~920 유(수)냉 2차 750~880 수냉	150~200 공냉
0.20C ~ 0.30C	S22C S25C	0.20~0.25 0.22~0.28	0.30~0.60 0.30~0.60	720~840	780~730	860~910 공냉	약 850 로냉	–	–
0.25C ~ 0.35C	S28C S30C	0.25~0.31 0.27~0.33	0.60~0.90 0.60~0.90	720~815	780~720	850~900 공냉	약 840 로냉	850~900 수냉	550~650 급냉
0.30C ~ 0.40C	S33C S35C	0.30~0.36 0.32~0.38	0.60~0.90 0.60~0.90	720~800	770~710	840~890 공냉	약 830 로냉	840~890 수냉	550~650 급냉
0.35C ~ 0.45C	S38C S40C	0.35~0.41 0.37~0.43	0.60~0.90 0.60~0.90	720~790	760~700	830~880 공냉	약 820 로냉	830~880 수냉	550~650 급냉
0.40C ~ 0.50C	S43C S45C	0.40~0.46 0.42~0.48	0.60~0.90 0.60~0.90	720~780	750~680	820~870 공냉	약 810 로냉	820~870 수냉	550~650 급냉
0.45C ~ 0.55C	S48C S50C	0.45~0.51 0.47~0.53	0.60~0.90 0.60~0.90	720~770	740~680	810~860 공냉	약 800 로냉	810~860 수냉	550~650 급냉
0.50C ~ 0.60C	S53C S55C	0.50~0.56 0.52~0.58	0.60~0.90 0.60~0.90	720~765	740~680	800~850 공냉	약 790 로냉	800~850 수냉	550~650 급냉
0.55C ~ 0.65C	S58C	0.55~0.61	0.60~0.90	720~760	730~680	800~850 공냉	약 790 로냉	800~850 수냉	550~650 급냉

[계속]

구분	기호	기계적 성질							
		열처리	항복점 N/mm²	인장강도 N/mm²	연신율 %	수축율 %	샤르피 충격치 J/cm²	경도 HBW	유효직경 mm
0.05C ~ 0.15C	S10C	N	205 이상	310 이상	33 이상	–	–	109~156	–
		A	–	–	–	–	–	109~149	–
	S09C K	A	–	–	–	–	–	109~149	–
		H	245 이상	390 이상	23 이상	55 이상	137 이상	121~179	–
0.10C ~ 0.20C	S12C S15C	N	235 이상	370 이상	30 이상	–	–	111~167	–
		A	–	–	–	–	–	111~149	–
	S15CK	A	–	–	–	–	–	111~149	–
		H	345 이상	490 이상	20 이상	50 이상	118 이상	143~245	–
0.15C ~ 0.25C	S17C S20C	N	245 이상	400 이상	28 이상	–	–	116~174	–
		A	–	–	–	–	–	114~153	–
	S20CK	A	–	–	–	–	–	114~153	–
		H	390 이상	540 이상	18 이상	45 이상	98 이상	159~241	–
0.20C ~ 0.30C	S22C S25C	N	265 이상	440 이상	27 이상	–	–	123~183	–
		A	–	–	–	–	–	126~156	–
0.25C ~ 0.35C	S28C S30C	N	280 이상	475 이상	25 이상	–	–	137~197	–
		A	–	–	–	–	–	126~156	–
		H	335 이상	540 이상	23 이상	57 이상	108 이상	152~212	30
0.30C ~ 0.40C	S33C S35C	N	305 이상	510 이상	23 이상	–	–	149~207	–
		A	–	–	–	–	–	126~163	–
		H	390 이상	570 이상	22 이상	55 이상	98 이상	167~235	32
0.35C ~ 0.45C	S38C S40C	N	325 이상	540 이상	22 이상	–	–	156~217	–
		A	–	–	–	–	–	131~163	–
		H	440 이상	610 이상	20 이상	50 이상	88 이상	179~255	35
0.40C ~ 0.50C	S43C S45C	N	345 이상	570 이상	20 이상	–	–	167~229	–
		A	–	–	–	–	–	137~170	
		H	490 이상	690 이상	17 이상	45 이상	78 이상	201~269	37
0.45C ~ 0.55C	S48C S50C	N	365 이상	610 이상	18 이상	–	–	179~235	–
		A	–	–	–	–	–	143~187	–
		H	540 이상	740 이상	15 이상	40 이상	69 이상	212~277	40
0.50C ~ 0.60C	S53C S55C	N	390 이상	650 이상	15 이상	–	–	183~255	
		A	–	–	–	–	–	149~192	
		H	590 이상	780 이상	14 이상	35 이상	59 이상	229~285	42
0.55C ~ 0.65C	S58C	N	390 이상	650 이상	15 이상	–	–	183~255	–
		A	–	–	–	–	–	149~192	–
		H	590 이상	780 이상	14 이상	35 이상	59 이상	229~285	42

■ 기계 구조용 합금강 강재[JIS G 4053]

종류의 기호	열처리 ℃		인장시험 (4호 시험편)				충격시험 (U노치 시험편)	경도시험
	퀜칭	템퍼링	항복점 N/mm²	인장강도 N/mm²	연신율 %	수축율 %	충격치 (샤르피) J/cm²	경도 HBW
SNC 236	820~880 유냉	550~650 급냉	590 이상	740 이상	22 이상	50 이상	118 이상	217~277
SNC 415	1차 850~900 유냉 2차 740~790 수냉 또는 780~830 유냉	150~200 급냉	–	780 이상	17 이상	45 이상	88 이상	235~341
SNC 631	820~880 유냉	550~650 급냉	685 이상	830 이상	18 이상	50 이상	118 이상	248~302
SNC 815	1차 830~880 유냉 2차 750~800 유냉	150~200 공냉	–	980 이상	12 이상	45 이상	78 이상	285~388
SNC 836	820~880 유냉	550~650 급냉	785 이상	930 이상	15 이상	45 이상	78 이상	269~321
SNCM 220	1차 850~900 유냉 2차 800~850 유냉	150~200 급냉	–	830 이상	17 이상	40 이상	59 이상	248~341
SNCM 240	820~870 유냉	580~680 급냉	785 이상	880 이상	17 이상	50 이상	69 이상	255~311
SNCM 415	1차 850~900 유냉 2차 770~820 유냉	150~200 공냉	–	880 이상	16 이상	45 이상	69 이상	255~341
SNCM 420	1차 850~900 유냉 2차 770~820 유냉	150~200 공냉	–	980 이상	15 이상	40 이상	69 이상	293~375
SNCM 431	820~870 유냉	580~680 급냉	685 이상	830 이상	20 이상	55 이상	98 이상	248~302
SNCM 439	820~870 유냉	580~680 급냉	885 이상	980 이상	16 이상	45 이상	69 이상	293~352
SNCM 447	820~870 유냉	580~680 급냉	930 이상	1030 이상	14 이상	40 이상	59 이상	302~368
SNCM 616	1차 850~900 공냉 (유냉) 2차 770~830 공냉 (유냉)	100~200 공냉	–	1180 이상	14 이상	40 이상	78 이상	341~415
SNCM 625	820~870 유냉	570~670 급냉	835 이상	930 이상	18 이상	50 이상	78 이상	269~321
SNCM 630	850~950 공냉 (유냉)	550~650 급냉	885 이상	1080 이상	15 이상	45 이상	78 이상	302~352
SNCM 815	1차 830~880 유냉 2차 750~800 유냉	150~200 공냉	–	1080 이상	12 이상	40 이상	69 이상	311~375
SCr 415	1차 850~900 유냉 2차 800~850 유냉 (수냉)또는 925 유지 후 850~900 유냉	150~200 공냉	–	780 이상	15 이상	40 이상	59 이상	217~302
SCr 420	1차 850~900 유냉 2차 800~850 유냉 또는 925 유지 후 850~900 유냉	150~200 공냉	–	830 이상	14 이상	35 이상	49 이상	235~321
SCr 430	830~880 유냉	520~620 급냉	635 이상	780 이상	18 이상	55 이상	88 이상	229~293
SCr 435	830~880 유냉	520~620 급냉	735 이상	880 이상	15 이상	50 이상	69 이상	255~321
SCr 440	830~880 유냉	520~620 급냉	785 이상	930 이상	13 이상	45 이상	59 이상	269~331
SCr 445	830~880 유냉	520~620 급냉	835 이상	980 이상	12 이상	40 이상	49 이상	285~352
SCM 415	1차 850~900 유냉 2차 800~850 유냉 또는 925 유지 후 850~900 유냉	150~200 공냉	–	830 이상	16 이상	40 이상	69 이상	235~321

[계속]

종류의 기호	열처리 ℃		인장시험 (4호 시험편)				충격시험 (U노치 시험편)	경도시험
	퀜칭	템퍼링	항복점 N/mm²	인장강도 N/mm²	연신율 %	수축율 %	충격치 (샤르피) J/cm²	경도 HBW
SCM 418	1차 850~900 유냉 2차 800~850 유냉 또는 925 유지 후 850~900 유냉	150~200 공냉	–	880 이상	15 이상	40 이상	69 이상	248~331
SCM 420	1차 850~900 유냉 2차 800~850 유냉 또는 925 유지 후 850~900 유냉	150~200 공냉	–	930 이상	14 이상	40 이상	59 이상	262~352
SCM 421	1차 850~900 유냉 2차 800~850 유냉 또는 925 유지 후 850~900 유냉	150~200 공냉	–	980 이상	14 이상	35 이상	59 이상	285~375
SCM 430	830~880 유냉	530~630 급냉	685 이상	830 이상	18 이상	55 이상	108 이상	241~302
SCM 432	830~880 유냉	530~630 급냉	735 이상	880 이상	16 이상	50 이상	88 이상	255~321
SCM 435	830~880 유냉	530~630 급냉	785 이상	930 이상	15 이상	50 이상	78 이상	269~331
SCM 440	830~880 유냉	530~630 급냉	835 이상	980 이상	12 이상	45 이상	59 이상	285~352
SCM 445	830~880 유냉	530~630 급냉	885 이상	1030 이상	12 이상	40 이상	39 이상	302~363
SCM 822	1차 850~900 유냉 2차 800~850 유냉 또는 925 유지 후 850~900 유냉	150~200 공냉	–	1030 이상	12 이상	30 이상	59 이상	302~415
SMn 420	1차 850~900 유냉 2차 780~830 유냉	150~200 공냉	–	690 이상	14 이상	30 이상	49 이상	201~311
SMn 433	830~880 수냉	550~650 급냉	540 이상	690 이상	20 이상	55 이상	98 이상	201~277
SMn 438	830~880 유냉	550~650 급냉	590 이상	740 이상	18 이상	50 이상	78 이상	212~285
SMn 443	830~880 유냉	550~650 급냉	635 이상	780 이상	17 이상	45 이상	78 이상	229~302
SMnC 420	1차 850~900 유냉 2차 780~830 유냉	150~200 공냉	–	830 이상	13 이상	30 이상	49 이상	235~321
SMnC 433	830~880 유냉	550~650 급냉	785 이상	930 이상	13 이상	40 이상	49 이상	269~321
SACM 645	880~930 유냉	680~720 급냉	685 이상	830 이상	15 이상	50 이상	98 이상	241~302

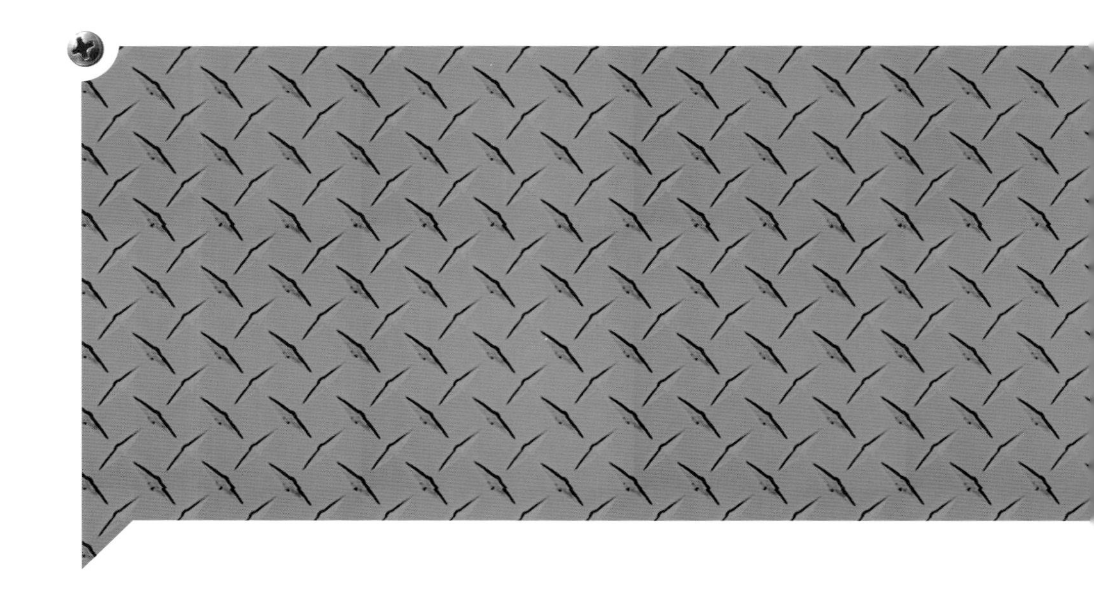

PART 04 공학기술단위

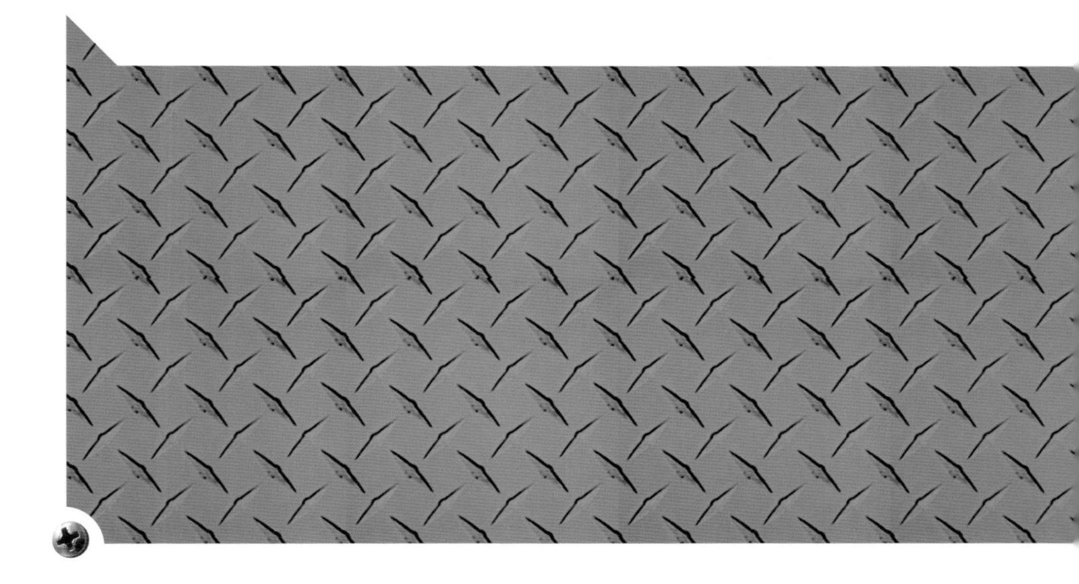

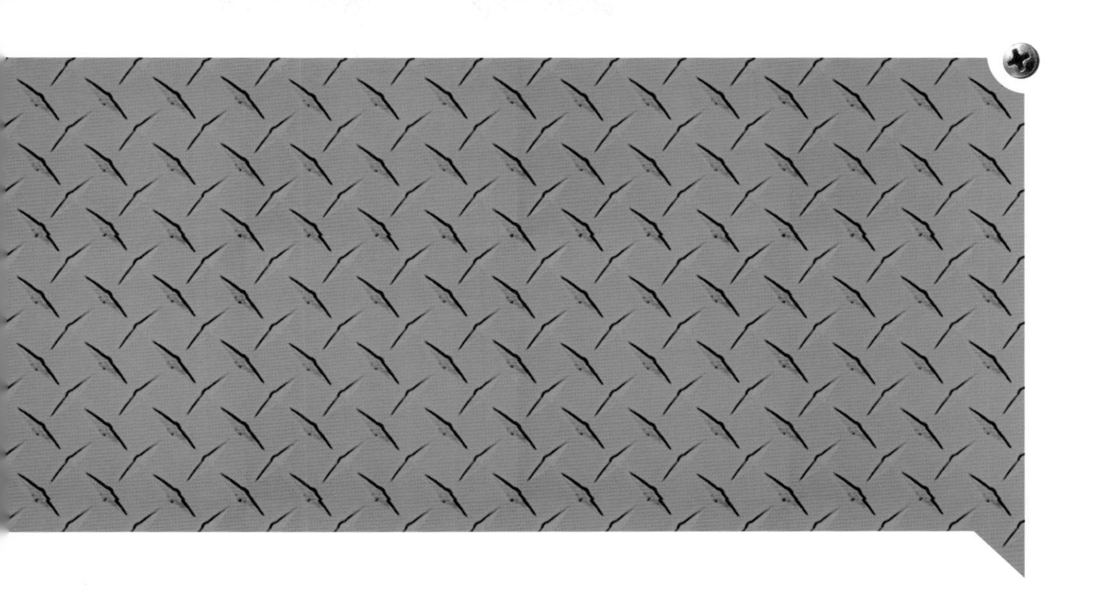

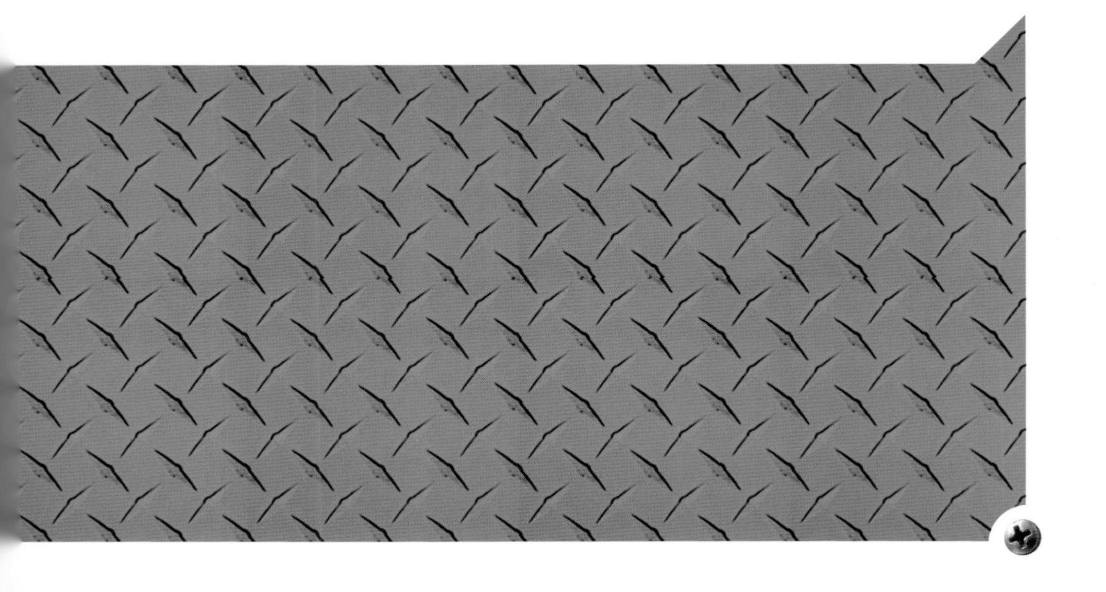

1-1 여러가지 기술공학 단위의 관계

미터 단위					
척도	미크론 (μ)	1/1,000 밀리미터	용적 및 두량	밀리미터 (ml)	1/1,000 리터
	밀리미터 (mm)	1/10 센티미터		데시리터 (dl)	1/10 리터
	센티미터 (cm)	1/100 미터		데카리터	10 리터
	데시미터 (cm)	1/10 미터		헥트리터 (hl)	100 리터
	데카미터	10 미터		킬로리터 (kl)	1,000 리터
	헥트미터	100 미터	형량	밀리그램 (mg)	1/1,000 그램
	킬로미터 (km)	1,000 미터		데키그램	10 그램
	해 리	1,852 미터		헥트그램	100 그램
면적	센티아르	1 평방미터		톤(t)	1,000 킬로그램
	아르(ARE) (a)	100 평방미터		캐럿트	200 밀리그램
	헥타아르(ha)	100 아르			

피트 및 파운드 단위					
척도	피 트 (ft)	12 인치	약제용 액량	드 럼	1/8 온스
	야 드 (yd)	3 피트		온 스	1/20 파인트
	폴	16 피트		파 인 트	1/8 갤런
	펄 롱	40 폴		[파인트 갤런은 보통 사용하는 두량과 같다]	
	마 일	8 펄롱	형량	온 스 (oz)	1/16 파운드(lb)
	체 인	66 피트		스 톤	1/4 파운드
	링 크	0.66 피트		퀘 터	2 스톤
	패 덤	6 피트		헌드레드 웨이드	112 파운드
	해리 (Nautical Mile)	6,080 피트		톤	2,240 파운드
면적	퍼 치	$30\frac{1}{4}$ 평방야드		그 레 인	1/7,000 파운드
				드 럼	1/16 온스
	루 드	40 퍼치	금 · 은용 형량	그 레 인	1/5,760 파운드
	에이커	4 루드		메니웨이트	24 그레인
	써큘러 인치	0.7854 평방인		온 스	1/12 파운드
용적 및 두량	딜	1/4 파인트		[그레인은 보통 사용하는 형량과 같다] [175파운드→144 보통 사용하는 파운드]	
	파 인 트	1/8 갤런			
	퀘 터	1/4 갤런	약제용 형량	그 레 인	1/5,760 파운드
	베 크	2 갤런		스쿠르풀	20 그레인
	부 셀	4 베크		드 럼	3 스크루 풀
	쿼 트	8 부셀		온 스	1/12 파운드
	배 럴	42갤런(미국)		[그레인은 보통 사용하는 형량과 같다] [175파운드→144 보통 사용하는 파운드]	

척 · 관의 단위(尺貫 單位)					
척도	푼	1/10 치(寸)	용적 및 두량	작(勺)	1/10 홉(合)
	치(寸)	1/10 자(尺)		홉(合)	1/10 되(升)
	장(丈)	10 자(尺)		말(斗)	10 되(升)
	간(間)	6 자(尺)		섬(石)	10 말(斗)
	정(町)	60 간(間)		되(升)	64.827 입방치
	리(理)	3.297 km	형량	푼	1/10 돈(돈쭝)
면적	평(坪)	36 평방척(平方尺)		냥	10 돈(돈쭝)
	작(勺)	1/100 평(平)		근(斤)	375 그램
	홉(合)	1/10 평(平)		관(貫)	3.75 킬로그램
	단(段)	10 평(坪)		[1관은 국제 킬로그램의 15/4, 즉 3.75kg, 목재일석(木材一石)=10입방치]	
	정(町)	10 단(段)[3,000평(坪)]			

1-2 SI 기본단위 및 보조단위

■ SI 기본단위

양	단위의 명칭	단위 기호	정 의
길이	미터 (meter)	m	미터는 빛이 진공상태에서 1/299,792,458초의 시간 동안 진행한 거리를 말한다.
질량	킬로그램 (kilogram)	kg	킬로그램(중량이나, 힘이 아니다)은 질량의 단위로서, 국제 킬로그램 원기(프로토타입)의 질량과 같다.
시간	초 (second)	s	초는 세슘 133 원자의 원자바닥(기저) 상태에 있는 2개의 초미세 준위 사이의 전이에 대응하는 방사선의 9,192,631,770주기의 지속 시간을 말한다.
전류	암페어 (ampere)	A	암페어는 진공속에서 1미터의 간격으로 평행하게 놓여진, 무한하게 작은 원형 단면적을 가지는 무한하게 긴 2개의 직선 모양 도체의 각각에 전류가 흐를때, 이들 도체의 길이 미터마다 2×10^{-7} N의 힘을 갱기게 하는 일정한 전류이다.
열역학적 온도	켈빈 (kelvin)	K	켈빈은 물과 얼음과 수증기가 공존하는 물의 3중점의 열역학적 온도의 $\frac{1}{273.16}$ 이다.
물질량	몰 (mol)	mol	① 1몰은 0.012 킬로그램의 탄소 12속에 존재하는 원자의 개수와 같은 수의 구성요소를 포함한 어떤 계의 물질량이다. ② 몰을 사용할 때에는 구성 요소를 반드시 명시해야 하며, 이 구성 요소는 원자, 분자, 이온, 전자, 기타 입자 또는이 입자들의 특정한 집합체가 될 수 있다.
광도	칸델라 (candela)	cd	칸델라는 주파수 540×10^{12} 헤르츠의 단색광을 방출하는 광원의 방사강도가 어떤 주어진 방향으로 매 스테라디안당 1/683 와트일 때, 이 방향에 대한 광도이다.

■ SI 보조단위

양	단위의 명칭	단위 기호	정 의
평면각	라디안 (radian)	rad	라디안은 원주 위에서 그 반지름의 길이와 같은 길이의 호(弧)를 잘라낸 2개의 반지름 사이에 포함되는 평면각이다.
입체각	스테라디안 (steradian)	sr	스테라디안은 구(球)의 중심을 정점으로 하고, 그 구의 반지름을 한 변으로 하는 정사각형의 면적과 같은 면적을 그 구의 표면상에서 잘라낸 입체각이다.

공업단위 환산표(1)

길이					
cm	m	km	in	ft	척(尺)
1	0.01	0.041	0.3937	0.0328	0.033
100	1	0.001	39.371	3.2809	3.3
100,000	1,000	1	39,371	3,280.9	3,300
2.54	0.02540	0.4254	1	0.08333	0.08382
30.48	0.3048	0.033048	12	1	1.0058
30.30	0.30303	0.033030	11.9303	0.9942	1

질량							
gr	kg	t(tonne) (프랑스)	lb	ton(영국)	ton(미국)	관(貫)	근(斤)
1	0.001	0.000001	0.002205	0.000000984	0.000001105	0.0002667	0.00167
1,000	1	0.001	2.2046	0.000984	0.001102	0.2667	1.6667
1×10^6	1,000	1	2,240.6	0.9842	1.1023	266.67	1,666.7
453.6	0.4536	0.0004536	1	0.000446	0.00051	0.121	0.760
1,016,047	1,016.05	1.01605	2,240	1	1.12	270.94	1,693.4
907,185	907.185	0.90719	2,000	0.89286	1	241.91	1,519.8
3,750	3.75	0.00375	8.2673	0.003691	0.004134	1	6.25
600	0.6	0.0006	1.3228	0.0005905	0.0006613	0.16	1

시간				
sec(초, 抄)	min(분, 分)	hr(시간, 時間)	day(일, 日)	yr(년, 年)
1	0.016667	0.000027778	0.0000011574	3.175×10^9
60	1	0.016667	0.000069444	0.0000001903
3,600	60	1	0.041667	0.00001142
86,400	1,440	24	1	0.00274
31,536,000	525,600	8,760	365	1

1-4 공업단위 환산표(2)

면적				
cm^2	m^2	in^2	ft^2	척(尺)^2
1	0.0001	0.1550	0.001076	0.001089
1×10^4	1	1,550.1	10.7643	10.89
6.4514	0.0006451	1	0.006944	0.007026
929	0.0929	144	1	1.0117
918.27	0.09183	142.34	0.9885	1

체적						
dm^3	m^3 혹은 kl	ft^3	gal(영국)	gal(미국)	석(石)	척^3(尺)^3
1	0.001	0.03532	0.220	0.2642	0.005544	0.03394
1,000	1	35.317	219.95	264.19	5.5435	35.937
28.315	0.02832	1	6.2279	7.4806	0.1570	1.0175
4.5465	0.004547	0.1606	1	1.2011	0.02520	0.1633
3.7852	0.003785	0.1337	0.8325	1	0.02098	0.1360
180.39	0.18039	6.3707	39.676	47.656	1	6.4827
27.826	0.02783	0.9827	6.1203	7.3514	0.15425	1

【참 고】 $lin^3 = 16.386cm^3$ $lft^3 = 1,728in^3$

속도					
m/sec	m/kr	km/hr	ft/sec	ft/min	mile/hr
1	3,600	3.6	3.281	196.85	2.2370
0.0002778	1	0.001	0.0009114	0.05468	0.000621
0.2778	1,000	1	0.9114	54.682	0.6214
0.3048	1,097.25	1.0973	1	60	0.68182
0.005080	18.287	0.01829	0.01667	1	0.01136
0.4470	1,609.31	1.6093	1.4667	88	1

유량						
1/sec	m^3/hr	m^3/sec	gal/min(영국)	gal/min(미국)	ft^3/hr	ft^3/sec
1	3.6	0.001	13.197	15.8514	127.14	0.03532
0.2778	1	0.0002778	3.6658	4.4032	35.317	0.009801
1,000	3,600	1	13,197	15,851	127,150	35.3165
0.075775	0.27279	0.000075775	1	1.2011	9.6342	0.002676
0.06309	0.2271	0.00006304	0.8325	1	8.0208	0.002228
0.007865	0.02832	0.000007865	0.1038	0.1247	1	0.0002778
28.3153	101.935	0.02832	373.672	448.833	3,600	1

무게 또는 힘				
gr	dyne	kg	lb	poundal
1	980.6	0.001	0.002205	0.07092
0.00102	1	0.00000102	0.000002248	0.00007233
1,000	980,600	1	2.20462	70.9119
453.59	444,792	0.45359	1	32.17
14.102	13,825	0.014102	0.03109	1

압력							
bar/cm^2 또는 mgdyne/cm^2	kg/cm^2	lb/in^2	atm	수은주		수주(15℃)	
				m	in	m	in
1	1.0197	14.50	0.9896	0.75	29.55	10.21	401.8
0.9807	1	14.223	0.9678	0.7355	28.96	12.01	394.0
0.06895	0.07031	1	0.06804	0.05171	2.0355	0.7037	27.70
1.0133	1.0333	14.70	1	0.760	29.92	10.34	407.2
1.3333	1.3596	19.34	1.316	1	39.37	13.61	535.67
0.03386	0.03453	0.4912	0.03342	0.02540	1	0.3456	13.61
0.09798	0.09991	1.421	0.0967	0.07349	2.893	1	39.37
0.002489	0.002538	0.03609	0.002456	0.001867	0.07349	0.0254	1

[비고] $kg/cm^2 \rightarrow 10,000kg/m^2$, $lb/in^2 \rightarrow 144lb/ft^2$

밀도				
gr/cm^3	kg/m^3 또는 gr/l	gr/m^3	lb/ft^3	oz/ft^3
1	1,000	1×10^6	62.43	998.82
0.001	1	1,000	0.06243	0.99882
0.000001	0.001	1	0.00006243	0.0009988
0.01602	16.0194	16,019.4	1	16
0.001	1.0012	1,001.2	0.0625	1

1-6 공업단위 환산표(4)

점도				
poise = gr/cm.sec (c.g.s 단위임)	centipoise · cp	kg/m · sec	kg/m · hr	lb/ft · sec
1	100	0.1	360	0.0672
0.01	1	0.001	3.6	0.000672
10	1,000	1	3,600	0.672
0.00278	0.0278	2.78×10^{-4}	1	0.000187
14.88	1,488	1.488	5,368.8	1

일량 및 열량								
줄	kg–m	ft–lb	kW–hr	p.s/hr	HP/hr	kcal	B.T.U	C.h.u
1	0.10197	0.73756	2.7778×10^{-7}	3.7767×10^{-7}	3.7251×10^{-7}	2.389×10^{-4}	9.486×10^{-4}	5.27×10^{-4}
9.80665	1	7.23314	2.7241×10^{-6}	3.7037×10^{-6}	3.6528×10^{-6}	2.342×10^{-3}	9.293×10^{-3}	5.163×10^{-3}
1.35582	0.13825	1	3.7661×10^{-6}	5.1203×10^{-4}	5.0505×10^{-6}	3.239×10^{-4}	1.285×10^{-3}	7.1389×10^{-4}
36×10^{5}	367,100	2,655,200	1	1.35963	1.34101	859.98	3,412	1,895.55
2.648×10^{3}	27×10^{4}	1,952,900	0.73549	1	0.98635	632.54	2,509.7	1,394.27
2,684,500	273,750	198×10^{4}	0.74569	1.01383	1	641.33	2,544.4	1,313.55
4,186	426.85	3,087.4	1.1628×10^{-3}	1.5809×10^{-3}	1.5576×10^{-3}	1	3.96832	2.20462
1,055	107.58	778.12	2.9305×10^{-4}	3.9843×10^{-4}	3.92258×10^{-4}	0.2520	1	0.55556
1,899	193.65	1,400	5.2749×10^{-4}	8.1717×10^{-4}	7.0664×10^{-4}	0.45359	1.8	1

동력						
kW 또는 1,000 J/sec	kg–m/sec	ft–lb/sec	p.s	HP	kcal/sec	B.T.U/sec
1	101.97	735.56	1.3596	1.3410	0.2389	0.9486
9.807×10^{-3}	1	7.2331	0.01333	0.01315	2.342×10^{-3}	9.293×10^{-3}
1.356×10^{-3}	0.13825	1	1.843×10^{-3}	1.818×10^{-3}	3.289×10^{-4}	1.285×10^{-3}
0.7355	75	542.3	1	0.98635	0.17565	0.69686
0.74569	76.0375	550	1.01383	1	0.17803	0.70675
4.1860	426.85	3,087.44	5.69133	5.6135	1	3.9683
1.0550	107.58	778.17	1.4344	1.4148	0.2520	1

열전도율			
kcal/m.hr.^{u}C	cal/cm.sec.^{u}C	B.T.U/ft.hr.^{u}F	BTU/in.hr.^{u}F
1	0.002778	0.67196	8.0635
360	1	241.9	2,903
1.488	0.004134	1	12
0.124	0.0003445	0.8333	1

전열계수		
$kcal/m^{2}.hr.^{u}C$	$cal/cm^{2}.sec.^{u}C$	$B.T.U/ft^{2}.hr.^{u}F$
1	0.00002778	0.2048
36,000	1	7,373
4.8836	0.001356	1

1-7 인치 및 밀리미터 환산표

in \ mm	0	1	2	3	4	5	6	7	8	9	10
		25.4	50.8	76.2	101.6	127.0	152.4	177.5	203.2	228.6	254.0
1/32	0.79	26.2	51.6	77.0	102.4	127.8	153.2	178.6	204.0	229.4	254.8
1/16	1.59	27.0	52.4	77.8	103.2	128.6	154.0	179.4	204.8	230.2	255.6
3/32	2.38	27.8	53.2	78.6	104.0	129.4	154.8	180.2	205.6	231.0	256.4
1/8	3.17	28.6	54.0	79.4	104.8	130.2	155.6	181.0	206.4	231.8	257.2
5/32	3.97	29.4	54.8	80.2	105.6	131.0	156.4	181.8	207.2	232.6	258.0
3/16	4.76	30.2	55.6	81.0	106.4	131.8	157.2	182.6	208.0	233.4	258.8
7/32	5.56	31.0	56.4	81.8	106.4	132.6	158.0	183.4	208.8	234.2	259.6
1/4	6.14	31.7	57.1	82.5	107.9	133.3	158.7	184.1	209.5	234.9	260.3
9/32	7.14	32.5	57.9	83.3	108.7	134.1	159.5	184.9	210.3	235.7	261.1
5/16	7.94	33.3	58.7	84.1	109.5	134.9	160.3	185.7	211.3	236.5	261.9
11/32	8.73	34.1	59.5	84.9	110.3	135.7	161.0	186.5	211.9	237.3	262.7
3/8	9.52	34.9	60.3	85.7	111.1	136.5	161.9	187.3	212.7	238.1	263.5
13/32	10.3	35.7	61.1	86.5	111.9	137.3	162.7	188.1	213.5	238.9	264.3
7/16	11.1	36.5	61.9	87.3	112.7	138.1	163.5	188.9	214.3	239.7	265.1
15/32	11.9	37.3	62.7	88.1	113.5	138.9	164.3	189.9	215.1	240.5	265.9
1/2	12.7	38.1	63.5	88.9	114.3	139.7	165.1	190.5	215.9	241.3	266.7
17/32	13.5	38.9	64.3	89.7	115.1	140.5	165.9	191.3	216.7	242.1	267.5
9/16	14.3	39.7	65.1	90.5	115.9	141.3	166.7	192.1	217.5	242.9	268.3
19/32	15.1	40.5	65.9	91.3	116.7	142.1	167.5	192.9	218.3	243.7	269.1
5/8	15.9	41.3	66.7	92.1	117.5	142.9	168.3	193.7	219.1	244.5	269.9
21/32	16.7	42.1	67.5	92.9	118.3	143.7	169.1	194.5	219.9	245.3	270.7
11/16	17.5	42.9	68.3	93.7	119.1	144.5	169.9	195.3	220.7	246.1	271.5
23/32	18.3	43.7	69.1	94.5	119.9	145.3	170.7	196.1	221.5	246.9	272.3
3/4	19.0	44.4	69.8	95.2	120.6	146.0	171.4	196.8	222.2	247.6	273.0
25/32	19.8	45.2	70.6	96.0	121.4	146.8	172.2	197.6	223.0	248.4	273.8
13/16	20.6	46.0	71.4	96.8	122.2	147.6	173.0	198.4	223.8	249.2	274.6
27/32	21.4	46.8	72.2	97.6	123.0	148.4	173.8	199.2	224.6	250.0	275.4
7/8	22.2	47.6	73.0	98.4	123.8	149.2	174.6	200.0	225.4	250.8	276.2
29/32	23.0	48.4	73.8	99.2	124.6	150.0	175.4	200.8	226.2	251.6	277.0
15/16	23.8	49.2	74.6	100.0	125.4	150.8	176.2	201.6	227.0	252.4	277.8
31/32	24.6	50.0	75.4	100.8	126.2	151.6	177.0	202.4	227.8	253.2	278.6

1-8 온도 환산표

-300 ~ 110			120 ~ 530			540 ~ 950		
F		C	F		C	F		C
-	-300	-184.44	248.0	120	48.89	1004.0	540	282.22
-	-290	-178.89	266.0	130	54.44	1022.0	550	287.78
-	-280	-173.33	284.0	140	60.00	1040.0	560	293.33
-454.0	-270	-167.78	302.0	150	65.56	1058.0	570	298.89
-436.0	-260	-162.22	320.0	160	71.11	1076.0	580	304.44
-418.0	-250	-156.67	338.0	170	76.67	1094.0	590	310.00
-400.0	-240	-151.00	356.0	180	82.22	1112.0	600	315.56
-382.0	-230	-145.56	374.0	190	87.78	1130.0	610	321.11
-364.0	-220	-140.00	392.0	200	93.33	1148.0	620	326.67
-346.0	-210	-134.44	410.0	210	98.89	1166.0	630	332.22
-328.0	-200	-128.89	428.0	220	104.44	1184.0	640	337.78
-310.0	-190	-123.33	446.0	230	110.00	1202.0	650	343.33
-292.0	-180	-117.78	464.0	240	115.56	1220.0	660	348.89
-274.0	-170	-112.22	482.0	250	121.11	1238.0	670	354.44
-256.0	-160	-106.67	500.0	260	126.67	1256.0	680	360.00
-238.0	-150	-101.11	518.0	270	132.22	1274.0	690	365.56
-220.0	-140	-95.56	536.0	280	137.78	1292.0	700	371.11
-202.0	-160	-90.00	554.0	290	143.33	1310.0	710	376.67
-184.0	-120	-84.44	572.0	300	148.89	1323.0	720	382.22
-166.0	-110	-78.89	590.0	310	154.44	1346.0	730	387.78
-148.0	-100	-73.33	608.0	320	160.00	1364.0	740	393.33
-130.0	-90	-67.78	626.0	330	165.56	1382.0	750	398.89
-112.0	-80	-62.22	644.0	340	171.11	1400.0	760	404.44
-94.0	-70	-56.67	662.0	350	176.67	1418.0	770	410.00
-76.0	-60	-51.11	680.0	360	182.22	1436.0	780	415.56
-58.0	-50	-45.56	698.0	370	187.78	1454.0	790	421.11
-40.0	-40	-40.00	716.0	380	193.33	1472.0	800	426.67
-22.0	-30	-34.44	734.0	390	198.89	1490.0	810	432.22
-4.0	-20	-28.89	752.0	400	204.44	1508.0	820	437.76
+14.0	-10	-23.33	770.0	410	210.00	1526.0	830	443.33
32.0	0	-17.78	788.0	420	215.56	1544.0	840	448.89
50.0	10	-12.22	806.0	430	221.11	1562.0	850	454.44
68.0	20	-6.67	824.0	440	226.67	1580.0	860	460.00
86.0	30	-1.11	842.0	450	232.22	1598.0	870	465.56
104.0	40	+4.44	860.0	460	237.78	1616.0	880	471.11
122.0	50	10.00	878.0	470	243.33	1634.0	890	476.67
140.0	60	15.56	896.0	480	248.89	1652.0	900	482.22
158.0	70	21.11	914.0	490	254.44	1670.0	910	487.78
176.0	80	26.67	932.0	500	260.00	1688.0	920	493.33
194.0	90	32.22	950.0	510	265.56	1706.0	930	498.89
212.0	100	27.78	968.0	520	271.11	1724.0	940	504.44
230.0	110	43.33	986.0	530	276.67	1742.0	950	510.00

(계속)

960 ~ 1370			1380 ~ 1790			1900 ~ 2210		
F		C	F		C	F		C
1760.0	960	515.56	2516.0	1380	748.89	3272.0	1800	982.22
1778.0	970	521.11	2534.0	1390	754.44	3290.0	1810	987.78
1796.0	980	526.67	2552.0	1400	760.00	3308.0	1820	993.33
1814.0	990	532.22	2570.0	1410	765.56	3326.0	1830	998.89
1832.0	1000	537.78	2588.0	1420	771.11	3344.0	1840	1004.4
1850.0	1010	543.33	2606.0	1430	776.67	3362.0	1850	1010.0
1868.0	1020	548.89	2624.0	1440	782.22	3380.0	1860	1015.6
1886.0	1030	554.44	2642.0	1450	787.78	3398.0	1870	1021.1
1904.0	1040	560.00	2660.0	1460	793.33	3416.0	1880	1026.7
1922.0	1050	565.56	2678.0	1470	798.89	3434.0	1890	1032.2
1940.0	1060	571.11	2696.0	1480	804.44	3452.0	1900	1037.8
1958.0	1070	576.67	2714.0	1490	810.00	3470.0	1910	1043.3
1976.0	1080	582.22	2732.0	1500	815.56	3488.0	1920	1048.9
1994.0	1090	587.78	2750.0	1510	821.11	3506.0	1930	1054.4
2012.0	1100	593.33	2768.0	1520	826.67	3524.0	1940	1060.0
2030.0	1110	598.89	2786.0	1530	832.22	3542.0	1950	1065.6
2048.0	1120	604.44	2804.0	1540	837.78	3560.0	1960	1071.1
2066.0	1130	610.00	2822.0	1550	843.33	3578.0	1970	1076.7
2084.0	1140	615.56	2840.0	1560	848.89	3595.0	1980	1082.2
2102.0	1150	621.11	2853.0	1570	854.44	3614.0	1990	1087.8
2120.0	1160	626.67	2876.0	1580	860.00	3632.0	2000	1093.3
2133.0	1170	632.22	2894.0	1590	865.56	3650.0	2010	1098.9
2156.0	1180	637.78	2912.0	1600	871.11	3668.0	2020	1104.4
2174.0	1190	643.33	2930.0	1610	876.67	3686.0	2030	1100.0
2192.0	1200	648.89	2948.0	1620	882.22	3704.0	2040	1115.6
2210.0	1210	654.44	2966.0	1630	887.78	3722.0	2050	1121.1
2228.0	1220	660.00	2984.0	1640	893.33	3740.0	2060	1126.7
2246.0	1230	665.56	3002.0	1650	898.89	3758.0	2070	1132.2
2264.0	1240	671.11	3020.0	1660	904.44	3776.0	2080	1137.8
2282.0	1250	676.67	3038.0	1670	910.00	3794.0	2090	1143.3
2300.0	1260	682.22	3056.0	1680	915.56	3812.0	2100	1148.9
2318.0	1270	687.78	3074.0	1690	921.11	3830.0	2110	1154.4
2336.0	1280	693.33	3092.0	1700	926.67	3848.0	2120	1160.0
2354.0	1290	698.89	3110.0	1710	932.22	3866.0	2130	1165.6
2372.0	1300	704.44	3118.0	1720	937.78	3884.0	2140	1171.1
2390.0	1310	710.00	3146.0	1730	943.33	3902.0	2150	1176.7
2408.0	1320	715.56	3164.0	1740	948.89	3920.0	2160	1182.2
2462.0	1330	721.11	3182.0	1750	954.44	3938.0	2170	1187.8
2444.0	1340	726.67	3200.0	1760	960.00	3956.0	2180	1193.3
2462.0	1350	732.22	3218.0	1770	965.56	3974.0	2190	1198.9
2480.0	1360	737.73	3236.0	1780	971.11	3992.0	2200	1204.3
2498.0	1370	743.33	3254.0	1790	976.67	4010.0	2210	1210.0

1-9 단위계의 비교

■ 그리스(희랍) 문자

호칭 방법	대문자	소문자	호칭 방법	대문자	소문자	호칭 방법	대문자	소문자
알파	A	α	요타	I	ι	로	P	ρ
베타	B	β	카파	K	κ	시그마	Σ	σ
감마	Γ	γ	람다	Λ	λ	타우	T	τ
델타	Δ	δ	뮤	M	μ	입실론	Y	υ
엡실론	E	ϵ, ε	뉴	N	ν	파이	Φ	ϕ
지타	Z	ζ	크사이	Ξ	ξ	카이	X	χ
이타	H	η	오미크론	O	o	프사이	Ψ	ψ
시타	Θ	∂, θ	파이	Π	π	오메가	Ω	ω

■ 단위계의 비교

계측량 / 단위계	길이	질량	시간	전류	열역학적 온도	물질량	광도
(1) SI 단위계	m	kg	s	A	K	mol	cd
(2) MKS 단위계	m	kg	s				
(3) CGS 단위계	cm	g	s				
(4) MKS A 단위계	m	kg	s	A			
(5) 푸트, 파운드 단위계	ft	lb	s				

■ 단위계의 비교

접두어	배수	기호	접두어	배수	기호	접두어	배수	기호
exa	10^{18}	E	hecto	10^{2}	h	nano	10^{-9}	n
peta	10^{15}	P	deca	10^{1}	da	pico	10^{-12}	p
tera	10^{12}	T	deci	10^{-1}	d	femto	10^{-15}	f
giga	10^{9}	G	centi	10^{-2}	c	atto	10^{-18}	a
mega	10^{6}	M	milli	10^{-3}	m	–	–	–
kilo	10^{3}	k	micro	10^{-6}	μ	–	–	–

1-10 전기전자 단위환산표

항 목	기호표시	산 출 공 식	SI단위	SI기호	CGS단위	배수(CGS/SI)
전 류	I, i	I=E/R, I=E/Z, I=Q/t	Ampere	A	Abampere	10^{-1}
전 하 량	Q, q	Q=I×t, Q=C×E	Coulomb	C	Abcoulomb	10^{-1}
전 압	E, e	E=I×R, E=W/Q	Volt	V	Abvolt	10^{8}
저 항	R, r	R=E/I, R=(ρ×l)/A	Ohm	Ω	Abohm	10^{9}
저 항 률	ρ	p=(R×A)/l	Ohm-meter	Ω · m	Abohm-cm	10^{11}
Conductance	G, g	G=(r×A)/l, G=A/(ρ×l)	Siemens	S	Abmho	10^{-9}
	G	$G=R/Z^2$	Siemens	S	Abmho	10^{-3}
도 전 율	r	r=l/ρ, r=l/(R×A)	Siemens-meter	S/m	Abmho/cm	10^{-3}
Capacitance	C	C=Q/E	Farad	F	Abrarad	8.85×10^{-12}
유 전 율	ε		Farad/meter	F/m	Stat farad/cm	1
상대유전율	ε r	εr=ε/εo	Numerical		Numerical	10^{3}
자 기 유 도	L	L=-N×(dϕ/dt)	Henry	H	Abhenry	10^{3}
상 호 유 도	M	$M= K\times(L_1\times L_2)^{\frac{1}{2}}$	Henry	H	Abhenry	10^{7}
Energy	J	J=e×I×t	Joule	J	Erg	36×10^{12}
	kWh	kWh=kW/3600, 3.6M×J	Kilowatthour	kWh		10^{7}
유 효 전 력	W	W=J/t, W=E×I×cosθ	Watt	W	Abwatt	10^{7}
무 효 전 력	jQ	jQ=E×I×sinθ	Var	var	Abvar	
피 상 전 력	VA	VA=E×I	Volt-ampere	VA		1
역 률	PF, pf	PF=W/(V×A), PF=W/(W+jQ)				10^{3}
유도 Reactance	XL	XL=2π×f×L	Ohm	Ω	Abohm	10^{3}
용량 Reactance	XC	XC=1/(2π×f×C)	Ohm	Ω	Abohm	10^{3}
Impedance	Z	Z=E/I, Z=R+j×(XL-XC)	Ohm	Ω	Abohm	10^{-3}
Susceptance	B	$B=X/Z^2$	Siemens	S	Abohm	10^{-3}
Adimittance	Y	Y=I/E, Y=G+jB	Siemens	S	Abohm	1
주 파 수	f	f=1/T	Hertz	Hz	Cps, Hz	1
주 기	T	T=1/f	Second	s	Second	1
시 간 상 수	T	T=L/R, T=R×C	Second	s	Second	1
각 속 도	ω	ω=2π×f	Radians/second	rad/s	Radians/second	

1-11 조립단위 및 유도단위, 접두어

■ 조립단위

양	명 칭	기 호
점도	파스칼초	Pa.S
힘의모멘트	뉴톤미터	N.m
표면장력	뉴톤 매 미터	N/m
열류밀도	와트 매 제곱미터	W/m2
열용량.엔트로피	주울 매 캘빈	J/K
비열	주울 매 킬로그램 매 캘빈	J/kg.K
열전도계수	와트매 미터 매 캘빈	W/m.K
연관류율	와트 매 제곱미터 매 캘빈	W/m2.K
유전율	패럿 매 미터	F/m
투자율	핸리 매 미터	H/m

■ 유도단위

양	조립 단위		기본단위 또는 보조 단위에 의한 조립법 또는 조립단위에 의한 조립법
	명칭	기호	
주파수	헤르츠	Hz	1 Hz = 1 s^{-1}
힘	뉴턴	N	1 N = 1 kg.m/s^2
압력, 응력	파스칼	Pa	1 Pa = 1 N/m^2
에너지, 작업, 열량	줄	J	1 J = 1 N.m
작업률, 공률, 동력, 전력	와트	W	1 W = 1 J/s
전하, 전기량	쿨롱	C	1 C = 1 A s
전위, 전위차, 전압, 기전력	볼트	V	1 V = 1 J/C
정전용량, 커패시턴스	패럿	F	1 F = 1 C/V
전기 저항	옴	Ω	1 Ω =1 V/A
컨덕턴스	지멘스	S	1 S= 1 $Ω^{-1}$
자 속	웨이버	Wb	1 Wb = 1 V.s
자속밀도, 자기유도	테슬러	T	1 T = 1 Wb/m^2
인덕턴스	헨리	H	1 H = 1 Wb/A
셀시우스 속도	도	℃	1℃ = $T-T_0$
광 속	루멘	lm	1 lm = 1 cd.sr
조 도	럭스	lx	1 lx =1 m/m^2
방사능	베크렐	Bq	1 Bq = 1 s^{-1}
흡수선량	그레이	Gy	1 Gy = 1 J/kg
선량당량	시버트	Sv	1 Sv = 1 J/kg

■ 접두어

곱 할 인 자	명 칭	기 호
1 000 000 000 000 000 000 000 000 = 10^{24}	요타 (yotta)	Y
1 000 000 000 000 000 000 000 = 10^{21}	제타 (zetta)	Z
1 000 000 000 000 000 000 = 10^{18}	엑사 (exa)	E
1 000 000 000 000 000 = 10^{15}	페타 (peta)	P
1 000 000 000 000 = 10^{12}	테라 (tera)	T
1 000 000 000 = 10^{9}	기가 (giga)	G
1 000 000 = 10^{6}	메가 (mega)	M
1 000 = 10^{3}	킬로 (kilo)	k
100 = 10^{2}	헥토 (hecto)	h
10 = 10^{1}	데카 (deka)	da
0.1 = 10^{-1}	데시 (deci)	d
0.01 = 10^{-2}	센티 (centi)	c
0.001 = 10^{-3}	밀리 (milli)	m
0.000 001 = 10^{-6}	마이크로 (micro)	μ
0.000 000 001 = 10^{-9}	나노 (nano)	n
0.000 000 000 001 = 10^{-12}	피코 (pico)	p
0.000 000 000 000 001 = 10^{-15}	펨토 (femto)	f
0.000 000 000 000 000 001 = 10^{-18}	아토 (atto)	a
0.000 000 000 000 000 000 001 = 10^{-21}	젭토 (zepto)	z
0.000 000 000 000 000 000 000 001 = 10^{-24}	욕토 (yocto)	y